Die Grundlehren der mathematischen Wissenschaften

in Einzeldarstellungen
mit besonderer Berücksichtigung
der Anwendungsgebiete

Band 120

Lothar Collatz

Funktionalanalysis und numerische Mathematik

Mit 96 Abbildungen und 2 Porträts

Unveränderter Nachdruck
der ersten Auflage von 1964

Springer-Verlag Berlin Heidelberg New York 1968

Prof. Dr. L. Collatz
Institut für angewandte Mathematik der Universität Hamburg

Geschäftsführende Herausgeber:
Prof. Dr. B. Eckmann
Eidgenössische Technische Hochschule Zürich

Prof. Dr. B. L. van der Waerden
Mathematisches Institut der Universität Zürich

ISBN 978-3-642-53332-7   ISBN 978-3-642-53372-3 (eBook)
DOI 10.1007/978-3-642-53372-3

Titel-Nr. 5103

MEINER LIEBEN SCHWESTER GERTRUD

D. Hilbert
23. 1. 1862—14. 2. 1943

S. Banach
30. 3. 1892—31. 8. 1945

Vorwort

Dieses Buch will weder ein Lehrbuch der Funktionalanalysis noch eines der numerischen Mathematik sein; sondern es möchte nur zeigen, wie sich in der numerischen Mathematik in neuerer Zeit ein Strukturwandel vollzogen hat, wie durch den Einsatz einerseits der Großrechenanlagen und andererseits abstrakter Methoden ein Bild der numerischen Mathematik entstanden ist, welches sich von demjenigen vor etwa 10 bis 20 Jahren wesentlich unterscheidet. Es ist genauso wie in anderen Teilen der Mathematik auch in der numerischen Mathematik ein starker Zug zur Abstraktion vorhanden. Zugleich verwischen sich die Grenzen zwischen den einzelnen mathematischen Disziplinen. So ist es heute schwer zu sagen, ob z. B. die Funktionalanalysis zur sog. reinen oder zur sog. angewandten Mathematik gehört. Die Funktionalanalysis ist eine Grundlage für große Teile beider genannten Disziplinen, und der Verfasser wäre glücklich, wenn dieses Buch dazu beitragen würde, den unseligen Unterschied zwischen „reiner" und „angewandter" Mathematik ad absurdum zu führen; denn es gibt keine Trennungslinie zwischen diesen beiden Gebieten, es gibt nur *eine Mathematik*, von der Analysis, Topologie, Algebra, numerische Mathematik, Wahrscheinlichkeitsrechnung usw. einige ineinandergehende Teilgebiete sind.

Das Buch erhebt keinerlei Vollständigkeitsanspruch. In neuerer Zeit sind so viele Anwendungsmöglichkeiten der Funktionalanalysis auf numerische Mathematik aufgezeigt worden, daß es weit über den Rahmen dieses Buches hinausgehen würde, alle Anwendungen zu nennen. Es sollte hier nur der Versuch unternommen werden, einige Anwendungen herauszugreifen und damit anregend zu wirken, sowohl auf die Liebhaber der Theorie als auch auf die der reinen Numerik. Den Vertretern der Theorie ist nämlich manchmal nicht bekannt, welche schönen Anwendungen ihre Theorie zuläßt und welche wichtigen Fragen der Numerik andererseits noch unbeantwortet sind (und es gibt hier eine Fülle von Aufgaben, die noch ihrer Lösung harren). Wir stehen am Anfang einer großen Entwicklung. Die Aufgaben aus Technik und Physik sind oft so kompliziert, daß die bisherige Mathematik nicht in der Lage ist, eine befriedigende Antwort zu geben, besonders bei den heute immer stärker in den Vordergrund tretenden nichtlinearen Aufgaben. Auf der anderen Seite ist denen, die eine Aufgabe auf einem Computer (elektronische Rechenanlage) behandeln, manchmal nicht bekannt, daß für ihre Aufgaben genügend mathematisches Rüstzeug zur Verfügung steht, um z. B. die Genauigkeit der erhaltenen Lösung abzuschätzen und festzustellen, auf wie viele der vom Computer gelieferten Dezimalen sie sich verlassen können.

DAVID HILBERT hat mit seiner Idee der Funktionenräume eine äußerst fruchtbare Entwicklung hervorgerufen. Die „Hilberträume" haben sich als fundamental für weite Gebiete der Anwendungen erwiesen; es sei besonders das umfangreiche und für die theoretische Physik so wichtige Gebiet der Eigenwertaufgaben genannt. Es zeigte sich jedoch, daß man für die immer bedeutungsvoller werdenden nichtlinearen Aufgaben zu allgemeineren Räumen übergehen mußte, und hier wies STEPHAN BANACH den Weg. In der Folgezeit hat man dann verschiedentlich wiederum allgemeinere Räume untersucht. Die Dinge sollen hier jeweils nur so allgemein dargestellt werden, wie es für die Anwendungen in der Numerik z. Z. wünschenswert und nötig erscheint; und da sind wohl die von KUREPA eingeführten pseudometrischen Räume derzeit die für die Numerik wichtigste Verallgemeinerung der bisher betrachteten Räume. Es ist versucht worden, jeweils mit möglichst schwachen Voraussetzungen (z. B. über Normen und Abstände) auszukommen.

Es entspricht der einen Zielsetzung dieses Buches, auch die Vertreter der Anwendungen anzusprechen, indem die Darstellung bewußt breit gehalten ist, besonders in den ersten Kapiteln, sicherlich zu breit für den Vertreter der Theorie; aber der Verfasser hält es für wichtig, daß eine auch für den interessierten Physiker und Ingenieur lesbare Darstellung entsteht und daß dadurch für die Anwendung der Theorie geworben wird, selbst auf die Gefahr hin, daß nun der Theoretiker die Darstellung als zu trivial ablehnt. Mit Rücksicht auf den Kreis der Anwender wurden für Funktionen die beiden dafür üblichen Bezeichnungen verwendet, mit und ohne Argument, z. B. sowohl f als auch $f(x)$.

Kapitel I bringt hauptsächlich die Theorien und Kapitel II und III die Numerik, obwohl auch in I die numerische Seite verschiedentlich zu Worte kommt und es in II und III natürlich nicht ohne Theorie abgeht. Aber das zeigt vielleicht zugleich, wie eng heute bereits die Numerik mit der Theorie verflochten ist.

Der Verfasser hat sich lange überlegt, ob er in Kapitel III einen Beweis des SCHAUDERschen Fixpunktsatzes bringen oder wegen des Beweises auf andere Literaturstellen verweisen sollte; mit Rücksicht auf einen bald erscheinenden Bericht von J. SCHRÖDER hat sich der

Autor für den zweiten Weg entschlossen, obwohl dies sicher manche Leser bedauern werden. Aber sonst hat sich der Verfasser bemüht, die jeweils benötigten Sätze herzuleiten und den Leser nicht auf andere Literatur zu verweisen. Manche Lehrbücher der Funktionalanalysis bringen eine ausführliche Theorie des LEBESGUEschen Integrals; darauf wurde hier verzichtet, weil es viele vorzügliche Darstellungen über LEBESGUEsche Integrale gibt, aber auch aus dem Grunde, weil vom Gesamtstandpunkt der Anwendungen der Banachraum $C\langle B\rangle$ der stetigen Funktionen (von Nr. 4.3) sicher von viel größerer Wichtigkeit ist als der Hilbertraum $L^2(B)$ (von Nr. 4.3).

Das Buch entstand aus Niederschriften von Vorlesungen, die der Verfasser im letzten Jahrzehnt an der Universität Hamburg gehalten hat. Er verdankt vieles den Gesprächen und Diskussionen mit den Mitarbeitern des Institutes und den gemeinsam mit den Herren L. SCHMETTERER und H. BAUER abgehaltenen Seminaren. Er dankt ferner zahlreichen Mitarbeitern des Institutes für Durchrechnung von Beispielen, insbesondere an der elektronischen Rechenanlage, und Herrn HADELER für seine Hilfe bei der Beschaffung biographischen Materials; der besondere Dank gilt den Herren Dr. ERICH BOHL, Dr. SIEGFRIED GUBER, Dr. WERNER KRABS, HERMANN MIERENDORFF und ROLAND WAIS für das mühevolle und sehr sorgfältige Korrekturenlesen und für viele Verbesserungsvorschläge und dem Springer-Verlag für das stets verständnisvolle Eingehen auf alle Wünsche.

Hamburg, Frühjahr 1964

Lothar Collatz

Inhaltsverzeichnis

Kapitel II

Iterative Verfahren

Kapitel III

Monotonie, Ungleichungen und weitere Gebiete

Abkürzungen

Aus der Mengenlehre

Ist M eine Menge von Elementen, so bedeutet $f \in M$, daß f ein Element von M ist. $f \notin M$ bedeutet, daß f nicht zu M gehört.

$\emptyset$ bedeutet die leere Menge, die kein Element enthält (auch Nullmenge genannt).

Eine Menge M von Elementen x mit der Eigenschaft A wird durch das Symbol $\{x \mid A\}$ bezeichnet; z. B. bedeutet $\{x \mid 1 \leq x \leq 2\}$ die Menge aller reellen Zahlen x aus dem abgeschlossenen Intervall $\langle 1, 2 \rangle$, und $\{(x, y) \mid x^2 + y^2 \leq 1, x \geq 0\}$ bedeutet die Menge der Punkte, die in einer x, y-Ebene der abgeschlossenen Halbkreisscheibe $x^2 + y^2 \leq 1$, $x \geq 0$ angehören.

$M_1 \cap M_2$ bedeutet den Durchschnitt der Mengen M_1 und M_2, d. h. die Gesamtheit der Elemente, die sowohl zu M_1 als auch zu M_2 gehören.

$M_1 \cup M_2$ bedeutet die Vereinigung der Mengen M_1 und M_2, d. h. die Gesamtheit der Elemente, die mindestens einer der beiden Mengen M_1, M_2 angehören.

Ist S eine (echte oder unechte) Teilmenge von M, so ist $M - S$ die Komplementärmenge von S bezüglich M, d. h. die Menge aller Elemente von M, die nicht zu S gehören.

Sind M, N zwei Mengen, so bedeutet $M \supseteq N$ oder $N \subseteq M$, daß alle Elemente von N zugleich Elemente von M sind, und $M \supset N$ oder $N \subset M$, daß $M \supseteq N$, daß es aber mindestens ein Element von M gibt, das nicht zu N gehört.

Das (direkte) Produkt $M \times N$ zweier Mengen M und N wird eingeführt als

$$M \times N = \{(m, n) \mid m \in M, n \in N\},$$

d. h. als Menge aller geordneten Paare (m, n), wobei m die Menge M und n die Menge N durchläuft.

Abkürzungen aus verschiedenen Gebieten

R_n ist der n-dimensionale Raum der Punkte x mit den Koordinaten $x_1, \ldots, x_n$. Je nachdem, ob die x_j reelle oder komplexe Zahlen sein sollen, spricht man vom reellen R_n bzw. komplexen R_n. Im Folgenden wird unter Gebiet (Bereich) eine offene zusammenhängende Punktmenge im R_n, und unter abgeschlossenem Gebiet die abgeschlossene Hülle eines Gebietes verstanden.

Bei Funktionen bedeuten tiefgestellte Veränderliche partielle Ableitungen nach diesen Veränderlichen, also z. B. bei einer Funktion $u(x, y)$ ist $u_x = \dfrac{\partial u}{\partial x},\ u_{xy} = \dfrac{\partial^2 u}{\partial x\,\partial y}$.

$\Delta = \sum\limits_{j=1}^{n} \dfrac{\partial^2}{\partial x_j^2}$ ist der LAPLACEsche Differentialoperator bei den unabhängigen Veränderlichen $x_1, \ldots, x_n$.

A sei eine Matrix mit den Elementen a_{jk} ($j = 1, \ldots, m;\ k = 1, \ldots, n$). Dann ist $\overline{A}$ die zu A konjugiert komplexe Matrix mit den Elementen $\overline{a}_{jk}$ und A' die zu A transponierte (gespiegelte, gestürzte) Matrix mit den Elementen a_{kj}. Zu einer einspaltigen Matrix oder einem Vektor x (Spaltenvektor) entsteht durch Spiegelung der Zeilenvektor x'. Zu $A = (a_{jk})$ ist $A^* = (\overline{a}_{kj}) = \overline{A}'$ die adjungierte Matrix (die konjugiert komplexe gespiegelte Matrix).

Landausches Symbol

$f(x) = O(g(x))$ bedeutet für 2 Funktionen f, g, die beide im Gebiet D definiert sind und von denen $g > 0$ in D gilt, daß es eine Konstante K gibt mit $|f(x)| \leq K g(x)$ für alle $x \in D$.

Abkürzungen für Wörter

q. e. d. = quod erat demonstrandum (was zu beweisen war).

Namen mit Zahlen, z. B. [58] oder [58a] in eckigen Klammern beziehen sich auf das Schrifttumsverzeichnis am Ende des Buches. Die Zahl 58 bedeutet zugleich das Erscheinungsjahr 1958 der betreffenden Arbeit.

Kapitel I

Grundlagen der Funktionalanalysis mit Anwendungen

§ 1. Typische Fragestellungen der numerischen Mathematik

1.1 Einige allgemeine Begriffe

In §§ 2 bis 6 wird eine systematische Einführung der mathematischen Begriffe gegeben. In diesem einführenden Paragraphen werden im Vorgriff nur einige Dinge genannt, die zur Beschreibung der Fragestellungen gebraucht werden.

Ein „Raum" R ist lediglich eine Menge von Elementen $f, g, \ldots$ Als Elemente treten in den Anwendungen auf: reelle Zahlen, komplexe Zahlen, Vektoren, Matrizen, Funktionen von einer oder von mehreren unabhängigen Veränderlichen, Systeme solcher Funktionen, Systeme von den eben genannten Dingen, wie z. B. ein Paar, bestehend aus einer Funktion und einer Zahl usw.

In den Anwendungen treten nun gewöhnlich nur „lineare" Räume auf, und es sollen daher stets nur lineare Räume betrachtet werden.

Definition: Ein Raum R heißt linear, wenn

1. eine „Addition" erklärt ist, welche die üblichen Regeln der Addition erfüllt (genauer in Nr. 2.4 erklärt), d. h. mit f und g gehört auch $f + g$ zu R, und es gibt ein „Nullelement" Θ in R mit $\Theta + f = f$ für alle $f \in R$.

2. eine Multiplikation der Elemente f mit Zahlen c eines Zahlkörpers K erklärt ist, welche die üblichen Regeln der Vektoralgebra erfüllt; d. h. mit $f \in R$ und $c \in K$ soll auch $c f$ zu R gehören. Als K werden am häufigsten die Körper der rationalen, reellen oder komplexen Zahlen verwendet.

Nun werden Transformationen (oder Operatoren oder Abbildungen) T betrachtet, die gewissen Elementen f des „Originalraumes" R in eindeutiger Weise Elemente h eines linearen Raumes R^*, des „Bildraumes", zuordnen; häufig ist $R = R^*$. Ist R^* ein Raum von Zahlen, ordnet T also den Elementen f jeweils eine Zahl zu, so nennt man T ein „Funktional". Enthält R^* nur reelle Zahlen, so heißt T ein reelles Funktional.

Ein Operator T heißt linear, wenn T für alle $f \in R$ erklärt ist (oder wenigstens auf einer Linearmannigfaltigkeit, vgl. Nr. 2.4), und

$$T(c_1 f_1 + c_2 f_2) = c_1 T f_1 + c_2 T f_2 \tag{1.1}$$

gilt für alle Elemente f_1, $f_2 \in R$ und alle $c_1, c_2 \in K$.

Andernfalls heißt T nichtlinear.

Die folgenden Nummern 1.2 bis 1.6 nennen 5 Gruppen typischer Fragestellungen. Diese Einteilung ist nicht erschöpfend. Außerdem gibt es Fragestellungen, die in mehrere Klassen eingeordnet werden können. Nicht genannt sind Fragestellungen aus Wahrscheinlichkeitstheorie, Statistik und verwandten Gebieten, die auch zur numerischen Mathematik gehören; aber diese Gebiete haben sich zu einer so umfangreichen eigenen Disziplin entwickelt, daß sie in diesem Buch nicht behandelt werden; es sei hier auf die Lehrbücher über diese Gebiete verwiesen.

1.2 Lösungen von Gleichungen

Sei u eine gesuchte Größe, die Element eines gegebenen linearen Raumes R ist. Es treten folgende 3 Haupttypen von Gleichungen auf; T (bzw. S) sind dabei gegebene lineare oder nichtlineare Operatoren:

$$T u = u \tag{1.2}$$

(Bildelemente in demselben Raum R, Fixelemente u gesucht),

$$S u = \Theta \tag{1.3}$$

(Θ Nullelement des Bildraumes),

$$T u = \lambda u \tag{1.4}$$

(Bildelemente in demselben Raum R, λ Zahl des Körpers K, $T u \neq \Theta$, Eigenwertaufgabe).

Zusammenhänge zwischen den 3 Gleichungstypen

Gl. (1.3) ist die allgemeinste; sie enthält (1.2) und normalerweise auch (1.4) als Spezialfälle. Ist nämlich E der „Einheitsoperator", der jedes Element in sich selbst überführt, so hat (1.2) mit $S = T - E$ unmittelbar die Form (1.3).

Bei der Eigenwertaufgabe (1.4) ist nach denjenigen Werten des Parameters λ, den „Eigenwerten", gefragt, für die es vom Nullelement Θ verschiedene Elemente u gibt, die (1.4) erfüllen. Häufig wird T dabei als linear vorausgesetzt, (1.1). Es werde nun angenommen, daß man bei (1.4) noch eine „Normierungsbedingung"

$$G u = 1 \tag{1.5}$$

stellen kann, wobei G ein gegebenes Funktional ist, welches für das Nullelement nicht den Wert 1 annimmt, $G\,\Theta \neq 1$.

$\left(\text{Beispiel: Bei der Eigenwertaufgabe } \dfrac{d^2 y}{d x^2} = \lambda y(x),\ y(0) = y(\pi) = 0,\right.$

z. B. könnte man $G\,u = u(1)$ oder $G\,u = \left[\displaystyle\int_0^\pi u^2\,dx\right]^{1/2}$ wählen$\Big)$.

Dann betrachtet man Paare $v,\ a$ oder $\begin{pmatrix} v \\ a \end{pmatrix}$ geschrieben (mit Addition und skalarer Multiplikation wie bei Zahlenpaaren) mit $v \in R$, $a \in K$ als Elemente eines neuen Raumes R_1 und definiert eine Transformation T_1 für Elemente $\begin{pmatrix} v \\ a \end{pmatrix}$ durch

$$T_1 \begin{pmatrix} v \\ a \end{pmatrix} = \begin{pmatrix} T\,v - a\,v \\ G\,v - 1 \end{pmatrix}. \tag{1.6}$$

Ist Θ_1 das Nullelement $\begin{pmatrix} \Theta \\ 0 \end{pmatrix}$ von R_1, so ist

$$T_1 \begin{pmatrix} v \\ a \end{pmatrix} = \Theta_1 \tag{1.7}$$

der Gl. (1.4) äquivalent, und (1.7) hat die Form (1.3).

Umgekehrt gilt: Liegen bei (1.3) Original- und Bildelemente in demselben Raum R, so geht mit $S = T - E$ Gl. (1.3) unmittelbar in (1.2) über. Fallen Originalraum R und Bildraum R^* nicht notwendig zusammen, gibt es aber eine lineare umkehrbare Abbildung L von R auf R^*, so geht (1.3) mit $T = L^{-1}(L - S) = E - L^{-1} S$ in (1.2) über. Für numerische Zwecke empfiehlt es sich oft, L so zu wählen, daß $L - S$ in der Umgebung einer betrachteten Lösungsstelle möglichst konstant ist. (1.2) ist als Spezialfall von (1.4) auffaßbar, indem man fragt, ob die Zahl 1 Eigenwert ist.

Es seien nun als Beispiele einige spezielle Gleichungstypen genannt:

1. Gleichungen mit endlich vielen Unbekannten. Von sehr großer Bedeutung für die Anwendungen sind die linearen Gleichungssysteme

$$\sum_{k=1}^{n} a_{jk}\, x_k = r_j \qquad\qquad j = 1, \ldots, m$$

oder in Matrizenschreibweise

$$A\,x = r \tag{1.8}$$

mit den Matrizen

$$A = (a_{jk}), \qquad x = \begin{pmatrix} x_1 \\ \vdots \\ x_n \end{pmatrix}, \qquad r = \begin{pmatrix} r_1 \\ \vdots \\ r_m \end{pmatrix}.$$

Man hat hier also eine Gleichung vom Typ (1.3). u ist der Vektor x, und $S\,x = A\,x - r$. In der Praxis treten Systeme mit $n = m$ auf, bei denen

n die Größenordnung 100, 10^3 oder gar 10^4 hat. Löst man ein solches System etwa mit Hilfe des GAUSSschen Eliminationsverfahrens auf Rechenanlagen unter Abrundung auf eine feste Anzahl von Dezimalen, so ist die Durchführung einer numerisch brauchbaren Fehlerabschätzung ein bisher nur in Spezialfällen gelöstes Problem. (Über die Behandlung großer Gleichungssysteme mit Iterationsverfahren s. Kap. II.)

Immer häufiger treten nichtlineare Gleichungssysteme auf

$$f(x) = \Theta \quad \text{mit} \quad f(x) = \begin{pmatrix} f_1(x) \\ \vdots \\ f_n(x) \end{pmatrix},$$

x steht hierbei für $x_1, \ldots, x_n$, die $f_j(x)$ sind gegebene (nichtlineare) Funktionen von x, und Θ ist der n-dimensionale Nullvektor.

Bei vielen Anwendungen (Schwingungsberechnung) tritt die Matrixeigenwertaufgabe vom Typ (1.4) auf

$$A\,x = \lambda\,x.$$

2. Gleichungen mit abzählbar unendlich vielen Unbekannten. Insbesondere in der Quantentheorie stößt man auf Matrixeigenwertaufgaben mit unendlichen Matrizen. Ferner führen Reihenansätze bei Differentialgleichungsaufgaben häufig auf Gleichungen mit abzählbar unendlich vielen Unbekannten, vgl. z. B. COLLATZ [55], S. 207.

3. Gleichungen für ein Kontinuum von Unbekannten. Gleichungen für Funktionen. Als Gleichungen treten hier auf: gewöhnliche und partielle Differentialgleichungen, Integralgleichungen, Integro-Differentialgleichungen, Differenzengleichungen, Funktionalgleichungen. Anwendungen für diese Gleichungen, insbesondere Differentialgleichungen, findet man überall in Physik und Technik (Flugtechnik, Funk, Fernsehen, Brückenbau usw.). Die Rechenanlagen sind hier zu starker Bedeutung gelangt.

Man hat bei Differentialgleichungen Anfangswertaufgaben, Randwertaufgaben (einschließlich Eigenwertaufgaben) und Anfangsrandwertaufgaben.

Eine lineare Randwertaufgabe für eine Funktion $u(x_1, \ldots, x_n)$ der unabhängigen Veränderlichen $x_1, \ldots, x_n$, für die wir oft kurz x schreiben, lautet

$$L\,u(x) = r(x) \quad \text{in } B, \tag{1.9}$$

$$R\,u(x) = \gamma(x) \quad \text{auf } \Gamma; \tag{1.10}$$

dabei sind B ein gegebener, beschränkter oder unbeschränkter Bereich des n-dimensionalen $x_1, \ldots, x_n$-Raumes R_n, Γ eine gegebene Hyperfläche in R_n (oft der Rand von B), L und R gegebene lineare homogene Differentialausdrücke in u, $r(x)$ und $\gamma(x)$ gegebene Ortsfunktionen.

(1.9) ist die Differentialgleichung, (1.10) sind die Randbedingungen. Wenn mehrere Randbedingungen gegeben sind, sind $R\,u$ und γ als Vektoren aufzufassen; z. B. lautet die Randwertaufgabe für die Durchbiegung $u(x, y)$ einer homogenen Platte, deren Mittelfläche den Bereich B der x-y-Ebene bedeckt und die am ganzen Rande Γ von B eingespannt ist

$$\Delta\,\Delta u = \frac{\partial^4 u}{\partial x^4} + 2 \cdot \frac{\partial^4 u}{\partial x^2\,\partial y^2} + \frac{\partial^4 u}{\partial y^4} = r(x,\,y) = \frac{p\,(x,\,y)}{\alpha}\,, \tag{1.11}$$

$$u = 0 \quad \text{und} \quad \frac{\partial u}{\partial v} = 0 \quad \text{auf } \Gamma.$$

Dabei ist $r(x, y)$ als gegeben anzusehen, $p(x, y)$ ist die Belastungsdichte und α die Plattensteifigkeit; v ist die innere Normale längs Γ. Die Lösungen von linearen Randwertaufgaben

$$L\,u(x_1,\ldots,x_n) = f(x_1,\ldots,x_n) \tag{1.12}$$

mit homogenen Randbedingungen

$$R\,u = 0 \tag{1.13}$$

können oft mit Hilfe der GREENschen Funktion $G(x_1,\ldots x_n, s_1,\ldots s_n)$ in Integralgestalt geschrieben werden.

$$u(x_1,\ldots x_n) = \int\limits_B G(x_1,\ldots x_n, s_1,\ldots s_n)\,f(s_1,\ldots s_n)\,d\,s_1\ldots d\,s_n. \tag{1.14}$$

Die nichtlineare Randwertaufgabe

$$\begin{aligned} L\,u &= f\left(x_j,\, u,\, \frac{\partial u}{\partial x_j},\,\ldots\right) \quad \text{in } B, \\ R\,u &= \gamma(x_j) \quad \text{auf } \Gamma \end{aligned} \tag{1.15}$$

kann bei Existenz der GREENschen Funktion und Benutzung des Operators

$$T\,v(x_j) = g(x_j) + \int\limits_B G(x_j,\, s_j)\,f\left(s_j,\, v,\, \frac{\partial v}{\partial s_j},\,\ldots\right)d\,s_j \tag{1.16}$$

in die nichtlineare Integro-Differentialgleichung $u = T\,u$ umgeschrieben werden, die die Form (1.2) hat. Dabei ist $g(x_j)$ eine feste Ortsfunktion, die im Falle $\gamma(x_j) = 0$ identisch verschwindet.

Als Beispiel einer nichtlinearen partiellen Differentialgleichung zweiter Ordnung, die bei Bestimmung der Spannungen in Rohrverzweigungen auftritt, sei genannt (NEUBER [59], S. 215) (mit p, c als Konstanten)

$$W_{xx}\,W_{yy} - W_{xy}^2 = -\frac{2p}{3c}\left(1 + \frac{1}{2}\,\Delta\,W\right).$$

1.3 Untersuchung der Eigenschaften der Lösungen von Gleichungen

Oft interessiert nicht die Lösung u einer Gleichung selbst, sondern nur gewisse Eigenschaften von ihr; als Beispiele seien genannt:

1. Asymptotisches Verhalten von Lösungen. Bei der Lösung $u(t)$ einer gewöhnlichen Differentialgleichung interessiert man sich manchmal nur für das Verhalten für $t \to \infty$, und bei Eigenwertaufgaben zuweilen lediglich für das Anwachsen der Eigenwerte λ_n mit der Nummer n.

Beispiel: Gegeben sei die Eigenwertaufgabe (Guderley [59])

$$y''(x) - \lambda^2 (x - 1)^{-2} g(x, \lambda) y(x) = 0, \qquad (1.17)$$

wobei $g(x, \lambda)$ eine in x und λ analytische Funktion sei, $g \neq 0$ für $x = 1$.

Gefragt ist nach dem Verhalten der Lösungen (Fundamentalsystem) bei $x = 1$ und großem λ.

2. Stabilitätskriterien. Stabilitätsfragen führen oft auf algebraische Gleichungen $\sum\limits_{\nu=0}^{n} a_\nu z^\nu = 0$. Häufig interessieren dann nicht die Nullstellen $z_1, \ldots, z_n$ dieser Gleichung, sondern man möchte wissen, ob die Nullstellen z_j sämtlich negative Realteile haben, d. h. ob die Gleichung eine HURWITZsche ist, vgl. ZURMÜHL [61], S. 79.

3. Bestimmte aus der Lösung abgeleitete Größen. Es ist oft nicht nach u, sondern nach dem Wert eines Funktionals $G(u)$ gefragt. $G(u)$ kann z. B. eine Ableitung in einem bestimmten Punkte, ein Integral od. dgl. sein.

Beispiel: Bei der Beanspruchung eines Trägers vom Querschnitt B (z. B. Winkeleisen Abb. 1/1) auf Torsion tritt für eine Funktion $u(x, y)$ die Randwertaufgabe auf

$$\Delta u = -1 \quad \text{in } B, \qquad (1.18)$$
$$u = 0 \quad \text{auf } \Gamma.$$

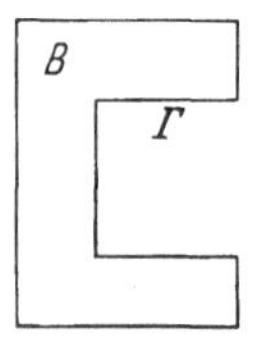

Abb. 1/1
Torsionsproblem

Besonders interessiert bei diesem Problem die sog. Torsionssteifigkeit, d. h. der Proportionalitätsfaktor zwischen Drehmoment und Verdrehungswinkel:

$$\text{Torsionssteifigkeit} = G I_t = -4G \int\limits_B u(x, y) \, dx \, dy.$$

Der Schubmodul G ist gegeben, und I_t ist gesucht.

Weitere Beispiele, bei denen $G(u)$ ein Integral ist, sind die Kapazität und der Wellenwiderstand von Schiffen, der sich aus den Lösungen eines Systems partieller Differentialgleichungen berechnen läßt, vgl. z. B. KOLBERG [59].

1.4 Extremalaufgaben mit oder ohne Nebenbedingungen

Die allgemeine Fragestellung lautet hier:

$$G u = \text{Minimum}, \qquad (1.19)$$
$$T u \geqq \Theta, \qquad (1.20)$$
$$S u = \Theta. \qquad (1.21)$$

G ist ein gegebenes reelles Funktional, welches zum Minimum (oder allgemein zum Extremum) gemacht werden soll, wenn u entweder im Definitionsbereich von G frei variieren kann (Aufgabe ohne Nebenbedingungen), oder wenn u Nebenbedingungen auferlegt werden. Diese können sowohl in Gleichungen ($S u = \Theta$) als auch in Ungleichungen ($T u \geqq \Theta$) bestehen. Im letztgenannten Falle mögen die Bilder $T u$ in einem Raum R_1 liegen, der als halbgeordnet vorausgesetzt wird (Erklärung in § 3), so daß es sinnvoll ist, zu verlangen, $T u$ soll $\geqq \Theta$ (Nullelement von R_1) sein. Hier ordnen sich als Spezialfälle unter:

1. Maxima- und Minimaaufgaben bei endlich vielen Veränderlichen.
2. Die Variationsrechnung.

Hier ist eine Funktion $u\,(x_1, \ldots, x_n)$ aus dem Raume der Funktionen mit gewissen Differenzierbarkeitseigenschaften gesucht, welche evtl. gewisse Randbedingungen $S u = \Theta$ erfüllen soll und dem Integral

$$J\,[u] = \int\limits_{B} f\left(x_j, u, \frac{\partial u}{\partial x_j}, \ldots\right) d\,x_j \tag{1.22}$$

einen möglichst kleinen Wert erteilt, wobei f eine gegebene Funktion ihrer Argumente ist. Hier tritt normalerweise keine Ungleichung (1.20) auf. Viele Beispiele aus Mechanik, Elastizitätslehre, Elektrizitätslehre, Quantenmechanik usw. findet man bei WEINSTOCK [52]. Diese Aufgaben lassen sich meist durch Aufstellung der notwendigen EULERschen Gleichungen in Aufgaben des Typs von Nr. 1.2 überführen.

3. Lineare und nichtlineare Optimierung. Bei den Aufgaben der linearen Optimierung (Linear programming) sind reelle Größen $x_1,\ldots,x_n$ so zu bestimmen, daß

$$\sum_{k-1}^{n} a_{jk}\, x_k - b_j \begin{cases} \geqq 0 & \text{für} \quad j = 1, \ldots, p \\ = 0 & \text{für} \quad j = p + 1 \ldots, q \end{cases} \tag{1.23}$$

und

$$\sum_{k-1}^{n} c_k\, x_k = \text{Minimum} \tag{1.24}$$

wird, wobei a_{jk}, b_j, c_k gegebene reelle Konstanten und $p \leqq q$ ganze Zahlen sind.

Beispiel 1: Transportproblem. (Das Beispiel ist entnommen: KNÖDEL [60], S. 64. Andere Transportprobleme bei VAJDA [56], S. 31.) Die Zuckerfabriken A_p erzeugen a_p Tonnen Zucker pro Monat ($p = 1, 2, \ldots, s$, etwa $s = 7$). In den Bestimmungsorten B_q ($q = 1, 2, \ldots, t$, etwa $t = 300$) werden pro Monat b_q Tonnen Zucker verbraucht. Es sei $\sum\limits_{p} a_p = \sum\limits_{q} b_q$. Die Transportkosten je Tonne von A_p nach B_q seien c_{pq}. Man fragt nach einem Verteilungsplan für die Mengen x_{pq} des von A_p nach B_q zu liefernden Zuckers, so daß die gesamten Transportkosten K möglichst niedrig ausfallen. Es soll also

$$K = \sum_{p,\,q} c_{pq}\, x_{pq} = \text{Minimum} \tag{1.25}$$

sein unter den Nebenbedingungen

$$\sum_q x_{pq} = a_p, \qquad \sum_p x_{pq} = b_q, \qquad x_{pq} \geqq 0\,.$$

Hierbei ist angenommen, daß nur eine Qualität Zucker hergestellt wird. Berücksichtigt man verschiedene Qualitäten, so kommt man zum „Sortenproblem" (vgl. KNÖDEL [60], S. 66).

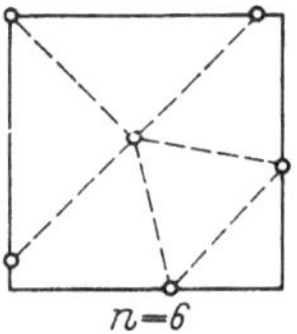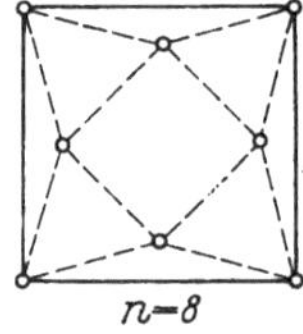

Abb. 1/2. Die n feindlichen Brüder

Beispiel 2: nichtlineare Aufgabe. n Personen, z. B. $n = 9$, die sich gegenseitig unsympathisch sind, bauen je 1 Haus auf einem großen quadratischen Grundstück, Abb. 1/2. Wo bauen sie die Häuser, so daß der kleinste auftretende Abstand von 2 Hausmittelpunkten möglichst groß ausfällt?

4. Kombinatorische Aufgaben. Es gibt Aufgaben, bei denen unter endlich vielen Kombinationsmöglichkeiten eine solche gesucht werden soll, die einem gegebenen Funktional einen minimalen Wert erteilt, bei denen aber die Anzahl der Möglichkeiten so groß ist, daß man eine rationelle Methode zur Auffindung der „optimalen" Möglichkeiten braucht.

Abb. 1/3
Baum mit kürzester Totallänge

Beispiel (E. W. DIJKSTRA [59]): Gegeben sind in der Ebene n Punkte. Finde einen „Baum", Abb. 1/3, mit kleinster Totallänge zwischen diesen Punkten (ein Baum ist ein Graph mit genau einem Weg zwischen zwei beliebig herausgegriffenen Punkten) oder einen kürzesten Weg, der alle n Punkte trifft, Abb. 1/4.

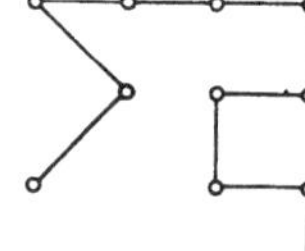

Abb. 1/4. Kürzester Weg zwischen n Punkten

1.5 Darstellungsaufgaben (Koeffizientenbestimmungen)

u sei ein gegebenes Element eines linearen Raumes R. F sei ein linearer Teilraum von R, der aus allen Elementen der Form $\sum_{v=1}^{p} a_v \varphi_v$ besteht. Die φ_v seien feste Elemente aus R, und die a_v seien konstante Zahlen eines Körpers K; p darf auch unendlich sein (auf die sich hieraus ergebende Problematik wird hier nicht eingegangen). Je nachdem, ob u in F liegt oder nicht, ergeben sich die beiden Fragestellungen:

Fall 1. Es sei $u \in F$. Dann hat u also die obige Summenform. Wie bestimmt man die a_ν?

Fall 2. Es sei $u \notin F$. Man sucht eine möglichst gute Näherung

$$v = \sum_{\nu=1}^{p} a_\nu \, \varphi_\nu \qquad (1.26)$$

für u, d. h.: Wie bestimmt man die a_ν so, daß der „Defekt" $\varrho = \| v - u \|$ möglichst klein wird? Dabei ist $\| v - u \|$ ein noch genauer festzulegendes Maß für den „Fehler" $v - u$.

Zu Fall 1 gehören Reihenentwicklungen, z. B. Fourieranalyse (Entwicklung nach trigonometrischen Funktionen) oder andere Entwicklungen nach Orthogonalfunktionen in einer oder mehreren Veränderlichen.

Beispiel: Koppeltrieb. (Bezeichnungen siehe Abb. 1/5). Der Punkt P_1 bewegt sich auf einem Kreis um M_1 mit konstanter Winkelgeschwindigkeit ω, die (nicht-konstante) Winkelgeschwindigkeit $\dot\beta$ des Punktes P_2 bezüglich des Kreismittelpunktes M_2 wird gesucht. Hierzu benötigt man die Abhängigkeit $\beta = \varphi(\alpha)$; es interessieren die ersten Glieder in der Entwicklung von $\varphi(\alpha)$ nach trigonometrischen Funktionen.

Abb. 1/5. Koppeltrieb

Zu Fall 1 gehört auch das Problem der konformen Abbildungen. Es sei z. B. diejenige holomorphe Funktion $w = f(z)$ gesucht, die einen gegebenen einfach zusammenhängenden (Innen- bzw. Außen-) Bereich auf den Einheitskreis (Inneres bzw. Äußeres) bei Vorgabe eines Linienelementes oder bei Vorgabe der Bilder von 3 Randpunkten abbildet. Bei der Darstellung von $f(z)$ durch eine Potenzreihe ist nach den Koeffizienten der Reihe gefragt.

Eine nichtlineare Darstellungsaufgabe ist das berühmte „Koeffizientenproblem" der Konstantenbestimmung bei der SCHWARZ-CHRISTOFFELschen Formel bei der konformen Abbildung eines Kreisbereiches auf polygonale Bereiche (s. z. B. FRANK-v. MISES [30], S. 711).

Zu Fall 1 und 2: Interpolation, Approximation, Ausgleichsrechnung: Es seien im R_n Punkte P_μ ($\mu = 1 \ldots m$) und in diesen Punkten Meßwerte f_μ gegeben. Eine analytische Näherungsfunktion u ist gesucht, die sich als Linearkombination von gegebenen Funktionen φ_r ($r = 1 \ldots s$) schreiben läßt und sich in den Punkten P_μ von den Meßwerten f_μ möglichst wenig unterscheidet. Die Defekte

$$d_\mu = f_\mu - \sum_{r=1}^{s} a_r \, \varphi_r(P_\mu) \quad (\mu = 1, \ldots, m) \quad (1.27)$$

sollen also möglichst klein werden. Die a_r sind geeignet zu bestimmen.

1. Fall: $s = m$.

Falls $\det\big(\varphi_r(P_\mu)\big) \neq 0$ ist, so ist $d_\mu = 0$ erreichbar; man bestimmt die a_r aus $d_\mu = 0$ durch Auflösen eines linearen Gleichungssystems und $u = \sum_{r=1}^{s} a_r\, \varphi_r(P)$ interpoliert die Werte f_μ (Interpolationspolynome, trigonometrische Interpolation, Untertafelung u. a. m.).

2. Fall: $s < m$ ($s > m$ ist nicht interessant).

Dieser Fall wird in der Ausgleichsrechnung behandelt. Verwandt damit sind die Approximationsprobleme:

$$f(x) \approx g(x) = \sum_{r=1}^{s} a_r\, \varphi_r(x); \tag{1.28}$$

gegeben sind die φ_r ($r = 1 \ldots s$), gesucht sind Konstanten a_r, so daß der „Abstand" $\|f - g\|$ möglichst klein ausfällt.

Ferner können f und die φ_r in einem (z. B. meßbaren abgeschlossenen) Gebiet B gegeben sein (das entspricht $m = \infty$).

Früher nahm man als Abstand zweier Funktionen u, v meist

$$\|u - v\| = \left(\int_B |u - v|^2\, dx \right)^{1/2} \tag{1.29}$$

(Methode des kleinsten mittleren Fehlerquadrates); in neuerer Zeit hat die TSCHEBYSCHEFF-Approximation (kurz T-Approximation) mit dem Abstand

$$\|u - v\| = \sup_B |u - v| \tag{1.30}$$

stark an Bedeutung gewonnen.

Bei mehreren unabhängigen Veränderlichen sind Approximationsfragen noch nicht so weit untersucht, wie es wünschenswert wäre. Sogar die Interpolationsfragen werden viel unübersichtlicher und verwickelter als bei nur einer unabhängigen Veränderlichen. Man kommt schon in eine kleine Verlegenheit, wenn man bei der ganz einfachen Aufgabe, durch neun gegebene Funktionswerte f_μ in den neun regelmäßig angeordneten Punkten der Abb. 1/6 ein Interpolationspolynom zu legen, nach einem „möglichst einfachen" Polynom in x, y mit niedrigem Grad (hier dritter Grad) fragt.

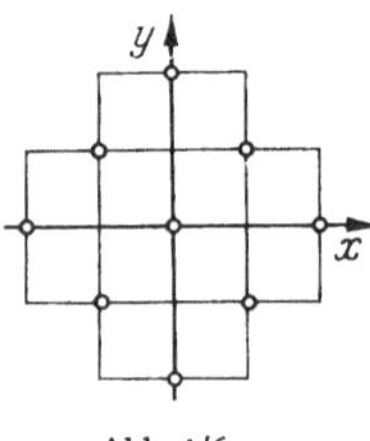

Abb. 1/6
Zur Interpolation bei
2 Veränderlichen

Falls einzelne Funktionswerte einer Funktion $f(x)$ numerisch gegeben sind, sucht man auch zuweilen nach „versteckten" Perioden ω_ν. Man macht den Ansatz $\sum_{\nu=0}^{p} a_\nu \cos(\omega_\nu t + \varepsilon_i)$ (ε_ν = Phasenverschiebung) und versucht, mit möglichst wenig Gliedern eine gute Annäherung zu erzielen (Periodogrammanalyse).

Statt linearer Approximation (1.28) benutzt man in neuerer Zeit häufig auch rationale Approximationen:

$$f(x) \approx g(x) = \frac{\sum\limits_{\nu=1}^{t} a_\nu\, \varphi_\nu(x)}{\sum\limits_{\nu=1}^{t} b_\nu\, \varphi_\nu(x)}\,. \tag{1.31}$$

Hier steht x wieder für $x_1, \ldots, x_n$. Die φ_ν sind gegebene Funktionen, die a_ν und b_ν gesuchte Konstanten. Wenn sich $f(x)$ in einen Kettenbruch nach den $\varphi_\nu(x)$ entwickeln läßt, haben die Näherungsbrüche die Form (1.31). Da sich rationale Ausdrücke der Form (1.31) auf Rechenanlagen gut programmieren lassen, verwendet man sie, um kompliziertere Funktionen (z. B. Besselfunktionen oder z. B. auch schon $\tan x$) in Rechenanlagen durch Näherungen einzugeben. Es zeigt sich an Beispielen, daß man oft bei rationaler Approximation für eine bestimmte vorgegebene Genauigkeit weniger Koeffizienten benötigt als bei linearer Approximation (vgl. Nr. 25.1). Die rationale Approximation ist wiederum ein Spezialfall der allgemeinen nichtlinearen Approximation von $f(x)$ durch einen Ausdruck der Form

$$F(x, a_j) = F(x, a_1, a_2, \ldots, a_n) \tag{1.32}$$

in B, wobei F eine gegebene, von den n Parametern a_j abhängige Funktion ist; es sollen dann die a_j so ermittelt werden, daß für die Defekte

$$D(x, a_j) = f(x) - F(x, a_j) \tag{1.33}$$

die „Norm" möglichst klein ausfällt:

$$\| D(x, a_j)\| = \text{Minimum.} \tag{1.34}$$

Für die spezielle Norm

$$\operatorname*{Max}_{x\,\in\,B} |D(x, a_j)| \tag{1.35}$$

hat man das Problem der Tschebyscheffschen nichtlinearen Approximation.

1.6 Auswertungen

Als Beispiele seien genannt:

1. Auswertung von Formeln, Ersetzung komplizierter Ausdrücke durch einfache Näherungsausdrücke.

2. Auswertung unendlicher Reihen. Bei Abbrechen der Reihe nach endlich vielen Gliedern ist der Rest abzuschätzen.

Schlecht konvergierende Reihen können häufig mit Hilfe von Summationsverfahren in solche mit besserer Konvergenz umgewandelt werden.

Beispiel: Verbesserung der Konvergenz bei der LEIBNIZschen Reihe

$$\frac{\pi}{4} = 1 - \frac{1}{3} + \frac{1}{5} - \frac{1}{7} + - \cdots = \sum_{n=0}^{\infty} a_n \quad \text{mit} \quad a_n = (-1)^n \frac{1}{2n+1},$$

z. B. durch Mittelbildung aus den Teilsummen $s_n = \sum_{\nu=0}^{n} a_\nu$; man bildet die neuen, besser konvergierenden Größen $s_n' = \frac{1}{2}\left(s_n + \frac{s_{n-1} + s_{n+1}}{2}\right)$ für $n \geqq 1$ und $s_0' = s_0$. Abb. 1/7 zeigt die ersten s_n und s_n'. Mittelt man die s_n' wiederum, so erhält man leicht mit wenigenReihengliedern mehrere Dezimalen von π.

Semikonvergente Reihen, wie sie z. B. bei manchen asymptotischen Entwicklungen auftreten, eignen sich ebenfalls oft für numerische Zwecke.

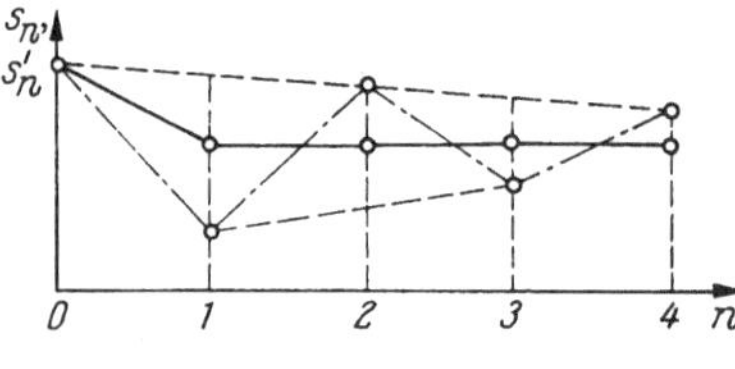

Abb. 1/7. Konvergenzverbesserung

3. Auswertung von Integralen, z. B. Bestimmung von $I = \int\limits_0^1 \frac{dx}{1 + x + x^5}$ mit Hilfe eines Näherungsverfahrens (SIMPSONsche Regel u. a.), Berechnung von mehrfachen Integralen, Integralen mit unendlichem Grundgebiet usw.

§ 2. Einige Typen von Räumen

Hier werden die Begriffe und Bezeichnungen von S. XV benutzt. Es wird angenommen, daß der Leser mit der Punktmengenlehre im gewöhnlichen Punktraum R_n vertraut ist (etwa im Umfang wie bei MAAK [60], S. 155 ff.).

Die Begriffe des topologischen, metrischen, normierten und unitären Raumes bilden die Grundlage für das Folgende. Daneben werden einige für die Anwendungen bisher weniger wichtige Begriffe gebracht, um ein abgerundeteres Bild zu geben. Der nur an den Anwendungen interessierte Leser möge die Betrachtungen über HAUSDORFFsche, reguläre, normale und quasimetrische Räume übergehen. Zunächst seien einige formale Hilfsmittel bereitgestellt, die bei den späteren Beispielen gebraucht werden.

2.1 Höldersche und Minkowskische Ungleichung

Es seien p, q zwei reelle Zahlen mit

$$\frac{1}{p} + \frac{1}{q} = 1; \quad p > 1, \ q > 1, \ \left(\text{oder } (p-1)(q-1) = 1 \text{ oder } pq = p + q\right).$$

Im Quadranten $x \geqq 0$, $y \geqq 0$ der reellen x-y-Ebene werden die Kurve $y = x^{p-1}$ (oder nach x aufgelöst $x = y^{q-1}$) und die Geraden $x = \xi$, $y = \eta$ betrachtet, Abb. 2/1, mit $\xi > 0$, $\eta > 0$. Die Flächeninhalte der von diesen Geraden, den Achsen und der Kurve eingeschlossenen (in der Abbildung schraffierten) Gebiete sind dann zusammen mindestens gleich dem Rechtecksinhalt $\xi\,\eta$ (geometrische Beweismethode, vgl. LJUSTERNIK-SOBOLEW [55], S. 242):

$$\xi\,\eta \leq \frac{\xi^p}{p} + \frac{\eta^q}{q}, \tag{2.1}$$

wobei das Gleichheitszeichen genau für $\xi = \eta^{q-1}$ steht.

Nun seien x_j, y_j gegebene reelle oder komplexe nicht sämtlich verschwindende Zahlen $(j = 1, 2, \ldots, s)$ [s darf endlich oder unendlich sein; im Falle $s = \infty$ werden nur solche x_j, y_j betrachtet, für die die Summen in (2.2) konvergieren].

In (2.1) wird

$$\xi = \frac{|x_j|}{\left(\sum_j |x_j|^p\right)^{1/p}}, \qquad \eta = \frac{|y_j|}{\left(\sum_j |y_j|^q\right)^{1/q}} \tag{2.2}$$

eingesetzt und sodann über j summiert

$$\frac{\sum_j |x_j|\,|y_j|}{\left(\sum_j |x_j|^p\right)^{1/p}\left(\sum |y_j|^q\right)^{1/q}} \leq \frac{\sum |x_j|^p}{p\left(\sum |x_j|^p\right)} + \frac{\sum |y_j|^q}{q\left(\sum |y_j|^q\right)} = 1\,.$$

So ergibt sich die „HÖLDERsche Ungleichung"[1]

$$\sum_j |x_j\,y_j| \leq \left(\sum_j |x_j|^p\right)^{1/p} \left(\sum_j |y_j|^q\right)^{1/q}. \tag{2.3}$$

Für $p = q = 2$ ist hier die SCHWARZsche Ungleichung für Summen, vgl. (2.45), als Spezialfall enthalten.

Durch Anwendung der HÖLDERschen Ungleichung folgt weiter

$$\sum_j |x_j + y_j|^p \leq \sum_j |x_j + y_j|^{p-1}|x_j| + \sum_j |x_j + y_j|^{p-1}|y_j|$$

$$\leq \left(\sum_j |x_j + y_j|^{(p-1)q}\right)^{1/q}\left[\left(\sum_j |x_j|^p\right)^{1/p} + \left(\sum_j |y_j|^p\right)^{1/p}\right].$$

Abb. 2/1. Zur Ableitung der HÖLDERschen Ungleichung

Division dieser Ungleichung durch $\left(\sum_j |x_j + y_j|^p\right)^{1/q}$ gibt wegen $1 - \frac{1}{q} = \frac{1}{p}$ und $(p-1)\,q = p$ unmittelbar die „MINKOWSKIsche

---

[1] HÖLDER, LUDWIG OTTO, 22. 12. 1859 in Stuttgart geboren, studierte 1877 bis 1882 in Stuttgart, Berlin, Tübingen und Leipzig. In Tübingen wurde er 1882 Dr. scient. nat. und in Göttingen 1884 Dr. phil., 1884 Dozent und 1889 Professor in Göttingen, dann in Tübingen und 1896 in Königsberg; seit 1899 war er in Leipzig, wo er am 29. 8. 1937 starb. Nachruf von B. v. D. WAERDEN in Math. Ann. **116** (1939) 157—165.

Ungleichung"[1]

$$\left(\sum_j |x_j + y_j|^p\right)^{1/p} \leq \left(\sum_j |x_j|^p\right)^{1/p} + \left(\sum_j |y_j|^p\right)^{1/p}.$$

Ersetzt man x_j und y_j durch $(a_j)^{1/p} x_j$ bzw. $(a_j)^{1/p} y_j$ mit festen Konstanten $a_j > 0$, so erhält man

$$\left(\sum_j a_j |x_j + y_j|^p\right)^{1/p} \leq \left(\sum_j a_j |x_j|^p\right)^{1/p} + \left(\sum_j a_j |y_j|^p\right)^{1/p}. \tag{2.4}$$

2.2 Der topologische Raum

Wie bereits in Nr. 1.1 gesagt, ist ein „Raum" R zunächst nur eine nichtleere Menge von Elementen $f, g, \ldots$, die auch „Punkte" des Raumes genannt werden.

Definition: Der Raum R heißt ein „topologischer Raum", wenn es in ihm ein System von Teilmengen, welche „abgeschlossen" heißen, gibt mit den Eigenschaften

1. R sowie die leere Menge sind abgeschlossen.

2. Die Vereinigung endlich vieler abgeschlossener und der Durchschnitt beliebig (auch unendlich) vieler abgeschlossener Mengen sind wieder abgeschlossene Mengen.

Definition: Jede bezüglich R komplementäre Menge einer abgeschlossenen Menge heißt offene Menge. Insbesondere sind R und die leere Menge offen.

Definition: Das System aller offenen Mengen von R heißt eine „Topologie" von R. Es folgt als äquivalent zur Bedingung 2 (unmittelbar durch Betrachtung der Komplementärmengen): Der Durchschnitt endlich vieler offener und die Vereinigung beliebig vieler offener Mengen sind wieder offene Mengen.

---

[1] MINKOWSKI, HERMANN, wurde am 22. 6. 1864 zu Alexoten in Rußland geboren, kam als Kind nach Deutschland und trat 1872 in ein Königsberger Gymnasium ein, das er schon 1880 mit dem Zeugnis der Reife verließ. 1880—1884 studierte er in Königsberg und Berlin. Schon 1881 bearbeitete er eine Preisfrage der Pariser Akademie über die Zerlegungen einer ganzen Zahl in eine Summe von fünf Quadraten, wobei er das gestellte Thema weit überschritt und eine ausführliche Theorie entwickelte. 1885 Promotion in Königsberg. In seiner Habilitationsarbeit (Bonn 1887) kam er zum Begriff des konvexen Körpers und zur MINKOWSKIschen Geometrie; 1896 erschien der erste Teil der ‚Geometrie der Zahlen' (die von ihm selbst nicht vollendet wurde). MINKOWSKI hatte starkes Interesse an der Physik, speziell den neu entstehenden Theorien EINSTEINS und PLANCKS, hielt selbst Vorlesungen und Vorträge über Themen aus der Physik. 1892 wurde er a. o. Professor in Bonn; er ging dann nach Königsberg, 1896 an das Eidgenössische Polytechnikum in Zürich und 1902 nach Göttingen, wo er am 12. 1. 1909 starb.
Gesammelte Abhandlungen von HERMANN MINKOWSKI, herausgegeben von DAVID HILBERT, Leipzig und Berlin 1911. Darin ein Bild und Gedächtnisrede D. HILBERTS vom 1. 5. 1909.

Definition: Die „abgeschlossene Hülle" $\overline{M}$ einer gegebenen Menge M ist der Durchschnitt aller abgeschlossenen Mengen, die M enthalten.

Definition: Jede offene Menge U, die ein gegebenes Element f enthält, heißt eine „Umgebung" von f. Allgemeiner: Jede offene Menge U, die eine gegebene abgeschlossene Menge M enthält, heißt eine Umgebung von M.

Ferner folgt aus den Definitionen unmittelbar: Eine Teilmenge M von R ist genau dann offen, wenn sie mit jedem ihrer Punkte P auch eine Umgebung U_p dieses Punktes enthält. (Ist nämlich M offen, so ist $U_p = M$ wählbar; enthält andererseits M zu jedem P eine Umgebung U_p, so ist M als Vereinigung aller U_p offen). Und: Eine Teilmenge M von R ist genau dann abgeschlossen, wenn alle ihre Häufungspunkte zu ihr gehören; hierbei ist benutzt:

Definition: Ein Element f heißt „Häufungspunkt" (kurz HP) einer Menge M, wenn jede Umgebung von f mindestens ein von f verschiedenes Element $h \in M$ enthält.

Ein HP von M braucht natürlich nicht zu M zu gehören. (Da in HAUSDORFFschen Räumen eine offene Menge bei Herausnahme eines Punktes offen bleibt — Definition folgt noch in dieser Nummer —, folgt sofort: ist f ein HP der Menge M und enthält M unendlich viele Elemente, so enthält jede Umgebung von f unendlich viele von f verschiedene Elemente von M.)

Definition: Inneres J einer Menge M ist die Vereinigung aller offenen Teilmengen von M. Jedes Element $f \in J$ heißt inneres Element von M (innerer Punkt von M).

Definition: Jeder HP von M, der nicht innerer Punkt von M ist, heißt Randpunkt von M, er braucht nicht zu M zu gehören.

Definition: Eine Menge A heißt „dicht" in einer Menge B, wenn in jeder Umgebung eines beliebigen Punktes von B mindestens ein Punkt von A liegt, d. h. wenn die abgeschlossene Hülle von A mit der von B übereinstimmt.

Es ist dann jeder Punkt von B zugleich HP von A.

Definition: Ein Element g heißt „Grenzpunkt" einer Folge $f_1, f_2, \ldots$ von Elementen, wenn in jeder Umgebung von g „fast alle" Elemente der Folge f_n (d. h. alle bis auf endlich viele) liegen.

So gelangt man schnell zum Begriff des Limes einer Elementenfolge in einem topologischen Raum; doch ist in dieser Allgemeinheit der Limes nicht eindeutig, und es ist daher für unsere Zwecke der topologische Raum ein zu allgemeiner Begriff.

Zur Erläuterung seien 2 Beispiele topologischer Räume betrachtet. Es werden für beide Räume $R_{(1)}$ und $R_{(2)}$ die Punkte der x-y-Ebene als Elemente genommen. Bei $R_{(1)}$ werden abgeschlossene und offene Mengen wie in der gewöhnlichen Punktmengenlehre eingeführt. Bei $R_{(2)}$ werden dagegen diese Mengen so definiert: Es sei N eine beliebige offene (bzw. abgeschlossene) Menge reeller Zahlen x. Dann sei die Menge M der Punkte (x, y) mit $x \in N$, y beliebig eine offene (bzw. abgeschlossene) Menge von $R_{(2)}$. Jede Umgebung eines Punktes x_0, y_0 enthält also einen ganzen zur y-Achse parallelen Streifen, Abb. 2/2. Zwei Punkte x_0, y_0 und x_1, y_1 mit $x_0 = x_1$ haben dieselben Umgebungen; konvergiert eine Punktfolge gegen einen Punkt P, so sind zugleich alle Punkte mit derselben x-Koordinate Grenzpunkte der Folge. Bei $R_{(1)}$ ist das Grenz-element einer Punktfolge, falls vorhanden, eindeutig fest-gelegt, bei $R_{(2)}$ aber nicht.

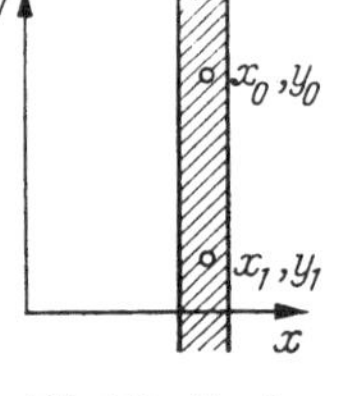

Abb. 2/2. Quasi-metrischer Raum

Um die Eindeutigkeit des Grenzelementes, die für viele Betrachtungen in der Analysis wesentlich ist, zu sichern, kann man sog. „Trennungsaxiome" benutzen, und je nachdem man sie für Punkte oder für abgeschlossene Mengen formuliert, erhält man die folgenden 3 Arten von Räumen.

Definition[1]: Ein „HAUSDORFFscher Raum" ist ein topologischer Raum R mit der Eigenschaft:

Zu jedem Paar von Elementen f und g mit $f \neq g$ existieren Um-gebungen U_f und U_g von f bzw. g, deren Durchschnitt $U_g \cap U_f = \emptyset$ ist. Man kann dann zeigen, daß jedes Element $f \in R$ abgeschlossen ist.

Definition: Ein „regulärer Raum" R ist ein HAUSDORFFscher Raum mit der Eigenschaft: Zu jedem Element f und jeder f nicht enthaltenden abgeschlossenen Teilmenge A von R existieren Umgebungen U_f, U_A mit $U_f \cap U_A = \emptyset$.

Definition: Ein „normaler Raum" R ist ein HAUSDORFFscher Raum R mit der Eigenschaft: Zu jedem Paar abgeschlossener elemente-fremder (punktfremder) Teilmengen A, B von R existieren Umgebun-gen U_A bzw. U_B mit $U_A \cap U_B = \emptyset$.

In einem HAUSDORFFschen Raum ist ein etwa vorhandenes Grenz-element f einer Punktfolge f_n eindeutig festgelegt; ist nämlich g ein von f verschiedenes Element, so wähle man zwei Umgebungen U_f, U_g von f bzw. g mit $U_f \cap U_g = \emptyset$, und U_g kann höchstens endlich viele Ele-mente der Folge f_n enthalten.

2.3 Quasimetrische und metrische Räume

Für die Anwendungen in der numerischen Mathematik müssen wir aber nun in unserem Raume *messen* können, und so brauchen wir ein

---

[1] HAUSDORFF, FELIX, geboren 8. 11. 1868 in Breslau, gestorben 26. 1. 1942, studierte 1887—1890 in Leipzig, Freiburg/Br. und Berlin. Promotion 1891 Leipzig; 1895 Privatdozent, 1902 Professor in Leipzig, 1910 in Bonn, 1913 in Greifswald und 1921 wieder in Bonn; siehe Chronik der Univ. Bonn **64** (1949) 62.

Maß für den Abstand von Elementen. Dazu wird zunächst ein „Quasi-abstand" eingeführt.

Definition: Ein Raum R heißt „quasimetrisch" mit dem Quasi-abstand $q(f, g)$, wenn je zwei Elementen $f, g \in R$ eine reelle Zahl q zugeordnet ist mit

$$q(f, f) = 0, \tag{2.5}$$

$$q(f, h) \leq q(f, g) + q(h, g) \tag{2.6}$$

für irgend drei $f, g, h \in R$ (Dreiecksungleichung).

Einfache Folgerungen hieraus sind:

Der Quasiabstand ist symmetrisch und positiv semidefinit. $f = g$ in (2.6) eingesetzt ergibt $q(f, h) \leq q(g, g) + q(h, f)$, wobei $q(g, g) = 0$ nach (2.5); also $q(f, h) \leq q(h, f)$. Bei Vertauschung der Reihenfolge der Elemente wird also q höchstens größer, d. h. $q(f, h) \leq q(h, f) \leq q(f, h)$ oder

$$q(f, h) = q(h, f) \tag{2.7}$$

(Symmetrie).

$f = h$ in (2.6) eingesetzt ergibt $0 \leq 2q(h, g)$ oder $q(h, g) \geq 0$ (positiv semidefinit).

Aus

$$q(f, g) \geq q(f, h) - q(g, h)$$

und

$$q(f, g) \geq q(g, h) - q(f, h)$$

folgt

$$|q(f, h) - q(g, h)| \leq q(f, g). \tag{2.8}$$

Man kann in einem quasimetrischen Raum R bei gegebenem Element f und einer positiven Zahl ε eine „Quasikugel" $S(f, \varepsilon)$ einführen als Menge aller Elemente g mit $q(g, f) < \varepsilon$; dann heißt f ihr Zentrum und ε ihr Radius, und man kann eine Menge M in R als offen definieren, wenn zu jedem Punkt $f \in M$ eine Quasikugel mit f als Zentrum existiert, die zu M gehört. Ebenfalls definiert man die leere Menge als offen. Damit ist eine Topologie in R erklärt. Der Durchschnitt D endlich vieler offener Mengen M_j $(j = 1, \ldots, p)$ ist dann wieder offen; denn ist f ein Punkt von D, so gibt es eine Quasikugel $S_j(f, \varepsilon_j) \subseteq M_j$; ist $\delta = \min_j \varepsilon_j$, so liegt die Quasikugel $S(f, \delta)$ in D. Ferner ist die Vereinigung beliebig vieler offener Mengen wieder offen; also kann jeder quasimetrische Raum zugleich als topologischer Raum aufgefaßt werden.

Ein Beispiel eines quasimetrischen Raumes ist der Raum $R_{(2)}$ der Punkte der x-y-Ebene, wenn man als Quasiabstand zweier Punkte $P_j = (x_j, y_j)$ für $j = 1, 2$ einführt

$$q(P_1, P_2) = |x_1 - x_2|.$$

Dieses Beispiel zeigt, daß ein quasimetrischer Raum kein HAUSDORFF-scher Raum zu sein braucht und daß der Begriff des quasimetrischen Raumes noch nicht ganz für die Anwendungen geeignet ist. Das wird jedoch erreicht, wenn man noch fordert, daß der Abstand zweier Elemente f, g *nur* verschwindet für $f = g$. So kommt man zum metrischen Raum.

Definition: Ein Raum R heißt „metrisch", wenn je 2 Elementen f, $g \in R$ eine reelle Zahl $\varrho = \varrho(f, g)$ als Abstand ϱ zugeordnet ist mit $\varrho(f, g) = 0$ genau für $f = g$ und

$$\varrho(f, h) \leq \varrho(f, g) + \varrho(h, g) \quad \text{für} \quad f, g, h \in R. \tag{2.9}$$

Da ein metrischer Raum quasimetrisch ist, ist wie in (2.7) der Abstand ϱ symmetrisch und positiv definit

$$\varrho(f, g) = \varrho(g, f), \quad \varrho(f, g) \geq 0 \quad \text{für alle} \quad f, g \in R. \tag{2.10}$$

Die für quasimetrische Räume genannte Topologie wird weiterhin auch bei den metrischen Räumen zugrunde gelegt.

Definition: Alle Elemente g mit $\varrho(f, g) < r$ (bzw. $\leq r$) und $r > 0$ bilden eine offene (bzw. abgeschlossene) Kugel vom Radius r mit dem Mittelpunkt f. Die offene Kugel werde mit $S(f, r)$ bezeichnet.

Definition: Der Abstand zweier Teilmengen A, B eines metrischen Raumes ist festgelegt durch

$$\varrho(A, B) = \inf \varrho(f, g), \tag{2.11}$$

wenn f die Menge A und g die Menge B durchläuft, $f \in A$, $g \in B$ (A oder B oder beide dürfen auch nur aus einem Punkt bestehen).

Ist M eine abgeschlossene Menge im metrischen Raum R und f ein beliebiger Punkt von R, so sind nur die 3 Fälle möglich:

1. Es gibt eine Kugel $S(f, \varepsilon)$ mit $\varepsilon > 0$, die keinen Punkt von M enthält; dann ist der Abstand $\varrho(f, M) > 0$.

2. Es gibt eine Kugel $S(f, \varepsilon)$ mit $\varepsilon > 0$, die außer f keinen Punkt von M enthält, dann heißt f ein „isolierter Punkt" von M.

3. Für jedes $\varepsilon > 0$ liegt in der Kugel $S(f, \varepsilon)$ ein von f verschiedener Punkt von M; dann ist f Häufungspunkt von Punkten von M und gehört daher selbst zu M.

Also gilt: f gehört genau dann zur abgeschlossenen Menge M, wenn $\varrho(f, M) = 0$ ist.

Satz: *Jeder metrische Raum R ist zugleich ein normaler Raum.*

Beweis: Es seien A und B zwei punktfremde abgeschlossene Mengen im metrischen Raum R. Es sei M die Menge der Punkte f mit

$$\varrho(f, A) < \varrho(f, B)$$

und N die Menge der Punkte f mit $\varrho(f, A) > \varrho(f, B)$. Es sind M und N punktfremd; ferner ist $A \subseteq M$, da für $f \in A$ gilt $\varrho(f, A) = 0$, $\varrho(f, B) > 0$, ebenso $B \subseteq N$. Nun ist M eine offene Menge; denn sei $g \in M$ und $\varrho(g, B) - \varrho(g, A) = \delta$; es ist $\delta > 0$. Sei h ein Element der Kugel $S(g, \frac{1}{3}\delta)$. Wegen (2.8) ist $|\varrho(h, k) - \varrho(g, k)| < \frac{1}{3}\delta$ für alle $k \in R$; also gilt auch für die Infima

$$|\varrho(h, A) - \varrho(g, A)| \leq \tfrac{1}{3}\delta,$$
$$|\varrho(h, B) - \varrho(g, B)| \leq \tfrac{1}{3}\delta,$$

mithin $\varrho(h, B) - \varrho(h, A) \geq \delta - \frac{1}{3}\delta - \frac{1}{3}\delta = \frac{1}{3}\delta$, d. h. $h \in M$; es ist somit M offen und daher eine Umgebung von A, ebenso N eine Umgebung von B, und R ist normal. (Auf dieselbe Weise kann man zeigen, daß jeder metrische Raum auch ein HAUSDORFFscher Raum ist, indem man im Beweis als A und B Punkte verwendet.)

Beispiele topologischer Räume. (Viele weitere Beispiele folgen in Nr. 2.5)

Beispiel 1. Folgende 3 Räume sind topologische, aber nicht HAUSDORFFsche Räume. Elemente des Raumes R sind die Punkte der x-y-Ebene. Als Topologie wird außer R und $\emptyset$ die Gesamtheit der offenen Kreise (und jede Menge, die sich durch Bildung endlicher Durchschnitte und beliebiger Vereinigungen aus diesen Kreisen herleiten läßt) gewählt, die

Beispiel a) ihren Mittelpunkt auf der x-Achse haben,

Beispiel b) den Koordinatenursprung $x = y = 0$ als Mittelpunkt haben,

Beispiel c) den Radius $\frac{1}{2}$ und als Mittelpunkt einen Punkt mit ganzzahlig rationalen x, y haben.

Beispiel 2: R sei der Raum der reellen oder komplexen Zahlen. Der Abstand ϱ zweier Elemente f, g aus R sei $\varrho(f, g) = \varphi(|f - g|)$. Die Funktion $\varphi(x)$ sei für $x \geq 0$ definiert, zweimal stetig differenzierbar, streng monoton wachsend mit $\varphi'(x) > 0$, und es sei $\varphi(0) = 0$. Dann ist $\varrho(f, g) = 0$ genau für $f = g$.

Beispiel 2a: Nun sei überdies $\varphi''(x) \leq 0$. Dann ist wegen $\varphi(x_1 + x_2) \leq$ $\leq \varphi(x_1) + \varphi(x_2)$ die Dreiecksungleichung erfüllt (anschaulich evident, der Beweis werde hier unterdrückt), und es liegt ein metrischer Raum vor.

Beispiel 2b: Spezialfall $\varphi(x) = x$. Hier ist der Abstand der bekannte EUKLIDische Abstand.

Beispiel 2c: Spezialfall $\varphi(x) = \dfrac{x}{1 + x}$, Abb. 2/3.

Hier haben die Abstände ϱ nur Werte aus dem Intervall $0 \leq \varrho < 1$.

Beispiel 2d: Nun werde $\varphi''(x) > 0$ an Stelle von $\varphi'' \leq 0$ vorausgesetzt, dann ist die Dreiecksungleichung verletzt. Der Raum R ist jetzt normal (Beweis!), aber nicht mehr metrisch.

Beispiel 2e: Als Grenzfall kann man die Funktion $\varphi(x) = \mathrm{sgn}\, x$ nehmen, dann ist also

$$\varrho(f, g) = \begin{cases} 0 & \text{für} \quad f = g, \\ 1 & \text{für} \quad f \neq g; \end{cases}$$

und man erhält einen metrischen Raum. Hierbei brauchen überdies f, g nicht notwendig Zahlen zu sein, sondern können irgendwelche Elemente sein.

Beispiel 3: In der Funktionentheorie spielt der „chordale Abstand" $\chi(f, g)$ zweier komplexer Zahlen f, g eine wichtige Rolle, vgl. BEHNKE-SOMMER [55], S. 16. Es ist

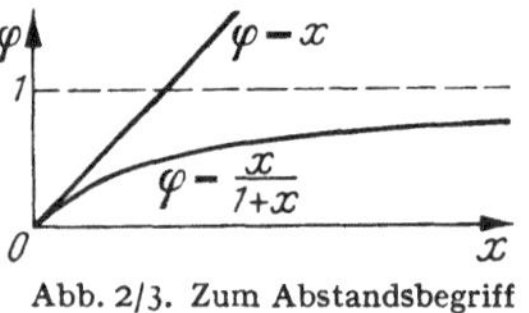

Abb. 2/3. Zum Abstandsbegriff

$$\chi(f, g) = \frac{|f - g|}{\sqrt{(1 + |f|^2)(1 + |g|^2)}}. \qquad (2.12)$$

Es darf hierbei auch f oder g die Zahl ∞ sein. Es ist stets $\chi(f, g) \leq 1$. Bettet man die GAUSS-sche Zahlenebene der Zahlen $x + iy$ in den dreidimensionalen EUKLIDischen $x\,y\,z$-Raum ein und ordnet einer komplexen Zahl $x + iy$ auf der „Zahlenkugel" $x^2 + y^2 + z^2 = z$ den Punkt P zu, der sich durch Projektion der Zahl $x + iy$ vom „Nordpol"

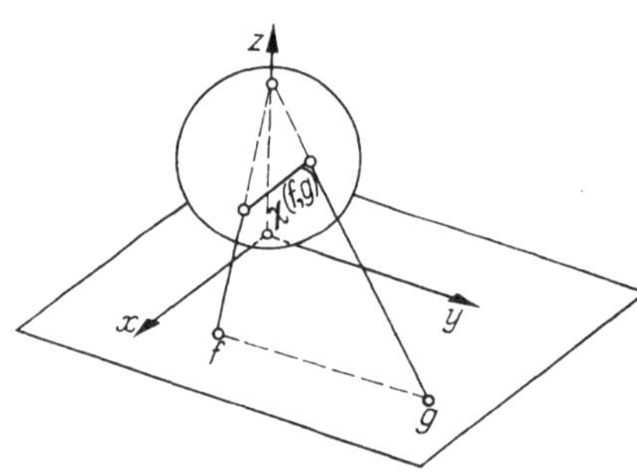

Abb. 2/4. Chordaler Abstand

$x = 0, y = 0, z = 1$ aus auf die Kugel ergibt, so ist, wie man elementar nachrechnet, $\chi(f, g)$ der EUKLIDische Abstand der Bildpunkte von f und g, Abb. 2/4. Aus dieser geometrischen Deutung folgt sofort, daß der chordale Abstand die Dreiecksungleichung (2.9) erfüllt.

Beispiel 4: $C\langle B\rangle$ sei der Raum der über einem abgeschlossenen, beschränkten Bereich B des R_n definierten stetigen reell- oder komplexwertigen Funktionen $f(x_1, \ldots, x_n)$ oder kurz $f(x)$. Der Abstand zweier Elemente f, g sei $\varrho(f, g) = \varphi(r)$ mit $r = \underset{B}{\mathrm{Max}}|f - g|$. Über $\varphi(r)$, $r \geq 0$ mögen die Voraussetzungen von Beispiel 2 gelten. R ist dann im Falle $\varphi''(r) \leq 0$ ein metrischer und im Falle $\varphi''(r) > 0$ ein nicht mehr metrischer Funktionenraum.

Beispiel 5: Einen besonders wichtigen Fall eines metrischen Raumes erhält man für den Raum R von Beispiel 4 bei dem Abstand

$$\varrho(f, g) = \underset{x \in \langle B\rangle}{\mathrm{Max}}\big(p(x)\,|f(x) - g(x)|\big), \qquad (2.13)$$

wobei $p(x)$ eine in B definierte positive stetige Funktion ist.

Beispiel 6: Der Raum R der (reellen oder komplexen) Zahlenfolgen f_n ist metrisch, wenn man als Abstand zweier Folgen $f = \{f_n\}$ und $g = \{g_n\}$ definiert

$$\varrho(f, g) = \sum_{n=1}^{\infty} c_n \frac{|f_n - g_n|}{1 + |f_n - g_n|}. \tag{2.14}$$

Dabei ist $\sum c_n$ eine beliebige konvergente Reihe mit positiven Zahlen, z. B. $c_n = 2^{-n}$.

Beispiel 7: Ein Raum R, der nicht topologisch ist: Als Elemente werden wieder die Punkte der x-y-Ebene genommen, und die im Sinne der gewöhnlichen Punktmengenlehre offenen konvexen Gebiete werden als „offene Mengen" in R erklärt. Das Trennungsaxiom der HAUSDORFF-schen Räume ist hier erfüllt, der Durchschnitt endlich vieler offener konvexer Mengen ist wieder offen und konvex, aber die Vereinigung zweier offener konvexer Gebiete braucht nicht wieder konvex zu sein.

Beispiel 8: Der reelle oder komplexe Punktraum R_n der Punkte $x = (x_1, \ldots, x_n)$ ist metrisch bei den folgenden Abständen

$$\varrho(x, y) = \left\{ \sum_{j=1}^{n} p_j |x_j - y_j|^q \right\}^{1/q}, \tag{2.15}$$

mit p_j reell > 0 und $1 \leqq q \leqq \infty$ mit den Spezialfällen

$$q = 1: \quad \varrho(x, y) = \sum_{j=1}^{n} p_j |x_j - y_j|, \tag{2.16}$$

$$q = 2: \quad \varrho(x, y) = \sqrt{\sum_{j=1}^{n} p_j |x_j - y_j|^2} \tag{2.17}$$

(für $p_j = 1$ der gewöhnliche EUKLIDische Abstand),

$$\varrho(x, y) = \operatorname*{Max}_{j} (p_j |x_j - y_j|). \tag{2.18}$$

Für $p_j = 1$ entsteht hieraus [das geht aus (2.15) für $q \to \infty$ hervor]

$$\varrho(x, y) = \operatorname*{Max}_{j} (|x_j - y_j|).$$

Beispiel 9 (hyperbolische Metrik): In der komplexen Zahlenebene bilden die Punkte z des offenen Einheitskreises $|z| < 1$ bei dem Abstand der hyperbolischen Geometrie

$$\varrho(z_1, z_2) = \frac{1}{2} \ln \frac{1 + u}{1 - u} \quad \text{mit} \quad u = \left| \frac{z_1 - z_2}{1 - \bar{z}_1 z_2} \right|$$

einen metrischen Raum (aber nicht einen linearen Raum, vgl. Nr. 2.4).

2.4 Lineare Räume

Definition: Ein Raum R heißt linear (bezüglich eines Zahlkörpers K), wenn in ihm eine Addition von Elementen und eine Multiplikation von Elementen mit Zahlen aus K definiert ist, die den Regeln wie in der Vektoralgebra genügen; d. h. genauer:

Mit $f_j \in R$ und $c_j \in K$ soll auch $\sum_{j=1}^{n} c_j f_j$ zu R gehören. (Hat eine Menge R diese Eigenschaft, so ist sie eine „lineare Mannigfaltigkeit".) Bezüglich der Addition soll R eine ABELsche Gruppe bilden, d. h. es soll

$$f_1 + f_2 = f_2 + f_1, \quad (f_1 + f_2) + f_3 = f_1 + (f_2 + f_3), \quad \text{für} \quad f_j \in R \qquad (2.19)$$

gelten; es gibt ein „Nullelement" Θ in R mit $\Theta + f = f$ für $f \in R$, und es gibt zu f ein „inverses Element" (man schreibt dafür kurz: $-f$) mit $f + (-f) = f - f = \Theta$.

Bezüglich der Multiplikation soll gelten für f, $f_j \in R$ und c, $c_j \in K$:

$$c_1 (c_2 f) = (c_1 c_2) f \quad \text{(Assoziativgesetz)},$$

$$c (f_1 + f_2) = c f_1 + c f_2, \quad (c_1 + c_2) f = c_1 f + c_2 f \quad \text{(Distributivgesetze)}$$

$$1 \cdot f = f.$$

Setzt man im zweiten Distributivgesetz $c_1 = 1$, $c_2 = 0$, so folgt

$$0 \cdot f = \Theta \quad \text{für alle} \quad f \in R.$$

Ferner ergibt $f_2 = \Theta$ im ersten Distributivgesetz:

$$c \cdot \Theta = \Theta \quad \text{für alle} \quad c \in K.$$

Definition: n Elemente $f_1, \ldots, f_n$ eines linearen Raumes R heißen voneinander linear abhängig, wenn es Zahlen c_j aus K gibt, die nicht sämtlich verschwinden, mit

$$\sum_{j=1}^{n} c_j f_j = \Theta. \qquad (2.20)$$

Sie heißen voneinander linear unabhängig, wenn eine Beziehung (2.20) mit Koeffizienten $c_j \in K$ nur für $c_j = 0$ besteht.

Definition: Existieren in einem linearen Raum R d voneinander linear unabhängige Elemente, während $(d + 1)$ Elemente stets linear abhängig sind, so nennt man d die Dimension oder Dimensionszahl von R. Gibt es abzählbar oder überabzählbar unendlich viele voneinander linear unabhängige Elemente in R, so ist $d = \infty$.

Definition: Die Gesamtheit der Elemente

$$(1 - c) f + c g, \qquad (2.21)$$

wobei f und g zwei verschiedene Elemente von R sind und c den Zahlkörper K durchläuft, bildet die „Gerade" durch f und g; durchläuft c nur die Zahlen von K mit $0 \leqq c \leqq 1$, so bildet die entstehende Menge die „Verbindungsstrecke" von f und g, und für $c = \frac{1}{2}$ erhält man den „Mittelpunkt" $\frac{1}{2}(f + g)$ der „Strecke fg".

Definition: Eine Teilmenge M von R heißt „konvex", wenn mit f und g stets auch die Verbindungsstrecke von f und g zu M gehört.

In den Anwendungen hat man es fast nur mit linearen Räumen zu tun.

Beispiel: Ebene Kräftegruppen. Eine Kraft k in der Mechanik wird als „linienflüchtiger Vektor" aufgefaßt. Eine Kraft wird (abgesehen von der physikalischen Dimension) durch ein Punktepaar P_1, P_2 festgelegt, wobei 2 Punktepaare $P_1 P_2$ und $P_3 P_4$ genau dann miteinander identifiziert werden, wenn die Vektoren $\overrightarrow{P_1 P_2}$ und $\overrightarrow{P_3 P_4}$ übereinstimmen und wenn die 4 Punkte P_j ($j = 1, \ldots, 4$) auf einer Geraden liegen, die dann die Wirkungslinie der Kraft heißt. Eine Kraft k kann also festgelegt werden durch eine Gerade g und einen Vektor v, der zu g parallel ist. Die Multiplikation mit reellen Faktoren c kann erklärt werden, indem $c\,k$ die Kraft bedeutet, die dieselbe Wirkungslinie g wie k und als Vektor $c\,v$ hat. 2 Kräfte k_j ($j = 1, 2$) mit den Wirkungslinien g_j und den Vektoren v_j kann man addieren, wenn die Wirkungslinien g_j sich in einem endlichen Punkt P schneiden; dann werden die Kräfte nach dem bekannten Kräfteparallelogrammgesetz (Abb. 2/5, Teil a) durch eine Einzelkraft $k = k_1 + k_2$ ersetzt. Es gibt aber bereits bei den

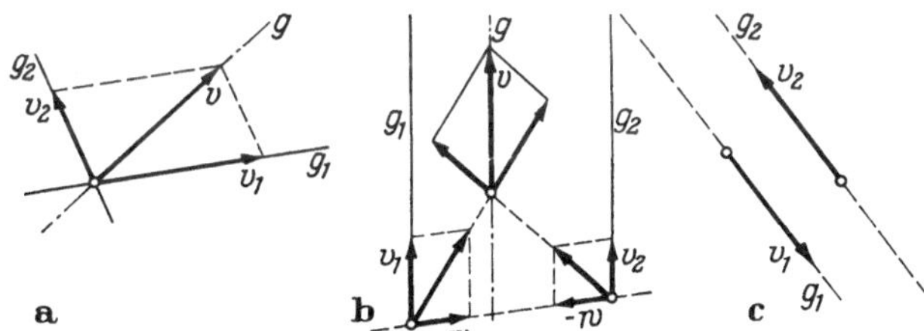

Abb. 2/5 a—c. Ebene Kräftegruppen

Kräften in der Ebene eine Ausnahme, wenn nämlich der Schnittpunkt P nicht im Endlichen liegt. Wenn dann $v_1 + v_2 \neq \Theta$ ist, kann man durch eine besondere Konstruktion, Abb. 2/5, Teil b, auch in diesem Falle noch eine Einzelkraft $k = k_1 + k_2$ als Summe definieren; wenn jedoch g_1 zu g_2 parallel (aber nicht zusammenfallend) und $v_1 + v_2 = \Theta$ ist, liegt der besondere Fall des „Kräftepaares" Abb. 2/5, Teil c, vor, und ein solches Kräftepaar oder „Moment" ist keiner Einzelkraft gleichwertig. Die Menge der Einzelkräfte bildet daher weder in der Ebene R_2 noch im dreidimensionalen EUKLIDischen Raum R_3 einen linearen Raum. Wohl aber bildet in der Ebene die Menge der Einzelkräfte und Kräftepaare zusammengenommen einen linearen Raum; und im R_3 bildet die Menge der Kraftsysteme einen linearen Raum. Es zeigt sich hier, daß die beiden zuletzt genannten Mengen, welche lineare Räume bilden, auch physikalisch wichtige Begriffe darstellen.

2.5 Normierte Räume

Definition: Ein linearer metrischer Raum R heißt „supermetrisch", wenn für die Abstände ϱ gilt

$$\varrho(f_1, f_2 + f_3) = \varrho(f_1 - f_3, f_2) \quad \text{für jedes Tripel} \quad f_1, f_2, f_3 \in R. \quad (2.22)$$

Das Beispiel 3 von Nr. 2.3 mit dem chordalen Abstand (2.12) liefert einen metrischen Raum, der nicht supermetrisch ist; denn für $f_1 = f_2 = f_3 = 1$ wird

$$\varrho(1, 2) = \chi(1, 2) = \frac{1}{\sqrt{10}} \quad \text{verschieden von}$$

$$\varrho(0, 1) = \chi(0, 1) = \frac{1}{\sqrt{2}}.$$

In jedem supermetrischen Raum gilt

$$\varrho(f_1 + f_2, f_3 + f_4) \leqq \varrho(f_1, f_3) + \varrho(f_2, f_4) \quad \text{für} \quad f_j \in R; \qquad (2.23)$$

denn die linke Seite ist gleich

$$\varrho(f_1, f_3 + f_4 - f_2) \leqq \varrho(f_1, f_3) + \varrho(f_3, f_3 + f_4 - f_2) = \varrho(f_1, f_3) + \varrho(f_2, f_4).$$

In jedem supermetrischen Raum kann man eine „Norm" eines Elementes

$$\|f\| = \varrho(f, \Theta)$$

einführen; für diese gilt dann

$$\|f\| = 0 \quad \text{genau für} \quad f = \Theta,$$

$$\|f + g\| \leqq \|f\| + \|g\|, \qquad (2.24)$$

$$\big|\, \|f\| - \|g\| \,\big| \leqq \|f - g\|. \qquad (2.25)$$

Die letzte Ungleichung folgt aus (2.8) für $h = \Theta$ und (2.22) für $f_1 = f$, $f_2 = \Theta$, $f_3 = g$.

Wenn man für die Norm noch zusätzlich eine Homogenitätsforderung stellt, kommt man zum normierten Raum.

Die in den Anwendungen auftretenden supermetrischen Räume sind oft auch normierte Räume. Die supermetrischen Räume werden hier eingeführt, um jeweils deutlich zu zeigen, bei welchen Anwendungen man mit dem Abstandsbegriff allein auskommt und wann man eine Norm mit dem Postulat der Homogenität braucht.

Definition: Ein Raum R heißt normiert, wenn er linear ist und jedem $f \in R$ eine reelle Zahl $\|f\|$ („Norm" von f) zugeordnet ist mit

1. $\|f\| = 0$ gilt genau für $f = \Theta$ (Definitheit)
2. $\|f + g\| \leqq \|f\| + \|g\|$ (Dreiecksungleichung für $f, g \in R$)
3. $\|c f\| = |c|\, \|f\|$ (Homogenität für $f \in R, c \in K$)

Folgerungen: Für $c = -1$ sagt die letzte Forderung aus: $\|-f\| = \|f\|$. Ein normierter Raum R ist zugleich ein (linearer) supermetrischer Raum, denn man kann 2 Elementen $f, g \in R$ z. B. die reelle Zahl $\varrho(f, g) = \|f - g\|$ zuordnen, und dann sind alle Forderungen für den Abstand erfüllt.

Umgekehrt kann in einem linearen supermetrischen Raum R (z. B.) die Norm von f als Abstand vom Nullelement eingeführt werden, d. h. $\|f\| = \varrho(f, \Theta)$, wenn für diese Norm in R die Forderung 3 der Homogenität erfüllt ist.

Beispiel: Der Raum R der komplexen Zahlen z mit dem Abstand

$$\varrho(z_1, z_2) = \frac{|z_1 - z_2|}{1 + |z_1 - z_2|} \qquad \text{(Beispiel 2c von Nr. 2.3)}$$

ist supermetrisch, aber nicht normiert. In diesem Beispiel sind die Abstände beschränkt: $0 \leqq \varrho \leqq 1$. In Beispiel 2 von Nr. 2.3 sind alle Räume, die metrisch, aber nicht normiert sind, zugleich supermetrisch.

Satz: *In jedem normierten Raum R ist jede offene sowie jede abgeschlossene Kugel S mit dem Radius $r > 0$ und dem Mittelpunkt m konvex.*

Es seien f und g Elemente von S, also, wenn der Beweis etwa für die offene Kugel geführt wird,

$$\|f - m\| < r, \qquad \|g - m\| < r.$$

Es wird der Abstand eines Punktes $(1 - c)\,f + c\,g$ (mit $0 \leqq c \leqq 1$) der Verbindungsstrecke $f\,g$ vom Mittelpunkt abgeschätzt und gezeigt, daß er $< r$ ist, daß also die Verbindungsstrecke auch der Kugel angehört:

$$\|(1 - c)\,f + c\,g - m\| = \|(1 - c)\,(f - m) + c\,(g - m)\| \leqq$$
$$\leqq \|(1 - c)\,(f - m)\| + \|c\,(g - m)\| < (1 - c) \cdot r + c \cdot r = r.$$

Beispiele normierter Räume:

Beispiel 1: Der reelle oder komplexe Punktraum R_n mit den Elementen (Punkten) $x = (x_1, \ldots, x_n)$ ist normiert bei den folgenden Normen. (Dies ist als Spezialfall $y = 0$ in Beispiel 8 von Nr. 2.3 enthalten, sei aber wegen seiner Wichtigkeit hier nochmals genannt.)

$$\text{a)} \quad \|x\| = \operatorname*{Max}_{j}\left(p_j\,|x_j|\right), \qquad p_j \text{ reell} > 0 \qquad (2.26)$$

oder

$$\text{b)} \quad \|x\| = \left[\sum_{j=1}^{n} p_j\,|x_j|^q\right]^{1/q}, \qquad p_j > 0, \quad 1 \leqq q < \infty. \qquad (2.27)$$

Daß die Forderungen für eine Norm erfüllt sind, ist bei a) unmittelbar zu sehen und folgt bei b) aus der MINKOWSKISCHEN Ungleichung (2.4).

Spezialfälle von b) sind

$$\text{b}_1) \quad q = 1, \quad \|x\| = \sum_{j=1}^{n} p_j\,|x_j| \qquad (2.28)$$

$$\text{b}_2) \quad q = 2, \quad \|x\| = \sqrt{\sum_{j=1}^{n} p_j\,|x_j|^2}. \qquad (2.29)$$

Dies ist für $p_j = 1$ der gewöhnliche EUKLIDische Abstand vom Ursprung.

$$p_{j.} = 1, \quad q \to \infty,$$

$$b_3) \quad \|x\| = \underset{j}{\text{Max}} \, |x_j|, \quad \text{vgl. Beispiel a).} \tag{2.30}$$

In § 9 werden Vektornormen ausführlich besprochen.

Beispiel 2: $C\langle B\rangle$ sei der in Beispiel 4 von Nr. 2.3 eingeführte Raum der im Bereich B stetigen Funktionen $f(x)$. Dieser Raum ist normiert bei der Norm

$$\|f\| = \underset{B}{\text{Max}} \, [p(x)\,|f(x)|]; \tag{2.31}$$

dabei ist $p(x)$ eine in B fest gewählte positive Funktion aus $C\langle B\rangle$; für $p(x) = 1$ hat man

$$\|f\| = \underset{B}{\text{Max}} \, |f(x)|. \tag{2.32}$$

Bei der Norm (2.32) gilt für 2 Funktionen f, g

$$\|f\,g\| \leqq \|f\| \, \|g\|.$$

(Es liegt hier eine kommutative „BANACHsche Algebra" mit Einselement vor.)

Beispiel 3: Es sei $C(a, b)$ bzw. $C(B)$ der Raum der im offenen Intervall (a, b) bzw. im n-dimensionalen offenen Gebiet B stetigen Funktionen $f(x_1, \ldots, x_n)$. Jetzt braucht $f(x)$ in B nicht beschränkt zu sein, es braucht $\sup|f(x)|$ in B nicht zu existieren. Man behilft sich im allgemeinen damit, daß man zu anderen Räumen übergeht. Verlangt man aber zusätzlich, daß die $f(x)$ in B lediglich Singularitäten bestimmter Ordnung besitzen, dann kann man oft wie in Beispiel 2 eine Norm einführen, indem man $\underset{B}{\text{Max}}$ durch $\underset{B}{\sup}$ ersetzt und $p(x)$ passend wählt (z. B. $p = 0$ an einer Singularität).

Beispiel 4: Es sei $C^n\langle a, b\rangle$ bzw. $C^n\langle B\rangle$ der Raum der im abgeschlossenen Intervall $\langle a, b\rangle$ bzw. im m-dimensionalen abgeschlossenen Bereich B stetigen Funktionen $f(x)$ mit stetigen (partiellen) Ableitungen bis zur n-ten Ordnung einschließlich. Diese Räume haben besondere Bedeutung in der Theorie der Differentialgleichungen.

$$4a) \qquad \|f\| = \underset{(j=0,\,1,\,\ldots,\,N)}{\text{Max}} \left[\underset{B}{\sup} \, (p_j(x)\,|f^{(j)}(x)|) \right] \tag{2.33}$$

$$4b) \qquad \|f\| = \left[\int\limits_B \sum_{j=0}^{N} p_j(x)\,|f^{(j)}(x)|^q \, dx \right]^{1/q}$$

$$4c) \qquad \|f\| = \underset{B}{\sup} \sum_{j=0}^{N} p_j(x)\,|f^{(j)}(x)|. \tag{2.34}$$

Hierbei sei $f^{(0)} = f$ und $f^{(j)}$ mögen gewisse partielle Ableitungen bedeuten, z. B. $f^{(1)} = \frac{\partial^2 f}{\partial x_1^2}$. Die p_j sind in B fest gewählte stetige nichtnegative Funktionen; es sei jedoch $p_0(x) > 0$; denn im Falle $p_0 = 0$ wäre für $f(x) = \text{const}$ die Definitheit gestört.

2.6 Unitäre Räume und Schwarzsche Ungleichung

Definition: Ein unitärer[1] Raum R ist ein linearer Raum (mit dem Zahlkörper K), in dem zu je 2 Elementen f, g eine reelle oder komplexe Zahl (f, g) aus K als „inneres oder skalares Produkt" erklärt ist mit den Eigenschaften

a) $(c\,f, g) = c\,(f, g)$ für $c \in K$; $f, g \in R$,

b) $(f + g, h) = (f, h) + (g, h)$ für $f, g, h \in R$,

c) $(f, g) = \overline{(g, f)}$ (der Querstrich bedeutet Übergang zum konjugiert Komplexen),

d) $(f, f) > 0$ für $f \neq \Theta$.

Einfache Folgerungen: Aus b), c) folgt das Distributivgesetz auch bezüglich des zweiten Faktors:

$$(f, g + h) = \overline{(g + h, f)} = \overline{(g, f)} + \overline{(h, f)} = (f, g) + (f, h).$$

Ebenso leicht folgt aus a), c)

$$(f, c\,g) = \bar{c}\,(f, g).$$

Setzt man in b) $f = g = \Theta$, so folgt

$$(\Theta, h) = 0 \quad \text{für jedes} \quad h \in R,$$

insbesondere

$$(\Theta, \Theta) = 0.$$

Ein unitärer Raum R ist zugleich ein normierter Raum. Jedem Element f aus R werde die reelle Zahl

$$\|f\| = +\sqrt{(f, f)} \tag{2.35}$$

als „Norm" zugeordnet. Dann ist die Norm definit: $\|f\| \geq 0$ und $\|f\| = 0$ genau für $f = \Theta$. Zum Nachweis von (2.24) aber wird zunächst ein anderer Satz bewiesen:

---

[1] In der Literatur wird das Wort „unitärer Raum" gelegentlich für andere Begriffe verwendet, z. B. ZAANEN [53], S. 113.

Satz (*Schwarzsche Ungleichung*)[1]: *Für Elemente f, g eines unitären Raumes gilt*

$$|(f, g)| \leqq \|f\| \cdot \|g\|. \tag{2.36}$$

Hier steht das Gleichheitszeichen genau dann, wenn f und g voneinander linear abhängig sind.

Beweis: Für $g = \Theta$ ist die Ungleichung trivial, da beide Seiten verschwinden. Für $g \neq \Theta$ ist für eine beliebige Zahl $\alpha \in K$

$$\|f + \alpha g\|^2 = (f + \alpha g, f + \alpha g)$$
$$= (f, f) + \alpha(g, f) + \bar{\alpha}[(f, g) + \alpha(g, g)] \geqq 0.$$

Für $\alpha = -\dfrac{(f, g)}{(g, g)}$ verschwindet die eckige Klammer:

$$(f, f) - \frac{(f, g)\,\overline{(f, g)}}{(g, g)} \geqq 0$$

oder

$$|(f, g)|^2 \leqq \|f\|^2 \cdot \|g\|^2.$$

Das Gleichheitszeichen kann in (2.36) nur stehen, wenn $f + \alpha g = \Theta$ ist, d. h. bei linearer Abhängigkeit von f und g. Umgekehrt steht bei linearer Abhängigkeit das Gleichheitszeichen.

Satz (*Dreiecksungleichung*): *Für je zwei Elemente f, g eines unitären Raumes gilt*

$$\|f + g\| \leqq \|f\| + \|g\|. \tag{2.37}$$

Hier steht das Gleichheitszeichen genau dann, wenn f oder g gleich Θ oder wenn $f = p \cdot g$ mit einer positiven Zahl p ist.

Beweis: Für $f + g = \Theta$ ist der Satz trivial. Für $f + g \neq \Theta$ gilt nach (2.36)

$$\|f + g\|^2 = (f + g, f + g)$$
$$= (f + g, f) + (f + g, g) \leqq \|f + g\|\,\|f\| + \|f + g\|\,\|g\|, \tag{2.38}$$

woraus (2.37) mittels Division durch $\|f + g\|$ folgt.

Wann kann in (2.37) das Gleichheitszeichen stehen? Die Fälle f oder g gleich Θ sind trivial; im Falle $f + g = \Theta$ kann in (2.37) nur für $f = \Theta$ das Gleichheitszeichen stehen; sei also $f \neq \Theta$, $g \neq \Theta$; $f + g \neq \Theta$. In (2.38) kann dann das Gleichheitszeichen nur stehen, wenn $f + g = \alpha_1 f = \alpha_2 g$ mit gewissen Zahlen $\alpha_1, \alpha_2 \in K$ gilt. $\alpha_1 = 1$ scheidet aus,

---

[1] SCHWARZ, KARL HERMANN AMANDUS, deutscher Mathematiker, geboren 25. 1. 1843 in Hermsdorf unterm Kynast, Promotion 1864, 1866 Privatdozent in Berlin, 1867 a. o. Professor in Halle, 1869 in Zürich, 1875 o. Professor in Göttingen und seit 1892 an der Universität Berlin, wo er am 30. 11. 1921 starb. Nachruf von v. MISES, Z. angew. Math. Mech. **1** (1921) 494—496.

da dann $g = \Theta$ wäre; also ist $f = p\,g$ mit $p \in K$. Einsetzen von $f = p\,g$ in (2.37) gibt $|1 + p| \leq 1 + |p|$. Hier steht das Gleichheitszeichen genau dann, wenn p reell, und zwar positiv ist.

Satz: *Jeder unitäre Raum R ist zugleich ein normierter Raum.*

Beweis: Die Norm $\|f\|$ erfüllt alle in Nr. 2.5 geforderten Bedingungen.

2.7 Die Parallelogrammgleichung

Satz: *Für je zwei Elemente f, g jedes unitären Raumes gilt die Parallelogrammgleichung*

$$\|f + g\|^2 + \|f - g\|^2 = 2\,(\|f\|^2 + \|g\|^2). \tag{2.39}$$

Ein normierter Raum R ist, wenn der zugehörige Zahlkörper K reell ist oder die Zahl i enthält, genau dann ein unitärer Raum mit der Norm (2.35), wenn für beliebige Elemente f, g die Parallelogrammgleichung besteht.

Beweis: I. Sei R ein unitärer Raum; dann folgt unmittelbar durch Ausrechnen:

$$\|f+g\|^2+\|f-g\|^2 = (f+g,\,f+g) + (f-g,\,f-g) = 2\,(f,\,f) + 2\,(g,\,g),$$

also ist (2.39) erfüllt.

II. In einem unitären Raum R, dessen zugehöriger Zahlkörper K reell ist oder i enthält, ist das innere Produkt durch Normen ausdrückbar, und zwar ist für $i \in K$

$$(f,\,g) = \tfrac{1}{4}\{\|f + g\|^2 - \|f - g\|^2 + i\,\|f + i\,g\|^2 - i\,\|f - i\,g\|^2\}. \tag{2.40}$$

Man beweist diese Beziehung ebenfalls durch unmittelbares Ausrechnen der rechten Seite; diese lautet

$$\tfrac{1}{4}\{(f + g,\,f + g) - (f - g,\,f - g) + i\,(f + i\,g,\,f + i\,g) - i\,(f - i\,g,\,f - i\,g)\}.$$

Für einen reellen Zahlkörper K gilt $(f,\,g) = (g,\,f)$, und in (2.40) sind die beiden letzten Glieder fortzulassen:

$$(f,\,g) = \tfrac{1}{4}\{\|f + g\|^2 - \|f - g\|^2\}. \tag{2.41}$$

III. Sei R nun ein normierter Raum. Wenn er zugleich ein unitärer sein soll, wenn es also ein inneres Produkt geben soll, muß es die Gestalt (2.40) bzw. (2.41) haben, und es muß (2.39) gelten; (2.39) ist somit notwendige Bedingung für die „Unitarität" des Raumes R.

IV. Nun sei R ein normierter Raum, in dem die Parallelogrammgleichung (2.39) gilt. Dann wird durch (2.40) [für (2.41) vereinfachen sich die Betrachtungen entsprechend] ein inneres Produkt definiert, und es ist zu zeigen, daß dieses die Forderungen a), b), c), d) von Nr. 2.6 erfüllt.

Es ist

$$(f, f) = \tfrac{1}{4}\{4 + i\,|1 + i|^2 - i\,|1 - i|^2\}\,\|f\|^2 = \|f\|^2,$$

also d) erfüllt.

Ferner ist $(f, g) = \overline{(g, f)}$ unmittelbar ersichtlich, also gilt auch c). Umständlicher ist der Nachweis von b) und a). Es ist

$$4[(f + g, h) - (f, h) - (g, h)] = \Phi(f, g, h) + i\,\Phi(f, g, i\,h)$$

mit der Funktion

$$\Phi(f, g, h) = \|f + g + h\|^2 - \|f + g - h\|^2 - \|f + h\|^2 + \|f - h\|^2 - \\ - \|g + h\|^2 + \|g - h\|^2.$$

Nach (2.39) ist

$$\|f + g \pm h\|^2 = 2\|f \pm h\|^2 + 2\|g\|^2 - \|f \pm h - g\|^2.$$

Setzt man dies in Φ ein, so geht Φ über in

$$\psi = -\|f + h - g\|^2 + \|f - h - g\|^2 + \|f + h\|^2 - \|f - h\|^2 - \\ - \|g + h\|^2 + \|g - h\|^2.$$

Es gilt mithin

$$\Phi = \tfrac{1}{2}(\Phi + \psi) = \tfrac{1}{2}(\|g + h + f\|^2 + \|g + h - f\|^2) - \\ - \tfrac{1}{2}(\|g - h + f\|^2 + \|g - h - f\|^2) - \|g + h\|^2 + \|g - h\|^2.$$

Die beiden Klammerausdrücke sind, wiederum nach (2.39), gleich

$$\|g + h\|^2 + \|f\|^2 \quad \text{bzw.} \quad -\|g - h\|^2 - \|f\|^2,$$

so daß insgesamt $\Phi(f, g, h) \equiv 0$ entsteht, es gilt also auch b).

Zum Nachweis von a) wird bei festem f und g die Funktion

$$\varphi(c) = (c\,f, g) - c\,(f, g)$$

gebildet.

Aus (2.40) folgt sofort $\varphi(0) = \tfrac{1}{4}(\|g\|^2 - \|g\|^2 + i\|i\,g\|^2 - i\|i\,g\|^2) = 0$, ferner $\varphi(-1) = 0$ wegen $(-f, g) = -(f, g)$ und ebenso leicht $\varphi(i) = 0$. Da b) gilt, ist für jede natürliche Zahl n

$$(n\,f, g) = (f + f + \cdots + f, g) = (f, g) + (f, g) + \cdots + (f, g) = n\,(f, g),$$

also auch

$$(-n\,f, g) = -n\,(f, g) \quad \text{und} \quad \varphi(\pm n) = 0.$$

Ist p/q eine rationale Zahl (p, q ganzzahlig, $q > 0$), so gilt

$$\left(\frac{p}{q}\,f, g\right) = p\left(\frac{1}{q}\,f, g\right) = \frac{p}{q}\,q\left(\frac{1}{q}\,f, g\right) = \frac{p}{q}\left(q\,\frac{1}{q}\,f, g\right) = \frac{p}{q}\,(f, g),$$

es ist also auch $\varphi(c) = 0$ für rationales $c = p/q$.

Ist $c = r + is$ mit rationalen r, s, so wird

$$(cf, g) = (rf + isf, g) = r(f, g) + s(if, g) = (r + is)(f, g)$$

oder

$$\varphi(c) = 0 \quad \text{für diese} \quad c = r + is.$$

Nun ist $\varphi(c)$ eine stetige Funktion von c; denn jeder der Terme von (cf, g) ist nach (2.40) stetig. Zum Beispiel werde der Term $\psi(c) = \|cf + g\|$ herausgegriffen. Es ist nach (2.25)

$$|\psi(c) - \psi(c^*)| \leqq \|(cf + g) - (c^* f + g)\|$$
$$= |c^* - c| \|f\|,$$

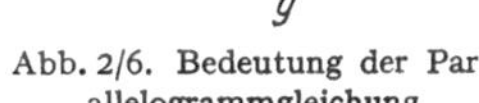

Abb. 2/6. Bedeutung der Parallelogrammgleichung

d. h. $\psi(c)$ ist stetig in c. Eine beliebige Zahl $c = \tilde{c}$ kann als Grenzwert von Zahlen der Gestalt $r_n + is_n$ mit rationalen r_n, s_n dargestellt werden, und wegen der Stetigkeit von φ folgt $\varphi(\tilde{c}) = 0$ aus $\varphi(c_n) = 0$.

Die Parallelogrammgleichung besagt bei Deutung von f und g als Vektoren, Abb. 2/6, daß in einem Parallelogramm die Summe der Quadrate der Diagonalen gleich ist der Summe der Quadrate der 4 Seiten.

Beispiele unitärer Räume:

Beispiel 1: Der reelle oder komplexe Punktraum R_n wie in Beispiel 1 von Nr. 2.5 mit dem inneren Produkt zweier Vektoren $x = (x_1, \ldots, x_n)$ und $y = (y_1, \ldots, y_n)$:

$$(x, y) = \sum_{j, k=1}^{n} a_{jk} x_j \bar{y}_k, \tag{2.42}$$

wobei (a_{jk}) eine fest gegebene hermitesche positiv definite Matrix ist. Ein Spezialfall davon ist:

$$(x, y) = \sum_{j=1}^{n} p_j x_j \bar{y}_j,$$

wobei p_j gegebene positive Konstanten sind.

Im Falle $p_j = 1$ hat man das gewöhnliche skalare Produkt

$$(x, y) = \sum_{j=1}^{n} x_j \bar{y}_j. \tag{2.43}$$

Die Norm ist dann die EUKLIDische Länge

$$\|x\| = \left(\sum_{j=1}^{n} |x_j|^2 \right)^{1/2}, \tag{2.44}$$

und die SCHWARZsche Ungleichung (2.36) lautet hier für irgendwelche (komplexe) Zahlen x_j, y_j (bei y_j wird zu den konjugiert komplexen

Größen übergegangen)

$$\left| \sum_{j=1}^{n} x_j y_j \right|^2 \leq \sum_{j=1}^{n} |x_j|^2 \sum_{j=1}^{n} |y_j|^2. \tag{2.45}$$

Beispiel 2: Der Raum l^2: Läßt man in Beispiel 1 die Dimensionszahl $n \to \infty$ gehen, so hat man Folgen $x = (x_1, x_2, \ldots)$. Man nimmt als Elemente von R z. B. die Folgen, für die

$$\sum_{j=1}^{n} |x_j|^2$$

konvergiert, und kann dann als inneres Produkt zweier Folgen x_j, y_j einführen

$$(x, y) = \sum_{j=1}^{\infty} x_j \overline{y_j}.$$

Die Schwarzsche Ungleichung lautet dann

$$\left| \sum_{j=1}^{\infty} x_j y_j \right|^2 \leq \sum_{j=1}^{\infty} |x_j|^2 \sum_{j=1}^{\infty} |y_j|^2. \tag{2.46}$$

Beispiel 3: $R = L^2(B)$ sei der Raum der über ein festes Gebiet B (im R_n) im Lebesgueschen Sinne quadratisch integrablen (meßbaren) Funktionen $f(x_1, \ldots, x_n)$, kurz $f(x)$. Mit dem inneren Produkt zweier Funktionen f und g

$$(f, g) = \int_B f(x) \overline{g(x)} \, dx \tag{2.47}$$

lautet die Schwarzsche Ungleichung

$$\left| \int_B f(x) g(x) \, dx \right|^2 \leq \int_B |f(x)|^2 \, dx \int_B |g(x)|^2 \, dx. \tag{2.48}$$

Etwas allgemeiner kann man mit Hilfe einer festen stetigen, reellen, zwischen endlichen positiven Schranken gelegenen Funktion $p(x)$ als inneres Produkt benutzen

$$(f, g) = \int_B p(x) f(x) \overline{g(x)} \, dx. \tag{2.49}$$

Beispiel 4: R sei der Raum der in einem Bereich B der komplexen $z = x + iy$-Ebene holomorphen Funktionen $f(z)$ mit dem inneren Produkt

$$(f, g) = \int_B f(z) \overline{g(z)} \, dx \, dy. \tag{2.50}$$

Gegenbeispiel 1: Der reelle oder komplexe Punktraum R_n von Beispiel 1 ist für $n \geqq 2$ bei der Norm (vgl. Nr. 2.5)

$$\|x\| = \left[\sum_{j=1}^{n} |x_j|^p \right]^{1/p} \tag{2.51}$$

für $p \geqq 1$, aber $p \neq 2$, zwar ein normierter, aber kein unitärer Raum; denn für die Vektoren

$$f = (1, 1, 0, 0, \ldots, 0),$$
$$g = (1, -1, 0, 0, \ldots, 0),$$
$$f + g = (2, 0, 0, \ldots, 0),$$
$$f - g = (0, 2, 0, \ldots, 0)$$

ist

$$\|f\| = \|g\| = 2^{1/p}, \qquad \|f + g\| = \|f - g\| = 2.$$

In der Parallelogrammgleichung (2.39) steht links 8 und rechts $4 \cdot 2^{2/p}$, und diese beiden Werte stimmen genau für $p = 2$ überein.

Im Grenzfall $p \to \infty$ hat man die Norm (2.30) mit $\|f\| = \|g\| = 1$, und die Parallelogrammgleichung ist ebenfalls verletzt.

Gegenbeispiel 2: Der Raum $C\langle 0,1\rangle$ der im Intervall $B = \langle 0,1\rangle$ stetigen Funktionen $f(x)$ mit der Norm (2.32) ist ebenfalls normiert, aber nicht unitär, denn für die Funktionen $f(x) \equiv 1$, $g(x) = x$ ist $\|f\| = \|g\| = 1$, $\|f + g\| = 2$, $\|f - g\| = 1$, und die Parallelogrammgleichung ist nicht erfüllt.

2.8 Orthogonalität in unitären Räumen, Besselsche Ungleichung

Definition: 2 Elemente f, g eines unitären Raumes heißen orthogonal zueinander, wenn

$$(f, g) = 0 \tag{2.52}$$

ist. Eine (endliche oder unendliche) Menge S von Elementen f_j ($j = 1, 2, \ldots$) heißt orthonormal oder ein Orthonormalsystem (im folgenden kurz: ein ONS), wenn

$$(f_j, f_k) = \delta_{jk} = \begin{cases} 0 & \text{für} \quad j \neq k, \\ 1 & \text{für} \quad j = k \end{cases} \tag{2.53}$$

gilt (δ_{jk} ist das bekannte Kroneckersymbol).

Je endlich viele Elemente eines ONS sind voneinander linear unabhängig, denn aus einer Beziehung

$$\sum_{j=1}^{p} c_j f_j = \Theta$$

folgt durch Bildung des inneren Produktes mit einem festen f_k

$$\sum_{j=1}^{p} c_j (f_j, f_k) = c_k = (\Theta, f_k) = 0 \qquad (k = 1, \ldots, p).$$

Orthonormalisierung nach Erhard Schmidt[1]: Eine endliche oder abzählbar unendliche Menge S voneinander linear unabhängiger Elemente f_j $(j = 1, 2, \ldots)$ kann orthonormiert werden, d. h. man kann durch Linearkombination der f_j eine Menge von neuen Elementen g_k herstellen, welche ein ONS ist. Die g_k werden durch

$$g_1 = \frac{f_1}{\|f_1\|}, \quad g_k = \frac{h_k}{\|h_k\|} \quad \text{mit} \quad h_k = f_k - \sum_{j=1}^{k-1} (f_k, g_j) g_j \quad (k = 2, 3, \ldots)$$

$$(2.54)$$

definiert.

Beweis (durch vollständige Induktion): Der Satz sei bis zu einer Zahl $k - 1$ richtig; d. h. es sei $g_1, g_2, \ldots, g_{k-1}$ bereits ein ONS; es wird für $q < k$ wegen $(g_j, g_q) = \delta_{jq}$:

$$(h_k, g_q) = (f_k, g_q) - \sum_{j=1}^{k-1} (f_k, g_j)(g_j, g_q)$$

$$= (f_k, g_q) - (f_k, g_q) = 0,$$

somit ist

$$(g_k, g_q) = 0 \quad \text{für} \quad q < k, \quad (g_k, g_k) = 1;$$

der Nenner $\|h_k\|$ in (2.54) ist $\neq 0$; denn im Falle $h_k = \Theta$ wäre f_k durch die g_j (mit $j < k$) und damit durch f_j (mit $j < k$) ausdrückbar, was der vorausgesetzten linearen Unabhängigkeit der f_k widerspricht.

Nun sei f ein beliebiges Element des unitären Raumes R und die g_k ein ONS in R. Dann heißen die Zahlen

$$a_k = (f, g_k) \qquad (2.55)$$

die Fourierkoeffizienten von f bezüglich des ONS der g_k und

$$\sum_k a_k g_k$$

die Fourierreihe von f bezüglich des ONS der g_k, wobei die Frage nach der Konvergenz dieser Reihe im Falle eines unendlichen ONS zunächst nicht behandelt wird.

---

[1] SCHMIDT, ERHARD, einer der Mitbegründer der Theorie der Integralgleichungen, geboren 13. 1. 1876 in Dorpat (Estland), studierte in Dorpat, Berlin und Göttingen, wo er 1905 promovierte; 1906 Dozent, 1908 o. Professor in Zürich, 1910 in Erlangen, 1911 in Breslau, von 1917 an an der Universität Berlin, wo er am 6. 2. 1959 hochgeehrt starb. Ein Nachruf soll demnächst im Jahr.-Ber. d. Deutschen Math.-Ver. erscheinen.

Sei

$$s_k = \sum_{j=1}^{k} a_j\, g_j \tag{2.56}$$

eine Teilsumme der Fourierreihe, und diese werde mit einer beliebigen Linearkombination

$$t_k = \sum_{j=1}^{k} b_j\, g_j \tag{2.57}$$

aus den ersten k Elementen g_j des ONS verglichen.

Es wird

$$(f,\, t_k) = \sum_{j=1}^{k} \bar{b}_j (f,\, g_j) = \sum_{j=1}^{k} a_j \bar{b}_j = \overline{(t_k,\, f)}$$

$$(t_k,\, t_k) = \left(\sum_{j=1}^{k} b_j\, g_j,\ \sum_{q=1}^{k} b_q\, g_q \right) = \sum_{j,\,q=1}^{k} b_j\, \bar{b}_q\, \delta_{jq} = \sum_{j=1}^{k} b_j\, \bar{b}_j .$$

Für das Quadrat des Abstandes δ von f und t_k folgt somit

$$\left.\begin{aligned}
\delta^2 &= \| f - t_k \|^2 = (f - t_k,\, f - t_k) = (f,\, f) - (f,\, t_k) - (t_k,\, f) + (t_k,\, t_k) \\
&= (f,\, f) - \sum_{j=1}^{k} a_j \bar{b}_j - \sum_{j=1}^{k} \bar{a}_j b_j + \sum_{j=1}^{k} b_j \bar{b}_j \\
&= \Phi + \sum_{j=1}^{k} (a_j - b_j)(\bar{a}_j - \bar{b}_j) \quad \text{mit} \quad \Phi = (f,\, f) - \sum_{j=1}^{k} a_j \bar{a}_j .
\end{aligned}\right\} \tag{2.58}$$

Es ist also $\delta^2 \geqq \Phi$, und δ^2 nimmt den kleinstmöglichen Wert Φ für $a_j = b_j$ an. Somit gilt der

Approximationssatz: *In einem unitären Raum R soll ein Element f möglichst gut durch eine Linearkombination t_k aus den ersten k Elementen eines Orthonormalsystems der g_j approximiert werden, d. h. der im Sinne des unitären Raumes gemessene Abstand δ von f und t_k soll möglichst klein sein; das Minimum wird angenommen, wenn t_k die Teilsumme der Fourierreihe von f bezüglich der g_j ist.*

Ferner ist das Minimum $\Phi = \delta^2 \geqq 0$ oder

$$\sum_{j=1}^{k} |a_j|^2 \leqq (f,\, f) .$$

Die Summe der $|a_j|^2$ bleibt also beschränkt; das gilt auch für ein unendliches ONS; man nennt

$$\sum_{j} |a_j|^2 \leqq (f,\, f) \tag{2.59}$$

die Besselsche Ungleichung[1].

---

[1] BESSEL, FRIEDRICH WILHELM, deutscher Astronom, geboren 22. 7. 1784 in Minden, war zuerst Handlungslehrling, seit 1810 Leiter der Sternwarte Königsberg, wo er am 17. 3. 1846 starb. In der Theorie der planetarischen Störungen führte er die nach ihm benannten BESSELschen Funktionen ein. Ihm gelang die erste sichere Parallaxenbestimmung eines Fixsternes (61 Cygni).

Für eine Fortführung dieser Überlegungen in Nr. 4.6 wird der Begriff der Vollständigkeit eines Raumes benötigt.

Beispiele von Orthonormalsystemen:

I. Die trigonometrischen Funktionen

$$\frac{1}{\sqrt{2\pi}}, \quad \frac{1}{\sqrt{\pi}}\cos n\,x, \quad \frac{1}{\sqrt{\pi}}\sin n\,x \quad (n = 1, 2, \ldots) \quad (2.60)$$

bilden ein ONS im Raume $L^2(0, 2\pi)$ oder in komplexer Schreibweise die Funktionen $\dfrac{1}{\sqrt{2\pi}}\,e^{ikx}\,(k = 0, \pm 1, \pm 2, \ldots)$.

II. Ein ONS aus nur nichtnegativen Funktionen in $\langle 0, 1\rangle$ bilden die

$$g_k(x) = \begin{cases} 2^{k/2} & \text{für} \quad 2^{-k} \leqq x \leqq 2^{-k+1} \\ 0 & \text{sonst in} \quad \langle 0,1\rangle \end{cases} \quad (k = 1, 2, \ldots) \quad (2.61)$$

III. Es sei r eine rationale Zahl in $\langle 0, 1\rangle$; ihr wird die Funktion $g_r(x)$ zugeordnet

$$g_r(x) = \begin{cases} 1 & \text{für} \quad 0 \leqq x \leqq r \\ 0 & \text{für} \quad r < x \leqq 1. \end{cases}$$

Die $g_r(x)$ bilden eine Menge von abzählbar unendlich vielen, voneinander linear unabhängigen Funktionen, die nach dem ERHARD-SCHMIDTschen Verfahren durch Linearkombination in ein ONS überführbar sind.

IV. Viele weitere klassische Beispiele von ONS findet man bei JACKSON [48]. Eine Klasse wichtiger ONS erhält man, indem man in einem Intervall $\langle a, b\rangle$ die mit einer festen stetigen in $\langle a, b\rangle$ positiven „Belegungsfunktion" $p(x)$ gebildeten Funktionen $\sqrt{p(x)}\,x^n$ (für $n = 0, 1, 2, \ldots$) nach dem ERHARD-SCHMIDTschen Verfahren in ein ONS von Funktionen $\sqrt{p(x)}\,G_k(x)$ überführt. Die $G_k(x)$ sind dann Polynome. Man erhält so für das Intervall $\langle -1, 1\rangle$ und $p(x) = 1$ die LEGENDREschen Polynome, für das Intervall $\langle -1, 1\rangle$ und $p(x) = \dfrac{1}{\sqrt{1 - x^2}}$ die TSCHEBYSCHEFFschen Polynome erster Art, für das Intervall $\langle 0, \infty)$ und $p(x) = e^{-x}$ die LAGUERREschen Polynome, für das Intervall $(-\infty, \infty)$ und $p(x) = e^{-x^2}$ die HERMITEschen Polynome usw., vgl. hierzu etwa MAGNUS-OBERHETTINGER [48].

§ 3. Ordnungen

3.1 Halbordnung und Totalordnung

Definition: Eine Menge M heißt teilgeordnet, halbgeordnet, partiell geordnet oder kurz geordnet, wenn für gewisse Paare $f, g \in M$ eine Beziehung $f \leqq g$ erklärt ist mit den Eigenschaften

a) $h \leqq h$ für alle $h \in M$.
b) Aus $f \leqq g$, $g \leqq h$ folgt $f \leqq h$.
c) Aus $f \leqq g$, $g \leqq f$ folgt $f = g$.

(Bei linearen Räumen kommen zur Halbordnung noch 2 Zusatzforderungen hinzu, s. unten.)

Es seien die Bezeichnungen $f \leqq g$, $g \geqq f$ gleichwertig. Ferner soll $f < g$ bedeuten: $f \leqq g$, aber $f \neq g$.

Definition: Eine geordnete Menge M heißt total geordnet, wenn für jedes Paar $f, g \in M$ stets mindestens eine der Relationen $f \leqq g$, $g \leqq f$ gilt oder anders ausgedrückt: genau eine der Relationen $f < g$, $f = g$, $f > g$.

Definition: Sei F eine Teilmenge von M. Dann heißt ein Element $k \in M$ obere Schranke von F, wenn aus $f \in F$ folgt $f \leqq k$, und $k \in M$ heißt untere Schranke von F, wenn aus $f \in F$ folgt $f \geqq k$.

Definition: k^* heißt supremum (kleinste obere Schranke oder sup) von F, wenn k^* selbst obere Schranke von F ist und für eine beliebige obere Schranke k von F gilt $k^* \leqq k$; entsprechend heißt eine untere Schranke $\tilde{k}$ von F das infimum (größte untere Schranke oder inf) von F, wenn aus $k =$ untere Schranke von F folgt: $\tilde{k} \geqq k$.

Über Existenz des supremum bzw. infinum ist dabei nichts ausgesagt.

Definition: f, g seien 2 Elemente einer halbgeordneten Menge M mit $f \leqq g$; die Gesamtheit aller Elemente h mit $f \leqq h \leqq g$ wird dann ein „Intervall" genannt und mit $\langle f, g \rangle$ bezeichnet.

Beispiele:

Beispiel 1: Die Menge der reellen Zahlen ist eine total geordnete Menge, wenn das Zeichen $\leqq$ im gewöhnlichen Sinne aufgefaßt wird. Das Zeichen $\langle a, b \rangle$ für ein abgeschlossenes Intervall ist ein Spezialfall der obigen Definition.

Beispiel 2: Die Vektoren im reellen R_n können auf mannigfache Weise total geordnet werden (Aufgabe: Sind bei der folgenden „lexikographischen" Anordnung auch die folgenden Zusatzforderungen d) und e) erfüllt?).
Zum Beispiel kann für 2 Vektoren

$$x = (x_1, \ldots, x_n), \qquad y = (y_1, \ldots, y_n)$$

das Zeichen $x < y$ festgelegt werden für den Fall, daß es einen Index q mit $0 \leqq q < n$ gibt mit

$$x_j = y_j \quad \text{für} \quad j = 1, \ldots, q, \qquad x_{q+1} < y_{q+1}$$

(für $q = 0$ steht nur $x_1 < y_1$).

Beispiel 3: In Beispiel 2 kann eine Halbordnung $x \leqq y$ eingeführt werden, z. B. durch

$$x_j \leqq y_j \quad j = 1, 2, \ldots, n$$

oder durch

$$x_1 \leqq y_1, \quad x_j \geqq y_j \quad j = 2, 3, \ldots, n \quad \text{u. a. m.} \tag{3.1}$$

Bei den Komponenten seien die Ungleichungen im gewöhnlichen Sinn für reelle Zahlen verstanden.

Beispiel 4: Bei der Menge der in einem Bereich B des reellen R_n definierten stetigen Funktionen $f(x_1, \ldots, x_n)$ kann eine Halbordnung $f \leqq g$ dadurch festgelegt werden, daß $f \leqq g$ im gewöhnlichen Sinne in allen Punkten $(x_1, \ldots, x_n)$ von B gelten soll.

Beispiel 5: Bei einem System von Mengen $\mathfrak{M}$ (z. B. der Menge $\mathfrak{M}$ der Teilmengen einer gegebenen Menge M) kann eine Halbordnung festgelegt werden durch „Teilmenge von"; d. h. sind M_1, M_2 Teilmengen von $\mathfrak{M}$ und ist M_1 in M_2 enthalten, so kann $M_1 \leqq M_2$ für $M_1 \subseteq M_2$ geschrieben werden.

Beispiel 6: Bei der Menge der natürlichen Zahlen kann man eine Halbordnung $g \leqq f$ festlegen durch $g \mid f$ (d. h. g ist ein Teiler von f). Man kann aber auch eine Halbordnung $g \leqq f$ festlegen durch $f \mid g$; in diesem Falle gilt dann nämlich $\mathfrak{h}(g) \subseteq \mathfrak{h}(f)$, wobei $\mathfrak{h}$ das Hauptideal im Ring der ganzen rationalen Zahlen bedeutet.

Beispiel 7: Einführung einer totalen Ordnung bei komplexen Zahlen: $z_j = r_j e^{i \varphi_j}$ ($j = 1, 2; \ 0 \leqq \varphi_j < 2\pi$)

$$\begin{aligned}
&\text{für } r_1 < r_2 \quad \text{sei} \quad z_1 < z_2 \\
&\text{für } r_1 = r_2 \neq 0 \text{ und } \varphi_1 = \varphi_2 \quad \text{sei} \quad z_1 = z_2 \\
&\text{für } r_1 = r_2 \neq 0 \text{ und } \varphi_1 < \varphi_2 \quad \text{sei} \quad z_1 < z_2 \\
&\text{für } r_1 = r_2 = 0 \quad \text{sei} \quad z_1 = z_2
\end{aligned}$$

Die Ungleichungen bei r und φ sind dabei im gewöhnlichen Sinne gemeint.

Zusatzdefinition: Ist R ein linearer Raum mit dem Nullelement Θ, dann nennt man R einen halbgeordneten linearen Raum, wenn zusätzlich zu den obigen Forderungen a), b), c) noch gilt:

d) Aus $f \geqq \Theta$ folgt $c f \geqq \Theta$ für $c > 0$ reell.

e) Aus $f_j \geqq g_j$ ($j = 1, 2$) folgt $f_1 + f_2 \geqq g_1 + g_2$, d. h. die Ordnungsstruktur ist mit der linearen Struktur verträglich.

Einfache Folgerungen für halbgeordnete lineare Räume R:

1. Aus $f_1 \geqq \Theta$, $f_2 \geqq \Theta$ folgt $f_1 + f_2 \geqq \Theta$. Alle Elemente $f \geqq \Theta$ bilden eine „Halbgruppe" (eine assoziative algebraische Struktur), die „positive Halbgruppe von R".

2. Aus $f \geqq g$ folgt $f + h \geqq g + h$ (nach a) ist $h \geqq h$) für alle $h \in R$.

3. Aus $f \geqq g$ folgt $f - f - g \geqq g - f - g$, d. h. $-f \leqq -g$.

4. Aus $f \geqq g$ folgt $f - g \geqq \Theta$.

5. Aus $f \geqq \Theta$ und $-f \geqq \Theta$ folgt $\Theta \leqq f \leqq \Theta$, d. h. $f = \Theta$.

In einem halbgeordnetem linearen Raum ist ein Intervall $J = \langle f, g \rangle$ stets konvex. Denn gehören v, w zu J, also $f \leqq v \leqq g$, $f \leqq w \leqq g$, so gilt für t aus $0 \leqq t \leqq 1$

$$t f \leqq t v \leqq t g, \quad (1 - t) f \leqq (1 - t) w \leqq (1 - t) g.$$

Addition ergibt $f \leqq t v + (1 - t) w \leqq g$, d. h. die Strecke v, w gehört zu J.

3.2 Verbände

Definition: Eine halbgeordnete Menge M heißt ein „Verband", wenn zu jedem Paar $f, g \in M$ ein infimum und ein supremum in M existieren; man bezeichnet diese oft als „Produkt" $h = f \cdot g = \text{infimum}(f, g)$ und als „Summe" $k = f + g = \text{supremum}(f, g)$. (Die Ausdrücke „Summe" und „Produkt" sind der Verbandstheorie entnommen und haben im linearen Raum nichts mit den früheren Begriffen Summe bzw. Produkt zu tun.)

Beispiele: Bei den Beispielen 1 bis 4 wird die Halbordnung reeller Funktionen im Sinne von Beispiel 4 aus 3.1 verstanden.

Beispiel 1: Die reellwertigen, im abgeschlossenen Intervall $\langle a, b\rangle$ stetigen Funktionen $f(x)$ bilden einen Verband mit

$$\sup[f, g] = \operatorname{Max}[f(x), g(x)]$$

und entsprechend inf als Min, Abb. 3/1.

Beispiel 2: Die „Geraden" $f(x) = m\,x + n$ innerhalb des abgeschlossenen Intervalls $\langle a, b\rangle$ bilden einen Verband, Abb. 3/2.

Beispiel 3: Es werden von den Kreisen in der x-y-Ebene, die die Geraden $x = a$ und $x = b$ (mit $a < b$) treffen, die Bögen zwischen $x = a$ und $x = b$ betrachtet und jeweils der „obere" Bogen (der Bogen mit den größeren y-Werten) als Bild

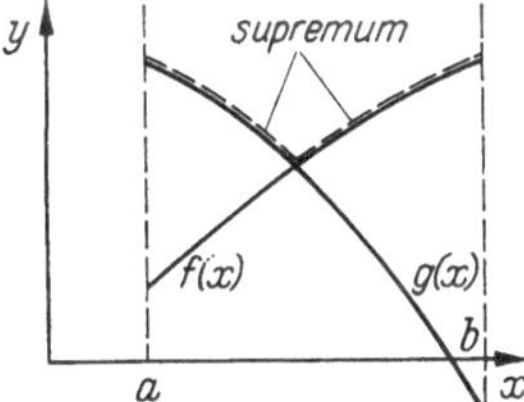

Abb. 3/1. Verband stetiger Funktionen

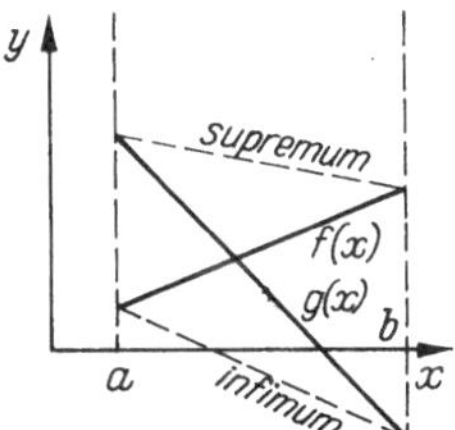

Abb. 3/2. Verband linearer Funktionen

einer Funktion $f(x)$ genommen. Die Menge M aller dieser Funktionen $f(x)$ bildet keinen Verband, da i. allg. zu zwei solchen Funktionen $f(x)$, $g(x)$ kein supremum aus M existiert, vgl. die beiden gepunkteten Linien in Abb. 3/3.

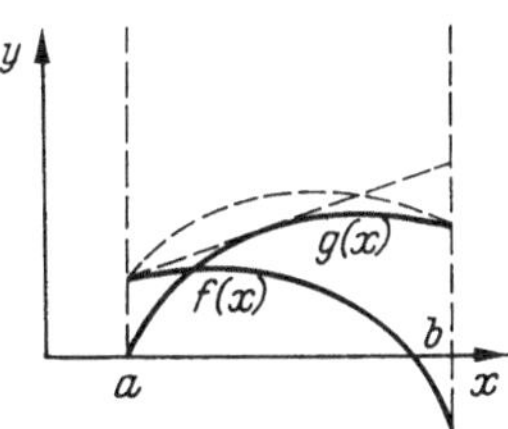

Abb. 3/3. Kreisbogen (kein Verband)

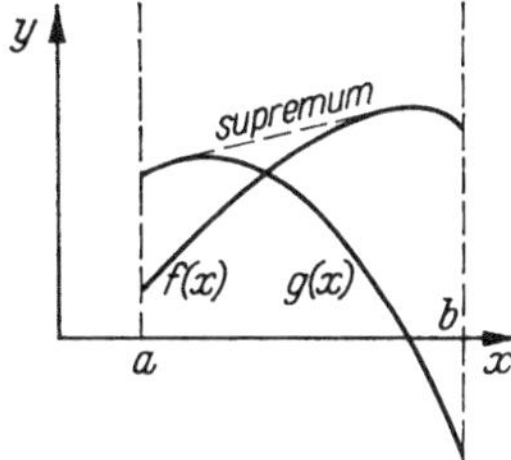

Abb. 3/4. Verband konkaver Funktionen

Beispiel 4: Erweitert man jedoch die in Beispiel 3 zugrunde gelegte halbgeordnete Menge von Funktionen auf die Menge der in $\langle a, b\rangle$ stetigen „konkaven" Funktionen $f(x)$ (siehe folgende Definition), so erhält man wieder einen Verband, Abb. 3/4.

Definition: $f(x)$ heißt konkav im Intervall $\langle a, b\rangle$, wenn

$$f(x) \geqq \frac{f(c)\,(d - x) + f(d)\,(x - c)}{d - c} \tag{3.2}$$

gilt für alle c, d mit $a \leq c < d \leq b$ und $c \leq x \leq d$ [d. h. f(x) liegt oberhalb der Sehne durch $f(c)$ und $f(d)$].

Beispiel 5: Die Teiler einer ganzen Zahl n bilden einen Verband, wenn man als supremum das kleinste gemeinsame Vielfache und als infimum den größten gemeinsamen Teiler definiert. Abb. 3/5 zeigt als Beispiel den Verband aus den 16 Teilern der Zahl $n = 120$. (In der Abbildung führt ein Strich von einer Zahl a „nach abwärts" zu einer Zahl b, wenn b ein Teiler von a ist.)

Über Anwendungen der Verbandstheorie in der Quantenmechanik siehe BIRKHOFF-v. NEUMANN [36], und bei den BOOLE-schen Verbänden der Schaltalgebra siehe GERICKE [63], S. 124.

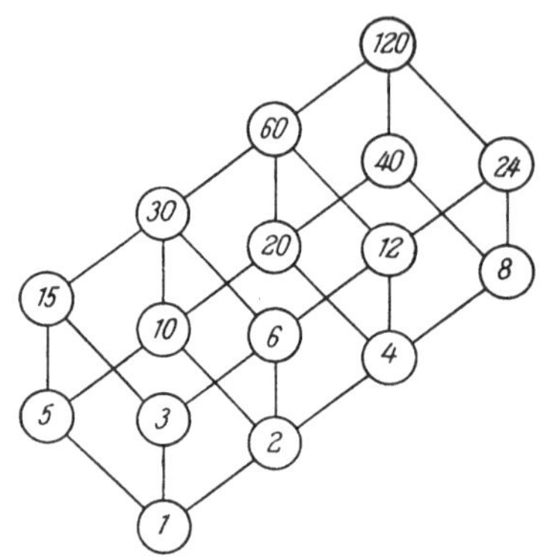

Abb. 3/5. Verband der Teiler der Zahl 120

3.3 Pseudometrische Räume

Pseudometrische Räume sind 1934 von KUREPA [34] eingeführt worden. Ihre besondere Bedeutung für die numerische Analysis hat J. SCHRÖDER [56] aufgezeigt.

Definition: Ein Raum R heißt „pseudometrisch", wenn je 2 Elementen f, $g \in R$ ein (Pseudo-) Abstand $\varrho(f, g)$ zugeordnet ist, der Element eines (i. allg. anderen) linearen halbgeordneten Raumes H über dem Zahlkörper K ist (mit Nullelement Θ_H) mit den Eigenschaften

a) $\varrho(f, g) = \Theta_H$ genau für $f = g$ (Definitheit).

b) $\varrho(f, h) \leq \varrho(f, g) + \varrho(h, g)$ für irgend drei f, g, $h \in R$ (Dreiecksungleichung).

c) Zum pseudometrischen Raum gehört noch ein Konvergenzbegriff, der in § 4 eingeführt wird (ein pseudometrischer Raum ist i. allg. nur ein „Limesraum" und nicht a priori ein topologischer Raum).

Der Nachweis der Definitheit und Symmetrie aus a) und b) wird wie in Nr. 2.3 geführt. Die Abstände ϱ gehören zur positiven Halbgruppe aus H, d. h. dem Teilraum aller Elemente $\geq \Theta_H$ aus H.

Beispiele:

Beispiel 1: Der (reelle oder komplexe) Vektorraum R_n der Vektoren $x = (x_1, \ldots, x_n)$, $y = (y_1, \ldots, y_n)$ wird zu einem pseudometrischen Raum, wenn man den Abstand (als Vektor) einführt:

$$\varrho(x, y) = \text{Vektor mit den Komponenten } (p_1 | x_1 - y_1 |, \ldots, p_n | x_n - y_n |).$$

Die p_j ($j = 1, 2, \ldots, n$) sind dabei fest gewählte positive Konstanten. (Einführung einer Ordnung z. B. wie im Beispiel 3 von Nr. 3.1; Nullelement ist der Nullvektor.)

Beispiel 2: Der Raum R der in $\langle B \rangle$ stetigen reell- oder komplexwertigen Funktionen $f(x_1, \ldots, x_n)$ von Beispiel 4 in 3.1 ist pseudometrisch bei dem Abstand (als Funktion)

$$\varrho\big(f(x), g(x)\big) = p(x)\,|f(x) - g(x)|. \tag{3.3}$$

Dabei ist $p(x)$ eine in B fest gewählte positive stetige Funktion.

§ 4. Konvergenz und Vollständigkeit

4.1 Konvergenz im pseudometrischen Raum

Einem pseudometrischen Raum R mit Elementen $f, g, \ldots$ ist nach Nr. 3.3 ein linearer halbgeordneter Raum H mit Elementen $\varrho, \sigma, \ldots$ zugeordnet. Dementsprechend werden 2 Konvergenzbegriffe benötigt, nämlich für die Elemente von H und für die Elemente von R.

I. Zunächst soll der Konvergenzbegriff im linearen halbgeordneten Raum H erläutert werden. ϱ_n seien Elemente aus H, die nicht notwendig zur positiven Halbgruppe von H gehören.

In H sei nun ein Konvergenzbegriff vorhanden, der die folgenden, recht allgemeinen Forderungen erfüllt. Gewissen Folgen ϱ_n aus H ist ein „Grenzelement" $\varrho \in H$ zugeordnet, und diese Folgen werden konvergent genannt. Es wird dafür geschrieben $\varrho_n \to \varrho$ oder $\lim\limits_{n \to \infty} \varrho_n = \varrho$. Der Konvergenzbegriff genüge den Forderungen:

a) Sind alle $\varrho_n = \sigma$ (festes Element), so sei dieser Folge genau das Grenzelement σ zugeordnet.

b) Aus $\varrho_n \to \varrho$ folgt: jede Teilfolge $\varrho_{n_m} \to \varrho$.

c) Aus $\varrho_n \to \varrho$, $\sigma_n \to \sigma$ folgt $\varrho_n + \sigma_n \to \varrho + \sigma$.

d) Aus $\varrho_n \to \varrho$, $c_n \to c$ $(c_n,\ c \in$ Körper $K)$ folgt $c_n \varrho_n \to c \varrho$.

[c) und d) bedeuten die Linearität der Konvergenz.]

e) Aus $\varrho_n \to \varrho$, $\varrho_n \geq \Theta_H$ folgt $\varrho \geq \Theta_H$.

f) Aus $\Theta_H \leq \varrho_n \leq \sigma_n$, $\sigma_n \to \Theta_H$ folgt $\varrho_n \to \Theta_H$.

Mit Hilfe eines Konvergenzbegriffes lassen sich verschiedene Definitionen in halbgeordneten und in pseudometrischen Räumen in gleicher Weise wie in topologischen Räumen geben; so heißt eine Menge M abgeschlossen, wenn mit jeder konvergenten Folge auch das Grenzelement zur Menge gehört; im Spezialfall eines metrischen Raumes deckt sich der hier gegebene Begriff der Abgeschlossenheit mit dem topologischen.

Lemma: Sind σ_n, τ_n Elemente eines halbgeordneten linearen Raumes H mit

$$-\tau_n \leq \sigma_n \leq \tau_n \qquad (n = 1, 2, \ldots), \tag{4.1}$$

so hat $\tau_n \to \Theta_H$ zur Folge: $\sigma_n \to \Theta_H$.

Beweis: Aus (4.1) folgt $\Theta_H \leq \sigma_n + \tau_n \leq 2\tau_n$, also nach den Forderungen d) und f) $2\tau_n \to \Theta_H$, $\sigma_n + \tau_n \to \Theta_H$; nach c) und d) gilt dann $(\sigma_n + \tau_n) - \tau_n \to \Theta_H$, q.e.d.

Bei diesem Konvergenzbegriff ist ein Intervall $J = \langle \varrho, \sigma \rangle$ in H (Definition in Nr. 3.1) stets abgeschlossen; denn sei τ_k (für $k = 1, 2, \ldots$) eine gegen ein Element $\tau \in H$ konvergente Folge von Elementen aus J; zu zeigen ist, daß dann auch τ zu J gehört; nun ist $\tau_k - \varrho \geqq \Theta_H$, $\tau_k - \varrho \to \tau - \varrho$, also ist nach e) auch $\tau - \varrho \geqq \Theta_H$; ebenso folgt $\sigma - \tau \geqq \Theta_H$ oder $\varrho \leqq \tau \leqq \sigma$, d. h. $\tau \in J$.

Definition: Die Reihe $\sum\limits_{j-1}^{\infty} \varrho_j$ heißt konvergent, wenn die Folge ihrer Teilsummen gegen ein Grenzelement ϱ in H konvergiert, d. h.

$$\sigma_n = \sum_{j-1}^{n} \varrho_j \to \varrho.$$

Dann nennt man σ die Reihensumme $\sigma = \sum\limits_{j-1}^{\infty} \varrho_j$.

II. Nun wird die Konvergenz im pseudometrischen Raum R definiert.

Definition: Eine Folge $f_n \in R$ heißt konvergent gegen ein Grenzelement f in R, wenn die Folge der Abstände $\varrho(f_n, f)$ gegen Θ_H konvergiert, $\varrho(f_n, f) \to \Theta_H$. (Die Existenz von $f \in R$ wird also bei diesem Konvergenzbegriff vorausgesetzt.)

Ferner werden, wenn R überdies linear ist, die folgenden Eigenschaften gefordert:

$$\text{aus} \quad f_n \to f, \quad g_n \to g \quad \text{folgt} \quad f_n + g_n \to f + g,$$

$$\text{aus} \quad f_n \to f, \quad c_n \to c \, (c_n, c \in \text{Körper } K) \quad \text{folgt} \quad c_n f_n \to c f.$$

Folgerung: Eine Folge f_n kann höchstens gegen einen Grenzwert konvergieren.

Wenn nämlich f_n sowohl gegen f als auch gegen g konvergiert

$$\varrho(f, f_n) \to \Theta_H, \quad \varrho(g, f_n) \to \Theta_H,$$

so folgt aus der Dreiecksungleichung

$$\Theta_H \leqq \varrho(f, g) \leqq \varrho(f, f_n) + \varrho(g, f_n).$$

Nach den Eigenschaften c) und f) des Konvergenzbegriffs gilt somit $\varrho(f, g) \to \Theta_H$. Andererseits ist aber nach a) $\lim\limits_{n \to \infty} \varrho(f, g) = \varrho(f, g)$, d. h. $\varrho(f, g) = \Theta_H$. Daraus folgt wieder nach Nr. 3.3, daß $f = g$ ist.

Beispiele:

Beispiel 1: In einem metrischen Raum sind die Forderungen a) bis f) des Konvergenzbegriffs erfüllt. Die Konvergenzdefinition lautet hier einfach:

Definition: Eine Folge von Elementen f_n eines metrischen Raumes R heißt gegen ein Element $f \in R$ konvergent, wenn

$$\lim_{n \to \infty} \varrho(f, f_n) = 0 \quad \text{ist.}$$

Beispiel 2: Im pseudometrischen Raum der in $\langle B \rangle$ stetigen Funktionen von Beispiel 2 aus Nr. 3.3 kann man als Konvergenzbegriff den der gleichmäßigen Konvergenz in B wählen (vgl. Beispiel 2 in Nr. 4.3).

4.2 Cauchy-konvergente Folgen

Es sei eine konvergente Folge $f_n \to f$ im pseudometrischen Raum R gegeben. Dann gilt für die Abstände $\varrho_{m,n} = \varrho(f_m, f_n)$ die Ungleichung

$$\Theta_H \leqq \varrho_{m,n} = \varrho(f_m, f_n) \leqq \varrho(f_m, f) + \varrho(f_n, f).$$

Daraus folgt

$$\Theta_H \leqq \lim_{m,\,n \to \infty} \varrho_{m,n} \leqq \Theta_H$$

oder

$$\lim_{m,\,n \to \infty} \varrho_{m,n} = \Theta_H,$$

d. h., wenn man $m = m_k$, $n = n_k$ setzt, m_k, n_k irgendwelche Teilfolgen der natürlichen Zahlen sind und k über alle Grenzen wächst.

Definition: Eine Folge f_n heißt „CAUCHY-konvergent", wenn für $\varrho_{m,n} = \varrho(f_m, f_n)$ gilt $\lim_{m,\,n \to \infty} \varrho_{m,n} = \Theta_H$. (Die Existenz des Grenzelementes $f \in R$ wird dabei nicht vorausgesetzt.)

Folgerung: Nach dem Obigen folgt aus der Konvergenz einer Folge f_n im Sinne von Nr. 4.1 die CAUCHY-Konvergenz. In der elementaren Reihenlehre sind diese beiden Konvergenzbegriffe ebenfalls vorhanden und einander gleichwertig. In pseudometrischen und anderen Räumen aber folgt aus der CAUCHY-Konvergenz einer Folge f_n noch nicht die Konvergenz im Sinne von Nr. 4.1.

Beispiel: Es sei x_n im metrischen Raum R der rationalen Zahlen eine gegen $\sqrt{2}$ konvergierende Folge rationaler Zahlen. Diese Folge ist CAUCHY-konvergent, aber nicht konvergent im Sinne von Nr. 4.1, da in R kein Grenzelement f existiert.

4.3 Vollständigkeit, Hilbert- und Banachräume

Definition: Eine (echte oder unechte) Teilmenge N eines metrischen oder pseudometrischen Raumes R heißt „vollständig", wenn es zu jeder CAUCHY-konvergenten Folge f_n aus N ein Grenzelement $f \in N$ gibt mit $\varrho(f_n, f) \to \Theta_H$.

Beispiele:

Beispiel 1: Der metrische Raum der rationalen Zahlen (Beispiel aus Nr. 4.2) ist nicht vollständig, aber der Raum der reellen (oder komplexen) Zahlen ist vollständig.

Beispiel 2: $C\langle a, b \rangle$ bzw. $C\langle B \rangle$ (Beispiel 5 von Nr. 2.3) sei der Raum der im n-dimensionalen abgeschlossenen beschränkten Bereich $\langle B \rangle$

stetigen Funktionen $f(x_1, \ldots, x_n)$ mit dem Abstand

$$\varrho\big(f(x), g(x)\big) = \operatorname*{Max}_{<B>} \big[p(x) \, |f(x) - g(x)| \big]. \tag{4.2}$$

Dabei ist $p(x)$ gegeben, >0 und stetig in $\langle B \rangle$. $C\langle B \rangle$ ist ein vollständiger metrischer Raum, wie man folgendermaßen sieht: Zunächst ist Konvergenz der Funktionenfolge $f_n(x_1, \ldots, x_n)$ im Raum $C\langle B \rangle$ gleichbedeutend mit gleichmäßiger Konvergenz dieser Funktionenfolge f_n, $[p(x)$ ist im Bereich $\langle B \rangle$ stetig und kann in feste Schranken $0 < m \leq \; \leq p(x) \leq M$ eingeschlossen werden].

Konvergenz einer Funktionenfolge $f_m(x)$ bedeutet daher: Zu jedem $\varepsilon > 0$ gibt es ein $N(\varepsilon)$ mit $\operatorname*{Max}_{\langle B \rangle} |f_p - f_q| < \varepsilon$ für $q, p > N(\varepsilon)$, und das bedeutet gleichmäßige Konvergenz in B. Nun gilt der klassische Satz in der Analysis: „Eine in einem abgeschlossenen Bereich B gleichmäßig konvergente Folge stetiger Funktionen konvergiert in B gegen eine ebenfalls stetige Grenzfunktion." Das ist aber gerade die Vollständigkeitsaussage. Es gilt mit der gleichen Begründung die wichtige Aussage:

Satz: *$\langle B \rangle$ sei ein abgeschlossener beschränkter Bereich im R_n; $\varphi(x)$ und $\Phi(x)$ seien in $\langle B \rangle$ gegebene stetige Funktionen mit $\varphi(x) \leq \Phi(x)$, oder es sei $\varphi(x) = -\infty$ oder $\Phi(x) = +\infty$. Das Intervall $\langle \varphi(x), \Phi(x) \rangle$, d. h. die in $\langle B \rangle$ stetigen Funktionen $f(x)$ mit*

$$\varphi(x) \leq f(x) \leq \Phi(x), \tag{4.3}$$

bildet eine vollständige Teilmenge von $C\langle B \rangle$ bei dem Abstande (4.2). Jedes solche Intervall ist ein Verband.

Definition: Ein vollständiger pseudometrischer Raum heißt ein „P-Raum", ein vollständiger normierter Raum heißt „BANACHscher Raum", ein vollständiger unitärer Raum heißt ein „HILBERTscher Raum".

Beispiele von Hilberträumen:[1]

Beispiel 1: Der reelle oder komplexe Punktraum R_n von Beispiel 1 in Nr. 2.7 mit dem inneren Produkt (2.42) oder (2.43). Ebenso ist der Raum l^2 vom Beispiel 2 der Nr. 2.7 ein Hilbertraum (NATANSON [54], S. 186).

---

[1] HILBERT, DAVID, vielleicht der bedeutendste deutsche Mathematiker nach GAUSS, geboren 23. 1. 1862 in Königsberg, Promotion dort 1884, Dozent 1886, 1892 ao. Professor; 1895 ging er nach Göttingen, wo er bis zu seinem Tode am 14. 2. 1943 wirkte. Nachruf von G. HAMEL: Z. angew. Math. Mech. 23 (1943) 128.

Beispiel 2: Der Raum $L^2(B)$ der in einem Gebiet B im LEBESGUE-schen[1] Sinne quadratisch integrablen Funktionen von Beispiel 3 in Nr. 2.7 mit dem inneren Produkt (2.47) oder (2.49) und der im $L^2(B)$ definierten Äquivalenz von Funktionen. In der Theorie der reellen Funktionen wird gezeigt, daß hier tatsächlich ein Hilbertraum vorliegt (z. B. bei NATANSON [54], S. 170).

Beispiel 3: Der Raum der in einem beschränkten und von n glatten Kurven begrenzten Gebiet B (z. B. im Einheitskreis $|z| < 1$) der komplexen Ebene $z = x + iy$ holomorphen Funktionen $f(z)$, für die

$$\int\limits_B |f(z)|^2 \, dx \, dy$$

existiert, mit dem inneren Produkt (2.50) (MESCHKOWSKI [62], S. 20 und S. 66).

Beispiel 4: Der Raum der im Einheitskreis $|z| < 1$ der komplexen z-Ebene holomorphen, auf dem Rande $|z| = 1$ stetigen Funktionen $f(z)$ bei dem inneren Produkt zweier Funktionen f, g

$$(f, g) = \frac{1}{2\pi} \int\limits_\Gamma f(z) \, \overline{g(z)} \, ds, \tag{4.4}$$

wobei s die Bogenlänge auf dem Rande Γ des Einheitskreises ist. Hier bilden die Potenzen $1, z, z^2, \ldots$ ein Orthonormalsystem, wie man sofort nachrechnet. Ein Unterraum hiervon tritt in Nr. 7.7 auf.

Beispiel 5: In der x_1-x_2-Ebene sei B ein beschränktes Gebiet mit einem aus n glatten Kurven bestehenden Rand Γ. In der elliptischen Differentialgleichung

$$\sum_{j, k=1}^{2} \frac{\partial}{\partial x_k} \left(a_{jk} \frac{\partial u}{\partial x_j} \right) - c u = 0 \tag{4.5}$$

sei $c(x_1, x_2)$ in B stetig und positiv, $a_{jk} = a_{kj} \in C^2(B)$, genüge a_{jk} einer Lipschitzbedingung, und sei (a_{jk}) in B positiv definit. Mit dem inneren

---

[1] LEBESGUE, HENRI LÉON, geboren 28. 6. 1875 in Beauvais als Sohn eines Schriftsetzers. Der Vater starb früh, doch LEBESGUE fiel in der Schule durch seine hohe Begabung auf und konnte seine Studien aus öffentlichen Mitteln fortsetzen. Mit den letzten dieser Zuwendungen erreichte er die Oberklassen des Lyceums in Paris. 1894 trat er in die École Normale ein und verließ sie als Oberlehrer für Mathematik. 1902 promovierte er mit seiner grundlegend gewordenen Arbeit über das LEBESGUEsche Integral. Er wurde Lehrer am Lyceum in Nancy, dann Professor in Rennes und Poitiers, 1910 wurde er an die Sorbonne berufen, die er 10 Jahre später verließ, um am Collège de France den Lehrstuhl von HUMBERT und JORDAN zu übernehmen. Er starb am 26. 7. 1941 nach viermonatiger Krankheit. Nachruf von P. MONTEL: Comptes Rendus 213 (1941) S. 196.

Produkt

$$(u, v) = \int\limits_B \left(\sum_{j, k = 1}^{2} a_{jk} u_j v_k + c\, u\, v \right) dx_1\, dx_2$$

bilden die auf $B + \Gamma$ regulären Lösungen von (4.5), für die (u, u) endlich ist, einen Hilbertraum (Beweis bei MESCHKOWSKI [62], S. 76).

Beispiel 6: Sei k eine feste reelle Zahl, ≥ 0 oder < 0, und sei $R_{(k)}$ der Teilraum der Funktionen $f(x)$ von $L^2(-\infty, \infty)$, für welche $(1 + z^2)^{k/2}\, \hat{f}(z)$ zu $L^2(-\infty, \infty)$ gehört, wobei $\hat{f}(z)$ die Fouriertransformierte von $f(x)$ ist. Mit dem inneren Produkt

$$(f, g) = \int\limits_{-\infty}^{\infty} (1 + z^2)^{k/2}\, \hat{f}(z)\, \overline{\hat{g}(z)}\, dz$$

ist $R_{(k)}$ ein Hilbertraum (LIONS [61], S. 83).

Beispiele für Banachräume:[1]

Beispiel 1: Alle Hilberträume, also auch alle eben genannten speziellen Beispiele solcher Räume.

Beispiel 2: Der Raum $C\langle B \rangle$ der in einem abgeschlossenen beschränkten Bereich B stetigen Funktionen (Beispiel 2 von Nr. 2.5) mit der Norm (2.31) oder (2.32). Daß Vollständigkeit vorliegt, wurde oben bewiesen. Dieser Raum ist, vgl. das Gegenbeispiel 2 von Nr. 2.7, nicht unitär und daher auch kein Hilbertraum. Da dieser Raum aber für die Anwendungen von fundamentaler Bedeutung ist, erkannte man schon früh, daß es notwendig ist, neben Hilberträumen die allgemeineren Banachräume zu untersuchen.

Beispiel 3: Der Raum R_n mit einer der Normen aus Nr. 2.5; bei der Norm (2.51) für $n \geq 2$ und $p \geq 1$, $p \neq 2$ und bei der speziell für die Anwendungen sehr wichtigen Norm (2.30) ist der R_n normiert, aber nicht unitär, wie das Gegenbeispiel 1 von Nr. 2.7 zeigte; es ist dann der R_n ein Banachscher, aber kein Hilbertraum.

---

[1] BANACH, STEFAN, 30. 3. 1892 bis 31. 8. 1945, geboren und erzogen in Krakau, war von Kind an auf sich selbst gestellt. 1910 Reifeprüfung in Krakau. Von 1910 bis 1914 studierte er am Polytechnikum in Lemberg. Die Zeit des ersten Weltkrieges verbrachte er in Krakau. Gegen 1916 begann er ernsthaft, Mathematik zu studieren. 1919 veröffentlichte er seine ersten Ergebnisse. 1920 Promotion und Assistent (1922 Dozent). 1922 beendete er seine Habilitation, zwei Monate später wurde er außerordentlicher und ab 1927 ordentlicher Professor in Lemberg. Zusammen mit H. STEINHAUS gründete er 1929 die „Studia Mathematica" und redigierte sie bis 1941. 1939 kam Lemberg zur Ukraine, und BANACH wurde Mitglied des Stadtrates (Gorsowjet) und 1941 Dekan der Fakultät. BANACH starb in Lemberg nach einer schweren Krankheit von einigen Monaten. Lit.: Colloquium Mathematikum I (1948), Heft 2, p. 66. Dort ein Bild und Schriftenverzeichnis.

Beispiel 4: Der Raum R aller beschränkten Folgen komplexer Zahlen $f = (f_{(1)}, f_{(2)}, \ldots)$ bei der Norm

$$\|f\| = \sup_k |f_{(k)}|. \tag{4.6}$$

Dabei ist für 2 Folgen $f = (f_{(k)})$ und $g = (g_{(k)})$ die Folge $a\,f + b\,g$ als Folge mit den Elementen $a\,f_{(k)} + b\,g_{(k)}$ definiert.

Beweis der Vollständigkeit von R: Es sei $f_r = (f_{r(1)}, f_{r(2)}, \ldots)$ eine Folge von Elementen von R mit $\lim\limits_{r,\,s \to \infty} \|f_r - f_s\| = 0$.

Es ist $\|f_r\|$ gleichmäßig in r beschränkt; denn zu jedem $\varepsilon > 0$ gibt es ein $N(\varepsilon)$ mit $\|f_r - f_s\| < \varepsilon$ für $r, s > N$; für ein festes $s > N$ ist daher für alle $r > N$

$$\|f_r\| \leqq \|f_s\| + \|f_r - f_s\| < \|f_s\| + \varepsilon,$$

d. h. $\|f_r\|$ ist beschränkt. Für ein festes k und $r, s > N$ ist dann

$$|f_{r(k)} - f_{s(k)}| \leqq \|f_r - f_s\| \leqq \varepsilon, \tag{4.7}$$

d. h. die $f_{r(k)}$ bei festem k sind konvergent und $\lim\limits_{r \to \infty} f_{r(k)} = f_{(k)}$ vorhanden. Läßt man bei festem r in (4.7) $s \to \infty$ gehen, so ist

$$|f_{r(k)} - f_{(k)}| \leqq \varepsilon \tag{4.8}$$

und daher

$$|f_{(k)}| \leqq |f_{r(k)}| + \varepsilon \leqq \|f_r\| + \varepsilon.$$

Da die $\|f_r\|$ beschränkt sind, sind somit auch die $f_{(k)}$ beschränkt, d. h. die Folge $f = (f_{(1)}, f_{(2)}, \ldots)$ ist ein Element von R. Nun gilt (4.8) für alle k und für $r > N$; somit ist $\|f_r - f\| \leqq \varepsilon$ für $r > N$; das bedeutet die Konvergenz der f_r gegen f im Sinne der Norm (4.6).

Beispiel 5: Es sei U der Unterraum der Nullfolgen von dem Raume R aus Beispiel 4; es gilt dann also

$$\lim_{k \to \infty} f_{(k)} = 0$$

für jedes Element von U. Dieser Unterraum ist linear und selbst ein Banachraum.

Beispiel 6: Es sei l^p die Teilmenge des Raumes R von Beispiel 4, für deren Elemente f die Summe

$$s = \sum_{k=1}^{\infty} |f_{(k)}|^p$$

konvergiert, mit der Norm $\|f\| = s^{1/p}$. Es ist l^p für $p \geqq 1$ ein Banachraum, vgl. Ljusternik-Sobolew [55], S. 73, und für $p = 2$ sogar ein Hilbertraum.

Beispiel 7: Es sei $L^p(B)$ der Raum der in B (Bereich wie in Beispiel 2) definierten und meßbaren Funktionen $f(x)$, für die das LEBESGUESche Integral

$$\int\limits_B |f(x)|^p \, dx < \infty$$

ist. Für $p \geqq 1$ ist L^p ein Banachraum, vgl. LJUSTERNIK-SOBOLEW [55], S. 73, und für $p = 2$ sogar ein Hilbertraum.

Beispiel 8: Es sei V der Raum der in einem abgeschlossenen Intervall $\langle a, b \rangle$ definierten Funktionen $f(x)$ von beschränkter Variation mit $f(a) = 0$. Für diese kann man als Norm

$$\|f\| = \underset{<a,\,b>}{\text{Variation}} f(x)$$

einführen. Beweis für die Vollständigkeit dieses Raumes bei KRYLOW [62], S. 53.

Beispiele vollständiger metrischer Räume:

Hierzu gehören folgende Räume, die nicht normiert sind (NATANSON [54], S. 422 bis 424):

Beispiel 1: Der Raum der Folgen von Beispiel 6 aus Nr. 2.3.

Beispiel 2: Der Raum S der in einem Gebiet B meßbaren Funktionen $f(x)$ mit dem Abstand

$$\varrho(f, g) = \int\limits_B \frac{|f(x) - g(x)|}{1 + |f(x) - g(x)|} \, dx.$$

Beispiel 3 (Elliptische Geometrie): Ein Modell der projektiven Ebene bilden die Geraden in R_3 durch den Nullpunkt. Diese Geraden sind Elemente eines vollständigen, metrischen, nicht linearen Raumes R, wenn man zwei Elementen f_1, f_2 als Abstand ϱ den Winkel α mit $0 \leqq \alpha \leqq \frac{\pi}{2}$ zuordnet, den die zugehörigen Geraden in R_3 miteinander bilden. Sind r_1, r_2 Einheitsvektoren auf den beiden Geraden, so ist

$$\cos\alpha = |(r_1, r_2)|.$$

Ein weiteres Beispiel liefert die Hyperbolische Geometrie (Beispiel 9 von Nr. 2.3).

Definition: Ein BANACHscher Raum R heißt ein Halbordnungs-Banachraum, wenn R halbgeordnet ist und der in R festgelegte Konvergenzbegriff zugleich die in Nr. 4.1 a) bis f) genannten Forderungen erfüllt.

Beispiel für einen Halbordnungs-Banachraum: Es seien $f_j(x)$ für $(j = 1, \ldots, n)$ Elemente aus $C\langle B \rangle$ (vgl. Beispiel 4 von Nr. 2.3), d. h.

stetige Funktionen im abgeschlossenen beschränkten Bereich B. Die f_j werden als Komponenten eines Vektors f aufgefaßt. Man führt als Norm

$$\|f\| = \operatorname*{Max}_{j} \operatorname*{Max}_{B} |f_j(x)|$$

und als Halbordnung ein, daß $f \leqq g$ (mit $f = \{f_j(x)\}$, $g = \{g_j(x)\}$) bedeuten soll: $f_j(x) \leqq g_j(x)$ für $j = 1, \ldots, n$ und $x \in B$.

Bei einem topologischen Raum versteht man unter Abschließung die Hinzunahme aller Häufungspunkte. Ein vollständiger metrischer Raum wird durch die Abschließung nicht geändert.

4.4 Einige Stetigkeitsaussagen

Satz: *In jedem pseudometrischen Raum R hängt der Abstand stetig von den Elementen ab*, d. h., für zwei konvergente Folgen $f_n \to f$, $g_n \to g$ mit $f_n, g_n, f, g \in R$ gilt stets

$$\varrho(f_n, g_n) \to \varrho(f, g).$$

Beweis: Nach der Dreiecksungleichung gilt

$$\varrho(f_n, g_n) \leqq \varrho(f_n, f) + \varrho(f, g) + \varrho(g_n, g),$$

$$\varrho(f, g) \leqq \varrho(f, f_n) + \varrho(f_n, g_n) + \varrho(g, g_n)$$

oder

$$-\varrho(f_n, f) - \varrho(g_n, g) \leqq \varrho(f, g) - \varrho(f_n, g_n) \leqq \varrho(f_n, f) + \varrho(g_n, g) = \tau_n.$$

Dabei ist die Abkürzung τ_n eingeführt worden. Nach Voraussetzung konvergiert $f_n \to f$, $g_n \to g$, also $\tau_n \to \Theta_H$. Nach dem Lemma in Nr. 4.1 konvergiert dann auch

$$\varrho(f, g) - \varrho(f_n, g_n) \quad \text{gegen} \quad \Theta_H, \quad \text{q.e.d.}$$

Als Spezialfälle dieses Satzes ergeben sich unmittelbar einige der folgenden Aussagen:

Satz: *In jedem metrischen Raum hängt der Abstand $\varrho(f, g)$ stetig von f und g ab, in jedem normierten Raum hängt die Norm $\|f\|$ stetig von f ab, in jedem unitären Raum hängt das innere Produkt (f, g) stetig von f und g ab.*

Beweis: Ein metrischer Raum ist zugleich pseudometrisch. Die Norm $\|f\|$ ist ein spezieller Abstand, nämlich $\varrho(f, \Theta)$. Ist im unitären Raum R der zugehörige Zahlkörper reell oder enthält er die Zahl i, so läßt sich das innere Produkt nach (2.40) durch Normen ausdrücken und hängt daher ebenfalls stetig von f und g ab. Im allgemeinen Fall eines unitären Raumes folgt die Stetigkeit des inneren Produktes (f, g)

leicht so: Es seien f_n und g_n gegen f bzw. g konvergierende Folgen, $f_n \to f$ und $g_n \to g$. Dann haben die f_n wegen $\|f_n\| \leqq \|f - f_n\| + \|f\|$ beschränkte Normen, etwa $\|f_n\| \leqq A$; man erhält mit Hilfe der SCHWARZ-schen Ungleichung (2.36)

$$|(f_n, g_n) - (f, g)| \leqq |(f_n, g_n) - (f_n, g)| + |(f_n, g) - (f, g)|$$
$$= |(f_n, g_n - g)| + |(f_n - f, g)|$$
$$\leqq \|f_n\| \|g_n - g\| + \|f_n - f\| \|g\|.$$

Wegen $\|f_n\| \leqq A$, $\|g_n - g\| \to 0$, $\|f_n - f\| \to 0$ für $n \to \infty$ folgt auch $|(f_n, g_n) - (f, g)| \to 0$ für $n \to \infty$, was die behauptete Stetigkeit ausdrückt.

4.5 Einfache Folgerungen für den Hilbertschen Raum, Unterräume

Satz 1: *In einem unitären Raum H gelte $(f, h) = 0$ für alle $h \in H$ und ein festes $f \in H$. Dann ist $f = \Theta$.*

Denn setzt man für h das Element f ein, so ergibt

$$(f, f) = 0 \quad \text{unmittelbar} \quad f = \Theta.$$

Satz 2: *Die Menge M sei in einem unitären Raum H dicht. Dann folgt aus $(f, h) = (g, h)$ für alle $h \in M$, daß $f = g$ ist.*

Beweis: Ein beliebiges Element $k \in H$ ist Grenzelement einer Folge h_n von Elementen aus M. Aus $(f - g, h_n) = 0$ folgt daher für $n \to \infty$ wegen der Stetigkeit des inneren Produktes $(f - g, k) = 0$ für alle $k \in H$. Also ist nach dem vorigen Satz $f = g$.

Definition: Jede lineare vollständige Teilmenge eines linearen metrischen Raumes R heißt Unterraum von R.

Definition: Der Abstand oder die Entfernung δ eines Elementes $f \in R$ von einer Menge $M \subset R$ ist

$$\delta = \inf_{g \in M} \|g - f\|. \tag{4.9}$$

Satz 3: *f sei ein beliebiges Element eines Hilbertraumes R und U ein Unterraum von R. Dann gibt es ein eindeutig bestimmtes Element g von U, welches f „am nächsten" liegt; es gibt zu f eine eindeutige Zerlegung $f = h + k$ derart, daß $h \in U$ und $k \perp U$ gilt. Es ist $g = h$ die „Projektion" von f auf U.*

Es ist, geometrisch gesprochen, g der Fußpunkt des Lotes von f auf U und δ die Länge des Lotes von f auf U.

Beweis: I. Nach (4.9) gibt es in U eine Folge p_n von Elementen mit

$$\lim_{n \to \infty} \|p_n - f\| = \delta;$$

dann ist

$$\left\| f - \frac{p_m + p_n}{2} \right\| \leq \tfrac{1}{2} \| f - p_m \| + \tfrac{1}{2} \| f - p_n \|,$$

also

$$\overline{\lim_{m,\,n \to \infty}} \left\| f - \frac{p_m + p_n}{2} \right\| \leq \delta.$$

Da aber

$$\frac{p_m + p_n}{2} \in U$$

liegt, gilt

$$\left\| f - \frac{p_m + p_n}{2} \right\| \geq \delta;$$

somit ist

$$\lim_{m,\,n \to \infty} \left\| f - \frac{p_m + p_n}{2} \right\| = \delta.$$

Nach der Parallelogrammgleichung (2.39) ist

$$\| (f - p_m) + (f - p_n) \|^2 + \| (f - p_m) - (f - p_n) \|^2 = 2 \| f - p_m \|^2 + 2 \| f - p_n \|^2.$$

In

$$\| p_m - p_n \|^2 = 2 \| f - p_m \|^2 + 2 \| f - p_n \|^2 - 4 \left\| f - \frac{p_m + p_n}{2} \right\|^2$$

streben die Glieder auf der rechten Seite für $m, n \to \infty$ gegen $2\delta^2$, $2\delta^2$, $4\delta^2$, also wird

$$\lim_{m,\,n \to \infty} \| p_m - p_n \|^2 = 0.$$

Wegen der Vollständigkeit von U strebt p_n gegen ein Grenzelement $p \in U$. Aus

$$\| f - p \| \leq \| f - p_n \| + \| p_n - p \|$$

folgt für $n \to \infty$

$$\| f - p \| \leq \delta.$$

Da aber $p \in U$ und $\| f - p \| \geq \delta$ gilt, ist $\| f - p \| = \delta$ und $p = g$.

II. Das zu f „nächstgelegene" Element g ist eindeutig bestimmt; liegt nämlich f in U, so ist $f = g$; liegt f nicht in U und gibt es zwei verschiedene Elemente g, q in U mit der Entfernung δ von f, so hat man

$$\delta = \tfrac{1}{2} \| f - g \| + \tfrac{1}{2} \| f - q \| \geq \left\| f - \frac{g + q}{2} \right\| \geq \delta,$$

es steht also in der Dreiecksungleichung das Gleichheitszeichen, und nach dem zweiten Satz in Nr. 2.6 gibt es ein $\lambda > 0$ (und $\lambda \neq 1$) mit $f - g = \lambda (f - q)$; es gehört dann $f = \frac{g - \lambda q}{1 - \lambda}$ zu U entgegen der Annahme, f liege nicht in U; also muß $g = q$ sein.

III. Wenn es ein Element $z \in U$ gibt mit $(f - g, z) = a \neq 0$, so liegt das Element $w = g + \dfrac{a\,z}{(z,z)}$ wieder in U, und es wird

$$\|f - w\|^2 = (f - w, f - w)$$

$$= \|f - g\|^2 - \frac{a}{(z,z)}(z, f - g) - \frac{\bar{a}}{(z,z)}(f - g, z) + \frac{a\,\bar{a}}{(z,z)}$$

$$= \|f - g\|^2 - \frac{a\,\bar{a}}{(z,z)} < \|f - g\|^2.$$

Das ist ein Widerspruch dazu, daß g das zu f nächstgelegene Element von U ist. Es gibt also kein Element z der genannten Eigenschaft, d. h. das Element $k = f - g$ ist orthogonal zu allen Elementen von U, in Zeichen $f - g \perp U$.

IV. Es gibt nur ein Element $g \in U$ derart, daß $f - g \perp U$ gilt; denn wenn es 2 Elemente g, q gibt mit $(f - g, u) = (f - q, u) = 0$ für alle $u \in U$, so ist auch $(g - q, u) = 0$ für alle $u \in U$, und da U selbst ein Hilbertraum ist, folgt aus dem ersten Satz dieser Nummer $g = q$. Somit ist die im Satz behauptete Zerlegung $f = h + k$ eindeutig.

Ferner gilt

$$\|f\|^2 = (g + k, g + k) = \|g\|^2 + \|k\|^2, \tag{4.10}$$

denn $(g, k) = (g, f - g) = 0$.

Schreibt man bei Unterräumen U, V eines Hilbertraums an Stelle von $U \subseteq V$ die Ordnungsbeziehung $U \leqq V$, so bilden die Unterräume einen Verband.

4.6 Vollständige Orthonormalsysteme in Hilberträumen

Jetzt können die Betrachtungen von Nr. 2.8 über die Entwicklung eines Elementes f eines unitären Raumes R nach einem ONS (Orthonormalsystem) von Elementen g_k fortgeführt werden, vgl. TRICOMI [55]. R sei nun ein Hilbertraum, und wie in Nr. 2.8 seien a_k die Fourier-koeffizienten[1] von f bezüglich der g_k gemäß (2.55) und s_k die Teilsummen nach (2.56).

Zunächst folgt unmittelbar die Konvergenz der s_k; es ist für $m > n$

$$\|s_m - s_n\|^2 = (s_m - s_n, s_m - s_n) = \left(\sum_{j=n+1}^{m} a_j g_j, \sum_{r=n+1}^{m} a_r g_r \right) = \sum_{j=n+1}^{m} |a_j|^2.$$

$$\tag{4.11}$$

---

[1] FOURIER, JEAN BAPTISTE JOSEPH, französischer Physiker und Mathematiker, geboren 21. 3. 1768 in Anxerre als Sohn eines Schneiders, wurde Schüler der École normale und war 1796—1798 als Lehrer an der École polytechnique tätig. Er nahm an Napoleons Expedition nach Ägypten teil und wurde 1802 Präfekt des Departements der Isère in Grenoble. Er zählt zu den Begründern der mathematischen Physik. FOURIER starb am 16. 5. 1830 in Paris.

Wegen der Konvergenz der Reihe der $|a_j|^2$ nach (2.59) gibt es zu jedem $\varepsilon > 0$ ein $N(\varepsilon)$ mit $\|s_m - s_n\|^2 < \varepsilon$ für $m, n \geq N(\varepsilon)$.

Wegen der Vollständigkeit des Raumes R konvergieren daher die s_k gegen ein Element s von R. Es ergibt sich nun die wichtige Frage, wann ausgesagt werden kann, daß $f = s$ ist, daß also f nach dem ONS der g_k „entwickelt" werden kann.

Definition: Eine Menge M von Elementen g_k $(k = 1, 2, \ldots)$ im Raume R heißt eine Grundmenge, wenn die (endlichen) Linearkombinationen der g_k in H dicht liegen. Besitzt ein Hilbertraum eine abzählbare Grundmenge, so heißt er separabel.

Nun mögen die Elemente g_k des ONS zugleich eine Grundmenge sein, das bedeutet: Zu dem gegebenen Element f gibt es zu jedem $\varepsilon > 0$ eine Zahl $k(\varepsilon)$ und Konstanten b_j aus K mit

$$\|f - t\| < \varepsilon, \qquad t = \sum_{j=1}^{k} b_j \, g_j. \tag{4.12}$$

Nun ist nach (2.58)

$$\|f - t\|^2 = (f, f) - \sum_{j=1}^{k} |a_j|^2 + \sum_{j=1}^{k} |a_j - b_j|^2.$$

Andererseits ist

$$\|f - s_k\|^2 = (f, f) - \sum_{j=1}^{k} |a_j|^2. \tag{4.13}$$

Somit wird

$$\|f - s_k\|^2 \leq \|f - t\|^2 \leq \varepsilon^2.$$

Da man in (4.12) weitere $b_{k+1} = b_{k+2} = \cdots = b_{k+s} = 0$ ergänzen kann, gilt

$$\|f - s_q\| \leq \varepsilon \quad \text{für alle} \quad q \geq k(\varepsilon),$$

das bedeutet aber die Konvergenz der s_k gegen f.

Somit folgt aus (4.13) für $k \to \infty$ die *Besselsche Gleichung* oder *Vollständigkeitsrelation*:

$$(f, f) = \sum_{j=1}^{\infty} |a_j|^2. \tag{4.14}$$

Nun sieht man sofort auch die Umkehrung, daß ein ONS der g_k, bei welchem für beliebiges $f \in R$ die BESSELsche Gleichung gilt, eine Grundmenge ist. Denn ist $f \in R$ gegeben, so gibt es nach (4.14) zu jedem $\varepsilon > 0$ ein k mit

$$\|f - s_k\|^2 = (f, f) - \sum_{j=1}^{k} |a_j|^2 < \varepsilon^2.$$

das ist gerade die Aussage, daß die g_k eine Grundmenge bilden.

Definition: Ein Orthonormalsystem g_k in einem unitären Raum R heißt vollständig, wenn es nicht durch Hinzunahme eines weiteren Elementes aus R zu einem Orthonormalsystem ergänzbar ist.

Jedes abzählbare ONS g_k, welches eine Grundmenge ist, ist auch vollständig; denn wenn es ein Element h gibt, welches zu allen g_k orthogonal ist, folgt aus der BESSELschen Gleichung (4.14)

$$\|h\|^2 = \sum_{j=1}^{\infty} |(h, g_j)|^2 = 0,$$

also $h = \Theta$; dann ist h nicht normiert, also nicht als Ergänzung zum ONS der g_k geeignet.

Umgekehrt sei nun g_k ein vollständiges ONS, dann sind die g_k auch eine Grundmenge; denn sei f ein beliebiges Element aus R; die zugehörigen Teilsummen s_n nach (2.56) konvergieren gegen ein Element s [vgl. (4.11)], welches wegen der Stetigkeit des inneren Produktes die gleichen Fourierkoeffizienten wie f hat:

$$(s_m, g_k) = a_k \quad \text{für} \quad m \geq k$$

läßt man hier $m \to \infty$ gehen, so folgt

$$(s; g_k) = a_k,$$

somit ist $(f - s, g_k) = 0$ für alle k.

Wäre hier $f - s = h$ von Θ verschieden, so könnte das ONS der g_k durch $h / \|h\|$ zu einem größeren ONS ergänzt werden, was der vorausgesetzten Vollständigkeit widerspräche. Also ist $f = s$, die s_k konvergieren gegen f, und f kann beliebig durch die s_k angenähert werden; die g_k bilden daher eine Grundmenge.

Bezüglich des vollständigen ONS g_k mögen die Elemente f und h die Fourierkoeffizienten a_k bzw. b_k und die Teilsummen s_k bzw. t_k haben; dann ist

$$(s_k, t_k) = \left(\sum_{j=1}^{k} a_j g_j, \sum_{q=1}^{k} b_q g_q \right) = \sum_{j=1}^{k} a_j \overline{b_j}.$$

Für $k \to \infty$ entsteht daraus wegen der Stetigkeit des inneren Produktes die „erweiterte BESSELsche Gleichung"

$$(f, h) = \sum_{j=1}^{\infty} (f, g_j)(g_j, h). \tag{4.15}$$

Zusammenfassend erhält man den

Satz: *Es sei g_k $(k = 1, 2, \ldots)$ ein Orthonormalsystem in einem Hilbertraum R. Dann sind folgende 5 Aussagen einander gleichwertig:*

1. Die g_k bilden eine Grundmenge.

2. Das Orthonormalsystem der g_k ist vollständig.

3. Die Besselsche Gleichung (4.14) gilt für jedes Element $f \in R$.

4. Die erweiterte Besselsche Gleichung (4.15) gilt für beliebige f, $h \in R$.

5. Für jedes $f \in R$ konvergieren die durch (2.55), (2.56) definierten Teilsummen s_k gegen f.

Nun folgt leicht der

Satz von Fischer[1] und Riesz[2]: *Es sei g_k $(k = 1, 2, \ldots)$ ein vollständiges Orthonormalsystem in einem Hilbertraum R und a_k eine Zahlenfolge, für die $\sum\limits_{k=1}^{\infty} |a_k|^2$ konvergiert. Dann gibt es in R genau ein Element f, dessen Fourierkoeffizienten die a_k sind.*

Beweis: Die Elemente

$$s_m = \sum_{j=1}^{m} a_j \, g_j$$

konvergieren; denn nach (4.11) gibt es zu jedem $\varepsilon > 0$ ein $N(\varepsilon)$ mit

$$\| s_m - s_n \|^2 < \varepsilon \quad \text{für} \quad m, n > N(\varepsilon).$$

Das Grenzelement der s_m sei f, und es gilt

$$\lim_{n \to \infty} (s_n, g_j) = a_j = (f, g_j).$$

Gäbe es noch ein anderes Element h mit den genannten Eigenschaften, so wäre $(f - h, g_j) = 0$ für $(j = 1, 2, \ldots)$, also $f = h$, da das ONS der g_j vollständig ist.

---

[1] FISCHER, ERNST, am 12. 7. 1875 in Wien geboren; dort 1899 Dr. phil., 1904 Privatdozent, 1910 ao. Professor an der TH Brünn. 1911 o. Professor in Erlangen, 1920—1938 lehrte er in Köln.

[2] RIESZ, FRIEDRICH, geboren 22. 1. 1880 in Györ (Raab) in Ungarn, besuchte 1897—1899 das Polytechnikum in Zürich, setzte seine Studien 1899—1901 in Budapest und 1903—1904 in Göttingen und Paris fort, promovierte mit einer Arbeit über projektive Geometrie, legte ein Diplom für den Lehrerberuf ab und wurde Gymnasiallehrer. 1907 erreichte er allgemeinere Anerkennung durch den Satz von RIESZ-FISCHER. Er formulierte schon 1908 allgemein die Axiome eines topologischen Raumes. 1911 wurde er Extraordinarius, 1914 Ordinarius in Koloszvár (Klausenburg, Cluj). 1920 kam Koloszvár zu Rumänien, und RIESZ gründete in Szeged ein mathematisches Institut. RIESZ gab zusammen mit ALFRED HAAR die Acta Szegedina heraus, praktisch die erste rein mathematische Zeitschrift in Ungarn. 1936 wurde er Vollmitglied der Budapester Akademie, 1944 übernahm er das Rektorat der Universität Szeged, 1946 wurde er Professor in Budapest, 1952 erschienen die ‚Vorlesungen über Funktionalanalysis'. Bei alledem war sein Gesundheitszustand sehr schlecht, er war nicht imstande, seine Vorlesungen stehend zu halten. Im Frühjahr 1955 hielt er seinen letzten Vortrag, lag seit August krank und starb am 28. 2. 1956. Lebenslauf und Bild in F. RIESZ, Gesammelte Werke I, Budapest 1960. Nachruf in den Comptes Rendus 242 (1956) S. 1245 bzw. 2193.

4.7 Beispiele

I. Die trigonometrischen Funktionen $\dfrac{1}{\sqrt{2\pi}}$, $\dfrac{1}{\sqrt{\pi}}\begin{Bmatrix}\cos n\,x\\ \sin n\,x\end{Bmatrix}$ $(n = 1, 2, \ldots)$ von Beispiel I aus Nr. 2.8 bilden im $L^2(0, 2\pi)$ ein vollständiges ONS.

Beweis: Es ist zu zeigen, daß aus der Orthogonalität einer reellen Funktion $f(x) \in L^2(0, 2\pi)$ zu allen genannten trigonometrischen Funktionen $f = \Theta$ folgt.

1. Schritt: $f(x)$ sei stetig und nicht identisch Null; dann gibt es ein Intervall $J = \langle x_0 - \delta, x_0 + \delta\rangle$ im Innern von $\langle 0, 2\pi\rangle$, in dem $f(x) > \alpha > 0$ ist [oder $f(x) < \alpha < 0$]. K sei die Komplementärmenge von J bezüglich $\langle 0, 2\pi\rangle$; für die Funktion

$$p(x) = 1 + \cos(x - x_0) - \cos\delta \tag{4.16}$$

gilt $p^m(x) \geqq 1$ in J, $|p^m(x)| < 1$ in K (für $m = 1, 2, \ldots$). p^m setzt sich linear aus den trigonometrischen Funktionen zusammen und ist daher zu $f(x)$ orthogonal; es ist

$$0 = \int\limits_0^{2\pi} f\,p^m\,dx = \int\limits_J f\,p^m\,dx + \int\limits_K f\,p^m\,dx.$$

Für $m \to \infty$ ist $\int\limits_J f\,p^m\,dx \geqq 2\delta\alpha$ und $\int\limits_K f\,p^m\,dx \to 0$; man hat somit einen Widerspruch. Wenn $f(x)$ stetig ist, muß $f(x) = 0$ sein in $\langle 0, 2\pi\rangle$.

2. Schritt: $f(x)$ sei ein Element von $L^2(0, 2\pi)$[1], dann ist die Funktion $F(x) = \int\limits_0^x f(s)\,ds$ stetig; da $f(x)$ zur konstanten Funktion orthogonal ist, folgt

$$F(2\pi) = \int\limits_0^{2\pi} f(s)\,ds = 0.$$

Aus

$$\int\limits_0^{2\pi} f(x)\,e^{i n x}\,dx = 0 \qquad (n = 0, \pm 1, \pm 2, \ldots)$$

folgt durch Teilintegration, wobei c eine beliebige Konstante ist,

$$-i\,n\int\limits_0^{2\pi} (F(x) - c)\,e^{i n x}\,dx + \big[(F(x) - c)\,e^{i n x}\big]_0^{2\pi} = 0.$$

Die Randausdrücke fallen wegen $F(0) = F(2\pi) = 0$ fort. Die Konstante c wird nun so bestimmt, daß

$$\int\limits_0^{2\pi} (F(x) - c)\,dx = 0$$

---

[1] Genau genommen: Ein Vertreter einer Klasse zueinander äquivalenter Funktionen.

wird; dann erfüllt die stetige Funktion

$$G(x) = F(x) - c \qquad (4.17)$$

die Bedingungen

$$\int\limits_0^{2\pi} G(x)\, e^{inx}\, dx = 0 \quad \text{für} \quad n = 0, \pm 1, \pm 2, \ldots.$$

Nach der Aussage des ersten Schrittes ist daher $G(x) = 0$ oder $F(x) = \text{const} = c$. Dann ist die Funktion $f(x)$ fast überall $= 0$, also $f(x) = \Theta$.

. Nach dem allgemeinen Konvergenzsatz der Nr. 4.6 folgt daher, daß für jede Funktion $f(x)$ aus $L^2(0, 2\pi)$ die Fourierreihe gegen $f(x)$ konvergiert; jedoch ist diese Konvergenz nicht etwa punktweise (für jedes x aus dem Intervall) zu verstehen, sondern im Sinne der Norm des Hilbertraumes, hier also im quadratischen Mittel. Da man aber gerade oft an der punktweisen Konvergenz interessiert ist, ist hierfür eine besondere Theorie entwickelt worden, vgl. etwa JACKSON [48]. Daß hier zwei ganz verschiedene Fragestellungen vorliegen, zeigt das Beispiel der Fourierreihe $\sum\limits_{n=1}^{\infty} \dfrac{\sin n\, x}{\sqrt{n}}$, welche für jedes reelle x konvergiert, aber nicht zu $L^2(0, 2\pi)$ gehört.

II. Fast wörtlich genauso beweist man, daß das ONS, welches aus den Potenzen $1, x, x^2, \ldots$ in einem Intervall $\langle a, b\rangle$, z. B. in $\langle 0, 1\rangle$, nach dem ERHARD-SCHMIDTschen Verfahren entsteht, in $L^2\langle a, b\rangle$ vollständig ist. Beim 1. Schritt hat man nur die Funktion $p(x)$ von (4.16) durch

$$p(x) = 1 - \frac{(x - x_0 - \delta)(x - x_0 + \delta)}{(b - a)^2}$$

zu ersetzen; p^m ist ein Polynom und $f(x)$ zu allen Polynomen orthogonal. Beim 2. Schritt liefert hier die Teilintegration für $F(x) = \int\limits_a^x f(s)\, ds$ und ein beliebiges Monom:

$$\int\limits_a^b f(x)\, x^n\, dx = [F(x)\, x^n]_a^b - n \int\limits_a^b F(x)\, x^{n-1}\, dx = 0 \quad \text{für} \quad n = 0, 1, \ldots.$$

Wegen $F(a) = F(b) = 0$ fallen wieder die Randausdrücke fort; die stetige Funktion $F(x)$ ist also zu den Potenzen x^n orthogonal und nach dem Ergebnis des 1. Schrittes identisch Null.

Eine beliebige Funktion $f(x) \in L^2(a, b)$ läßt sich also nach diesem ONS „im Mittel" entwickeln und im Mittel beliebig genau approximieren. Dieser Satz sagt natürlich etwas anderes aus als ein Darstellungssatz von der Entwicklung einer Funktion in eine Potenzreihe und als der

Weierstraßsche Approximationssatz[1]: *Jede in $\langle a, b \rangle$ stetige reelle Funktion $f(x)$ kann durch Polynome gleichmäßig beliebig genau approximiert werden, d. h. zu jedem $\varepsilon > 0$ gibt es ein Polynom $P(x)$ mit* $|f(x) - P(x)| < \varepsilon$ *in* $\langle a, b \rangle$. (Beweis z. B. bei ACHIESER [53], S. 30 und TODD [63].)

III. Das ONS, welches aus den Funktionen $g_r(x)$ von Beispiel III in Nr. 2.8 nach dem ERHARD-SCHMIDTschen Verfahren entsteht, ist vollständig. Denn sei $f(x)$ eine beliebige in $(0, 1)$ LEBESGUE-integrable Funktion, dann ist $F(x) = \int\limits_0^x f(s)\,ds$ in $\langle 0, 1 \rangle$ stetig. Sei $f(x)$ zu allen Funktionen des ONS, also auch zu allen $g_r(x)$ orthogonal und r eine rationale Zahl in $\langle 0, 1 \rangle$; dann ist

$$F(r) = \int\limits_0^r f(s)\,ds = \int\limits_0^1 f(s)\,g_r(s)\,ds = 0,$$

also $F(x)$ als stetige Funktion identisch Null; $f(x)$ ist somit fast überall Null und $= \Theta$.

IV. Das HAARsche[2] System in $\langle 0, 1 \rangle$ besteht aus den Funktionen

$$\chi_0(x) = 1,$$

$$\chi_n^{(k)}(x) = \begin{cases} 2^{n/2} & \text{in} \quad \langle (2k-2)\alpha, (2k-1)\alpha \rangle \\ -2^{n/2} & \text{in} \quad \langle (2k-1)\alpha, 2k\alpha \rangle \\ 0 & \text{sonst in} \quad \langle 0, 1 \rangle \end{cases} \quad \text{mit} \quad \begin{cases} \alpha = 2^{-n-1} \\ n = 0, 1, 2, \ldots \\ k = 1, 2, \ldots, 2^n \end{cases}$$

$$\tag{4.18}$$

und ist ein ONS. Abb. 4/1 zeigt die ersten 4 Funktionen; das ONS ist vollständig; denn sei $f(x)$ eine LEBESGUE-integrable Funktion (jede in $\langle 0, 1 \rangle$ quadratisch LEBESGUE-integrable Funktion ist eine solche), die zu allen Funktionen des ONS orthogonal ist; es ist $F(x) = \int\limits_0^x f(s)\,ds$ in

---

[1] WEIERSTRASS, KARL, vielseitiger deutscher Mathematiker, geboren 31. 10. 1815 in Ostenfelde (Münsterland) als Sohn eines Rendanten. 1834—1840 Studium in Bonn und Münster, zunächst Jurisprudenz; 1842—1855 Oberschullehrer in Deutsch-Krone und Braunsberg (Ostpreußen); 1854 Ehrendoktor der Universität Königsberg, 1856 o. Professor in Berlin, wo er nach langer reicher Wirksamkeit am 19. 2. 1897 starb. Gedächtnisrede von LAMPE, Jahr. Ber. Deutsche Math. Ver. 6 (1897) 40.

[2] HAAR, ALFRED, geboren 11. 10. 1885 in Budapest, studierte in Budapest und 1905—1909 in Göttingen, wurde 1910 Privatdozent in Göttingen, 1912 Professor in Klausenburg, darauf o. Professor für Mathematik (Darstellende Geometrie) in Szeged. HAAR starb am 16. 3. 1933. Lit.: POGGENDORFF, VI (1923—1931). Bildnis in Acta Univ. Szeged 6 (1932—33).

$\langle 0, 1 \rangle$ stetig. Mit Hilfe von

$$\int_0^1 f(x)\, \chi_n^{(k)}(x)\, dx = 2^{n/2}\big[-F(2k\alpha) + 2F\big((2k-1)\alpha\big) - F\big((2k-2)\alpha\big)\big] = 0$$

folgt durch vollständige Induktion nach n, daß die Werte $F(p\alpha)$ für $p = 0, 1, \ldots, 2^{n+1}$ bei graphischer Darstellung auf einer Geraden liegen und wegen

$$\int_0^1 f(x)\, \chi_0(x) = F(1) - F(0) = 0;$$

konstant sind; also ist $F(x)$ als stetige Funktion konstant; somit ist wie im vorigen Beispiel $f(x)$ fast überall Null und $= \Theta$.

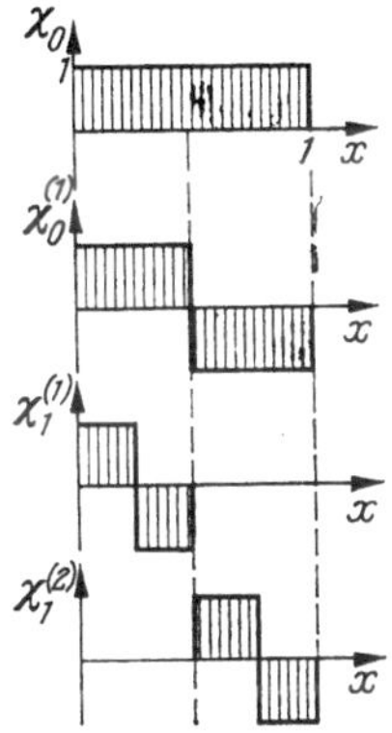

V. Man kann aus einem bekannten in (a, b) vollständigen ONS $g_k(x)$ beliebig viele andere solche Systeme mittels einer in (a, b) positiven, zwischen endlichen positiven Schranken m, M gelegenen stetigen Belegungsfunktionen $p(x)$ gewinnen.

Abb. 4/1
HAARsches System

Es ist also $m \leqq p(x) \leqq M$ in (a, b); sei $f(x)$ eine beliebige Funktion aus $L^2(a, b)$, dann gehört auch $\varphi(x) = f(x)\, [p(x)]^{-1/2}$ zu $L^2(a, b)$ und ist durch die $g_k(x)$ im Mittel beliebig genau approximierbar, d. h. zu jedem $\varepsilon > 0$ gibt es ein q und Konstanten b_j mit

$$\int_a^b \left| \varphi(x) - \sum_{j=1}^q b_j\, g_j(x) \right|^2 dx < \varepsilon.$$

Dann ist

$$\int_a^b p(x) \left| \frac{f(x)}{\sqrt{p(x)}} - \sum_{j=1}^q b_j\, g_j(x) \right|^2 dx < \varepsilon M,$$

d. h. $\left\| f - \sum_{j=1}^q b_j\, g_j\, \sqrt{p} \right\|$ kann ebenfalls durch passende Wahl von q und Konstanten b_j beliebig klein gemacht werden; die $g_j\sqrt{p}$ bilden eine Grundmenge, und aus ihnen entsteht nach dem ERHARD-SCHMIDTschen Verfahren ein vollständiges ONS.

VI. Im Einheitskreis $B(|z| < 1)$ der komplexen $z = x + iy$-Ebene bilden die Funktionen

$$g_k(z) = \left(\frac{k}{\pi}\right)^{1/2} z^{k-1} \qquad (k = 1, 2, 3, \ldots) \qquad (4.19)$$

für das innere Produkt (2.50) wegen

$$\int\limits_B g_j \,\overline{g_k}\, dx\, dy = \frac{(j\,k)^{1/2}}{\pi} \int\limits_0^1 r^{j+k-1}\, dr \int\limits_0^{2\pi} e^{i(j-k)\varphi}\, d\varphi = \delta_{jk}$$

ein ONS, welches für den Hilbertraum von Beispiel 3 von Nr. 4.3 vollständig ist (Meschkowski [62], S. 20).

VII. Allgemeiner sei B ein einfach zusammenhängender, von einer Jordankurve beranderter Bereich der komplexen z-Ebene. Dann kann man aus den Funktionen z^n ($n = 0, 1, 2, \ldots$) mit Hilfe des Schmidtschen Orthogonalisierungsverfahrens bei dem inneren Produkt (2.50) eine Folge von Polynomen $p_n(z)$ herstellen; diese bilden ein vollständiges ONS, vgl. Bergman [50].

VIII. Es gibt auch nicht abzählbare ONS. Ein Beispiel ist der Raum R der fastperiodischen Funktionen für die reelle Achse $-\infty < x < +\infty$. In ihm bilden die Funktionen $e^{i\lambda x}$ für $-\infty < \lambda < +\infty$ eine nicht abzählbare Grundmenge. Das innere Produkt in R wird durch

$$(f, g) = \lim_{a \to \infty} \frac{1}{2a} \int\limits_{-a}^a f(x)\, \overline{g(x)}\, dx$$

festgelegt; es ist $(e^{i\lambda x}, e^{i\mu x}) = \delta(\lambda, \mu) = \begin{cases} 0 & \text{für} \quad \lambda \neq \mu, \\ 1 & \text{für} \quad \lambda = \mu. \end{cases}$

Sind λ_k und μ_l irgendwelche reellen Zahlen und

$$f(x) = \sum_{k=1}^m a_k e^{i\lambda_k x}, \qquad g(x) = \sum_{l=1}^n b_l e^{i\mu_l x}, \tag{4.20}$$

so wird

$$(f, g) = \sum_{k=1}^m \sum_{l=1}^n a_k \,\overline{b_l}\, \delta(\lambda_k, \mu_l).$$

Aus den endlichen Linearkombinationen (4.20) entsteht durch Vervollständigung ein nicht separabler Hilbertraum R.

4.8 Schwache Konvergenz

Definition: Eine Folge f_n von Elementen eines Hilbertraumes R konvergiert schwach gegen ein Element $f \in R$ (in Zeichen $f_n \rightharpoonup f$), wenn die f_n beschränkt sind und

$$\lim_{n \to \infty} (f_n, h) = (f, h) \tag{4.21}$$

für alle $h \in R$ gilt.

Die Voraussetzung der Beschränkheit der f_n ist entbehrlich, denn man kann beweisen, daß die Beschränktheit aus (4.21) folgt. (Beweis

z. B. bei ACHIESER-GLASMANN [54], S. 48.) Dieser Beweis wird hier jedoch nicht benötigt, da die schwache Konvergenz bei dem Auswahlsatz in Nr. 6.8 gebraucht wird, wo die Beschränktheit sowieso vorausgesetzt wird.

Eine schwach konvergente Folge f_n kann nur ein Grenzelement f besitzen; denn wenn zwei Grenzelemente f, $\tilde{f}$ existieren, folgt aus $(f, h) = (\tilde{f}, h)$ für alle $h \in R$, daß $f = \tilde{f}$ ist (nach Satz 1 in Nr. 4.5). Die bisher im Sinne der Norm nach Nr. 4.2 eingeführte Konvergenz mit

$$\lim_{n \to \infty} \|f_n - f\| = 0 \tag{4.22}$$

soll in dieser Nummer als „starke Konvergenz" bezeichnet werden. Dann gilt der

Satz: *Jede stark konvergente Folge ist auch schwach konvergent.*

Beweis: Nach der SCHWARZschen Ungleichung gilt

$$|(f_n - f, h)| \leq \|f_n - f\|\,\|h\|.$$

Für irgendein festes $h \in R$ geht für $n \to \infty$ die rechte Seite wegen (4.22) gegen Null, also auch die linke Seite.

Im m-dimensionalen Vektorraum R_m mit dem inneren Produkt (2.43) fallen schwache und starke Konvergenz zusammen, aber in einem ∞-dimensionalen Hilbertraum R ist das nicht der Fall. Es sei g_k ein unendliches Orthonormalsystem in R. Für irgendein Element $h \in R$ seien $a_k = (h, g_k)$ nach (2.55) die Fourierkoeffizienten. Nach der BESSELschen Ungleichung (2.59) geht $a_k \to 0$ für $k \to \infty$, d. h. $a_k \to (h, \Theta)$ oder g_k konvergiert schwach gegen das Nullelement Θ

$$g_k \rightharpoonup \Theta.$$

Es konvergiert aber g_k nicht stark $\to \Theta$, denn $\|g_k - \Theta\|^2 = \|g_k\|^2 = 1$. Als Beispiel sei genannt: In $L^2(0, 2\pi)$ konvergiert $\sin(k x)$ für $k \to \infty$ schwach, aber nicht stark gegen die Nullfunktion.

§ 5. Kompaktheit

5.1 Kompakt und kompakt in sich

Bei manchen Sätzen der Analysis tritt der Begriff „kompakt", bei anderen der Begriff „kompakt in sich" auf.

Definition: Eine Teilmenge M eines vollständigen pseudometrischen Raumes R heißt kompakt oder kompakt in R, wenn jede unendliche Teilmenge von M eine konvergente (unendliche) Folge enthält.

Wenn die Grenzelemente aller dieser Folgen zu M gehören, dann heißt M kompakt in sich.[1] (In jedem Fall gehören die Grenzelemente aber noch zu R.)

Gehören die Grenzelemente dieser Folgen nicht notwendig zu M (wohl aber zu R), dann ist also M kompakt in R. In einem metrischen Raum R stimmt diese Definition mit der üblichen Kompaktheitsdefinition überein.

Definition: Wenn jedem Element f einer Menge M eindeutig eine reelle oder komplexe Zahl $g(f)$ zugeordnet ist, so heißt $g(f)$ ein Funktional auf M. Nimmt $g(f)$ nur reelle Werte an, so heißt g ein reelles Funktional. M ist der Definitionsbereich des Funktionals.

Definition: Ein Funktional $g(f)$ heißt stetig auf M, wenn aus

$$f_n \to f, \quad f_n \in M, \quad f \in M \quad \text{folgt} \quad \lim_{n \to \infty} g(f_n) = g(f).$$

Definition: Ein reelles Funktional $g(f)$ heißt nach unten (bzw. nach oben) halbstetig, wenn aus $f_n \to f$, $f_n \in M$, $f \in M$ folgt

$$\lim_{n \to \infty} g(f_n) \geqq g(f) \quad \text{bzw.} \quad \lim_{n \to \infty} g(f_n) \leqq g(f).$$

Satz: *Jedes reelle nach oben (bzw. nach unten) halbstetige Funktional $g(f)$ auf einer in sich kompakten Menge M aus R ist nach oben (unten) beschränkt und nimmt die obere (untere) Grenze auf M an.*

(Verallgemeinerung des WEIERSTRASSschen Satzes für beschränkte abgeschlossene Punktmengen. Der Begriff „kompakt in sich" tritt hier an die Stelle des Begriffes „abgeschlossen und beschränkt".)

Beweis: Es sei g etwa nach oben halbstetig. Es sind 2 Fälle denkbar:

Fall A: $g(f)$ ist nicht nach oben beschränkt; dann gibt es eine Folge $f_n \in M$ mit $g(f_n) > n$ $(n = 0, 1, \ldots)$. Da M in sich kompakt ist, kann man eine Teilfolge f_{n_m} aus der Folge f_n auswählen, die gegen das Grenzelement $f \in M$ konvergiert. Aus der Halbstetigkeit folgt dann $\lim\limits_{m \to \infty} g(f_{n_m}) \leqq$ $\leqq g(f)$ im Widerspruch zu $g(f_{n_m}) > n_m$ und $\lim\limits_{m \to \infty} g(f_{n_m}) = \infty$. Es ist also nur der andere Fall möglich:

Fall B: $g(f)$ ist nach oben beschränkt; es existiert die obere Grenze $b = \sup\limits_{f \in M} g(f)$ und eine Folge f_n mit

$$b - \frac{1}{n} < g(f_n) \leqq b.$$

Im Falle des $=$-Zeichens wäre die Aussage, daß die obere Grenze auf M angenommen wird, bereits richtig. Wegen der Kompaktheit in sich

---

[1] Die Bezeichnungen sind nicht einheitlich in der Literatur. Was hier „kompakt in sich" genannt ist, wird oft als „kompakt" schlechthin bezeichnet, z. B. BEHNKE-SOMMER [55], S. 25. Die hier gegebene Definition schließt sich an LJUSTERNIK-SOBOLEW [55], S. 35, an.

gibt es wieder eine gegen ein Grenzelement $f \in M$ konvergente Teilfolge f_{n_m} mit $b - 1/n_m < g(f_{n_m}) \leq b$. Läßt man nun m über alle Grenzen wachsen, so folgt mit Benutzung der Halbstetigkeit

$$b \leq \lim_{m \to \infty} g(f_{n_m}) \leq g(f) \leq b, \quad \text{d. h.} \quad g(f) = b.$$

5.2 Beispiele für Kompaktheit

Beispiel 1: Der Raum R der reellen oder komplexen Zahlen mit dem klassischen Konvergenzbegriff ist vollständig, abgeschlossen (alle Häufungspunkte gehören mit zu R), aber nicht kompakt, da z. B. die Teilmenge $n\,x$ für ein festes $x \neq 0$, $x \in R$ und $n = 0, 1, 2, \ldots$, die eine nicht konvergente Folge darstellt, keine konvergente Teilfolge enthält.

Beispiel 2: M sei eine beliebige beschränkte Teilmenge des R_n (d. h. es gibt eine endliche Kugel K, in der alle Elemente von M enthalten sind). Dann kann man nach dem Satz von BOLZANO aus einer beschränkten unendlichen Teilmenge von M stets konvergente Teilfolgen auswählen (z. B. nach dem klassischen Prinzip der Intervallschachtelung). Das bedeutet: M ist kompakt in R_n, braucht aber nicht abgeschlossen oder vollständig zu sein. Die Begriffe kompakt in sich, abgeschlossen oder vollständig sind hingegen für eine solche Menge M äquivalent.

Beispiel 3: Im BANACHschen Raum $C\langle a, b\rangle$ bzw. $C\langle B\rangle$ der im abgeschlossenen Bereich B stetigen Funktionen (Beispiel 2 von Nr. 4.3) ist unter Konvergenz wieder gleichmäßige Konvergenz zu verstehen. Eine Teilmenge M von $C\langle -1, 1\rangle$ sind z. B. die Funktionen, Abb. 5/1,

$$f_n(x) = \frac{1}{1 + n\,x^2} \quad \text{für} \quad n = 0, 1, 2, \ldots$$

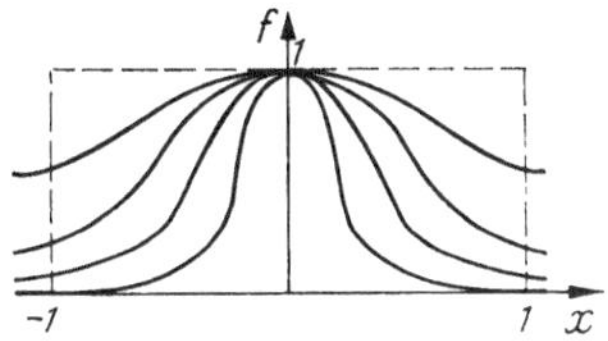

Abb. 5/1
Beispiel für Nichtkompaktheit

Diese Folge konvergiert nicht gleichmäßig; es läßt sich aus dieser Folge keine Teilfolge auswählen, die dem im BANACHschen Raum zugrunde gelegten Konvergenzbegriff genügt. $C\langle a, b\rangle$ ist also nicht kompakt, wohl aber abgeschlossen und vollständig.

Beispiel 4: In der Funktionentheorie ist nach P. MONTEL eine Menge M von in einem Gebiet B holomorphen Funktionen $f(z)$ eine normale Familie (vgl. BEHNKE-SOMMER [55], S. 153), wenn jede Folge aus M eine im Innern von B gleichmäßig chordal (d. h. bei Zugrundelegung des chordalen Abstandes, Beispiel 3 von Nr. 2.3) konvergente Teilfolge enthält. Nach klassischen Sätzen ist die Grenzfunktion einer solchen Teilfolge wieder in B holomorph. Eine in B normale Familie ist daher kompakt im Raume der in B holomorphen Funktionen, aber noch nicht notwendig kompakt in sich. Eine Menge M von in B holomorphen, gleichmäßig beschränkten Funktionen ist normal (BEHNKE-SOMMER [55], S. 152). Die Gesamtheit der in einem Gebiet B holomorphen Funktionen $f(z)$ mit $|f(z)| \leq K$ bei gegebenem positivem K ist daher kompakt in sich.

Ein anderer Spezialfall: Die Menge N der im Einheitskreis holomorphen und schlichten Funktionen $f(z)$ [in einem Bereich B heißt $f(z)$ schlicht, wenn $f(z)$ dort keinen Wert zweimal annimmt] mit $f(0) = 0$, $f'(0) = 1$ bildet eine normale Familie (BEHNKE-SOMMER [55], S. 373). Nun ist die Grenzfunktion $g(z)$ einer im Innern von B gleichmäßig konvergenten Folge von in B holomorphen und schlichten Funktionen in B entweder konstant oder schlicht. In der Menge N kann nun wegen $f'(0) = 1$ keine Teilfolge gegen eine Konstante konvergieren. Daher ist die angegebene Menge N kompakt in sich.

Beispiel 5: R sei ein Hilbertraum, in welchem ein unendliches Orthonormalsystem g_k existiert, z. B. der Raum $L^2(0, 1)$ von Beispiel III in Nr. 4.7; dann ist die Einheitskugel S in R nicht kompakt; S enthält die Elemente $f \in R$ mit $\|f\| = 1$. In S bilden die g_k eine unendliche Menge, aus der man aber keine konvergente Teilfolge g_{k_n} auswählen kann, da (für $n \neq m$) stets $\lim\limits_{m,\,n \to \infty} \|g_{k_n} - g_{k_m}\| = \sqrt{2}$ und nicht gleich 0 ausfällt.

5.3 Der Satz von Arzelà[1]

Für den Nachweis der Kompaktheit in Funktionenräumen ist der Satz von ARZELÀ oft von großem Nutzen. Es wird im folgenden nur gebraucht, daß dieser Satz ein hinreichendes Kriterium für Kompaktheit bietet, und es soll daher auch nur die Hinlänglichkeit bewiesen werden. Ein Beweis der Notwendigkeit des Kriteriums für den Raum $C\langle 0, 1\rangle$ findet sich bei LJUSTERNIK-SOBOLEW [55], S. 40.

Definition: M sei eine Menge von in einem Bereich B definierten reell- oder komplexwertigen Funktionen $f(x_1, \ldots, x_n)$, kurz $f(x)$; diese heißen gleichmäßig beschränkt in B, wenn es eine Konstante K gibt mit $|f(x)| \leq K$ für alle $x \in B$ und alle $f \in M$.

Die Funktionen $f(x_1, \ldots, x_n)$ aus M heißen gleichgradig stetig in B, wenn es zu jedem $\varepsilon > 0$ ein nur von ε abhängiges $\delta(\varepsilon) > 0$ gibt mit

$$|f(x') - f(x'')| < \varepsilon \quad \text{für} \quad \|x' - x''\| < \delta. \tag{5.1}$$

---

[1] ARZELÀ, CESARE, wurde am 6. 3. 1847 in S. Stefano di Magra (La Spezia) geboren und starb dort am 15. 3. 1912. Er war 1878—1880 Professor für Algebra an der Universität Palermo und für Differential- und Integralrechnung an der Universität Bologna von 1880 bis zu seinem Tode. Ein Schüler DINIS, blieb er jener Richtung treu, die sein Meister in Italien eingeführt hatte: der Kritik der Grundlagen der Theorie der Funktionen reeller Variabler. Nach ,,Enziclopedia Italiana'' 1929.

Als Abstand $\|x' - x''\|$ kann man hier beliebige der in Beispiel 8 von 2.3 gegebenen Definitionen benutzen, also nicht notwendig den EUKLIDischen Abstand.

[Im Vergleich dazu würde „gleichmäßige Stetigkeit" der Funktionen $f(x)$ in B bedeuten, daß δ von ε und von der jeweils betrachteten Funktion f, aber nicht von x abhängt. Die gleichgradige Stetigkeit der Funktionen $f(x)$ in B impliziert also die gleichmäßige Stetigkeit jeder einzelnen Funktion f in B.]

Satz von Arzelà (Häufungsstellensatz für Funktionen): *B sei ein beschränkter Bereich des reellen oder komplexen R_n mit den Punkten x. Es sei $f(x) = (f_{(1)}(x), \ldots, f_{(s)}(x))$ ein Vektor, dessen Komponenten $f_{(\sigma)}(x)$ reell- oder komplexwertige stetige Funktionen in B sind. M sei eine Menge solcher Vektoren, für die die $f_{(\sigma)}(x)$ in B gleichmäßig beschränkt und gleichgradig stetig sind. Dann ist M kompakt im Raum R aller Vektoren mit in B stetigen Komponenten bei Zugrundelegung der Norm*

$$\|f\| = \operatorname*{Max}_{\sigma = 1, \ldots, s} \ \sup_{x \in B} |f_{(\sigma)}(x)|, \qquad (5.2)$$

d. h. es ist aus M eine in B gleichmäßig konvergente Teilfolge auswählbar.

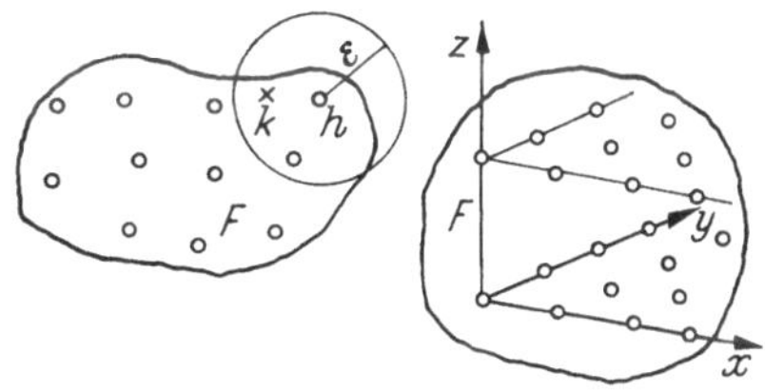

Abb. 5/2. ε-Netz

Definition: *M* und *F* seien zwei Mengen in einem metrischen Raum R. Es heißt *M* ein ε-Netz für F, wenn es zu jedem Element $k \in F$ ein Element $h \in M$ gibt mit $\varrho(k, h) < \varepsilon$.

Beweis: Offenbar gibt es für jedes $\varepsilon > 0$ ein aus *endlich* vielen Punkten bestehendes ε-Netz für B (z. B. die Gitterpunkte eines regelmäßigen Gitters der Seitenlänge $\gamma \varepsilon$, wobei γ i. allg. von der Dimensionszahl von B abhängt, Abb. 5/2).

Nun wird eine Folge solcher ε-Netze eingeführt mit

$$\varepsilon = \varepsilon_\nu = \frac{1}{2^\nu} \qquad (\nu = 0, 1, 2, \ldots, p).$$

Die Punkte aller dieser Netze werden mit $x^{(1)}, x^{(2)}, \ldots$, durchnumeriert, also zunächst die endlich vielen Punkte des ε_0-Netzes, dann die des ε_1-Netzes, die des ε_2-Netzes usw. Nun sei N eine beliebige unendliche Teilmenge von M. In dieser werde eine Folge verschiedener Vektoren $f_1(x), f_2(x), \ldots$ mit den Komponenten $f_{1(\sigma)}, f_{2(\sigma)}, \ldots$ herausgegriffen. Die (komplexen) Werte der Funktionen $f_{1(1)}, f_{2(1)}, \ldots$ im Punkt $x^{(1)}$ sind nach Voraussetzung beschränkt, und man kann aus ihnen nach dem Satz von WEIERSTRASS eine konvergente Teilfolge auswählen. Somit kann man also stets aus einer beliebigen unendlichen Teilmenge von M eine Folge $f_1, f_2, \ldots$ auswählen, für die die ersten Komponenten im

Punkt $x^{(1)}$ konvergieren. Diese Folge werde $\tilde{f}_{11}, \tilde{f}_{12}, \tilde{f}_{13}, \ldots$ bezeichnet. Aus dieser kann man nun auf dieselbe Weise eine unendliche Teilfolge auswählen, welche mit $\tilde{f}_{21}, \tilde{f}_{22}, \ldots$ bezeichnet werde und für welche auch die zweiten Komponenten $\tilde{f}_{21(2)}, \tilde{f}_{22(2)}, \ldots$ im Punkte $x^{(1)}$ konvergieren, und so geschieht es auch mit den anderen Komponenten, so daß für die Folge $\tilde{f}_{s1}, \tilde{f}_{s2}, \ldots$, die mit $f_{11}, f_{12}, \ldots$ bezeichnet werde, alle s Komponenten im Punkte $x^{(1)}$ konvergieren. Nun geschieht dasselbe mit den Punkten $x^{(2)}$, $x^{(3)}$, $\ldots$ (es wird aus $f_{11}, f_{12}, \ldots$ eine Teilfolge ausgewählt, für die die ersten Komponenten im Punkte $x^{(2)}$ konvergieren usw.). So entsteht eine Folge $f_{k\nu}$ ($\nu = 1, 2, \ldots$), für welche alle s Komponenten in den Punkten $x^{(1)}$, $x^{(2)}$, $\ldots$, $x^{(k)}$ konvergieren. Dann ist die „Diagonalfolge" $g_j(x) = f_{jj}(x)$ für $j = 1, 2, \ldots$ eine in allen Punkten $x^{(k)}$ von B konvergente Folge (alle s Komponenten konvergieren einzeln). Nun werde eine Zahl $\tilde{\varepsilon} > 0$ vorgegeben. Zu diesem $\tilde{\varepsilon}$ wird nach (5.1) auf Grund der gleichgradigen Stetigkeit ein $\delta(\tfrac{1}{3}\tilde{\varepsilon})$ bestimmt. Ferner wird p so groß gewählt, daß für beliebige Punkte $k = x'$ aus B stets ein Punkt $h = x''$ des $\varepsilon = 2^{-p}$-Netzes existiert mit $\varrho(x', x'') < {} < 2^{-p} < \delta(\tilde{\varepsilon}/3)$. Es seien $x^{(1)}, x^{(2)}, \ldots, x^{(P)}$ die endlich vielen oben bestimmten Punkte der Netze für $\varepsilon_0, \ldots, \varepsilon_p$. Die Diagonalfolge g_j konvergiert nach Konstruktion in allen diesen Punkten und dort sogar gleichmäßig, da es nur endlich viele Punkte sind, d. h. es gibt eine Nummer N, so daß für $q > N$, $r > N$ und $\mu = 1, \ldots, P$ gilt

$$\left| g_{r(\sigma)}(x^{(\mu)}) - g_{q(\sigma)}(x^{(\mu)}) \right| < \tfrac{1}{3}\tilde{\varepsilon} . \tag{5.3}$$

Nun sei x' ein beliebiger Punkt aus B. Es gibt zu ihm einen Punkt $x^{(\mu)}$ des 2^{-p}-Netzes mit $\varrho(x', x^{(\mu)}) < \delta(\tfrac{1}{3}\tilde{\varepsilon})$, also

$$\left| g_{r(\sigma)}(x') - g_{r(\sigma)}(x^{(\mu)}) \right| < \frac{\tilde{\varepsilon}}{3}, \qquad \left| g_{q(\sigma)}(x') - g_{q(\sigma)}(x^{(\mu)}) \right| < \frac{\tilde{\varepsilon}}{3}.$$

Mit (5.3) folgt daraus nach der Dreiecksungleichung:

$$\left| g_{r(\sigma)}(x') - g_{q(\sigma)}(x') \right| < \tilde{\varepsilon}$$

für alle x' aus B und alle $r > N$, $s > N$.

Also ist die Folge der stetigen Funktionen $g_{j(\sigma)}(x)$ in B gleichmäßig konvergent und strebt nach einem klassischen Satz gegen eine stetige Grenzfunktion $g_{(\sigma)}(x)$, die nicht notwendig in der betrachteten Teilmenge M, aber sicher im Raum R aller Vektoren mit in B stetigen Komponenten liegt.

Weitere Kompaktheitskriterien, auch für den Raum L^p, sind bei NATANSON [54], S. 429—445, zusammengestellt.

Mit Hilfe des Satzes von ARZELÀ kann man einen sehr einfachen Beweis für den Satz von PEANO[1] gewinnen, der besagt, daß die Anfangswertaufgabe $y' = f(x, y)$, $y(x_0) = y_0$ bei stetigem $f(x, y)$ in einer hinreichend kleinen Umgebung von x_0, y_0 mindestens eine Lösung $y(x)$ besitzt (Durchführung des Beweises bei WULICH [61], S. 119).

5.4 Von Integraloperatoren erzeugte, in sich kompakte Funktionenmengen

Es seien $\{w_1(x_1 \ldots x_n)\}$, $\{w_2(x_1 \ldots x_n)\}$, $\ldots$, $\{w_m(x_1 \ldots x_n)\}$ beschränkte reelle Originalfunktionenmengen, die im R_n in einem meßbaren Bereich D mit endlichem Inhalt F definiert sind. Es wird ein Integraloperator T definiert, der diese m Mengen abbildet in m Bildfunktionenmengen

$$\{v_1(x_1 \ldots x_n)\}, \{v_2(x_1 \ldots x_n)\}, \ldots, \{v_m(x_1 \ldots x_n)\},$$

und zwar soll mit den abkürzenden Bezeichnungen

$$x \text{ für } x_1 \ldots x_n; \qquad s \text{ für } s_1 \ldots s_n; \qquad w_k \text{ für } w_1 \ldots w_m$$

gelten

$$v_j(x) = z_j(x) + \int\limits_{B_{x,j}} \varphi_j(s, w_k(s)) G_j(x, s)\, ds \qquad (j = 1, 2, \ldots, m). \tag{5.4}$$

(Die allgemeine Definition eines Operators folgt in § 6.) Die Integrationsbereiche $B_{x,j}$ können von der Wahl des Punktes x und vom Index j der jeweilig betrachteten Funktionenmengen $v_j(x)$ abhängen. Die Werte von w_k gehören zu einer beschränkten Menge $M \subset R_1$.

Die Funktionen $z_j(x)$ und $\varphi_j(s, w_k)$ seien fest gegebene stetige Funktionen der angegebenen Argumente im abgeschlossenen Bereich B bzw. im abgeschlossenen, durch ($x \in B$, $w_k \in M$) definierten Bereich H.

---

[1] PEANO, GUISEPPE, wurde am 27. 8. 1858 in Cuneo (Piemont) geboren und starb in Turin am 20. 4. 1932. Er war Professor für Infinitesimal-Rechnung an der Universität Turin und 1887—1901 auch an der Militärakademie. PEANO beschäftigte sich hauptsächlich mit formaler Logik. Er übernahm von LEIBNIZ das Programm, eine ‚Idiographie‘ als eigentliche Sprache des deduktiven Schließens (besonders des mathematischen) und, noch mehr, eine ‚lingua universalis‘ zu schaffen. Er wollte eine internationale Sprache schaffen und kam nach Versuchen mit Latein zu einem ‚Latein ohne Flexion‘ mit dem ursprünglichen Wortschatz, aber vereinfachter Flexion und Syntax. Diese Idee vervollständigte er durch mehrmalige Herausgabe eines ‚Vocabulario commune ad latino-italiano-français-english-deutsch‘. Seit 1908 war PEANO Präsident der ‚Academia pro interlingua‘. Besonders bekannt von ihm wurden die ‚Peanokurve‘, seine Axiomatisierung der Zahlentheorie und der Existenzsatz von PEANO in der Theorie der gewöhnlichen Differentialgleichungen. (Enziclopedia Italiana 1935.)

In Vektorschreibweise wird der Operator T durch

$$T\begin{pmatrix} w_1 \\ \vdots \\ w_m \end{pmatrix} = \begin{pmatrix} v_1 \\ \vdots \\ v_m \end{pmatrix}$$

dargestellt.

Es werden 2 Fälle betrachtet. *Fall I:* Die Integrationsbereiche $B_{x,j}$ seien sämtlich in einem abgeschlossenen Bereich $B \subseteq D$ enthalten; $B_{x,j} \subseteq B \subseteq D$. Die Funktionen $G_j(x, s)$ seien stetige Funktionen von (x, s) im Bereich $B \times B$. $B_{x,j}$ sollen stetig von x abhängen. Bei Anfangswertaufgaben kann man oft $G_j \equiv 1$ setzen.

Fall II: Bei den Randwertaufgaben ist gewöhnlich $B_{x,j} = B = D$ für alle $j = 1, 2, \ldots m$.

Für beliebige in D stetige Funktionen $r(x)$, $t(x)$ mit $|r(x)| \leq t(x)$ sollen die Abschätzungen gelten $(j = 1, 2, \ldots, m)$. (Die folgenden Integrale sind i. a. Hauptwerte von Integralen im RIEMANNschen Sinn.)

$$\left| \int\limits_D G_j(x, s)\, r(s)\, ds \right| \leq \int\limits_D |G_j(x, s)|\, t(s)\, ds$$

und

$$\left| \int\limits_D (G_j(x, s) - G_j(x', s))\, r(s)\, ds \right| \leq \int\limits_D |G_j(x, s) - G_j(x', s)|\, t(s)\, ds.$$

Es sei

$$\int\limits_D |G_j(x, s)|\, ds \leq \tilde{G}_0 = \text{const.} \qquad (j = 1, 2, \ldots, m) \qquad (5.5)$$

(abgeschwächte Form der gleichmäßigen Beschränktheit der G_j).

Zu jedem $\varepsilon > 0$ soll es ein $\delta(\varepsilon)$ geben, so daß

$$\int\limits_D |G_j(x, s) - G_j(x', s)|\, ds < \frac{\varepsilon}{2} \text{ ist für } \varrho(x, x') < \delta(\varepsilon) \qquad (j = 1, \ldots, m),$$
$$(5.6)$$

wobei $\varrho(x, x')$ ein Abstand, z. B. der EUKLIDische Abstand der Punkte x, x' ist.

Dann sind alle Bildfunktionenmengen $\{v_j(x)\}$ $(j = 1, 2, \ldots, m)$ kompakt in sich.

Beweis: (nach dem Satz von ARZELÀ aus Nr. 5.3):

Teil I: Die im abgeschlossenen Bereich stetigen Funktionen $z_1, \ldots, z_m$ bzw. $\varphi_1, \ldots, \varphi_m$ sind gleichmäßig beschränkt, d. h. es gibt Konstanten Z_0, Φ_0 mit $|z_j| \leq Z_0$ in B und $|\varphi_j| \leq \Phi_0$ in H. Ferner ist im Fall I und im Fall II die Abschätzung

$$\int\limits_{B_{x,j}} |G_j(x, s)|\, ds \leq \tilde{G}_0 \qquad (j = 1, 2, \ldots, m) \qquad (5.7)$$

durch eine Konstante $\tilde{G}_0$ möglich:

Im Fall I sind die G_j gleichmäßig beschränkt, d. h. es gibt eine Konstante G_0 mit $|G_j| \leqq G_0$ in $B \times B$, und auch die Inhalte $F_{x,j}$ sind gleichmäßig beschränkt; im Fall II stimmt (5.5) mit (5.7) überein. Für $v_j(x)$ gilt daher $|v_j(x)| \leqq Z_0 + \Phi_0 \tilde{G}_0$ $(j = 1, 2, \ldots, m)$, d. h. es sind alle m Funktionenmengen v_j gleichmäßig beschränkt (vgl. 5.8).

Teil II: Nach (5.4) ist bei Beachtung der jeweiligen Integrationsbereiche im Fall I

$$v_j(x) - v_j(x') = z_j(x) - z_j(x') + \int\limits_{B_{x,j}} \varphi_j\big(s, w_k(s)\big) \big(G_j(x, s) - G_j(x', s)\big)\, ds -$$

$$- \int\limits_{B_{x',j}} \varphi_j\big(s, w_k(s)\big)\, G_j(x', s)\, ds + \int\limits_{B_{x,j}} \varphi_j\big(s, w_k(s)\big)\, G_j(x', s)\, ds, \quad (5.8)$$

$$|v_j(x) - v_j(x')| \leqq |z_j(x) - z_j(x')| + \Phi_0 \int\limits_{B_{x,j}} |G_j(x, s) - G_j(x', s)|\, ds +$$

$$+ \Phi_0 \tilde{G}_0\, F\big((B_{x',j} \cup B_{x,j}) - (B_{x',j} \cap B_{x,j})\big).$$

Hierbei bedeutet $F(M)$ den Inhalt des Bereiches M.

Auf der rechten Seite sind die in Betragsstriche eingeschlossenen Funktionen sämtlich stetig in abgeschlossenen Bereichen, d. h. gleichmäßig stetig. Man kann also zu beliebigem $\varepsilon > 0$ ein $\delta(\varepsilon)$ angeben, so daß jedes der 3 Glieder auf der rechten Seite $< \varepsilon/3$ ist; daher sind alle m Funktionenmengen v_j gleichgradig stetig.

Im Fall II steht in (5.8) wegen $B_{x',j} = B_{x,j} = D$ nur das erste Integral, und man erhält

$$|v_j(x) - v_j(x')| \leqq |z_j(x) - z_j(x')| + \left| \int\limits_{D} \varphi_j\big(s, w_k(s)\big) \big(G_j(x, s) - G_j(x', s)\big)\, ds\right.$$

$$\leqq |z_j(x) - z_j(x')| + \Phi_0 \int\limits_{D} |G_j(x, s) - G_j(x', s)|\, ds.$$

Wieder gibt es zu jedem $\varepsilon > 0$ ein $\delta(\varepsilon)$, so daß auf der rechten Seite jedes der beiden Glieder $< \varepsilon/2$ ist wegen (5.6). Daher sind auch im Fall II alle m Funktionenmengen $\{v_j\}$ gleichgradig stetig.

Nach dem Satz von ARZELÀ Nr. 5.3 sind daher die Funktionenmengen $\{v_j\}$ kompakt in sich.

§ 6. Operatoren in pseudometrischen und spezielleren Räumen

6.1 Lineare und beschränkte Operatoren

Definition: Ein „Operator" T (Abbildung, Transformation) ist eine Vorschrift, nach welcher gewissen Elementen f, die einer (echten oder unechten, aber nicht leeren) Teilmenge D eines Raumes R angehören, Elemente g, die einer Teilmenge W eines Raumes S angehören, eindeutig zugeordnet werden; man schreibt dann $T f = g$. Es heißt D „Definitionsbereich" und W „Wertebereich" des Operators.

Ist der Operator T in D_T definiert, der Operator U in D_U, ist $D_T \subset D_U$ und gilt $T f = U f$ für alle $f \in D_T$, so heißt U eine *Erweiterung* von T, und T heißt eine *Einschränkung* von U.

Im Folgenden werden Räume R und S als linear und speziell als pseudometrisch mit den Nullelementen Θ_R und Θ_S vorausgesetzt. Die in R und S nach Nr. 3.3 definierten Abstände ϱ bzw. σ seien Elemente der linearen halbgeordneten Räume H_R bzw. H_S mit den Nullelementen Θ_{H_R} und Θ_{H_S}.

Definition: T heißt ein homogener Operator, wenn $T(c\,f) = c\,T\,f$ für alle $c \in K$, $f \in D$ gilt; dabei sollen beide Räume R und S denselben Zahlkörper tragen.

Definition: T heißt ein linearer Operator, wenn aus $T f_j = g_j$, $f_j \in D \subseteq R$, $g_j \in W \subseteq S$ $(j = 1, 2)$ folgt

$$T(c_1 f_1 + c_2 f_2) = c_1\,T\,f_1 + c_2\,T\,f_2;$$
$$c_1 f_1 + c_2 f_2 \in D, \qquad c_1 g_1 + c_2 g_2 \in W, \tag{6.1}$$

wobei die c_j einem Zahlenkörper K angehören sollen.

Folgerung: Es muß $D \subseteq R$ (oder $D = R$) eine lineare Mannigfaltigkeit sein. Aus (6.1) folgt für $c_1 = c_2 = 0$: $T\,\Theta_R = \Theta_S$.

Definition: T heißt ein „stetiger Operator", wenn aus $f_n \to f$ folgt $T(f_n) \to T(f)$, wobei f_n, f dem Definitionsbereich D angehören sollen.

Definition: T heißt ein positiver Operator, wenn die linearen pseudometrischen Räume R und S überdies selbst halbgeordnet sind und aus

$$f \geqq \Theta_R \quad \text{folgt} \quad T f \geqq \Theta_S. \tag{6.2}$$

Definition: T heißt ein beschränkter Operator, wenn es einen linearen stetigen positiven in H_R definierten Operator P gibt mit

$$\sigma(T f_1, T f_2) \leqq P\,\varrho(f_1, f_2) \tag{6.3}$$

für f_1, $f_2 \in D$.

Spezialfälle: Aus $R = S$ folgt $H_R = H_S = H$. Ist überdies $R = S$ linear metrisch, so ist H der reelle Zahlkörper und P eine reelle, nichtnegative Zahl.

Definition: Ist $R = S$ ein linearer metrischer Raum und wird für P die kleinstmögliche reelle (nichtnegative) Zahl K genommen, für die (6.3) gilt, so heißt K die Lipschitzkonstante des Operators T oder auch Norm von T: man schreibt $K = \|T\|$.

Für numerische Zwecke ist es oft wichtig zu beachten, daß man die Norm bei nichtlinearen Operatoren durch Einschränkung des Operators auf einen kleineren Definitionsbereich zuweilen stark verkleinern kann.

In der Theorie der Ableitungen von Operatoren treten bilineare Operatoren T in metrischen Räumen auf; ein solcher Operator ordnet einem Paar von Elementen f, g ein Element $T(f, g)$ eindeutig zu. Er heißt bilinear, wenn er in f und g linear ist. Er heißt beschränkt, wenn es eine Konstante C gibt mit $\varrho(T(f, g), T(f^*, g^*)) \leqq C \varrho(f, f^*) \varrho(g, g^*)$. Die kleinstmögliche Konstante C mit dieser Eigenschaft heißt die Norm von T. Speziell in einem normierten Raum gilt dann

$$\|T(f, g)\| \leqq \|T\| \cdot \|f\| \cdot \|g\|. \tag{6.4}$$

Entsprechend führt man multilineare Operatoren ein.

Satz: *Es seien R und S lineare pseudometrische Räume und T eine beschränkte Transformation, dann ist T stetig.*

Beweis: Da T beschränkt ist, gibt es einen linearen stetigen positiven Operator P mit $\sigma(T f_1, T f_2) \leqq P \varrho(f_1, f_2)$. Für eine beliebige Folge $f_n \to f \in D$ mit $\varrho(f_n, f) \to \Theta_{HR}$ gilt dann

$$\Theta_{HS} \leqq \sigma(T f_n, T f) \leqq P \varrho(f_n, f) \to P \Theta_{HR} = \Theta_{HS}$$

für $n \to \infty$; also $\sigma(T f_n, T f) \to \Theta_{HS}$ nach Forderung f) aus Nr. 4.1. Das bedeutet $T f_n \to T f$ für $f_n \to f$, und T ist stetig.

Satz: *Es seien R und S normierte Räume und T eine lineare stetige Transformation, dann ist T beschränkt.*

Beweis: Wenn T nicht beschränkt ist, gibt es zu jedem $n > 0$ ein Paar von Elementen f_n und $g_n \in D$ mit $f_n \neq g_n$ und $\sigma(T f_n, T g_n) > > 2n \varrho(f_n, g_n)$.

Nun sei c_n eine Folge rationaler Zahlen mit $\varrho(f_n, g_n) < c_n < 2\varrho(f_n, g_n)$. Mit $k_n = \dfrac{f_n - g_n}{n c_n}$ erhält man für $\|T k_n\|$ die Abschätzung

$$\|T k_n\| = \frac{1}{n c_n} \|T f_n - T g_n\| > \frac{2n}{n c_n} \varrho(f_n, g_n) = \frac{2}{c_n} \varrho(f_n, g_n) > 1.$$

Andererseits ist

$$\|k_n\| = \frac{1}{n c_n} \varrho(f_n, g_n) < \frac{1}{n}.$$

Für $n \to \infty$ strebt $\|k_n\| \to 0$, aber es ist $\|T k_n\| > 1$. Dies ist ein Widerspruch gegen die Stetigkeit von T. Also muß T beschränkt sein.

Folgerung: In normierten Räumen folgt für lineare Operatoren aus der Stetigkeit die Beschränktheit und umgekehrt.

6.2 Zusammensetzung von Operatoren

In diesem Abschnitt wird angenommen, daß die angeschriebenen Argumente stets zum Definitionsbereich des betreffenden Operators gehören, daß also alle hingeschriebenen Ausdrücke sinnvoll sind und die Abstände stets in dem passenden zugeordneten halbgeordneten linearen Raum genommen werden (was fast selbstverständlich ist).

Produkt von zwei Operatoren: Das „Produkt" $T_1 T_2$ wird definiert durch

$$T_1 T_2 u = T_1(T_2 u).$$

Gilt $T_1 T_2 f = T_2 T_1 f$ für alle Elemente f, für welche beide Seiten der Gleichung definiert sind, so heißt T_1 mit T_2 vertauschbar, in Zeichen $T_1 v T_2$. Sind T_1 und T_2 beschränkte Operatoren in metrischen Räumen, so gilt

$$\varrho(T_1(T_2 f_1), T_1(T_2 f_2)) \leqq \|T_1\| \varrho(T_2 f_1, T_2 f_2) \leqq \|T_1\| \cdot \|T_2\| \varrho(f_1, f_2).$$

Das Produkt ist also auch beschränkt und

$$\|T_1 T_2\| \leqq \|T_1\| \cdot \|T_2\|. \tag{6.5}$$

Liegt der Wertebereich W eines Operators T in seinem Definitionsbereich D, also $W \subseteq D$, so kann man die „Iterierten" T^n des Operators definieren durch

$$T^n = T(T^{n-1}) \quad \text{für} \quad n = 1, 2, 3, \ldots.$$

Dabei bedeutet $T^0 = E$ den Einheitsoperator, der jedes Element in sich selbst abbildet. Es ist T^n mit T^m (für ganzzahliges, nichtnegatives n, m) vertauschbar, und es gilt für solche n, m

$$T^n T^m = T^{n+m} \quad (n, m = 0, 1, 2, \ldots). \tag{6.6}$$

Ist überdies T ein beschränkter Operator in einem metrischen Raum, so gilt

$$\|T^n\| \leqq \|T\|^n \quad (n = 0, 1, 2, \ldots). \tag{6.7}$$

Summe: Es seien T_1 und T_2 zwei Operatoren mit gleichem Definitionsbereich $D \subseteq R$, und die Bilder von D bezüglich T_1 und T_2 mögen in demselben linearen Raum S liegen, dann ist ihre Summe $T_1 + T_2$ erklärt durch $(T_1 + T_2) u = T_1 u + T_2 u$.

Sind überdies T_1 und T_2 beschränkte Operatoren in einem supermetrischen Raum, so folgt mit (2.23)

$$\begin{aligned}
\varrho(T_1 f_1 + T_2 f_1, T_1 f_2 + T_2 f_2) &\leqq \varrho(T_1 f_1, T_1 f_2) + \varrho(T_2 f_1, T_2 f_2) \leqq \\
&\leqq \|T_1\| \varrho(f_1, f_2) + \|T_2\| \varrho(f_1, f_2) \\
&= (\|T_1\| + \|T_2\|) \varrho(f_1, f_2).
\end{aligned}$$

Der Summenoperator ist dann auch beschränkt, und es gilt

$$\|T_1 + T_2\| \leqq \|T_1\| + \|T_2\|.$$

Gehört der Wertebereich W des Operators T zum Definitionsbereich D, so kann man Polynome und formale Potenzreihen von T bilden:

$$\varphi(T) \quad \text{mit} \quad \varphi(x) = \sum_{\nu=0}^{\infty} a_\nu\, x^\nu. \tag{6.8}$$

Sind $\varphi_j(x)$ für $j = 1, 2$ Polynome, so sind, falls T linear ist, $\varphi_1(T)$ und $\varphi_2(T)$ vertauschbare Operatoren; man kann solche Polynome formal miteinander multiplizieren.

Satz: *T sei ein beschränkter Operator in einem Banachschen Raum mit $\|T\| \leq b$. Der Wertebereich W von T gehöre zum Definitionsbereich D von T. Es sei $\varphi(x)$ eine für $x = b$ absolut konvergente Potenzreihe nach (6.8). Dann existiert der Operator $\varphi(T)$ in D, ist beschränkt, und es gilt*

$$\|\varphi(T)\| \leq \sum_{\nu=0}^{\infty} |a_\nu|\, b^\nu. \tag{6.9}$$

Sind die $a_\nu \geq 0$, so folgt speziell $\|\varphi(T)\| \leq \varphi(b)$.

Beweis: Für die Folge der Teilsummen (für ein Element $f \in D$)

$$S_n = \sum_{\nu=0}^{n} a_\nu\, T^\nu f$$

gilt

$$\|S_n - S_m\| = \left\| \sum_{\nu=m+1}^{n} a_\nu\, T^\nu f \right\| \leq \|f\| \sum_{\nu=m+1}^{n} |a_\nu|\, \|T\|^\nu \quad (m < n).$$

Für $\|T\| \leq b$ geht dieser Ausdruck für $n, m \to \infty$ gegen 0, also konvergieren die S_n wegen der Vollständigkeit von R gegen ein Grenzelement $s = \varphi(T)\, f$; also ist $\varphi(T)$ ein in D definierter und für $\|T\| \leq b$ beschränkter Operator; denn man hat

$$\|\varphi(T)\, f_1 - \varphi(T)\, f_2\| = \left\| \sum_{\nu=0}^{\infty} a_\nu\, T^\nu f_1 - \sum_{\nu=0}^{\infty} a_\nu\, T^\nu f_2 \right\| \leq$$

$$\leq \sum_{\nu=0}^{\infty} |a_\nu|\, \|T^\nu f_1 - T^\nu f_2\| \leq \|f_1 - f_2\| \sum_{\nu=0}^{\infty} |a_\nu|\, \|T\|^\nu;$$

es gilt mithin (6.9).

6.3 Der inverse Operator

Definition: Wenn die Abbildung $T f = g$ vom Definitionsbereich D auf W eineindeutig ist, d. h. jedes $g \in W$ das Bild von genau einem Element $f \in D$ ist, dann existiert die Umkehrabbildung T^{-1} mit $f = T^{-1} g$ (Umkehrtransformation) und heißt die inverse Abbildung.

Der inverse Operator eines linearen Operators ist ebenfalls linear; denn aus $T^{-1} g_j = f_j$ $(j = 1, 2)$ folgt nach der Definition

$$c_1 f_1 + c_2 f_2 = T^{-1}(c_1 g_1 + c_2 g_2).$$

Definition: Ein Element h mit $T h = \Theta_S$ heißt Nullösung des Operators T, und zwar für $h \neq \Theta_R$ eine nichttriviale Nullösung.

Definition: Gibt es eine Zahl λ und ein Element $f \neq \Theta_R$ mit

$$T f = \lambda f, \qquad (6.10)$$

so heißt f ein Eigenelement (Eigenlösung) des Operators T und λ Eigenwert von T.

Die nichttrivialen Nullösungen sind Eigenelemente (Eigenlösungen) zum Eigenwert 0.

Alternativsatz: *T sei eine lineare Abbildung eines linearen Raumes R in sich (alle Bildelemente liegen in R); dann existiert entweder die Inverse T^{-1} auf dem Bildbereich $T(R)$ oder T besitzt nichttriviale Nullösungen.*

Beweis: Es sei $T f_j = g_j$ (für $j = 1, 2$).

Fall 1: Aus $f_1 \neq f_2$ folgt stets $g_1 \neq g_2$; dann ist die Abbildung notwendig eineindeutig, d. h. es existiert eine Inverse.

Fall 2: Es gibt 2 Elemente $f_1 \neq f_2$ mit $g_1 = g_2$; dann gilt wegen der Linearität des Operators $T (f_1 - f_2) = T f_1 - T f_2 = g_1 - g_2 = \Theta$, und $f = f_1 - f_2 \neq \Theta$ ist eine nichttriviale Nullösung von T; weitere solche Eigenelemente sind dann $c f$ mit $c \in K$.

Satz: *P sei ein linearer Operator in einem pseudometrischen Raum R. Es sei $\sum\limits_{j=0}^{\infty} P^j f$ sinnvoll und konvergent für jedes $f \in R$. Dann besitzt der Operator $E - P$ eine Inverse. Ist überdies P stetig, so ist*

$$(E - P)^{-1} f = \sum_{j=0}^{\infty} P^j f \quad \text{für alle} \quad f \in R. \qquad (6.11)$$

Ist ferner R metrisch und $\|P\| \leq K < 1$, so ist

$$\|(E - P)^{-1}\| \leq \frac{1}{1 - K}. \qquad (6.12)$$

Beweis: I. Zunächst wird untersucht, ob nichttriviale Nullösungen h des Operators $E - P$ existieren, d. h.

$$(E - P) h = \Theta \quad \text{oder} \quad E h = P h \quad \text{für} \quad h \neq \Theta.$$

Daraus folgt

$$h = P h = P(P h),$$

d. h. es existieren $P^0 h = P^1 h = P^2 h = \cdots P^n h$, die Iterierten von P, und

$$S_n = \sum_{j=0}^{n-1} P^j h = n h.$$

Der Limes für $n \to \infty$ existiert nach Voraussetzung:

$$t = \sum_{j=0}^{\infty} P^j h = \lim_{n \to \infty} S_n.$$

Nach der Definition in Nr. 4.1 II mit $1/n \to 0$ gilt

$$\lim_{n \to \infty} \left(\frac{1}{n} S_n \right) = 0 \cdot t = \Theta,$$

aber andererseits

$$\lim_{n \to \infty} \left(\frac{1}{n} S_n \right) = \lim_{n \to \infty} \left(\frac{1}{n} n h \right) = h,$$

also

$$h = \Theta.$$

Der lineare Operator $E - P$ hat somit keine nichttrivialen Nulllösungen und besitzt daher nach dem Alternativsatz eine Inverse $(E - P)^{-1}$.

II. Nun sei P stetig und s ein beliebiges Element aus R, dann existiert nach Voraussetzung ein Element $k = \sum_{j=0}^{\infty} P^j s \in R$. Wegen der Stetigkeit von P gilt

$$(E - P)\, k = \lim_{n \to \infty} \sum_{j=0}^{n} P^j s - \lim_{n \to \infty} P \sum_{j=0}^{n} P^j s$$

$$= \lim_{n \to \infty} \sum_{j=0}^{n} P^j s - \lim_{n \to \infty} \sum_{j=1}^{n} P^j s = P^0 s + \lim_{n \to \infty} \sum_{j=1}^{n} P^j s - \lim_{n \to \infty} \sum_{j=1}^{n} P^j s = s,$$

es ist also

$$k = (E - P)^{-1} s, \quad \text{d. h.} \quad \sum_{j=0}^{\infty} P^j s = (E - P)^{-1} s.$$

III. Nun sei R metrisch und $\| P \| = K < 1$; dann gilt nach (6.7)

$$\left\| \sum_{j=0}^{n} P^j f \right\| \leqq \sum_{j=0}^{n} K^j \| f \| \leqq \frac{1}{1 - K} \| f \| \quad \text{und damit (6.12)}.$$

Existieren für 2 Operatoren T, U das Produkt $T U$ und die Inversen T^{-1}, U^{-1}, so besitzt auch $T U$ eine Inverse, und es gilt

$$(T U)^{-1} = U^{-1} T^{-1}; \tag{6.13}$$

denn es ist $U^{-1} T^{-1} T U = U^{-1} U = E$.

6.4 Beispiele von Operatoren

1. T sei eine quadratische n-reihige Matrix A (vgl. $A x = r$ in (1.8)). T ist linear, stetig und beschränkt.

2. B sei ein beschränkter abgeschlossener Bereich im n-dimensionalen Punktraum, x steht wieder für die Koordinaten $x_1, \ldots, x_n$; es sei R der Raum $C \langle B \rangle$ der in B stetigen Funktionen $f(x)$ wie in Beispiel 4 von

Nr. 2.3. Dann sind

$$T f(x) = s(x) f(x) \tag{6.14}$$

und

$$T f(x) = f(q(x)) \tag{6.15}$$

lineare Operatoren, wobei $s(x)$ und der n-dimensionale Vektor $q(x)$ fest gewählte stetige Funktionen aus $C\langle B\rangle$ sind und überdies die Werte von $q(x)$ für alle $x \in B$ wieder in B liegen. Der in R definierte Operator

$$T f(x) = \begin{cases} f(x) & \text{für} & |f(x)| \leqq 1, \\ \sqrt[3]{f(x)} & \text{für} & |f(x)| \geqq 1 \end{cases}$$

ist nicht linear, aber stetig und beschränkt bei der Norm (2.32), es gilt für ihn $\|T\| = 1$.

3. Integraloperatoren in $C\langle B\rangle$: R sei wieder der Raum von Beispiel 2 und B sei meßbar. Es sei $K(x, y)$ eine feste Funktion, die für $x \in \langle B\rangle$, $y \in \langle B\rangle$ erklärt und stetig ist. Dann sei T der Integraloperator (Integral im RIEMANNschen Sinne)

$$T f(x) = \int_B K(x, y) f(y) \, dy. \tag{6.16}$$

Bei dem Abstand (2.13) rechnet man sofort aus:

$$\varrho(T f, T g) \leqq P \varrho(f, g) \tag{6.17}$$

mit

$$P = \operatorname*{Max}_{x \in <B>} \left[p(x) \int_B \frac{1}{p(y)} |K(x, y)| \, dy \right]. \tag{6.18}$$

T ist ein linearer beschränkter stetiger Operator. Für $K(x, y) = 1$ erhält man als Norm des Funktionals

$$T f(x) = \int_B f(y) \, dy \quad \text{für} \quad p = 1 \text{ den Wert } \|T\| = \text{Inhalt von } B.$$

4. Integraloperatoren der Form (6.16) treten bei linearen Randwertaufgaben auf, es bedeutet dabei $K(x, y)$ oft die GREENsche Funktion[1] [vgl. (1.14)]; bei nichtlinearen Randwertaufgaben treten Integraloperatoren der Form

$$T f(x) = \int_B K(x, y, f(y)) \, dy \tag{6.19}$$

mit einer festen Funktion $K(x, y, f)$ und Integrodifferentialoperatoren T wie in (1.16) auf.

---

[1] GREEN, GEORGE, englischer theoretischer Physiker, geboren 14. 7. 1793 in Nottingham, Studium in Cambridge, dort 1839 Fellow des Cajus College, gestorben 31. 5. 1841 in Sneinton. Er lieferte wichtige Beiträge zur Potentialtheorie und zur Elastizitätstheorie.

5. R sei der Raum aller Polynome $P(x_1, \ldots, x_m)$ mit Koeffizienten aus einem Zahlkörper K. Einem Polynom f vom Grade n werde durch den Operator T das Polynom $Tf = nf$ zugeordnet. P wird in einem Bereich B wie in Beispiel 2 betrachtet und die Norm (2.32) verwendet. T ist weder linear, noch stetig, noch beschränkt, es gilt $\|Tf\| = n\|f\|$.

6. Beispiele unbeschränkter Operatoren erhält man bei Differentiationen:

Es sei $R = C^1\langle 0, 2\pi\rangle$ der Raum der im abgeschlossenen Intervall $\langle 0, 2\pi\rangle$ stetig differenzierbaren Funktionen $f(x)$, und T sei der lineare Operator

$$T f(x) = \frac{df}{dx}.$$

Bei der Maximalnorm (2.32) mit $p \equiv 1$ haben die Funktionen

$$f(x) = A \sin\omega x$$

für $A > 0$, ω reell, die Norm $\|f\| = A$; aber

$$\|Tf\| = \|f'\| = \operatorname*{Max}_{\langle 0,2\pi\rangle} A\,\omega\,|\cos\omega x| = A\,\omega$$

wächst für $\omega \to \infty$ bei festem A über alle Grenzen.

An diesem einfachen Beispiel sieht man, daß in den Anwendungen durchaus nichtbeschränkte Operatoren auftreten können. Oft bemüht man sich deshalb, die vorliegenden Probleme mit Hilfe von Integraloperatoren (s. Beispiel 3) zu beschreiben, da für beschränkte Operatoren eine vollständige Theorie zur Verfügung steht.

7. Integraloperatoren in $L^2\langle B\rangle$. Es sei B wie in Beispiel 2 eingeführt, aber R sei jetzt der Raum $L^2\langle B\rangle$ der im LEBESGUEschen Sinne in B quadratisch integrablen Funktionen $f(x)$; T sei wieder der Integraloperator (6.16), wobei jetzt die Integrale im LEBESGUEschen Sinne zu verstehen sind. Ferner sei $\iint\limits_{BB} K(x,y)^2\,dy\,dx = P^2$. Es ist T linear. Bei dem inneren Produkt (2.47) gilt

$$\|Tf\|^2 = \int\limits_{B} \left| \int\limits_{B} K(x,y)\,f(y)\,dy \right|^2 dx$$

und nach der SCHWARZschen Ungleichung (2.48)

$$\|Tf\|^2 \leq \iint\limits_{BB} K^2(x,y)\,dx\,dy \int\limits_{B} |f(y)|^2\,dy. \tag{6.20}$$

Also $\|Tf\|^2 \leq P^2\|f\|^2$, d. h. T ist beschränkt, und die Norm des Operators $\|T\|$ ist $\leq P$. Nach dem ersten Satz aus Nr. 6.1 ist T auch stetig.

8. Beispiel für nicht beschränkte Operatoren der Quantentheorie. In der Quantenmechanik werden lineare hermitesche Operatoren im Hilbertraum betrachtet. So ist bei den Koordinaten x_1, x_2, x_3 z. B. der Operator des Teilchenimpulses für ein einzelnes Teilchen in Vektorschreibweise gegeben durch $P = -i\hbar\nabla$ bzw. in Komponenten durch $P_j = -i\hbar\,(\partial/\partial x_j)$ $(j = 1, 2, 3)$ $(\hbar = 1{,}05\cdot 10^{-27}$ erg. sec, PLANCKsches Wirkungsquantum) und der Operator des Teilchenortes in Vektorschreibweise durch $\mathfrak{X} = (\mathfrak{X}_1, \mathfrak{X}_2, \mathfrak{X}_3)$. Dann schreibt sich der Hamiltonoperator H für ein System von N Teilchen (Koordinaten entsprechen $x_{11}, \ldots, x_{N3}$) als

$$H = \sum_{\nu-1}^{N} \frac{1}{2m_\nu}\,(P_{\nu_1}^2 + P_{\nu_2}^2 + P_{\nu_3}^2) + V(x_{11}, \ldots, x_{N3}). \qquad (6.21)$$

Dabei stellt die Summe den Operator der kinetischen Energie des Systems dar und V im Falle konservativer Systeme den Operator der potentiellen Energie des Systems. Im Fall nicht konservativer Systeme (z. B. bei Vorhandensein einer LORENZ-Kraft) tritt an Stelle ein V ein allgemeinerer, nicht nur von den $x_{\nu j}$ abhängiger Operator.

Betrachtet man irgend zwei Operatoren P, Q der Quantentheorie, so ist entscheidend, ob sie die sog. Vertauschungsrelation

$$[P, Q] = 0 \quad \text{mit} \quad [P, Q] = (-i\hbar)^{-1}\,(PQ - QP) \qquad (6.22)$$

erfüllen oder nicht; denn genau für $[P, Q] = 0$ sind diejenigen physikalischen Größen, denen die Operatoren eindeutig zugeordnet sind, gleichzeitig meßbar oder nicht. Die Impulskomponente eines Teilchens in x_j-Richtung und die x_j-Koordinate sind z. B. nicht gleichzeitig meßbar, denn es gilt $[P_j, X_j] = E$. Impulskomponente eines Teilchens in x_1-Richtung und x_2-Koordinate aber sind gleichzeitig meßbar, da $[P_1, X_2] = 0$ gilt.

Nun gilt der allgemeinere Satz, nach welchem die Grundoperatoren der Quantenmechanik nicht sämtlich beschränkt sein können (WIELANDT [49], s. auch COOKE [50], S. 54):

Satz: *Die Relation*

$$PQ - QP = aE, \qquad (6.23)$$

wobei $a \neq 0$ *eine reelle oder komplexe Zahl, E der Einheitsoperator ist und die Iterierten Q^m $(m = 0, 1, 2, \ldots)$ existieren, kann in einem normierten Raum nicht durch zwei homogene beschränkte Operatoren P, Q erfüllt werden.*

Beweis (indirekt): Es ist vernünftig zu fordern, daß die Bildung von Iterierten Q^m $(m = 0, 1, 2, \ldots)$ sinnvoll ist. Ferner ersieht man aus (6.23), daß die Operatoren P und Q weder Nulloperator noch Konstante sein können, d. h. es gilt $\|P\| \neq 0$, $\|Q\| \neq 0$. Durch vollständige Induktion ergibt sich zunächst aus (6.23):

$$PQ^n - Q^n P = a\,n\,Q^{n-1}. \qquad (6.24)$$

Für $n = 1$ ist (6.24) richtig. Nun sei (6.24) bis zu einem festen $n \geq 1$ gültig. Dann folgt

$$P Q^{n+1} - Q^{n+1} P = (P Q^n - Q^n P) Q + Q^n (P Q - Q P)$$
$$= a n Q^{n-1} Q + Q^n a E = a (n + 1) Q^n,$$

d. h. die Induktionsbehauptung.

Nun werde angenommen, P und Q seien beschränkte Operatoren mit den Normen $\|P\|$ und $\|Q\|$. Dann ergibt sich aus (6.24) durch Normenbildung auf beiden Seiten für alle $n = 1, 2, 3, \ldots$:

$$|a| n \|Q^{n-1}\| = \|P Q^n - Q^n P\| \leq \|P\| \|Q^n\| + \|Q^n\| \|P\|$$
$$= 2 \|P\| \|Q^n\| \leq 2 \|P\| \|Q^{n-1}\| \|Q\|. \tag{6.25}$$

Nun sei N eine ganze Zahl mit

$$N > \frac{2}{|a|} \|P\| \|Q\|.$$

Dann sind 2 Fälle denkbar:

Fall 1: $\|Q^{N-1}\| \neq 0$, das ergibt in (6.25) für $n = N$ einen Widerspruch.

Fall 2: $\|Q^{N-1}\| = 0$.

Aus der Gültigkeit von $|a| n \|Q^{n-1}\| \leq 2 \|P\| \|Q^n\|$ für alle $n = 1, 2, 3 \ldots$ ergibt dies $\|Q^{N-2}\| = 0$, $\|Q^{N-3}\| = 0, \ldots, \|Q^1\| = 0$, also ebenfalls einen Widerspruch.

Insbesondere gibt es also auch nicht zwei endliche Matrizen P, Q, welche (6.23) erfüllen.

6.5 Die Inversen benachbarter Operatoren

Satz: *Ein linearer (nicht notwendig beschränkter) Operator T in einem metrischen Raum R besitze eine lineare beschränkte Inverse T^{-1}. Es sei V ein linearer beschränkter Operator in R mit $\|V\| < \|T^{-1}\|^{-1}$. Dann besitzt auch der Operator $S = T + V$ eine lineare beschränkte Inverse S^{-1}, und es gilt*

$$\|S^{-1} - T^{-1}\| \leq \frac{\|T^{-1} V\| \|T^{-1}\|}{1 - \|T^{-1} V\|} < \frac{\|T^{-1}\|}{1 - \|T^{-1}\| \|V\|}, \tag{6.26}$$

falls die Potenzen $(T^{-1} S)^j$ für $j = 1, 2, \ldots$ existieren.

Beweis: Es ist $S = T (E + U)$ mit $U = T^{-1} V$ und $\|U\| < 1$. Nach dem Satz in Nr. 6.3 hat daher $E + U$ eine Inverse

$$(E + U)^{-1} = \sum_{j=0}^{\infty} (-U)^j;$$

nach (6.13) wird somit $S^{-1} = \sum\limits_{j=0}^{\infty} (-U)^j\, T^{-1}$ und

$$S^{-1} - T^{-1} = \sum_{j=1}^{\infty} (-U)^j\, T^{-1}$$

mit $\|T^{-1}\| = t$ folgt dann

$$\|S^{-1} - T^{-1}\| \leq \left\|\sum_{j=1}^{\infty} (-U)^j\right\| t \leq \|U\| \left\|\sum_{j=0}^{\infty} (-U)^j\right\| t = \|U\|\,\|(E + U)^{-1}\|\, t.$$

Nun ist nach (6.12)

$$\|(E + U)^{-1}\| \leq \frac{1}{1 - \|U\|}$$

oder

$$\|S^{-1} - T^{-1}\| \leq \frac{\|U\|}{1 - \|U\|}\,\|T^{-1}\|;$$

mit

$$\|U\| \leq \|T^{-1}\|\,\|V\| < 1 \quad \text{folgt (6.26).}$$

Dieser Satz kann auf die Gleichung $T\,f = g$ angewendet werden und ermöglicht es, die manchmal mühsame Berechnung von T^{-1} zu vermeiden, wenn man von einem „benachbarten" linearen Operator S die Inverse S^{-1} kennt; S soll T so benachbart sein, daß für den Unterschied V

$$\|V\| = \|S - T\| < \|S^{-1}\|^{-1} \tag{6.27}$$

ausfällt. Dann wird die Gleichung $S\,h = g$ für h durch $f_0 = S^{-1}\,g$ gelöst, und für den Fehler

$$f_0 - f = (S^{-1} - T^{-1})\,g \tag{6.28}$$

gilt nach (6.26) (dort sind nun S und T zu vertauschen)

$$\|f_0 - f\| \leq \frac{\|S^{-1}\,V\|\,\|S^{-1}\|}{1 - \|S^{-1}\,V\|}\,\|g\| \leq \frac{\|S^{-1}\|^2\,\|V\|}{1 - \|S^{-1}\|\,\|V\|}\,\|g\|. \tag{6.29}$$

Beispiele:

I. Wenn bei dem linearen Gleichungssystem (1.8) $A\,x = r$ die Beziehung

$$\|A - E\| < 1$$

erfüllt ist, kann man $S = E = S^{-1}$ und $A = E + V$ setzen; dann hat $E\,x = r$ die Lösung $x_0 = r$, und (6.29) ergibt

$$\|r - x\| \leq \frac{\|V\|}{1 - \|V\|}\,\|r\|. \tag{6.30}$$

II. Bei dem Gleichungssystem $A\,x = r$ wie in I seien die Elemente der n-reihigen Matrix A mit Meßungenauigkeiten oder Abrundungsfehlern behaftet, die dem Betrage nach sämtlich kleiner als ε sein mögen.

S sei die Matrix, mit der die Rechnung wirklich durchgeführt wird. Es wird also x_0 aus $S\,x_0 = r$ bestimmt, dann wird z. B. mit den Normen (9.26), (9.27) $\|V\| \leq n\,\varepsilon$ und

$$\|x_0 - x\| \leq \frac{\|S^{-1}\|^2\, n\, \varepsilon}{1 - \|S^{-1}\|\, n\, \varepsilon}\, \|r\|.$$

Andere Methoden, um Aussagen über benachbarte Operatoren zu gewinnen, wurden von EHRMANN [59], W. WETTERLING [61] und J. SCHMIDT [60] entwickelt.

6.6 Die Kondition eines linearen, beschränkten Operators

Definition: Es sei T ein linearer, beschränkter Operator. Der zu T inverse (lineare) Operator T^{-1} möge existieren und ebenfalls beschränkt sein. T und T^{-1} seien definiert in normierten Räumen. Dann nennt man

$$k(T) = \|T\|\,\|T^{-1}\| \tag{6.31}$$

die Kondition des Operators T.

Satz: *Über T gelten die Voraussetzungen der eben gegebenen Definition. Es sei v eine Näherung für eine Lösung u der Operatorgleichung $T\,u = r$ mit $r \neq \Theta$. Dann kann man mit Hilfe der Kondition $k(T)$ und des Defektes $d = T\,v - r$ der Näherung v den „relativen Fehler" $\varrho(v,\,u)/\|u\|$ in Schranken einschließen:*

$$\frac{1}{k(T)}\,\frac{\varrho(T\,v,\,r)}{\|r\|} \leq \frac{\varrho(v,\,u)}{\|u\|} \leq k(T)\,\frac{\varrho(T\,v,\,r)}{\|r\|}. \tag{6.32}$$

Wenn man ferner Schranken für $\|u\|$ kennt, kann man damit auch die Norm $\varrho(v,\,u)$ des absoluten Fehlers $f = v - u$ in Schranken einschließen.

Beweis: Wegen der Linearität des Operators T ist $r = \Theta$ genau dann, wenn $u = \Theta$ ist. Es gilt

$$T\,u = r, \qquad u = T^{-1}\,r,$$

$$T\,f = d, \qquad f = T^{-1}\,d,$$

also

$$\|r\| \leq \|T\|\,\|u\|, \qquad \|u\| \leq \|T^{-1}\|\,\|r\|,$$

$$\|d\| = \varrho(T\,v,\,r) \leq \|T\|\,\varrho(v,\,u),$$

$$\|f\| = \varrho(v,\,u) \leq \|T^{-1}\|\,\varrho(T\,v,\,r)$$

und damit

$$\frac{1}{k(T)}\,\frac{\varrho(T\,v,\,r)}{\|r\|} = \frac{\varrho(T\,v,\,r)}{\|T\|}\,\frac{1}{\|r\|\,\|T^{-1}\|} \leq \frac{\varrho(v,\,u)}{\|u\|} \leq$$

$$\leq \|T^{-1}\|\,\varrho(T\,v,\,r)\,\frac{\|T\|}{\|r\|} = k(T)\,\frac{\varrho(T\,v,\,r)}{\|r\|}.$$

Grob ausgedrückt: Für die näherungsweise Auflösung einer Operatorgleichung hat man günstigere Verhältnisse zu erwarten, wenn die Kondition des Operators kleiner ist. (Die Aussage liefert aber nur Fehlerschranken, nicht den wirklich auftretenden Fehler.)

Aus (6.32) folgt unmittelbar der

Satz: *Unter den Voraussetzungen des vorigen Satzes gilt:*
Die Kondition $k(T)$ des Operators T ist $k(T) \geqq 1$. Für $k(T) = 1$
wird

$$\frac{\varrho(T v, r)}{\|r\|} = \frac{\varrho(v, u)}{\|u\|} \qquad (\text{für } r \neq \Theta). \tag{6.33}$$

6.7 Eine Fehlerabschätzung für ein Iterationsverfahren

In einem linearen supermetrischen Raum R seien T, T_1, T_2 lineare, beschränkte (also stetige) Operatoren mit Definitionsbereich $D \subseteq R$ und Wertebereichen in R; es sei $T = T_1 + T_2$. In der Operatorgleichung

$$x = T x + r \tag{6.34}$$

sei r ein gegebenes Element $\in R$.

Satz: *Unter den eben genannten Voraussetzungen über den Operator T*
werde für die Operatorgleichung (6.34) das allgemeine Iterationsverfahren

$$x_{k+1} = T_1 x_{k+1} + T_2 x_k + r, \quad (k = 0, 1, 2, \ldots), \tag{6.35}$$

ausgehend von einem Element $x_0 \in D$ verwendet; es existiere eine Lösung x
von (6.34) und es sei $\|T\| \leqq K < 1$; dann gilt die Fehlerabschätzung

$$\varrho(x_{k+1}, x) \leqq \frac{\|T_2\|}{1 - \|T\|} \varrho(x_{k+1}, x_k). \tag{6.36}$$

Beweis (vgl. Dück [59]). Es seien von der Folge x_n die Elemente $x_0, x_1, \ldots, x_{k+1}$ bekannt. Für die „Änderungen" $\delta_k = x_{k+1} - x_k$ und „Fehler" $\varepsilon_k = x_k - x = \varepsilon_{k+1} - \delta_k$ gilt dann

$$\varepsilon_{k+1} = T_1 x_{k+1} + T_2 x_k + r - T_1 x - T_2 x - r$$

$$= T_1 \varepsilon_{k+1} + T_2 \varepsilon_k.$$

$$E \varepsilon_{k+1} - T_2 \varepsilon_{k+1} = T_1 \varepsilon_{k+1} + T_2 \varepsilon_k - T_2 \varepsilon_{k+1},$$

$$(E - T) \varepsilon_{k+1} = -T_2 \delta_k. \tag{6.37}$$

Nach dem Satz in Nr. 6.3 existiert unter den getroffenen Voraussetzungen die Inverse des Operators $E - T$, und es gilt nach (6.12)

$$\|(E - T)^{-1}\| \leqq \frac{1}{1 - \|T\|}.$$

Damit ist nach (6.37)

$$\varrho\,(x_{k+1},\,x) = \varrho\,(\varepsilon_{k+1},\,\Theta) \leqq \|\,(E - T)^{-1}\,T_2\|\;\varrho\,(\delta_k,\,\Theta),$$

woraus (6.36) unmittelbar folgt.

Im Spezialfall $T_1 = 0$ erhält man (i. allg. gröber)

$$\varrho\,(x_{k+1},\,x) \leqq \frac{\|T\|}{1 - \|T\|}\,\varrho\,(x_{k+1},\,x_k). \tag{6.38}$$

6.8 Der Satz von Riesz und der Auswahlsatz

Diese Nummer enthält zwei wichtige Sätze über lineare Funktionale in Hilberträumen.

Satz von Riesz: *Ein stetiges lineares im ganzen Hilbertraum R definiertes Funktional T f läßt sich als inneres Produkt darstellen:*

$$T f = (f,\,g) \qquad \text{für alle } f \in R, \tag{6.39}$$

wobei g ein durch T eindeutig bestimmtes Element aus R ist.

Beweis: Es sei M die Menge der Elemente $m \in R$ mit $T\,m = 0$:
Fall I: M ist der volle Raum R, dann ist in (6.39) $g = \Theta$.

Fall II: M erschöpft nicht den Raum R. Da T linear ist, ist M ein linearer Teilraum; M ist vollständig, da für eine Folge von Elementen m_ν mit $m_\nu \to m$, $T\,m_\nu = 0$ wegen der Stetigkeit von T folgt $T\,m = 0$. Es ist also M ein Unterraum. Da M nicht R ausschöpft, gibt es ein Element $g_0 \neq \Theta$, $g_0 \perp M$; dann wird zu einem beliebigen Element $f \in R$ das Element

$$h = (T\,f)\,g_0 - (T\,g_0)\,f$$

gebildet; es ist

$$T\,h = (T\,f)\,(T\,g_0) - (T\,g_0)\,(T\,f) = 0,$$

es gehört also h zu M, und daher ist $(h,\,g_0) = 0$; man erhält

$$(h,\,g_0) = 0 = (T\,f)\,(g_0,\,g_0) - (T\,g_0)\,(f,\,g_0)$$

oder

$$T f = \frac{T\,g_0}{(g_0,\,g_0)}\,(f,\,g_0); \tag{6.40}$$

das gilt für alle $f \in R$, es hat also $T\,f$ die in (6.39) behauptete Gestalt. Gibt es 2 Elemente $g,\,\tilde{g}$ mit der Eigenschaft (6.39), so folgt aus $(f,g) = (f,\tilde{g})$ für alle $f \in R$ nach dem ersten Satz aus Nr. 4.5, daß $g = \tilde{g}$ ist.

Auswahlsatz: *Jede beschränkte Menge M von Elementen eines Hilbertraumes R ist schwachkompakt, d. h. aus jeder unendlichen Teilmenge von M ist eine schwach konvergente Teilfolge auswählbar.*

Beweis: Da M beschränkt ist, gibt es eine Konstante C mit $\|f\| \leqq C$ für jedes $f \in M$. Nun sei f_k eine unendliche Folge von Elementen aus M.

Es ist

$$|(f_1, f_k)| \leqq \|f_1\| \cdot \|f_k\| \leqq C^2.$$

Die Zahlen (f_1, f_k) bilden daher eine beschränkte Menge komplexer Zahlen, aus der (Satz von BOLZANO) (vgl. Beispiel 2 von Nr. 5.2) eine konvergente Teilfolge auswählbar ist. Es gibt also eine Teilfolge f_{1k}, für die $\lim\limits_{k \to \infty} (f_1, f_{1k})$ existiert. Ebenso kann man aus dieser Folge wiederum eine Teilfolge f_{2k} auswählen, so daß $\lim\limits_{k \to \infty} (f_2, f_{2k})$ existiert, und allgemein kann man aus $f_{p-1, k}$ eine Teilfolge $f_{p, k}$ auswählen $(p = 2, 3, \ldots)$, für die $\lim\limits_{k \to \infty} (f_p, f_{pk})$ vorhanden ist.

Für die Diagonalfolge $f_{11}, f_{22}, \ldots, f_{kk}, \ldots$ existiert dann $\lim\limits_{k \to \infty} (f_p, f_{kk})$ für jedes feste p.

Nun sei F der durch die f_k bestimmte Unterraum von R, d. h. die durch die f_k erzeugte lineare Mannigfaltigkeit mit ihren Grenzelementen. Jetzt wird zunächst formal für irgendein Element $h \in R$

$$\varphi(h) = \lim\limits_{k \to \infty} (h, f_{kk})$$

definiert. Ist h eine endliche Linearkombination der f_p, so existiert $\varphi(h)$ nach dem oben Gesagten; wegen der Stetigkeit des inneren Produktes existiert dann $\varphi(h)$ auch in ganz F. Für ein beliebiges Element $h \in R$ gibt es nach dem dritten Satz von Nr. 4.5 eine Zerlegung $h = p + q$ mit $p \in F$, $q \perp F$. Wegen $(q, f_{kk}) = 0$ existiert daher auch $\varphi(h)$. Ferner ist $\varphi(h)$ ein lineares Funktional, welches wegen

$$|\varphi(h)| \leqq \|h\| \sup\limits_{k} \|f_{kk}\| \leqq \|h\| C$$

beschränkt und somit nach Nr. 6.1 auch stetig ist. Nach dem Satz von RIESZ gibt es ein Element $g \in R$ mit $\varphi(h) = (h, g)$ für alle $h \in R$. Das bedeutet aber gerade die schwache Konvergenz der f_{kk} gegen g.

6.9 Ein Satz von Banach über Folgen von Operatoren

Es sei T_n $(n = 1, 2, \ldots)$ eine Folge von Operatoren mit gemeinsamem Definitonsbereich D; es liege D in einem Banachraum R, und die Werte der T_n mögen in einem Banachraum W liegen.

Definition: Die eben genannte Folge T_n von Operatoren heißt konvergent, wenn $T_n f$ stark konvergent ist für jedes $f \in D$.

Ist $\lim\limits_{n \to \infty} T_n f = g$, so ist dadurch in D ein „Grenzoperator" T mit $T f = g$ definiert. Offenbar ist T ein linearer Operator, wenn die T_n linear sind.

Satz 1 (Banach): *Jede konvergente Folge linearer stetiger Abbildungen T_n von einem Banachraum R in einen anderen, die auf dem*

*ganzen Banachraum R erklärt sind, ist gleichmäßig beschränkt, d. h. es
gibt eine Zahl K mit*

$$\|T_n\| \leqq K \qquad (n = 1, 2, \ldots). \qquad (6.41)$$

Beweis: I. Es sei S die Kugel um f_0 mit Radius ε, wobei f_0 beliebig $\in R$ und $\varepsilon > 0$ beliebig ist:

$$S = \{f \mid \varrho(f, f_0) \leqq \varepsilon\}. \qquad (6.42)$$

Es werde zunächst der Fall betrachtet, daß in S für alle $T_n f$ eine Schranke C besteht:

$$\|T_n f\| \leqq C \quad \text{für} \quad f \in S. \qquad (6.43)$$

Für irgendein Element $h \in R$ mit $h \neq \Theta$ gehört $h' = f_0 + \frac{\varepsilon}{\|h\|} h$ zu S, also ist

$$\|T_n h'\| = \left\| T_n f_0 + \frac{\varepsilon}{\|h\|} T_n h \right\| \leqq C$$

oder

$$\|T_n h\| \leqq \frac{\|h\|}{\varepsilon} \{C + \|T_n f_0\|\}.$$

Nun ist $T_n f_0$ konvergent, und daher haben die Zahlen $\|T_n f_0\|$ eine gemeinsame Schranke, und somit gibt es eine Zahl C_1 mit

$$\|T_n h\| \leqq C_1 \|h\| \quad \text{für} \quad h \in R \qquad (n = 1, 2, \ldots).$$

Da die Operatoren T_n linear sind, folgt hieraus

$$\|T_n\| \leqq C_1.$$

Dann ist also (6.41) mit $K = C_1$ erfüllt.

II. Nun wird der Fall betrachtet, daß es keine Kugel S nach (6.42) gibt, die mit einem passenden C die Bedingung (6.43) erfüllt. Es wird eine Kugel S nach (6.42) fest gewählt. Es gibt dann einen Index n_1 und ein Element $f_1 \in S$ mit $\|T_{n_1} f_1\| > 1$ und wegen der Stetigkeit von T_{n_1} eine in S enthaltene Kugel S_1 um f_1, in der ebenfalls

$$\|T_{n_1} f\| > 1 \quad \text{für} \quad f \in S_1 \subseteq S$$

gilt. Allgemein kann man eine Teilfolge T_{n_k}, Elemente f_k und Kugeln S_k um f_k mit Radius ε_k auswählen mit

$$\|T_{n_k} f\| > k \quad \text{für} \quad f \in S_k \subseteqq S_{k-1}.$$

Man kann $\varepsilon_k \to 0$ für $k \to \infty$ annehmen; dann konvergieren die f_k wegen der Vollständigkeit des Raumes R gegen ein Grenzelement φ, welches zu allen Kugeln S_k, also auch zu S gehört; es gilt $\|T_{n_k} \varphi\| > k$ für alle k, was der vorausgesetzten Konvergenz der Folge T_n widerspricht. Fall II ist also nicht möglich, und damit gilt (6.41).

Der Grenzoperator T ist dann ebenfalls beschränkt, denn aus

$$\|T_n f\| \leq K \|f\|$$

folgt für $n \to \infty$ auch $\|T f\| \leq K \|f\|$, es ist also T dann, da T linear ist, auch stetig.

Satz 2: *Eine Folge linearer, stetiger Abbildungen T_n von einem Banachraum R in einen anderen, die auf dem ganzen Banachraum R erklärt sind, ist genau dann konvergent, wenn es ein K mit (6.41) gibt und $T_n f$ auf einer im Banachraum R dichten Teilmenge M konvergent ist.*

Beweis: Es ist nur noch zu zeigen, daß die hier genannten Bedingungen für die Konvergenz hinreichend sind. Es wird f beliebig in R gewählt; dann gibt es, da M in R dicht ist, zu beliebigem $\varepsilon > 0$ ein $m \in M$ mit $\|f - m\| < \varepsilon/K$ (es kann $K > 0$ angenommen werden).

$T_n m$ ist konvergent, also gibt es ein N mit

$$\|T_{n+p} m - T_n m\| < \varepsilon \quad \text{für} \quad n > N \qquad (p = 1, 2, \ldots);$$

mithin ist

$$\|T_{n+p} f - T_n f\| \leq \|T_{n+p} f - T_{n+p} m\| + \|T_{n+p} m - T_n m\| +$$
$$+ \|T_n m - T_n f\| < \varepsilon + \varepsilon + \varepsilon = 3\varepsilon;$$

das bedeutet aber die Konvergenz der Folge $T_n f$.

6.10 Anwendung auf Quadraturformeln

Im Banachraum $C\langle a, b\rangle$ der im Intervall $\langle a, b\rangle$ stetigen Funktionen $y(x)$ mit der Norm (2.32) wird für ein Integral

$$J = \int\limits_a^b y(x)\,dx \qquad (6.44)$$

die Folge der Näherungswerte

$$N_n y = \sum_{k=1}^{m(n)} A_k^{(n)} y(x_k^{(n)}) \qquad (n = 1, 2, \ldots) \qquad (6.45)$$

gebildet, wobei für festes n die $x_k^{(n)}$ mit

$$a \leq x_1^{(n)} < x_2^{(n)} < \cdots < x_m^{(n)} \leq b$$

gegebene Abszissen und die $A_k^{(n)}$ gegebene Konstanten („Gewichte") sind. Es ist dann

$$J = N_n + Q_n \qquad (6.46)$$

mit dem Rest oder der „Korrektur" Q_n. Dann gilt der

Satz 1: *Es sei in (6.46) das Restglied $Q_n = 0$ für Polynome $y(x)$ vom Grade $\leq n$. Dafür, daß*

$$\lim_{n \to \infty} Q_n = 0 \qquad (6.47)$$

gilt für jede in $\langle a, b \rangle$ stetige Funktion, ist notwendig und hinreichend, daß es eine Zahl M gibt mit

$$a_n = \sum_{k=1}^{m(n)} |A_k^{(n)}| \leq M \quad \text{für} \quad n = 1, 2, \dots . \tag{6.48}$$

Beweis: Es sind J, $N_n = T_n$ und Q_n stetige lineare Operatoren in R. Da die T_n für alle Polynome konvergieren und die Polynome in R dicht liegen, genügt es (nach Satz 2 der vorigen Nummer) zu zeigen, daß die $\|N_n\|$ gleichmäßig beschränkt sind. Es ist nach (6.45), (6.48)

$$\|N_n y\| = |N_n y| \leq \sum_{k=1}^{m(n)} |A_k^{(n)}| \, |y(x_k^{(n)})| \leq a_n \|y\| \leq M \|y\|,$$

d. h. aber $\|N_n\| \leq M$.

Satz 2: *Es sei in (6.46) das Restglied $Q_n = 0$ für Polynome $y(x)$ vom Grade $\leq n$. Wenn in (6.45) alle $A_k^{(n)} \geq 0$ sind, so gilt (6.47) für jede in $\langle a, b \rangle$ stetige Funktion.*

Beweis: Für die Funktion $y(x) \equiv 1$ gilt $Q_n = 0$, und daher wird für sie

$$J = \int_a^b dx = b - a = \sum_{k=1}^{m(n)} A_k^{(n)} = a_n, \tag{6.49}$$

also ist mit $M = b - a$ die Voraussetzung (6.48) erfüllt.

Dieser Satz soll nun auf einige bekannte Quadraturformeln angewandt werden:

I. Die NEWTON-COTES-Formeln (vgl. z. B. ZURMÜHL [63]) entstehen, indem man $y(x)$ durch ein Polynom $P_n(x)$ ersetzt, welches $y(x)$ an den Stellen $x_j = a + j h$ (für $j = 0, 1, \dots, n$ und $n h = b - a$) interpoliert, und

$$N_n = \int_a^b P_n(x) \, dx$$

verwendet. Es liefert

$$N_1 = \frac{b - a}{2} [y(a) + y(b)] \tag{6.50}$$

die Trapezregel,

$$N_2 = \frac{b - a}{6} \left[y(a) + 4y\left(\frac{a + b}{2}\right) + y(b) \right] \tag{6.51}$$

die SIMPSONsche Regel. Die Voraussetzung $Q_n = 0$ für Polynome vom Grade $\leq n$ ist in diesem und in den beiden folgenden Fällen II und III erfüllt.

Die Gewichte $A_k^{(n)}$ sind im Fall I nichtnegativ bis zu $n = 7$ einschließlich, s. z. B. WILLERS [50], S. 143; bei $n = 8$ aber treten auch negative Gewichte auf, so daß der obige Konvergenzsatz 2 nicht anwendbar ist. Ob es eine Teilfolge $n_1, n_2, \ldots$ der natürlichen Zahlen gibt, für die die Gewichte nichtnegativ ausfallen, so daß Satz 2 für diese Folge anwendbar wäre, scheint noch nicht untersucht zu sein.

Für die Gesamtheit der COTESschen Formeln jedoch ist bekannt, daß sicher nicht für jede in $\langle a, b \rangle$ stetige Funktion Konvergenz besteht (Gegenbeispiel von POLYA 1933), wohl aber für Funktionen $y(x)$, die in einem gewissen, die Strecke a, b im Inneren enthaltenden Ellipsenbereich der komplexen Ebene holomorph sind (Genaueres bei DAVIS [62]).

II. Bei den TSCHEBYSCHEFFschen Formeln (vgl. z. B. KRYLOV [62]) werden die $x_k^{(n)}$ so gewählt, daß die $A_k^{(n)}$ alle einander gleich werden; für $n = 2$ z. B. erhält man

$$N_2 = \frac{b-a}{2}\left[y(s-z) + y(s+z)\right] \quad \text{mit} \quad s = \frac{b+a}{2}, \quad z = \frac{b-a}{2\sqrt{3}}.$$

$$(6.52)$$

Hier ist $A_k^{(n)} \geqq 0$ erfüllt, aber leider existieren die Formeln nicht für alle n; bis zu $n = 7$ einschließlich findet man die $x_k^{(n)}$ bei WILLERS [50], S. 151; für $n = 8$ und $n = 10$ aber fallen die $x_k^{(n)}$ nicht sämtlich reell aus.

III. Bei den GAUSSschen Formeln werden die $x_k^{(n)}$ und $A_k^{(n)}$ so bestimmt, daß N_n den exakten Wert von J für Polynome möglichst hohen Grades liefert. Die $x_k^{(n)}$ lassen sich mit Hilfe der Nullstellen der LEGENDREschen Polynome angeben; Zahlenwerte für $x_k^{(n)}$ und $A_k^{(n)}$ finden sich z. B. bei WILLERS [50], S. 155, und KRYLOV [62], S. 337. Insbesondere ist (6.52) zugleich eine GAUSSsche Formel. Hier läßt sich $A_k^{(n)} \geqq 0$ beweisen (KRYLOV [62], S. 104), so daß Satz 2 anwendbar ist und die Konvergenz der GAUSSschen Näherungswerte sichert.

§ 7. Operatoren in Hilberträumen

7.1 Der adjungierte Operator

In einem unitären Raum R sei ein Operator T auf einer in R dichten Menge D definiert, der D in R abbildet. Wenn es ein Paar g, g^* von Elementen aus R gibt mit

$$(T f, g) = (f, g^*) \quad \text{für alle} \quad f \in D, \tag{7.1}$$

so werde $g^* = T^* g$ gesetzt, und T^* heißt der zu T adjungierte Operator; es kann nämlich zu einem festen g höchstens ein g^* mit der Eigenschaft (7.1) geben; denn aus $(f, g_1) = (f, g_2)$ für alle f aus D folgt $(f, g_1 - g_2) = 0$ und nach dem zweiten Satz aus Nr. 4.5 $g_1 - g_2 = \Theta$, da D dicht ist. Insbesondere ist $T^* \Theta = \Theta$. Der Definitionsbereich von T^* sei D^*; er enthält stets Θ. Der adjungierte Operator T^* existiere nun für mehrere Elemente $g_j \in R$ $(j = 1, \ldots, p)$, und es sei $T^* g_j = g_j^*$; dann gilt

$$\left(T f, \sum_{j=1}^{p} c_j g_j\right) = \left(f, \sum_{j=1}^{p} c_j g_j^*\right),$$

also

$$T^* \left(\sum_{j=1}^{p} c_j g_j\right) = \sum_{j=1}^{p} c_j T^* g_j,$$

d. h. der adjungierte Operator ist stets linear, und D^* ist eine lineare Mannigfaltigkeit.

Jeder stetige lineare im ganzen Hilbertraum R definierte Operator T, der R in sich abbildet, besitzt einen adjungierten Operator T^*; denn für jedes feste $g \in R$ ist $(T f, g)$ ein stetiges lineares in R definiertes Funktional, und es gibt nach dem Satz von RIESZ von Nr. 6.8 zu ihm ein eindeutig bestimmtes Element $g^* \in R$, für welches (7.1) gilt. T^* hat als Definitionsbereich wieder den ganzen Hilbertraum R.

Definition: Der Operator T heißt selbstadjungiert, wenn $T = T^*$ ist.

Definition: Man nennt einen Operator T abgeschlossen, wenn für jede Folge $f_n \in D$ mit $f_n \to f$ und $T f_n \to h$ folgt $f \in D$ und $T f = h$. Ein adjungierter Operator ist dann stets abgeschlossen.

Nun werde versucht, zum adjungierten Operator T^* abermals den adjungierten Operator T^{**} zu bilden; es ist

$$(T f, g) = \overline{(T^* g, f)} = (T^{**} f, g). \tag{7.2}$$

Die Gleichung $(T f, g) = (T^{**} f, g)$ ist erfüllbar für alle $f \in D$, d. h. T^{**} ist eine Erweiterung von T; ferner ist T^{**} als adjungierter Operator linear; T^{**} existiert also nur bei linearen Operatoren T.

Satz: *Im Hilbertraum R besitze der im Bereich D definierte Operator T einen inversen Operator T^{-1} und einen adjungierten Operator T^*, und es mögen $(T^*)^{-1}$ und $(T^{-1})^*$ existieren; die beiden letztgenannten Operatoren mögen einen gemeinsamen Definitionsbereich $\tilde{D}$ besitzen, und D möge in R dicht liegen. Dann gilt auf $\tilde{D}$*

$$(T^*)^{-1} = (T^{-1})^*. \tag{7.3}$$

Beweis: Sei $f \in D$ und $g \in \tilde{D}$; dann gilt

$$(f, g) = (T^{-1} T f, g) = (T f, (T^{-1})^* g) = (f, T^*(T^{-1})^* g)$$

für alle $f \in D$; da D dicht in R ist, folgt

$$g = T^*(T^{-1})^* g \quad \text{für alle} \quad g \in \tilde{D}.$$

Nach Voraussetzung existiert $(T^*)^{-1}$ in $\tilde{D}$; also folgt hieraus

$$(T^*)^{-1} g = (T^{-1})^* g \quad \text{für alle} \quad g \in \tilde{D}.$$

Satz: *Die Operatoren S, T im Hilbertraum R mögen die Adjungierten S^*, T^* besitzen. Soweit ST und $(ST)^*$ existieren, gilt*

$$(ST)^* = T^* S^*. \tag{7.4}$$

Beweis: Soweit die im Folgenden auftretenden Operatoren auf die angeschriebenen Elemente anwendbar sind, gilt

$$(STf, g) = (Tf, S^* g) = (f, T^* S^* g),$$

d. h. es gilt (7.4).

Satz: *S und T seien selbstadjungiert; wenn ST eine Adjungierte besitzt, so ist ST genau dann selbstadjungiert, wenn S mit T vertauschbar ist.*

Beweis: Aus $S = S^*$, $T = T^*$ folgt $(ST)^* = T^* S^* = TS = ST$ genau dann, wenn $S\,v\,T$. Mit T ist dann auch jedes Polynom von T selbstadjungiert:

$$\sum_{\nu=0}^{n} a_\nu T^\nu$$

und auch der inverse Operator T^{-1}, falls er existiert; dabei ist $T^0 = E$ der Einheitsoperator wie in Nr. 6.2.

Wenn T mit T^* vertauschbar ist, heißt T eine normale Transformation.

Wenn für einen den Hilbertraum R auf sich abbildenden Operator T

$$(Tf, Tg) = (f, g) \quad \text{für alle} \quad f, g \in R \tag{7.5}$$

gilt, heißt T unitär.

Satz: *Jeder unitäre Operator T ist linear und besitzt eine Inverse T^{-1} und eine Adjungierte T^*. Beide sind unitär, und es gilt*

$$T^{-1} = T^*. \tag{7.6}$$

Beweis: Nach (7.5) läßt eine unitäre Transformation jedes innere Produkt invariant, also auch die Norm eines Elementes und den Abstand zweier Elemente (T ist „isometrisch"); es kann also nicht eintreten, daß zwei verschiedene Elemente f, g (Abstand $\|f - g\| \neq 0$) dasselbe Bild (Abstand der Bilder $= 0$) haben, es existiert also der inverse Operator T^{-1}. Dieser bildet auch R auf sich ab und läßt das innere Produkt invariant, ist also unitär. Es gilt

$$(Tf, g) = (Tf, T T^{-1} g) = (f, T^{-1} g) \quad \text{für alle} \quad f, g \in R;$$

also ist $T^* = T^{-1}$; damit wird $T^{**} = T$, d. h. T ist linear. Die Norm eines unitären Operators ist $\|T\| = 1$.

Satz: *Das Produkt zweier unitärer Transformationen T, U ist wieder unitär.*

Die unitären Transformationen bilden bezüglich der Produktbildung eine Gruppe, was bei den selbstadjungierten Transformationen nicht gilt.

Beweis: $(T\,U\,f,\,T\,U\,g) = (U\,f,\,U\,g) = (f,\,g)$.

Ferner gilt $(T\,U)^{-1} = U^{-1}\,T^{-1}$.

Selbstadjungierte und unitäre Operatoren sind Spezialfälle normaler Operatoren.

Definition: Ein Operator T in einem Hilbertraum R heißt positiv (bzw. negativ) definit, wenn $(T\,f,\,f) > 0$ (bzw. < 0) gilt für alle $f \neq \Theta$ aus R. Ein Operator heißt positiv (bzw. negativ) semidefinit, wenn $(T\,f,\,f) \geqq 0$ (bzw. $\leqq 0$) für alle $f \in R$ gilt; es kann dann ein $f \neq \Theta$ geben mit $(T\,f,\,f) = 0$.

Besitzt ein Operator T einen adjungierten Operator T^* und sind T, T^*, $V_1 = T\,T^*$ und $V_2 = T^*\,T$ im ganzen Hilbertraum R erklärt, so sind V_1 und V_2 positiv semidefinit wegen $(V_1\,f,\,f) = (T\,T^*\,f,\,f) = \|T^*\,f\|^2 \geqq 0$ und ebenso bei V_2. Besitzt T überdies einen inversen Operator, so ist V_2 positiv definit. Ist speziell T selbstadjungiert, so ist T^2 positiv semidefinit.

7.2 Beispiele

1. T sei die Matrix $A = (a_{jk})$, die einem Vektor x einen Vektor r zuordnet nach (1.8). Mit dem inneren Produkt (2.43) wird dann

$$(A\,x,\,y) = \sum_{j,\,k=1}^{n} a_{jk}\,x_k\,\overline{y_j} = \sum_{j,\,k=1}^{n} x_j\,(\overline{a_{kj}\,y_k}) = (x,\,A^*\,y); \qquad (7.7)$$

die adjungierte Transformation T^* hat daher die Matrix

$$A^* = (\overline{a_{kj}}).$$

Die Transformation ist genau dann selbstadjungiert, wenn die Matrix A hermitesch ist, $A = A^*$ oder $a_{jk} = \overline{a_{kj}}$; hierzu gehören die reellen symmetrischen Matrizen als Spezialfall.

Die Transformation ist genau dann unitär, wenn die Matrix A unitär ist, d. h. wenn $A\,A^* = E$ (Einheitsmatrix) ist; hierzu gehören die reellen orthogonalen Matrizen als Spezialfall.

Die Transformation ist genau dann normal, wenn die Matrix A normal ist, d. h. wenn $A\,A^* = A^*\,A$ gilt.

2. R sei der Raum $L^2(B)$ wie in Beispiel 3 von Nr. 2.7 mit dem inneren Produkt (2.49).

Zu dem Operator T mit $T\,f(x) = q(x)\,f(x)$ mit einer festen Funktion $q \in L^2(B)$ wird die adjungierte Transformation T^* gegeben durch $T^*\,f(x) = \overline{q(x)}\,f(x)$. Es ist also T selbstadjungiert, wenn $q(x)$ in B

reell ist. Bei stetigem q erhält man für die Norm von T

$$\| T \| \leq \sup_B |q|.$$

3. Bei demselben inneren Produkt für Funktionen $f(x_1, \ldots, x_n)$ wie im vorigen Beispiel sei aber nun der Bereich B der volle R_n; es sei s ein fester Vektor im R_n mit den Komponenten s_j und T der Verschiebungsoperator

$$T f(x_j) = f(x_j + s_j).\tag{7.8}$$

Hier wird

$$(T f, g) = \int\limits_{R_n} p(x_j) f(x_j + s_j) \overline{g(x_j)}\, dx = \int\limits_{R_n} p(x_j - s_j) f(x_j) \overline{g(x_j - s_j)}\, dx = (f, T^* g).$$

Der adjungierte Operator T^* mit

$$T^* f(x_j) = f(x_j - s_j)\, \frac{p(x_j - s_j)}{p(x_j)}\tag{7.9}$$

existiert wegen $p(x_j) \neq 0$. Bei einer (reellen) Belegung p mit

$$p(x_j) = a\, p(x_j + s_j)\tag{7.10}$$

(mit einer positiven Konstanten a) wird $T^* f(x_j) = a\, f(x_j - s_j)$ $= a\, T^{-1} f(x_j)$; der Operator T ist nur im trivialen Fall $s_j = 0$ selbstadjungiert; er ist jedoch für jedes a normal, und für $a = 1$, z. B. im Falle $p(x_j) = 1$, ist der Verschiebungsoperator T unitär.

4. Aus den Operatoren vom vorigen Beispiel entsteht durch Linearkombination

$$T f(x_j) = \sum_{k=1}^{q} c_k f(x_j + s_{jk}).\tag{7.11}$$

Dabei sind die s_{jk} (für $k = 1, \ldots, q$) feste Vektoren im R_n, Abb. 7/1, und die c_k reelle Konstanten. Bei der Belegung $p(x_j) = 1$ ist der Operator (7.11) stets normal. Als Spezialfälle seien der Differenzenoperator

$$T f(x) = f(x + s) - f(x)\tag{7.12}$$

und der Mittelungsoperator

$$T f(x) = \tfrac{1}{2}[f(x + s) + f(x - s)]\tag{7.13}$$

genannt (s als fester Vektor im R_n). Sind der „Stern" der s_{jk} und die c_k symmetrisch, Abb. 7/1, so daß man schreiben kann

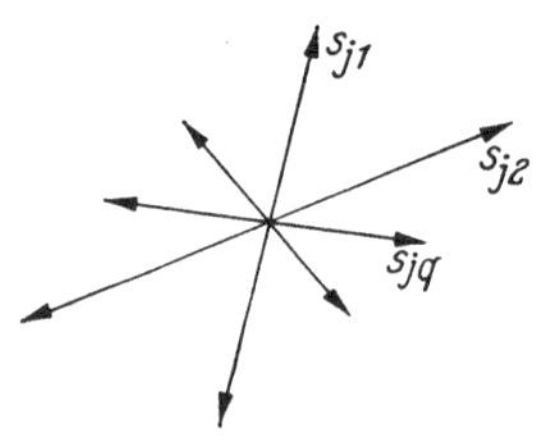

Abb. 7/1. Stern eines Differenzenoperators

$$T f(x_j) = \sum_{k=1}^{m} c_k[f(x_j + s_{jk}) + f(x_j - s_{jk})],$$

so ist dieser Operator selbstadjungiert, insbesondere der Operator (7.13). Die Frage nach dem inversen Operator ist jedoch schon beim Mittelungsoperator (7.13) tiefliegend.

Der „zentrale Differenzenoperator"

$$\delta f(x) = \frac{1}{2}\left[f\left(x + \frac{s}{2}\right) - f\left(x - \frac{s}{2}\right)\right] \qquad (7.14)$$

ist nicht selbstadjungiert, wohl aber der Operator $i\,\delta f(x)$ [vgl. (7.27); $L f(x) = f'(x)$ ist nicht selbstadjungiert, wohl aber $i\,f'(x)$].

Es sei noch ein weiteres Beispiel genannt: Der partiellen Ableitung $\dfrac{\partial^2 f}{\partial x\,\partial y}$ kann man in einem quadratischen Gitter der Maschenweite s mit der Bezeichnung $f_{pq} = f(x + p\,s, y + q\,s)$ die Differenzenoperatoren zuordnen (abgesehen von Faktoren s^k)

$$S f(x, y) = f_{\frac{1}{2}, \frac{1}{2}} - f_{-\frac{1}{2}, \frac{1}{2}} - f_{\frac{1}{2}, -\frac{1}{2}} + f_{-\frac{1}{2}, -\frac{1}{2}},$$
$$T f(x, y) = f_{1,1} - f_{1,0} - f_{0,1} + f_{0,0}.$$

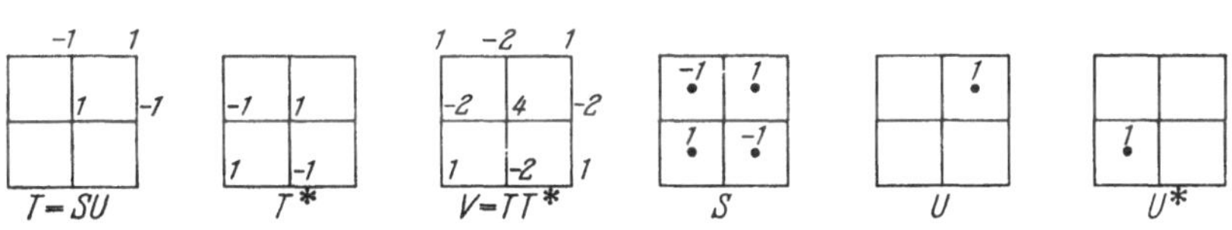

Abb. 7/2. Beispiele von Sternen für verschiedene Differenzenoperatoren

Abb. 7/2 zeigt die zugehörigen „Sterne" in wohl leichtverständlicher Darstellung. S ist selbstadjungiert, T aber nicht. Mit Hilfe des unitären Verschiebungsoperators $U f(x, y) = f_{\frac{1}{2}, \frac{1}{2}}$ läßt sich T darstellen als $T = S U = U S$.

T ist normal, es ist $T T^* = T^* T = V$ ein Differenzenoperator für $\dfrac{\partial^4 f}{\partial x^2\,\partial y^2}$; es ist $V = S^2$ wegen $S = S^*$; $U U^* = E$; $V = T T^* = S U U^* S^* = S^2$, und V ist positiv semidefinit.

5. Bei dem Operator (6.15)

$$T f(x) = f(q(x)) \qquad (7.15)$$

bilde der Vektor $q(x_j) = \{q_1(x_j), \ldots, q_n(x_j)\}$ den Bereich B eineindeutig auf sich ab; $q(x)$ sei stetig differenzierbar, die Funktionaldeterminante sei

$$\frac{\partial(q_1, \ldots, q_n)}{\partial(x_1, \ldots, x_n)} \neq 0,$$

und $s_k = q_k(x_j)$ besitze die Umkehrung $x_j = \psi_j(s_k)$. Alle Größen seien reell. Dann wird bei dem inneren Produkt (2.49)

$$(T f, g) = \int_B p(x)\, f(q(x))\, g(x)\, dx = \int_B p(\psi(s))\, f(s)\, g(\psi(s))\, \frac{\partial x}{\partial s}\, ds = (f, T^* g)$$

mit dem adjungierten Operator T^* mit

$$T^* f(s) = f(\psi(s))\, \frac{p(\psi(s))}{p(s)}\, \frac{\partial(\psi_1, \ldots, \psi_n)}{\partial(s_1, \ldots, s_n)}$$

und dem inversen Operator T^{-1} mit

$$T^{-1} f(s) = f(\psi_1(s), \ldots, \psi_n(s)).$$

Für $p(x_j) \equiv 1$ ist T^{-1} proportional zu T^* mit der Funktionaldeterminante als Faktor. Ist überdies q eine lineare Transformation $q = A\,x$ mit einer konstanten Matrix A, so ist T stets normal; mit $d = \det A \neq 0$ wird $T^* f(s) = d^{-1} T^{-1} f(s)$; T ist dann unitär für $d = 1$; ist ferner $A = A^{-1}$, so ist T selbstadjungiert.

6. Integraloperator T nach (6.16) wie in Beispiel 7 von Nr. 6.4. Der adjungierte Operator ist gegeben durch

$$T^* f(x) = \int_B \overline{K(y,\,x)}\, f(y)\, dy. \tag{7.16}$$

T ist selbstadjungiert, wenn der Kern hermitesch ist, $K(x,\,y) = \overline{K(y,\,x)}$, z. B. wenn $K(x,\,y)$ reell symmetrisch ist.

7. Die HANKEL-Transformation in $L^2(0,\,\infty)$ für Funktionen $f(x)$, für die $\int_0^\infty |f(s)|\, ds$ konvergiert,

$$g(x) = T f(x) = \int_0^\infty \sqrt{x\,y}\; J_\nu(x\,y)\, f(y)\, dy \tag{7.17}$$

ist selbstadjungiert, da der Kern reell symmetrisch ist. Dabei ist J_ν die Besselfunktion der Ordnung ν; es sei $\nu \geqq -\tfrac{1}{2}$, vgl. z. B. MAGNUS-OBERHETTINGER [48], S. 182. Hier ist auch $f(x) = T g(x)$, es ist $T = T^* = T^{-1}$, und T läßt wegen $(g,\,h) = (T f,\,h) = (f,\,T h) = (T g,\,T h)$ das innere Produkt invariant; wenn T in ganz $L^2(0,\,\infty)$ ohne Einschränkung erklärt wäre, würde T unitär in dem oben erklärten Sinn sein. Bei NAAS-SCHMIDT [61], Bd. I, S. 821, wird der Begriff „unitär" anders eingeführt, und dort gehört dann T zu den unitären Transformationen.

7.3 Differentialoperatoren bei Funktionen einer Veränderlichen

Zu dem Differentialausdruck

$$L y(x) = \sum_{\nu=0}^{n} p_\nu(x)\, y^{(\nu)}(x) \tag{7.18}$$

wird in der Theorie der Differentialgleichungen der adjungierte[1] Differentialausdruck $L^* y$, vgl. etwa CODDINGTON-LEVINSON [55], S. 86, durch

$$L^* y(x) = \sum_{\nu=0}^{n} (-1)^\nu \left[\overline{p_\nu(x)}\, y(x)\right]^{(\nu)} \tag{7.19}$$

eingeführt. Dabei ist p_ν im Intervall $(a,\,b)$ (es ist auch $a = -\infty$ und $b = \infty$ zugelassen) als gegebene ν-mal stetig differenzierbare Funktion und $p_n(x) \neq 0$ vorausgesetzt. Es gilt dann die LAGRANGEsche Identität für 2 Funktionen $u(x),\, v(x) \in C^n(a,\,b)$:

$$\bar{v} L u - u\, \overline{L^* v} = \frac{d}{dx}\big(P(u,\,v)\big) \tag{7.20}$$

---

[1] Oft auch formal adjungiert genannt, zum Unterschied zur Adjungiertheit bei Operatoren.

mit dem Bilinearausdruck

$$P(u, v) = \sum_{k-1}^{n} \sum_{j-0}^{k-1} (-1)^j u^{(k-1-j)} (\bar{v}\, p_k)^{(j)}$$

$$= u^{(n-1)} \bar{v}\, p_n - u^{(n-2)} (\bar{v}\, p_n)' + \cdots + (-1)^{n-1} u (\bar{v}\, p_n)^{(n-1)} +$$

$$+ u^{(n-2)} \bar{v}\, p_{n-1} + \cdots + u \bar{v}\, p_1. \tag{7.21}$$

Aus (7.20) folgt mit dem inneren Produkt (2.47)

$$\int_a^b (\bar{v} L u - u \overline{L^* v})\, dx = (L u, v) - (u, L^* v) = [P(u, v)]_a^b. \tag{7.22}$$

Nun werden lineare homogene Randbedingungen betrachtet.

$$U_\mu y = \sum_{\nu-0}^{n-1} (a_{\mu\nu} y_a^{(\nu)} + b_{\mu\nu} y_b^{(\nu)}) = 0 \quad (\mu = 1, 2, \ldots, n), \tag{7.23}$$

wobei $y_a^{(\nu)}$ bzw. $y_b^{(\nu)}$ die ν-te Ableitung bei $x = a$ bzw. $x = b$ bedeutet und $a_{\mu\nu}$, $b_{\mu\nu}$ gegebene Konstanten sind; ein anderes System von Randbedingungen sei

$$U_\mu^* y = \sum_{\nu-0}^{n-1} (a_{\mu\nu}^* y_a^{(\nu)} + b_{\mu\nu}^* y_b^{(\nu)}) = 0 \quad (\mu = 1, 2, \ldots, n). \tag{7.24}$$

Die Funktionen $y(x)$ aus $C^n\langle a, b\rangle$, welche die Randbedingungen (7.23) bzw. (7.24) erfüllen, bilden einen linearen Unterraum V bzw. V^* des Hilbertraumes $L^2(a, b)$ (für das Folgende genügt es, daß es unitäre Räume sind); und zwar sind diese Unterräume dicht im Hilbertraum. In V wird jeder Funktion y durch $z = L y$ ein Element $z \in C\langle a, b\rangle$ zugeordnet; diese Zuordnung werde als Operator T bezeichnet, also

$$z = T y. \tag{7.25}$$

Es heißt T der durch den Differentialausdruck L *und* die Randbedingungen (7.23) erzeugte Operator; genauso kann man T^* definieren; damit nun aber T^* der zu T im Sinne von Nr. 7.1 adjungierte Operator ist, wird von den Randbedingungen (7.23), (7.24) gefordert, daß für je 2 Funktionen u, v mit $U_\mu u = 0$, $U_\mu^* v = 0$ ($\mu = 1, 2, \ldots, n$) die rechte Seite in (7.22) verschwindet:

$$[P(u, v)]_a^b = 0. \tag{7.26}$$

Aus der Theorie der Differentialgleichungen seien folgende Ergebnisse genannt:

Ein Differentialausdruck $L y$ heißt selbstadjungiert, wenn $L y = L^* y$. Jeder selbstadjungierte Differentialausdruck ist eine Summe von Ausdrücken der Form

$$(q\, y^{(\nu)})^{(\nu)}, \qquad i\{[q\, y^{(\nu-1)}]^{(\nu)} + [q\, y^{(\nu)}]^{(\nu-1)}\}, \tag{7.27}$$

wobei $q(x)$ eine reellwertige Funktion in $C^\nu \langle a, b \rangle$ ist; vgl. NEUMARK [60], S. 7.

Jeder reelle selbstadjungierte Differentialausdruck hat also die Gestalt

$$L\, y = \sum_{\nu=0}^{m} [q_\nu(x)\, y^{(\nu)}]^{(\nu)} \tag{7.28}$$

mit reellen Funktionen $q_\nu \in C^\nu \langle a, b \rangle$.

Ein von einem Differentialausdruck und Randbedingungen erzeugter Operator T kann nur selbstadjungiert sein ($T = T^*$), wenn $L = L^*$ und U_μ zu U_μ^* gleichwertig ist (d. h. U_μ und U_μ^* durch Linearkombinationen auseinander hervorgehen) (NEUMARK [60], S. 10).

Sind die n Randbedingungen (7.23) voneinander linear unabhängig und hat die Eigenwertaufgabe

$$L\, y = \lambda\, y, \qquad U_\mu\, y = 0 \qquad (\mu = 1, \ldots, n) \tag{7.29}$$

nicht den Eigenwert Null, so existiert eine stetige beschränkte GREENsche Funktion $G(x, s)$, welche [vgl. (1.14)] die inhomogene Randwertaufgabe

$$L\, y = z, \qquad U_\mu\, y = 0 \qquad (\mu = 1, \ldots, n)$$

mit Hilfe eines Integraloperators W löst (NEUMARK [60], S. 26)

$$y = W\, z \quad \text{mit} \quad W\, g(x) = \int_a^b G(x, s)\, g(s)\, ds, \tag{7.30}$$

es ist dann W genau der zu dem obigen durch (7.25) eingeführten Operator T inverse Operator, $W = T^{-1}$.

Ist T selbstadjungiert, so ist im Reellen die GREENsche Funktion $G(x, s)$ symmetrisch, $G(x, s) = G(s, x)$, und $W = T^{-1}$ ist dann ein linearer, beschränkter, selbstadjungierter Operator.

7.4 Differentialoperatoren bei Funktionen mehrerer Veränderlichen

Nun sei

$$L\, u = a^{jk}\, u_{jk} + b^j\, u_j + c\, u \tag{7.31}$$

ein partieller Differentialausdruck für eine Funktion $u(x_1, \ldots, x_n)$, in einem gewissen Bereich B des R_n; dabei seien die a^{jk}, b^j und c (für $j, k = 1, \ldots, n$) gegebene Funktionen von $x_1, \ldots, x_n$; ferner sei $a^{jk} = a^{kj}$; tiefgestellte Indizes bedeuten bei u partielle Ableitungen, z. B.

$$u_j = \frac{\partial u}{\partial x_j}, \qquad u_{jk} = \frac{\partial^2 u}{\partial x_j\, \partial x_k}. \tag{7.32}$$

Ferner ist die Summenkonvention benutzt: Über einen in einem Term zweimal auftretenden lateinischen Index ist von 1 bis n zu summieren, also z. B.

$$b^j u_j = \sum_{j=1}^n b^j u_j, \qquad a^{jk} u_{jk} = \sum_{j,\,k=1}^n a^{jk} u_{jk};$$

es sei $c \in C^0(B)$, $b^j \in C^1(B)$, a^{jk} und $u \in C^2(B)$.

Es heißt L^* ein zu L adjungierter Differentialausdruck, wenn für zwei Funktionen $u, v \in C^2(B)$

$$\bar{v}\, L\, u - u\, \overline{L^*\, v} \tag{7.33}$$

ein „Divergenzausdruck" ist, d. h. wenn es Funktionen $P^j(u, v)$ gibt mit

$$\bar{v} L\, u - u\, \overline{L^*\, v} = \frac{\partial}{\partial x_j} P^j(u, v). \tag{7.34}$$

Nun lassen sich solche Ausdrücke L^* und P^j angeben: Für den Vektor

$$P^j(u, v) = \bar{v}\, a^{jk} u_k - u\, (a^{jk}\, \bar{v})_k + b^j u\, \bar{v} \tag{7.35}$$

lautet die Divergenz

$$\frac{\partial}{\partial x_j} P^j(u, v)$$
$$= \bar{v}_j\, a^{jk} u_k + \bar{v}\, (a^{jk} u_k)_j - u_j (a^{jk}\, \bar{v})_k - u(a^{jk}\, \bar{v})_{jk} + b^j_j u\, \bar{v} + b^j (u\, \bar{v})_j.$$

Das wird gleich dem Ausdruck (7.33), wenn man

$$\overline{L^*\, v} = (a^{jk}\, \bar{v})_{jk} - (b^j)_j\, \bar{v} - b^j\, \bar{v}_j + c\, \bar{v}$$

setzt, wie eine kurze Rechnung bestätigt. Es ist also

$$L^*\, v = \overline{(a^{jk}}\, v)_{jk} - \overline{(b^j}\, v)_j + \bar{c}\, v \tag{7.36}$$

ein zu L adjungierter Differentialausdruck.

Vertauscht man in (7.34) u mit v und geht zum konjungiert Komplexen über, so zeigt

$$\bar{v} L^*\, u - u\, \overline{L\, v} = \frac{\partial}{\partial x_j} \left[- \overline{P^j(v, u)} \right],$$

daß dann auch L ein zu L^* adjungierter Differentialausdruck ist.

Wann ist nun $L\, u$ gleich $L^*\, u$? In diesem Falle heißt $L\, u$ ein selbstadjungierter Differentialausdruck. Das werde nun im Reellen untersucht. In

$$L\, u = a^{jk} u_{jk} + b^j u_j + c\, u$$
$$= L^*\, u = a^{jk} u_{jk} + 2a^{jk}_k u_j + a^{jk}_{jk} u - b^j u_j - b^j_j u + c\, u$$

ergibt Koeffizientenvergleich

$$a_k^{jk} - b^j = 0, \qquad a_{jk}^{jk} - b_j^j = 0.$$

Die zweite Bedingung ist eine Folge der ersten; es ist also $b^j = a_k^{jk}$, und damit ergibt sich als selbstadjungierter Differentialausdruck:

$$L\,u = (a^{jk}\,u_k)_j + c\,u. \tag{7.37}$$

Für diesen Fall vereinfacht sich auch P^j:

$$P^j(u, v) = v\,a^{jk}\,u_k - u\,a^{jk}\,v_k. \tag{7.38}$$

Weiterhin seien alle Größen reell.

Es werde vorausgesetzt, daß der Bereich B meßbar sei und einen Rand Γ besitze, der so beschaffen sei, daß der GAUSSsche Integralsatz gilt; es ist auf Γ fast überall eine innere Normale ν definiert, und für einen Vektor w mit den Komponenten $w^j(x_1, \ldots, x_n)$ $(j = 1, \ldots, n)$, die zu $C^1(B)$ gehören, gilt

$$\int\limits_B \frac{\partial w^j}{\partial x_j}\,d\tau = -\int\limits_\Gamma w^j \cos(\nu, x_j)\,df. \tag{7.39}$$

Dabei ist df das Flächenelement auf Γ und $d\tau$ das Volumenelement in B. $L\,u$ sei nun der selbstadjungierte Differentialausdruck (7.37), und es werde auf (7.34) der GAUSSsche Integralsatz (7.39) angewandt:

$$\int\limits_B (v\,L\,u - u\,L\,v)\,d\tau = \int\limits_B \frac{\partial}{\partial x_j}\,P^j(u, v)\,d\tau = -\int\limits_\Gamma P^j \cos(\nu, x_j)\,df. \tag{7.40}$$

Auf dem Rand Γ wird jetzt neben der inneren Normalen eine weitere ins Innere weisende Richtung, die der „Konormalen" σ, eingeführt durch

$$a^{jk} \cos(\nu, x_j) = A \cos(\sigma, x_k) \tag{7.41}$$

mit

$$A = \left\{ \sum_{k=1}^n [a^{jk} \cos(\nu, x_j)]^2 \right\}^{1/2}. \tag{7.42}$$

Nach (7.38) wird dann

$$P^j \cos(\nu, x_j) = A(v\,u_k - u\,v_k) \cos(\sigma, x_k) = A\left(v\,\frac{\partial u}{\partial \sigma} - u\,\frac{\partial v}{\partial \sigma}\right). \tag{7.43}$$

Damit geht (7.40) über in die GREENsche Formel

$$\int\limits_B (v\,L\,u - u\,L\,v)\,d\tau = -\int\limits_\Gamma A\left(v\,\frac{\partial u}{\partial \sigma} - u\,\frac{\partial v}{\partial \sigma}\right)df. \tag{7.44}$$

Nun sei auf dem Rande Γ eine homogene Randbedingung vorgegeben:

$$a\,\frac{\partial u}{\partial \sigma} + b\,u = 0 \quad \text{mit} \quad |a| + |b| > 0; \tag{7.45}$$

dabei sind a und b gegebene Ortsfunktionen.

Die Menge der Funktionen u, die zu $C^2(B)$ gehören und die Randbedingung (7.45) erfüllen, bilden einen unitären Raum R; dieser Raum R ist ein dichter Teilraum des Hilbertraumes $L^2(B)$, für 2 Funktionen u, $v \in R$ verschwindet das Randintegral in (7.44), und daher ist L ein selbstadjungierter Operator in R.

Nun werde noch untersucht, ob der selbstadjungierte Operator L von (7.37) definit ist. Wegen $u\,(a^{jk}\,u_k)_j + a^{jk}\,u_j\,u_k = Q^j_j$ mit $Q^j = a^{jk}\,u\,u_k$ ist nach (7.39)

$$\int\limits_B u\,L\,u\,d\tau = -\int\limits_B a^{jk}\,u_j\,u_k\,d\tau + \int\limits_B c\,u^2\,d\tau - \int\limits_\Gamma Q^j\cos(\nu,\,x_j)\,df. \qquad (7.46)$$

Dabei ist nach (7.41)

$$\int\limits_\Gamma Q^j\cos(\nu,\,x_j)\,df = \int\limits_\Gamma u\,u_k\,a^{jk}\cos(\nu,\,x_j)\,df = \int\limits_\Gamma u\,u_k\,A\cos(\sigma,\,x_k)\,df$$
$$= \int\limits_\Gamma A\,u\,u_\sigma\,df.$$

Wenn also

1. die Matrix $(-\,a^{jk})$ in B positiv definit ist,

2. der Koeffizient $c \geqq 0$ in B ist,

3. auf dem Rande Γ $u\,u_\sigma = 0$ gilt, also in jedem Randpunkte entweder $u = 0$ oder $u_\sigma = 0$ ist,

so ist der Operator L positiv definit, wobei nur der Fall der reinen 2. Randwertaufgabe mit $b = 0$, $c = 0$ auszunehmen ist; in diesem Fall ist der Operator positiv semidefinit; das Integral (7.46) verschwindet dann für $u = \text{const.}$

Spezialfälle: Im Falle $a^{jk} = \delta_{jk}$, $b^j = 0$ lautet der Differentialausdruck

$$L\,u = \varDelta\,u + c\,u \qquad (7.47)$$

mit $\varDelta\,u$ als LAPLACEschem Ausdruck.

Die Konormale σ ist dann die gewöhnliche innere Normale ν. In (7.45) liegt für $a = 0$ die 1. Randwertaufgabe, für $b = 0$ die 2. Randwertaufgabe und für $a\,b \neq 0$ die 3. Randwertaufgabe vor. Ist B eine Kugel vom Radius r, läßt man $r \to \infty$ gehen, so daß B in den vollen R_n übergeht, und wählt man als Raum R den unitären Raum der im Unendlichen mindestens wie r^{-n} verschwindenden Funktionen u, d. h. $r^n\,u$ soll beschränkt bleiben (es sei $n \geqq 2$), so ist L ein selbstadjungierter Operator ohne weitere Randbedingungen.

Die Betrachtungen sind leicht auf Differentialgleichungen höherer Ordnung übertragbar. Es sei hier nur ein Fall herausgegriffen.

Bei dem Operator

$$L\,u = \varDelta\,(a\,(x_l)\,\varDelta)\,u + \nabla\,(b\,(x_l)\,\nabla)\,u + c\,u \qquad (7.48)$$

mögen die gegebenen Funktionen a zur Klasse $C^2 \langle B \rangle$ und b zu $C^1 \langle B \rangle$ und c zu $C^0 \langle B \rangle$ gehören. $\left(\nabla \text{ ist hier der symbolische Vektor } \dfrac{\partial}{\partial x_1}, \ldots, \dfrac{\partial}{\partial x_n} \right)$. Für $a = 1$, $b = c = 0$ ist $L u = \Delta \Delta u$. Mit (7.39) erhält man hier

$$\int\limits_B (v L u - u L v) \, d\tau$$
$$= \int\limits_\Gamma \{ v (a \Delta u)_\nu - (a \Delta u) v_\nu + (a \Delta v) u_\nu - u (a \Delta v)_\nu + b (v u_\nu - u v_\nu) \} \, df.$$
$$(7.49)$$

Die Randbedingungen seien

$$U_1 u = \alpha \Delta u - \beta u_\nu = 0 \qquad \text{auf } \Gamma \text{ mit } |\alpha| + |\beta| > 0,$$
$$U_2 u = \gamma (a \Delta u)_\nu - \delta u = 0 \quad \text{auf } \Gamma \text{ mit } |\gamma| + |\delta| > 0.$$
$$(7.50)$$

Die Menge der Funktionen u aus $C^4 \langle B \rangle$, welche die Randbedingungen (7.50) erfüllen, bilden einen unitären Raum.

Das Randintegral in (7.49) verschwindet für $b = 0$ und im Falle $b \neq 0$, falls mindestens eine der Größen α, γ verschwindet. Dann ist der Operator L selbstadjungiert.

7.5 Vollstetige Operatoren

Definition: Ein linearer Operator T heißt im Definitionsbereich D vollstetig, wenn aus

$$f_n \rightharpoonup f \quad \text{mit} \quad f_n, f \in D \quad \text{folgt} \quad T f_n \to T f. \qquad (7.51)$$

Ein vollstetiger Operator bildet also jede schwach konvergente Folge in eine stark konvergente Folge ab. In Nr. 4.8 war gezeigt worden, daß es in einem Hilbertraum mit abzählbar unendlich vielen Dimensionen Folgen f_n gibt, die schwach, aber nicht stark konvergieren. Der identische Operator E, der f_n in $E f_n = f_n$ abbildet, ist also nicht in jedem Fall vollstetig.

Da jede stark konvergente Folge auch schwach konvergiert, ist jeder vollstetige Operator stetig, und da er linear ist, auch beschränkt.

Für jeden stetigen linearen im ganzen Hilbertraum R definierten Operator T, der R in sich abbildet, und jede schwach konvergente Folge $f_n \rightharpoonup f$ ist auch die Bildfolge schwach konvergent: $T f_n \rightharpoonup T f$. Denn T besitzt nach Nr. 7.1 einen adjungierten Operator T^*; für ein beliebiges Element $g \in R$ folgt dann

$$(T (f_n - f), g) = (f_n - f, T^* g).$$

Die rechte Seite strebt für $n \to \infty$ wegen $f_n \rightharpoonup f$ gegen 0, also auch die linke Seite, d. h. $T f_n \rightharpoonup T f$.

Satz: *Aus* $f_n \rightharpoonup f$, $g_m \rightharpoonup g$, T *vollstetig in* D *und* $f_n, f \in D$ *folgt*

$$\lim_{n,\, m \to \infty} (T f_n, g_m) = (T f, g). \qquad (7.52)$$

Beweis: Es ist $(T f_n, g_m) - (T f, g) = (T (f_n - f), g_m) + (T f, g_m - g)$.

Nach der SCHWARZschen Ungleichung ist

$$|(T(f_n - f), g_m)| \leqq \|T(f_n - f)\| \cdot \|g_m\|.$$

Da T vollstetig ist, geht $\|T(f_n - f)\| \to 0$ für $n \to \infty$; die $\|g_m\|$ sind für alle m als Glieder einer schwach konvergenten Folge beschränkt; also geht

$$(T(f_n - f), g_m) \to 0 \quad \text{für} \quad n, m \to \infty;$$

wegen $g_m - g \rightharpoonup \Theta$ geht auch $(T f, g_m - g) \to 0$ für $m \to \infty$ nach (4.21).

Hinreichendes Kriterium für Vollstetigkeit: *T sei ein linearer, beschränkter, auf dem ganzen (als separabel vorausgesetzten) Hilbertraum R definierter Operator, der R in sich abbildet, und g_j, h_k seien zwei vollständige Orthonormalsysteme in R. Es sei*

$$a_{jk} = (T h_k, g_j) \quad \text{und} \quad \sum_{j,\,k=1}^{\infty} |a_{jk}|^2 \tag{7.53}$$

konvergent; dann ist T vollstetig.

Beweis: Es sei f_n irgendeine schwach konvergente Folge in R, $f_n \rightharpoonup \varphi$. Es werde

$$f_{n,k} = (f_n, h_k) \quad \text{und} \quad \varphi_k = (\varphi, h_k)$$

gesetzt.

Da die h_k ein vollständiges Orthonormalsystem bilden, ist nach Nr. 4.6

$$\sum_{k=1}^{p} f_{n,k} h_k \to f_n \quad \text{(für } p \to \infty, \; n \text{ fest)}.$$

Wegen der Stetigkeit von T gilt

$$\sum_{k=1}^{p} T(f_{n,k} h_k) = T\left(\sum_{k=1}^{p} f_{n,k} h_k\right) \to T f_n \quad \text{(für } p \to \infty, \; n \text{ fest)}.$$

Somit ist

$$\sum_{k=1}^{\infty} T(f_{n,k} h_k) = T\left(\sum_{k=1}^{\infty} f_{n,k} h_k\right) = T f_n$$

und ebenso

$$\sum_{k=1}^{\infty} T(\varphi_k h_k) = T\left(\sum_{k=1}^{\infty} \varphi_k h_k\right) = T \varphi.$$

Nun ist

$$(T(f_n - \varphi), g_j) = \sum_{k=1}^{\infty} (T(f_{n,k} - \varphi_k) h_k, g_j) = \sum_{k=1}^{\infty} b_{jk}^{(n)}$$

$$\text{mit} \quad b_{jk}^{(n)} = (f_{n,k} - \varphi_k) a_{jk}.$$

Nach der BESSELschen Gleichung (4.14) gilt, da die g_j ein vollständiges Orthonormalsystem bilden,

$$\|T(f_n - \varphi)\|^2 = \sum_{j=1}^{\infty} \left| \sum_{k=1}^{\infty} b_{jk}^{(n)} \right|^2 = \Sigma_1 + \Sigma_2$$

mit

$$\Sigma_1 = \sum_{j=1}^{q} \left| \sum_{k=1}^{\infty} b_{jk}^{(n)} \right|^2, \qquad \Sigma_2 = \sum_{j=q+1}^{\infty} \left| \sum_{k=1}^{\infty} b_{jk}^{(n)} \right|^2.$$

Es ist $f_n - \varphi \rightharpoonup \Theta$; also gilt auch $T(f_n - \varphi) \rightharpoonup \Theta$; damit geht in

$$\Sigma_1 = \sum_{j=1}^{q} |(T(f_n - \varphi), g_j)|^2,$$

bei festem q jeder der q Summanden einzeln gegen Null.

Auf Σ_2 wird die SCHWARZsche Ungleichung (2.46) angewandt:

$$\Sigma_2 \leq \sum_{j=q+1}^{\infty} \left(\sum_{k=1}^{\infty} |f_{n,k} - \varphi_k|^2 \right) \left(\sum_{k=1}^{\infty} |a_{jk}|^2 \right) = \sum_{j=q+1}^{\infty} \| f_n - \varphi \|^2 \sum_{k=1}^{\infty} |a_{jk}|^2.$$

Die $f_n - \varphi$ sind als Glieder einer schwach konvergenten Folge beschränkt, und $\sum\limits_{j=q+1}^{\infty} \sum\limits_{k=1}^{\infty} |a_{jk}|^2$ kann als Rest einer konvergenten Reihe durch passend großes q unter jede vorgegebene Schranke gedrückt werden; somit gilt $T(f_n - \varphi) \rightarrow \Theta$, was zu beweisen war.

7.6 Vollstetige Integraloperatoren

Satz: *B sei ein meßbarer Bereich im R_n. Bei dem Integraloperator T vom Beispiel 7 aus Nr. 6.4 mit*

$$T f(x) = \int_B K(x, s) f(s) \, ds \tag{7.54}$$

sei der Kern K quadratisch Lebesgue-integrabel, d. h., es sei

$$\iint_{BB} |K(x, s)|^2 \, dx \, ds = P^2 < \infty. \tag{7.55}$$

Dann ist T vollstetig.

Beweis: Bei dem Beispiel 7 in Nr. 6.4 war bereits gezeigt worden, daß T linear, beschränkt und stetig ist. Nach (7.16) besitzt T einen adjungierten Operator T^* mit

$$T^* f(x) = \int_B \overline{K(s, x)} f(s) \, ds.$$

Nun seien g_j, h_k zwei vollständige Orthonormalsysteme in $L^2(B)$ und die Größen a_{jk} nach (7.53) definiert. Dann wird unter Benutzung der BESSELschen Gleichung (4.14) für das vollständige Orthonormalsystem der h_k

$$\sum_{k=1}^{\infty} |a_{jk}|^2 = \sum_{k=1}^{\infty} |(T h_k, g_j)|^2 = \sum_{k=1}^{\infty} |(h_k, T^* g_j)|^2 = \| T^* g_j \|^2.$$

Das ergibt

$$s_p = \sum_{j=1}^{p} \sum_{k=1}^{\infty} |a_{jk}|^2 = \sum_{j=1}^{p} \int_B \left| \int_B \overline{K(s,x)}\, g_j(s)\, ds \right|^2 dx = \int_B \Phi\, dx,$$

wobei der mit Φ abgekürzte Ausdruck nach der BESSELschen Gleichung (4.14) für das vollständige Orthonormalsystem der g_j abgeschätzt werden kann:

$$\Phi = \sum_{j=1}^{p} \left| \int_B \overline{K(s,x)}\, g_j(s)\, ds \right|^2 \le \int_B \left| \overline{K(s,x)} \right|^2 ds.$$

Einsetzen liefert $s_p \le \iint_{B\,B} |K(s,x)|^2\, ds\, dx = P^2$; es bleibt s_p für $p \to \infty$ beschränkt; es konvergiert $\sum_{j,\,k=1}^{\infty} |a_{jk}|^2$, und T genügt dem hinreichenden Kriterium für Vollstetigkeit.

Ist insbesondere B beschränkt und abgeschlossen und $K(x,s)$ für $x \in B$, $s \in B$ stetig, so ist die Bedingung (7.55) erfüllt und der Operator (7.54) vollstetig.

Die aus den Randwertaufgaben bei gewöhnlichen Differentialgleichungen entstehenden Integraloperatoren W nach (7.30) sind vollstetig, da die dort auftretenden GREENschen Funktionen $G(x,s)$ stetig sind, vgl. NEUMARK [60], S. 25.

Auch bei partiellen Differentialgleichungen erfüllt die GREENsche Funktion häufig die in (7.55) gestellte Forderung. Es sei hier nur ein einfacher Fall herausgegriffen: In der x-y-Ebene sei B ein Bereich mit nur regulären Randpunkten, und es sei für eine reelle Funktion $u(x,y)$ die 1. Randwertaufgabe vorgelegt mit der Differentialgleichung

$$L u = -(p\, u_x)_x - (p\, u_y)_y + q\, u = s,$$

dabei sei $p \in C^1\langle B\rangle$, $q \in C\langle B\rangle$, $s \in C\langle B\rangle$, $p > 0$ in B.

Die GREENsche Funktion hat hier die Gestalt (vgl. z. B. COURANT-HILBERT [31], S. 320)

$$G(x,y;s,t) = a \ln r + b$$

mit

$$r^2 = (x-s)^2 + (y-t)^2 \quad \text{und} \quad a, b \in C^2\langle B \times B\rangle.$$

Bei der Differentialgleichung

$$\Delta \Delta u = r$$

hat die GREENsche Funktion die Gestalt $G = a\, r^2 \ln r + b$ mit denselben Aussagen über r, a, b. Die Kerne der zugehörigen Integraloperatoren erfüllen damit die Bedingung (7.55).

7.7 Restgliedabschätzungen für holomorphe Funktionen

Es sei R der Hilbertraum der im Einheitskreis $B = \{z \mid |z| < 1\}$ holomorphen, auf dem Rande K mit $|z| = 1$ stetigen und auf dem reellen Intervall $\langle a, b \rangle$ mit $-1 \leq a < b \leq 1$ reellwertigen Funktionen $f(z)$ mit dem inneren Produkt (4.4). Ferner sei $L f$ ein lineares, beschränktes Funktional, welches abgeschätzt werden soll. In der numerischen Analysis sind wichtige derartige Funktionale die Restglieder bei der Quadratur, der Interpolation, der genäherten Differentiation u. a. (DAVIS [62]); z. B. ist das Restglied Q_n von (6.46) ein solches Funktional [wenn man in den Bezeichnungen von (6.44) bis (6.46) den Index n fortläßt]

$$Q_n f = \int\limits_a^b f(x)\, dx - \sum_{k=1}^m A_k f(x_k), \tag{7.56}$$

und der Interpolationsfehler bei den Stützstellen x_k und Interpolationsgewichten B_k,

$$f(x) - \sum_{k=1}^m B_k(x) f(x_k), \tag{7.57}$$

während man beim Fehler für eine Differentiationsformel ein Funktional der Form

$$f'(x_0) - \sum_{k=1}^m C_k(x_0) f(x_k) \tag{7.58}$$

abzuschätzen hat.

Nun ergibt die CAUCHYsche Formel, wobei man auf dem Kreisrand K an Stelle der komplexen Veränderlichen t die Bogenlänge s durch $t = e^{is}$, $dt = i\,t\,ds$, $t^{-1} = \bar{t}$ einführt,

$$f(z) = \frac{1}{2\pi i} \int\limits_K \frac{f(t)}{t - z}\, dt = \frac{1}{2\pi} \int\limits_0^{2\pi} \frac{f(t)}{1 - z\bar{t}}\, ds.$$

Da das Funktional L linear und beschränkt, also stetig ist, gilt

$$L f = \frac{1}{2\pi} \int\limits_0^{2\pi} L\left(\frac{1}{1 - z\bar{t}}\right) f(t)\, ds.$$

Das kann mit Hilfe der SCHWARZschen Ungleichung abgeschätzt werden

$$|L f|^2 \leq \frac{1}{4\pi^2} \int\limits_0^{2\pi} \left| L\left(\frac{1}{1 - z\bar{t}}\right) \right|^2 ds \int\limits_0^{2\pi} |f(t)|^2\, ds. \tag{7.59}$$

Hier tritt die Norm

$$\|f\| = \left[\int\limits_K |f(t)|^2\, ds \right]^{1/2} \tag{7.60}$$

auf.

Nennt man den Faktor σ, so hat (7.59) die Form

$$|L f| \leqq \sigma \|f\| . \tag{7.61}$$

Es muß nun eine handliche Gestalt für σ aufgestellt werden.

Es wird angenommen, daß in L nur Integrationen, Differentiationen, Bildung von Funktionswerten an gewissen Stellen und solche Operationen auftreten, die bei der folgenden geometrischen Reihe gliedweise vorgenommen werden dürfen:

$$L\left(\frac{1}{1 - z\,\bar{t}}\right) = \sum_{p=0}^{\infty} L(z^p)\,\bar{t}^p .$$

Nun bilden die Potenzen $1, t, t^2, \ldots$ ein Orthogonalsystem bei dem inneren Produkt (4.4), und daher wird, wieder unter der Annahme, daß die in L auftretenden Operationen ein gliedweises Ausrechnen gestatten:

$$\sigma^2 = \frac{1}{4\,\pi^2} \int_0^{2\pi} \left|L\left(\frac{1}{1 - z\,\bar{t}}\right)\right|^2 ds = \frac{1}{2\pi} \sum_{p=0}^{\infty} |L(z^p)|^2 . \tag{7.62}$$

Man kann somit eine Abschätzung des Restgliedes nach (7.61) durchführen (HÄMMERLIN [63]), wenn man die Restglieder für den Fall, daß $f(z)$ ein Monom z^p ist, angeben kann; dann ist σ durch (7.62) festgelegt.

Für die Abschätzung von $\|f\|$ kann man, wenn die Ausrechnung oder eine genauere Abschätzung des Integrals (7.60) zu mühsam ist, stets auch ganz grob

$$\int_K |f(z)|^2 ds \leqq \left(\underset{K}{\mathrm{Max}} |f(z)|\right)^2 2\pi$$

benutzen; dann wird

$$|L f| \leqq \sqrt{2\pi}\,\sigma\,\underset{|z|=1}{\mathrm{Max}} |f(z)| . \tag{7.63}$$

7.8 Ableitungsfreie Abschätzungen für Quadraturfehler

DAVIS [62] und HÄMMERLIN [63] haben für eine Reihe bekannter Quadraturformeln auf diese Weise Abschätzungen des Fehlers erhalten, die zwar nur für holomorphe Integranden gelten, dafür aber den Vorteil der Einfachheit haben und keine Schranken für höhere Ableitungen benötigen wie die klassischen Abschätzungsmethoden (z. B. WILLERS [50]). Das sei an einem einfachen Fall vorgeführt, nämlich an der

Sehnentrapezregel. Das Intervall $\langle a, b \rangle$ wird in k gleich lange Teilintervalle $\langle x_{q-1}, x_q \rangle$ zerlegt ($q = 1, \ldots, k$) mit $x_0 = a$, $x_1 = a + h, \ldots,$

$x_k = b$; dann lautet der Näherungsausdruck

$$S = \sum_{q-1}^{k} \frac{h}{2} [f(x_{q-1}) + f(x_q)]$$

und

$$L = J - S \quad \text{mit} \quad J = \int_a^b f(x)\, dx.$$

Nun gilt nach KOWALEWSKI [32], S. 83: Wenn $f^{IV}(x)$ in $\langle a, b \rangle$ das Vorzeichen nicht wechselt, ist

$$\int_a^b f(x)\, dx = S + \frac{h^2}{12} [f'(a) - f'(b)] - \frac{\vartheta h^4}{384} [f'''(a) - f'''(b)] \qquad (7.64)$$

mit $0 \leq \vartheta \leq 1$. Jetzt sei $a = -b$ und $0 < b < 1$; dann ist $L(x^p) = 0$ für ungerades p, da dann $J = S = 0$ gilt. Für gerades p ist $J \leqq S$ ($J = S$ für $p = 0$), Abb. 7/3, oder $L \leqq 0$; $f'(a) - f'(b) \leqq 0$; $f'''(a) - f'''(b) \leqq 0$; also kann in (7.64) das letzte Glied betragsmäßig höchstens so groß wie das vorletzte sein, d. h.

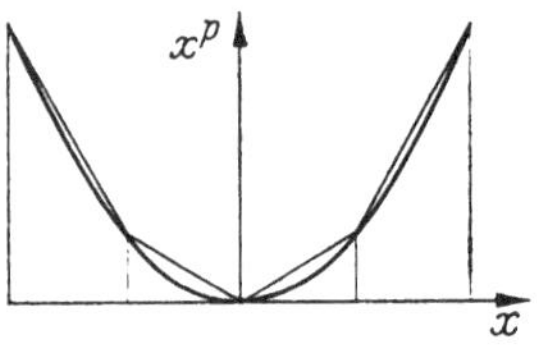

$$|L(x^p)| \leqq \frac{h^2}{12} |f'(a) - f'(b)| = \frac{h^2}{6}\, p\, b^{p-1}.$$

Abb. 7/3. Zur Sehnentrapezregel

Dann liefert (7.62)

$$2\pi\, \sigma^2 \leqq \left(\frac{h^2}{6}\right)^2 \sum_{r=1}^{\infty} (2r)^2 (b^2)^{2r-1} = \frac{h^4 b^2}{9} \sum_{r=1}^{\infty} r^2 (b^4)^{r-1} = \frac{h^4 b^2}{9} \frac{1 + b^4}{(1 - b^4)^3}.$$

Für $b = \frac{1}{2}$ ergibt sich $\sqrt{2\pi}\, \sigma \leqq 0{,}189\, h^2$.

HÄMMERLIN [63] hat mit dieser Methode auch verschiedene andere Quadraturformeln behandelt. Es seien hier nur die Ergebnisse zusammengestellt:

Quadraturformel	Schranke für $\|L(z^p)\|$ p gerade > 0	Schranke für $\sqrt{2\pi}\sigma$ mit $b = 0{,}5$
Sehnen-Trapezregel	$\dfrac{h^2}{6}\, p\, b^{p-1}$	$0{,}189\, h^2$
Tangenten-Trapezregel	$\dfrac{h^2}{12}\, p\, b^{p-1}$	$0{,}0946\, h^2$
SIMPSONsche Regel	$\dfrac{h^4}{90}\, p\, (p-1)\, (p-2)\, b^{p-3}$	$0{,}253\, h^4$
NEWTONS $\dfrac{3}{8}$-Regel	$\dfrac{h^4}{40}\, p\, (p-1)\, (p-2)\, b^{p-3}$	$0{,}569\, h^4$

Zahlenbeispiele[1]. Die folgenden Beispiele sollen nur die Einfachheit und bequeme Anwendbarkeit der Formel (7.63) im Zusammenhang mit obiger Tabelle zeigen. Der Vergleich mit den herkömmlichen Fehlerabschätzungen, die Schranken für die höheren Ableitungen benutzen, ergibt in diesen Beispielen, daß bei beiden Methoden Schranken von gleicher Größenordnung entstehen [daß hier Formel (7.63) numerisch etwas besser abschneidet, hängt vom speziellen Beispiel ab; es gibt auch Fälle, bei denen die herkömmlichen Abschätzungen schärfer ausfallen als (7.63)].

Zwei Beispiele für die Sehnentrapezregel $(b = \frac{1}{2}, \ Intervall \ J = \langle -\frac{1}{2}, \frac{1}{2}\rangle)$

Funktion $f(x)$	$x^2 e^{2x}$	x^4
$f''(x)$	$(2 + 8x + 4x^2)e^{2x}$	$12x^2$
$M_2 = \underset{J}{\text{Max}}\|f''\|$	$7e = 19,03$	3
$M_0 = \underset{\|z\|=1}{\text{Max}}\|f\|$	$e^2 = 7,389$	1
Herkömmliche Abschätzung $\|Lf\| \leqq \dfrac{h^2}{12} M_2$	$1,59 h^2$	$0,25 h^2$
Abschätzung nach (7.63) $\|Lf\| \leqq 0,189 M_0 h^2$	$1,40 h^2$	$0,189 h^2$

Zwei Beispiele zur Simpsonschen Regel $(b = \frac{1}{2}, \ Intervall \ J = \langle -\frac{1}{2}, \frac{1}{2}\rangle)$

Funktion $f(x)$	$x e^{4x}$	$x^4 e^{x^2}$
$f^{IV}(x)$	$256(1 + x)e^{4x}$	$Q e^{x^2}$ mit $\frac{1}{4}Q = 6 + 84x^2 + 123x^4 + 44x^6 + 4x^8$
$M_4 = \underset{J}{\text{Max}}\|f^{IV}\|$	$384 e^2$	$181,8$
$M_0 = \underset{\|z\|=1}{\text{Max}}\|f\|$	e^4	e
Herkömmliche Abschätzung $\|Lf\| \leqq \dfrac{h^4}{180} M_4$	$15,8 h^4$	$1,01 h^4$
Abschätzung nach (7.63) $\|Lf\| \leqq 0,253 M_0 h^4$	$13,8 h^4$	$0,688 h^4$

---

[1] Herr Prof. G. HÄMMERLIN stellte mir diese Beispiele freundlicherweise zur Verfügung.

7.9 Ein Grundprinzip der Variationsrechnung

Man kann der Aufgabe, die Operatorgleichung

$$T\,u = r \tag{7.65}$$

(r gegeben, u gesucht) zu lösen, eine Extremalaufgabe zuordnen, nämlich das Funktional Φ mit

$$\Phi\,v = (T\,v,\,v) - (v,\,r) - (r,\,v) = (T\,v,\,v) - 2\,\mathrm{Re}\,(v,\,r) \tag{7.66}$$

zum Minimum zu machen. Es gilt hier der

Satz: *T sei ein selbstadjungierter, positiv semidefiniter Operator in einem Hilbertraum R. Der Definitionsbereich D von T sei also dicht in R; die Bildelemente gehören auch zu R. r ist ein gegebenes Element in R. Wenn (7.65) eine Lösung w mit $T\,w = r$ besitzt, so erteilt w dem Funktional Φ in (7.66) den kleinsten in D möglichen Wert. Umgekehrt, wenn es in D ein Element w gibt, welches Φ zum Minimum macht, so ist w eine Lösung von (7.65).*

Dieser Satz sagt nichts aus über Existenz einer Lösung von (7.65) oder einer Lösung der Extremalaufgabe, sondern er behauptet die Gleichwertigkeit der beiden Aufgaben; wenn die eine Aufgabe eine Lösung w besitzt, so ist w zugleich eine Lösung der anderen Aufgabe.

Beweis: *I.* $\Phi\,v$ nimmt nur reelle Werte an; denn wegen der Selbstadjungiertheit ist $(T\,v,\,v) = (v,\,T\,v) = \overline{(T\,v,\,v)}$ stets reell. D ist als Definitionsbereich eines linearen Operators eine lineare Mannigfaltigkeit. Seien v und z zwei Elemente aus D und $v - z = \eta$; dann ist

$$\Phi\,v = \Phi\,(z + \eta) = \big(T\,(z + \eta),\,(z + \eta)\big) - (z + \eta,\,r) - (r,\,z + \eta)$$
$$= \Phi\,z + (T\,z - r,\,\eta) + (\eta,\,T\,z - r) + (T\,\eta,\,\eta) \tag{7.67}$$
$$= \Phi\,z + 2\,\mathrm{Re}\,(T\,z - r,\,\eta) + (T\,\eta,\,\eta).$$

Nun sei $z = w$ eine Lösung von (7.65); dann gilt

$$\Phi\,v = \Phi\,w + (T\,\eta,\,\eta).$$

Hier ist $(T\,\eta,\,\eta) \geqq 0$, da T positiv semidefinit ist; d. h.

$$\Phi\,v \geqq \Phi\,w \quad \text{für alle} \quad v \in D;$$

w löst die Minimalaufgabe.

II. Umkehrung: Nun besitze die Minimalaufgabe eine Lösung $w \in D$; mit s als reeller Zahl wird für beliebiges $\varepsilon \in D$

$$\Phi\,(w + s\,\varepsilon) \geqq \Phi\,w. \tag{7.68}$$

In (7.67) wird $z = w$ und $\eta = s\,\varepsilon$ eingesetzt:

$$\Phi\,(w + s\,\varepsilon) = \Phi\,w + 2s\,\mathrm{Re}\,(T\,w - r,\,\varepsilon) + s^2\,(T\,\varepsilon,\,\varepsilon).$$

Wegen (7.68) gilt

$$2s\,\mathrm{Re}\,(T\,w - r,\,\varepsilon) + s^2\,(T\,\varepsilon,\,\varepsilon) \geq 0$$

für alle reellen s; das ist nur möglich, wenn

$$\mathrm{Re}\,(T\,w - r,\,\varepsilon) = 0$$

ist. Ersetzt man ε durch $i\,\varepsilon$ (dieser Schritt fällt in reellen Hilberträumen fort), so folgt

$$\mathrm{Im}\,(T\,w - r,\,\varepsilon) = 0,$$

insgesamt also

$$(T\,w - r,\,\varepsilon) = 0.$$

Da ε beliebig in D gewählt werden kann und D im Hilbertraum R dicht liegt, gilt

$$T\,w - r = \Theta,$$

d. h. w löst (7.65).

Beispiel: LAPLACEsche Gleichung für eine reelle Funktion $u\,(x_1,\ldots,x_n)$:

$$T\,u = -\Delta u = r\,(x_j) \quad \text{in } B.$$

$u = 0$ auf dem Rand Γ von B; (B wie in Beispiel 4 von Nr. 2.3) alle Größen seien reell. D ist die Menge der auf Γ verschwindenden in B stetigen und mit stetigen Ableitungen bis zur zweiten Ordnung einschließlich versehenen Funktionen. D ist im Hilbertraum $L^2(B)$ dicht; r gehöre zu $L^2(B)$. Für eine Funktion $v \in D$ ist nach der GREENschen Formel

$$(T\,v,\,v) = \int\limits_B (-\Delta v)\,v\,d\tau = \int\limits_B (\mathrm{grad}\,v)^2\,d\tau + J,$$

wobei J ein Randintegral ist, welches wegen $v = 0$ auf Γ verschwindet. $(T\,v,\,v)$ kann nur $= 0$ sein für $\mathrm{grad}\,v = 0$ oder $v = \mathrm{const}$, also für $v \equiv 0$ wegen der Randbedingung; also ist T ein positiv definiter Operator, der nach Nr. 7.4 auch selbstadjungiert ist. Es sind somit die Voraussetzungen des Satzes erfüllt.

Die Extremalaufgabe (7.66) lautet hier:

$$\Phi\,v = \int\limits_B [(\mathrm{grad}\,v)^2 - 2\,v\,r]\,d\tau = \mathrm{Minimum}, \tag{7.69}$$

und man erhält das DIRICHLETsche Prinzip[1]: Die Lösung der obigen Randwertaufgabe ist äquivalent zur Variationsaufgabe, das Funktional (7.69) in D zum Minimum zu machen.

---

[1] PETER GUSTAV LEJEUNE DIRICHLET, vielseitiger deutscher Mathematiker, geboren 1805 in Düren (Regierungsbezirk Aachen), 1827 Dozent in Breslau, 1831 in Berlin, 1839 o. Professor in Berlin und 1855 in Göttingen; gestorben dort 1859.

Diese Äquivalenz bildet bekanntlich die Grundlage des viel benutzten RITZschen Verfahrens (vgl. z. B. COLLATZ [55], S. 397ff.). Es ist leicht, entsprechende Betrachtungen für allgemeinere elliptische Differentialgleichungen, für andere Randbedingungen und Gleichungen höherer Ordnung durchzuführen.

§ 8. Eigenwertaufgaben

8.1 Allgemeine Eigenwertaufgaben

In einem unitären Raum R seien zwei innere Produkte $(f, g)_J$ und $\langle f, g \rangle$ zu je 2 Elementen f, $g \in R$ definiert, wobei aber das innere Produkt $\langle f, g \rangle$ nicht definit zu sein, d. h. nicht die Bedingung d) von Nr. 2.6 zu erfüllen braucht [aber die Forderungen a), b), c) von Nr. 2.6 werden an $\langle f, g \rangle$ gestellt]. Es braucht also $\langle f, f \rangle$ nicht positiv oder 0 zu sein, muß aber wegen Forderung c) von Nr. 2.6 reell sein.

Definition (Allgemeine Eigenwertaufgabe): Wenn es eine (komplexe) Zahl λ und ein Element $u \neq \Theta$ gibt derart, daß

$$\langle u, f \rangle = \lambda (u, f)_J \tag{8.1}$$

für alle $f \in R$ gilt, so heißt λ ein Eigenwert und u ein dazugehöriges Eigenelement bezüglich der beiden inneren Produkte des Raumes R.

Ist u ein Eigenelement zum Eigenwert λ, so ergibt (8.1) für $f = u$

$$\langle u, u \rangle = \lambda (u, u)_J. \tag{8.2}$$

Hier ist $\langle u, u \rangle$ reell und $(u, u)_J > 0$, also ist jeder Eigenwert λ reell.

Ist das Produkt $\langle f, g \rangle$ definit, d. h. $\langle f, f \rangle > 0$ für $f \neq \Theta$, so sind alle etwa vorhandenen Eigenwerte positiv wegen

$$\lambda = \frac{\langle u, u \rangle}{(u, u)_J}. \tag{8.3}$$

Mit Forderung c) von Nr. 2.6 folgt

$$\langle f, u \rangle = \lambda (f, u)_J \quad \text{für alle} \quad f \in R. \tag{8.4}$$

Gibt es zwei verschiedene Eigenwerte λ_j und λ_k mit u_j, u_k als zugehörigen Eigenelementen, so ergeben (8.1) und (8.4)

$$\langle u_j, u_k \rangle = \lambda_j (u_j, u_k)_J = \lambda_k (u_j, u_k)_J, \tag{8.5}$$

$$(\lambda_j - \lambda_k) (u_j, u_k)_J = 0,$$

also

$$(u_j, u_k)_J = 0 \quad \text{für} \quad \lambda_j \neq \lambda_k \tag{8.6}$$

und mit (8.5)

$$\langle u_j, u_k \rangle = 0 \quad \text{für} \quad \lambda_j \neq \lambda_k.$$

Ein Eigenwert λ heißt ein p-facher Eigenwert, wenn p, aber nicht $(p + 1)$ voneinander linear unabhängige Eigenelemente u_ν ($\nu = 1, \ldots, p$) zum Eigenwert λ existieren; (ein Eigenwert λ heißt ein unendlich vielfacher, wenn es unendlich viele Eigenelemente gibt, von denen je endlich viele voneinander linear unabhängig sind); es ist dann auch jede Linearkombination dieser u_ν ein Eigenelement zum Eigenwert λ, und nach dem ERHARD-SCHMIDTschen Verfahren von Nr. 2.8 kann man diese u_ν so durch Linearkombinationen g_ν ersetzen, daß $(g_\mu, g_\nu)_J = \delta_{\mu\nu}$ gilt ($\mu, \nu = 1, \ldots, p$).

Satz: *Bei der allgemeinen Eigenwertaufgabe (8.1) sind alle etwa vorhandenen Eigenwerte λ reell. Zu verschiedenen Eigenwerten λ_j, λ_k gehörige Eigenelemente u_j, u_k genügen der verallgemeinerten Orthogonalität (8.6). Im Falle von höchstens abzählbar unendlich vielen Eigenwerten λ_j lassen sich zugehörige Eigenelemente u_j so bestimmen, daß*

$$(u_j, u_k)_J = \delta_{jk} \tag{8.7}$$

gilt.

Beispiele: 1. Spezielle Eigenwertaufgabe: Es sei T ein linearer selbstadjungierter Operator in einem unitären Raum R; dann kann man $(u, f)_J$ als inneres Produkt (u, f) in R nehmen und

$$\langle u, f \rangle = (T u, f) \tag{8.8}$$

setzen; und die Forderungen a), b), c) von Nr. 2.6 sind erfüllt:

$$\langle f, u \rangle = (T f, u) = (f, T u) = \overline{(T u, f)} = \overline{\langle u, f \rangle}.$$

Gl. (8.1) besagt dann $(T u - \lambda u, f) = 0$ für alle $f \in R$, also nach Nr. 4.5, wenn R ein unitärer Raum ist:

$$T u = \lambda u. \tag{8.9}$$

Dies ist eine „spezielle Eigenwertaufgabe"; es heißt dann λ Eigenwert des Operators T [wenn es also ein $u \neq \Theta$ gibt, das (8.9) erfüllt].

Jeder lineare selbstadjungierte Operator T eines Hilbertraumes R hat also nur reelle Eigenwerte λ_j, und wenn er überdies positiv definit ist, nur positive Eigenwerte.

2. In der Mechanik (Schwingungsaufgaben usw.) treten Eigenwertaufgaben mit gegebenen quadratischen Matrizen A, B auf

$$A u = \lambda B u. \tag{8.10}$$

Es ist nach Eigenwerten λ gefragt, für die (8.10) Eigenvektoren $u \neq \Theta$ besitzt. Die Eigenwerte λ genügen dabei bekanntlich der „charakteristischen Gleichung" (vgl. z. B. COLLATZ [49], S. 254)

$$\varphi(\lambda) = \det(A - \lambda B) = 0. \tag{8.11}$$

Wenn die Matrizen A, B hermitesch (z. B. reell symmetrisch) sind und B positiv definit ist, kann man als innere Produkte

$$(f, g)_J = \overline{f}' B g, \qquad \langle f, g \rangle = \overline{f}' A g$$

verwenden und hat eine Aufgabe der Form (8.1).

Ist $B = E$ die Einheitsmatrix, so liegt wieder eine spezielle Eigenwertaufgabe

$$A u = \lambda u$$

vor.

3. Bei gewöhnlichen und partiellen Differentialgleichungen treten oft Eigenwertaufgaben der Form auf

$$M u = \lambda N u, \tag{8.12}$$

$$U_\mu u = 0 \qquad (\mu = 1, \ldots, k). \tag{8.13}$$

Dabei sind M und N lineare homogene Differentialausdrücke, und (8.13) sind lineare homogene Randbedingungen.

Ist die höchste in der Differentialgleichung (8.12) auftretende Ableitung von der Ordnung q, so sei R ein Teilraum von $C^q(B)$, und zwar die Teilmenge der Funktionen, die die Randbedingungen (8.13) erfüllen.

Die Eigenwertaufgabe sei selbstadjungiert, d. h. für 2 Funktionen u, v aus R sei

$$\int\limits_B \left(\overline{u} M v - v \overline{M u} \right) dx = \int\limits_B \left(\overline{u} N v - v \overline{N u} \right) dx = 0. \tag{8.14}$$

Ferner sei der Operator N positiv definit, d. h. für eine Funktion $u \neq \Theta$ aus R sei

$$\int\limits_B u \overline{N u} \, dx > 0.$$

Verwendet man dann als innere Produkte in R

$$(f, g)_J = \int\limits_B f \overline{N g} \, dx, \qquad \langle f, g \rangle = \int\limits_B f \overline{M g} \, dx, \tag{8.15}$$

so hat die Eigenwertaufgabe wieder die Form (8.1).

4. Für $\lambda^{-1} = \varkappa$ erhält man mit dem Integraloperator (6.16) in $T u = \varkappa u$ eine Eigenwertaufgabe mit der Integralgleichung

$$u(x) = \lambda T u(x) = \lambda \int\limits_B K(x, s) \, u(s) \, ds. \tag{8.16}$$

Dabei sei K symmetrisch in x und s.

Für die Durchführung des folgenden Iterationsverfahrens wird eine Voraussetzung getroffen:

Voraussetzung: Zu jedem Element $g \in R$ gibt es genau ein Element $h \in R$ mit

$$\langle f, h \rangle = (f, g)_J \quad \text{für alle} \quad f \in R.$$

Diese Voraussetzung besagt z. B. für die speziellen Eigenwertaufgaben von obigem Beispiel 1, daß der Operator T eine Inverse besitzen soll; es darf nicht Null ein Eigenwert sein, oder bei der Gl. (8.10) darf A nicht singulär sein.

Ausgehend von einem beliebigen Element $f_0 \in R$ mit $f_0 \neq \Theta$ werden weitere $f_n \neq \Theta$ bestimmt aus

$$\langle f, f_{n+1} \rangle = (f, f_n)_J \quad \text{für alle} \quad f \in R \qquad (n = 0, 1, \ldots). \qquad (8.17)$$

Im Falle der speziellen Eigenwertaufgabe (8.9) lautet das Iterationsverfahren

$$T f_{n+1} = f_n. \qquad (8.18)$$

Das innere Produkt

$$(f_r, f_s)_J = \langle f_r, f_{s+1} \rangle = \overline{\langle f_{s+1}, f_r \rangle} = \overline{(f_{s+1}, f_{r-1})_J} = (f_{r-1}, f_{s+1})_J$$

hängt nur von der Summe $r + s$ der Indizes ab; man kann so die „SCHWARZschen Konstanten" einführen

$$a_n = (f_0, f_n)_J = (f_m, f_{n-m})_J \qquad (n = 0, 1, 2, \ldots, 0 \leq m \leq n); \qquad (8.19)$$

es ist

$$a_{2n} = (f_n, f_n)_J > 0, \qquad (8.20)$$

$$a_{2n+1} = (f_{n+1}, f_n)_J = \langle f_{n+1}, f_{n+1} \rangle \qquad (8.21)$$

reell. Die „SCHWARZschen Quotienten" sind definiert durch

$$\mu_{n+1} = \frac{a_n}{a_{n+1}} \qquad (n = 0, 1, 2, \ldots), \qquad (8.22)$$

sofern die Nenner $\neq 0$ sind. Das ist z. B. stets der Fall, wenn auch das innere Produkt $\langle f, g \rangle$ definit ist.

Ist speziell f_0 gleich einem Eigenelement zum Eigenwert λ, so wird $f_n = f_0 \lambda^{-n}$, $a_n = (f_0, f_0)_J \lambda^{-n}$, $\mu_n = \lambda$; der Quotient

$$\mu_2 = \frac{a_1}{a_2} = \frac{\langle f_1, f_1 \rangle}{(f_1, f_1)_J} \qquad (8.23)$$

heißt der mit f_1 gebildete RAYLEIGHsche Quotient.

Aus $\| f_n - \mu_{2n+2} f_{n+1} \|_J^2 \geq 0$ folgen

$$a_{2n} a_{2n+2} \geq a_{2n+1}^2, \qquad \frac{\mu_{2n+1}}{\mu_{2n+2}} \geq 1 \qquad (n = 0, 1, 2, \ldots)$$

oder

$$(\mu_{2n+1} - \mu_{2n+2}) \mu_{2n+2} \geq 0. \qquad (8.24)$$

Ist das Produkt $\langle f, g \rangle$ definit, so folgt mit $q = f_n - \mu_{2n+1} f_{n+1}$ aus $\langle q, q \rangle \geqq 0$ genauso

$$a_{2n-1} a_{2n+1} \geqq a_{2n}^2, \qquad \frac{\mu_{2n}}{\mu_{2n+1}} \geqq 1 \qquad (n = 1, 2, \ldots). \qquad (8.25)$$

Da in diesem Falle alle a_ν und μ_ν positiv sind ($\nu = 1, 2, \ldots$), bilden jetzt die μ_ν eine monoton nichtwachsende, nach unten durch Null beschränkte, also konvergente Folge:

$$\mu_1 \geqq \mu_2 \geqq \mu_3 \geqq \cdots . \qquad (8.26)$$

8.2 Spektrum eines Operators in einem metrischen Raum

T sei ein linearer Operator in einem metrischen Raum R, der R in sich abbildet, vgl. Nr. 6.3. Wieder heißt λ ein Eigenwert und $\varkappa = \lambda^{-1}$ (für $\lambda \neq 0$) eine charakteristische Zahl des Operators T, wenn es ein Element $u \neq \Theta$, ein „Eigenelement", in R gibt mit

$$T u = \lambda u. \qquad (8.27)$$

Mit E als Einheitsoperator (es ist $E f = f$ für alle $f \in R$) heißt eine Zahl λ regulär, wenn zu $T_\lambda = T - \lambda E$ der inverse Operator $T_\lambda^{-1} = V$ existiert und beschränkt ist; andernfalls heißt λ singulär. Zu regulärem λ hat die Gleichung

$$(T - \lambda E) f = g \qquad (8.28)$$

die Lösung

$$f = V g = T_\lambda^{-1} g. \qquad (8.29)$$

V heißt die Resolvente zu T oder die Resolvente der Gl. (8.28). Die Menge der singulären Werte λ heißt das Spektrum $\sigma(T)$ des Operators T. (Manchmal wird das Spektrum auch auf die $\varkappa$-Werte bezogen.) Das λ-Spektrum enthält alle Eigenwerte (bzw. das $\varkappa$-Spektrum alle charakteristischen Zahlen); denn nach dem Alternativsatz in Nr. 6.3 existiert zu dem linearen Operator $T - \lambda E$ entweder die Inverse oder $T - \lambda E$ besitzt nichttriviale Nullösungen (die Eigenelemente). Ist T beschränkt, so ist für $|\varkappa| \, \|T\| < 1$ mit (6.12) $\|V\| \leqq \dfrac{1}{|\lambda|} \dfrac{1}{1 - |\varkappa| \, \|T\|}$, d. h. die λ-Werte mit $|\lambda| > \|T\|$ oder $|\varkappa| < \dfrac{1}{\|T\|}$ sind regulär.

Beispiel: Der Operator T mit $T f(x) = x f(x)$ für Funktionen $f(x) \in L^2(a, b)$ besitzt keinen Eigenwert, denn $x u(x) = \lambda u(x)$ hat nur die Lösung $u(x) = \Theta$. Wohl aber ist ein Spektrum vorhanden, nämlich für λ das volle Intervall $\langle a, b \rangle$; aus $x f(x) - \lambda f(x) = g(x)$ folgt $f(x) = g(x)/(x - \lambda)$. Genau dann, wenn λ dem Intervall $\langle a, b \rangle$ angehört, existiert nicht zu beliebigen $g \in L^2(a, b)$ ein $f \in L^2(a, b)$.

Satz: *Das Spektrum jedes linearen Operators in einem metrischen Raum ist abgeschlossen.*

Beweis: Das Spektrum werde auf λ bezogen; es sei λ ein Wert, für den der Operator T_λ^{-1} existiert und beschränkt ist; λ gehört also nicht zum Spektrum; es sei μ eine Zahl mit

$$|\lambda - \mu| < \|T_\lambda^{-1}\|^{-1};$$

mit $T_\mu = T - \mu E$ werde $V = (\lambda - \mu)E$ oder $T_\mu = T_\lambda + V$ gesetzt. Nun kann der Satz über die Inversen benachbarter Operatoren in Nr. 6.5 benutzt werden; dem dortigen T entspricht hier T_λ; der Satz sagt aus, daß dann auch T_μ eine beschränkte Inverse besitzt; μ gehört also ebenfalls nicht zum Spektrum; die Menge der nicht zum Spektrum gehörenden Zahlen ist also offen und das Spektrum abgeschlossen.

8.3 Einschließungssatz für Eigenwerte

Einschließungssätze wurden zunächst für spezielle Typen von Eigenwertaufgaben aufgestellt (COLLATZ [42]); später wandte man die Theorie der Hilberträume, insbesondere die Spektraldarstellung selbstadjungierter Operatoren, an; dann gelang es TEMPLE [55], den Hauptsatz mit einfacheren Methoden ohne die Spektraldarstellung zu beweisen.

Satz: *T sei ein selbstadjungierter, positiv semidefiniter Operator in einem Hilbertraum R; das Intervall $\langle 0, k \rangle$ mit einer Zahl $k > 0$ sei frei vom Spektrum von T; dann ist $T_k = T - kE$ positiv definit.*

Beweis: Nach der Definition des Spektrums in Nr. 8.2 und (8.29) existiert zu jedem λ aus $0 \leq \lambda \leq k$ der Operator $V_\lambda = T_\lambda^{-1}$; es wird $p \neq \Theta$ beliebig im Definitionsbereich von T gewählt und $g = T_k p$ gesetzt; dann ist $g \neq \Theta$, da sonst p Eigenelement und k ein Eigenwert wäre; es sei $f = f(\lambda) = V_\lambda g$ die Lösung von $T_\lambda f = g$; für $\lambda = k$ wird $f = p$; die Hilfsfunktion

$$\varphi(\lambda) = (f, g) = (f, T_\lambda f) = (T_\lambda f, f) = (g, f) = \overline{(f, g)}$$

ist reell; insbesondere ist $\varphi(k) = (p, T_k p)$; es ist also $\varphi(k) > 0$ zu beweisen. Für zwei λ-Werte λ_1, λ_2 seien f_j $(j = 1, 2)$ die Lösungen von $T_{\lambda_j} f_j = g$; es ist dann ($\varphi(\lambda_1)$ ist reell und daher bei dem inneren Produkt die Reihenfolge der Faktoren vertauschbar).

$$\left. \begin{aligned}
\varphi(\lambda_2) - \varphi(\lambda_1) &= (f_2, g) - (f_1, g) \\
&= (f_2, (T - \lambda_1 E) f_1) - (f_1, (T - \lambda_2 E) f_2) \\
&= (\lambda_2 - \lambda_1)(f_2, f_1).
\end{aligned} \right\} \quad (8.30)$$

Wegen

$$g = (T - \lambda_2 E) f_2 = (T - \lambda_1 E) f_1$$

gilt

$$(T - \lambda_1 E)(f_2 - f_1) = (\lambda_2 - \lambda_1) f_2$$

8*

oder

$$f_2 - f_1 = (\lambda_2 - \lambda_1)\, V_{\lambda_1} f_2,$$

$$\|f_2 - f_1\| \leqq |\lambda_2 - \lambda_1|\, \|V_{\lambda_1}\|\, \|f_2\| \leqq |\lambda_2 - \lambda_1|\, \|V_{\lambda_1}\| \{\|f_2 - f_1\| + \|f_1\|\}.$$

Nun strebe λ_2 gegen λ_1; es ist V_{λ_1} beschränkt, und für $\lambda_2 \to \lambda_1$ ist $|\lambda_2 - \lambda_1|\, \|V_{\lambda_1}\| < \frac{1}{2}$ erfüllbar, d. h.

$$\|f_2 - f_1\| \leqq 2|\lambda_2 - \lambda_1|\, \|V_{\lambda_1}\|\, \|f_1\|.$$

Für $\lambda_2 \to \lambda_1$ konvergiert also f_2 gegen f_1 und (f_2, f_1) gegen $\|f_1\|^2$; damit besagt (8.30) für $\lambda_2 \to \lambda$:

$$\varphi'(\lambda) = \lim_{\lambda_2 \to \lambda} \frac{\varphi(\lambda_2) - \varphi(\lambda)}{\lambda_2 - \lambda} = \|f\|^2.$$

Wegen $g \neq \Theta$ ist auch $f \neq \Theta$ und $\varphi'(\lambda) > 0$.

Weiter ist

$$\varphi(0) = (f, T_0\, f) = (f, T\, f) \geqq 0, \quad \text{also} \quad \varphi(k) > 0.$$

Hilfssatz: *T sei ein selbstadjungierter Operator in einem Hilbertraum R; das Intervall $\langle a, b \rangle$ sei frei vom Spektrum von T; dann ist $T_a T_b = (T - a E)(T - b E)$ positiv definit.*

Beweis: Mit $m = (a + b)/2$, $d = (b - a)/2$ wird der Operator $W_\lambda = T_{m+\lambda} = T - (m + \lambda)E$ eingeführt; für $-d \leqq \lambda \leqq d$ besitzt W_λ und damit auch $W_\lambda W_{-\lambda} = W_0^2 - \lambda^2 E$ eine beschränkte Inverse; es ist also das Intervall $\langle 0, d^2 \rangle$ frei vom Spektrum von W_0^2, ferner ist W_0^2 als Quadrat eines selbstadjungierten Operators positiv semidefinit (nach Nr. 7.1) und erfüllt somit die Voraussetzungen, die im vorigen Satz für T gefordert waren; es ist daher $W_0^2 - d^2 E = W_d W_{-d} = T_a T_b$ positiv definit.

Nun werde, ausgehend von einem Element $f_0 \neq \Theta$, das Iterationsverfahren (8.18) verwendet, die SCHWARZschen Konstanten a_n nach (8.19) und Quotienten μ_n nach (8.22), soweit sie existieren, bestimmt und für eine reelle Zahl t der TEMPLEsche Quotient

$$\varphi(t) = \frac{a_0 - t\, a_1}{a_1 - t\, a_2} \tag{8.31}$$

gebildet. Dann gilt der

Templesche Einschließungssatz: *T sei ein selbstadjungierter Operator in einem Hilbertraum R; es seien $f_0 \neq \Theta$ und f_1 zwei Elemente aus R mit $T f_1 = f_0$; mit ihnen werden die Schwarzschen Konstanten*

$$a_0 = (f_0, f_0), \quad a_1 = (f_0, f_1), \quad a_2 = (f_1, f_1) \tag{8.32}$$

und der Templesche Quotient $\varphi(t)$ nach (8.31) gebildet. Es sei bekannt, daß im Innern des Intervalls $\langle b, B \rangle$ der Rayleighsche Quotient $\mu_2 = a_1/a_2$

und genau ein isolierter Eigenwert λ_0 *und sonst kein Punkt des Spektrums von* T *liegen. Dann ist*

$$\varphi(B) \leq \lambda_0 \leq \varphi(b). \tag{8.33}$$

Beweis: Es ist $a_k = (T^{2-k} f_1, f_1)$ für $k = 0, 1, 2$. Die Intervalle $\langle b, \lambda_0 - \varepsilon \rangle$ und $\langle \lambda_0 + \varepsilon, B \rangle$ erfüllen bei hinreichend kleinem positivem ε die Voraussetzungen des Hilfssatzes; es ist also

1. $T_b \, T_{\lambda_0 - \varepsilon}$ positiv definit, also (wenn hier kurz f statt f_1 geschrieben wird)

$$(T_b \, T_{\lambda_0 - \varepsilon} f, f) = ([T^2 - (b + \lambda_0 - \varepsilon)\, T + b(\lambda_0 - \varepsilon)\, E]\, f, f)$$

$$= a_0 - (b + \lambda_0 - \varepsilon)\, a_1 + b(\lambda_0 - \varepsilon)\, a_2$$

$$= (\lambda_0 - \varepsilon)\, (b\, a_2 - a_1) - (b\, a_1 - a_0) > 0.$$

Wegen $b < (a_1/a_2) < B$ und $a_2 > 0$ [nach (8.20)], also $b\, a_2 - a_1 < 0$, folgt daraus

$$\lambda_0 - \varepsilon < \frac{b\, a_1 - a_0}{b\, a_2 - a_1} = \varphi(b).$$

Entsprechend ist

$$(T_{\lambda_0 + \varepsilon}\, T_B f, f) = ([T^2 - (\lambda_0 + \varepsilon + B)\, T + (\lambda_0 + \varepsilon)\, BE]\, f, f)$$

$$= a_0 - (\lambda_0 + \varepsilon + B)\, a_1 + (\lambda_0 + \varepsilon)\, B\, a_2$$

$$= (\lambda_0 + \varepsilon)\, (B\, a_2 - a_1) - (B\, a_1 - a_0) > 0;$$

nun ist $B\, a_2 - a_1 > 0$, also $\lambda_0 + \varepsilon > (B\, a_1 - a_0)/(B\, a_2 - a_1) = \varphi(B)$; für $\varepsilon \to 0$ folgt (8.33).

Der Satz wird oft angewandt auf den Fall, daß T einen kleinsten Eigenwert λ_0, der auch mehrfach sein darf, besitzt und man eine untere Schranke m für den zweitkleinsten Eigenwert kennt, die jedoch $> \mu_2$ sein muß; dann wird der Satz für das Intervall $(-\infty, m)$ benutzt, und man erhält

$$\frac{a_0 - m\, a_1}{a_1 - m\, a_2} = \mu_2 \frac{\mu_1 - m}{\mu_2 - m} = \mu_2 - \frac{\mu_1 - \mu_2}{\dfrac{m}{\mu_2} - 1} \leq \lambda_0 \leq \frac{a_1}{a_2} = \mu_2 = \varphi(-\infty). \tag{8.34}$$

[Im Falle $a_1 > 0$, also $\mu_2 > 0$, ist $\mu_1 - \mu_2 \geq 0$ nach (8.24).]

Man kann die Schranken (8.33) auch in der Form schreiben

$$\varphi(B) = \mu_2 - \frac{\varrho^2}{B - \mu_2} \leq \lambda_0 \leq \mu_2 + \frac{\varrho^2}{\mu_2 - b} = \varphi(b)$$

mit $\varrho^2 = (\mu_1 - \mu_2)\, \mu_2$.

8.4 Projektionen

Es sei wie in Nr. 4.5 U ein Unterraum eines Hilbertraumes R. Dann besitzt nach dem dritten Satz in Nr. 4.5 jedes Element $f \in R$ eine eindeutige Zerlegung $f = g + k$, wobei $g \in U$ und $k \perp U$ gilt; es heißt g die „Komponente" von f bezüglich U oder Projektion von f auf U; es ist somit durch $g = P f$ in R ein „Projektionsoperator" P definiert, der alle Elemente von U invariant läßt. Es gilt also

$$P^2 f = P(P f) = P g = g$$

oder

$$P^2 = P. \tag{8.35}$$

Ferner ist P selbstadjungiert; denn seien f_j ($j = 1, 2$) zwei Elemente mit den Zerlegungen $f_j = g_j + k_j$; dann ist

$$(P f_1, f_2) = (g_1, f_2) = (g_1, g_2 + k_2) = (g_1, g_2),$$
$$(f_1, P f_2) = (g_1 + k_1, g_2) = (g_1, g_2) = (P f_1, f_2),$$

wie behauptet. P hat die Norm 1; denn nach (4.10) ist

$$\|f\|^2 \geqq \|g\|^2 = \|P f\|^2, \quad \text{also} \quad \|P\| \leqq 1.$$

Nun kommt hier für $f \in U$ das Gleichheitszeichen vor ($P f = f$), also ist $\|P\| = 1$. Weiter ist P positiv semidefinit wegen

$$(P f, f) = (P^2 f, f) = (P f, P f) \geqq 0. \tag{8.36}$$

Satz: *Eine lineare, selbstadjungierte Transformation T in einem Hilbertraum R ist genau dann eine Projektion, wenn $T^2 = T$ ist; T ist dann positiv semidefinit und hat die Norm 1.*

Beweis: Es ist nur noch zu zeigen: Sei T linear, selbstadjungiert und $T^2 = T$, dann ist T eine Projektion; T ist beschränkt, denn $\|T f\|^2 = (T f, T f) = (T^2 f, f) = (T f, f) \leqq \|T f\| \|f\|$ oder $\|T f\| \leqq \|f\|$, $\|T\| \leqq 1$.

Sei f beliebig $\in R$; U sei die Menge aller Elemente h aus R mit $T h = h$; es ist U linear; U ist sogar ein Unterraum; denn sei $h_n \in U$ eine Folge ($n = 1, 2, \ldots$) mit $h_n \to h$; dann ist

$$T h - h_n = T h - T h_n = T(h - h_n),$$

$\|T h - h_n\| \leqq \|h - h_n\|$; für $n \to \infty$ folgt $\|T h - h\| \leqq 0$, $T h = h$.

Für beliebiges f gehört $T f$ (wegen $T^2 f = T f$) zu U. Nun sei P die Projektion auf diesen Unterraum U; für jedes $f \in R$ gehört $P f$ zu U. Es soll nun gezeigt werden, daß $P f = T f$ für alle $f \in R$ gilt. Die Bilder $P f$ und $T f$ von f liegen stets in U, es ist daher nur noch zu prüfen, ob die Differenz $Pf - Tf \perp U$ ist, dann muß $Pf - Tf = \Theta$ sein. Sei also u beliebig $\in U$, dann soll $(Pf - Tf, u) = 0$ gelten; nun ist tatsächlich

$$(Pf, u) = (f, Pu) = (f, u) \quad \text{und} \quad (Tf, u) = (f, Tu) = (f, u),$$

$$\text{also} \quad (Pf - Tf, u) = 0.$$

Mit P ist auch $E - P = Q$ eine Projektion, wobei E der Operator mit $Ef = f$ für alle $f \in R$ ist; denn Q ist linear, selbstadjungiert und

$$Q^2 = (E - P)^2 = E^2 - 2EP + P^2 = E - P = Q.$$

Beispiele:

1. Projektion des R_n auf eine seiner Hyperebenen im gewöhnlichen geometrischen Sinn.

2. Im Raum der Funktionen

$$f(x) = \frac{a_0}{2} + \sum_{n=1}^{\infty} (a_n \cos n\, x + b_n \sin n\, x)$$

mit konvergenter Summe

$$\sum_{n=1}^{\infty} (|a_n|^2 + |b_n|^2)$$

bedeutet die Streichung von endlich oder unendlich vielen Gliedern eine Projektion; insbesondere ist z. B. $Tf(x) = a_m \cos m\, x$ für festes m eine Projektion.

3. R sei der Raum $L^2(B)$ (Beispiel 3 von Nr. 2.7) und G ein meßbarer Teilbereich von B. Dann ist der Operator P mit

$$P f(x) = \begin{cases} f(x) & \text{für} \quad x \in G \\ 0 & \text{sonst} \end{cases}$$

eine Projektion; denn für $f,\ h \in R$ gilt

$$(Pf, h) = (f, Ph) = \int_G f\, \bar{h}\, dx \quad \text{und} \quad P^2 = P.$$

4. Mit den Bezeichnungen vom vorigen Beispiel sei

$$P f(x) = \begin{cases} \alpha\, g(x) \int_G f(x)\, \overline{g(x)}\, dx & \text{für} \quad x \in G \\ 0 & \text{sonst.} \end{cases}$$

Dabei ist $g(x) \in L^2(B)$ eine fest gewählte Funktion $(g \neq \Theta)$ und

$$\alpha = \left[\int_G g(x)\, \overline{g(x)}\, dx\right]^{-1}.$$

P ist eine Projektion; denn

$$(Pf, h) = \alpha \int_G g\, \bar{h}\, dx \int_G f\, \bar{g}\, dx = (f, Ph) \quad \text{und} \quad P^2 f = Pf.$$

5. Ein wichtiger Spezialfall entsteht aus dem vorigen Beispiel für $g = 1$:

$$P f(x) = \begin{cases} \text{const} = \text{Mittelwert von } f(x) \text{ in } G \text{ für } x \in G \\ 0 \quad \text{in} \quad B - G. \end{cases}$$

Die Projektionen wurden benutzt, um eine weit entwickelte Theorie der Spektraldarstellung von Operatoren in Hilberträumen aufzustellen, zunächst für beschränkte, selbstadjungierte Operatoren, dann auch für nichtbeschränkte und andere Typen von Operatoren. Da die Spektraldarstellung und der damit verbundene Kalkül gelegentlich zur Herleitung von Formeln benutzt wird, die auch für die numerische Mathematik Verwendung finden, sei ein Hauptsatz dieser Theorie hier genannt und wegen seines Beweises auf die Literatur verwiesen.

T sei ein linearer, selbstadjungierter, nicht notwendig beschränkter Operator in einem Hilbertraum R; er besitzt nur reelle Eigenwerte λ; für ein reelles s sei R_s der Unterraum, der durch alle Eigenelemente erzeugt wird, die zu Eigenwerten $< s$ gehören, und E_s sei die Projektion von R auf R_s; nun sei $\varphi(s)$ eine feste Funktion aus $L^2(-\infty, +\infty)$, und bei beliebiger Einteilung der s-Achse durch Teilpunkte

$$-\infty < s_1 < s_2 < \cdots < s_p < \infty$$

kann man den Operator bilden

$$\Phi = \sum_{k=1}^{p-1} \varphi(s_k)\,(E_{s_{k+1}} - E_{s_k}).$$

Man kann nun zeigen, daß es sinnvoll ist, die Einteilung der s-Achse zu verfeinern und in genauer Analogie zum gewöhnlichen STIELTJES-Integral den Operator einführen, der mit $\varphi(T)$ bezeichnet werden möge:

$$\varphi(T) = \int_{-\infty}^{\infty} \varphi(s)\,dE_s. \tag{8.37}$$

(Der Grenzübergang bedeutet schwache Konvergenz von Φf gegen $\varphi(T)\,f$ für jedes $f \in R$.) Hier hat man für $\varphi(s) = s$ die Spektraldarstellung des Operators T selbst, RIESZ-NAGY [56], S. 304:

$$T = \int_{-\infty}^{\infty} s\,dE_s; \tag{8.38}$$

für Polynome und Potenzreihen $\varphi(s)$ ist $\varphi(T)$ nach (6.8) festgelegt, für beliebige Funktionen $\varphi(s)$ aus $L^2(-\infty, \infty)$ kann man (8.37) als Definition für $\varphi(T)$ benutzen (Definition bei STONE [32], S. 241, vgl. auch den „Funktionenkalkül" in RIESZ-NAGY [56], S. 325 ff.).

8.5 Extremaleigenschaften der Eigenwerte

Der Operator T sei im Definitionsbereich D vollstetig und selbstadjungiert. T ist also auch linear und beschränkt. Dann hat die Form Q mit

$$Q = Q(f) = (T f, f) \tag{8.39}$$

nur reelle Werte wegen

$$\overline{Q} = (f, T\,f) = (T\,f, f) = Q \quad \text{für} \quad f \in D.$$

Es sei F_0 der „Nullraum" von T, d. h. der lineare Unterraum der Elemente f_0 mit $T\,f_0 = \Theta$ oder der Eigenelemente von T zum Eigenwert $\varkappa = 0$. Zerlegt man $f = k + p$ mit $k \perp F_0,\ p \in F_0$, so ist wegen $T\,p = \Theta$

$$Q = (T(k + p), k + p) = (T\,k, k + p) = (k, T(k + p))$$
$$= (k, T\,k) = (T\,k, k);$$

p hat keinen Einfluß auf Q; man kann die Frage nach dem Wertevorrat von Q also auf die Elemente $\perp F_0$ beschränken. Wenn Q überhaupt positiver Werte fähig ist, hat Q in der Kugel $\|f\| \leq 1$ nur einen beschränkten Wertevorrat, denn

$$|Q| \leqq \|T\,f\|\,\|f\| \leqq \|T\|\,\|f\|^2 \leqq \|T\|. \tag{8.40}$$

Es existiert daher $\sup Q$ in dieser Kugel; es sei

$$\sup_{\|f\| \leqq 1} Q(f) = \varkappa_1. \tag{8.41}$$

Es gibt eine Elementenfolge $f_{(j)} \in D$, für die Q gegen $\varkappa_1$ konvergiert. Diese Folge ist beschränkt, $\|f_{(j)}\| \leqq 1$, und man kann daher nach dem Auswahlsatz von Nr. 6.8 eine schwach konvergente Teilfolge herausgreifen. Sei $f_{(j)}$ bereits diese Teilfolge, die schwach gegen ein Element f_1 konvergiert; da T vollstetig ist, konvergiert nach (7.52) Q gegen $(T\,f_1, f_1)$; das Supremum $\varkappa_1$ von Q ist also ein Maximum und wird für $f = f_1$ angenommen; es ist $\|f_1\| = 1$, da im Falle $0 < \|f_1\| < 1$ der Wert von Q für $f = f_1/\|f_1\|$ größer als $\varkappa_1$ würde.

Wenn also Q positiver Werte fähig ist, ist $\varkappa_1$ durch die Maximaleigenschaft festgelegt:

$$\varkappa_1 = \operatorname*{Max}_{f \neq \Theta} \frac{(T\,f, f)}{(f, f)}. \tag{8.42}$$

Nun kann man weitere Extremalaufgaben betrachten und Zahlen $\varkappa_2, \varkappa_3, \ldots$ festlegen, wobei man den Bereich der Elemente f durch Nebenbedingungen einschränkt, indem man z. B. nur Elemente f betrachtet, die $\perp F_0$ und $\perp f_1$ sind, und das Supremum von Q werde dann von einem Element f_2 angenommen. Das werde gleich allgemein durch vollständige Induktion bewiesen (zunächst wird der Induktionsschluß vorgeführt):

Für $k = 1, 2, \ldots, n - 1$ gelte:

Es existieren positive Zahlen $\varkappa_1, \varkappa_2, \ldots, \varkappa_{n-1}$ und Elemente $f_1, f_2, \ldots, f_{n-1}$ mit den Eigenschaften

a) Q nimmt, wenn f die Teilmenge D_{k-1} der Elemente von D mit

$$\|f\| \leq 1,\, f \perp F_0,\, f \perp f_1,\, f \perp f_2,\, \ldots,\, f \perp f_{k-1}$$

durchläuft, das Maximum $\varkappa_k$ an, und zwar für $f = f_k$.

b) Es ist

$$T f_j = \varkappa_j f_j \quad \text{und} \quad \|f_j\| = 1 \quad \text{für} \quad j = 1, 2, \ldots, k. \tag{8.43}$$

Nun sei Q bei den Nebenbedingungen

$$f \perp F_0,\, f_1,\, f_2,\, \ldots,\, f_{n-1}$$

(also im Bereich D_{n-1}) noch positiver Werte fähig; der Wertevorrat von Q hat dann unter den Nebenbedingungen die obere Grenze $\varkappa_n$; es gibt also in dieser Teilmenge D_{n-1} eine Elementenfolge $g_{(j)}$, für die Q gegen $\varkappa_n$ konvergiert. Nach dem gleichen Schluß wie oben kann man annehmen, daß $g_{(j)}$ bereits als schwach konvergente Teilfolge ausgewählt ist, etwa gegen ein Element $f_n \in D_{n-1}$, $g_{(j)} \rightharpoonup f_n$, und daß $(T f_n, f_n) = \varkappa_n$ wird. Es ist dann also

$$\text{Max}\,(T f, f) = \varkappa_n \quad \text{für} \quad \|f\| = 1,\, f \perp F_0,\, f_1,\, f_2,\, \ldots,\, f_{n-1}. \tag{8.44}$$

Das ist die Aussage a) für $k = n$. Wenn es in D_{n-1} ein Element p gibt, das $\neq \Theta$ und $\perp f_n$ ist, wenn also D_n nicht nur aus dem Nullelement besteht, so werde

$$\varphi = c_1 f_n + c_2 p$$

gesetzt und nach dem Maximum von $Q(\varphi) = (T\varphi, \varphi)$ unter den Nebenbedingungen

$$\|\varphi\| = 1,\, |c_1|^2 + |c_2|^2 = 1$$

gefragt. Das Maximum hat den Wert $\varkappa_n$ und wird angenommen für $\varphi = f_n$, $c_1 = 1$, $c_2 = 0$. Es ist dann

$$Q = |c_1|^2 (T f_n, f_n) + c_1 \bar{c}_2 (T f_n, p) + \bar{c}_1 c_2 (p, T f_n) + |c_2|^2 (T p, p).$$

Die Tatsache, daß hier die hermitesche Form ihr Maximum $(T f_n, f_n)$ für $c_1 = 1$ annimmt, verlangt das Verschwinden des linearen Anteils, da andernfalls Q einen größeren Wert als $\varkappa_n$ annehmen könnte. Setzt man nämlich $c_2 = \gamma + i\,\delta$, $(T f_n, p) = \alpha + i\,\beta$, und deuten Punkte Glieder mit höheren Potenzen von γ, δ an, so wird $c_1 = 1 + \ldots$

$$Q = \varkappa_n + 2\gamma\,\alpha + 2\delta\,\beta + \ldots,$$

und es müssen die Koeffizienten von γ und δ verschwinden, d. h. $\alpha = \beta = 0$ oder

$$(T f_n, p) = 0. \tag{8.45}$$

Nun wird

$$h = T f_n - \varkappa_n f_n$$

gesetzt und behauptet, daß $h = \Theta$ ist.

I. Es ist $h \perp f_0$, wobei f_0 beliebig aus F_0 gewählt ist; denn man rechnet aus

$$(h, f_0) = (T f_n, f_0) - \varkappa_n (f_n, f_0);$$

hier ist $(T f_n, f_0) = (f_n, T f_0) = (f_n, \Theta) = 0$ und $f_n \perp f_0$, also $(h, f_0) = 0$.

II. Es ist $h \perp f_n$, denn $(h, f_n) = (T f_n, f_n) - \varkappa_n (f_n, f_n) = \varkappa_n - \varkappa_n = 0$.

III. Es ist $h \perp f_j$ für $j = 1, 2, \ldots, n - 1$; denn $(f_n, f_j) = 0$ für diese j und nach (8.43) $(T f_n, f_j) = (f_n, T f_j) = (f_n, \varkappa_j f_j) = \varkappa_j (f_n, f_j) = 0$.

IV. Es sei p ein beliebiges Element $\perp F_0, f_1, f_2, \ldots, f_n$; dann ist

$$(h, p) = (T f_n, p) - \varkappa_n (f_n, p) = (T f_n, p),$$

hier ist aber jetzt (8.45) anwendbar, also $(h, p) = 0$.

Man kann nun h in Komponenten zerlegen nach $F_0, f_1, f_2, \ldots, f_n$ und senkrecht dazu, und da alle diese Komponenten verschwinden müssen, ist $h = \Theta$ oder

$$T f_n = \varkappa_n f_n.$$

Es ist also f_n Eigenelement zum Eigenwert $\varkappa_n$; das ergibt Aussage b) für $k = n$.

Die Induktion beginnt mit $k = 0$, dann sind die Aussagen a) und b) leer, es ist D_0 die Menge der f mit $\|f\| \leq 1$, $f \perp F_0$, und der Beweis liefert dann die Gültigkeit von a) und b) für $k = 1$. Somit gelten a) und b) so lange, als D_n nicht zum Nullelement entartet und Q im Bereich D_n noch positive Werte annehmen kann. Da die Bereiche D_ν kleiner werden, können die Maxima höchstens sinken, also

$$\varkappa_1 \geqq \varkappa_2 \geqq \varkappa_3 \geqq \ldots \tag{8.46}$$

Ist Q negativer Werte fähig, so erhält man, indem man nach den Minima von Q fragt, entsprechend negative Eigenwerte:

$$\varkappa_1^- \leqq \varkappa_2^- \leqq \varkappa_3^- \leqq \ldots \quad \text{und Eigenelemente} \quad f_1^-, f_2^-, f_3^-, \ldots$$

Es ist $\varkappa_n^- = \operatorname{Min} Q$ unter den Nebenbedingungen $\|f\| \leqq 1$,

$$f \perp F_0, f_1^-, f_2^-, \ldots, f_{n-1}^-.$$

Wenn Q positiver Werte fähig ist, muß es mindestens einen positiven Eigenwert $\varkappa_1$ geben; wenn es unendlich viele positive Eigenwerte $\varkappa_j$ gibt, besitzen sie als monoton nicht wachsende beschränkte Folge einen Grenzwert $\varkappa$. Wenn $\varkappa > 0$ ist, bilden die Elemente $(1/\varkappa_n) f_n$ eine beschränkte Menge: $\|f_n/\varkappa_n\| \leqq 1/\varkappa$; aus ihr ist nach dem Auswahlsatz eine schwach konvergente Teilfolge auswählbar $(1/\varkappa_{n'}) f_{n'}$ (n' läuft durch bestimmte

Indices), die durch den vollstetigen Operator in eine stark konvergente Folge

$$T\left(\frac{1}{\varkappa_{n'}} f_{n'}\right) = f_{n'}$$

abgebildet wird. Aber $f_{n'}$ ist nicht konvergent, da $\|f_j - f_k\|^2 = 2$ ist für $j \neq k$; also kann nicht $\varkappa > 0$ sein, sondern es ist $\varkappa = 0$.

Wenn es unendlich viele positive Eigenwerte (mehrfache entsprechend mehrfach gezählt) gibt, häufen sie sich bei o und nur bei o; genau das Entsprechende gilt für die negativen Eigenwerte. Insbesondere kann kein Eigenwert $\varkappa \neq 0$ unendlich vielfach sein.

Für die Anwendungen ist es bequem, die höheren Eigenwerte durch ein Extremalprinzip zu kennzeichnen, bei dem man nicht die Eigenelemente zu den niedrigeren Eigenwerten benötigt. Dies leistet das

Courantsche Maximum-Minimum-Prinzip: *T sei ein vollstetiger selbstadjungierter Operator in einem Hilbertraum R und besitze nur den trivialen Nullraum $F_0 = \Theta$. Es seien h_ν (für $\nu = 1, 2, \ldots, n-1$) irgendwelche voneinander linear unabhängigen Elemente in R und*

$$m(h_\nu) = \operatorname*{Max}_{f}(T f, f), \tag{8.47}$$

wenn f unter den Nebenbedingungen $(f, f) \leq 1$, $(f, h_\nu) = 0$ den Raum R durchläuft. Falls ein n-ter positiver Eigenwert $\varkappa_n$ existiert (ein zugehöriges Eigenelement sei f_n), so ist

$$\varkappa_n = \operatorname*{Min}_{h_\nu} m(h_\nu),$$

wenn h_ν die Gesamtheit aller zugelassenen Systeme h_ν durchläuft. Das Minimum wird angenommen, wenn man $h_\nu = f_\nu$ wählt. Ein genau entsprechendes Prinzip gilt für die negativen Eigenwerte.

Beweis: I. Daß wirklich ein Maximum in (8.47) angenommen wird, wird genau wie bei (8.41) gezeigt. Es werde nun

$$m = \operatorname*{inf}_{h_\nu} m(h_\nu)$$

gesetzt, und es ist zu zeigen, daß $m = \varkappa_n$ ist.

Nun ist nach (8.44)

$$m(f_\nu) = \varkappa_n,$$

also

$$m \leq \varkappa_n. \tag{8.48}$$

II. Es sollen bei gegebenen h_ν Konstanten $c_1, \ldots, c_n$ so bestimmt werden, daß

$$\sum_{\nu=1}^{n} c_\nu (f_\nu, h_k) = 0 \quad \text{für} \quad k = 1, 2, \ldots, n-1 \tag{8.49}$$

gilt. Das sind $(n-1)$ lineare homogene Gleichungen für n Unbekannte c_ν; es gibt also eine nichttriviale Lösung c_ν mit $\sum\limits_{\nu=1}^{n} |c_\nu|^2 = 1$. Das mit diesen c_ν gebildete Element $f = \sum\limits_{\nu=1}^{n} c_\nu f_\nu$ erfüllt die Nebenbedingungen

$$(f, h_k) = 0 \quad (k = 1, \ldots, n-1), \quad (f, f) = 1.$$

f ist also zulässiges Konkurrenzelement in (8.47), d. h. mit Benutzung von (8.46)

$$m(h_\nu) \geqq (T f, f) = \left(\sum_{\nu=1}^{n} c_\nu \varkappa_\nu f_\nu, \sum_{\mu=1}^{n} c_\mu f_\mu \right) = \sum_{\nu=1}^{n} \varkappa_\nu |c_\nu|^2 \geqq \varkappa_n \sum_{\nu=1}^{n} |c_\nu|^2 = \varkappa_n,$$

damit ist auch $m \geqq \varkappa_n$, und in Verbindung mit (8.48) gilt $m = \varkappa_n$.

8.6 Zwei Minimalprinzipien bei Differentialgleichungen

Es liege die Eigenwertaufgabe vor mit einem linearen homogenen, gewöhnlichen oder partiellen Differentialoperator L:

$$L u = \lambda q(x) u \quad \text{in } B \tag{8.50}$$

mit homogenen Randbedingungen

$$U_\mu u = 0 \quad \text{wie in (8.13)} \tag{8.51}$$

für eine Funktion $u(x) = u(x_1, \ldots, x_n)$ in einem Bereich B des R_n; es sei $q(x)$ eine in B gegebene positive, stetige Funktion. Es gebe eine symmetrische GREENsche Funktion $G(x, s)$, welche

$$L u = r \quad \text{in } B, \qquad U_\mu u = 0 \quad \text{in der Form} \quad u(x) = \int\limits_{B} G(x, s)\, r(s)\, ds$$

löst. Mit

$$u(x)\, \sqrt{q(x)} = v(x), \quad K(x, s) = G(x, s)\, \sqrt{q(x)\, q(s)} \tag{8.52}$$

hat man dann die Integralgleichung

$$v(x) = \lambda \int\limits_{B} K(x, s)\, v(s)\, ds. \tag{8.53}$$

Mit der GREENschen Funktion $G(x, s)$ ist auch der Kern $K(x, s)$ symmetrisch. Im folgenden wird der Operator T durch

$$T f(x) = \int\limits_{B} K(x, s)\, f(s)\, ds = g(x) \tag{8.54}$$

eingeführt. Nach (7.16) ist er im Bereich reeller Funktionen selbstadjungiert, ferner wird er als vollstetig vorausgesetzt, was nach Nr. 7.6 für weite Klassen von Differentialgleichungsaufgaben zutrifft.

Die Umkehrung zu (8.54) lautet

$$L\left(\frac{g(x)}{\sqrt{q(x)}}\right) = \sqrt{q(x)}\,f(x)\,, \qquad U_\mu\left(\frac{g}{\sqrt{q}}\right) = 0\,. \tag{8.55}$$

Die Eigenwerte $\varkappa$ des Operators T mit

$$T\,v = \varkappa\,v \tag{8.56}$$

entsprechen mit $\varkappa = \lambda^{-1}$ den Eigenwerten des Ausgangsproblems.

Auf den Operator T ist die Theorie von Nr. 8.5 anwendbar. Es wird nach (8.39)

$$Q = (T\,f,\,f) = \iint_{B\,B} K(x,\,s)\,f(x)\,f(s)\,dx\,ds = \left(g,\,\frac{1}{\sqrt{q}}\,L\left(\frac{g}{\sqrt{q}}\right)\right) = \int_B h\,L\,h\,dx \tag{8.57}$$

mit $g = \sqrt{q}\,h$. Dabei ist $U_\mu h = 0$, d. h. h gehört der Menge V der „Vergleichsfunktionen" an. Die Maximaleigenschaft (8.42) lautet hier

$$\varkappa_1 = \operatorname*{Max}_{f \neq \Theta} \frac{(T\,f,\,f)}{(f,\,f)} = \operatorname*{Max}_{h \in V} \frac{(h,\,L\,h)}{\left\|\frac{1}{\sqrt{q}}\,L\,h\right\|^2} = \frac{1}{\lambda_1}\,, \tag{8.58}$$

und das ergibt für λ_1 die Minimaleigenschaft (vgl. COLLATZ [39], S. 228)

$$\lambda_1 = \operatorname*{Min}_{h \in V} \frac{\displaystyle\int_B \frac{1}{q(x)}\,(L\,h)^2\,dx}{\displaystyle\int_B h\,L\,h\,dx} = \operatorname*{Min}_{h \in V} M_1\,h\,, \tag{8.59}$$

wobei $M_1\,h$ den hier angegebenen Quotienten der Integrale bedeutet.

Nun werde, beginnend mit einer Vergleichsfunktion f_0, das Iterationsverfahren (8.17) durchgeführt. Hier sind dann die inneren Produkte durch

$$\langle f,\,g\rangle = (f,\,L\,g) = (g,\,L\,f) = \int_B f\,L\,g\,dx\,; \qquad (f,\,g)_J = (q\,f,\,g) = \int_B q\,f\,g\,dx$$

erklärbar, und die Iteration lautet

$$L\,f_1 = q\,f_0\,, \qquad U_\mu f_1 = 0\,. \tag{8.60}$$

Nach (8.19) bis (8.22) wird dann

$$a_0 = (q\,f_0,\,f_0)\,, \qquad a_1 = (q\,f_0,\,f_1)\,, \qquad a_2 = (q\,f_1,\,f_1)$$

und

$$\mu_1 = \frac{a_0}{a_1} = \frac{\displaystyle\int_B q\,f_0^2\,dx}{\displaystyle\int_B q\,f_0\,f_1\,dx} = \frac{\displaystyle\int_B \frac{1}{q}\,(L\,f_1)^2\,dx}{\displaystyle\int_B f_1\,L\,f_1\,dx} = M_1 f_1\,, \tag{8.61}$$

$$\mu_2 = \frac{a_1}{a_2} = R\,f_1 \tag{8.62}$$

mit dem RAYLEIGHschen Quotienten

$$R\,h = \frac{\int\limits_{B} h\,L\,h\,d\,x}{\int\limits_{B} q\,h^2\,d\,x}\; ; \qquad (8.63)$$

allgemein wird

$$\begin{aligned}\mu_{2n-1} &= M_1 f_n \\ \mu_{2n} &= R f_n\end{aligned} \qquad (n = 1,\,2,\,\ldots). \qquad (8.64)$$

Ist nun die Eigenwertaufgabe „definit“, d. h., sind beide inneren Produkte $\langle f, g\rangle$ und $(f, g)_J$ definit, so gilt nach (8.26) $R f_n = \mu_{2n} \geq \mu_{2n+1} = M_1 f_{n+1} \geq \lambda_1$, also die Monotonie der μ_n:

$$\mu_1 \geq \mu_2 \geq \mu_3 \geq \cdots \geq \lambda_1;$$

dann ist also auch $R f_n \geq \lambda_1$ oder

$$\lambda_1 = \underset{h \in V}{\operatorname{Min}} R\,h = \underset{h \in V}{\operatorname{Min}} \frac{\int\limits_{B} h\,L\,h\,d\,x}{\int\limits_{B} q\,h^2\,d\,x}\,. \qquad (8.65)$$

Das ist das bekannte RAYLEIGHsche Prinzip.

Hat nun (8.56) die Eigenwerte $\varkappa_p$ mit zugehörigen Eigenelementen v_p, welchen nach (8.52) Eigenfunktionen u_p mit $u_p \sqrt{q} = v_p$ von (8.50) (8.51) entsprechen, und beginnt man die Iteration mit einer Vergleichsfunktion f_0, die zu $q\,u_p$ orthogonal ist (für ein $\lambda_p \neq 0$), so sind auch die Iterierten $f_1, \ldots$ zu $q\,u_p$ orthogonal; denn es ist

$$0 = (q f_0, u_p) = (L f_1, u_p) = (f_1, L u_p) = (f_1, \lambda_p q u_p) = \lambda_p (f_1, q u_p).$$

Die Iterationsvorschrift lautet nun, auf den Operator T umgeschrieben,

$$\sqrt{q}\,f_1 = T(\sqrt{q}\,f_0), \qquad (8.66)$$

und $f_0 \perp q\,u_p$ bedeutet $\sqrt{q}\,f_0 \perp v_p$ und hat $\sqrt{q}\,f_\nu \perp v_p$ für alle $\nu = 1$, $2, \ldots$ zur Folge. Ist nun $\sqrt{q}\,f_0 \perp v_p$ für $p = 1,\,2,\,\ldots,\,n-1$, so wird $\mu_{2s-1} \geq \lambda_n$ (für $s = 1,\,2,\,\ldots$), und ist die Eigenwertaufgabe überdies definit, so ist nach (8.26) auch $\mu_{2s} \geq \lambda_n$; es gilt dann

$$\lambda_n = \operatorname{Min} R\,h$$

unter den Nebenbedingungen $h \in V$, $q\,h \perp u_1, u_2, \ldots, u_{n-1}$.

Für definite Eigenwertaufgaben kann man auch das COURANTsche Maximum-Minimum-Prinzip für den RAYLEIGHschen Quotienten[1] aus-

---

[1] RAYLEIGH, JOHN WILLIAM STRUTT BARON, englischer Physiker, geboren 12. 11. 1842 in Langford Grove (Essex), 1879 als Nachfolger von MAXWELL als Professor der Experimentalphysik in Cambridge; gestorben 30. 6. 1919 in Terling Place.

sprechen: Es sei

$$\Lambda(w_\nu) = \operatorname{Min} R\, h$$

unter den Nebenbedingungen $h \in V$, $q\, h \perp w_1, w_2, \ldots, w_{n-1}$ mit den voneinander linear unabhängigen, beliebig gewählten integrablen Funktionen w_ν. Dann ist $\lambda_n = \operatorname*{Max}_{w_\nu} \Lambda(w_\nu)$, wenn man alle zulässigen Systeme w_ν heranzieht. Dieses Prinzip hat sich als außerordentlich fruchtbar erwiesen. Hier sollen nur einige Andeutungen gemacht werden. In COURANT-HILBERT [31], S. 354 ff., sind zahlreiche Anwendungen angegeben; kurz ausgedrückt: Verschärft man bei einer Differentialgleichungs-Eigenwertaufgabe die Bedingungen für Vergleichsfunktionen, geht man also zu einer Teilmenge von Vergleichsfunktionen über, so können die Minima und damit deren Maxima, also auch die Eigenwerte, höchstens wachsen; hält man z. B. eine Membran zusätzlich an Punkten fest, so werden die Frequenzen der Eigenschwingungen vergrößert, die Töne werden höher; bekommt die Membran einen Riß (Aufheben der Stetigkeitsbedingung dort), so werden die Töne tiefer. Hat man zwei am Rande eingespannte Membranen, die die Gebiete $B, \widehat{B}$ der x-y-Ebene bedecken, gehört $\widehat{B}$ ganz zu B, und sind die Eigenwerte λ_n bzw. $\widehat{\lambda}_n$, so ist $\widehat{\lambda}_n \geqq \lambda_n$ für alle n; denn man erhält aus Vergleichsfunktionen φ für B solche für $\widehat{B}$ durch die Zusatzforderung, daß $\varphi = 0$ ist in $B - \widehat{B}$. Auch viele andere Aussagen, wie stetige Abhängigkeit der Eigenwerte vom Gebiet und den Koeffizienten der Differentialgleichung, asymptotisches Verhalten der Eigenwerte u. a., lassen sich aus dem COURANTschen Prinzip gewinnen.

8.7 Ritzsches Verfahren

Das RITZsche Verfahren[1] knüpft an die Maximaleigenschaft (8.42) des Eigenwertes $\varkappa_1$ an; der Operator T sei selbstadjungiert und vollstetig. Es seien v_j (für $j = 1, \ldots, n$) voneinander linear unabhängige Elemente des Hilbertraums R. Man sucht nun in dem Ausdruck

$$u = \sum_{j=1}^{n} c_j\, v_j \tag{8.67}$$

die Konstanten c_j so zu bestimmen, daß der Quotient

$$Q = \frac{Z}{N} \quad \text{mit} \quad Z = (T\, u,\, u), \qquad N = (u,\, u)$$

---

[1] RITZ, WALTER, theoretischer Physiker, geboren 22. 2. 1878 in Sitten (Schweiz), Promotion in Göttingen, wo er 1908 Dozent wurde und am 7. 7. 1909 starb. Nachruf von P. WEISS in W. RITZ, Gesammelte Werke, Paris 1911.

einen möglichst großen Wert annimmt, also $\varkappa_1$ möglichst nahe kommt; es wird zunächst eine notwendige Bedingung für das Maximum von Q aufgestellt:

$$\frac{\partial Q}{\partial c_r} = 0$$

ergibt

$$\frac{1}{N^2}\left(\frac{\partial Z}{\partial c_r} N - Z \frac{\partial N}{\partial c_r}\right) = 0 \qquad (r = 1, \ldots, n).$$

An der Stelle des Maximums habe Q den Wert q, also ist dort $Z/N = q$, und man erhält

$$\frac{\partial Z}{\partial c_r} - q \frac{\partial N}{\partial c_r} = 0 \qquad (r = 1, \ldots, n). \qquad (8.68)$$

Hierbei ist

$$Z = (T u, u) = \sum_{j,\,k=1}^{n} c_j \bar{c}_k t_{jk} \quad \text{mit} \quad t_{jk} = (T v_j, v_k). \qquad (8.69)$$

Nun seien t_{jk} und c_j reell, dann wird

$$\frac{\partial Z}{\partial c_r} = 2 \sum_{s=1}^{n} t_{rs} c_s, \qquad \frac{\partial N}{\partial c_r} = 2 \sum_{s=1}^{n} n_{rs} c_s \quad \text{mit} \quad n_{rs} = (v_r, v_s); \qquad (8.70)$$

man erhält als Gleichungen des RITZschen Verfahrens die GALERKINschen Gleichungen

$$\sum_{s=1}^{n} (t_{rs} - q\, n_{rs}) c_s = 0 \qquad (r = 1, \ldots, n). \qquad (8.71)$$

Sie lassen sich auch in der Form schreiben

$$\sum_{s=1}^{n} (c_s v_s, T v_r - q v_r) = (u, T v_r - q v_r) = 0 \qquad (r = 1, \ldots, n). \qquad (8.72)$$

Nun kann man sich die v_j durch ein orthonormiertes System von Elementen ersetzt denken, d. h., man kann $n_{rs} = \delta_{rs}$ annehmen; dann sind (8.71) gerade die Gleichungen für Eigenvektoren c_s und charakteristischen Zahlen q einer Matrix $\widehat{T} = (t_{rs})$, welche wegen der Selbstadjungiertheit von T hermitesch ist. Die Matrix $\widehat{T}$ besitzt daher n reelle charakteristische Zahlen $q_1, q_2, \ldots, q_n$, welche man der Größe nach geordnet

$$q_1 \geqq q_2 \geqq \cdots \geqq q_n$$

als Näherungen für die Eigenwerte $\varkappa_1, \ldots, \varkappa_n$ des Operators T betrachtet.

Satz: *Der Operator T sei selbstadjungiert, vollstetig und besitze mindestens n positive Eigenwerte; $\varkappa_1 \geq \varkappa_2 \geq \cdots \geq \varkappa_n$ seien die n größten Eigenwerte. Mit n voneinander linear unabhängigen Elementen v_j werden* *die Größen t_{jk} und n_{jk} nach (8.69), (8.70) berechnet, und $q_1 \geqq q_2 \geqq \cdots \geqq q_n$ seien die n reellen Wurzeln der Gleichung*

$$\det(t_{jk} - q\,n_{jk}) = 0. \tag{8.73}$$

Dann ist

$$q_j \leqq \varkappa_j \quad \textit{für} \quad j = 1, 2, \ldots, n. \tag{8.74}$$

Beweis: Nun sei wieder $n_{rs} = \delta_{rs}$. Dann ist

$$q_1 = \operatorname*{Max}_{d \,\neq\, \Theta} \frac{(\hat{T}\,d,\,d)}{(d,\,d)} = \operatorname*{Max}_{d \,\neq\, \Theta} \hat{Q},$$

wobei d die Menge der reellen n-dimensionalen Vektoren (ohne den Nullvektor) durchläuft, die Produkte die gewöhnlichen inneren Vektorprodukte sind und der Quotient mit $\hat{Q}$ bezeichnet ist. Ist $g = \{g_j\}$ ein fester Vektor, so sei

$$\mu(g) = \operatorname{Max} \hat{Q}$$

unter den Nebenbedingungen $d \neq \Theta$, $(d, g) = 0$. Dann ist nach dem COURANTschen Maximum-Minimum-Prinzip

$$q_2 = \operatorname{Min} \mu(g)$$

bei Variieren des Vektors g.

Nun sei $w \neq \Theta$ ein festes Element aus R, und $w_r = (w, v_r)$ seien die Komponenten eines Vektors g. In R wird die Nebenbedingung

$$0 = \sum_{r=1}^{n} w_r c_r = \sum_{r=1}^{n} (w, c_r v_r) = (w, u)$$

betrachtet. Dann werden die Maximumprobleme aufgestellt:

$$Q = \operatorname*{Max}_{f \,\neq\, \Theta} \frac{(T\,f,\,f)}{(f,\,f)} \quad \text{unter der Neben}$$

bedingung $(w, f) = 0$ ergibt

$$Q = m(w) \geqq \varkappa_2,$$

$$\hat{Q} = \operatorname*{Max}_{u \,\neq\, \Theta} \frac{(T\,u,\,u)}{(u,\,u)} = \operatorname*{Max}_{d \,\neq\, \Theta} \frac{(\hat{T}\,d,\,d)}{(d,\,d)}$$

unter der Nebenbedingung (w, u) bzw. $(g, d) = 0$ ergibt $\hat{Q} = \mu(w_j) \geqq q_2$.

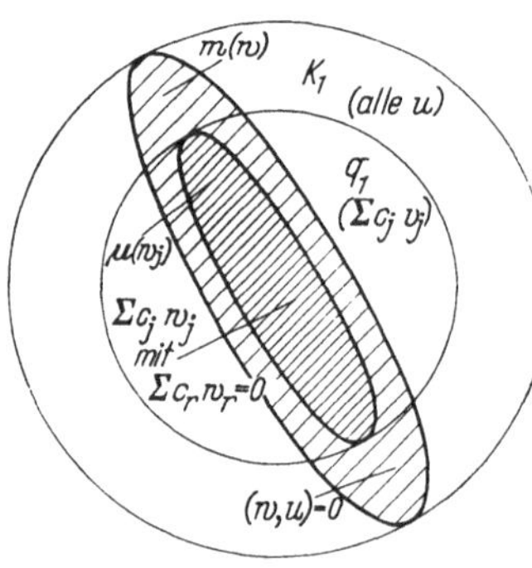

Abb. 8/1. Zum RITZschen Verfahren

Nun sind bei $\hat{Q}$ weniger Elemente zur Konkurrenz zugelassen als bei Q, also gilt

$$q_2 \leqq \mu(w_j) \leqq m(w) \geqq \varkappa_2. \tag{8.75}$$

Das gilt für jedes Element $w \in R$, also auch für das Element w, für welches $m(w)$ seinen kleinsten Wert $\varkappa_2$ annimmt; für dieses wird dann $q_2 \leqq \varkappa_2$. Abb. 8/1 veranschaulicht die verschiedenen zur Konkurrenz zugelassenen Teilmengen; es ist jeweils Max$Q$ angegeben. Entsprechend beweist man $q_j \leq \varkappa_j$ für $j > 2$ durch Hinzunahme weiterer Nebenbedingungen ($q_1 \leq \varkappa_1$ ergibt sich bereits ohne Nebenbedingung).

Beispiel: Eine Membran bedecke den Bereich B der Punkte x, y mit $P \geq 0$, $Q \geq 0$, Abb. 8/2, wobei $P = 1 - x^2 - y^2$, $Q = \frac{1}{2} - x^2$ ist. Dann werde die Eigenwertaufgabe betrachtet

$$-\Delta u = \lambda u \quad \text{in } B,$$

$$u = 0 \quad \text{auf dem Rande } \Gamma \text{ von } B.$$

Bei dem Ansatz $\varphi = P Q (a_0 + a_1 x^2 + a_2 y^2) z$ erhält man die GALERKINschen Gleichungen[1], indem man formal

$$J[\varphi] = \int\limits_B \left[\left(\frac{\partial \varphi}{\partial x} \right)^2 + \left(\frac{\partial \varphi}{\partial y} \right)^2 - \lambda \varphi^2 \right] dx\, dy \qquad (8.76)$$

zum Extremum macht. Die Einzelheiten der Durchführung der Rechnung für das vielbenutzte RITZsche Verfahren sollen hier nicht vorgeführt werden (vgl. z. B. COLLATZ [55], SZABO [60] u. a.), sondern es seien nur die Resultate wiedergegeben.

In dem obigen Ansatz wurden für $z(x, y)$ nacheinander 1, x, y, $x y$ gewählt. Zum Vergleich wurden die entsprechenden Eigenwerte für das um- bzw. einbeschriebene Rechteck, Abb. 8/2, mit angegeben, welche exakte untere und obere Schranken für die Eigenwerte von B sind; die RITZschen Näherungswerte sind nach dem obigen Satz ebenfalls obere Schranken für die Eigenwerte von B, und zwar hier durchweg bessere (kleinere) obere Schranken als die durch Vergleich mit dem Rechteck gewonnenen Werte.

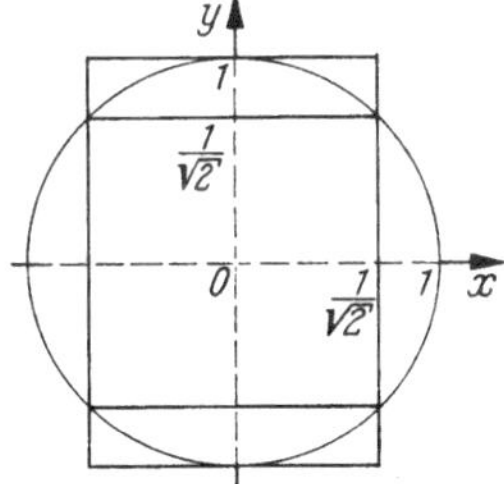

Abb. 8/2. Membran

---

[1] GALERKIN (sprich Galjorkin), BORIS GRIGOREWITSCH, 1871—1945. Bedeutender russischer Ingenieur und Wissenschaftler auf dem Gebiet der Elastizitätstheorie, Akademie-Mitglied und Vollmitglied der Architektur-Akademie der UdSSR, Ingenieur-Generalleutnant; 1871 in Polosk (a. d. Düna in Weißrußland) geboren, absolvierte er 1899 das Petersburger Technologische Institut. 1906 wurde er wegen Beteiligung an der revolutionären Bewegung zu $1^1/_2$ Jahren Gefängnis verurteilt. Seine Lehrtätigkeit nahm er 1909 auf; seit 1920 hatte er einen Lehrstuhl für Konstruktive Mechanik am Petrograder (Leningrader) Polytechnischen Institut. 1928 wählte man ihn zum korrespondierenden Mitglied der Akademie und 1935 zum Vollmitglied. GALERKIN arbeitete auf vielen Teilgebieten der Mechanik und machte sich verdient um die Einführung zeitgemäßer mathematischer Methoden zur Ermittlung von exakten und Näherungslösungen, Elastizitätstheorie, Näherungsverfahren für Randwertaufgaben (1915), Verbiegungen von Platten. In der Schalentheorie konnte er Voraussetzungen bezüglich der Dicke eliminieren und gewann eine Theorie für Schalen mittlerer Stärke. 1913—1915 entwarf GALERKIN das Stahlgerüst des Petersburger Kraftwerkes, eines Gebäudes, das sich durch eine sehr kühne und originelle Konstruktion auszeichnete. GALERKIN war Berater bei Entwurf und Bau großer Wasser- und Wärmekraftwerke, baute das „Haus der Räte" und gründete eine Vereinigung der Ingenieure und Techniker für die ganze Sowjetunion. Sowjetenzyklopädie 1952 (mit Bildnis).

Schranken für Eigenwerte von B

| | Untere | Obere | Obere Schranke |
	Schranken durch Vergleich mit einem Rechteck		nach RITZ
$z = 1$	$\frac{3}{4}\pi^2 \approx 7,402$	$\pi^2 \approx 9,8696$	$7,697\,370$
	$3\pi^2 \approx 29,61$	$4\pi^2 \approx 39,48$	$33,343\,4$
	$\frac{17}{4}\pi^2 \approx 41,95$	$\frac{13}{2}\pi^2 \approx 64,15$	$48,614\,9$
$z = x$	$\frac{9}{4}\pi^2 \approx 22,20$	$\frac{5}{2}\pi^2 \approx 24,67$	$22,868\,80$
	$\frac{17}{4}\pi^2 \approx 41,95$	$\frac{13}{2}\pi^2 \approx 64,15$	$52,511\,5$
	$9\pi^2 \approx 88,83$	$10\pi^2 \approx 98,70$	$92,776\,1$
$z = y$	$\frac{3}{2}\pi^2 \approx 14,80$	$\frac{5}{2}\pi^2 \approx 24,67$	$15,852\,94$
	$\frac{9}{2}\pi^2 \approx 44,41$	$\frac{17}{2}\pi^2 \approx 83,89$	$56,260$
	$6\pi^2 \approx 59,22$	$10\pi^2 \approx 98,70$	$63,440$
$z = x\,y$	$3\pi^2 \approx 29,61$	$4\pi^2 \approx 39,48$	$31,963\,20$
	$6\pi^2 \approx 59,22$	$10\pi^2 \approx 98,70$	$80,833$
	$9\pi^2 \approx 88,83$	$10\pi^2 \approx 98,70$	$93,748$

§ 9. Vektornormen und Matrixnormen

Viele Begriffe und Beweise dieses Paragraphen schließen sich an
HOUSEHOLDER [57] und BAUER [61] an.

9.1 Vektornormen

Für Vektoren $x = (x_1, x_2, \ldots, x_n)$ im reellen oder komplexen R_n
mit dem Nullvektor Θ werde etwas allgemeiner als in Nr. 2.5 eine
„Vektornorm" eingeführt:

Definition: $\| x \|$ heißt Vektornorm, wenn jedem Vektor x eine reelle
Zahl $\| x \|$ zugeordnet ist mit

a) $\| x \| = 0$ genau für $x = \Theta$ (Definitheit)

b) $\| x + y \| \leq \| x \| + \| y \|$ (Dreiecksungleichung) (9.1)

c) $\| \alpha x \| = \alpha \| x \|$ für reelles $\alpha > 0$ (abgeschwächte Form der
                Homogenität)

Daß c) auch für $\alpha = 0$ gilt, folgt bereits aus a).

Definition: Ein *konvexer Körper* im R_n ist eine beschränkte, abgeschlossene und konvexe (s. Nr. 2.4) Teilmenge des R_n. (In der Literatur findet man auch hiervon abweichende Definitionen.)

Satz: *Die Vektoren x mit $\|x\| \leq k$ (mit k als gegebener positiver Konstante) bilden einen konvexen Körper, der Θ enthält.*

Der Satz ist ein Spezialfall des Satzes aus Nr. 2.5 über die Konvexität abgeschlossener Kugeln. Bei dem dortigen Beweis wurde die Homogenität nur in der abgeschwächten Form mit nichtnegativen Faktoren benutzt.

Satz: *Sei K ein konvexer Körper im R_n, der Θ als inneren Punkt O enthält. Ein Halbstrahl von O nach dem Punkt $x \neq \Theta$ treffe die Randfläche von K in x'. Dann ist*

$$\|x\| = p(x) = \begin{cases} \dfrac{\overline{Ox}}{\overline{Ox'}} & \text{für} \quad x \neq \Theta \\[2mm] 0 & \text{für} \quad x = \Theta \end{cases} \Biggr\} \ eine\ Vektornorm \qquad (9.2)$$

für die Vektoren x des R_n.

Hierbei bedeutet $\overline{Ox}$ den EUKLIDischen Abstand der Punkte O und x:

$$\overline{Ox} = \left[\sum_{r=1}^{n} |x_r|^2 \right]^{1/2}.$$

Beweis: Für

$$\overline{Ox}, \ \overline{Ox'} \quad \text{und} \quad p(x) = \frac{\overline{Ox}}{\overline{Ox'}}$$

erhält man endliche positive Werte, falls $x \neq \Theta$ (der Nenner ist > 0).

Also ist $p(x)$ gleich 0 genau für $x = \Theta$, ferner ist $\|\alpha x\| = \alpha \|x\|$ für $\alpha > 0$ wegen $\overline{O(\alpha x)} = \alpha \overline{Ox}$. Weiter gehören für zwei beliebige Punkte x, y des R_n alle Punkte der Verbindungsstrecke von x' und y', d. h. die Punkte $(1 - \alpha) x' + \alpha y'$ mit $0 \leq \alpha \leq 1$ zum konvexen Körper K, speziell also auch der Punkt mit $\alpha = \dfrac{p(y)}{p(x) + p(y)}$, d. h. der Punkt $\dfrac{p(x)}{p(x) + p(y)} x' + \dfrac{p(y)}{p(x) + p(y)} y'$. Es ist $p(x)\, x' = x$ und $p(y)\, y' = y$, also gehört auch der Punkt $\dfrac{x + y}{p(x) + p(y)}$ zu K. Genau für alle Punkte z aus K gilt $p(z) \leq 1$, d. h., es gilt wegen der bereits bewiesenen Homogenität $p\left(\dfrac{x + y}{p(x) + p(y)} \right) = \dfrac{1}{p(x) + p(y)} p(x + y) \leq 1$, und damit ist auch Postulat b) erfüllt.

9.2 Vergleich verschiedener Vektornormen

Satz: *Alle Vektornormen sind in gewissem Sinne gleichberechtigt, d. h., es konvergiere eine Folge von Vektoren x_j im Sinne einer bestimmten Vektornorm $\|x\|$ gegen x, dann konvergiert sie auch im Sinne jeder anderen Vektornorm gegen x.*

Es sei $d_j = x_j - x$; dann ist nach Voraussetzung $\|d_j\| \to 0$ für $j \to \infty$. Nun sei $\|x\|'$ eine andere Vektornorm, dann wird behauptet $\|d_j\|' \to 0$.

Der Satz besagt natürlich nicht, daß nun etwa auch alle Vektornormen hinsichtlich der numerischen Brauchbarkeit gleichberechtigt seien; in dieser Hinsicht bestehen große Unterschiede zwischen den einzelnen Normen.

Beweis: Nach dem ersten Satz dieser Nummer bilden die Vektoren x mit $\|x\|' \leq b$, $b > 0$ einen konvexen Körper K', der Θ enthält. Die Randfläche F von K' stellt eine abgeschlossene, beschränkte Menge von Vektoren x mit $\|x\|' = b$ dar. Auf dieser Menge wird das $\underset{F}{\mathrm{Min}}\|x\| = \varrho$, $\varrho > 0$ angenommen, und es gilt auf F daher $\|x\| \geq \varrho$.

Der durch $\|x\| \leq \varrho$ dargestellte konvexe Körper K_ϱ ist also in K' ganz enthalten, und beide Körper enthalten Θ im Innern. Konvergenz im Sinne der Norm $\|x\|$ bedeutet:

Zu jedem $\sigma > 0$ gibt es eine Nummer $N(\sigma)$ mit $\|d_j\| \leq \sigma$ für $j > N(\sigma)$. Nun gilt:

Zu jedem $b > 0$ gibt es ein $\varrho(b) > 0$ und eine Nummer $N(\varrho(b))$ mit $\|d_j\| \leq \varrho(b)$ für $j > N(\varrho(b))$. Für diese Nummer $N(\varrho(b))$ gilt aber auch $\|d_j\|' \leq b$ für $j > N(\varrho(b))$, d. h., die Folge der x_n konvergiert auch im Sinne der Norm $\|x\|'$.

Konvexe Körper mit und ohne Punktsymmetrie: Durch konvexe, zu O unsymmetrische Körper kann man Vektornormen einführen, die die Forderungen a), b), c) für $\alpha > 0$ erfüllen, aber i. allg. nicht Normen im Sinne von Nr. 2.5 sind. Durch konvexe reelle, zu O symmetrische Körper erhält man Vektornormen, die die Forderung 3. von Nr. 2.5 für reelle c erfüllen und Normen im Sinne von Nr. 2.5 sind ($\|-x\| = \|x\|$). Durch konvexe Körper im komplexen R_n, die so zylinderförmig begrenzt sind, daß $\|e^{i\gamma}x\| = \|x\|$ für reelles γ gilt, erhält man Vektornormen, die 3. von Nr. 2.5 für komplexe c erfüllen und ebenfalls Normen im Sinne von 2.5 sind.

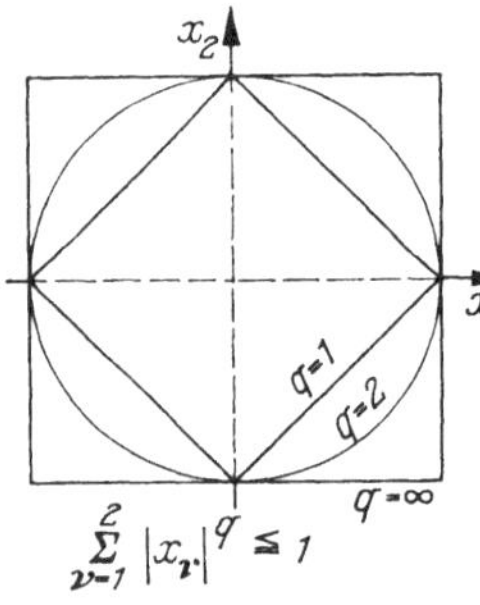

Abb. 9/1. Normen für Vektoren in der Ebene

Von besonderer Wichtigkeit sind die bereits in Nr. 2.5 genannten speziellen Vektornormen

$$\|x\| = \left[\sum_{\nu=1}^{n} |x_\nu|^q\right]^{1/q} \quad \text{mit} \quad 1 \leq q < \infty. \tag{9.3}$$

Hier sind die Spezialfälle enthalten

$q = 1$:

$$\|x\| = \sum_{\nu=1}^{n} |x_\nu| \quad \text{Vektornorm der Komponenten-Betragssumme,} \tag{9.4}$$

$q = 2$:

$$\|x\| = \|x\|_E = \sqrt{\sum_{\nu=1}^{n} |x_\nu|^2} \quad \text{EUKLIDische Vektornorm,} \qquad (9.5)$$

Grenzfall $q \to \infty$:

$$\|x\| = \operatorname*{Max}_{\nu=1,\ldots,n} |x_\nu| \quad \text{Vektornorm des Maximalbetrags} \qquad (9.6)$$
der Komponenten.

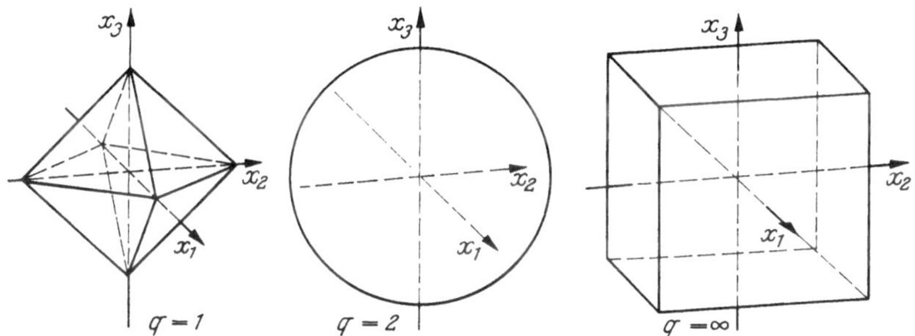

Abb. 9/2. Konvexe Körper für Vektornormen im Raum

Abb. 9/1 und 9/2 zeigen in der Ebene und im Raume die zugehörigen konvexen Körper.

9.3 Matrixnormen

Im linearen, komplexen oder reellen Raum R_M der n-reihigen quadratischen Matrizen $A = (a_{jk})$ (mit $j, k = 1, \ldots, n$) werden nun, ähnlich wie in (9.1) und etwas abweichend von Nr. 2.5, Matrixnormen eingeführt. Θ sei die Nullmatrix.

Definition: $\|A\|$ heißt Matrixnorm der Matrix A, wenn jeder Matrix $A \in R_M$ eine reelle nichtnegative Zahl $\|A\|$ zugeordnet ist mit

a) $\|A\| = 0$ genau für $A = \Theta$ \qquad (Definitheit)

b) $\|A + B\| \leqq \|A\| + \|B\|$ \qquad (Dreiecksungleichung) (9.7)

c) $\|\alpha A\| = \alpha \|A\|$ für reelles $\alpha > 0$ \qquad (abgeschwächte Form der Homogenität).

Nun treten die Matrizen von R_M zugleich als Operatoren, die man auf Vektoren anwendet (1.8), auf, und es ist wünschenswert, $\|A\|$ zugleich als Norm des Operators auffassen zu können.

Definition: Eine Matrixnorm $\|A\|$ heißt zu einer Vektornorm $\|x\|$ passend (consistent), wenn für beliebige A, x gilt:

$$\|A x\| \leqq \|A\| \, \|x\|, \qquad (9.8)$$

und wenn für beliebige Matrizen A B gilt:

$$\|A \cdot B\| \leq \|A\| \cdot \|B\|. \tag{9.9}$$

Wenn eine Matrixnorm $\|A\|$ diese Beziehung nicht erfüllt, so kann sie zu keiner Vektornorm eine passende Matrixnorm sein. Es kann aber zu einer Vektornorm verschiedene passende Matrixnormen geben.

Definition: Es sei $\|A\|$ eine zu einer gegebenen Vektornorm $\|x\|$ passende Matrixnorm. Gibt es zu jeder Matrix A einen Vektor $x \neq \Theta$ (der von der Wahl von A abhängt) mit $\|A\,x\| = \|A\| \cdot \|x\|$, so heißt die Norm $\|A\|$ eine der Vektornorm $\|x\|$ zugeordnete (subordinate) Matrixnorm.

Satz: *Zu jeder Vektornorm $\|x\|$ gibt es mindestens eine zugeordnete (und damit mindestens eine passende) Matrixnorm $\|A\|$, und zwar ist eine solche die Norm*

$$\|A\| = \operatorname*{Max}_{\|x\|=1} \|A\,x\| = \operatorname*{Max}_{x \neq \Theta} \frac{\|A\,x\|}{\|x\|}. \tag{9.10}$$

Beweis: Die reellwertige, stetige Funktion $\|A\,x\|$ nimmt ihr Maximum auf der beschränkten, abgeschlossenen Menge $\|x\| = 1$ an. Es gibt also einen Vektor x mit $\|x\| = 1$ und $\|A\,x\| = \|A\| \cdot \|x\|$. Daß eine Matrixnorm vorliegt, d. h. die Forderungen a), b), c) erfüllt sind, ist unmittelbar nachprüfbar.

Satz: *Jede einer beliebigen Vektornorm zugeordnete Matrixnorm ergibt speziell für die Einheitsmatrix E den Wert $\|E\| = 1$.*

Beweis: Da eine zugeordnete Matrixnorm vorliegt, gibt es zur Matrix E einen Vektor $x \neq \Theta$ mit $\|x\| = \|E\,x\| = \|E\| \cdot \|x\|$, also $\|E\| = 1$.

Satz: *Zu jeder Matrixnorm $\|A\|$, welche die Postulate a), b), c) und (9.9) erfüllt, gibt es mindestens eine Vektornorm $\|x\|$, zu der die Matrixnorm passend ist, und zwar die Vektornorm*

$$\|x\| = \left\| \begin{pmatrix} x_1 & 0 & \cdots & 0 \\ \vdots & \vdots & & \vdots \\ x_n & 0 & \cdots & 0 \end{pmatrix} \right\| \quad \text{für} \quad x = \{x_k\}. \tag{9.11}$$

Beweis: Nach (9.9) gilt

$$\left\| \begin{pmatrix} \sum_k a_{1k} x_k & 0 & \cdots & 0 \\ \vdots & \vdots & & \vdots \\ \sum_k a_{nk} x_k & 0 & \cdots & 0 \end{pmatrix} \right\| \leq$$

$$\leq \left\| \begin{pmatrix} a_{11} & \cdots & a_{1n} \\ \vdots & & \vdots \\ a_{n1} & \cdots & a_{nn} \end{pmatrix} \right\| \cdot \left\| \begin{pmatrix} x_1 & 0 & \cdots & 0 \\ \vdots & \vdots & & \vdots \\ x_n & 0 & \cdots & 0 \end{pmatrix} \right\|.$$

Nach obiger Definition der Vektornorm ist daher $\|A\,x\| \leqq \|A\| \cdot \|x\|$ erfüllt. Die Postulate a), b), c) für die Vektornorm prüft man unmittelbar nach.

Natürlich kann es nicht zu einer beliebigen Matrixnorm $\|A\|$ eine Vektornorm geben, zu welcher $\|A\|$ zugeordnet ist, da bei beliebiger Matrixnorm nicht $\|E\|$ stets den Wert 1 hat.

Satz: *Sei H eine nichtsinguläre Matrix (d. h. $\mathrm{Det}\,H \neq 0$) und $\|x\|$ eine gegebene Vektornorm, dann ist*

$$\|x\|_H = \|H^{-1}\,x\| \tag{9.12}$$

(genannt „transformierte Vektornorm") wieder eine Vektornorm.

Beweis folgt sofort durch Nachprüfung der Normforderungen a), b), c) aus Nr. 9.1.

Satz: *Sei H eine nichtsinguläre Matrix und $\|A\|$ eine gegebene Matrixnorm, dann ist*

$$\|A\|_H = \|H^{-1}\,A\,H\| \tag{9.13}$$

(genannt „transformierte Matrixnorm") wieder eine Matrixnorm.

Beweis folgt wieder sofort durch Nachprüfung der Forderungen für eine Matrixnorm.

Satz: *Bei Übergang von einer Vektornorm $\|x\|$ zur transformierten Vektornorm $\|x\|_H$ und von einer Matrixnorm $\|A\|$ zur transformierten Matrixnorm $\|A\|_H$ mit derselben nichtsingulären Matrix H bleiben die Eigenschaften „passend" und „zugeordnet" erhalten.*

Beweis folgt unmittelbar aus den Definitionen wegen

$$\|A\,x\|_H = \|H^{-1}A\,x\| = \|H^{-1}A\,H\,H^{-1}x\|.$$

9.4 Aus der Matrizenlehre

Für das Folgende werden einige Tatsachen über Matrizen benötigt. Die Bezeichnungen A, A', $\overline{A}$, $\overline{A'} = A^*$ sind S. XVI aufgeführt.

Eine Matrix A mit $A = A'$ heißt symmetrisch, mit $A = \overline{A'}$ heißt hermitesch, mit $A' = A^{-1}$ heißt orthogonal, mit $\overline{A'} = A^{-1}$ heißt unitär, mit $A\overline{A'} = \overline{A'}A$ heißt normal, mit $\det A \neq 0$ heißt nichtsingulär.

Für eine quadratische n-reihige Matrix A heißen die Wurzeln $\varkappa_1, \ldots, \varkappa_n$ der „charakteristischen Gleichung" von A

$$\varphi(\varkappa) = \det(A - \varkappa\,E) = 0, \tag{9.14}$$

die „charakteristischen Zahlen von A" (im folgenden oft kurz: char. Zahlen) und $\lambda_j = 1/\varkappa_j$ (für $\varkappa_j \neq 0$) heißen Eigenwerte von A. Die mit Hilfe einer nichtsingulären Matrix H transformierte Matrix $A_H = H^{-1}AH$

hat dieselben charakteristischen Zahlen wie A, wie aus

$$A_H - \varkappa E = H^{-1}AH - \varkappa E = H^{-1}(A - \varkappa E) H,$$

also

$$\det(A_H - \varkappa E) = \det H^{-1} \det(A - \varkappa E) \det H = \det(A - \varkappa E)$$

hervorgeht.

Sind A und B quadratische n-reihige Matrizen, so läßt sich zeigen, daß AB und BA die gleichen charakteristischen Zahlen haben. Wenn nicht beide Matrizen A und B singulär sind, wenn etwa $\det A \neq 0$ ist, so folgt diese Tatsache unmittelbar daraus, daß AB bei Transformation mit A in $A^{-1}ABA = BA$ übergeht. Hat A die charakteristischen Zahlen $\varkappa_j$, so hat $p(A)$ [wobei $p(x)$ ein gegebenes Polynom ist] die charakteristischen Zahlen $p(\varkappa_j)$; ist überdies A nichtsingulär, so hat A^{-1} die charakteristischen Zahlen $\varkappa_j^{-1}$.

Jede hermitesche Matrix hat nur reelle charakteristische Zahlen; die charakteristischen Zahlen einer unitären Matrix haben sämtlich den Betrag 1.

Eine hermitesche Matrix A heißt positiv definit (bzw. positiv semidefinit), wenn die zugehörige hermitesche Form $Q = \overline{x'} A x$ nur positive (bzw. nur nichtnegative) Werte annimmt, wenn x die Gesamtheit aller Vektoren mit Ausnahme des Nullvektors durchläuft. Jede solche Matrix hat nur positive (bzw. nur nichtnegative) charakteristische Zahlen. Ist $\| x \|_E = (\overline{x'} x)^{1/2}$ die EUKLIDische Norm eines Vektors x, so gilt für jede hermitesche Matrix A

$$\varkappa_{\min} \overline{x'} x \leqq \overline{x'} A x \leqq \varkappa_{\max} \overline{x'} x, \tag{9.15}$$

wobei $\varkappa_{\min}$ bzw. $\varkappa_{\max}$ die kleinste bzw. größte charakteristische Zahl von A ist. Die Gleichheitszeichen werden von den zu $\varkappa_{\min}$ bzw. $\varkappa_{\max}$ gehörigen Eigenvektoren angenommen.

Für jede quadratische Matrix A ist A^*A hermitesch und positiv semidefinit. Es haben A^*A und AA^* die gleichen charakteristischen Zahlen. Ist A hermitesch, so hat A^*A als charakteristische Zahlen die Quadrate der charakteristischen Zahlen von A.

Es ist

$$(A + B)^* = A^* + B^*, \quad (AB)^* = B^*A^*, \quad (A^{-1})^* = (A^*)^{-1},$$

$$\det A^* = \det A, \quad A^{**} = A.$$

Der Spektralradius $\varrho(A)$ einer quadratischen **Matrix** ist der Maximalbetrag der charakteristischen Zahlen von A; jede unitäre Matrix U hat den Spektralradius $\varrho(U) = 1$. Der Spektralradius $\varrho(A)$ bleibt bei Transformation mit einer nichtsingulären Matrix H invariant, da A und $H^{-1}AH$ dieselben charakteristischen Zahlen haben.

Bei unitärer Transformation $y = Ux$ (mit unitärer Matrix U) bleiben die EUKLIDischen Längen von Vektoren invariant, $\|y\|_E = \|x\|_E$; denn

$$\|y\|_E^2 = \overline{y'}\,y = \overline{x'\,U'}\,U\,x = \overline{x'}\,x = \|x\|_E^2.$$

Nach einem Satz von I. SCHUR (Beweis z. B. bei MIRSKY [55], Theorem 10.4.1) gibt es zu jeder quadratischen Matrix A eine unitäre Matrix U, die A in eine obere Dreiecksmatrix T transformiert

$$A = UTU^{-1} = UT\overline{U'}, \tag{9.16}$$

dabei ist $T = (t_{j\,k})$ mit $t_{jk} = \begin{cases} 0 & \text{für} \quad j > k \\ \varkappa_j & \text{für} \quad j = k \end{cases}.$

T hat also die Gestalt $T = D + M$, wobei D eine Diagonalmatrix ist, bei der die charakteristischen Zahlen $\varkappa_j$ von A in der Diagonale stehen und $M = (m_{j\,k})$ Elemente hat mit

$$m_{jk} = 0 \quad \text{für} \quad j \geqq k. \tag{9.17}$$

Es ist dann $M^r = \Theta$ für $r \geqq n$. Bei gegebenem A sind U und T nicht eindeutig bestimmt. Ist A normal, so ist $M = \Theta$ erreichbar.

9.5 Euklidische Vektornorm und passende Matrixnormen

Es soll zur EUKLIDischen Vektornorm eine zugeordnete Matrixnorm $\|A\|$ aufgestellt werden nach (9.10). Es wird danach

$$\|A\| = \underset{x \neq \Theta}{\text{Max}}\,\frac{\|A\,x\|_E}{\|x\|_E}.$$

Nun ist $\|A\,x\|^2 = \overline{(A\,x)'}\,A\,x = \overline{x'A'}\,A\,x \leqq \tau\,\overline{x'}\,x = \tau \cdot \|x\|^2$. Hier ist $\overline{A'}A$ eine hermitesche Matrix und τ nach (9.15) die größte charakteristische Zahl von $\overline{A'}A$. Somit wird $\|A\| = \sqrt{\tau}$.

Definition: Als „Spektralnorm" $\sigma(A)$ einer quadratischen Matrix A definiert man die positive Quadratwurzel aus der größten char. Zahl von $A*A$:

$$\|A\|_{sp} = \sigma(A) = [\text{max. char. Zahl von } A*A]^{1/2}. \tag{9.18}$$

Falls A selbst hermitesch ist, gilt einfach

$$\|A\|_{sp} = \text{Max}\,|\text{char. Zahl von } A| = \text{Spektralradius von } A \tag{9.19}$$
$$(\text{maximaler Betrag der char. Zahlen von } A).$$

Weiter gilt für $\det A \neq 0$:

$$(A^{-1})*A^{-1} = (A*)^{-1}A^{-1} = (AA*)^{-1}.$$

Nun hat $(AA*)^{-1}$ als charakteristische Zahlen die reziproken Werte der char. Zahlen von $A*A$, d. h. es ist

$$\|A^{-1}\|_{sp} = + \sqrt{\frac{1}{\text{min. char. Zahl von } A*A}} \quad (\text{für} \quad \det A \neq 0). \quad (9.20)$$

Somit gilt

Satz 1: *Die Spektral-(Matrix-) Norm ist zur Euklidischen Vektornorm passend und zugeordnet.*

Eine weitere wichtige Matrixnorm $\|A\|$ ist die ERHARD-SCHMIDT-sche Norm

$$\|A\|_{ES} = \varepsilon(A) = \left[\sum_{j,k=1}^{n} |a_{jk}|^2\right]^{1/2}. \quad (9.21)$$

Speziell für die n-reihige Einheitsmatrix wird

$$\|E\|_{ES} = + \sqrt{n}. \quad (9.22)$$

Man prüft unmittelbar nach, daß die Forderungen a), b), c) für eine Matrixnorm erfüllt sind.

Satz 2: *Die Erhard-Schmidtsche Matrixnorm für n-reihige Matrizen ist zur Euklidischen Vektornorm passend, aber für $n > 1$ nicht zugeordnet.*

Beweis: Nach der SCHWARZschen Ungleichung (2.45) ist

$$\left|\sum_{k=1}^{n} a_{jk} x_k\right|^2 \leq \sum_{k=1}^{n} |a_{jk}|^2 \sum_{k=1}^{n} |x_k|^2.$$

Damit wird

$$\|A x\|_E^2 = \sum_{j=1}^{n} \left|\sum_{k=1}^{n} a_{jk} x_k\right|^2 \leq \sum_{j=1}^{n} \left(\sum_{k=1}^{n} |a_{jk}|^2\right) \sum_{k=1}^{n} |x_k|^2$$

$$= \sum_{j,k=1}^{n} |a_{jk}|^2 \sum_{k=1}^{n} |x_k|^2 = \|A\|_{ES}^2 \|x\|_E^2$$

oder

$$\|A x\|_E \leq \|A\|_{ES} \|x\|_E. \quad (9.23)$$

Die ERHARD-SCHMIDTsche Matrixnorm ist also passend zur EUKLIDischen Vektornorm. Sie kann aber wegen (9.22) für $n > 1$ keiner Vektornorm zugeordnet sein, da sonst $\|E\|_{ES} = 1$ sein müßte.

Satz 3: *Der Spektralradius $\varrho(A)$ einer Matrix A ist höchstens gleich der Spektralnorm, $\varrho(A) \leq \sigma(A)$, die Spektralnorm $\sigma(A)$ und die Erhard-Schmidtsche Norm $\varepsilon(A)$ sind gegenüber unitären Transformationen invariant.*

Beweis:

I. Es sei $\varkappa$ eine charakteristische Zahl von A; zu ihr gehört ein Eigenvektor $x \neq \Theta$. Dann ist

$$|\varkappa| \|x\|_E = \|\varkappa x\|_E = \|A x\|_E \leq \sigma(A) \|x\|_E,$$

also $|\varkappa| \leqq \sigma(A)$ und auch

$$\varrho(A) = \mathrm{Max}\,|\varkappa(A)| \leqq \sigma(A). \tag{9.24}$$

(Maximum genommen über alle char. Zahlen).

II. Ist x ein beliebiger Vektor, so gilt für zwei beliebige quadratische n-reihige Matrizen A, B

$$\|AB\,x\|_E \leqq \sigma(A)\,\|B\,x\|_E \leqq \sigma(A)\,\sigma(B)\,\|x\|_E,$$

das besagt aber

$$\sigma(AB) \leqq \sigma(A)\,\sigma(B). \tag{9.25}$$

III. Ist U eine unitäre Matrix, so ist $\sigma(U) = \sigma(\overline{U}') = 1$, und es gilt für A und $\hat{A} = UA\overline{U}'$ nach der Produktregel von II:

$\sigma(\hat{A}) \leqq \sigma(U)\,\sigma(A)\,\sigma(\overline{U}') = \sigma(A)$, ebenso $\sigma(A) \leqq \sigma(\hat{A})$, also $\sigma(A) = \sigma(\hat{A})$.

IV. A habe die Spaltenvektoren $a_1, a_2, \ldots, a_n$, lasse sich also schreiben als

$$A = (a_1 \,|\, a_2 \,|\, \ldots \,|\, a_n).$$

Ist U eine unitäre Matrix, so ist $UA = (U\,a_1 \,|\, U\,a_2 \,|\, \ldots \,|\, U\,a_n)$. Nun ist $(\varepsilon(A))^2 = \sum_{j=1}^{n} \|a_j\|_E^2 = \sum_{j=1}^{n} \|U\,a_j\|_E^2 = (\varepsilon(UA))^2$.

Beispiel zur Spektral-(Matrix-) Norm: Bei der folgenden (für $a \neq 0$ nicht normalen) Matrix A

$$A = \begin{pmatrix} 1 & a \\ 0 & 1 \end{pmatrix} \quad \text{mit} \quad \overline{A}' = \begin{pmatrix} 1 & 0 \\ \overline{a} & 1 \end{pmatrix}, \quad \overline{A}'A = \begin{pmatrix} 1 & a \\ \overline{a} & 1 + a\,\overline{a} \end{pmatrix}$$

berechnen sich die charakteristischen Zahlen $\varkappa$ von $\overline{A}'A$ aus

$$\det(\overline{A}'A - \varkappa E) = \begin{vmatrix} 1 - \varkappa & a \\ \overline{a} & 1 + a\,\overline{a} - \varkappa \end{vmatrix} = \varkappa^2 - \varkappa(2 + a\,\overline{a}) + 1 = 0.$$

Die größere Wurzel dieser Gleichung ist

$$\|A\|_{sp}^2 = 1 + \frac{a\,\overline{a}}{2} + \sqrt{a\,\overline{a} + \left(\frac{a\,\overline{a}}{2}\right)^2}.$$

Da A nicht hermitesch ist, kann man nicht erwarten, daß dieser Wert übereinstimmt mit dem Spektralradius $\varrho(A)$, der hier $= 1$ ist.

9.6 Andere Vektornormen und zugeordnete Matrixnormen

Satz: *Die Matrixnorm der maximalen Zeilenbetragssumme*

$$\|A\| = \mathrm{Max}_j\left(\sum_{k=1}^{n} |a_{jk}|\right) \tag{9.26}$$

ist zur Vektornorm (9.6) *des maximalen Komponentenbetrags passend und zugeordnet.*

Beweis: Für diese Vektornorm gilt nach der Dreiecksungleichung

$$\|A\,x\| = \underset{j}{\text{Max}}\left(\left|\sum_k a_{jk}\,x_k\right|\right) \leqq \underset{j}{\text{Max}}\left(\sum_k |a_{jk}|\,|x_k|\right)$$

$$\leqq \underset{j}{\text{Max}}\left(\sum_k |a_{jk}|\,\underset{k}{\text{Max}}\,|x_k|\right) = \underset{j}{\text{Max}}\left(\sum_k |a_{jk}|\right)\|x\| = \|A\|\,\|x\|.$$

Die Matrixnorm (9.26) ist also passend zur Vektornorm (9.6).

Daß sie auch zugeordnet ist, sieht man, indem man zu jeder Matrix A speziell einen auf 1 normierten Vektor x angibt mit $\|A\,x\| = \|A\|\,\|x\|$. Die Zeilenbetragssummen seien $b_j = \sum_k |a_{jk}|$ für $j = 1, \ldots, n$ und b_q sei die maximale Zeilenbetragssumme. Nach Definition ist $\|A\| = b_q$. Die Elemente in der q-ten Zeile von A seien a_{qk} $(k = 1, 2, \ldots, n)$. Sie lassen sich darstellen als $a_{qk} = |a_{qk}|\,e^{i\alpha_k}$ mit $0 \leqq \alpha_k < 2\pi$. Der gesuchte auf 1 normierte Vektor ist $x = (x_k) = (e^{-i\alpha_k})$.

Nach der Dreiecksungleichung kann man den j-ten Komponentenbetrag von $A\,x$ abschätzen:

$$|(A\,x)_j| = \left|\sum_k a_{jk}\,x_k\right| \leqq \sum_k |a_{jk}|\,|x_k| = \sum_k |a_{jk}| = b_j \leqq b_q.$$

Für den q-ten Komponentenbetrag gilt das Gleichheitszeichen:

$$|(A\,x)_q| = \left|\sum_k a_{qk}\,x_k\right| = \sum_k |a_{qk}| = b_q.$$

Also ist $\|A\,x\| = b_q = \|A\|\,\|x\|$.

Daß (9.26) die Forderungen a), b), c) für eine Matrixnorm erfüllt, ist unmittelbar nachprüfbar.

Satz: *Die Matrixnorm der maximalen Spaltenbetragssumme*

$$\|A\| = \underset{k}{\text{Max}}\left(\sum_j |a_{jk}|\right) \tag{9.27}$$

ist zur Vektornorm (9.4) *der Komponentenbetragssumme passend und zugeordnet.*

Beweis: Bei der Vektornorm (9.4) gilt

$$\|A\,x\| = \sum_j \left|\sum_k a_{jk}\,x_k\right| \leqq \sum_j \sum_k |a_{jk}|\,|x_k|$$

$$= \sum_k \left(\sum_j |a_{jk}|\right)|x_k| \leqq \sum_k \left|\underset{k}{\text{Max}}\left(\sum_j |a_{jk}|\right)\right||x_k| = \|A\|\,\|x\|.$$

Die Matrixnorm (9.27) ist also passend zur Vektornorm (9.4). Daß sie auch zugeordnet ist, zeigt man, indem man zu jeder Matrix A speziell einen auf 1 normierten Vektor x angibt mit $\|A\,x\| = \|A\| \cdot \|x\|$. Die Spaltenbetragssummen seien $c_k = \sum_j |a_{jk}|$ und c_q das maximale c_k.

Nach Definition ist $\| A \| = c_q$. Der gesuchte auf 1 normierte Vektor x hat die Komponenten

$$x_k = \begin{cases} 0 \ \text{für} \ k \neq q \\ 1 \ \text{für} \ k = q \end{cases}.$$

Der Vektor $A\,x$ hat dann die Komponenten

$$(A\,x)_j = \sum_k a_{jk}\,x_k = a_{jq},$$

und es gilt

$$\| A\,x \| = \sum_j |a_{jq}| = c_q = \| A \| = \| A \|\,\| x \|.$$

9.7 Transformierte Normen

Die Verwendung von transformierten Vektor- und Matrixnormen nach (9.12), (9.13) empfiehlt sich z. B. dann, wenn Vektoren mit Komponenten von verschiedenen Größenordnungen auftreten [etwa wie im nachfolgenden Beispiel Vektoren im R_{n+1} mit $x_j =$ Komponenten eines Eigenvektors $(j = 1, \ldots, n)$ und $x_{n+1} =$ zugehöriger Eigenwert λ]. Man kann auf diese Weise „Gewichtsfaktoren" bei den Normen erfassen. Für positive „Gewichte" $c_j > 0$ $(j = 1, \ldots, n)$ werden im folgenden transformierte Vektor- und Matrixnormen angegeben. Als Transformationsmatrix H wird eine Diagonalmatrix mit positiven Elementen h_j verwendet:

$$H = \begin{pmatrix} h_1 & & \\ & h_2 & 0 \\ & & \ddots \\ 0 & & h_n \end{pmatrix}, \quad h_j > 0, \quad h_j^{-1} = c_j > 0.$$

$$H^{-1}\,x = (c_1\,x_1, \ldots, c_n\,x_n),$$

$$H^{-1}\,A\,H = (c_j\,a_{jk}\,c_k^{-1}).$$

In der Zusammenstellung stehen links jeweils eine Vektornorm und darunter eine zugeordnete Matrixnorm und rechts die mit H transformierten Vektor- und Matrixnormen.

$\| x \| = \underset{j}{\text{Max}}\, \| x_j \|$ $\| A \| = \underset{j}{\text{Max}} \left(\sum_k \| a_{jk} \| \right)$	(9.28)	$\| x \|_H = \underset{j}{\text{Max}}\, c_j \| x_j \|$ $\| A \|_H = \underset{j}{\text{Max}}\, c_j \left(\sum_k \dfrac{\| a_{jk} \|}{c_k} \right)$ (9.29)
$\| x \| = \sum_k \| x_k \|$ $\| A \| = \underset{k}{\text{Max}} \left(\sum_j \| a_{jk} \| \right)$	(9.30)	$\| x \|_H = \sum_k c_k \| x_k \|$ $\| A \|_H = \underset{k}{\text{Max}}\, \dfrac{1}{c_k} \left(\sum_j c_j \| a_{jk} \| \right)$ (9.31)

Die Matrixnorm (9.29) kann man z. B. sehr bequem berechnen, indem man die k-te Spalte durch c_k dividiert, dafür die k-te Zeile mit c_k multipliziert (dies für alle k) und für die so entstandene Matrix die gewöhnliche Matrixnorm (9.28) bildet.

Bei numerischen Abschätzungen (vgl. § 10) ist es oft wichtig, eine Matrixnorm zu verwenden, bei der für eine gegebene Matrix A der Wert $\|A\| < 1$ und überdies möglichst klein ausfällt.

Zahlenbeispiele:

I.

$$A = \begin{pmatrix} 0 & 0{,}5 & 0{,}6 \\ 0{,}6 & 0 & 0{,}1 \\ 0{,}3 & 0{,}2 & 0 \end{pmatrix}, \qquad \|A\| = \begin{cases} \sqrt{1{,}11} & \text{für Erhard-Schmidt-Norm} \\ 1{,}10 & \text{für max. Zeilenbetragssumme} \\ 0{,}90 & \text{für max. Spaltenbetragssumme} \end{cases}$$

Nur für die letztgenannte Norm fällt $\|A\| < 1$ aus. Dividiert man jedoch die 3. Spalte durch 1,6 und multipliziert die 3. Zeile mit 1,6 [transformierte Matrixnorm (9.29) der maximalen Zeilenbetragssumme mit $c_1 = c_2 = 1$; $c_3 = 1{,}6$], so wird $\|A\|_H = 0{,}875$. Mit $c_1 = 1$; $c_2 = 1{,}2$; $c_3 = 1{,}6$ erreicht man sogar $\|A\|_H = 0{,}795$.

II.

$$A = \begin{pmatrix} 0 & 0{,}5 & -0{,}5 \\ 0{,}1 & 0 & 0{,}1 \\ -0{,}3 & -0{,}5 & 0 \end{pmatrix}, \qquad \|A\| = \begin{cases} \sqrt{0{,}86} & \text{für Erhard-Schmidt-Norm} \\ 1{,}00 & \text{für max. Zeilenbetragssumme} \\ 1{,}00 & \text{für max. Spaltenbetragssumme} \end{cases}$$

Wieder kann man die Norm durch Transformationen verbessern. (9.29) liefert mit $c_1 = 1$, $c_2 = 3$, $c_3 = 1$ sofort $\|A\|_H = \frac{2}{3}$ (und etwas sorgfältiger mit $c_1 = 1$; $c_2 = 3{,}1$; $c_3 = 1{,}23$ den Wert $\|A\|_H = 0{,}568$).

§ 10. Weitere Sätze über Vektor- und Matrixnormen

10.1 Duale Vektornormen

Ist $\|x\|$ eine gegebene Vektornorm, so heißt

$$\|x\|_d = \operatorname*{Max}_{\|z\|=1} Re(x, z) = \operatorname*{Max}_{z \neq \Theta} \frac{Re(x, z)}{\|z\|} \tag{10.1}$$

die zur Norm $\|x\|$ duale Vektornorm.

Dabei bedeutet (x, z) das innere Produkt der Vektoren x und z [nach (2.42) für $p_j = 1$]. Die beiden Schreibweisen in (10.1) sind wegen der Homogenität der Norm $\|z\|$ und des inneren Vektorproduktes bezüglich eines positiven Faktors bei z äquivalent.

Nachweis der Normpostulate: $\|x\|_d = 0$ gilt genau für $x = \Theta$; die Homogenität ist gesichert, und es gilt die Dreiecksungleichung:

$$\|x + y\|_d = \operatorname*{Max}_{\|z\|=1} (Re(x, z) + Re(y, z))$$

$$\leq \operatorname*{Max}_{\|z\|=1} Re(x, z) + \operatorname*{Max}_{\|z\|=1} Re(y, z) = \|x\|_d + \|y\|_d.$$

Anschauliche Deutung der dualen Norm: Im reellen R_n gilt: Durch $(x, z) \leq s$ (reelles symmetrisches inneres Produkt, x fest) wird für die Vektoren z ein „Halbraum" des R_n festgelegt. Die kleinste Zahl $s = s(x)$, für die dieser Halbraum den konvexen Körper $\|z\| \leq 1$ (Randfläche $\|z\| = 1$) noch ganz enthält, ist dann nach (10.1) die zur Vektornorm $\|x\|$ duale Vektornorm $\|x\|_d$, Abb. 10/1.

Im Komplexen ist bei festem x und variablem z durch

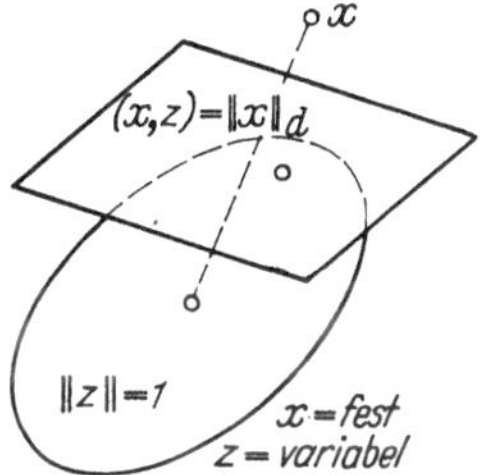

Abb. 10/1. Anschauliche Deutung der dualen Norm

$$Re(x, z) \leq \|x\|_d = \underset{z \neq \Theta}{\text{Max}} \frac{Re(x, z)}{\|z\|} \qquad (10.2)$$

ein Halbraum festgelegt, der den durch $\|z\| \leq 1$ bestimmten konvexen Körper K enthält. Steht in (10.2) an Stelle von $\leq$ das Gleichheitszeichen, so ist (10.2) die Gleichung einer „Stützhyperebene" (z. B. Tangentialhyperebene) von K, kurz ein „Support" von K mit der Eigenschaft: Der Support enthält mindestens einen Punkt von K, und zwar einen Randpunkt z mit $\|z\| = 1$. Der Support teilt den R_n in zwei Teile, von denen einer zu K punktfremd ist.

Aus (10.1) folgt unmittelbar (auch HÖLDERsche Ungleichung genannt):

$$Re(x, y) \leq \|x\|_d \|y\|. \qquad (10.3)$$

Zu jedem x existiert ein $y \neq \Theta$, für welches in (10.3) das Gleichheitszeichen steht. Oder anders ausgedrückt: Bei gegebenem Vektor x ist die duale Norm $\|x\|_d$ die kleinste Zahl a, für welche $Re(x, y) \leq a \cdot \|y\|$ für alle Vektoren y gilt.

Satz: *Ist $\|x\|$ eine gegebene Vektornorm und $\|x\|_d$ die zu ihr duale Vektornorm, so ist die zur dualen Vektornorm $\|x\|_d$ duale Vektornorm $\|x\|_{dd}$ gleich der Ausgangsnorm $\|x\|$;*

$$\|x\|_{dd} = \|x\|. \qquad (10.4)$$

Beweis: Nach Definition (10.1) ist

$$\|x\|_{dd} = \underset{\|z\|_d=1}{\text{Max}} Re(x, z) = \underset{\|z\|_d=1}{\text{Max}} Re(z, x). \qquad (10.5)$$

Es genügt wegen der Homogenität, (10.4) für $\|x\| = 1$ zu beweisen. Es sei z ein Vektor mit $\|z\|_d = 1$. Dann ist nach (10.2)

$$Re(z, y) = \|z\|_d = 1 \qquad (10.6)$$

bei variablem y ein Support. Dieser Support enthält mindestens einen Punkt vom konvexen Körper K mit $\|x\| \leq 1$, und K gehört ganz zum

Halbraum $Re(z, y) \leqq 1$. Da x zu K gehört, ist also $Re(z, x) \leqq 1$. Das gilt für jedes z mit $\|z\|_d = 1$, also ist auch das Maximum $\leqq 1$ oder $\|x\|_{dd} \leqq 1$. Wählt man aber z so, daß x zum Support (10.6) gehört, so wird das Maximum gleich 1, d. h.

$$\|x\|_{dd} = 1 = \|x\|, \tag{10.7}$$

wie behauptet.

10.2 Bestimmung einiger dualer Normen

Satz: *Die Euklidische Vektornorm $\|x\|_E$ ist zu sich selbst dual.*

Beweis: Nach der SCHWARZschen Ungleichung (2.45) gilt

$$Re(x, z) \leqq |(x, z)| \leqq \|x\|_E \|z\|_E.$$

Für $z = x \neq \Theta$ steht hier das Gleichheitszeichen:

$$Re(x, x) = |(x, x)| = (\|x\|_E)^2.$$

Also ergibt das Maximum in (10.1) als duale Norm gerade den Wert $\|x\|_E$.

Satz: *Die zur Vektornorm des maximalen Komponentenbetrags $\|x\| = \underset{j}{\mathrm{Max}}|x_j|$ duale Vektornorm ist die Vektornorm der Komponentenbetragssumme*

$$\|x\|_d = \sum_{j=1}^{n} |x_j|. \tag{10.8}$$

(Diese beiden Vektornormen sind dual zueinander.)

Beweis: Sei z ein Vektor mit $\|z\| = \underset{j}{\mathrm{Max}}|z_j| = 1$. Dann ist

$$Re(x, z) = Re\left(\sum_j x_j \bar{z}_j\right) \leqq \sum_j |x_j|\,|z_j| \leqq \sum_j |x_j|.$$

Nun sei $x_j = |x_j|\, e^{i\,\alpha_j}$ mit $0 \leqq \alpha_j < 2\pi$. Dann wird das Gleichheitszeichen in obiger Abschätzung angenommen für den Vektor $z \neq \Theta$ mit den Komponenten $z_j = e^{i\,\alpha_j}$:

$$Re(x, z) = Re \sum_j |x_j| = \sum |x_j|. \tag{10.9}$$

Dieser Wert ist also das in (10.1) gesuchte Maximum.

10.3 Matrixpotenzen

Gegeben sei eine quadratische n-reihige Matrix A und ein Vektor x_0 im R_n. Dann sind die ,,iterierten Vektoren'' x_p gegeben durch

$$x_p = A\, x_{p-1} = A^p x_0 \quad (p = 1, 2, 3, \ldots). \tag{10.10}$$

Für $p \to \infty$ strebt x_p genau dann für beliebige x_0 gegen den Null-vektor Θ, wenn A^p gegen die Nullmatrix Θ strebt. Die Komponenten von x_0 seien x_{0k}, die Elemente von A^p seien $a_{jk}^{(p)}$; dann hat x_p die Komponenten $(x_p)_j = \sum_k a_{jk}^{(p)} x_{0k}$. Wenn $A^p \to \Theta$ strebt für $p \to \infty$, so auch $x_p \to \Theta$. Wenn A^p nicht $\to \Theta$ strebt, so gibt es also mindestens ein Paar j, k von Indices, für welches $a_{jk}^{(p)}$ nicht gegen 0 geht.

Dann wähle man x_0 so, daß die k-te Komponente $= 1$ und alle anderen Komponenten $= 0$ sind, und $(x_p)_j = a_{jk}^{(p)}$ geht nicht gegen Null, also x_p nicht $\to \Theta$ für $p \to \infty$.

Satz: *Gegeben sei irgendeine Matrixnorm $\| A \|$, welche zu einer Vektor-norm passend ist. Dann ist $\| A \| < 1$ hinreichend dafür, daß für einen beliebigen Ausgangsvektor x_0 die Vektoren $x_p = A^p x_0$ gegen den Null-vektor Θ streben und daß also A^p gegen die Nullmatrix Θ strebt für $p \to \infty$.*

Beweis: Es sei $\| x \|$ eine Vektornorm, zu der die Matrixnorm $\| A \|$ passend ist. Dann folgt aus

$$\| x_p \| \leqq \| A^p \| \, \| x_0 \| \leqq \| A \|^p \| x_0 \|, \tag{10.11}$$

daß $\| x_p \| \to 0$, also $x_p \to \Theta$ strebt für $p \to \infty$.

Das Zahlenbeispiel I aus Nr. 9.7 zeigt, daß für eine Matrix A verschiedene Normen sowohl Werte über 1 als auch unter 1 ergeben können, daß also $\| A \| < 1$ zwar hinreichend, aber nicht notwendig ist für $A^p \to \Theta$.

Satz: *Für eine beliebige quadratische Matrix A strebt A^p genau dann gegen die Nullmatrix Θ; wenn alle charakteristischen Zahlen $\varkappa_j$ von A Beträge <1 haben.*

Beweis:

I. Für hermitesche Matrizen A ist $\| A \|_{sp} = \mathrm{Max}\,|\varkappa_j|$.

Fall 1: Es gibt ein $\varkappa_j$ mit $|\varkappa_j| \geqq 1$ mit einem zugehörigen Eigenvektor $x \neq \Theta$. Für $x = x_0$ wird dann $x_1 = A\,x_0 = \varkappa_j\,x_0$, $x_p = \varkappa_j^p\,x_0$, und x_p geht nicht $\to \Theta$ für $p \to \infty$, d. h., A^p geht nicht gegen die Null-matrix.

Fall 2: $\| A \|_{sp} < 1$; das ist nach dem vorigen Satz hinreichend dafür, daß A^p gegen die Nullmatrix Θ strebt für $p \to \infty$.

II. Der Satz gilt aber auch für nichthermitesche Matrizen, wie in der Matrizenlehre gezeigt wird. (Der Beweis ist wiedergegeben z. B. in COLLATZ [49], S. 311.)

10.4 Eine Minimaleigenschaft der Spektralnorm

Satz: *Für hermitesche Matrizen A hat unter allen möglichen Matrix-normen $\| A \|$, die zu einer Vektornorm passend sind, die Spektralnorm $\| A \|_{sp}$ den kleinsten Wert (Minimaleigenschaft).*

Beweis: A sei eine fest gegebene hermitesche Matrix $\neq \Theta$; für $A = \Theta$ ist der Satz trivial. Sei $a(A) = \|A\|$ irgendeine zu einer Vektornorm passende Matrixnorm

$$\text{Fall 1: } \|A\|_{sp} \leqq a(A),$$

dann ist der Satz richtig.

$$\text{Fall 2: } \|A\|_{sp} > a(A).$$

Im Fall 2 existiert ein $c(A) > 0$ mit $\|A\|_{sp} > a(A) + c(A) > a(A)$. Für die hermitesche Matrix $B = \dfrac{1}{a(A) + c(A)} A$ gilt:

$$\|B\|_{sp} = \frac{1}{a(A) + c(A)} \|A\|_{sp} > 1,$$

$$a(B) = \frac{1}{a(A) + c(A)} a(A) < 1.$$

Nach den beiden vorangehenden Sätzen und (9.19) folgt aus der ersten Ungleichung, daß B^p nicht gegen die Nullmatrix Θ strebt und aus der zweiten Ungleichung das Gegenteil. Fall 2 tritt also nicht ein.

Die Minimaleigenschaft hat eine wichtige Folge:

Bei der numerischen Auflösung linearer Gleichungssysteme hat man den Begriff der Kondition $k(A)$ einer nicht singulären Matrix A. Nach (6.31) ist

$$k(A) = \|A\| \, \|A^{-1}\|. \tag{10.12}$$

Je nach der verwendeten Norm kann die Kondition verschieden ausfallen. Bei Zugrundelegung der Spektralnorm erhält man nach (9.18), (9.20) für nichtsinguläre Matrizen A ($\det A \neq 0$)

$$k(A) = \|A\|_{sp} \|A^{-1}\|_{sp} = + \sqrt{\frac{\text{max. char. Zahl v. } \overline{A}' A}{\text{min. char. Zahl v. } \overline{A}' A}}. \tag{10.13}$$

Für eine nichtsinguläre hermitesche Matrix A vereinfacht sich dieser Ausdruck [vgl. (9.19)] zu

$$k(A) = \|A\|_{sp} \|A^{-1}\|_{sp} = \frac{\text{max. } |\text{char. Zahl v. } A|}{\text{min. } |\text{char. Zahl v. } A|}. \tag{10.14}$$

Wegen der Minimaleigenschaft der Spektralnorm ist dieser Wert für die Kondition $k(A)$ bei hermiteschen Matrizen für alle Normen der kleinstmögliche. Insbesondere ist deshalb die Fehlerabschätzung (6.32), falls A eine hermitesche Matrix ist, bei Einführung der Spektralnorm am günstigsten.

Ist die Kondition einer nichtsingulären hermiteschen Matrix A bei Zugrundelegung der Spektralnorm gleich 1, d. h. $k(A) = 1$, so folgt daraus, daß sämtliche charakteristischen Zahlen den gleichen Betrag $c \neq 0$ haben. $(1/c)\,A$ ist dann eine unitäre Matrix.

Man sagt, die μ-Norm von Matrizen majorisiert die ν-Norm, wenn für alle quadratischen Matrizen A

$$\mu(A) \geqq \nu(A)$$

gilt. Ohne Beweis sei angegeben, daß für die beiden „achsenorientierten" Normen ε und σ gilt: $\varepsilon(A) \geqq \sigma(A)$.

10.5 Abweichung einer Matrix von der Normalität

Eine beliebige Matrix A ist nach (9.16) mit Hilfe einer unitären Transformation auf die Form

$$T = \overline{U}'AU = D + M \tag{10.15}$$

transformierbar, wobei D eine Diagonalmatrix mit den charakteristischen Zahlen $\varkappa_j$ von A ist und M eine i. allg. nicht eindeutig bestimmte Dreiecksmatrix ist.

Sei ν eine Matrixnorm; dann werde $\nu(M)$ bestimmt für alle möglichen aus der gegebenen Matrix A nach dem genannten SCHURschen Satz erhältlichen Matrizen M; ihr Infimum wird als

$$\nu\text{-Abweichung von der Normalität} = \varDelta_\nu(A) = \inf \nu(M) \tag{10.16}$$

bezeichnet; ist nämlich A normal, so ist $M = 0$ erreichbar und $\varDelta_\nu(A) = 0$.

Ist speziell als ν-Norm die ε-Norm (9.21) gewählt, so ist wegen der Invarianz (Satz 3 von Nr. 9.5)

$$[\varepsilon(A)]^2 = [\varepsilon(T)]^2 = [\varepsilon(D)]^2 + [\varepsilon(M)]^2;$$

nun gilt aber

$$[\varepsilon(D)]^2 = \sum_{j=1}^{n} |\varkappa_j|^2,$$

also

$$\varepsilon(M) = \left([\varepsilon(A)]^2 - \sum_{j=1}^{n} |\varkappa_j|^2 \right)^{1/2}, \tag{10.17}$$

und dieser Wert ist zugleich der Wert von $\varDelta_\varepsilon(A)$, da er von M unabhängig ist.

Für $\varDelta_\varepsilon(A)$ läßt sich nach HENRICI [62] die folgende Schranke angeben.

Satz: *Bei einer n-reihigen quadratischen Matrix A gilt für ihre ε-Abweichung von der Normalität*

$$\varDelta_\varepsilon(A) \leqq \left(\frac{n^3 - n}{12} \right)^{1/4} [\varepsilon(\overline{A}'A - A\overline{A}')]^{1/2}. \tag{10.18}$$

Beweis: Der „Kommutator" von A transformiert sich bei der unitären Transformation U in den von T: Sei

$$\Gamma = \overline{T}'T - T\overline{T}',$$

dann ist der Kommutator von A

$$\overline{A}'A - A\overline{A}' = U\Gamma\overline{U}'.$$

Es ist daher

$$\varepsilon(\Gamma) = \varepsilon(\overline{A}'A - A\overline{A}'). \tag{10.19}$$

Die Matrizen T und $\overline{T}'$ mögen einmal ausführlich hingeschrieben werden

$$T = \begin{pmatrix} t_{11} & t_{12} & \cdots & t_{1n} \\ 0 & t_{22} & \cdots & t_{2n} \\ \cdots\cdots\cdots\cdots\cdots \\ 0 & 0 & \cdots & t_{nn} \end{pmatrix}, \quad \overline{T}' = \begin{pmatrix} \overline{t_{11}} & 0 & \cdots & 0 \\ \overline{t_{12}} & \overline{t_{22}} & \cdots & 0 \\ \cdots\cdots\cdots\cdots\cdots \\ \overline{t_{1n}} & \overline{t_{2n}} & \cdots & \overline{t_{nn}} \end{pmatrix}.$$

Es wird

$$\overline{T}'T = \begin{pmatrix} |t_{11}|^2 & \overline{t_{11}}t_{12} & \cdots \\ \overline{t_{12}}t_{11} & |t_{12}|^2 + |t_{22}|^2 & \\ \cdots\cdots\cdots\cdots\cdots \\ \cdots\cdots\cdots\cdots\cdots \end{pmatrix} \quad \text{und} \quad T\overline{T}' = \begin{pmatrix} \sum\limits_{j-1}^{n} |t_{1j}|^2 & \cdots \\ & \\ \cdots & \sum\limits_{j-2}^{n} |t_{2j}|^2 \\ \cdots\cdots\cdots\cdots\cdots \end{pmatrix},$$

dann hat $\Gamma = (\gamma_{jk})$ die Hauptdiagonalelemente

$$\gamma_{jj} = \sum_{k<j} |t_{kj}|^2 - \sum_{k>j} |t_{jk}|^2 \tag{10.20}$$

mit

$$\sum_{j-1}^{n} \gamma_{jj} = 0. \tag{10.21}$$

Nun soll die Abschätzung

$$[\varepsilon(M)]^2 \leq \gamma_{22} + 2\gamma_{33} + \cdots + (n-1)\gamma_{nn} = \sum_{j-1}^{n} (j-1)\gamma_{jj} \tag{10.22}$$

durch vollständige Induktion bewiesen werden. Für $n = 1$ steht nach (10.17) beiderseits Null, und die Aussage ist richtig; sei (10.22) richtig bis zu einem gewissen n. Ein Dach ($\wedge$) bezeichne die Größen beim Übergang von einer n-reihigen Matrix Γ zu einer $(n+1)$-reihigen, also z. B.

$$\hat{\gamma}_{jj} = \gamma_{jj} - |t_{j,\,n+1}|^2 \quad (j = 1, 2, \ldots, n). \tag{10.23}$$

Dann ist nach (10.22), (10.23) und nach (10.20)

$$[\varepsilon(\hat{M})]^2 = [\varepsilon(M)]^2 + \sum_{j=1}^{n} |t_{j,\,n+1}|^2 \leq \sum_{j=1}^{n} (j-1)\,\gamma_{jj} + \hat{\gamma}_{n+1,\,n+1}$$

$$= \sum_{j=1}^{n} (j-1)\,\hat{\gamma}_{jj} + \sum_{j=1}^{n} (j-1)\,|t_{j,\,n+1}|^2 + \hat{\gamma}_{n+1,\,n+1} \leq \sum_{j=1}^{n} (j-1)\,\hat{\gamma}_{jj} +$$

$$+ (n-1)\left[\sum_{j=1}^{n} |t_{j,\,n+1}|^2 \right] + \hat{\gamma}_{n+1,\,n+1} = \sum_{j=1}^{n+1} (j-1)\,\hat{\gamma}_{jj},$$

wie behauptet.

Zieht man von (10.22) die mit $\dfrac{n-1}{2}$ multiplizierte Identität (10.21) ab, so folgt

$$[\varepsilon(M)]^2 \leq \sum_{j=1}^{n} \left(j - \frac{n+1}{2} \right) \gamma_{jj}.$$

Auf die rechte Seite wird die SCHWARZsche Ungleichung (2.45) angewandt:

$$[\varepsilon(M)]^4 \leq \sum_{j=1}^{n} \left(j - \frac{n+1}{2} \right)^2 \sum_{j=1}^{n} \gamma_{jj}^2.$$

Die Summation der quadratischen Ausdrücke ist elementar:

$$\sum_{j=1}^{n} \left(j - \frac{n+1}{2} \right)^2 = \frac{n^3 - n}{12}$$

und nach (10.19) ist

$$\sum_{j=1}^{n} \gamma_{jj}^2 \leq [\varepsilon(\Gamma)]^2 = [\varepsilon(\overline{A}'A - A\,\overline{A}')]^2.$$

Es gilt also

$$\varepsilon(M) \leq \left[\frac{n^3 - n}{12} \right]^{1/4} [\varepsilon(\overline{A}'A - A\,\overline{A}')]^{1/2},$$

die rechte Seite ist unabhängig von M, gibt also auch für $\inf \varepsilon(M)$ eine obere Schranke, und damit gilt (10.18).

Die bei dem Beweis wichtige Ungleichung (10.22) möge noch durch das folgende Diagramm veranschaulicht werden. Es haben $[\varepsilon(M)]^2 = Q_1$ und $\sum\limits_{j=1}^{n} (j-1)\,\gamma_{jj} = Q_2$ beide die Form $\sum\limits_{j,\,k} \alpha_{jk} |t_{jk}|^2$, wobei die α_{jk} für Q_1 bzw. Q_2 die Werte haben $\alpha_{jk} = \begin{cases} 1 & \text{für } Q_1 \text{ und } k > j \\ k - j & \text{für } Q_2 \text{ und } k > j \end{cases}$, also dargestellt:

<table>
<tr><td>für Q_1:</td><td><table><tr><td>0</td><td>1</td><td>1</td><td>...</td><td>1</td></tr><tr><td></td><td>0</td><td>1</td><td>...</td><td>1</td></tr><tr><td colspan="5">.............</td></tr><tr><td></td><td></td><td>.</td><td></td><td></td></tr><tr><td></td><td></td><td></td><td>.</td><td>1</td></tr><tr><td></td><td></td><td></td><td>.</td><td>0</td></tr></table></td><td>für Q_2:</td><td><table><tr><td>0</td><td>1</td><td>2</td><td>...</td><td>$n-1$</td></tr><tr><td></td><td>0</td><td>1</td><td>...</td><td>$n-2$</td></tr><tr><td></td><td></td><td>.</td><td></td><td></td></tr><tr><td></td><td></td><td>.</td><td></td><td></td></tr><tr><td></td><td></td><td></td><td>.</td><td>1</td></tr><tr><td></td><td></td><td></td><td>.</td><td>0</td></tr></table></td></tr>
</table>

10.6 Spektralvariation zweier Matrizen

Es seien A und B zwei n-reihige quadratische Matrizen; es seien $\varkappa_j$ die charakteristischen Zahlen von A und μ_j die von B. Dann definiert man

$$S_A(B) = \operatorname*{Max}_{1 \leq j \leq n}\left\{\operatorname*{Min}_{1 \leq k \leq n}|\mu_j - \varkappa_k|\right\} \tag{10.24}$$

als die Spektralvariation von B bezüglich A. Abb. 10/2 zeigt, daß i. allg. $S_A(B) \neq S_B(A)$ ist. Dann gilt nach Henrici [62] der

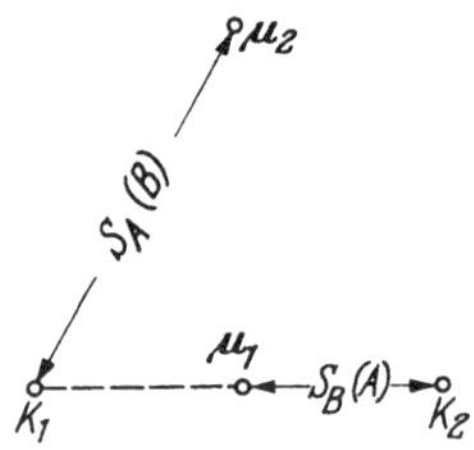

Satz: *A und B seien zwei voneinander verschiedene n-reihige quadratische Matrizen; die ν-Norm majorisiere die Spektralnorm; es werde*

$$y = \frac{\Delta_\nu(A)}{\nu(B - A)} \tag{10.25}$$

gesetzt, wobei $\Delta_\nu(A)$ die ν-Abweichung von der Normalität für die Matrix A nach (10.16) ist. Dann kann die Spektralvariation von B bezüglich A abgeschätzt werden durch

$$S_A(B) \leq \frac{y}{g(y)}\, \nu(B - A). \tag{10.26}$$

Abb. 10/2. Zur Spektralvariation

Dabei ist $g = g(y)$ die eindeutig festgelegte Wurzel ≥ 0 der Gleichung

$$\sum_{\varrho=1}^{n} g^\varrho = y. \tag{10.27}$$

Im Falle $y = 0$ (z. B. wenn A normal ist) ist (10.26) zu ersetzen durch

$$S_A(B) \leq \nu(B - A). \tag{10.28}$$

Beweis: Es wird $C = B - A$ gesetzt. Wie in Nr. 10.5 werde A durch eine unitäre Transformation U auf die Form (10.15) gebracht; es sei also

$$\overline{U'}A\,U = T = D + M, \quad \overline{U'}B\,U = B_1, \quad \overline{U'}C\,U = F,$$

also $\qquad\qquad B_1 = T + F = D + M + F. \tag{10.29}$

Es sei μ eine charakteristische Zahl von B (und damit auch von B_1), die nicht charakteristische Zahl von A ist [wenn es keine solche Zahl μ gibt, ist $S_A(B) = 0$ und (10.26) trivial].

μ ist also auch nicht charakteristische Zahl von $D + M$, d. h., $D_\mu + M$ (mit $D_\mu = D - \mu E$) ist (bei der speziellen Bauart von D und M) nicht singulär, und dasselbe gilt von D_μ wegen (9.17); dann wird

$$0 = \det(B_1 - \mu E) = \det(D_\mu + M + F)$$
$$= \det(D_\mu + M)\det(E + (D_\mu + M)^{-1}F),$$

es ist also -1 charakteristische Zahl von $(D_\mu + M)^{-1}F$; somit ist nach (9.24)

$$\sigma\big((D_\mu + M)^{-1}F\big) \geqq 1,$$

nun ist $\sigma(F) = \sigma(C)$, also nach (9.25)

$$\sigma([D_\mu + M]^{-1}) \geqq \frac{1}{\sigma(C)}. \tag{10.30}$$

Wegen (9.17) hat $D_\mu^{-1}M$ von Null verschiedene Elemente höchstens rechts oberhalb der Hauptdiagonale, d. h. es wird

$$(D_\mu^{-1}M)^r = 0 \quad \text{für} \quad r \geqq n.$$

Man kann daher $(D_\mu + M)^{-1}$ in eine abbrechende Reihe entwickeln

$$(D_\mu + M)^{-1} = (D_\mu[E + D_\mu^{-1}M])^{-1} = [E + D_\mu^{-1}M]^{-1}D_\mu^{-1}$$
$$= [E - D_\mu^{-1}M + - \cdots + (-1)^{n-1}(D_\mu^{-1}M)^{n-1}]D_\mu^{-1}.$$

Man kann nun die Spektralnorm bei Summe und Produkt gliedweise abschätzen, vgl. (9.25); also gilt mit den Abkürzungen

$$\sigma(C) = c; \quad \sigma(D_\mu^{-1}) = p; \quad \sigma(M) = m$$
$$(\neq 0 \text{ für nichtnormale Matrizen}),$$
$$\sigma([D_\mu + M]^{-1}) \leqq (1 + p\,m + \cdots + p^{n-1}m^{n-1})\,p.$$

Die linke Seite ist nach (10.30) $\geqq 1/c$ (es ist $c \neq 0$).

Es gilt also $m/c \leqq \varphi(m\,p)$, wobei

$$\sum_{\varrho=1}^{n} z^\varrho = \varphi(z) \tag{10.31}$$

gesetzt ist.

Wegen der strengen Monotonie der Funktion $\varphi(z)$ für $z \geqq 0$ gilt mit der Umkehrfunktion $g(y)$:

$$g\left(\frac{m}{c}\right) \leqq m\,p$$

oder

$$\frac{1}{p} \leqq \frac{m}{g\left(\dfrac{m}{c}\right)},$$

hierbei ist $m \neq 0$ vorausgesetzt.

Nun ist D_μ eine Diagonalmatrix, also

$$p = \sigma(D_\mu^{-1}) = \underset{j}{\text{Max}}\,|\varkappa_j - \mu|^{-1}, \qquad \frac{1}{p} = \underset{j}{\text{Min}}\,|\varkappa_j - \mu|;$$

es gilt also

$$\operatorname*{Min}_{j} |x_j - \mu| \leqq \frac{m}{g\left(\dfrac{m}{c}\right)} \qquad (10.32)$$

für jede charakteristische Zahl μ von B, die nicht charakteristische Zahl von A ist, aber trivialerweise auch für jede charakteristische Zahl von B, die zugleich eine solche von A ist, also für alle charakteristischen Zahlen von B, also auch, wenn man das Maximum der Ausdrücke (10.32) nimmt, d. h. nach (10.24):

$$S_A(B) \leqq \frac{m}{g\left(\dfrac{m}{c}\right)}. \qquad (10.33)$$

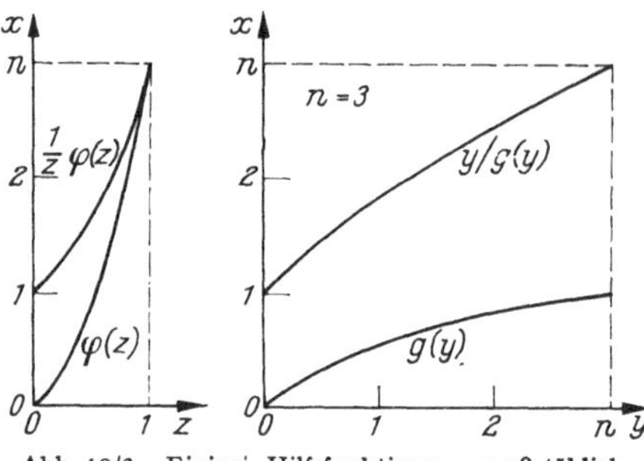

Abb. 10/3. Einige Hilfsfunktionen, maßstäblich gezeichnet für $n = 3$

Nun ist mit $y = \varphi(z)$ auch die Umkehrfunktion $z = g(y)$ streng monoton; sogar $\dfrac{y}{g(y)}$ ist für $y \geqq 0$ streng monoton, Abb. 10/3; denn für $z_1 < z_2$ und zugehörige y_1, y_2 gilt

$$\frac{y_1}{g(y_1)} = \frac{\varphi(z_1)}{z_1} < \frac{\varphi(z_2)}{z_2} = \frac{y_2}{g(y_2)} ;$$

daher kann man in (10.33) abschätzen:

$$S_A(B) \leqq \frac{\sigma(M)}{g\left(\dfrac{\sigma(M)}{\sigma(C)}\right)} \leqq \frac{\sigma(M)}{g\left(\dfrac{\sigma(M)}{\nu(C)}\right)} = \frac{\dfrac{\sigma(M)}{\nu(C)}}{g\left(\dfrac{\sigma(M)}{\nu(C)}\right)} \nu(C) \leqq \frac{\dfrac{\nu(M)}{\nu(C)}}{g\left(\dfrac{\nu(M)}{\nu(C)}\right)} \nu(C).$$

Dies gilt für jedes mögliche M, also wegen der Stetigkeit von $\dfrac{y}{g(y)}$ auch für das Infimum der Werte $\nu(M)$, und man erhält (10.26).

Diese Abschätzung gilt für nichtnormale Matrizen A, aber wegen

$$\lim_{y \to 0} \frac{y}{g(y)} = 1$$

auch für normale Matrizen A, wobei (10.26) in (10.28) übergeht.

Diese Formeln können z. B. angewandt werden, wenn die gegebenen Elemente a_{jk} der Matrix A mit Ungenauigkeiten behaftet sind und man deren Einfluß auf die charakteristischen Zahlen von A abschätzen möchte.

10.7 Vermischte Aufgaben zu Kapitel I

Aufgabe 1: $C^2 \langle -1, 1 \rangle$ ist der Raum der im Intervall $B = \langle -1, 1 \rangle$ zweimal stetig differenzierbaren Funktionen; er ist bei der Norm (2.34) ein normierter Raum. Zeige, daß er kein Banachraum ist.

Aufgabe 2: Es sei l_p der Raum der reellen Folgen $f = (f_{(1)}, f_{(2)}, \ldots)$, für die $\sum\limits_{k=1}^{\infty} |f_{(k)}|^p$ für ein festes $p \geqq 1$ konvergiert.

Zeige, daß l_p bei dem Abstand

$$\varrho(f, g) = \left(\sum_{k=1}^{\infty} |f_{(k)} - g_{(k)}|^p \right)^{1/p}$$

ein metrischer Raum ist.

Aufgabe 3:

a) Man beweise die Vollständigkeit des Raumes $C^n \langle a, b \rangle$ bei der Norm

$$\|f\| = \sum_{\nu=0}^{n} \left(\underset{\langle a, b \rangle}{\mathrm{Max}}\; p_\nu(x)\, |f^{(\nu)}(x)| \right),$$

wo $p_\nu(x)$ in $\langle a, b \rangle$ fest gewählte stetige Funktionen sind mit

$$p_0 > 0, \quad p_n > 0, \quad p_\nu \geqq 0 \quad \text{für} \quad \nu = 1, 2, \ldots, n-1.$$

b) Man beweise, daß im Hilbertraum $L^2(0, 1)$ (Beispiel 2 von Hilberträumen aus Nr. 4.3) die Polygonzüge mit rationalen Eckpunkten dicht liegen.

Aufgabe 4: Man beweise die Möglichkeit der Vervollständigung eines metrischen Raumes: Jeder metrische Raum R läßt sich in einen vollständigen metrischen Raum $\hat{R}$ einbetten.

Aufgabe 5: Im reellen Hilbertraum $L^2(0, \pi)$ mit dem inneren Produkt

$$(f, g) = \int_0^\pi f(x)\, g(x)\, dx$$

stelle man aus den Funktionen $\psi_m(x) = \sin x \sin m\, x$ (für $m = 1, 2, \ldots$) ein Orthonormalsystem $\varphi_m(x)$ nach dem SCHMIDTschen Verfahren (Nr. 2.8) her. Ist es vollständig?

Aufgabe 6: Man gebe zu dem linearen Integraloperator

$$T f(x) = \int_a^b e^{-|\varphi(x) - \varphi(s)|}\, f(s)\, ds$$

den inversen Operator an; dabei sei $\varphi(x)$ eine gegebene, in $\langle a, b \rangle$ monoton nicht fallende, zweimal stetig differenzierbare Funktion.

Aufgabe 7: Man orthonormiere die Funktionen $f(r, \varphi) = r^{-m} \begin{Bmatrix} \cos \\ \sin \end{Bmatrix} (n\, \varphi)$ (mit $n = 0, 1, 2, \ldots; m = 2, 3, \ldots$) bei Polarkoordinaten r, φ außerhalb des Einheitskreises, also für $r \geqq 1$ mit dem inneren Produkt

$$(f, g) = \int_0^{2\pi} \int_1^\infty r\, f\, g\, dr\, d\varphi.$$

Aufgabe 8: Man orthonormiere die Funktionen $x^m y^n$ (für $m, n = 0, 1, \ldots$) bezüglich der Metrik $(f, g) = \iint_B f\,g\,dx\,dy$, wobei B die Ellipsenfläche $x^2 + 4y^2 \leq 4$ ist.

Aufgabe 9: In der x_1-x_2-Ebene sind 2 Punkte u, v gegeben. Die „Mittelsenkrechte" ist der geometrische Ort aller Punkte w mit $\|u - w\| = \|v - w\|$. Man stelle die Mittelsenkrechte für die folgenden 9 Fälle auf, indem man die Normen (9.4), (9.5), (9.6), als Punkt u stets den Nullpunkt und als Punkt v die Punkte α) $(1, 1)$, β) $(1, \tfrac{1}{2})$, γ) $(1, 0)$, Abb. 10/4, verwendet.

	Lage α	Lage β	Lage γ
Euclidische Norm (9.5) $\|x\| = (x_1^2 + x_2^2)^{\frac{1}{2}}$			
Norm (9.6) $\|x\| = Max(\|x_1\|, \|x_2\|)$			
Norm (9.4) $\|x\| = \|x_1\| + \|x_2\|$			

Abb. 10/4. Mittelsenkrechte zweier Punkte in der Ebene bei verschiedenen Normen

Aufgabe 10: Zur Spektral- (Matrix-) Norm $\|A\|_{sp}$ soll nach (9.11) eine Vektornorm $\|x\|$ bestimmt werden, zu der die Spektralnorm passend ist.

Aufgabe 11: Wenn man zu einem linearen Gleichungssystem $A\,x = r$ mit $\det A \neq 0$ das neue System $A'A\,x = A'\,r$ mit der positiv definiten hermiteschen Matrix $A'A = B$ bildet, so hat B eine i. allg. schlechtere Kondition als A, d. h. es ist $k(B) \geq k(A)$ mit der Bezeichnung (6.31), (10.13).

Aufgabe 12: Ist der Mittelungsoperator

$$T f(x, y) = \frac{1}{2\pi} \int_0^{2\pi} f(x + r \cos\varphi, y + r \sin\varphi)\,d\varphi$$

bei fest gegebener positiver Zahl r selbstadjungiert?

Aufgabe 13: Zu dem Integraloperator $T f(x, y) = \int\limits_{B} K(x, y; s, t)\, f(s, t)\, ds\, dt$
$= g(x, y)$ mit dem Kern $K(x, y; s, t) = |x - s|\,|y - t|$ und dem Rechteck
$a \leqq x \leqq b$, $c \leqq y \leqq d$ als Bereich B ermittle man den
inversen Operator T^{-1} (mit $T^{-1} g = f$).

Aufgabe 14: Gilt die PTOLEMäische Ungleichung,
Abb. 10/5, für vier beliebige Elemente a, b, c, d eines
Hilbertraumes

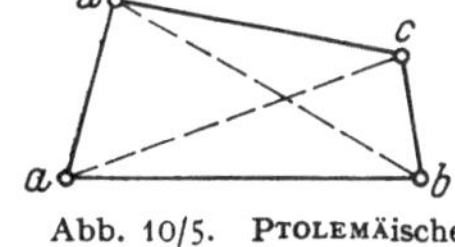

Abb. 10/5. PTOLEMäische
Ungleichung

$$\varrho(a, b)\, \varrho(c, d) + \varrho(a, d)\, \varrho(b, c) \geqq \varrho(a, c)\, \varrho(b, d)? \quad (10.34)$$

Bilden im reellen R_n die Punkte a, b, c, d ein Rechteck oder allgemeiner ein
konvexes Sehnenviereck in einem Kreis, so steht das Gleichheitszeichen. Gilt
(10.34) in Banachräumen?

10.8 Hinweise zu den Lösungen bei einigen Aufgaben von 10.7

Aufgabe 1: Die Funktionenfolge $f_n(x) = x \arctan(n\,x)$ (für $n = 1, 2, \ldots$,
Hauptwert des $\arctan$) konvergiert in B gleichmäßig, also im Sinne der Norm
(2.34), gegen die Grenzfunktion $f(x) = \dfrac{\pi}{2}\,|x|$, die aber nicht in ganz B differen-
zierbar ist und daher nicht zu $C^2 \langle -1, 1\rangle$ gehört. Der betrachtete Raum ist
daher nicht vollständig.

Aufgabe 2: Beweis bei KOLMOGOROV-FOMIN [57/61], Bd. I, S. 22.

Aufgabe 3: Vgl. z. B. WULICH [61/62], Bd. II, S. 27.

Aufgabe 4: Beweis z. B. bei KÖTHE [60], S. 26/27.

Aufgabe 5:

$$\varphi_m(x) = \sqrt{\frac{2}{\pi\, m\, (m + 2)}} \left\{ \frac{\sin m\, x}{\sin x} - m \cos(m + 1)\, x \right\}$$

oder auch

$$\varphi_m(x) = \sqrt{\frac{8}{\pi\, m\, (m + 2)}} \sin x\, (\textstyle\sum' \mu \sin \mu\, x)\,,$$

wobei Σ' bei ungeradem m die ungeraden Zahlen $\mu = 1, 3, 5, \ldots, m$ und bei
geradem m die geraden Zahlen $\mu = 2, 4, 6, \ldots, m$ durchläuft; Beweis bei GERISCH
[58]; GERISCH zeigt auch die Vollständigkeit dieses Systems im Sinne von Nr. 4.6,
und daß die φ_m der DARBOUXschen Differentialgleichung

$$\varphi_m'' - \left[\frac{2}{\sin^2 x} - (m + 1)^2 \right] \varphi_m = 0$$

genügen.

Aufgabe 6: Mit $\varphi(x) - \varphi(s) = \Phi$ wird

$$g(x) = T f(x) = \int\limits_{a}^{x} e^{-\Phi} f\, ds + \int\limits_{x}^{b} e^{\Phi} f\, ds\,,$$

$$g'(x) = -\varphi'(x) \int\limits_{a}^{x} e^{-\Phi} f\, ds + \varphi'(x) \int\limits_{x}^{b} e^{\Phi} f\, ds\,, \quad (10.35)$$

$$\left[\frac{g'(x)}{\varphi'(x)} \right]' = -2 f(x) + \varphi'(x)\, g(x)\,. \quad (10.36)$$

Aus (10.35) folgen die Randbedingungen

$$g'(a) = \varphi'(a)\, g(a), \qquad g'(b) = -\varphi'(b)\, g(b). \tag{10.37}$$

Der inverse Operator T^{-1} ist somit im Raum $C^2\langle a, b\rangle$ für die den Randbedingungen (10.37) genügenden Funktionen definiert und für diese gegeben durch

$$f(x) = T^{-1}g(x) = -\frac{1}{2}\left[\frac{g'(x)}{\varphi'(x)}\right]' + \frac{1}{2}\,\varphi'(x)\, g(x).$$

Aufgabe 7: Man erhält als Orthonormalsystem die Funktionen

$$g(r, \varphi) = d_n\, h_m(r) \begin{Bmatrix} \cos \\ \sin \end{Bmatrix} (n\,\varphi) \qquad (n = 0, 1, 2, \ldots; \; m = 2, 3, \ldots)$$

mit

$$h_m(r) = c_m\, \frac{1}{r}\left(r^2\, \frac{d}{dr}\right)^{m-2}\left[\frac{(r-1)^{m-2}}{r^{2m-3}}\right],$$

$$c_m = \left[\frac{2\, d_m\, (m-1)}{\pi\, (m-2)!}\right]^{1/2}, \qquad d_n = \begin{cases} \dfrac{1}{\sqrt{2}} & \text{für} \quad n = 0 \\[2mm] 1 & \text{für} \quad n > 0. \end{cases}$$

Die Funktionen $h_m(r)$ bilden ein Orthonormalsystem für $1 \leqq r < \infty$ mit dem inneren Produkt

$$(h, k) = \int\limits_1^\infty r\, h(r)\, k(r)\, dr$$

und beginnen mit $h_2(r) = c_2\, \dfrac{1}{r^2}$, $h_3(r) = c_3\left(-\dfrac{2}{r^2} + \dfrac{3}{r^3}\right)$.

Aufgabe 8: Man legt sich für die Rechnung zweckmäßig eine Tabelle der Werte

$$J_{jk} = \frac{1}{\pi}\iint\limits_B x^{2j}\, y^{2k}\, dx\, dy = 2^{1-2k}\, \frac{(2j)!\,(2k)!}{j!\, k!\, (j+k+1)!}$$

an.

Werte der J_{jk}:

		$k=$				
		0	1	2	3	4
	0	2	$\frac{1}{2}$	$\frac{1}{4}$	$\frac{5}{32}$	$\frac{7}{64}$
	1	2	$\frac{1}{3}$	$\frac{1}{8}$	$\frac{1}{16}$	$\frac{7}{192}$
$j=$	2	4	$\frac{1}{2}$	$\frac{3}{20}$	$\frac{1}{16}$	$\frac{1}{32}$
	3	10	1	$\frac{1}{4}$	$\frac{5}{56}$	$\frac{5}{128}$
	4	28	$\frac{7}{3}$	$\frac{1}{2}$	$\frac{5}{32}$	$\frac{35}{576}$

Mit Hilfe dieser Werte ist es leicht, die ersten Funktionen g_{mn} des gesuchten Orthonormalsystems auszurechnen. Mit $\alpha = 1/\sqrt{2\pi}$ erhält man die in Abb. 10/6 angegebenen g_{mn}, wobei die „Knotenlinien" $g_{mn} = 0$ eingezeichnet sind.

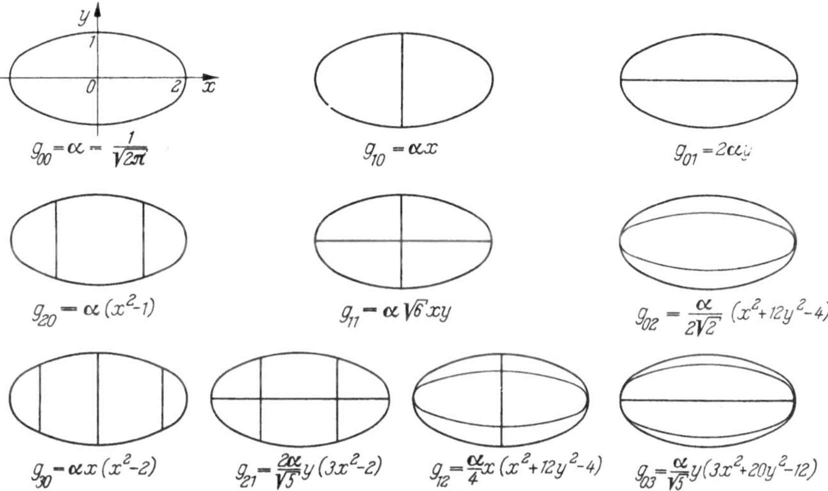

Abb. 10/6. Nullstellen der ersten Funktionen eines Orthonormalsystems

Aufgabe 9: Abb. 10/4 gibt die Lösungen für die 9 Fälle. Die „Mittelsenkrechte" besteht also dabei in 2 Fällen außer Geraden noch aus den schraffierten Gebieten. Man sieht hier auch deutlich die bevorzugte Stellung der EUKLIDischen Norm.

Aufgabe 10:

$$\| x \| = \| A \|_{sp},$$

wobei

$$A = \begin{pmatrix} x_1 & 0 & \ldots & 0 \\ \cdot & \cdot & \cdot & \cdot \\ x_n & 0 & \ldots & 0 \end{pmatrix} \quad \text{ist. Es wird} \quad A' = \begin{pmatrix} x_1, & \ldots & x_n \\ 0 & \ldots & 0 \\ 0 & \ldots & 0 \end{pmatrix},$$

$$\overline{A'} A = \begin{pmatrix} z & 0 & \ldots & 0 \\ 0 & 0 & \ldots & 0 \\ \cdot & \cdot & \cdot & \cdot \\ 0 & 0 & \ldots & 0 \end{pmatrix}$$

mit $z = \sum\limits_{k} x_k \overline{x_k} = \sum\limits_{k} |x_k|^2 \geqq 0$.

Die charakteristischen Zahlen von $\overline{A'}A$ sind $z, \underbrace{0, \ldots 0}_{n-1}$ und daher $\| x \| = +\sqrt{z}$

$= \left[\sum\limits_{k} |x_k|^2 \right]^{1/2} = \| x \|_e$. Das ist die EUKLIDische Vektornorm.

Aufgabe 11: Vgl. TAUSSKY [50].

Aufgabe 12: T ist im Hilbertraum $L^2(\Phi)$, wobei Φ die x-y-Ebene bedeutet, bei dem inneren Produkt $(f, g) = \int\limits_{\Phi} f\,\overline{g}\,dx\,dy$ selbstadjungiert. Entsprechendes gilt für m-dimensionale Mittelungsoperatoren.

Aufgabe 13: Wenn $g(x, y)$ stetige partielle Ableitungen bis zur vierten Ordnung einschließlich besitzt und die linearen homogenen Randbedingungen erfüllt:

$$g(a, y) + g(b, y) = (b - a)\, g_x(b, y),$$
$$g(x, c) + g(x, d) = (d - c)\, g_y(x, d),$$
$$g_x(a, y) + g_x(b, y) = 0,$$
$$g_y(x, c) + g_y(x, d) = 0,$$

so ist

$$T^{-1} g(x, y) = f(x, y) = \frac{1}{4} \frac{\partial^4 g(x, y)}{\partial x^2 \, \partial y^2}\,.$$

Aufgabe 14: Vgl. DAY [62], S. 116. (10.34) gilt nicht allgemein in Banach-räumen, wie das Gegenbeispiel zeigt: Für die Punkte $a = (1, 0)$, $b = (0, 1)$, $c = (-1, 0)$, $d = (0, -1)$ in einer x_1-x_2-Ebene steht bei der Norm (2.30) in der Ungleichung (10.34) links $1 + 1$ und rechts $2 \cdot 2$.

Kapitel II

Iterative Verfahren

§ 11. Der Fixpunktsatz für das allgemeine Iterationsverfahren in pseudometrischen Räumen

Der Fixpunktsatz von Nr. 11.3 hat sich in der gesamten Analysis als sehr fruchtbar erwiesen; in den folgenden Nummern aber beschränken sich die Anwendungen fast ausschließlich auf die numerische Mathematik.

Es sei R ein vollständiger pseudometrischer Raum und T ein Operator mit dem Definitionsbereich $D \subseteq R$.

Bei der Gleichung $T u = u$ fragt man nach Elementen $u \in D$, welche Fixelemente des gegebenen Operators T sind.

11.1 Iterationsverfahren und einfache Beispiele

Eine naheliegende Methode zur Gewinnung von Näherungslösungen ist das Iterationsverfahren

$$u_{n+1} = T u_n \qquad (n = 0, 1, 2, \ldots), \qquad (11.1)$$

bei welchem man, ausgehend von einem beliebigen Element $u_0 \in D$, iterativ die Elemente $u_1, u_2, u_3, \ldots$ bestimmt. Im Folgenden wird untersucht, unter welchen Voraussetzungen für den Operator T die Iteration unbeschränkt ausführbar ist, die Folge der u_n konvergiert und das Grenzelement u der Operatorgleichung $T u = u$ genügt.

Im allgemeinen hängt das Konvergenzverhalten von der Wahl des Ausgangselementes u_0 ab. Für einen Fixpunkt u heißt die Menge aller

Elemente u_0, für welche u_n gegen u konvergiert, das „Einzugsgebiet" von u.

Ein Fixpunkt u heißt „anziehend", wenn es eine Umgebung von u gibt, die ganz zum Einzugsgebiet gehört; der Fixpunkt heißt „abstoßend", wenn es eine Umgebung von ihm gibt, die außer u selbst keinen Punkt seines Einzugsgebietes enthält.

Beispiel 1: Es sei R der Raum der reellen Zahlen x mit dem gewöhnlichen euklidischen Abstand und T eine reellwertige Funktion $f(x)$. Die Iterationsvorschrift lautet

$$x_{n+1} = f(x_n) \quad (n = 0, 1, 2, \ldots).$$

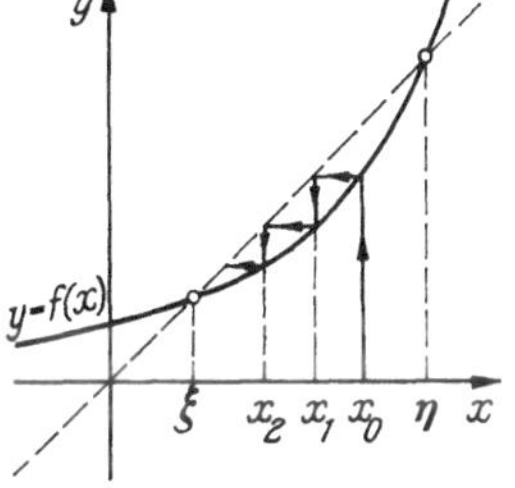

Abb. 11/1
Graphische Veranschaulichung
eines Iterationsverfahrens

Bei graphischer Darstellung der Kurve $y = f(x)$ kann man unmittelbar die Wirkung der Iteration verfolgen und die Treppenzüge zeichnen, die aus Stücken $x = x_n$ und $y = f(x_n)$ bestehen. Abb. 11/1 zeigt das Beispiel $f(x) = \frac{1}{3}e^x$. Die Gleichung $x = \frac{1}{3}e^x$ hat zwei reelle Nullstellen ξ, η; es sei $\xi < \eta$. Dann ist ξ anziehender und η abstoßender Fixpunkt.

Beispiel 2: Für die Iteration der Vektoren $\begin{pmatrix} x \\ y \end{pmatrix}$ nach $\begin{cases} x_{n+1} = 2x_n \\ y_{n+1} = \frac{1}{2}x_n \end{cases}$ ist der Nullpunkt $x = y = 0$ Fixpunkt, aber weder anziehend noch abstoßend.

Beispiel 3: Die Iteration der reellen Vektoren $\begin{pmatrix} x \\ y \end{pmatrix}$ nach $\begin{cases} x_{n+1} = \sqrt[3]{y_n} \\ y_{n+1} = \sqrt[3]{x_n} \end{cases}$ hat 3 Fixpunkte, und zwar $x = y = 1$ und $x = y = -1$ als anziehenden und $x = y = 0$ als abstoßenden Fixpunkt. Die Einzugsgebiete der beiden anziehenden Fixpunkte sind die offenen Quadranten, in denen sie liegen, Abb. 11/2, während auf den Koordinatenachsen ohne den Nullpunkt und in den beiden restlichen Quadranten überhaupt keine Konvergenz stattfindet. (Liegt x_0, y_0 im 2. Quadranten, d. h. $x_0 < 0$, $y_0 > 0$, so liegt x_1, y_1 im 4. Quadranten $x_1 > 0$, $y_1 < 0$ und x_2, y_2 wieder im 2. Quadranten; da die Beträge $|x_n|$, $|y_n|$ für $|x_0| \cdot |y_0| \neq 0$ gegen 1 streben für $n \to \infty$, springen die Punkte x_n, y_n in diesem Falle immer abwechselnd vom 2. in den 4. Quadranten und zurück und nähern sich dabei unbegrenzt den beiden Punkten $x = 1$, $y = -1$ und $x = -1$, $y = 1$.)

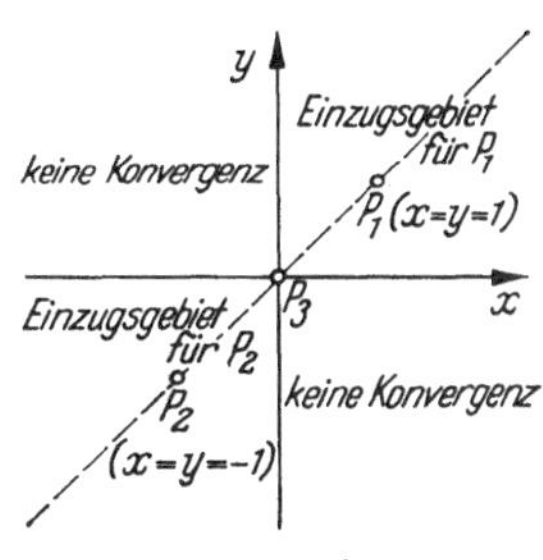

Abb. 11/2
Beispiel für Einzugsgebiete

Es ist oft möglich (und darin zeigt sich die numerische Erfahrung des angewandten Mathematikers), durch geeignete Umformungen für das Iterationsverfahren eine bessere Konvergenz zu erzielen und sogar einen abstoßenden Fixpunkt in einen anziehenden Fixpunkt umzuwandeln.

In Beispiel 1 ist dies bei dem abstoßenden Fixpunkt η möglich durch Übergang zur Umkehrfunktion $x = g(y)$.

Eine Zusammenstellung verschiedener Iterationsverfahren gibt PETRYSHYN [63].

11.2 Iterationsverfahren bei Differentialgleichungen

Betrachtet werden reellwertige Funktionen $y(x) \in C^n [J]$ mit $J = \langle x_0, x_E \rangle$. Gegeben sei die gewöhnliche Differentialgleichung n-ter Ordnung

$$y^{(n)} = f(x, y, \ldots, y^{(n-1)}). \tag{11.2}$$

Die Funktion $f = f(x, y_0, \ldots, y_{n-1})$ sei definiert für $x \in J$ und $y_0, \ldots, y_{n-1} \in B$ (abgeschlossener Bereich), sei dort stetig und habe dort beschränkte partielle Ableitungen erster Ordnung nach den y_j

$$\left| \frac{\partial f}{\partial y_j} \right| \leq Y_j. \tag{11.3}$$

Ferner seien für $y(x)$ gewisse Anfangs- oder Randbedingungen gegeben.

Als Raum R werde der Vektorraum der Vektoren $v = \begin{pmatrix} y_0 \\ \vdots \\ y_{n-1} \end{pmatrix}$ zugrunde gelegt und als Abstand zweier Vektoren v, v^*:

$$\varrho(v, v^*) = \begin{pmatrix} \underset{J}{\text{Max}} |y_0 - y_0^*| \\ \cdots\cdots\cdots \\ \underset{J}{\text{Max}} |y_{n-1} - y_{n-1}^*| \end{pmatrix}; \tag{11.4}$$

d. h. ϱ ist selbst ein Vektor mit n Komponenten; R ist ein pseudometrischer Raum.

Sind bei x_0 die Anfangswerte $y_0^{(\nu)}$ für $\nu = 0, 1, \ldots, n - 1$ vorgegeben, so genügt die q-te Ableitung $y^{(q)}(x)$ einer Gleichung $y^{(q)} = T^{(q)} y$, wobei

$$T^{(q)} z = \sum_{r=0}^{s} y_0^{(q+r)} \frac{(x - x_0)^r}{r!} + \int_{x_0}^{x} \frac{(x - t)^s}{s!} z^{(q+s+1)}(t) \, dt \tag{11.5}$$

oder

$$T^{(q)} z = \sum_{r=0}^{n-q-1} y_0^{(q+r)} \frac{(x - x_0)^r}{r!} + \int_{x_0}^{x} \frac{(x - t)^{n-q-1}}{(n-q-1)!} f(t, z(t), \ldots, z^{(n-1)}(t)) \, dt \tag{11.6}$$

gewählt werden kann; s genügt dabei $0 \leq s \leq n - q - 2$, und (11.6) geht aus (11.5) hervor, indem man $s = n - q - 1$ setzt und im Integral die Differentialgleichung (11.2) benutzt. So ergeben sich für jedes q (von 0 bis $n - 1$) $n - q$ verschiedene Möglichkeiten, $T^{(q)}$ zu wählen und für die Iterationsvorschrift $n!$ Möglichkeiten für die Wahl des Operators T, der einem Vektor w den Vektor v zuordnet:

$$v = \begin{pmatrix} v_0 \\ \cdot \\ \cdot \\ \cdot \\ v_{n-1} \end{pmatrix} = T w = \begin{pmatrix} T^{(0)} w_0 \\ T^{(1)} w_1 \\ \vdots \\ T^{(n-1)} w_{n-1} \end{pmatrix}. \tag{11.7}$$

Bei einer Randwertaufgabe sei [die Differentialgleichung ist etwas allgemeiner als in (11.2)]

$$L y = f(x, y, \ldots, y^{(n-1)}),$$
$$R y = 0 \tag{11.8}$$

[L, R lineare Differentialausdrücke, homogene Randbedingungen, vgl. (1.15)] vorgelegt, und zu L, R möge eine $(n-1)$-mal nach x differenzierbare GREENsche Funktion $G(x, \xi)$, vgl. (1.16), existieren. Dann kann man (11.6) ersetzen durch

$$T^{(q)} z = \int\limits_{x_0}^{x_E} \frac{\partial^q G(x, t)}{\partial x^q} f\big(t, z(t), \ldots, z^{(n-1)}(t)\big) d t. \tag{11.9}$$

Für die praktische Durchführung der Rechnung kann man oft die GREENsche Funktion vermeiden (vgl. Nr. 24.4). Auch hier hat man i. allg. viele verschiedene Möglichkeiten, Iterationsverfahren aufzustellen.

Die Diskussion werde an dem speziellen Beispiel einer Anfangswertaufgabe bei einer Differentialgleichung zweiter Ordnung noch etwas weiter ausgeführt und y, z statt y_0, y_1 geschrieben.

Als Anfangsvektor sei gegeben $\begin{pmatrix} y_0 \\ z_0 \end{pmatrix}$. Dann werde zunächst das Iterationsverfahren mit dem Operator T betrachtet:

$$T \begin{pmatrix} y(x) \\ z(x) \end{pmatrix} = \begin{pmatrix} y_0 \\ z_0 \end{pmatrix} + \int\limits_{x_0}^{x} \begin{pmatrix} z(s) \\ f(s, y(s), z(s)) \end{pmatrix} d s.$$

Mit

$$\delta y = y - y^*, \qquad \delta z = z - z^*$$

gilt

$$T v - T v^* = \int\limits_{x_0}^{x} \begin{pmatrix} \delta z(s) \\ f(s, y(s), z(s)) - f(s, y^*(s), z^*(s)) \end{pmatrix} d s.$$

Nun ist nach (11.3)

$$|f(s, y(s), z(s)) - f(s, y^*(s), z^*(s))| \leqq Y_0 |y - y^*| + Y_1 |z - z^*|,$$

also

$$|T v - T v^*| \leqq \int\limits_{x_0}^{x} \begin{pmatrix} |\delta z(s)| \\ Y_0 |y - y^*| + Y_1 |z - z^*| \end{pmatrix} d s.$$

Hierbei bedeuten die Absolutstriche auf den linken Seiten, daß man bei den Komponenten einzeln die Beträge nehmen soll. Nun werde der folgende Teilraum zugrunde gelegt (mit gewissen Konstanten a, b):

$$|y(x) - y_0| \leqq \tfrac{1}{2} a |x - x_0|, \quad |z(x) - z_0| \leqq \tfrac{1}{2} b |x - x_0|,$$

also

$$|\delta y| \leqq a |x - x_0|, \quad |\delta z| \leqq b |x - x_0|;$$

11*

dann wird

$$|\delta y(s)| = |y(s) - y^*(s)| \leqq a\,|s - x_0|,$$

$$|\delta z(s)| = |z(s) - z^*(s)| \leqq b\,|s - x_0|,$$

d. h.

$$|T\,v - T\,v^*| \leqq \begin{pmatrix} \frac{1}{2}\,b\,(x - x_0)^2 \\ \frac{1}{2}\,(a\,Y_0 + b\,Y_1)\,(x - x_0)^2 \end{pmatrix}.$$

Dagegen ergibt das Iterationsverfahren mit dem Operator

$$T\begin{pmatrix} y(x) \\ z(x) \end{pmatrix} = \begin{pmatrix} y_0 + y_0'(x - x_0) + \int_{x_0}^{x} (x - s)\,f(s,\,y(s),\,z(s))\,ds \\ y_0' \qquad\qquad + \int_{x_0}^{x} f(s,\,y(s),\,z(s))\,ds \end{pmatrix} \tag{11.10}$$

die Abschätzung

$$|T\,v - T\,v^*| \leqq \begin{pmatrix} \frac{1}{6}\,(a\,Y_0 + b\,Y_1)\,|x - x_0|^3 \\ \frac{1}{2}\,(a\,Y_0 + b\,Y_1)\,|x - x_0|^2 \end{pmatrix}.$$

Ein Vergleich zwischen diesen beiden Möglichkeiten läßt sich erst bei jeweils vorliegenden Werten für a, b, Y_0, Y_1 ziehen. Für größere Intervalle wird wegen der dritten Potenz $|x - x_0|^3$ die erste Möglichkeit i. allg. besser sein. Es gehört eine gewisse Erfahrung dazu, den Operator und damit das Iterationsverfahren im Sinne guter Konvergenz geeignet auszuwählen, d. h. im Fall gewöhnlicher Zahlenabstände und $P > 0$ (reelle Zahl) die Lipschitzkonstante P möglichst klein zu halten.

11.3 Der allgemeine Fixpunktsatz

Es sei eine Gleichung $T\,u = u$ vorgelegt und die Bezeichnungen vom Anfang von Nr. 11.1 verwendet. Für das Iterationsverfahren (11.1) wird im Folgenden ein allgemeiner Fixpunktsatz bewiesen. Für die Anwendungen reicht oft eine speziellere Form für metrische Räume mit linearen Majoranten aus; es ergibt sich dann der wichtige Satz von Nr. 12.2. Die Überlegungen vereinfachen sich dann in diesem Spezialfall stark, so daß der Satz von Nr. 12.2 sogar recht einfach hergeleitet werden kann; der Leser findet einen solchen vereinfachten Beweis in Collatz [55], S. 35, und bei Antosiewicz-Rheinboldt [62]. Hier aber sei eine sehr allgemeine, auf J. Schröder [56a] zurückgehende Formulierung gewählt, weil diese weitergehende Anwendungen zuläßt. Es wird hierfür die in § 4 entwickelte Theorie pseudometrischer Räume benutzt.

Im Folgenden wird zur Abkürzung die Schreibweise benutzt:

$$\varrho_{fg} = \varrho(f,\,g), \qquad \varrho_{mn} = \varrho(u_m,\,u_n), \qquad \varrho_n = \varrho(u_n,\,z). \tag{11.11}$$

Voraussetzungen: a) Der Definitionsbereich D des Operators T liege in einem vollständigen pseudometrischen Raum R mit dem zugeordneten linearen halbgeordneten Raum H. Zu T gebe es einen stetigen, positiven, nicht notwendig linearen Operator P auf H und ein festes Element $z \in R$, so daß für zwei beliebige Elemente $v, w \in D$ gilt

$$\varrho(T v, T w) \leq P(\varrho_{vw} + \varrho_{vz}) - P \varrho_{vz}. \tag{11.12}$$

[Erläuterung: Der Operator darf keine zu großen Bildabstände zulassen. Falls P ein linearer Operator ist, bedeutet a) Beschränktheit von T.]

b) Für Abstände ϱ, ϱ', σ, σ' aus H mit $\Theta_H \leq \varrho \leq \varrho'$ und $\Theta_H \leq \sigma \leq \sigma'$ gilt

$$\Theta_H \leq P(\varrho + \sigma) - P(\varrho) \leq P(\varrho' + \sigma') - P(\varrho'). \tag{11.13}$$

(Erläuterung: Für $\varrho = \varrho' = \Theta_H$ folgt

$$\Theta_H \leq P(\sigma) \leq P(\sigma') \quad \text{für} \quad \Theta_H \leq \sigma \leq \sigma'. \tag{11.14}$$

P soll also ein Operator sein, der selbst monoton nicht fallend ist und dessen „Steigungen" ebenfalls monoton nicht fallend sind.)

c) Zur Iteration (11.1) wird zum Vergleich eine andere Iteration

$$\sigma_{n+1} = S \sigma_n \qquad (n = 0, 1, 2, \ldots) \tag{11.15}$$

mit einem Operator S und Abständen $\sigma_n \in H$ betrachtet und hierüber vorausgesetzt

$$\sigma_0 \geq \varrho(u_0, z), \tag{11.16}$$

$$\sigma_1 \geq \sigma_0 + \varrho_{01}. \tag{11.17}$$

[Erläuterung: In den Anwendungen kann man oft $z = u_0$ wählen; dann ist (11.16) erfüllt, und (11.17) besagt $\sigma_1 \geq \varrho(u_0, u_1)$. Es zeigt sich dann, daß $\sigma - \sigma_n$ eine obere Schranke für $\varrho(u, u_n)$ ist. Die Iteration $\sigma_{n+1} = S \sigma_n$ wird nur im Beweis benutzt und ist nicht etwa für die numerische Rechnung nötig.]

d) Es gibt ein festes Element $\gamma \in H$ mit

$$S \tau = P \tau + \gamma \quad \text{für alle} \quad \tau \in H. \tag{11.18}$$

(Das ist im wesentlichen eine Festlegung des Operators S.)

e) Die Folge der σ_n sei konvergent gegen ein Grenzelement σ $(\sigma_n \to \sigma)$. Da P und damit S stetig ist, folgt aus der Konvergenz der σ_n, daß das Grenzelement σ der Gl. genügt.

$$\sigma = S \sigma. \tag{11.19}$$

f) Die Kugel K der Elemente v mit

$$\varrho(v, u_1) \leqq \sigma - \sigma_1 \tag{11.20}$$

gehöre zum Definitionsbereich D. (Erläuterung: Unter den bisherigen Voraussetzungen genügt diese schwache Forderung, um zu gewährleisten, daß alle u_n und u in K liegen.)

Man kann an Stelle von f) auch voraussetzen:

g) Der Definitionsbereich D ist vollständig, und die Iteration (11.1) ist unbeschränkt ausführbar, d. h., alle u_n liegen in D.

Dann gilt der

Fixpunktsatz *für das allgemeine Iterationsverfahren in pseudometrischen Räumen:*

Unter den eben genannten Voraussetzungen a) *bis* f) *existiert mindestens eine Lösung der Gleichung* $u = T u$, *und es konvergiert die Folge der* u_n *von* (11.1) *gegen eine solche Lösung* u. *Alle* u_n *und* u *liegen in der Kugel* K, *und es gilt die Fehlerabschätzung*

$$\varrho(u, u_n) \leqq \sigma - \sigma_n \quad (n = 0, 1, 2, \ldots). \tag{11.21}$$

11.4 Beweis des allgemeinen Fixpunktsatzes

I. Durch vollständige Induktion wird gezeigt, daß die σ_n $(n = 0, 1, 2, \ldots)$ eine monoton wachsende Folge bilden, d. h.

$$\sigma_n \leqq \sigma_{n+1}. \tag{11.22}$$

Es ist (11.22) richtig für $n = 0$ nach (11.17). Es sei (11.22) gültig bis zu einem festen $n \geqq 0$, dann folgt daraus nach (11.18) und (11.14)

$$\sigma_{n+2} - \sigma_{n+1} = S \sigma_{n+1} - S \sigma_n = P \sigma_{n+1} - P \sigma_n \geqq \Theta_H$$

wie behauptet.

Nach e) und Voraussetzungen a) c) und e) von Nr. 4.1 folgt

$$\Theta_H \leqq \sigma_1 \leqq \sigma_2 \leqq \cdots \leqq \sigma_n \leqq \sigma. \tag{11.23}$$

II. Der Operator T bildet die Kugel K in sich ab. (Dieser Teil II kann entfallen, wenn die Voraussetzung g) erfüllt ist.) Für ein Element $v \in K$ gilt nämlich nach a)

$$\varrho(u_1, T v) = \varrho(T u_0, T v) \leqq P(\varrho_{u_0 v} + \varrho_{u_0 z}) - P \varrho_{u_0 z}.$$

Dabei gilt (vgl. Abb. 11/3) mit (11.17) und (11.20)

$$\varrho_{u_0 v} \leqq \varrho_{01} + \sigma - \sigma_1 \leqq \sigma - \sigma_0 \quad \text{und} \quad \varrho_{u_0 z} \leqq \sigma_0; \tag{11.24}$$

somit kann man nach (11.13) und (11.18) weiter abschätzen

$$\varrho(u_1, T v) \leqq P(\sigma - \sigma_0 + \sigma_0) - P\sigma_0 = P\sigma - P\sigma_0 = S\sigma - S\sigma_0 = \sigma - \sigma_1.$$

III. Durch vollständige Induktion wird gezeigt:

$$\varrho_n = \varrho\,(u_n, z) \leqq \sigma_n \quad \text{für} \quad n = 0, 1, 2, \ldots \qquad (11.25)$$

und

$$\varrho_{mn} = \varrho\,(u_m, u_n) \leqq \sigma_n - \sigma_m \quad \text{für} \quad 0 \leqq m \leqq n \quad (n = 0, 1, 2, \ldots). \qquad (11.26)$$

Das ist nach (11.16), (11.17) für $n = 0$ und $n = 1$ richtig und gelte bis zu einem festen $n \geqq 0$. Dann wird zunächst (11.26) für alle $1 \leqq m \leqq \leqq n + 1$ gezeigt: Nach (11.12) gilt

$$\varrho_{n+1, m} = \varrho\,(T\,u_n, T\,u_{m-1}) \leqq P(\varrho_{n, m-1} + \varrho_{m-1}) - P\,\varrho_{m-1}.$$

Nach Induktionsannahme ist $\varrho_{m-1, n} \leqq \sigma_n - \sigma_{m-1}$ und $\varrho_{m-1} \leqq \sigma_{m-1}$, und man kann nach (11.13), (11.18) weiter abschätzen

$$\varrho_{n+1, m} \leqq P(\sigma_n - \sigma_{m-1} + \sigma_{m-1}) - P\,\sigma_{m-1}$$
$$= P\,\sigma_n - P\,\sigma_{m-1} = S\,\sigma_n - S\,\sigma_{m-1}$$
$$= \sigma_{n+1} - \sigma_m.$$

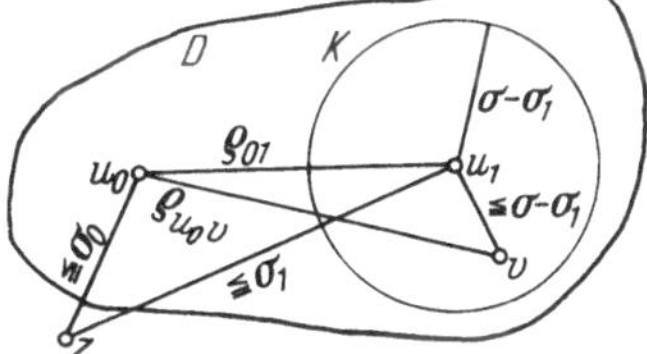

Abb. 11/3
Zum allgemeinen Kontraktionssatz

Für $m = 0$ gilt nach (11.17) $\varrho_{0, n+1} \leqq \varrho_{01} + \varrho_{1, n+1} \leqq \sigma_1 - \sigma_0 + \varrho_{1, n+1}$ und weiter nach dem eben bewiesenen

$$\varrho_{0, n+1} \leqq \sigma_1 - \sigma_0 + \sigma_{n+1} - \sigma_1 = \sigma_{n+1} - \sigma_0.$$

Nun folgt auch leicht der Induktionsbeweis für (11.25), indem man (11.26) für $n + 1$ bereits benutzt:

$$\varrho_{n+1} \leqq \varrho_{n+1, n} + \varrho\,(u_n, z) \leqq \sigma_{n+1} - \sigma_n + \sigma_n = \sigma_{n+1}.$$

IV. Da die σ_n eine konvergente Folge bilden $(\sigma_n \to \sigma)$, ist auch die Folge der u_n nach Nr. 4.2 Cauchy-konvergent, und es existiert wegen der Vollständigkeit von R für die Folge u_n ein Grenzelement u.

Für u gilt nach (11.26) $\varrho\,(u, u_m) \leqq \varrho\,(u, u_n) + \varrho_{mn} \leqq \varrho\,(u, u_n) + \sigma_n - \sigma_m$. Für festes m und $n \to \infty$ konvergiert $u_n \to u$ und

$$\varrho\,(u, u_n) \to \Theta_H, \qquad (11.27)$$

ferner $\sigma_n \to \sigma$, und man erhält $\varrho\,(u, u_m) \leqq \sigma - \sigma_m$, also die Behauptung (11.21).

Für $m = 1$ besagt dies $\varrho\,(u, u_1) \leqq \sigma - \sigma_1$, d. h., u liegt sogar in der Kugel $K \subseteq D$.

V. Nun ist noch zu zeigen, daß u der Gleichung $T\,u = u$ genügt. Wegen $u \in K \subseteq D$ ist $T\,u$ definiert, und es gilt

$$\varrho\,(u, T\,u) \leqq \varrho\,(u_{n+1}, T\,u) + \varrho\,(u_{n+1}, u) = \varrho\,(T\,u_n, T\,u) + \varrho\,(u_{n+1}, u).$$

Nach (11.12) hat man

$$\varrho(T\,u_n,\,T\,u) \leqq P\big(\varrho(u_n,\,u) + \varrho(u_n,\,z)\big) - P\,\varrho(u_n,\,z).$$

Nach (11.25) und (11.21) ist (11.13) anwendbar:

$$\varrho(T\,u_n,\,T\,u) \leqq P(\sigma - \sigma_n + \sigma_n) - P\,\sigma_n = P\,\sigma - P\,\sigma_n.$$

Also ist $\varrho(u,\,T\,u) \leqq P\,\sigma - P\,\sigma_n + \varrho(u_{n+1},\,u)$.

Für $n \to \infty$ strebt $P\,\sigma - P\,\sigma_n \to \Theta_H$ nach c), e) und $\varrho(u_{n+1},\,u) \to \Theta_H$ nach (11.27). Wegen der Definitheit des Abstandes (vgl. Nr. 3.3) folgt aus $\varrho(u,\,T\,u) = \Theta_H$ schließlich $u = T\,u$.

11.5 Der Eindeutigkeitssatz

Allgemeiner Eindeutigkeitssatz: *Für die Gleichung $u = T\,u$ und die Iteration (11.1) seien die Voraussetzungen* a) *bis* f) *von Nr. 11.3 erfüllt.*

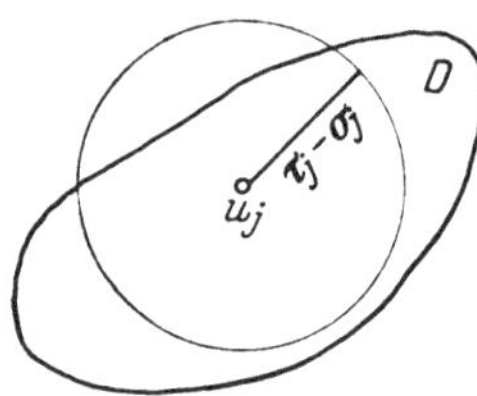

Ferner sei τ_n mit $\tau_{n+1} = S\,\tau_n$ für $n = j, j + 1$, $j + 2, \ldots$ eine ebenfalls gegen σ konvergente Folge, welche die Anfangsbedingung $\tau_j \geqq \sigma_j$ erfüllt, dann enthält der Durchschnitt des Definitionsbereichs D mit der Kugel K_j, Abb. 11/4,

$$\varrho(v,\,u_j) \leqq \tau_j - \sigma_j, \qquad (11.28)$$

falls er u enthält, keinen weiteren Fixpunkt von T; insbesondere enthält die Kugel K von (11.20) genau einen Fixpunkt von T.

Abb. 11/4
Zum Eindeutigkeitssatz

Für $\tau_j = \sigma_j$ z. B. hat die Kugel (11.28) den Radius 0 und enthält nur den Punkt u_j, es braucht also u nicht in der Kugel K_j zu liegen.

Beweis: Es sei w irgendein Fixpunkt von T in diesem Durchschnitt, also $\varrho(w,\,u_j) \leqq \tau_j - \sigma_j$; daraus folgt durch vollständige Induktion

$$\varrho(w,\,u_n) \leqq \tau_n - \sigma_n \quad (n = j, j + 1, j + 2, \ldots). \quad (11.29)$$

Es gilt (11.29) für $n = j$ und sei richtig bis zu einem festen n; dann folgt daraus nach (11.12)

$$\varrho(w,\,u_{n+1}) = \varrho(T\,w,\,T\,u_n) \leqq P(\varrho_{w,\,u_n} + \varrho_{u_n,z}) - P\,\varrho_{u_n,z}.$$

Nach Induktionsannahme ist $\varrho_{w,\,u_n} \leqq \tau_n - \sigma_n$, und mit (11.25), (11.13) folgt

$$\varrho(w,\,u_{n+1}) \leqq P(\tau_n - \sigma_n + \sigma_n) - P\,\sigma_n = P\,\tau_n - P\,\sigma_n$$
$$= S\,\tau_n - S\,\sigma_n = \tau_{n+1} - \sigma_{n+1},$$

wie behauptet. Hieraus ergibt sich für $n \to \infty$ wegen $u_n \to u$, $\tau_n \to \sigma$ und $\sigma_n \to \sigma$ schließlich $\varrho(w,\,u) \leqq \sigma - \sigma = \Theta_H$. Wegen der Definitheit des Abstandes ist dann $w = u$.

Spezialfall: Man wähle $\tau_n = \sigma$; dann sind die obigen Voraussetzungen über τ_n erfüllt, und man erhält für $j = 1$ die Kugel K von (11.20). Da K nach f) zu D gehört, ist sie gleich dem Durchschnitt von K mit D und enthält somit genau einen Fixpunkt u.

§ 12. Spezialfälle des Fixpunktsatzes und Abänderung des Operators

12.1 Spezialfall eines linearen Hilfsoperators P

Wie schon in Nr. 11.3 angedeutet, vereinfachen sich die Voraussetzungen des Fixpunktsatzes, wenn der Operator P linear ist; überdies werde in (11.12) $z = u_0$ gewählt. Dann werden folgende Voraussetzungen betrachtet:

a') T sei nach Nr. 6.1 beschränkt, d. h., es soll einen linearen, stetigen Operator P geben mit

$$\varrho(T\,v, T\,w) \leqq P\,\varrho(v, w) \tag{12.1}$$

für je zwei beliebige Elemente $v, w \in D$.

b') P sei ein monotoner Operator, d. h., für 2 Abstände σ, σ' aus H mit $\sigma \leqq \sigma'$ soll gelten $P\sigma \leqq P\sigma'$.

c') Es sei $\sum\limits_{j=0}^{\infty} P^j \sigma$ sinnvoll (Bildung der Iterierten P^j möglich und konvergent für jedes $\sigma \in H$).

d') Die Kugel K der Elemente v mit

$$\varrho(v, u_1) \leqq (E - P)^{-1}\varrho_{01} - \varrho_{01}$$

und das Element u_0 gehören zum Definitionsbereich D.

Nun wird gezeigt, daß die Voraussetzungen a) bis f) von Nr. 11.3 aus a') bis d') folgen.

a) und b) folgen unmittelbar aus a') und b'), da jetzt P ein linearer Operator ist.

c) und d) sind erfüllt, falls man $\sigma_0 = \Theta_H$ und $\gamma = \varrho_{01}$ wählt und den Operator S für alle Elemente $\varrho \in H$ als

$$S\,\varrho = P\,\varrho + \gamma \tag{12.2}$$

definiert. Dann ist $\sigma_0 = \varrho(u_0, z)$ und

$$\sigma_1 = \gamma = \varrho_{01}. \tag{12.3}$$

Auch e) ist damit erfüllt; für die Folge der σ_n ergibt sich nämlich $\sigma_1 = \gamma$, $\sigma_2 = S\,\sigma_1 = P\,\sigma_1 + \gamma = P\,\gamma + \gamma$ und

$$\sigma_n = \sum_{j=0}^{n-1} P^j \gamma \quad \text{mit} \quad P^0 = E.$$

Hier konvergiert nach c') die Folge der σ_n, und zwar gegen den Grenzwert $\sigma = \sum\limits_{j=0}^{\infty} P^j \gamma$ in H, und es ist $S\sigma = P\sigma + \gamma$. Wie bei dem Satz von Nr. 6.3 existiert die Inverse zu $E - P$, und zwar ist nach (6.11)

$$(E - P)^{-1}\gamma = \sum_{j=0}^{\infty} P^j \gamma.$$

Also gilt

$$\gamma = (E - P) \sum_{j=0}^{\infty} P^j \gamma = (E - P)\sigma \qquad (12.4)$$

oder $\gamma = \sigma - P\sigma$, d. h. nach (12.2) $\sigma = S\sigma$. Mit (12.3) und (12.4) geht schließlich d') in f) über.

d') ist eine leichter zu überprüfende Voraussetzung als f). Man beachte, daß insbesondere die Folge $\sigma_0, \sigma_1, \ldots$ und σ in den Voraussetzungen a') bis d') nicht benötigt wird.

12.2 Spezialfall eines metrischen Raumes mit P als Zahlenfaktor

Auch hier werde $z = u_0$ gewählt und die Voraussetzungen getroffen:

A) Es gebe eine reelle Zahl P mit $0 \leqq P < 1$ und $\varrho(T\,v, T\,w) \leqq P \cdot \varrho(v, w)$ für je zwei beliebige Elemente $v, w \in D$. Dabei ist der Raum R metrisch, also ϱ eine nichtnegative Zahl, und T ist beschränkt und heißt „kontrahierend".

B) Die Kugel K der Elemente v mit

$$\varrho(v, u_1) \leqq \frac{P}{1 - P} \varrho(u_0, u_1) \qquad (12.5)$$

und das Element u_0 gehören zum Definitionsbereich D.

Es wird gezeigt, daß mit A), B) die Voraussetzungen a') bis d') und damit a) bis f) erfüllt sind. Die Multiplikation mit einer festen reellen, positiven Zahl stellt bei gewöhnlichen Zahlenabständen einen linearen, stetigen, positiven Operator dar, d. h., a') ist erfüllt. Ferner ist dieser Operator (d. h. die Funktion $y = a\,x$, $a > 0$, $x \geqq 0$) monoton und erfüllt b'). Die Bildung von $\sum\limits_{j=0}^{\infty} P^j \varrho$ ist für beliebige reelle Zahlen ϱ sinnvoll, und die Summe konvergiert wegen $0 \leqq P < 1$. Bei gewöhnlichem Zahlenabstand gilt $E(\varrho) = \varrho$ und $P(\varrho) = P\varrho$, also wird die Kugel in d') zu der in (12.5) genannten Kugel

$$\varrho(v, u_1) \leqq \frac{1}{1 - P} \varrho(u_0, u_1) - \varrho(u_0, u_1) = \frac{P}{1 - P} \varrho(u_0, u_1).$$

Für $\sigma - \sigma_n$ erhält man hier die einfache Schranke

$$\sigma - \sigma_n = \sum_{i=n}^{\infty} P^i \gamma = \frac{P^n}{1-P}\,\gamma = \frac{P^n}{1-P}\,\varrho_{01}.$$

Da der jetzt behandelte Spezialfall sehr häufig angewendet wird, sei das Ergebnis nochmals vollständig zu einem Satz zusammengefaßt, wobei die Voraussetzungen leicht abgeändert werden und eine für die Anwendungen[1] besonders bequeme Gestalt erhalten.

Satz 1. *In dem linearen metrischen Raum R mit dem Abstandsbegriff ϱ sei die Gleichung $u = T\,u$ vorgelegt.*

A) Es sei möglich, im Definitionsbereich D von T einen vollständigen Teilraum F so abzugrenzen, daß für beliebige Elemente $v, w \in F$ mit einer Zahl P mit $0 \leqq P < 1$ gilt

$$\varrho(T\,v, T\,w) \leqq P\,\varrho(v, w). \tag{12.6}$$

B) Man wähle ein Element $u_0 \in F$ und bestimme $u_1 = T\,u_0$. Es liege nun die Kugel K der Elemente v von (12.5) in F, oder es sei wenigstens bekannt, daß die Iteration

$$u_{n+1} = T\,u_n \qquad (n = 0, 1, 2, \ldots) \tag{12.7}$$

unbeschränkt ausführbar ist.

Dann besitzt die Gleichung $u = T\,u$ in F genau eine Lösung u. Es gehören die u_n (für $n = 0, 1, 2, \ldots$) zu F und konvergieren gegen u; es gilt die Fehlerabschätzung

$$\varrho(u, u_n) = \frac{P^n}{1-P}\,\varrho(u_0, u_1) \quad \text{für} \quad n = 0, 1, 2, \ldots, \tag{12.8}$$

insbesondere liegt u in K.

Hierin ist als sehr bekannter Spezialfall der Satz über die Iteration

$$x_{n+1} = \varphi(x_n) \qquad (n = 0, 1, \ldots) \tag{12.9}$$

bei einer reellen (oder komplexen) Variablen x enthalten:

Satz 2. *In dem abgeschlossenen Bereich F der komplexen x-Ebene (bzw. Intervall der reellen x-Achse) genüge die dort definierte Funktion $\varphi(x)$ einer Lipschitzbedingung*

$$|\varphi(x) - \varphi(\tilde{x})| \leqq P|x - \tilde{x}| \quad \text{für} \quad x, \tilde{x} \in F \tag{12.10}$$

---

[1] Anwendungen auf periodische Lösungen bei nichtlinearen Schwingungen finden sich z. B. bei Hale [63].

mit einer Konstanten P aus $0 \leqq P < 1$. (Dies ist z. B. erfüllt, wenn φ in F differenzierbar ist und

$$|\varphi'(x)| \leqq P < 1 \tag{12.11}$$

gilt für $x \in F$.) Man wähle x_0 in F und bestimme x_1 nach (12.9). Gehört die Punktmenge

$$|x - x_1| \leqq \frac{P}{1 - P} |x_1 - x_0| \tag{12.12}$$

zu F oder weiß man, daß man x_n für $n = 1, 2, \ldots$ berechnen kann und alle x_n in F bleiben, so existiert in F genau eine Lösung ξ der Gleichung $x = \varphi(x)$; die x_n konvergieren gegen ξ, und ξ gehört zur Menge (12.12).

12.3 Spezialfall eines metrischen Raumes mit P als nichtlinearer, reellwertiger Funktion

Wieder sei $z = u_0 \in D$ gewählt, und es werde vorausgesetzt:

A_1) Es gebe eine (nicht notwendig lineare) für beliebige Abstände $\varrho \geqq 0$ definierte reellwertige, zweimal stetig differenzierbare Funktion $P(\varrho)$ mit

$$0 \leqq P'(\varrho) < 1, \; 0 \leqq P''(\varrho) \quad \text{für alle} \quad \varrho \geqq 0, \; \lim_{\varrho \to \infty} P'(\varrho) < 1. \tag{12.13}$$

Mit dieser Funktion $P(\varrho)$ gelte

$$\varrho(T v, T w) \leqq P(\varrho(v, w) + \varrho(v, u_0)) - P \varrho(v, u_0) \tag{12.14}$$

für je zwei beliebige Elemente $v, w \in D$.

B_1) Die Kugel K der Elemente v mit

$$\varrho(v, u_1) \leqq \sigma - \sigma_1$$

gehöre zum Definitionsbereich D. [Zur Wahl von σ_1 und zur Bestimmung von σ mit Hilfe der gegebenen Funktion $P(\varrho)$ siehe nachfolgenden Beweis.]

Wieder wird gezeigt, daß mit A_1) und B_1) auch die Voraussetzungen a) bis f) von Nr. 11.3 erfüllt sind.

a) ist durch (12.14) erfüllt;

b) folgt unmittelbar aus (12.13), denn es ist

$$\frac{P(\varrho' + \sigma) - P(\varrho') - P(\varrho + \sigma) + P(\varrho)}{(\varrho' - \varrho)\,\sigma}$$

ein zweiter Differenzenquotient und wegen $P'' \geqq 0$ für $\varrho' > \varrho, \sigma > 0$ nichtnegativ, vgl. auch die Erläuterung zu b) in Nr. 11.3.

Mit $z = u_0$ werde $\sigma_0 = 0$ und $\gamma \geqq \varrho_{01} - P(0)$, etwa $\gamma = \varrho_{01} - P(0)$ gewählt.

Mit $S(\varrho) = P(\varrho) + \gamma$ und $\sigma_{n+1} = S(\sigma_n)$ zur Bestimmung einer Folge von Abständen σ_n $(n = 0, 1, 2, \ldots)$ gilt dann $\sigma_1 = P(\sigma_0) + \gamma = P(0) + \gamma \geqq \varrho_{01}$, d. h., c) und d) sind erfüllt.

Nun ist Satz 2 von Nr. 12.2 auf $\varphi(\varrho) = S(\varrho) = P(\varrho) + \gamma$ im Intervall F: $0 \leqq \varrho < \infty$ anwendbar. Es ist $0 \leqq S'(\varrho) \leqq s < 1$, also (12.11) erfüllt; die Iteration $\sigma_{n+1} = S\,\sigma_n$, beginnend von $\sigma_0 = 0$, ist unbegrenzt ausführbar, und die σ_n bleiben in F. Es existiert also in F genau ein σ, welches die Gleichung $\sigma = S(\sigma)$ löst, und die σ_n konvergieren gegen dieses σ. (Anschaulich ist das ohne weiteres klar, wie die Abb. 12/1 zeigt.)

Somit ist auch Voraussetzung e) erfüllt, und f) entspricht unmittelbar B_1).

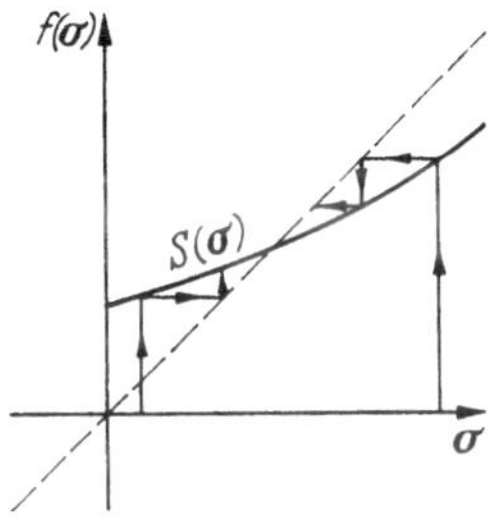

Abb. 12/1. Abschätzung mit nichtlinearer Majorante

12.4 Durchführung von Iterationen mit einem abgeänderten Operator und Genauigkeitsfragen

T^* sei ein Operator, der dem Operator T „näherungsweise" entspricht und den gleichen Definitionsbereich $D \subseteq R$ wie T besitzt. (Die Eindeutigkeit des Operators ist für das Folgende wesentlich.) Die Betrachtung wird in vollständigen metrischen Räumen durchgeführt. Operatoren T^* erhält man z. B. bei Annäherung eines Differentialoperators T durch einen Differenzenoperator T^* oder bei Ersetzung eines Integraloperators T durch ein finites Analogon T^* (SIMPSONsche Regel usw.).

Es kann auch T^* der Operator sein, der aus T bei physikalischen Fragestellungen durch gewisse Idealisierungen entsteht; einen besonders wichtigen Fall erhält man, wenn man bei numerischer Rechnung Abrundungen vornimmt. Dieser Fall liegt normalerweise vor, wenn die Iteration auf einer Rechenanlage durchgeführt wird; dann ist T^* kein stetiger Operator.

Mit T^* wird nun eine Iterationsfolge u_n^* gebildet:

$$u_{n+1}^* = T^* u_n^*, \qquad (n = 0, 1, 2, \ldots) \quad \text{mit} \quad u_0 = u_0^*. \qquad (12.15)$$

Es sei T^* stets der Operator, mit dem die Rechnung tatsächlich durchgeführt wird, und T der „theoretische" Operator, der dem Problem zugrunde liegt, für welches eine Lösung u von $u = T\,u$ gesucht wird. Die Rechenanlage oder die Rechnung liefert also einige u_n^*; ferner muß man die Lipschitzkonstante des theoretischen Operators T, für die jetzt K (an Stelle des Operators P) geschrieben werde, und ein Maß ε für die mögliche Abweichung der Bildelemente bei T und T^* kennen:

$$\varrho(T f, T^* f) \leqq \varepsilon \quad \text{für} \quad f \in D; \tag{12.16}$$

gesucht ist eine Abschätzung der Lösung u aus diesen Daten. Hier gilt der für Banachräume von Urabe [56] aufgestellte

Satz: *Die Voraussetzungen A) und B) von Nr. 12.2 seien erfüllt, T^* sei ein (eindeutiger) gegenüber dem Operator T abgeänderter Operator mit demselben Definitionsbereich $D \subseteq R$, wie ihn T hat. Es sei*

$$\varrho(T^* f, T f) \leqq \varepsilon \quad \text{für} \quad f \in D. \tag{12.17}$$

Mit T^* wird die Iterationsfolge u_n^* nach (12.15) gebildet.

Die Kugel S^* der Elemente h mit

$$\varrho(h, u_1^*) \leqq \frac{K}{1-K} d_0^* + 2\delta, \qquad d_0^* = \varrho(u_0, u_1^*), \qquad \delta = \frac{\varepsilon}{1-K}$$

gehöre zu D.

Dann ist die Iteration (12.15) unbeschränkt ausführbar; alle u_n^* bleiben in der Kugel S^* ($n = 1, 2, \ldots$); es ist

$$\varrho(u_n, u_n^*) \leqq \delta; \tag{12.18}$$

die Lösung u liegt in der Kugel

$$\varrho(u, u_1^*) \leqq \frac{K}{1-K} d_0^* + \delta, \tag{12.19}$$

und die bei der Rechnung auftretenden Änderungen $d_n^* = \varrho(u_n^*, u_{n+1}^*)$ nehmen mindestens so lange streng monoton ab, wie $d_{n-1}^* > 2\delta$ ist.

Beweis: I. Es sei

$$
\left.
\begin{aligned}
&d_n = \varrho(u_n, u_{n+1}) \quad \text{ein Maß für die Änderung der } u_n, \\
&d_n^* = \varrho(u_n^*, u_{n+1}^*) \quad \text{ein Maß für die Änderung der } u_n^*, \\
&e_n = \varrho(u_n, u) \qquad \text{ein Maß für den Fehler der } u_n, \\
&e_n^* = \varrho(u_n^*, u) \qquad \text{ein Maß für den Fehler der } u_n^*, \\
&\varrho_n = \varrho(u_n, u_n^*) \qquad \text{ein Maß für die Abweichung der } u_n^* \text{ von } u_n.
\end{aligned}
\right\} \tag{12.20}
$$

Zunächst wird gezeigt, daß die Kugel S in der Kugel $\widetilde{S}$ der Elemente g mit $\varrho(g, u_1^*) \leqq \dfrac{K}{1-K} d_0^* + \delta$ enthalten ist.

Für $g \in S$ gilt $\varrho(g, u_1) \leqq \dfrac{K}{1-K} d_0$.

Nun ist $d_0 \leqq d_0^* + \varrho_1$ (s. Abb. 12/2) und $\varrho_1 = \varrho(T u_0, T^* u_0) \leqq \varepsilon$, also

$$\varrho(g, u_1^*) \leqq \varrho(g, u_1) + \varrho(u_1, u_1^*) \leqq \frac{K}{1-K}(d_0^* + \varrho_1) + \varrho_1$$

$$\leqq \frac{1}{1-K} \varepsilon + \frac{K}{1-K} d_0^*.$$

Jedes Element $g \in S$ ist auch in $\widetilde{S}$ enthalten; also liegen auch alle u_n für $n \geqq 1$ und die Lösung u in $\widetilde{S}$.

II. Nun werden die Abweichungen ϱ_n abgeschätzt:

$$\varrho_{n+1} = \varrho(T^* u_n^*, T u_n) \leqq \varrho(T u_n, T u_n^*) + \varrho(T u_n^*, T^* u_n^*)$$
$$\leqq K \varrho_n + \varepsilon \qquad (n = 0, 1, \ldots)$$

und durch Rekursion mit Berücksichtigung von $\varrho_0 = 0$ folgt:

$$\varrho_{n+1} \leqq K^2 \varrho_{n-1} + (K + 1)\,\varepsilon \leqq K^{n+1} \varrho_0 + (K^n + \cdots + K + 1)\,\varepsilon$$
$$\leqq \frac{1}{1-K}\,\varepsilon = \delta.$$

Alle u_n für $n \geqq 1$ liegen in $\widetilde{S}$; u_n^* kann von u_n höchstens den Abstand δ haben, d. h., alle u_n^* liegen noch in der Kugel $S^* \subseteq D$, vgl. Abb. 12/2, die aus $\widetilde{S}$ durch Vergrößerung des Radius um δ entsteht. Die Kugel S^* kann man allein aus K, ε, u_0^*, u_1^* bestimmen.

III. Abschätzung der Änderung d_n^*. Es wird

$$d_n^* = \varrho(T^* u_{n-1}^*, T^* u_n^*)$$
$$\leqq \varrho(T^* u_{n-1}^*, T u_{n-1}^*) + \varrho(T u_{n-1}^*, T u_n^*) + \varrho(T u_n^*, T^* u_n^*)$$
$$\leqq \varepsilon + K d_{n-1}^* + \varepsilon = K d_{n-1}^* + 2\varepsilon \qquad (n = 1, 2, \ldots). \qquad (12.21)$$

Daraus folgt die Satzaussage

$$d_{n-1}^* - d_n^* \geqq d_{n-1}^* - K d_{n-1}^* - 2\varepsilon = (1 - K)(d_{n-1}^* - 2\delta).$$

Es sei noch folgende einfache Folgerung aus obigem Satz erwähnt: Wenn der abgeänderte Operator T^* in D ebenfalls einer Lipschitzbedingung mit derselben Konstanten K genügt, so konvergiert die Iteration u_n^* gegen eine Lösung u^* von $u^* = T^* u^*$, und es gilt für den Abstand $\hat{\varrho}$ von u und u^*

$$\hat{\varrho} = \varrho(u, u^*) \leqq \varrho(u, u_n) + \varrho(u_n, u_n^*) +$$
$$+ \varrho(u_n^*, u^*);$$

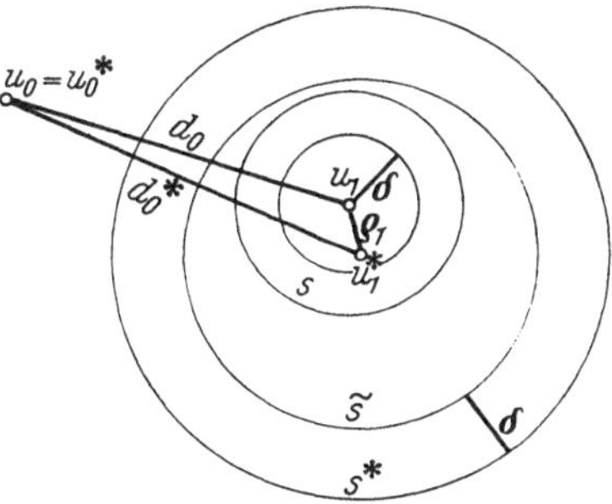

Abb. 12/2. Abänderung des Operators

für $n \to \infty$ gehen auf der rechten Seite das erste und dritte Glied gegen Null, während das zweite nach (12.18) durch δ abgeschätzt werden kann. Es ist also

$$\hat{\varrho} = \varrho(u, u^*) \leqq \delta = \frac{\varepsilon}{1-K}. \qquad (12.22)$$

Für $\varepsilon \to 0$ geht also auch $\hat{\varrho} \to 0$. Die Lösung u hängt also stetig vom Operator T ab, wenn man nur Abänderungen des Operators betrachtet, bei denen für die Lipschitzkonstante eine einheitliche Schranke $K < 1$ existiert.

12.5 Fehlerabschätzung bei abgeänderter Iteration

Die Folge der u_n^* heißt zyklisch endend, wenn für ein gewisses N und ein $m\,(>0)$ gilt

$$u_{N+m}^* = u_N^*. \tag{12.23}$$

Dann gilt $u_{n+m}^* = u_n^*$ für alle $n \geq N$ wegen der Eindeutigkeit des Operators T^*: Die Folge der u_n^* ist von N an periodisch, aber i. allg.

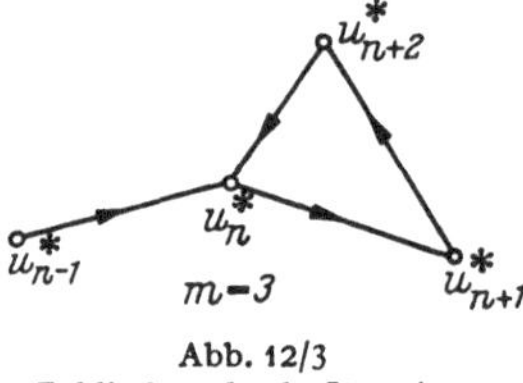

Abb. 12/3
Zyklisch endende Iteration

für $m > 1$ nicht im gewöhnlichen Sinn konvergent und hat m Häufungspunkte, vgl. Abb. 12/3.

Die Erscheinung der zyklisch endenden Iteration wird bei Durchführung der Iterationsschritte auf einer Rechenanlage bei an sich konvergenter Iteration normalerweise eintreten, da T^* wegen der Rundung auf eine bestimmte Anzahl von Dezimalen in der beschränkten Kugel S^* nur endlich vieler Werte fähig ist und sich daher notwendig die Elemente u_n^* von einer bestimmten Stelle an wiederholen müssen.

Satz (*Fehlerabschätzung bei zyklisch endender Iteration*): *Die Voraussetzungen des Satzes aus Nr. 12.4 seien erfüllt, und die Iteration ende zyklisch [es sei (12.23) erfüllt].*

Dann gilt für alle $n \geq N$ die Fehlerabschätzung

$$\varrho(u_n^*, u) \leqq \delta. \tag{12.24}$$

Beweis: Nach (12.23) und (12.18) gilt für $n \geq N$ und $p = 0, 1, 2, \ldots$
$\varrho(u_{n+p.m}^*, u_{n+p.m}) = \varrho(u_n^*, u_{n+p.m}) \leqq \delta$. Nun strebt $u_{n+p.m} \to u$ für $p \to \infty$; das ergibt (12.24).

Im allgemeinen Falle (ohne die Voraussetzung zyklischen Endens) kann man eine Fehlerschranke aufstellen, die (12.24) beliebig nahekommt. Ein Zahlenbeispiel bringt Aufgabe 3 von Nr. 20.6.

Satz (Fehlerabschätzung): *Unter den Voraussetzungen des Satzes von Nr. 12.4 läßt sich zu jedem $c > 0$ eine Nummer $\hat{N}$ so angeben, daß*

$$\varrho(u_n^*, u) \leqq \delta + c \quad \text{gilt für} \quad n \geq \hat{N}.$$

Man kann $\hat{N}(c)$ folgendermaßen festlegen. Man bestimmt N_1 und M_1 mit $K^{N_1} d_0^* \leqq 2c$ und $\dfrac{m\,K^m}{1 - K^m}(2c + 2\delta) \leqq c$ für $m \geq M_1$ und setzt $\hat{N} = N_1 + M_1$.

Beweis: Aus (12.21) folgt $d_n^* \leqq K d_{n-1}^* + 2\varepsilon \leqq \cdots \leqq K^n d_0^* + (K^{n-1} + \cdots + K + 1)\,2\varepsilon \leqq K^n d_0^* + \dfrac{1}{1-K}\,2\varepsilon = K^n d_0^* + 2\delta$ und daraus $d_n^* \leqq 2c + 2\delta$ für $n \geq N_1$.

Für die Fehler gilt

$$e^*_{n+1} = \varrho\,(u^*_{n+1},\,u) = \varrho\,(T^* u^*_n,\,T u)$$
$$\leqq \varrho\,(T^* u^*_n,\,T u^*_n) + \varrho\,(T u^*_n,\,T u)$$
$$\leqq \varepsilon + K e^*_n.$$

Durch rekursives Einsetzen folgt wie oben

$$e^*_{n+m} \leqq K^m e^*_n + \varepsilon(1 + K + \cdots + K^{m-1}) = K^m e^*_n + \delta(1 - K^m)$$

und daraus für $n \geqq N_1$

$$e^*_n = \varrho\,(u,\,u^*_n) \leqq \varrho\,(u,\,u^*_{n+m}) + \varrho\,(u^*_{n+m},\,u^*_{n+m-1}) + \cdots + \varrho\,(u^*_{n+1},\,u^*_n)$$
$$= e^*_{n+m} + d^*_{n+m-1} + \cdots + d^*_n$$
$$\leqq e^*_{n+m} + m(2c + 2\delta),$$
$$e^*_{n+m} \leqq K^m\big(e^*_{n+m} + m(2c + 2\delta)\big) + \delta(1 - K^m), \quad \text{d. h.}$$
$$e^*_{n+m} \leqq \frac{K^m}{1 - K^m}\, m(2c + 2\delta) + \delta.$$

Das erste Glied wird $\leqq c$ für $m \geqq M_1$. Somit wird

$$e^*_{n+m} \leqq \delta + c \quad \text{für} \quad n + m \geqq N_1 + M_1.$$

§ 13. Iterationsverfahren bei Gleichungssystemen

13.1 Eine einzelne Gleichung

Ist für eine reelle oder komplexe Größe x eine Gleichung

$$x = \varphi\,(x) \tag{13.1}$$

vorgelegt, so gilt für die Iteration (12.9) der Satz 2 von Nr. 12.2; es genügt daher, hier ein einfaches Beispiel vorzuführen.

Beispiel: Es sei die „in der Nähe" von πi gelegene Nullstelle der transzendenten Gleichung $e^{2z} = 1 + z$ (z komplex) zu berechnen. (Bei Stabilitätsuntersuchungen für Regelungen mit Nachlaufzeiten treten Gleichungen von diesem Typ auf.) Als Iterationsverfahren bieten sich an $z_{n+1} = e^{2z_n} - 1$ oder $z_{n+1} = \frac{1}{2}\ln(1 + z_n)$, wobei die zweite Gestalt wegen eines kleineren absoluten Betrages der Ableitung der rechten Seite benutzt werde. Die für $z \neq -1$ konforme Abbildung $T z = \varphi\,(z) = \frac{1}{2}\ln(z + 1)$ bildet die volle z-Ebene auf den Fundamentalstreifen $0 \leqq \operatorname{Im} w \leqq \pi$ und gleichzeitig auf alle um $k\pi i$ verschobenen Streifen ($k = 0,\ \pm 1,\ \pm 2,\ \ldots$) ab.

Eine grobe Skizze gibt als Näherungswert für eine Wurzel $z_0 = 0{,}7 + 3{,}7i$. Somit werde als Bereich F gewählt:

$$\operatorname{Re} z \geqq 0{,}7, \quad \operatorname{Im} z \geqq 3{,}7.$$

Als Logarithmus werde der Zweig gewählt, der im Bereich $\operatorname{Re} z \geqq 0$, $\operatorname{Im} z \geqq \pi$ sich stetig an den Wert $\ln \pi i = \ln \pi + 5i\,(\pi/2)$ anschließt.
In F gilt

$$|\varphi'\,(z)| = \frac{1}{2}\left|\frac{1}{1 + z}\right| \leqq \frac{1}{2}\,\frac{1}{|1{,}7 + 3{,}7i|} \leqq 0{,}123.$$

Man kann also nach Satz 2 von Nr. 12.2 $P = 0{,}123$ nehmen. Man berechnet z_1:

$$z_1 = \tfrac{1}{2}\ln(1 + z_0) = \tfrac{1}{2}\ln(1{,}7 + 3{,}7\,i)$$
$$= 0{,}702\,05 + 3{,}7117\,i$$

und daraus die „Kugel" K (hier ein Kreis), wobei ϱ gewöhnlicher Zahlenabstand ist:

$$|v - z_1| \leqq \frac{P}{1 - P}\,|z_0 - z_1| = \frac{0{,}123}{0{,}877}\cdot|0{,}0021 + 0{,}012\,i|$$
$$= \frac{0{,}123}{0{,}877}\cdot 0{,}0122 = 0{,}00171\,.$$

K liegt noch ganz in F, es ist also Satz 2 aus Nr. 12.2 anwendbar; in F liegt bei dem gewählten Zweig des Logarithmus genau eine Lösung der Ausgangsgleichung, und diese liegt sogar in K.

13.2 Verschiedene Iterationsverfahren bei Gleichungssystemen

Ein nichtlineares Gleichungssystem für einen Vektor x mit den n Komponenten $x^{(1)}, \ldots, x^{(n)}$ habe die Gestalt

$$x^{(j)} = \varphi_j(x^{(1)}, \ldots, x^{(n)}) \qquad (j = 1, \ldots, n) \qquad (13.2)$$

Zur iterativen Lösung kann man verschiedene Verfahren benutzen: Bei der „Iteration in Gesamtschritten" berechnet man, ausgehend von einem Vektor x_0, weitere Vektoren x_k mit den Komponenten $x_k^{(j)}$ nach

$$x_{k+1}^{(j)} = \varphi_j(x_k^{(1)}, \ldots, x_k^{(n)}) \qquad (j = 1, \ldots, n;\ k = 0, 1, 2, \ldots), \qquad (13.3)$$

bei der „Iteration in Einzelschritten" nach

$$x_{k+1}^{(j)} = \varphi_j(x_{k+1}^{(1)}, x_{k+1}^{(2)}, \ldots, x_{k+1}^{(j-1)}, x_k^{(j)}, \ldots, x_k^{(n)})$$
$$(j = 1, \ldots, n;\ k = 0, 1, 2, \ldots); \qquad (13.4)$$

hierbei setzt man also rechts für jede Komponente $x^{(\nu)}$ jeweils den letzten für sie erhaltenen Wert ein.

Bei den Iterationsverfahren höherer Stufe benutzt man zur Berechnung von x_{k+1} mehrere der früheren Vektoren $x_k, x_{k-1}, \ldots, x_{k-p}$.

Im Spezialfall des linearen Gleichungssystems

$$A x = r \quad \text{oder} \quad \sum_{q=1}^{n} a_{jq}x^{(q)} = r_j \qquad (j = 1, \ldots, n) \qquad (13.5)$$

lautet bei Auflösung nach den Hauptdiagonalgliedern $a_{jj}\,x_j$ die Iteration in Gesamtschritten $(a_{jj} \neq 0)$

$$x_{k+1}^{(j)} = \frac{1}{a_{jj}}\Big(r_j - \sum_{q}{}' a_{jq}x_k^{(q)}\Big) \qquad (j = 1, \ldots, n;\ k = 0, 1, \ldots), \qquad (13.6)$$

wobei der Strich an der Summe das Auslassen des Gliedes mit $q = j$ bedeutet, und die Iteration in Einzelschritten

$$x_{k+1}^{(j)} = \frac{1}{a_{jj}}\left(r_j - \sum_{q=1}^{j-1} a_{jq} x_{k+1}^{(q)} - \sum_{q=j+1}^{n} a_{jq} x_k^{(q)}\right)$$
$$(j = 1, \ldots, n; \; k = 0, 1, \ldots). \tag{13.7}$$

Die Formeln lassen sich übersichtlich in Matrizen schreiben, wenn man A in eine linke untere Dreiecksmatrix A_L, eine rechte obere Dreiecksmatrix A_R und die Matrix D der Hauptdiagonalelemente zerlegt:

$$A = A_L + A_R + D; \quad A_L = (L_{jk}), \quad A_R = (R_{jk}), \quad D = (D_{jk}),$$
$$L_{jk} = \begin{cases} a_{jk} & \text{für} \quad j > k \\ 0 & \text{für} \quad j \leq k \end{cases}; \quad R_{jk} = \begin{cases} 0 & \text{für} \quad j \geq k \\ a_{jk} & \text{für} \quad j < k \end{cases}; \quad D_{jk} = a_{jj}\delta_{jk}.$$
$$\tag{13.8}$$

Dann lautet die
Iteration in Gesamtschritten:

$$D x_{k+1} + (A_L + A_R) x_k = r \qquad (k = 0, 1, \ldots). \tag{13.9}$$

Iteration in Einzelschritten:

$$(A_L + D) x_{k+1} + A_R x_k = r \qquad (k = 0, 1, \ldots). \tag{13.10}$$

Oft wird das Gleichungssystem so geschrieben, daß $D = E$, also $a_{jj} = 1$ ist; das Gleichungssystem heißt dann „durchdividiert".

Es gelingt oft, die Konvergenz des Iterationsverfahrens zu beschleunigen, was insbesondere bei großen Gleichungssystemen von entscheidender Bedeutung ist, indem man die Änderung $\delta_k = x_{k+1} - x_k$ mit den Hauptdiagonalelementen als Gewichten gleich dem Produkt aus einem passend zu wählenden „Relaxationsfaktor" ω und dem „Defekt" oder „Residuum" d setzt. Dabei werden für $x^{(j)}$ jeweils die letzten berechneten Werte verwendet, also

$$d = r - A_L x_{k+1} - (A_R + D) x_k. \tag{13.11}$$

Das Verfahren lautet also $D \delta_k = \omega d$ oder

$$D x_{k+1} = D x_k - \omega[A_L x_{k+1} + (A_R + D) x_k - r] \tag{13.12}$$

oder auch

$$(D + \omega A_L) x_{k+1} = [(1 - \omega) D - \omega A_R] x_k + \omega r \quad (k = 0, 1, \ldots) \tag{13.13}$$

und wird „Overrelaxation" genannt, YOUNG [54]; für $\omega = 1$ geht es in das Einzelschrittverfahren über.

Man kann auch den Relaxationsfaktor von k abhängen lassen, also von Schritt zu Schritt wechseln. Erst die Overrelaxation und ihre Varianten ermöglichten die praktische Berechnung der Lösung von Gleichungssystemen mit Tausenden von Unbekannten auf Rechenanlagen.

13.3 Einige Konvergenzkriterien bei linearen Gleichungssystemen

Die verschiedenen Verfahren (13.9) und (13.10) haben, sofern die bei x_{k+1} als Faktoren auftretenden Matrizen eine Inverse besitzen, die Form

$$x_{k+1} = T\,x_k + s \qquad (k = 0, 1, \ldots), \qquad (13.14)$$

wobei z. B. für das Einzelschrittverfahren $T = -(A_L + D)^{-1}A_R$ und $s = (A_L + D)^{-1}r$ ist. Für die Relaxation (13.13) wird später benutzt, daß T die Gestalt hat

$$T = K(\omega) = (D + \omega\,A_L)^{-1}[(1 - \omega)\,D - \omega\,A_R]. \qquad (13.15)$$

Der Fehler

$$\varepsilon_k = x_k - x \qquad\qquad (k = 0, 1, \ldots),$$

wobei die Existenz einer Lösung x vorausgesetzt ist, genügt dann wegen

$$x = T\,x + s \qquad\qquad (13.16)$$

der Gleichung

$$\varepsilon_{k+1} = T\,\varepsilon_k \qquad\qquad (13.17)$$

oder

$$\varepsilon_k = T^k\,\varepsilon_0 \qquad (k = 0, 1, \ldots). \qquad (13.18)$$

Satz: *Die Gl. (13.16) besitze eine Lösung x. Das Iterationsverfahren (13.14) konvergiert genau dann für ein beliebiges Ausgangselement x_0, wenn alle charakteristischen Zahlen der Matrix T Beträge kleiner als Eins haben.*

Dies ist eine unmittelbare Folge aus den Sätzen von Nr. 10.3. Die Konvergenz bei der numerischen Rechnung fällt um so besser aus, je kleiner das Maximum der Beträge aller charakteristischen Zahlen von T ist.

Man kann auch ohne explizite Benutzung der Inversen Kriterien aufstellen; die Verfahren (13.9) und (13.10) haben die Form

$$U\,x_{k+1} + V\,x_k = t \qquad\qquad (13.19)$$

mit Matrizen U, V, von denen U als nichtsingulär vorausgesetzt wird; der Vergleich mit (13.14) ergibt

$$T = -U^{-1}V, \qquad s = U^{-1}t.$$

Die charakteristischen Zahlen $\varkappa$ von T sind wegen

$$0 = \det U \cdot \det(-T + \varkappa E) = \det(U[-T + \varkappa E]) = \det(V + \varkappa U)$$

zugleich die Wurzeln der Gleichung

$$\det(V + \varkappa U) = 0. \tag{13.20}$$

Satz: *Das lineare Gleichungssystem $(U + V)\, x = t$ mit der nicht-singulären Matrix U besitze eine Lösung x. Das Iterationsverfahren (13.19) konvergiert genau dann für ein beliebiges Ausgangselement x_0, wenn alle Wurzeln $\varkappa$ der Gl. (13.20) Beträge kleiner als Eins haben.*

Sind alle Hauptdiagonalelemente $a_{jj} \neq 0$, so ist also für die Konvergenz des Gesamtschrittverfahrens bei beliebigem Ausgangsvektor notwendig und hinreichend, daß alle Wurzeln $\varkappa$ von

$$\begin{vmatrix} \varkappa\, a_{11} & a_{12} & \cdots & a_{1n} \\ a_{21} & \varkappa\, a_{22} & \cdots & a_{2n} \\ \multicolumn{4}{c}{\cdots\cdots\cdots\cdots\cdots\cdots\cdots} \\ a_{n1} & a_{n2} & \cdots & \varkappa\, a_{nn} \end{vmatrix} = 0 \tag{13.21}$$

Beträge kleiner als Eins haben, und für das Einzelschrittverfahren, daß alle Wurzeln $\varkappa$ von

$$\begin{vmatrix} \varkappa\, a_{11} & a_{12} & \cdots & a_{1n} \\ \varkappa\, a_{21} & \varkappa\, a_{22} & \cdots & a_{2n} \\ \multicolumn{4}{c}{\cdots\cdots\cdots\cdots\cdots\cdots\cdots} \\ \varkappa\, a_{n1} & \varkappa\, a_{n2} & \cdots & \varkappa\, a_{nn} \end{vmatrix} = 0 \tag{13.22}$$

Beträge kleiner als Eins haben.

Satz: *Ist die Matrix A hermitesch und positiv definit, so konvergiert das Einzelschrittverfahren und allgemeiner das Relaxationsverfahren (13.12) für $0 < \omega < 2$.*

Beweis (Nach ALBRECHT [61]): In der Zerlegung (13.8) ist nach Voraussetzung $A_L = \overline{A'_R}$ (= zu A_R transponiert und konjugiert komplex, $a_{kj} = \overline{a_{jk}}$, vgl. S. XVI) und D reell, $a_{jj} > 0$, ferner die HERMITE-sche Form

$$\overline{y'} A\, y > 0 \quad \text{für beliebige Vektoren} \quad y \neq \Theta$$

und

$$\overline{y'}(A_L - A_R)\, y = i\, s$$

mit reellem s für beliebige y, da $A_L - A_R$ schiefhermitesch ist.

Nun sei $\varkappa$ eine Wurzel der zu (13.12) gehörigen Gl. (13.20) und $z \neq \Theta$ ein Vektor mit

$$\varkappa(D + \omega A_L)\, z = [(1 - \omega)\, D - \omega A_R]\, z. \tag{13.23}$$

Zu zeigen ist $|\varkappa| < 1$. Mit $A = D + A_L + A_R$ wird aus (13.23):

$$\varkappa [D(2-\omega) + \omega(A - A_R + A_L)]\, z = [(2-\omega)D - \omega A + \omega(A_L - A_R)]\, z.$$

Nun wird beiderseits von links mit $\bar{z}'$ multipliziert. Mit

$$\bar{z}'A\,z = a, \quad \bar{z}'D\,z = d, \quad \bar{z}'(A_L - A_R)\,z = i\,s, \quad \varrho = \frac{2}{\omega} - 1$$

folgt dann

$$\varkappa [\varrho\,d + a + i\,s] = \varrho\,d - a + i\,s;$$

dabei ist $a > 0,\, d > 0,\, s$ reell. Für $0 < \omega < 2$ ist auch $\varrho > 0$; dann ist aber

$$|\varrho\,d - a + i\,s| < |\varrho\,d + a + i\,s|, \quad \text{also} \quad |\varkappa| < 1.$$

Weitere Konvergenzkriterien ergeben sich aus einem Satz von WACHSPRESS und HABETLER (BIRKHOFF, VARGA, YOUNG [62]): Sind A, B reelle, positiv definite Matrizen [d. h. $x'(A + A')x > 0$ für $x \neq \Theta$], besitzt $A + B$ eine Inverse und ist B symmetrisch, so ist $C = (A - B)(A + B)^{-1}$ kontrahierend bezüglich der Vektornorm $\|x\| = (x'B^{-1}x)^{1/2}$, d. h. $\|C\,x\| < \|x\|$.

13.4 Zeilen- und Spaltensummenkriterium

Eine quadratische Matrix A heißt zerfallend, wenn sie durch Umnumerierung der Zeilen und gleichlautende Umnumerierung der Spalten auf die Form gebracht werden kann

$$\left(\begin{array}{c|c} B & D \\ \hline 0 & C \end{array} \right),$$

wobei B und C quadratische Teilmatrizen sind oder, präziser formuliert, wenn man die Indices so mit

$$\varrho_1, \varrho_2, \ldots, \varrho_m, \sigma_1, \sigma_2, \ldots, \sigma_{n-m}$$

numerieren kann, daß

$$a_{\varrho_\nu \sigma_\mu} = 0 \quad \text{ist für} \quad \left\{ \begin{array}{l} \nu = 1, \ldots, m \\ \mu = 1, \ldots, n - m \end{array} \right.$$

und

$$1 \leqq m \leqq n - 1$$

gilt.

Ein Gleichungssystem $A\,x = r$ mit zerfallender Matrix zerfällt in zwei nacheinander lösbare Gleichungssysteme von m und von $(n-m)$ Gleichungen.

In der Matrix $A = (a_{jk})$ werden die Größen gebildet

$$b_j = \sum_{\substack{k=1 \\ k \neq j}}^{n}{}' |a_{jk}| \quad \text{und} \quad c_k = \sum_{\substack{j=1 \\ j \neq k}}^{n}{}' |a_{jk}|, \tag{13.24}$$

wobei der Strich am Summenzeichen das Auslassen des Gliedes mit $j = k$ bedeutet. (In Nr. 9.6 waren die Glieder mit $j = k$ bei b_j und c_k hinzugenommen.)

Definition: Eine Matrix $A = (a_{jk})$ erfüllt das „Zeilensummenkriterium", wenn

$$b_j < |a_{jj}| \quad \text{für} \quad j = 1, \ldots, n \quad \text{gilt,} \tag{13.25}$$

„Spaltensummenkriterium", wenn

$$c_k < |a_{kk}| \quad \text{für} \quad k = 1, \ldots, n \quad \text{gilt,} \tag{13.26}$$

„schwache Zeilensummenkriterium", wenn

$$b_j \leq |a_{jj}| \quad \text{für alle } j \tag{13.27}$$

und

$$b_j < |a_{jj}| . \quad \text{für mindestens ein } j = j_0 \quad \text{gilt,}$$

„schwache Spaltensummenkriterium", wenn

$$c_k \leq |a_{kk}| \quad \text{für alle } k \tag{13.28}$$

und

$$c_k < |a_{kk}| \quad \text{für mindestens ein } k = k_0 \quad \text{gilt.}$$

Satz: *Erfüllt in dem Gleichungssystem* (13.5) *die Matrix A das Zeilen- oder das Spaltensummenkriterium oder ist A nicht zerfallend und erfüllt zudem das schwache Zeilen- oder Spaltensummenkriterium, so konvergieren Gesamtschritt- und Einzelschrittverfahren.*

Beweis: Es sei zunächst das gewöhnliche bzw. das schwache Zeilensummenkriterium erfüllt.

I. Es wird das Gesamtschrittverfahren betrachtet; für dessen Konvergenz ist hinreichend, daß alle Wurzeln $\varkappa$ von (13.21) Beträge kleiner als Eins haben. Es sei $\varkappa$ eine solche Wurzel; dann gibt es einen Vektor $z = (z_j) \neq \Theta$ mit

$$|\varkappa|\,|a_{jj}|\,|z_j| = \left| \sum_k {}' a_{jk} z_k \right|. \tag{13.29}$$

Nun sei

$$m = \operatorname*{Max}_{j} |z_j| = |z_s|; \tag{13.30}$$

es ist $m > 0$; dann wird für $j = s$

$$m\,|\varkappa|\,|a_{ss}| \leq \sum_k {}' |a_{sk}|\,m = b_s m, \tag{13.31}$$

woraus $|\varkappa| \leqq 1$ und beim gewöhnlichen Zeilensummenkriterium wegen $b_s < |a_{ss}|$ bereits $|\varkappa| < 1$ folgt.

Wenn nun beim schwachen Zeilensummenkriterium (13.21) eine Wurzel $\varkappa$ mit $|\varkappa| = 1$ besitzt, so erhält man mit (13.29)

$$\left(\sum_k{}' |a_{sk}| \right) |z_s| \leqq |a_{ss}| \, |z_s| \leqq \sum_k{}' |a_{sk}| \, |z_k| \tag{13.32}$$

oder

$$\sum_k{}' |a_{sk}| \, (|z_s| - |z_k|) \leqq 0. \tag{13.33}$$

Wegen $|z_s| \geqq |z_k|$ verlangt dies $|z_k| = |z_s| = m$ für alle k, für die $a_{sk} \neq 0$ ist. Wären alle $a_{sk} = 0$ für $s \neq k$, so wäre A zerfallend; es gibt also ein $k = \varrho_2$, welches von $s = \varrho_1$ verschieden ist mit $a_{\varrho_1 k} \neq 0$; dann ist $|z_{\varrho_1}| = |z_{\varrho_2}| = m$. Die gleiche Betrachtung für ϱ_2 ergibt, daß $|z_k| = m$ für alle k, für die $a_{\varrho_2 k} \neq 0$ ist. Bei Fortsetzung des Verfahrens sind 2 Fälle denkbar.

A) Es werden nur gewisse z_k erfaßt, etwa $|z_{\varrho_1}| = |z_{\varrho_2}| = \cdots = |z_{\varrho_r}| = m$, und in jeder für $s = \varrho_\nu$ angeschriebenen Gleichung tritt keines der übrigen z_σ auf, d. h., es ist

$$a_{\varrho_\nu \sigma_\mu} = 0 \quad \text{für} \quad \nu = 1, 2, \ldots, r; \; \mu = 1, 2, \ldots, n - r \quad \text{mit}$$

$$1 \leqq r \leqq n - 1;$$

dann ist die Matrix zerfallend.

B) Es sind alle $|z_k| = m$ für $k = 1, \ldots, n$. Nun gibt es ein $j = j_0$ mit $b_j < |a_{jj}|$, und für $s = j_0$ entsteht in (13.32) mit $|a_{ss}| = b_s$ hierzu ein Widerspruch.

Unter den getroffenen Annahmen kann also (13.21) keine Wurzel $\varkappa$ mit $|\varkappa| = 1$, also nur Wurzeln mit $|\varkappa| < 1$ haben, d. h., das Iterationsverfahren in Gesamtschritten konvergiert.

II. Das Einzelschrittverfahren konvergiert, wenn alle Wurzeln $\varkappa$ von (13.22) Beträge kleiner als Eins haben; es sei $\varkappa$ eine solche Wurzel mit einem zugehörigen Vektor $z = (z_j) \neq \Theta$ und

$$|\varkappa| \left| \sum_{k=1}^{j} a_{jk} z_k \right| = \left| \sum_{k=j+1}^{n} a_{jk} z_k \right|; \tag{13.34}$$

mit m nach (13.30) folgt jetzt

$$|\varkappa| \left(|a_{ss}| \, m - \sum_{k=1}^{s-1} |a_{sk}| \, m \right) \leqq |\varkappa| \left| \sum_{k=1}^{s} a_{sk} z_k \right| =$$

$$= \left| \sum_{k=s+1}^{n} a_{sk} z_k \right| \leqq \sum_{k=s+1}^{n} |a_{sk}| \, m.$$

Beim gewöhnlichen Zeilensummenkriterium gilt $b_s < |a_{ss}|$, und es folgt

$$|\varkappa| \leqq \frac{\sum\limits_{k=s+1}^{n} |a_{sk}|}{|a_{ss}| - \sum\limits_{k=1}^{s-1} |a_{sk}|} < 1.$$

Nun werde das schwache Zeilensummenkriterium mit $b_s \leqq |a_{ss}|$ verwendet; wenn (13.22) eine Wurzel $|\varkappa|$ mit $|\varkappa| = 1$ besitzt, so besagt (13.34) für $j = s$

$$\left| \sum_{k=1}^{s} a_{sk} z_k \right| = \left| \sum_{k=s+1}^{n} a_{sk} z_k \right|$$

oder durch Abschätzung der linken Seite nach unten und der rechten nach oben:

$$|a_{ss}| m - \sum_{k=1}^{s-1} |a_{sk}| \, |z_k| \leqq \sum_{k=s+1}^{n} |a_{sk}| \, |z_k|.$$

Mit $|a_{ss}| \geqq \sum\limits_{k}' |a_{sk}|$ folgt

$$\sum_{k}' |a_{sk}| (m - |z_k|) \leqq 0. \tag{13.35}$$

Das ist aber genau Gl. (13.33), und der weitere Beweis folgt wörtlich wie beim Gesamtschrittverfahren.

III. Das Spaltensummenkriterium geht aus dem Zeilensummenkriterium durch Spiegelung an der Nebendiagonale hervor, d. h., man geht von der Matrix A zu einer Matrix H mit den Elementen $h_{jk} = a_{n+1-k,\,n+1-j}$ über; dann haben A und H dieselben Wurzeln $\varkappa$ sowohl für die Gl. (13.21) als auch für (13.22).

Daß man beim schwachen Zeilensummenkriterium nicht auf die Bedingung des Nichtzerfallens von A verzichten kann, zeigt das Beispiel

$$A = \begin{pmatrix} 1 & 0{,}1 & 0 \\ 0 & 1 & 1 \\ 0 & 1 & 1 \end{pmatrix}.$$

Hier hat sowohl (13.21) als auch (13.22) eine Wurzel $\varkappa = 1$.

§ 14. Gleichungssysteme und Differenzenverfahren

14.1 Differenzenverfahren bei elliptischen Differentialgleichungen

Für viele Randwertaufgaben bei partiellen Differentialgleichungen ist das Differenzenverfahren das einzige praktisch brauchbare Näherungsverfahren. Wenn man genauere Resultate benötigt, wird man auf große Gleichungssysteme, oft mit Hunderten und Tausenden von

Unbekannten geführt. Diese Gleichungssysteme lassen sich praktisch nur mit Iterationsverfahren behandeln. Viel untersucht sind die linearen Randwertaufgaben bei elliptischen Differentialgleichungen, bei denen man große lineare Gleichungssysteme aufzulösen hat. Bei diesen Gleichungen hat man oft „überwiegende" Hauptdiagonalglieder, welche eine iterative Behandlung nahelegen.

Für weite Klassen von Problemen läßt sich die Situation schematisch etwa so skizzieren: Die Konvergenz der verschiedenen Iterationsverfahren läßt sich oft ziemlich leicht zeigen, vgl. die Sätze in Nr. 13.3 und 13.4. Man führt dann auf den Rechenanlagen die Iterationen so weit durch, bis die Rechnung, abgesehen von einem Schwanken in den letzten Dezimalen, zum Stillstand gekommen ist; es ergeben sich dann die Fragen:

1. nach dem Fehler bei der Auflösung des Gleichungssystems, d. h. wie weit die berechnete Näherung von der exakten Lösung der Differenzengleichungen abweichen kann,

2. nach dem Fehler der Lösung der Differenzengleichungen gegenüber der Lösung der Randwertaufgabe.

In diesem Paragraphen soll nur der erstgenannte Fehler untersucht werden; seine Bedeutung darf nicht unterschätzt werden; er kann insbesondere bei größeren Gleichungssystemen zu nicht vernachlässigbarer Größe anwachsen. Man möchte hierbei einen Schluß von der Größe der zuletzt aufgetretenen Änderungen auf die Größe des Fehlers oder wenigstens eine Schranke für den Fehlerbetrag ziehen.

Die Differenzenverfahren führen nun bei linearen Randwertaufgaben meist auf Gleichungen, für welche die Matrix T für die Norm (14.6) den Wert $\|T\| = 1$ liefert, so daß die Fehlerabschätzung (12.5) nicht anwendbar ist; das SASSENFELDsche Kriterium in Nr. 14.2 ist theoretisch anwendbar und führt zu einer Norm $\|T\| < 1$, die aber bei großen Gleichungssystemen sehr nahe an Eins liegt. Für das Einzelschrittverfahren und die Overrelaxation kann man mit der Spektralnorm $\|T\|$ arbeiten, welche gewöhnlich kleiner als Eins ist, aber ebenfalls bei großen Gleichungssystemen der Eins sehr nahe kommt. Außerdem hat die Spektralnorm den Nachteil, daß man dann nur Schranken für die EUKLIDische Länge des Fehlervektors und nicht unmittelbar für seine maximale Betragskomponente erhält. Immerhin soll das Abschätzungsprinzip hier vorgeführt werden; ein anderes Abschätzungsprinzip mit Hilfe der Monotonie wird in Kap. III beschrieben.

Es kann hier keine systematische Beschreibung des Differenzenverfahrens gegeben werden (vgl. darüber z. B. COLLATZ [55], S. 322, FORSYTHE-WASOW [60], Kap. 3, VARGA [62], Kap. 6), sondern es möge folgende Skizzierung genügen, bei der nur zwei unabhängige Veränderliche x, y zugrunde gelegt werden, obwohl sich die Dinge ohne weiteres auf mehr als zwei unabhängige Veränderliche übertragen lassen (aber die Schreibweise wird mühsamer).

Bei der elliptischen Differentialgleichung

$$L u = a\,u_{xx} + c\,u_{yy} + d\,u_x + e\,u_y - g\,u = r \tag{14.1}$$

für eine Funktion $u(x, y)$ (die Indices x, y bei u bedeuten partielle Ableitungen) seien die Funktionen a, c, d, e, g, r in einem Bereich B der x-y-Ebene stetig, a, c positiv und g nichtnegativ. In einem rechteckigen Gitter mit den Maschenweiten h, l, den Gitterpunkten

$$\left. \begin{array}{l} x_j = x_0 + j\,h \\ y_k = y_0 + k\,l \end{array} \right\} \qquad (j, k = 0, \pm 1, \pm 2, \ldots) \tag{14.2}$$

und Bezeichnung der Funktionswerte an einer Stelle x_j, y_k durch Anhängen der Indices j, k entspricht der Differentialgleichung (14.1) die gewöhnliche Differenzengleichung für Näherungswerte U_{jk}:

$$\left. \begin{array}{l} \left(\dfrac{2\,a_{jk}}{h^2} + \dfrac{2\,c_{jk}}{l^2} + g_{jk} \right) U_{jk} - \dfrac{1}{h^2}\left(a_{jk} - \dfrac{h}{2}\,d_{jk} \right) U_{j-1,\,k} - \\[3mm] - \dfrac{1}{h^2}\left(a_{jk} + \dfrac{h}{2}\,d_{jk} \right) U_{j+1,\,k} - \\[3mm] - \dfrac{1}{l^2}\left(c_{jk} - \dfrac{l}{2}\,e_{jk} \right) U_{j,\,k-1} - \dfrac{1}{l^2}\left(c_{jk} + \dfrac{l}{2}\,e_{jk} \right) U_{j,\,k+1} + r_{jk} = 0. \end{array} \right\} \tag{14.3}$$

Es seien h und l so klein gewählt, daß hier alle runden Klammern nichtnegativ sind; dann ist in jeder dieser Gleichungen der Koeffizient bei U_{jk} mindestens so groß wie die Summe der Beträge der Koeffizienten bei den übrigen U-Größen.

Bei der „ersten Randwertaufgabe" sind für u auf dem Rande Γ von B Werte $u = \varphi$ vorgegeben; Γ sei etwa eine geschlossene, doppelpunktfreie, stückweise glatte Kurve. Ihr wird ein „Gitterrand" S zugeordnet: 2 Gitterpunkte, die in der x- oder in der y-Richtung um die Maschenweite voneinander entfernt liegen, heißen Nachbarn. Ein Gitterpunkt heißt innerer Gitterpunkt, wenn er mit seinen 4 Nachbarn zu $B + \Gamma$ gehört, er heißt Randpunkt, wenn er selbst zu $B + \Gamma$ gehört, aber mindestens ein Nachbar nicht in $B + \Gamma$ liegt.

Für jeden inneren Gitterpunkt wird eine Gl. (14.3) angeschrieben. Für jeden Randpunkt A bestimmt man 2 Punkte B und C im Abstand δ bzw. h oder l, wobei ABC auf einer Gittergeraden liegen, C innerer Gitterpunkt ist und B auf Γ liegt (die Maschenweiten seien hierfür bereits genügend klein gewählt); es sei $\delta < h$, vgl. Abb. 14/1. Dann wird für den Punkt A die Gleichung angeschrieben, wobei

$U_{(B)} = \varphi_{(B)}$ gegeben ist und die Bezeichnungsweise $U_{(A)} \ldots$ wohl leicht
verständlich ist.

$$U_{(A)} = \frac{\delta}{h + \delta} U_{(C)} + \frac{h}{h + \delta} U_{(B)}. \tag{14.4}$$

Die Gln. (14.3) und (14.4) stellen ein Gleichungssystem für die Werte
von U in den inneren Gitterpunkten und Randpunkten dar, soweit
diese nicht selbst zu Γ gehören. In der Gl. (14.4)
ist der Koeffizient $U_{(A)}$ größer als der Koeffizient
von $U_{(B)}$. Es ist mithin das schwache Zeilensummenkriterium erfüllt. Ferner bilden bei hinreichend
kleinen Maschenweiten h, l die Menge der inneren
Gitterpunkte und der Punkte vom Typus A einen
,,zusammenhängenden Gitterbereich'', d. h., die
Koeffizientenmatrix A ist nicht zerfallend, vgl.

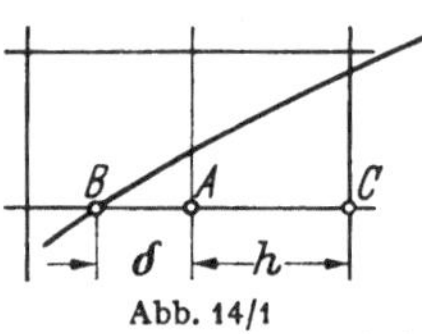

Abb. 14/1
Differenzenverfahren bei
krummlinigem Rand

die oben angegebene Literatur. Daher sind nach dem Satz von Nr. 13.4
Gesamtschritt- und Einzelschrittverfahren konvergent. Hierin ist das
bekannte LIEBMANNsche Mittelungsverfahren (LIEBMANN [18]) für die
der Potentialgleichung entsprechenden Differenzengleichungen als Spezialfall enthalten.

14.2 Fehlerabschätzung für Gesamtschritt- und Einzelschrittverfahren

Die Matrix A erfülle das Zeilensummenkriterium (13.25), dann gibt
es eine Zahl μ mit

$$\sum_{k=1}^{n}{}' \left| \frac{a_{jk}}{a_{jj}} \right| \leqq \mu < 1. \tag{14.5}$$

Das Gesamtschrittverfahren (13.6) ist dann ein Iterationsverfahren, für
welches man nach Nr. 12.2 die Lipschitzkonstante P braucht. Zur
Vektornorm

$$\|x\| = \text{Maximaler Betrag der Komponenten} \tag{14.6}$$

ist nach Nr. 9.6 die Matrixnorm der maximalen Zeilenbetragssumme
passend, und diese Norm hat, da man sich das Gleichungssystem durchdividiert geschrieben denken kann, den Wert μ; man kann also $\mu = P$
setzen und unmittelbar die Fehlerabschätzung (12.5) anwenden.

Bezeichnen wieder wie in Nr. 13.2 $x^{(j)}$, $x_0^{(j)}$, $x_1^{(j)}$, $\delta_0^{(j)}$ die Komponenten des Lösungsvektors x bzw. der Vektoren x_0, x_1 der Iteration
und der Änderung $\delta_0 = x_1 - x_0$, so gilt also, wenn es noch einmal ausführlich hingeschrieben wird,

$$\left| x^{(j)} - x_1^{(j)} \right| \leqq \frac{\mu}{1 - \mu} \operatorname*{Max}_{k} \left| \delta_0^{(k)} \right| \qquad (j = 1, \ldots, n). \tag{14.7}$$

Erfüllt die Matrix A das Spaltensummenkriterium (13.26)

$$\sum_{j-1}^{n}{}' \left| \frac{a_{jk}}{a_{kk}} \right| \leqq \mu^* < 1, \tag{14.8}$$

so ist die Vektornorm $\| x \| =$ Summe der Komponentenbeträge zu verwenden; auch hier ist für das Gesamtschrittverfahren die Fehlerabschätzung (12.5) sofort benutzbar, aber jetzt mit dem Wert $\mu^* = P$; i. allg. ist es jedoch numerisch günstiger, bei einer Näherungslösung eine Schranke für den maximalen Fehler als für die Summe der Fehlerbeträge bei allen Komponenten zu haben.

Bei den Einzelschrittverfahren (13.7) und (13.10) sei das Gleichungssystem durchdividiert, d. h. $a_{jj} = 1$. Nun ist zunächst die Lipschitzkonstante des Operators T abzuschätzen; es seien x und $\tilde{x}$ zwei Vektoren (die Komponenten werden durch hochgestellte Indizes in Klammern bezeichnet) und $y, \tilde{y}$ zugeordnete Iterierte nach

$$y = T x + s; \quad \tilde{y} = T \tilde{x} + s;$$

ferner sei $\left| x^{(j)} - \tilde{x}^{(j)} \right| = d_j$, $\left| y^{(j)} - \tilde{y}^{(j)} \right| = e_j$; $D = \underset{j}{\mathrm{Max}}\, d_j$; dann gilt

$$e_j \leqq \sum_{s-1}^{j-1} |a_{js}|\, e_s + \sum_{s-j+1}^{n} |a_{js}|\, d_s. \tag{14.9}$$

Nun werden die Größen eingeführt (SASSENFELD [51])

$$\beta_1 = \sum_{s-2}^{n} |a_{1s}|, \quad \beta_j = \sum_{s-1}^{j-1} |a_{js}|\, \beta_s + \sum_{s-j+1}^{n} |a_{js}| \quad (j = 2, \ldots, n);$$

$$P = \underset{j}{\mathrm{Max}}\, \beta_j;$$

es gilt

$$e_j \leqq D \beta_j, \tag{14.10}$$

wie für $j = 1$ aus (14.9) und für $j > 1$ durch vollständige Induktion folgt: es gelte (14.10) für $j = 1, 2, \ldots, k$, dann ergibt (14.9)

$$e_{k+1} \leqq \sum_{s-1}^{k} |a_{k+1, s}|\, D \beta_s + \sum_{s-k+2}^{n} |a_{k+1, s}|\, D = D \beta_{k+1},$$

also gilt (14.10) für alle j: Mit der Norm (14.6) wird somit

$$\| y - \tilde{y} \| \leqq P \| x - \tilde{x} \|; \tag{14.11}$$

es ist also P als Lipschitzkonstante verwendbar.

Wenn das Zeilensummenkriterium (14.5) erfüllt ist (jetzt ist $a_{jj} = 1$), kann man etwas gröber abschätzen: $\beta_1 \leqq \mu$, und $\beta_j \leqq \mu$ folgt sofort durch vollständige Induktion

$$\beta_j \leqq \sum_{s=1}^{j-1} |a_{js}| + \sum_{s=j+1}^{n} |a_{js}| \leqq \mu .$$

Man kann dann μ als Lipschitzkonstante verwenden; das ist für die Rechnung oft bequem, da man dann die Berechnung der β_j spart; andererseits erhält man auf dem Wege über die β_j nach (14.9) oft eine bessere Lipschitzkonstante. Das kann von Bedeutung sein, vgl. das folgende Beispiel.

Alle Abschätzungen dieser Nummer gelten wörtlich auch für nichtlineare Gleichungssysteme der Form (13.2), wenn man einen konvexen abgeschlossenen beschränkten Bereich D im R_n wählt, in dem die Funktionen φ_j stetig differenzierbar sind, wenn man $a_{jk} = \underset{D}{\mathrm{Max}} \left| \dfrac{\partial \varphi_j}{\partial x^{(k)}} \right|$ setzt und bei der Iteration noch nachprüft, daß die Kugel K von (12.5) (dort ist u_0, u_1 statt x_0, x_1 geschrieben) zu D gehört (es sei $\partial \varphi_j / \partial x^{(j)} \equiv 0$).

Beispiel: Bei den Differenzengleichungen (14.3), die der elliptischen Differentialgleichung (14.1) entsprechen, ist für $g = 0$ (zu diesem wichtigen Spezialfall gehört z. B. auch die Potentialgleichung) das Zeilensummenkriterium nicht erfüllt; es wird in (14.5) $\mu = 1$ und die Fehlerabschätzung (12.5) mit $P = 1$ versagt. Wohl aber ist häufig das Kriterium von SASSENFELD anwendbar, wenn man die Unbekannten so numeriert, daß man zuerst die Gleichungen mit kleinen Betragssummen der Koeffizienten verwendet.

Als ganz einfaches Beispiel werde das Torsionsproblem für einen Träger mit L-Querschnitt gewählt. Für den Bereich B der Abb. 14/2 mit Rand Γ hat man

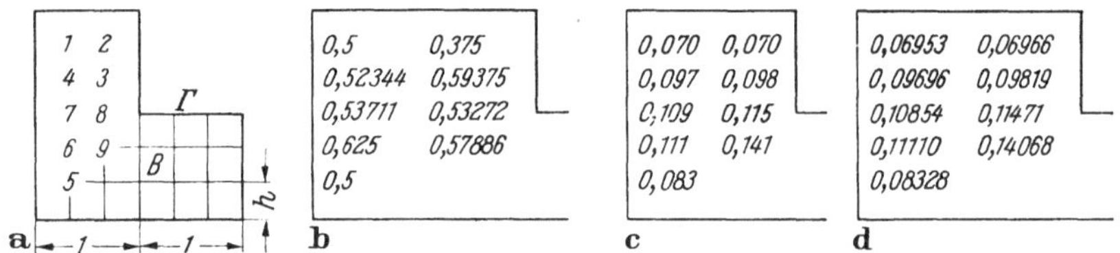

Abb. 14/2 a—d. Differenzenverfahren beim Torsionsproblem

$\Delta u = -1$ in B, $u = 0$ auf Γ. Bei der Maschenweite $h = \tfrac{1}{3}$ werden (bei Ausnutzung der Symmetrie) die gewöhnlichen Differenzengleichungen (14.3) benutzt. In Teil a) der Abb. 14/2 steht bei jedem inneren Gitterpunkt die Nummer j der betreffenden Unbekannten $x^{(j)}$, in b) die zugehörige Zahl β_j nach (14.9), in c) ein Näherungsvektor x_k, in d) der aus x_k nach dem Einzelschrittverfahren berechnete Vektor x_{k+1}. Das Gleichungssystem beginnt z. B. mit den Gleichungen

$$x^{(1)} - \tfrac{1}{4} x^{(2)} - \tfrac{1}{4} x^{(4)} = \tfrac{1}{36} ,$$
$$x^{(2)} - \tfrac{1}{4} x^{(1)} - \tfrac{1}{4} x^{(3)} = \tfrac{1}{36} .$$

Das Maximum der Zahlen β_j ergibt die durchaus brauchbare Zahl $P = 0{,}625$ mit $P/(1 - P) = \tfrac{5}{3}$, und die Fehlerabschätzung (12.5) ist anwendbar. Die maximale Änderung in den Komponenten von x beträgt $\| x_{k+1} - x_k \| = 0{,}00047$; also ist der maximale Fehler der Komponenten von x_{k+1} höchstens $\| x - x_{k+1} \| \leqq \tfrac{5}{3} \cdot 0{,}00047$ $< 0{,}00079$.

14.3 Gruppeniteration

Eine Variante dieses Iterationsverfahrens ist die „Gruppeniteration". Man teilt hierbei die Matrix A des Gleichungssystems (13.5) auf in rechteckige Untermatrizen A_{jk} $(j, k = 1, \ldots, q)$

$$A = \left(\begin{array}{c|c|c|c} A_{11} & A_{12} & A_{13} & \cdots \\ \hline A_{21} & A_{22} & A_{23} & \cdots \\ \hline \cdots & \cdots & \cdots & \cdots \end{array} \right), \tag{14.12}$$

wobei die A_{jj} quadratische Matrizen von jeweils n_j Zeilen seien; es ist dann $\sum\limits_{j=1}^{q} n_j = n$; entsprechend werden auch die Vektoren x und r aufgeteilt, indem jeweils n_j Komponenten zu einem Vektor X_j bzw. R_j zusammengefaßt werden (ZADUNAISKY [57]):

$$x = \begin{pmatrix} X_1 \\ \vdots \\ X_q \end{pmatrix}; \quad r = \begin{pmatrix} R_1 \\ \vdots \\ R_q \end{pmatrix},$$

dann hat das Gleichungssystem die Gestalt

$$X_j = \sum_{k=1}^{q} A_{jk} X_k + R_j \quad (j = 1, \ldots, q); \tag{14.13}$$

die Beweise von Nr. 14.2 sind dann wörtlich auf diesen Fall übertragbar, wenn man $|x_j|$, $|a_{jk}/a_{jj}|$ durch $\|X_j\|$, $\|A_{jj}^{-1} A_{jk}\|$ ersetzt. Insbesondere übertragen sich die Konvergenzbedingungen und Fehlerabschätzungen sowohl für Gesamt- als auch für Einzelschrittverfahren, und auch für die Overrelaxation von Nr. 13.2. Bei der numerischen Rechnung hat man dann bei jedem Schritt ein lineares Gleichungssystem von n_j Unbekannten aufzulösen; dafür ist es zweckmäßig, sich die Inversen A_{jj}^{-1}, die dabei immer wieder gebraucht werden, bereitzustellen.

Es sei an einem Beispiel gezeigt, daß durch das Zusammenfassen bei der Blockiteration die Verhältnisse günstiger werden können: Es soll die 1. Randwertaufgabe der Potentialtheorie für einen quadratischen Bereich der Seitenlänge a mit einem verbesserten Differenzenverfahren, etwa dem Mehrstellenverfahren bei der Maschenweite $h = a/5$, behandelt werden.

Es wird dabei der „Stern" verwendet:

1	4	1
4	−20	4
1	4	1

Das Verfahren kann hier nicht im einzelnen beschrieben werden (vgl. z. B.
COLLATZ [55], S. 363). Die Koeffizientenmatrix hat hier die Gestalt (14.12) mit
$n_j = 4$, $q = 4$ und

$$A_{jj} = \frac{1}{5} \begin{pmatrix} 5 & -1 & 0 & 0 \\ -1 & 5 & -1 & 0 \\ 0 & -1 & 5 & -1 \\ 0 & 0 & -1 & 5 \end{pmatrix}, \qquad A_{j,j+1} = A_{j+1,j} = \frac{-1}{20} \begin{pmatrix} 4 & 1 & 0 & 0 \\ 1 & 4 & 1 & 0 \\ 0 & 1 & 4 & 1 \\ 0 & 0 & 1 & 4 \end{pmatrix}$$

$$(j = 1, \ldots, 4); \qquad\qquad\qquad (j = 1, 2, 3)$$

alle andern A_{jk} enthalten nur Nullen.

Das Zeilensummenkriterium in der gewöhnlichen Form (14.5) versagt hier,
da $\mu = 1$ wird. Rechnet man aber mit Blöcken, so wird

$$A_{jj}^{-1} = \frac{5}{551} \begin{pmatrix} 115 & 24 & 5 & 1 \\ 24 & 120 & 25 & 5 \\ 5 & 25 & 120 & 24 \\ 1 & 5 & 24 & 115 \end{pmatrix}$$

$$\text{und} \quad B = A_{jj}^{-1} A_{j,j+1} = \frac{-1}{2204} \begin{pmatrix} 484 & 216 & 45 & 9 \\ 216 & 529 & 225 & 45 \\ 45 & 225 & 529 & 216 \\ 9 & 45 & 216 & 484 \end{pmatrix}$$

und damit $\|B\| = 1015/2204$, $\mu = 2\|B\| = 1015/1102 \approx 0{,}91$.

Dieses μ ist < 1, die Gruppeniteration konvergiert also, und man kann mit μ
als Lipschitzkonstante eine Fehlerabschätzung durchführen.

14.4 Unendliche lineare Gleichungssysteme

Ein solches Gleichungssystem (COOKE [50], Kap. 3, NATANSON [54],
S. 452 u. a.)

$$x_{(j)} = \sum_{k=1}^{\infty} a_{jk} x_{(k)} + r_j \qquad (j = 1, 2, \ldots) \qquad (14.14)$$

heiße regulär, wenn es eine Zahl q gibt mit

$$\sum_{k=1}^{\infty} |a_{jk}| \leqq q < 1 \qquad (j = 1, 2, \ldots). \qquad (14.15)$$

Satz: *Ein unendliches lineares reguläres Gleichungssystem* (14.14) *mit
beschränkten r_j (etwa $|r_j| \leqq C$ für $j = 1, 2, \ldots$) hat eine eindeutig be-
stimmte, durch Iteration in Gesamtschritten (von beliebigen beschränkten
Werten $x_{0(j)}$ ausgehend) erhältliche Lösung.*

Beweis: R sei der Banachraum der beschränkten Zahlenfolgen
$x = (x_{(1)}, x_{(2)}, \ldots)$ (Beispiel 4 der Banachräume Nr. 4.3) mit der
Norm (4.6).

Für die Transformation $T x = A x + r$ mit der Matrix $A = (a_{jk})$
und dem Vektor $r = (r_j)$ ist dann

$$\|A x\| = \sup_j \left| \sum_{k=1}^{\infty} a_{jk} x_{(k)} \right| \leqq \sup_j \sum_{k=1}^{\infty} |a_{jk}| \, |x_{(k)}| \leqq q \sup_k |x_{(k)}| = q \|x\|.$$

T besitzt daher eine Lipschitzkonstante, die höchstens q ist:

$$P \leq q < 1,$$

und es ist der Satz von Nr. 12.2 auf die Iteration $x_{n+1} = A\,x_n + r$ ($n = 0, 1, \ldots$) mit Vektoren $x_n = (x_{n(1)}, x_{n(2)}, \ldots)$ anwendbar. Ersetzt man die Bedingung (14.15) durch die schwächere

$$\sum_{k=1}^{\infty} |a_{jk}| < 1 \quad \text{für} \quad j = 1, 2, \ldots,$$

so zeigen KANTOROWITSCH-KRYLOW [56], daß auch dann (14.14) eine durch Iteration erhältliche beschränkte Lösung $x_{(j)}$ besitzt, daß diese aber nicht eindeutig bestimmt zu sein braucht. Dort wird das folgende Beispiel angegeben: Das System

$$x_{(j)} = \left(1 - \frac{1}{(j+1)^2}\right) x_{(j+1)} + \frac{1}{(j+1)^2} \quad (j = 1, 2, \ldots)$$

hat die Lösungen $x_{(j)} = 1$ und $x_{(j)} = 1/(j+1)$.

14.5 Overrelaxation mit Fehlerabschätzung

Die Relaxation (13.12) läßt sich umschreiben in

$$\omega A\, x_{k+1} = [(1 - \omega)\, D - \omega\, A_R]\, (x_k - x_{k+1}) + \omega\, r. \qquad (14.16)$$

Mit (13.5) und $\gamma = 1 - \dfrac{1}{\omega}$ ergibt dies unter der Voraussetzung, daß A nichtsingulär ist,

$$x_{k+1} - x = A^{-1}[\gamma\, D + A_R]\, (x_{k+1} - x_k) \qquad (14.17)$$

und damit die Fehlerabschätzung, vgl. ALBRECHT [61],

$$\| x_{k+1} - x \| \leq \| A^{-1}(\gamma\, D + A_R) \|\, \| x_{k+1} - x_k \|. \qquad (14.18)$$

Man kann zu weiteren Aussagen kommen, wenn man speziellere Annahmen macht. Das Gleichungssystem sei durchdividiert (d. h. $D = E$) und habe die Gestalt (13.16) mit einer Matrix T der Gestalt

$$T = \left(\begin{array}{c|c} 0 & T_2 \\ \hline T_1 & 0 \end{array}\right) \begin{array}{l} \} n_1 \text{ Zeilen} \\ \\ \} n_2 \text{ Zeilen} \end{array} \qquad (n_1 + n_2 = n). \qquad (14.19)$$

$$\underbrace{\qquad}_{n_1 \text{ Spalten}} \underbrace{\qquad}_{n_2 \text{ Spalten}}$$

Die quadratischen, in dem Schema durch 0 bezeichneten Teilmatrizen enthalten nur Nullen; diese Matrizen T haben die Eigenschaft (A) [vgl. (14.34)] und werden bei VARGA [59] als zyklisch vom Index 2 bezeichnet (auch zweifach zyklisch genannt).

Die Relaxation (13.12) lautet hier

$$x_{k+1} = x_k + \omega[\hat{T}_1 x_{k+1} + (\hat{T}_2 - E) x_k + s] \tag{14.20}$$

mit

$$\hat{T}_1 = \left(\begin{array}{c|c} 0 & 0 \\ \hline T_1 & 0 \end{array}\right) \quad \text{und} \quad \hat{T}_2 = \left(\begin{array}{c|c} 0 & T_2 \\ \hline 0 & 0 \end{array}\right).$$

Sie konvergiert, wenn alle charakteristischen Zahlen $\varkappa$ der Matrix nach (13.15)

$$K(\omega) = (E - \omega \hat{T}_1)^{-1} [(1 - \omega) E + \omega \hat{T}_2] \tag{14.21}$$

Beträge kleiner als Eins haben.

Satz: *Es sei die Beziehung*

$$(\varkappa + \omega - 1)^2 = \varkappa \omega^2 \tau^2 \tag{14.22}$$

erfüllt. Dann folgen die Aussagen
  a) τ *ist charakteristische Zahl von T*   *[nach (14.19)]*,
  b) $\varkappa$ *ist charakteristische Zahl von $K(\omega)$* *[nach (14.21)]*
  wechselseitig auseinander.

Beweis (SHELDON [60]): Der Aufteilung (14.19) der Matrix T entsprechend werden auch die Eigenvektoren $z \neq \Theta$ und $w \neq \Theta$, die zu $(T - \tau E) z = 0$, $(K - \varkappa E) w = 0$ oder $((1 - \omega) E + \omega \hat{T}_2) w = \varkappa(E - \omega \hat{T}_1) w$ gehören, zerlegt in $z = \left(\frac{z_1}{z_2}\right)$, $w = \left(\frac{w_1}{w_2}\right)$.

Dann hat man

$$\begin{aligned} T_1 z_1 &= \tau z_2, \\ T_2 z_2 &= \tau z_1 \end{aligned} \tag{14.23}$$

und

$$\begin{aligned} [\varkappa - (1 - \omega)] w_1 &= \omega T_2 w_2, \\ \varkappa \omega T_1 w_1 &= [\varkappa - (1 - \omega)] w_2. \end{aligned} \tag{14.24}$$

(14.23) zeigt, daß mit τ auch $-\tau$ charakteristische Zahl von T ist. Man kann nun, von z (bzw. w) ausgehend, einen Eigenvektor w (bzw. z) bestimmen nach

$$w_1 = p_1 z_1, \quad w_2 = p_2 z_2, \tag{14.25}$$

wobei die Proportionalitätsfaktoren p_1, p_2 nichttriviale Lösungen von

$$\begin{aligned} (\varkappa + \omega - 1) p_1 - \omega \tau p_2 &= 0, \\ \varkappa \omega \tau p_1 - (\varkappa + \omega - 1) p_2 &= 0 \end{aligned} \tag{14.26}$$

sind. Das Verschwinden der Determinante dieses Gleichungssystems für p_1, p_2 ist gerade die Beziehung (14.22).

Auf genau dieselbe Weise wird bewiesen (ALBRECHT [61]), daß für eine HERMITEsche Matrix T bei der Beziehung

$$\Lambda + \frac{1}{\Lambda} - 2 = \frac{(\Lambda - 1)^2}{\Lambda} = \frac{\varrho^2 \tau^2 + \tau^4}{\gamma^2 (1 - \tau^2)} \quad \text{mit} \quad \Lambda = \frac{1 - \tau^2}{\gamma^2} \lambda \qquad (14.27)$$

die Aussagen a) τ ist charakteristische Zahl von T [nach (14.19)],

b) λ ist charakteristische Zahl der Matrix

$$L(\omega) = M \overline{M}' \quad \text{mit} \quad M = (E - T)^{-1} (\gamma E - \hat{T}_2) \qquad (14.28)$$

einander wechselseitig zur Folge haben; es ist wieder

$$\gamma = 1 - \frac{1}{\omega}, \quad \varrho = \frac{2}{\omega} - 1, \quad 2\gamma + \varrho = 1. \qquad (14.29)$$

Mit $A = E - T$ ist M genau die in (14.18) auftretende Matrix $A^{-1}(\gamma D + A_R)$ für den hier betrachteten Spezialfall.

Es sei λ eine charakteristische Zahl von $L(\omega)$ mit dem Eigenvektor $y = \begin{pmatrix} y_1 \\ y_2 \end{pmatrix}$:

$$(E - T)^{-1} (\gamma E - \hat{T}_2) \overline{(\gamma E - \hat{T}_2')} \overline{(E - T)^{-1}{}'} y = \lambda y$$

oder wegen $\overline{\hat{T}_2'} = \hat{T}_1, \overline{T'} = T$

$$(\gamma E - \hat{T}_2) (\gamma E - \hat{T}_1) y = \lambda (E - T)^2 y.$$

Die Aufspaltung wie bei (14.23) und (14.24) ergibt

$$[(\gamma^2 E + T_2 T_1) - (\lambda E + \lambda T_2 T_1)] y_1 = (\gamma - 2\lambda) T_2 y_2,$$

$$(\gamma - 2\lambda) T_1 y_1 = [\gamma^2 E - (\lambda E + \lambda T_1 T_2)] y_2.$$

Genau der gleiche Ansatz wie (14.25), nur mit y statt w, führt dann auf

$$\begin{vmatrix} \gamma^2 + \tau^2 - \lambda(1 + \tau^2) & (\gamma - 2\lambda)\tau \\ (\gamma - 2\lambda)\tau & \gamma^2 - \lambda(1 + \tau^2) \end{vmatrix} = 0$$

oder $[\gamma^2 - \lambda(1 - \tau^2)]^2 = \lambda(\varrho^2 \tau^2 + \tau^4)$; das ist aber die Beziehung (14.27), die man nach kurzer Rechnung auch noch auf die Form bringen kann

$$\lambda = \left[\frac{\sqrt{\varrho^2 \tau^2 + \tau^4 + 4\gamma^2 (1 - \tau^2)} \pm \sqrt{\varrho^2 \tau^2 + \tau^4}}{2(1 - \tau^2)} \right]^2. \qquad (14.30)$$

Nun läßt sich der Satz aussprechen:

Satz: *In dem linearen Gleichungssystem $x = T x + s$ sei die Matrix T hermitesch, habe die zweifach zyklische Gestalt (14.19), und es sei $\|T\| \leq$ $\leq t < 1$. Wird als Vektornorm die Euklidische Norm (9.5) und als Matrixnorm die Spektralnorm (9.19) benutzt, so gilt für das Relaxationsverfahren (14.20) mit einem ω-Wert aus $0 < \omega < 2$ die Fehlerabschätzung:*

$$\|x_{k+1} - x\| \leq Z \|x_{k+1} - x_k\| \qquad (14.31)$$

mit

$$Z = \frac{1}{2(1-t^2)}\left[\sqrt{\varrho^2 t^2 + t^4 + 4\gamma^2(1-t^2)} + \sqrt{\varrho^2 t^2 + t^4}\right], \qquad (14.32)$$

dabei berechnen sich γ und ϱ aus ω nach (14.29).

Insbesondere erhält man beim Einzelschrittverfahren ($\omega = 1$) die Abschätzung (14.31) mit

$$Z = \frac{t\sqrt{1+t^2}}{1-t^2}. \qquad (14.33)$$

Zum Beweis sind nur die bisherigen Ergebnisse zusammenzufügen; die Fehlerabschätzung (14.18) hat bereits die Form (14.31), es ist noch die Größe Z zu bestimmen, d. h. die Spektralnorm $\|M\|$ der durch (14.28) eingeführten Matrix M, diese Norm ist aber nach (9.18) gleich $\sqrt{|\lambda|_{\max}}$. Nun ist im Bereich $0 < \omega < 2$, $0 < \tau^2 < 1$ nach (14.30) λ in τ^2 monoton wachsend (es werde bei den Wurzeln das positive Zeichen genommen); es ist $\|T\| = |\tau|_{\max}$, da T hermitesch ist; man erhält also $\|M\|$, indem man in (14.30) τ durch $|\tau|_{\max}$ ersetzt und bei $\pm$ das Pluszeichen benutzt. Wegen der Monotonie darf man $|\tau|_{\max}$ durch den evtl. größeren Wert t ersetzen und erhält so den Ausdruck (14.32).

14.6 Wahl des Overrelaxationsfaktors

Definition: Eine quadratische Matrix A hat die „Eigenschaft (A)", wenn sie durch Umnumerierung der Zeilen und gleichlautende Umnumerierung der Spalten auf die Form gebracht werden kann:

$$\begin{pmatrix} D_1 & F_1 & 0 & 0 & \cdots & 0 & 0 \\ E_1 & D_2 & F_2 & 0 & \cdots & 0 & 0 \\ 0 & E_2 & D_3 & F_3 & \cdots & 0 & 0 \\ \cdots\cdots\cdots\cdots\cdots\cdots\cdots\cdots\cdots\cdots \\ 0 & 0 & 0 & 0 & & E_{m-1} & D_m \end{pmatrix} \qquad (14.34)$$

wobei $D_1, D_2, \ldots, D_m$ quadratische Diagonalmatrizen (die nur in der Hauptdiagonale von Null verschiedene Elemente haben), die $E_1, \ldots, E_{m-1}, F_1, \ldots, F_{m-1}$ rechteckige Matrizen mit irgendwelchen Elementen sind und alle übrigen rechteckigen Matrizen nur Nullen als Elemente enthalten. Unter gewissen Voraussetzungen über die Reihenfolge, in der die einzelnen Unbekannten berechnet werden, läßt sich zeigen, daß auch dann für die Overrelaxation die Beziehung (14.22) gilt (FORSYTHE WASOW [60], S. 252).

Für die numerische Rechnung ist es wichtig, den Parameter ω günstig zu wählen; es gibt einen „Bestwert" ω_b für ω, für welchen das Maximum der Werte $|\varkappa|$ möglichst klein ausfällt.

Satz: *Für die Matrix T gelte: Mit τ ist auch $-\tau$ charakteristische Zahl von T; alle charakteristischen Zahlen von T seien reell, und es sei $\mathrm{Max}\,|\tau| = t < 1$. Es sei $M(\omega)$ die Menge aller Zahlen $\varkappa$, die bei festem ω die Beziehung (14.22) mit einer der charakteristischen Zahlen τ von T erfüllen. Es variiere ω im Bereich $0 < \omega < 2$; es sei $q(\omega)$ das Maximum der Beträge aller Zahlen aus $M(\omega)$. Es sei ω_b der Bestwert von ω, d. h. der Wert, für den $q(\omega)$ am kleinsten ausfällt. Dann gilt*

$$\omega_b = \frac{2}{1 + \sqrt{1 - t^2}} \tag{14.35}$$

und

$$q(\omega_b) = \omega_b - 1 = \frac{1 - \sqrt{1 - t^2}}{1 + \sqrt{1 - t^2}}. \tag{14.36}$$

Beweis: Mit $\varkappa = y^2$ erhält man aus (14.22) durch Ziehen der Quadratwurzel

$$y^2 + \omega - 1 = \pm y\,\omega\,\tau. \tag{14.37}$$

Das Zeichen $\pm$ kann man unterdrücken, da mit τ auch $-\tau$ zu den charakteristischen Zahlen von T gehört.

In einer ω-y-Ebene stellt (14.37) bei festem τ einen Kegelschnitt dar, und zwar für $\tau \neq 0$ wegen

$$\omega = \frac{1 - y^2}{1 - y\,\tau} \tag{14.38}$$

eine Hyperbel, von der $y = 1/\tau$ eine Asymptote ist; die Lage der Hyperbel kann man mit den Punkten $\omega = 0$, $y = \pm 1$ und $\omega = 1$, $y = 0$ oder τ, also $(\omega, y) = (0, \pm 1)$, $(1, 0)$, $(1, \tau)$ sofort überblicken, Abb. 14/3; für $\omega = 2$ werden die y-Werte komplex. Es gibt also einen Wert $\omega = \omega_1$, der zwischen 1 und 2 liegt, für den die Tangente an die Hyperbel senkrecht steht und der sich aus $\dfrac{d\omega}{dy} = 0$ berechnet; es folgt

$2y - \omega\tau = 0$ oder $\dfrac{\omega^2\,\tau^2}{4} - \omega + 1 = 0$,

d. h. $\omega = \omega_1 = \dfrac{2}{1 + \sqrt{1 - \tau^2}}$.

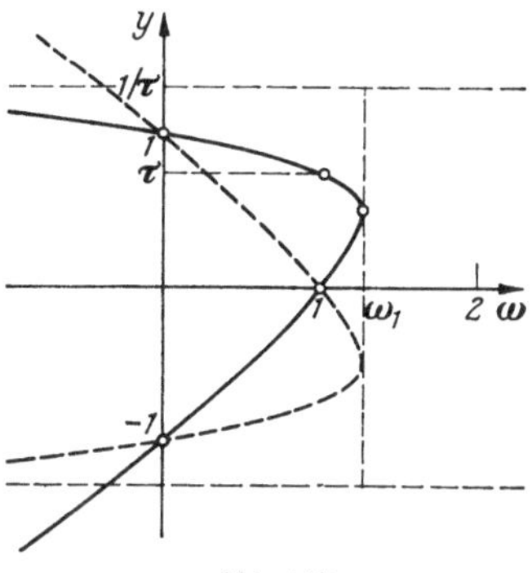

Ersetzt man τ durch $-\tau$, so geht die Hyperbel in das Spiegelbild bezüglich der x-Achse über (in der Abbildung punktiert); der Wert ω_1 ändert sich dabei nicht. Für Werte von ω in $\omega_1 < \omega \leq 2$

Abb. 14/3
Bestwert bei der Overrelaxation

hat (14.37) zwei konjugiert komplexe Wurzeln y vom Betrage $\sqrt{\omega - 1}$, der mit ω monoton wächst. Bei festem τ ist mithin ω_1 der Wert, für den das Maximum der beiden Beträge $|y|$ am kleinsten ausfällt, und zwar wird es

$$(\omega_1 - 1)^{\frac{1}{2}} = \left(\frac{1 - \sqrt{1 - \tau^2}}{1 + \sqrt{1 - \tau^2}}\right)^{\frac{1}{2}}.$$

Dieses Maximum wächst monoton mit τ in $0 \leqq \tau \leqq 1$. Ersetzt man hier also τ durch t, so erhält man die durch (14.35) und (14.36) überhaupt erreichbaren Bestwerte.

Man sieht übrigens aus der Abb. 14/3, daß $|y|_{\text{max}}$ wegen der senkrechten Tangente stark zunimmt, wenn man ω ein wenig kleiner als ω_1 wählt, aber nur schwach zunimmt (mit $\sqrt{\omega - 1}$), wenn man ω etwas größer als ω_1 wählt. Bei der numerischen Rechnung wird der genaue Wert von ω_b meist nur schwer bestimmbar sein; es ist dann besser, ihn lieber etwas zu groß als etwas zu klein zu wählen.

Bei den Differenzengleichungen (14.3) und (14.4) liegt eine Matrix T der Form (14.19) vor, wenn man die Unbekannten passend numeriert; man zählt die Gitterpunkte (x_j, y_k) schachbrettförmig abwechselnd zur Sorte I, wenn $j + k$ gerade ist, und zur Sorte II, wenn $j + k$ ungerade ist; dann nimmt man als Unbekannte $x_1, x_2, \ldots, x_{n_1}$ zunächst die U-Werte in allen Punkten der Sorte I und dann als weitere Unbekannte die U-Werte in den Punkten der Sorte II.

Es gibt zahlreiche Varianten der Overrelaxation, line-iteration, alternating-direction methods, Verfahren von GOLUB-VARGA [61] u. a. Es gehört nicht in den Rahmen dieses Buches, auf diese Varianten näher einzugehen; es sei nur erwähnt, daß zu manchen Varianten Fehlerabschätzungen aufgestellt sind, z. B. zu den Verfahren von GOLUB-VARGA bei ALBRECHT [61].

14.7 Methode der alternierenden Richtungen

Von den verschiedenen am Schluß von Nr. 14.6 erwähnten Varianten soll hier nur kurz auf die „implicit alternating direction method" eingegangen werden, die sich bei sehr großen Gleichungssystemen bewährt hat. Ausführliche Darstellungen findet man bei VARGA [62], S. 209 ff., und BIRKHOFF, VARGA, YOUNG [62].

In dem reellen Gleichungssystem

$$A\,x = s \tag{14.39}$$

[hier ist s statt r wie in (13.5) geschrieben] wird A zerlegt in

$$A = H_1 + V_1 + S = H + V \quad \text{mit} \quad H = H_1 + \tfrac{1}{2}S,$$
$$V = V_1 + \tfrac{1}{2}S, \tag{14.40}$$

wobei H und V reelle, symmetrische, positiv definite Matrizen und S eine reelle Diagonalmatrix sei. Diese Voraussetzungen sind normalerweise bei den Differenzengleichungen von Nr. 14.1 für Randwertaufgaben elliptischer Differentialgleichungen erfüllbar; z. B. bei dem Gitter (14.2) und den Gln. (14.3) werden die von den Koeffizienten a und d herrührenden Beiträge zu den Koeffizienten in der Matrix H_1, die von c und e herrührenden Beiträge in der Matrix V_1 und die von g stammenden Beiträge in der Matrix S untergebracht.

Beispiel: Bei der Potentialgleichung und einem Gitter mit drei inneren Punkten nach Abb. 14/4, die mit 1, 2, 3 bezeichnet seien, lauten die Matrizen H und V wie in Abb. 14/4 angegeben.

Das Gleichungssystem (14.39) läßt sich mit (14.40) und mit einem zunächst noch freien Parameter r in zweierlei Form schreiben:

$$(H + r\,E)\,x = (r\,E - V)\,x + s,$$
$$(V + r\,E)\,x = (r\,E - H)\,x + s. \tag{14.41}$$

Nun wird eine Folge von Näherungen $x_0, x_1, \ldots$ aufgestellt, wobei Zwischenvektoren $x_{\frac{1}{2}}, x_{\frac{3}{2}}, \ldots$ eingeschaltet werden:

$$(H + r_m\,E)\,x_{m+\frac{1}{2}} = (r_m\,E - V)\,x_m + s$$
$$(V + r_m\,E)\,x_{m+1} = (r_m\,E - H)\,x_{m+\frac{1}{2}} + s \qquad (m = 0, 1, 2, \ldots). \tag{14.42}$$

Die Größen r_m, die von Schritt zu Schritt wechseln können, seien > 0. Zur Berechnung von $x_{m+\frac{1}{2}}$ und von x_{m+1} ist jedesmal ein lineares Gleichungssystem mit reell symmetrischer, positiv definiter Matrix zu lösen, aber diese Gleichungssysteme zerfallen jeweils in getrennte Systeme; (bei jedem der Teilsysteme treten, etwa in einem x-y-Achsensystem, nur die Unbekannten auf einer einzelnen zur x- bzw. zur y-Achse parallelen Geraden auf).

Die Gln. (14.42) haben die Form

$$x_{m+1} = T_{r_m}\,x_m + s_m, \tag{14.43}$$

wobei T_r abkürzend die Matrix bedeutet:

$$T_r = (V + r\,E)^{-1}\,(r\,E - H)\,(H + r\,E)^{-1}\,(r\,E - V). \tag{14.44}$$

Diese Matrix wird nun mit $V + r\,E$ transformiert und geht dabei über in die Matrix

$$\hat{T}_r = (V + r\,E)\,T_r\,(V + r\,E)^{-1} = H_2\,V_2 \tag{14.45}$$

mit

$$H_2 = (r\,E - H)\,(H + r\,E)^{-1},$$
$$V_2 = (r\,E - V)\,(V + r\,E)^{-1}. \tag{14.46}$$

Mit H und V sind auch H_2 und V_2 wieder hermitesch, da die in den Klammern stehenden Matrizen jeweils miteinander vertauschbar sind.

Nun ist nach Satz 3 von Nr. 9.5 der Spektralradius einer Matrix, der bei nichtsingulären Transformationen invariant bleibt, höchstens gleich der Spektralnorm, für welche nach (9.25) eine Abschätzung bei Produkten besteht. Es ist also

$$\varrho(T_r) = \varrho(\hat{T}_r) \leq \sigma(\hat{T}_r) \leq \sigma(H_2)\,\sigma(V_2). \tag{14.47}$$

Hat H die charakteristischen Zahlen $\varkappa_j$, so hat nach (14.46) H_2 die charakteristischen Zahlen $\dfrac{r-\varkappa_j}{r+\varkappa_j}$; also wird nach (9.19)

$$\sigma(H_2) = \operatorname*{Max}_{j}\left|\frac{r-\varkappa_j}{r+\varkappa_j}\right| < 1;$$

ebenso ist $\sigma(V_2) < 1$, also nach (14.47) $\varrho(T_r) < 1$; d. h., das Iterationsverfahren ist, wenn man die r_m konstant $= r$ wählt, nach dem ersten Satz aus Nr. 13.3 bei beliebigem $r > 0$ konvergent.

$$-H = \begin{pmatrix} (1 & 2 & 3) \\ -2 & 0 & 0 \\ 0 & -2 & 1 \\ 0 & 1 & -2 \end{pmatrix} \quad -V = \begin{pmatrix} (1 & 2 & 3) \\ -2 & 1 & 0 \\ 1 & -2 & 0 \\ 0 & 0 & -2 \end{pmatrix}$$

Abb. 14/4. Zur Definition der Matrizen H und V

Bei Varga [62] findet man weitere Untersuchungen über die passende Wahl der r_m und eine ausführliche Theorie für den Fall, daß H mit V vertauschbar ist. Es gilt $HV = VH$ bei rechteckigen Bereichen; in dem Beispiel von Abb. 14/4 gilt dies nicht; die Ausrechnung ergibt dort

$$HV = \begin{pmatrix} 4 & -2 & 0 \\ -2 & 4 & -2 \\ 1 & -2 & 4 \end{pmatrix} \quad\text{und}\quad VH = \begin{pmatrix} 4 & -2 & 1 \\ -2 & 4 & -2 \\ 0 & -2 & 4 \end{pmatrix}.$$

§ 15. Iterationsverfahren bei Differential- und Integralgleichungen

15.1 Nichtlineare Randwertaufgaben

Es sei die nichtlineare Randwertaufgabe [mit den Bezeichnungen wie in (1.15) und (1.16)]

$$L\,u = f(x_j, u) \quad \text{in} \quad B, \tag{15.1}$$

$$R\,u = \hat{\gamma}(x_j) \qquad \text{auf} \quad \Gamma \tag{15.2}$$

vorgelegt, und es existiere eine Greensche Funktion $G(x_j, s_j)$ oder kurz $G(x, s)$, welche die halbhomogene Randwertaufgabe (1.12) und (1.13) in der Form (1.14) löst und welche die Aufgabe

$$\begin{aligned} L\,u &= r(x) \quad \text{in} \quad B, \\ R\,u &= \hat{\gamma}(x) \quad \text{auf} \quad \Gamma \end{aligned} \tag{15.3}$$

in der Form

$$u(x) = g(x) + \int\limits_{B} G(x, s)\,r(s)\,ds \tag{15.4}$$

löst, wobei $g(x)$ eine feste (von $\hat{\gamma}$ abhängende) Funktion ist; für $\hat{\gamma} = 0$ ist auch $g(x) = 0$.

Für die GREENsche Funktion gelte: Zu jedem $\varepsilon > 0$ gibt es ein $\delta > 0$, so daß für alle Stellen x, x' aus $\overline{B} = B + \Gamma$

$$\int\limits_B |G(x, s) - G(x', s)|\, ds < \varepsilon \tag{15.5}$$

gilt, sofern nur $|x - x'| < \delta$ ist, wobei der Abstand $|x - x'|$ irgendein Vektorabstand, z. B. der EUKLIDische Abstand, sein kann.

Damit entspricht (15.1) und (15.2) der Gleichung $u = T u$ mit dem Operator

$$T v(x) = g(x) + \int\limits_B G(x, s)\, f(s, v(s))\, ds.$$

Der Raum der in $B + \Gamma$ stetigen Funktionen ist pseudometrisch mit (3.3) als Abstand für $p \equiv 1$:

$$\varrho\,(v, w) = |v(x) - w(x)|.$$

Im x_j-u-Raum wird nun durch zwei stetige Funktionen $\varphi(x), \Phi(x)$ wie in Nr. 4.3 durch $\varphi \leq u \leq \Phi$ eine vollständige Teilmenge D (ein Intervall) festgelegt, und es besitze f nach u in D eine beschränkte Ableitung

$$\left|\frac{\partial f}{\partial u}\right| \leq N(x) \quad \text{in} \quad D. \tag{15.6}$$

Nun soll der Satz aus Nr. 11.3 angewendet werden. a) und b) sind erfüllt, wenn man als Operator P den linearen stetigen positiven Operator

$$P\,\tau(x) = \int\limits_B |G(x, s)|\, N(s)\, \tau(s)\, ds$$

verwendet.

Nun werde angenommen, es gebe eine Funktion $\hat{\sigma}(x) \geq 0$ mit

$$\hat{\sigma}(x) \geq S\,\hat{\sigma}(x), \tag{15.7}$$

wobei der Operator S nach (11.18) $S\eta = P\eta + \gamma$ bedeutet. Es werde $z = u_0$, $\sigma_0 = \Theta$, $\gamma = \varrho_{01}$ gewählt, dann ist c) und d) von Nr. 11.3 erfüllt.

Nun folgt $\sigma_n \leq \hat{\sigma}$ durch vollständige Induktion; $\sigma_0 \leq \hat{\sigma}$ ist trivialerweise richtig; aus $\sigma_n \leq \hat{\sigma}$ folgt, da mit P auch S monoton ist,

$$\sigma_{n+1} = S\,\sigma_n \leq S\,\hat{\sigma} \leq \hat{\sigma}. \tag{15.8}$$

Die $\sigma_n(x)$ sind also gleichmäßig beschränkt (durch $\hat{\sigma}$).

Die σ_n sind monoton; es ist $\sigma_1 \geq \sigma_0 = \Theta$, und allgemein folgt dies durch vollständige Induktion, aus $\sigma_n \leq \sigma_{n+1}$ folgt $\sigma_{n+1} = S\,\sigma_n \leq S\,\sigma_{n+1}$ $= \sigma_{n+2}$ (vgl. auch Nr. 11.4).

Ferner sind die $\sigma_n(x)$ gleichgradig stetig, denn es ist für 2.Stellen $x, x' \in \overline{B}$

$$|\sigma_n(x) - \sigma_n(x')| \leq |\gamma(x) - \gamma(x')| + \text{const} \int_B |G(x, s) - G(x', s)| \, ds.$$

$\gamma(x)$ ist gleichmäßig stetig, und auf das Integral kann (15.5) angewendet werden.

Nach dem Satz von ARZELÀ (Nr. 5.3) kann man aus der Folge $\sigma_n(x)$ eine in $\overline{B}$ gleichmäßig gegen eine stetige Grenzfunktion $\sigma(x)$ konvergente Teilfolge auswählen; da aber die $\sigma_n(x)$ überdies monoton sind, konvergiert die volle Folge der $\sigma_n(x)$ gegen $\sigma(x)$, und wegen $\sigma_n \leqq \hat{\sigma}$ gilt auch $\sigma(x) \leqq \hat{\sigma}(x)$. Wegen der Gleichmäßigkeit der Konvergenz folgt aus (15.8) $\sigma = S\sigma$, es ist somit auch e) von Nr. 11.3 erfüllt.

Nun werde die Funktion $\sigma^*(x) = \hat{\sigma}(x) - \varrho_{01}(x)$ eingeführt; es ist (15.7) wegen $\sigma^* \geqq S\hat{\sigma} - \gamma = P\hat{\sigma} = P(\sigma^* + \varrho_{01})$ gleichwertig mit $\sigma^* \geqq P(\sigma^* + \varrho_{01})$, ferner gilt

$$\sigma^* \geqq S\sigma - \gamma = \sigma - \sigma_1. \tag{15.9}$$

Wenn es gelingt, eine Funktion $\sigma^*(x)$ zu finden mit

$$L\sigma^* \geqq N(x)(\sigma^* + \varrho_{01}), \quad R\sigma^* = 0 \tag{15.10}$$

und wenn die GREENsche Funktion $G(x, s) \geqq 0$ ist, folgt nach (15.4)

$$\sigma^* \geqq \int_B G N(\sigma^* + \varrho_{01}) \, ds = P(\sigma^* + \varrho_{01})$$

und damit auch (15.7).

Man hat dann nur noch f) von Nr. 11.3 nachzuprüfen, wobei man für $\sigma - \sigma_1$ die Abschätzung (15.9) hat. Somit gilt (SCHRÖDER [56a]) der wichtige und weitreichende

Satz: *Vorgelegt sei die nichtlineare Randwertaufgabe (15.1), (15.2). Zu der zugehörigen Randwertaufgabe (15.3) existiere eine Greensche Funktion $G(x, s)$, die für $x, s \in \overline{B}$ nichtnegativ ist und die Stetigkeitsbedingung (15.5) erfüllt. Es werde ein Bereich D gewählt, in welchem nach (15.6) $|f_u| \leqq N(x)$ gilt. Es seien 2 Funktionen $u_0(x), u_1(x)$ ermittelt $(u_0(x)$ in $D)$, welche die Beziehungen*

$$L u_1 = f(x, u_0) \text{ in } B, \quad R u_1 = \hat{\gamma} \text{ auf } \Gamma \tag{15.11}$$

erfüllen, wie sie das Iterationsverfahren vorschreibt; dann ist auch die Funktion

$$\varrho_{01} = |u_1(x) - u_0(x)| \tag{15.12}$$

bekannt. Es sei möglich, eine Funktion $\sigma^*(x)$ zu finden, welche (15.10) erfüllt.

Wenn dann die Funktionen v mit

$$|v - u_1| \leqq \sigma^*(x) \tag{15.13}$$

zu D gehören, so existiert in D eine Lösung $u(x)$ der nichtlinearen Rand-wertaufgabe, und es gilt die Fehlerabschätzung

$$|u - u_1| \leqq \sigma^*(x). \tag{15.14}$$

Die hier gegebene Abschätzung ist sehr bequem anwendbar, wie auch das folgende Beispiel mit der Angabe des Rechengangs zeigen soll; man braucht keine Lipschitzkonstante und auch nicht die explizite Kenntnis der GREENschen Funktion $G(x, s)$; es genügt die Kenntnis, daß die zugehörige lineare Randwertaufgabe eine nichtnegative GREENsche Funktion besitzt.

Die Abschätzung (15.14) ist für manche Problemklassen die best-mögliche. Es seien z. B. bei der linearen Randwertaufgabe

$$L u = p\, u + q \ \text{ in } B, \quad R u = \gamma \ \text{ auf } \ \Gamma,$$

wobei $p(x), q(x)$ gegebene Ortsfunktionen mit $p \geqq 0$ sind, zwei Funktionen u_0, u_1 mit

$$L u_1 = p\, u_0 + q \ \text{ in } B, \quad R u_0 = R u_1 = \gamma \ \text{ auf } \ \Gamma$$

und $u_0 \geqq u_1$ ermittelt; dann ist $\varrho_{01} = u_0 - u_1$, und der Fehler $\varepsilon(x) = u_1 - u$ genügt wegen $N(x) = p(x)$ der Gleichung

$$L \varepsilon = N(\varepsilon + \varrho_{01}) \ \text{ in } B, \quad R \varepsilon = 0 \ \text{ auf } \ \Gamma.$$

Die Ungleichung (15.14) ist also scharf.

Beispiel: B sei in der x-y-Ebene der Kreis $r < 1$ (mit $r^2 = x^2 + y^2$), Γ der Rand $r = 1$.

Vorgelegt sei

$$-\Delta u = \frac{1}{3 - u} \quad \text{für} \quad r < 1,$$
$$u = 1 \quad \text{für} \quad r = 1. \tag{15.15}$$

Die zugehörige lineare Randwertaufgabe, hier die 1. Randwertaufgabe der Potential-theorie für den Kreis, besitzt eine nichtnegative GREENsche Funktion.

Der Rechengang besteht nun aus folgenden Schritten:

1. Ein Iterationsschritt nach (15.11) und Bestimmung von ϱ_{01} nach (15.12); hier werde $u_0 = 1$ gewählt, und

$$-\Delta u_1 = \frac{1}{3 - u_0} = \frac{1}{2}, \quad u_1 = 1 \ \text{ für } \ r = 1$$

ergibt

$$u_1 = 1 + \frac{1}{8}(1 - r^2), \quad \varrho_{01} = \frac{1}{8}(1 - r^2).$$

2. Wahl eines Bereiches D und Bestimmung von $N(x)$ nach (15.6). Hier wird D als Menge aller in $r \leqq 1$ stetigen Funktion u mit $0 \leqq u \leqq 2$ gewählt; D muß u_0

und u_1 enthalten und noch eine „Umgebung" von u_1. In D ist $\left|\dfrac{\partial f}{\partial u}\right| = \dfrac{1}{(3-u)^2} \leqq 1$; also werde $N(x) = 1$ gesetzt.

3. Bestimmung einer Funktion σ^* aus (15.10), hier aus

$$-\Delta\sigma^* \geqq \sigma^* + \varrho_{01} \quad \text{für} \quad r < 1; \quad \sigma^* = 0 \quad \text{für} \quad r = 1.$$

Diese Forderungen, die wegen des Zeichens $\geqq$ nicht etwa die Lösung einer Randwertaufgabe erfordern, sind leicht durch den Ansatz

$$\sigma^* = a(1 - r^2) + b(1 - r^4)$$

zu erfüllen für die Werte $a = \dfrac{1}{26}$, $b = -\dfrac{1}{104}$.

4. Nachprüfung der „Kugelbedingung", daß die Funktionen der Kugel S nach (15.13) zu D gehören. Daß die Funktionen v mit $|v - u_1| \leqq \sigma^*$ der Bedingung $0 \leqq v \leqq 2$ genügen, ist hier reichlich erfüllt. Also existiert in D eine Lösung u von (15.15), und es gilt die Abschätzung

$$\left|u - \left(1 + \frac{1}{8}(1 - r^2)\right)\right| \leqq \sigma^* = \frac{1}{26}\left[(1 - r^2) - \frac{1}{4}(1 - r^4)\right].$$

Es ist leicht, die Abschätzung zu verschärfen, z. B. mit den Funktionen

$$u_0 = 3 - \frac{30}{16 - r^2}, \qquad u_1 = 1 + \frac{2(1 - r^2)}{15} - \frac{1 - r^4}{480}$$

erhält man

$$|u - u_1| \leqq \sigma^* = 0{,}002(1 - r^2) - 0{,}00025(1 - r^4).$$

Im Mittelpunkt ergibt dies $1{,}1295 \leqq u(0, 0) \leqq 1{,}1330$.

15.2 Nichtlineare gewöhnliche Differentialgleichungen

Hier sollen auch Nichtlinearitäten in den Ableitungen berücksichtigt und der Satz von Nr. 12.2 benutzt werden.

Die Differentialgleichung k-ter Ordnung laute

$$L u = f(x, u, u', \ldots, u^{(q)}) \tag{15.16}$$

für eine Funktion $u(x)$ in einem Intervall $B = (a, b)$, und an den Endpunkten $x = a$ und $x = b$ seien lineare Randbedingungen

$$U_\mu u = \gamma_\mu \qquad (\mu = 1, \ldots, k) \tag{15.17}$$

mit gegebenen Konstanten γ_μ und linearen homogenen Differentialoperatoren U_μ vorgegeben, wofür vektoriell kurz

$$R u = \gamma \quad \text{auf} \quad \Gamma \tag{15.18}$$

geschrieben werde. Es gebe eine GREENsche Funktion $G(x, s)$, welche die zugehörige lineare Randwertaufgabe (15.3) in der Form (15.4) löst ($\hat{\gamma} = \gamma$ hängt hier nur von a und b ab).

Es seien $\varphi_j(x)$ und $\psi_j(x)$ (für $j = 0, 1, \ldots, q$) feste stetige Funktionen (die auch teilweise $-\infty$ oder $+\infty$ sein dürfen) mit $\varphi_j \leqq \psi_j$, und F sei der Bereich der Funktionen $u(x) \in C^q(B)$ mit $\varphi_j(x) \leqq u^{(j)} \leqq \psi_j(x)$.

Die Funktion f in (15.16) genüge einer Lipschitzbedingung, d. h., es gebe Funktionen $A_\sigma(x)$ in B mit

$$|f(x, u, u', \ldots, u^{(q)}) - f(x, v, v', \ldots, v^{(q)})| \leq \sum_{\sigma=0}^{q} A_\sigma(x) |u^{(\sigma)} - v^{(\sigma)}|$$

$$(15.19)$$

für zwei Funktionen $u, v \in F$.

Nun werde vorausgesetzt, daß die Lösungsformel (15.4) gliedweise q-mal nach x differenzierbar ist:

$$u^{(\sigma)}(x) = g^{(\sigma)}(x) + \int_B G^{(\sigma)}(x, s)\, r(s)\, ds \qquad (\sigma = 1, \ldots, q)$$

mit

$$G^{(\sigma)}(x, s) = \frac{\partial^\sigma G(x, s)}{\partial x^\sigma}.$$

Der Operator T ist dann mit $w = T v$ festgelegt durch

$$L w = f(x, v, v', \ldots, v^{(q)}), \qquad R w = \gamma. \qquad (15.20)$$

Für zwei Funktionen $w_j = T v_j$ $(j = 1, 2)$ mit $V = v_1 - v_2$, $W = w_1 - w_2$ gilt dann

$$L W = f(x, v_1, \ldots, v_1^{(q)}) - f(x, v_2, \ldots, v_2^{(q)}), \qquad R W = 0$$

und

$$|W^{(t)}| \leq \int_B |G^{(t)}(x, s)\,[f(x, v_1, \ldots) - f(x, v_2, \ldots)]|\, ds \leq$$

$$\leq \int_B |G^{(t)}(x, s)| \sum_{\sigma=0}^{q} A_\sigma |v_1^{(\sigma)} - v_2^{(\sigma)}|\, ds \qquad (t = 0, \ldots, q).$$

Mit der Norm $\|v\| = \sup_B \dfrac{1}{\varphi(x)} \sum_{\sigma=0}^{q} A_\sigma(x) |v^{(\sigma)}(x)|$, wobei $\varphi(x)$ in B stetig, positiv (evtl. nichtnegativ) und fest gewählt ist, erhält man dann als Lipschitzkonstante P von T

$$P = \sup_B \frac{1}{\varphi(x)} \left[\sum_{\sigma=0}^{s} A_\sigma(x) \int_B |G^{(\sigma)}(x, s)|\, \varphi(s)\, ds \right]. \qquad (15.21)$$

Bei Differentialgleichungen zweiter Ordnung kann man oft die GREENsche Funktion explizit angeben und dann unmittelbar anwendbare Formeln für die Lipschitzkonstanten angeben. Es sei hier als Beispiel genannt (Ausrechnung und weitere Formeln bei COLLATZ [55], S. 181):

Bei $L u = -u'' = f(x, u, u')$ mit $u(0) = u_0$, $u(b) = u_b$ und $A_\sigma(x)$ als Konstanten wird für $\varphi(x) = 1$

$$P \leq \frac{A_0 b^2}{8} + \frac{A_1 b}{2} \qquad (15.22)$$

und bei den Randbedingungen $u(0) = u_0$, $u'(b) = u_b'$ mit $\varphi(x) = 1$

$$P \leqq \frac{A_0 b^2}{2} + A_1 b,$$

und bei den letztgenannten Randbedingungen mit $\varphi(x) = 3 - 6x + 4x^2$

$$P \leqq A_0 b^2 \cdot 0{,}636 + A_1 b \cdot \tfrac{4}{9}.$$

15.3 Integralgleichungen

Bei einer linearen Integralgleichung

$$u(x) = T u \tag{15.23}$$

mit dem Operator

$$T f(x) = g(x) + \lambda \int\limits_B K(x, s)\, f(s)\, ds \tag{15.24}$$

[x läuft in einem Gebiet B wie in (6.16), $K(x, s)$ wie dort, $g(x)$ eine feste, in B gegebene Funktion] kann man verschiedene Normen oder Abstände benutzen. Im Bereich der stetigen Funktionen hat man bei der Norm (2.31) $\|f\| = \underset{B}{\mathrm{Max}}(p(x)\,|f(x)|)$ für T die Lipschitzkonstante P nach (6.18)

$$P = |\lambda|\, \underset{B}{\mathrm{Max}}\left[p(x) \int\limits_B \frac{|K(x, s)|}{p(s)}\, ds \right] \tag{15.25}$$

oder speziell für $p = 1$:

$$P = |\lambda|\, A \quad \text{mit} \quad A = \underset{x \in B}{\mathrm{Max}} \int\limits_B |K(x, s)|\, ds. \tag{15.26}$$

Für $|\lambda| < 1/A$ ist $P < 1$, und (15.23) hat eine eindeutig bestimmte, durch die Iteration (12.7) erhältliche Lösung; es gilt dann die Fehlerabschätzung (12.5).

Bei einer nichtlinearen Gl. (15.23) mit dem Operator (6.19)

$$T f(x) = \int\limits_B Q(x, s, f(s))\, ds \tag{15.27}$$

hat man einen vollständigen Teilraum F mit Hilfe zweier fester stetiger Funktionen $\varphi(x)$, $\psi(x)$ als Intervall $F = \langle \varphi(x), \psi(x) \rangle$ zu wählen (Nr. 3.1), in welchem

$$\left| \frac{\partial Q}{\partial f} \right| \leqq K(x, s)$$

gilt. Mit diesem K kann man die Lipschitzkonstante P nach (15.25) oder (15.26) berechnen; für $|\lambda| < A^{-1}$ gilt dasselbe wie im linearen Fall.

Arbeitet man im Raume $L^2(B)$, so beschränkt man sich auf lineare Integralgleichungen mit dem Operator (15.24). Mit dem gewöhnlichen inneren Produkt (2.47) hat man nach (6.20) die Lipschitzkonstante

$$P = |\lambda|\, A \quad \text{mit} \quad A^2 = \iint_B K^2(s,t)\, ds\, dt. \qquad (15.28)$$

Für $|\lambda| < A^{-1}$ gilt wieder das oben Gesagte.

Beispiel: Bei der nichtlinearen Integralgleichung

$$y(x) = T\, y(x) \quad \text{mit} \quad T\, y(x) = x + \int_0^1 \frac{ds}{2 + y(x) + y(s)} \qquad (15.29)$$

führt ein Iterationsschritt $y_1 = T\, y_0$, bzw. $\hat{y}_1 = T\, \hat{y}_0$, bei $\hat{y}_0 = b$ auf $\hat{y}_1 = c + dx$ (mit Konstanten b, c, d) und

$$y_0 = c + d\, x \quad \text{ergibt} \quad y_1 = x + \frac{1}{d}\ln\left[1 + \frac{d}{2(1 + c) + d\, x}\right];$$

c und d werden so gewählt, daß bei der Betragsnorm (2.32) $\|y_1 - y_0\|$ klein ausfällt; für $c = 0{,}322$ und $d = 0{,}9246$ wird

$$\|y_1 - y_0\| = 0{,}00258.$$

Zur Berechnung der Lipschitzkonstante P werden allgemein zwei Iterationen $y_1 = T\, y_0$ und $\hat{y}_1 = T\, \hat{y}_0$ verglichen. Es wird im Bereich F [für $2 + y(x) + y(s) \geqq m > 0$]

$$|y_1 - \hat{y}_1| = \left| \int_0^1 \frac{\hat{y}_0(x) - y_0(x) + \hat{y}_0(s) - y_0(s)}{(2 + y_0(x) + y_0(s))(2 + \hat{y}_0(x) + \hat{y}_0(s))}\, ds \right| \leqq$$

$$\leqq \frac{1}{m^2}\int_0^1 \{|\hat{y}_0(x) - y_0(x)| + |\hat{y}_0(s) - y_0(s)|\}\, ds \leqq \frac{2}{m^2}\|y_0 - \hat{y}_0\|;$$

also ist $P = 2/m^2$ verwendbar.

Etwas sorgfältiger kann man den Bereich F durch $2 + y(x) + y(s) \geqq m + ps > 0$ abgrenzen; dann ergibt die entsprechende Rechnung

$$\|y_1 - \hat{y}_1\| \leqq P\,|y_0 - \hat{y}_0\| \quad \text{mit} \quad P = 2\int_0^1 \frac{ds}{(m + p\, s)^2} = \frac{2}{m(m + p)}.$$

Im vorliegenden Fall kann man $m = 2 + 0{,}32 + 0{,}32 = 2{,}64$; $p = 0{,}9$; $P = \dfrac{2}{2{,}64 \cdot\, 3{,}54} = 0{,}214$; $\dfrac{P}{1 - P} = 0{,}273$ benutzen; die Kugel S nach (12.8) oder die Funktionen u mit

$$|u - y_1| \leqq \frac{P}{1 - P}\,\|y_1 - y_0\| = 0{,}000\,704$$

gehören zu F; es existiert also eine Lösung von (15.29) in F, die sogar in S liegt. Die Tabelle gibt einige Werte:

x	$y_1(x)$	$y_0(x) - y_1(x)$
0	0,324 335 30	− 0,002 335 30
0,25	0,551 568 71	+ 0,001 581 30
0,5	0,781 805 55	0,002 494 46
0,75	1,014 485 55	0,000 964 50
1	1,249 179 95	− 0,002 579 95

15.4 Systeme hyperbolischer Differentialgleichungen

Es seien $u^1, \ldots, u^m$ Funktionen von x, y; es werde bezeichnet

$$p^k = \frac{\partial u^k}{\partial x}, \qquad q^k = \frac{\partial u^k}{\partial y}, \qquad u^j_{xy} = \frac{\partial u^j}{\partial x\,\partial y}, \qquad (15.30)$$

und

$$U = (u^k, p^k, q^k) \qquad (15.31)$$

sei der Vektor mit den angegebenen $3m$ Komponenten.

In dem System von Differentialgleichungen

$$u^j_{xy} = f^j(x, y, u^k, p^k, q^k) \qquad (15.32)$$

seien die f^j gegebene stetige Funktionen in einem gewissen Bereich der angegebenen Argumente. Die Charakteristiken sind hier die Geraden $x = $ const und $y = $ const, und eine Anfangsrandwertaufgabe läßt sich im allgemeinen aus den folgenden 4 Grundfällen zusammensetzen:

Fall I (CAUCHYsche Anfangswertaufgabe).

Im Intervall $J = \langle x_0, x_1 \rangle$ sei eine Funktion $y = \psi(x) \in C^1\langle J \rangle$ mit $\psi'(x) < 0$ gegeben; die Endpunkte der zugehörigen Kurve Γ in der x-y-Ebene seien A und B, Abb. 15/1.

Auf Γ sind die Anfangswerte u^k und p^k vorgegeben; dann sind längs Γ wegen

$$\frac{d u^k}{d x} = \frac{\partial u^k}{\partial x} + \frac{\partial u^k}{\partial y} \frac{d y}{d x} = p^k + q^k \psi'$$

auch die Werte von q^k festgelegt. Gesucht sind die Werte der u^k im „Fortsetzungsgebiet" von Γ, d. h. in dem (in Abb. 15/1 dargestellten)

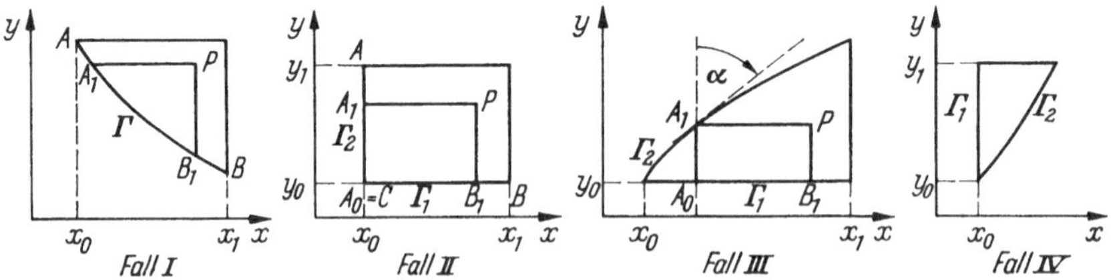

Abb. 15/1. Anfangswertaufgaben bei hyperbolischen Differentialgleichungen

dreiecksartigen, durch Γ und die beiden Endcharakteristiken $y = \psi(x_0)$ und $x = x_1$ herausgeschnittenen Bereich.

Man kann durch Übergang zu Funktionen $\hat{u}^k$

$$\hat{u}^k(x, y) = u^k(x, y) - u^k(x, \psi(x)) + (\psi(x) - y) q^k(x, \psi(x))$$

die Anfangswerte auf Null transformieren; es ist

$$\hat{u}^k = \hat{q}^k = 0 \text{ auf } \Gamma \text{ und daher nach } 0 = \frac{d\,\hat{u}^k}{d\,x} = \hat{p}^k + \hat{q}^k\,\psi' \text{ auch } \hat{p}^k = 0$$

auf Γ.

Fall II (Charakteristische Anfangswertaufgabe).

Es sei Γ_1 die Punktmenge x, y mit $x_0 \leqq x \leqq x_1$, $y = y_0$ und Γ_2 die Menge mit $x = x_0, y_0 \leqq y \leqq y_1$, Abb. 15/1.

Auf $\Gamma = \Gamma_1 + \Gamma_2$ werde u^k vorgegeben; gesucht sind die Werte von u^k im Fortsetzungsgebiet von Γ, d. h. im Rechteck $x_0 \leqq x \leqq x_1$, $y_0 \leqq y \leqq y_1$. Auch hier kann man die Anfangswerte auf Null transformieren. Für

$$\hat{u}^k(x, y) = u^k(x, y) - u^k(x_0, y) - u^k(x, y_0) + u^k(x_0, y_0)$$

gilt $\hat{u}^k = 0$ auf Γ.

Fall III (Gemischte Anfangswertaufgabe).

Im Intervall $J = \langle x_0, x_1 \rangle$ sei $y = \psi(x) \in C^1 \langle J \rangle$ mit $\psi'(x) > 0$ gegeben und stelle die Kurve Γ_2 dar, Abb. 15/1; Γ_1 sei das Stück $x_0 \leqq \leqq x \leqq x_1$, $y = \psi(x_0) = y_0$. Auf $\Gamma = \Gamma_1 + \Gamma_2$ werde u^k vorgegeben. Auf Γ_1 ist dann auch $p^k = \frac{\partial u^k}{\partial x}$ bekannt. Gesucht sind die Werte von u^k in $x_0 \leqq x \leqq x_1$, $y_0 \leqq y \leqq \psi(x)$.

In einem Punkt P dieses Bereichs bestimmt man die Randpunkte A_0, A_1, B_1, wie es wohl durch die Abb. 15/1 verständlich ist; dann gilt für die Funktion

$$\hat{u}^k(P) = u^k(P) - u^k(B_1) - u^k(A_1) + u^k(A_0),$$

daß

$$\hat{u}^k = 0 \text{ auf } \Gamma, \quad \hat{p}^k = 0 \quad \text{auf} \quad \Gamma_1 \text{ ist.}$$

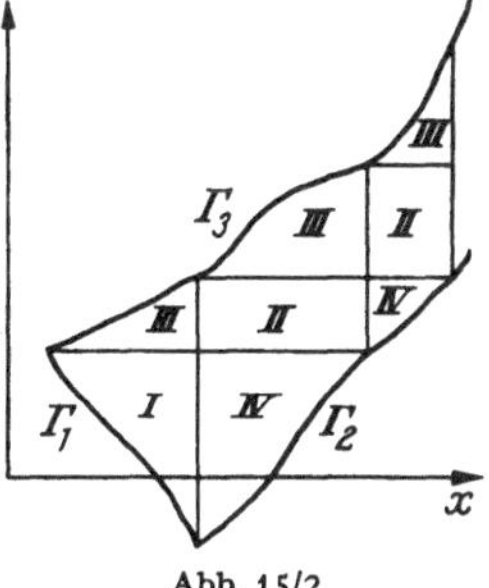

Abb. 15/2
Anfangsrandwertaufgabe

Fall IV geht aus Fall III durch Vertauschung von x und y hervor, s. Abb. 15/1.

Abb. 15/2 gibt ein Beispiel einer allgemeineren Anfangsrandwertaufgabe, bei der auf dem Randteil Γ_1 u^k und p^k, auf den Randteilen Γ_2, Γ_3 nur u^k vorgegeben ist, und bei der das Fortsetzungsgebiet in Teilstücke vom Typus I, II, III oder IV zerlegt wird.

Die Gln. (15.32) werden nun in eine Gleichung $U = T\,U$ für den Vektor U nach (15.31) zusammengefaßt und mit der Iteration

$$U_{n+1} = T\,U_n \qquad (n = 0, 1, 2, \ldots)$$

behandelt. Zur Festlegung des Operators T genügt es zu beschreiben, wie die Komponenten U_1 aus denen von U_0 hervorgehen. Das geschieht

210   Iterative Verfahren

in Fall I und II nach

$$u_1^j(P) = \iint\limits_{D(P)} f^j(\xi, \eta, u_0^k, p_0^k, q_0^k)\, d\xi\, d\eta, \tag{15.33}$$

$$p_1^j(P) = \int\limits_{B_1}^{P} f^j(x, \eta, u_0^k, p_0^k, q_0^k)\, d\eta, \tag{15.34}$$

$$q_1^j(P) = \int\limits_{A_1}^{P} f^j(\xi, y, u_0^k, p_0^k, q_0^k)\, d\xi, \tag{15.35}$$

wobei wieder die Festlegung der zu P gehörigen Punkte A_1, B_1 und des Gebietes $D(P)$ wohl aus Abb. 15/1 ohne weiteres verständlich ist, und wobei angenommen ist, daß alle vorgegebenen Anfangswerte auf Null transformiert sind. Im Fall III werden (15.33) und (15.34) beibehalten und nach (15.34) $p_1^j(A_1)$ ermittelt; wegen $u_1^j = 0$ auf Γ_2 gilt mit der Bogenlänge s auf Γ_2 und dem Tangentenwinkel α (Abb. 15/1)

$$0 = \frac{du^j}{ds} = p^j \frac{dx}{ds} + q^j \frac{dy}{ds}, \qquad q^j = -p^j \tan\alpha.$$

Damit wird im Fall III

$$q_1^j(P) = q_1^j(A_1) + \int\limits_{A_1}^{P} f^j(\xi, y, u_0^k, p_0^k, q_0^k)\, d\xi$$

oder

$$q_1^j(P) = -\tan\alpha \int\limits_{A_0}^{A_1} f^j(x, \eta, u_0^k, p_0^k, q_0^k)\, d\eta + \int\limits_{A_1}^{P} f^j(\xi, y, u_0^k, p_0^k, q_0^k)\, d\xi. \tag{15.36}$$

In der folgenden Tabelle sind die Iterationsformeln kurz zusammengestellt für den Fall, daß die Anfangswerte nicht auf Null transformiert sind (dabei steht bei f^j an Stelle der Punkte stets u_0^k, p_0^k, q_0^k):

<table>
<tr><td></td><td>Fall I</td><td>Fall II</td><td>Fall III</td></tr>
<tr>
<td>$u_1^j(P) = u^j(B_1) +$
$+ \iint\limits_{D(P)} f^j(\xi,\eta,\ldots)\,d\xi\,d\eta +$</td>
<td>$+ \int\limits_{y(B_1),\,Q\in\Gamma}^{y(A_1)} q^j(Q)\, d\eta$</td>
<td colspan="2">$+ u^j(A_1) - u^j(A_0)$</td>
</tr>
<tr>
<td>$p_1^j(P) =$</td>
<td colspan="3">$p^j(B_1) + \int\limits_{B_1}^{P} f^j(x,\eta,\ldots)\, d\eta$</td>
</tr>
<tr>
<td>$q_1^j(P) = \int\limits_{A_1}^{P} f^j(\xi,y,\ldots)\,d\xi +$</td>
<td colspan="2">$+ q^j(A_1)$</td>
<td>$+ \left(\dfrac{du^j}{ds}\,\dfrac{ds}{dy}\right)_{P=A_1} -$
$- \tan\alpha\left[p^j(A_0) + \right.$
$\left. + \int\limits_{A_0}^{A_1} f^j(x,\eta,\ldots)\, d\eta \right]$</td>
</tr>
</table>

15.5 Fehlerabschätzung bei hyperbolischen Systemen

Nun sei G ein abgeschlossener beschränkter Teilbereich des Fortsetzungsgebietes mit Flächeninhalt Φ derart, daß mit $P \in G$ stets auch $D(P)$ zu G gehört. R sei der Raum der in G stetigen Vektoren U, F der Teilraum der auf G stetigen U mit

$$|u^j| \leqq a, \qquad |p^j| \leqq b, \qquad |q^j| \leqq b \qquad (j = 1, \ldots, m).$$

a und b sind dabei feste Konstanten. In F mögen die f^j stetige Ableitungen nach allen u^k, p^k, q^k haben; es gebe also Konstante M, N_0, N_1 mit

$$|f^j| \leqq M, \qquad \left|\frac{\partial f^j}{\partial u^k}\right| \leqq N_0, \qquad \left|\frac{\partial f^j}{\partial p^k}\right| \leqq N_1, \qquad \left|\frac{\partial f^j}{\partial q^k}\right| \leqq N_1 \quad \text{in } F.$$

Es werde die Norm benutzt

$$\|U\| = m \left\{ N_0 \operatorname*{Max}_{k,\,G} |u^k| + N_1 \operatorname*{Max}_{k,\,G} (|p^k| + |q^k|) \right\}. \tag{15.37}$$

Zur Berechnung der Lipschitzkonstante K des Operators T werden zwei Vektoren U_0, $\hat{U}_0$ betrachtet mit $U_1 = T U_0$, $\hat{U}_1 = T \hat{U}_0$; komponentenweise Abschätzung mit Benutzung des TAYLORschen Satzes gibt dann

$$|u_1^j - \hat{u}_1^j| \leqq \iint\limits_{D(P)} |f^j(\xi, \eta, u_0^k, \ldots) - f^j(\xi, \eta, \hat{u}_0^k, \ldots)|\, d\xi\, d\eta \leqq \Phi\, \psi,$$

$$\psi = \operatorname*{Max}_{G} \left[N_0 \sum_k |u_0^k - \hat{u}_0^k| + N_1 \sum_k (|p_0^k - \hat{p}_0^k| + |q_0^k - \hat{q}_0^k|) \right]$$

und entsprechend für Fall I und II

$$|p_1^j - \hat{p}_1^j| \leqq h\, \psi, \qquad |q_1^j - \hat{q}_1^j| \leqq h\, \psi$$

mit $\quad h = \operatorname{Max}(|x - \hat{x}|, |y - \hat{y}|) \quad$ für $\quad (x, y), (\hat{x}, \hat{y}) \quad$ in G,

während für Fall III $h = \operatorname*{Max}_{P \in G}(\overline{P B_1}, \tan\alpha\, \overline{A_0 A_1} + \overline{A_1 P})$ zu setzen ist.
Somit wird

$$\|U_1 - \hat{U}_1\| \leqq K \|U_0 - \hat{U}_0\|$$

mit

$$K = m \{N_0\, \Phi + 2 N_1\, h\}. \tag{15.38}$$

Durch etwaige Verkleinerung von G kann man erreichen, daß die Lipschitzkonstante K (in Nr. 12.2 mit P bezeichnet) < 1 und sogar beliebig klein ausfällt und der Satz von 12.2 anwendbar wird. Die u_n^j, p_n^j, q_n^j konvergieren dann gleichmäßig gegen stetige Lösungen der Integralgleichungen

$$u^j(P) = \iint\limits_{D(P)} f^j(\xi, \eta, u^k, p^k, q^k)\, d\xi\, d\eta,$$

$$p^j(P) = \int_{B_1}^{P} f^j(x, \eta, u^k, \ldots)\, d\eta; \qquad q^j(P) = \int_{A_1}^{P} f^j(\xi, y, u^k, \ldots)\, d\xi. \left.\vphantom{\int_{B_1}^{P}}\right\} \tag{15.39}$$

Diese Gleichungen besagen $U = T\,U$; die Integrale sind differenzierbar, und (15.39) geht beim Differenzieren in (15.32) über.

Beispiel: Ausbreitungsvorgang:

Differentialgleichung:

$$u_{xx} - u_{yy} = u - \tfrac{1}{2}u^2. \tag{15.40}$$

Anfangswerte:

$$\left.\begin{array}{l} u(x,\,0) = \dfrac{1}{x} \\[2mm] u_y(x,\,0) = 0 \end{array}\right\} \quad \text{für}\quad x \geqq 1, \quad u(1,\,y) = \frac{1}{y+1}\quad \text{für}\quad y \geqq 0. \tag{15.41}$$

Durch eine Drehung der x-y-Ebene um den Nullpunkt um $\pi/4$ würde man die Gestalt (15.32) der Differentialgleichung erhalten; es ist also nicht nötig, eine solche Transformation durchzuführen; das Fortsetzungsgebiet G der x-Achse für $x \geqq 1$ ist $x \geqq 1$, $0 \leqq y \leqq x - 1$.

Ein Iterationsschritt verlangt in G die Bestimmung zweier Funktionen $u_0,\ u_1$ mit

$$u_{1xx} - u_{1yy} = u_0 - \tfrac{1}{2}u_0^2, \tag{15.42}$$

$$u_1 = u_0 = \frac{1}{x}, \quad u_{1y} = u_{0y} = 0 \quad \text{für}$$

$$y = 0, \ x \geqq 1.$$

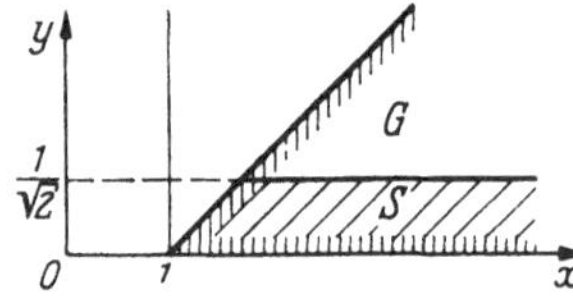

Abb. 15/3. Gültigkeitsbereich der Fehlerabschätzung

Die Differentialgleichung (15.40) besagt für $y \to 0$: $u_{yy}(x,\,0) = \dfrac{4 + x - 2x^2}{2x^3}$. Daher empfiehlt sich für u_1 der Ansatz

$$u_1(x,\,y) = \frac{1}{x} + \frac{4 + x - 2x^2}{2x^3}\,\frac{y^2}{2} + g(x)\,y^4,$$

wobei $g(x)$ etwa die Gestalt $\dfrac{a_0}{x} + \dfrac{a_1}{x^2}$ hat und $a_0,\ a_1$ so bestimmt werden, daß die Fehlerabschätzung gut ausfällt.

Im einfachsten Falle $a_0 = a_1 = 0$ bestimmt man u_0 aus (15.42):

$$u_0 - \frac{1}{2}u_0^2 = z \quad \text{mit}\quad z = \frac{1}{x} - \frac{1}{2x^2} + y^2\left(-\frac{1}{x^3} + \frac{3}{2x^4} + \frac{12}{x^5}\right)$$

zu $u_0 = 1 - \sqrt{1 - 2z}$.

Da $f = u - \tfrac{1}{2}u^2$ nicht von p und q abhängt, ist in (15.37) $N_1 = 0$. Nun werde der Bereich F durch $0 \leqq u \leqq 1$ begrenzt, dann ist $\left|\dfrac{\partial f}{\partial u}\right| = |1 - u| \leqq 1$, also $N_0 = 1$ und mit $m = 1$ wird $\|U\| = \underset{G}{\mathrm{Max}}\,|u|$. Im Streifen $S: \{(x,\,y) \in G,\ 0 \leqq y \leqq \leqq \sqrt{\tfrac{1}{2}}\}$ ist der Flächeninhalt eines Dreiecks $D(P)$ höchstens $\Phi = \tfrac{1}{2}$, also ist die Lipschitzkonstante nach (15.38) $K = \dfrac{1}{2}$, $\dfrac{K}{1-K} = 1$; es wird $\|u_0 - u_1\| = 0{,}0745$, und die „Kugel" (12.5) gehört in S zu F; die Annahme $0 \leqq u \leqq 1$ ist damit berechtigt, und es existiert eine Lösung u von (15.40) und (15.41) mit $|u - u_1| \leqq 0{,}0745$ in S.

§ 16. Ableitung von Operatoren in supermetrischen Räumen
16.1 Die Fréchetsche Ableitung

R und S seien vollständige, lineare, supermetrische Räume und T ein Operator mit Definitionsbereich D in R und Wertebereich in S.

Definition: T heißt an der Stelle $f \in D$ Fréchet-differenzierbar, wenn es einen beschränkten linearen Operator H mit Definitionsbereich in R und Wertebereich in S und eine reelle Funktion $\varepsilon(\delta)$ gibt mit

$$\sigma(T h - T f, H(h - f)) \leqq \varrho(h, f) \cdot \varepsilon\big(\varrho(h, f)\big) \tag{16.1}$$

für eine gewisse Umgebung $\varrho(h, f) \leqq k_0$ und mit $\lim_{\delta \to 0} \varepsilon(\delta) = 0$.

Der Operator $H = T'_{(f)}$ heißt die Fréchetsche Ableitung von T an der Stelle f, und $H(h - f)$ ist das Element, welches beim Operator H als Bild von $h - f$ entsteht.

Auf Grund von (2.22) kann (16.1) bei Einführung des „Zuwachses" $k = h - f$ ersetzt werden durch

$$\sigma(T(f + k) - T f, T'_{(f)} k) \leqq \varrho(k, \Theta) \cdot \varepsilon\big(\varrho(k, \Theta)\big) \quad \text{für } \varrho(k, \Theta) \leqq k_0. \tag{16.2}$$

Eine Funktion ε mit obiger Limesbeziehung heiße kurz eine Nullfunktion.

Bemerkung: $T'_{(f)} k$ soll sich von $T(f + k) - T f$ sozusagen nur um Glieder höherer Ordnung unterscheiden. Sind R und S überdies normierte Räume, so geht (16.1) über in

$$\|T(f + k) - T f - T'_{(f)} k\| \leqq \|k\| \cdot \varepsilon(\|k\|) \quad \text{für } \|k\| \leqq k_0. \tag{16.3}$$

Hier sieht man unmittelbar, daß der klassische Fall der Ableitung einer reellen Funktion $y(x)$ nach x als Spezialfall in (16.3) enthalten ist, wenn man als Norm den absoluten Betrag und T als y nimmt.

Definition: T heißt *schlechthin Fréchet-differenzierbar*, wenn T an jeder Stelle f des Definitionsbereichs D Fréchet-differenzierbar ist.

Satz 1. *Jeder Fréchet-differenzierbare Operator ist stetig.*

Denn sei f_n eine Folge von Elementen mit $f_n \to f$, also $\varrho_n = \varrho(k_n, \Theta) \to 0$ für $k_n = f_n - f$, dann gilt (von einem geeigneten n an)

$$\sigma(T f_n - T f, H k_n) \leqq \varrho_n \varepsilon(\varrho_n),$$

$$\sigma(T f_n, T f) \leqq \sigma(H k_n, \Theta) + \varrho_n \varepsilon(\varrho_n) \to 0 \quad \text{für } n \to \infty.$$

Satz 2. *Die Fréchetsche Ableitung H jedes Operators T in einem beliebigen normierten Raum ist, falls sie existiert, eindeutig festgelegt.*

Beweis: Es seien H_j mit $j = 1, 2$ zwei lineare beschränkte Operatoren mit

$$\sigma(T\,h - T\,f,\, H_j\,k) \leqq \hat{\varrho} \cdot \varepsilon_j(\hat{\varrho}) \quad \text{mit} \quad \hat{\varrho} = \varrho(k, \Theta) \quad \text{und} \quad \lim_{\delta \to 0} \varepsilon_j(\delta) = 0.$$

Es werde $H = H_1 - H_2$ und $\varepsilon = \varepsilon_1 + \varepsilon_2$ gesetzt.

Dann ist

$$\sigma(H\,k, \Theta) \leqq \sigma(T\,h - T\,f,\, H_1\,k) + \sigma(T\,h - T\,f,\, H_2\,k) \leqq \hat{\varrho}\,\varepsilon(\hat{\varrho})$$

für alle k, für die $\hat{\varrho} \leqq$ ein festes ϱ_0 gilt.

Nun werde angenommen, daß für $n \to \infty$ die Abstände $\hat{\varrho}_n = \varrho\left(\dfrac{1}{n}\,k, \Theta\right)$ den Bedingungen:

$$\lim_{n \to \infty} \hat{\varrho}_n = 0, \quad n \cdot \hat{\varrho}_n \leqq C = \text{const}$$

genügen; diese Forderungen sind z. B. in normierten Räumen erfüllt. Dann folgt

$$\sigma(H\,k, \Theta) = \sigma\left(n \cdot H\,\frac{k}{n}, \Theta\right) \leqq n \cdot \sigma\left(H\,\frac{k}{n}, \Theta\right) \leqq n \cdot \hat{\varrho}_n \cdot \varepsilon(\hat{\varrho}_n) \leqq C \cdot \varepsilon(\hat{\varrho}_n).$$

Das letzte Glied geht für $n \to \infty$ gegen 0, also ist $\sigma(H\,k, \Theta) = 0$ für alle k der Kugel $\varrho(k, \Theta) \leqq \varrho_0$, mithin $H\,k = \Theta$ in dieser Kugel, und wegen der Linearität von H ist H der Nulloperator und $H_1 = H_2$.

16.2 Höhere Ableitungen

Wenn T' wiederum eine Ableitung an der Stelle f besitzt, so heißt diese die zweite Ableitung $T''_{(f)}$ von T an der Stelle f, und so fortfahrend läßt sich der Begriff der p-ten Ableitung eines Operators T bilden ($p = 1, 2, \ldots$). $T''_{(f)}$ ist dann ein bilinearer Operator, vgl. Nr. 6.1.

Beispiel: Es sei $R = S$ der Banachraum $C\,\langle a, b\rangle$ der in $\langle a, b\rangle$ stetigen Funktionen $f(x)$ mit der Norm (2.32). D sei die Teilmenge der Funktionen $f(x) > 0$; in D wird ein Operator T eingeführt durch $T\,f = \ln f(x)$ [für $\ln f(x)$ werde der reelle Hauptwert genommen]. Dann gilt nach dem Taylorschen Satz im Reellen für eine Funktion $k = k(x)$ bei einer geeigneten Zwischenstelle $f + \vartheta\,k$ mit $0 \leqq \vartheta(x) \leqq 1$

$$\ln(f + k) = \ln f + \frac{k}{f} - \frac{k^2}{2(f + \vartheta\,k)^2}\,.$$

Es ist nun zu erwarten, daß $T'_{(f)}\,k = k/f$ die Ableitung von T an der Stelle f, angewandt auf das Element k, ist, und dies soll an der Definition von Nr. 16.1 nachgeprüft werden. Es wird

$$\left|\ln(f + k) - \ln f - \frac{k}{f}\right| = \left|k \cdot \frac{k}{2(f + \vartheta\,k)^2}\right|$$

für jede Stelle x aus $\langle a, b\rangle$, d. h. auch für das $\underset{\langle a, b\rangle}{\text{Max}}$ der Beträge:

$$\left\|\ln(f + k) - \ln f - \frac{k}{f}\right\| \leqq \|k\| \cdot \left\|\frac{k}{2(f + \vartheta\,k)^2}\right\|.$$

Der Bruch strebt für $\|k\| < k_0$ (bei hinreichend klein gewähltem k_0, so daß der Nenner > 0 bleibt) und $\|k\| \to 0$ gleichmäßig gegen Null, d. h. es gibt eine Funktion $\varepsilon(\|k\|)$ mit $\left\|\ln(f + k) - \ln f - \dfrac{k}{f}\right\| \le \|k\| \, \varepsilon(\|k\|)$, so daß die Forderungen der Definition erfüllt werden.

Der Operator $T'_{(f)}$ bedeutet ,,Multiplikation mit f^{-1}''. Es werde daher geschrieben: $T'_{(f)} = 1/f$ in dem Sinne $T'_{(f)} k = (1/f) k$. Es ist $T'_{(f)}$ eine beschränkte lineare Transformation. Nun werde auch die zweite Ableitung $T''_{(f)}$ gebildet. (Man beachte zunächst, daß für einen gewöhnlichen Operator T ,,genommen an der Stelle f'' nichts anderes bedeutet als ,,angewandt auf das Element f'', aber bei T' muß man unterscheiden: $T'_{(f)} k$ bedeutet: Die Ableitung T' an der Stelle f angewandt auf das Element k.) Zur Aufstellung von $T''_{(f)}$ wird im Sinne der Definition zunächst für irgendeinen Zuwachs $p = p(x)$:

$$T'_{(f+p)} \cdot - T'_{(f)} \cdot = \frac{1}{f+p} \cdot - \frac{1}{f} \cdot = \frac{-p}{(f+p)f} \cdot = -\frac{p}{f^2} \cdot + \frac{p^2}{f^2(f+p)} \cdot .$$

gebildet. Dabei soll das $\cdot$-Zeichen ,,angewandt auf'' irgendein Element und auf der rechten Seite einfache Multiplikation bedeuten. Es ist also

$$\left\| T'_{(f+p)} k - T'_{(f)} k - \left(-\frac{p}{f^2}\right) k \right\| = \left\| \frac{p^2 k}{f^2(f+p)} \right\| = \left\| p \cdot k \, \frac{p}{f^2(f+p)} \right\| .$$

Der Bruch rechts strebt für $\|p\| \le p_0$ und $\|p\| \to 0$ gleichmäßig gegen Null, d. h. es gibt eine Funktion $\varepsilon(\|p\|)$ mit

$$\left\| T'_{(f+p)} \cdot k - T'_{(f)} \cdot k - \left(-\frac{1}{f^2}\right) \cdot p \cdot k \right\| \le \|p\| \cdot \|k\| \, \varepsilon(\|p\|),$$

so daß die Forderungen der Definition erfüllt werden. Somit lautet die zweite Ableitung: $T''_{(f)} \cdot \cdot = -1/f^2 \cdot \cdot$ Sie wird auf 2 Funktionen $p(x)$, $k(x)$ angewendet und bedeutet $T''_{(f)} \cdot p \cdot k = -p \, k/f^2$. Es ist $T''_{(f)} \cdot \cdot$ ein bilinearer Operator; er ist linear für jedes der beiden Argumente und beschränkt; es gilt $\| T''_{(f)} p k \| \le c \|p\| \|k\|$ mit $c = \| 1/f^2 \|$.

Satz: *Jeder lineare beschränkte Operator T ist schlechthin Fréchet-differenzierbar, und es ist $T'_{(f)} \cdot = T \cdot$ für alle $f \in D$.*

Beweis: Für lineare Operatoren gilt $T h - T f = T(h - f)$ und trivialerweise $\sigma(T h - T f, T(h - f)) = \varrho(h, f) \cdot 0$.

Da T beschränkt und linear ist, sind alle Forderungen der Definition erfüllt. T ist schlechthin differenzierbar, und es gilt $T'_{(f)} \cdot = T \cdot$.

Warnung: Man darf bei linearen Transformationen nicht einfach $T' = T$ schreiben, denn daraus würde $T'' = T$ folgen, während sich gleich zeigen wird, daß T'' der Nulloperator ist. Korrekt ist es zu schreiben $T'_{(f)} k = T k$, d. h., es ist jedem Element f bei der Ableitung als Transformation T' wieder die Ausgangstransformation zugeordnet.

Insbesondere sind die Ableitungen T' an den beiden Stellen f und $f + p$ einander gleich,

$$T'_{(f)} \cdot = T'_{(f+p)} \cdot = T \cdot ,$$

d. h., es ist trivialerweise

$$\sigma(T'_{(f+p)}\,k - T'_{(f)}\,k,\,\Theta) = \varrho(f+p,\,f)\cdot 0.$$

Also ist $T''_{(f)}\cdots = O$ oder $T''_{(f)}\,p\,k = O\cdots$ $(O = \text{Nulloperator})$. Daraus folgt weiter $T'''\cdots = O$ usw.

16.3 Die Kettenregel der Differentialrechnung

In der klassischen Differentialrechnung gibt es die Regel für Differentiation eines Produkts von Funktionen und die Kettenregel. Bei den Operatoren gibt es nur eine Regel, da zwischen einer „Kette" von Operatoren und ihrem „Produkt" nicht unterschieden wird.

Satz 1. *Es seien T und S zwei Fréchet-differenzierbare Operatoren und $T f = g$, $S g = h$. Die Ableitung des zusammengesetzten Operators $S T$ (Kette bzw. Produkt) mit $h = S(T f) = (S T) f$ an der Stelle f lautet*

$$(S T)'_{(f)} = S'_{(T f)}\,T'_{(f)}. \tag{16.4}$$

Beweis: Nach der Definition der Ableitung gibt es Funktionen ε_1, ε_2 mit

$$\varrho(T p - T f,\,T'_{(f)}(p - f)) \leqq \varrho_1 \cdot \varepsilon_1(\varrho_1), \tag{16.5}$$

$$\varrho(S q - S g,\,S'_{(g)}(q - g)) \leqq \varrho_2 \cdot \varepsilon_2(\varrho_2), \tag{16.6}$$

falls $\varrho_1 = \varrho(p,\,f)$ und $\varrho_2 = \varrho(q,\,g)$ hinreichend klein sind.

Aus (16.5) folgt durch Multiplikationen der auf der linken Seite stehenden Elemente mit dem linearen beschränkten Operator $S'_{(g)}$:

$$\varrho\,(S'_{(g)}\,T p - S'_{(g)}\,T f,\,S'_{(g)}\,T'_{(f)}(p - f)) \leqq$$
$$\leqq \|S'_{(g)}\|\,\varrho\,(T p - T f,\,T'_{(f)}(p - f)) \leqq \|S'_{(g)}\|\,\varrho_1 \cdot \varepsilon_1(\varrho_1). \tag{16.7}$$

Nun sollen q und p, die zunächst frei wählbar waren, durch die Relation $q = T p$ verknüpft werden. Es ist dann $q - g = T p - T f$ und nach (16.5)

$$\varrho_2 = \varrho(q - g,\,\Theta)$$
$$\leqq \varrho(T p - T f,\,T'_{(f)}(p - f)) + \varrho(\Theta,\,T'_{(f)}(p - f)) \leqq$$
$$\leqq \varrho_1 \cdot \varepsilon_1(\varrho_1) + \|T'_{(f)}\|\,\varrho_1. \tag{16.8}$$

Mit ϱ_1 geht also bei der Wahl $q = T p$ auch $\varrho_2 \to 0$.

Nun wird der Ausdruck Φ für das Produkt $S T$ gebildet, von dem zu zeigen ist, daß er durch $\varrho_1 \cdot \varepsilon(\varrho_1)$ abschätzbar ist:

$$\Phi = \varrho((S T) p - (S T) f,\,S'_{(g)}\,T'_{(f)}(p - f)).$$

Zunächst wird bei diesem Abstand bei beiden Elementen $S'_{(g)}(q - g)$ subtrahiert:

$$\Phi = \varrho\,(S q - S g - S'_{(g)}(q - g),\,-S'_{(g)}\,T p + S'_{(g)}\,T f + S'_{(g)}\,T'_{(f)}(p - f))$$

und nach (16.6) und (16.7) abgeschätzt:

$$\Phi \leq \varrho_2\,\varepsilon_2(\varrho_2) + \|S'_{(g)}\|\,\varrho_1\,\varepsilon_1(\varrho_1)$$

und nach (16.8)

$$\Phi \leq \varrho_1\,\varepsilon(\varrho_1) \quad \text{mit} \quad \varepsilon(\varrho_1) = \varepsilon_1(\varrho_1)\,\varepsilon_2(\varrho_2) + \|T'_{(f)}\|\,\varepsilon_2(\varrho_2) + \|S'_{(g)}\|\,\varepsilon_1(\varrho_1).$$

Hierbei ist $\lim\limits_{\varrho_1 \to 0}\varepsilon(\varrho_1) = 0$.

Das Produkt $S'_{(g)}\,T'_{(f)}$ zweier linearer beschränkter Operatoren $S'_{(g)}$ und $T'_{(f)}$ ist wieder ein linearer beschränkter Operator. $S'_{(g)}\,T'_{(f)}$ ist also die FRÉCHETsche Ableitung des Operators $S\,T$ an der Stelle f.

Als Spezialfall dieses Satzes erhält man nach dem früheren Satz über die Ableitung eines linearen beschränkten Operators den

Satz 2. *Ist A ein beliebiger linearer beschränkter Operator und T Fréchet-differenzierbar, so sind $A\,T$ und $T\,A$ ebenfalls Fréchet-differenzierbar, und es gilt*

$$(A\,T)'_{(f)} = A\,T'_{(f)} \quad \text{und} \quad (T\,A)'_{(f)} = T'_{(A\,f)}\,A, \tag{16.9}$$

d. h., bei der Kettenregel kann eine lineare beschränkte Transformation wie ein konstanter Faktor behandelt werden.

16.4 Grundsätzliche Beispiele zur Bildung der Ableitungen

Beispiel 1: Differentiation im Komplexen. $w = f(z)$ sei eine in einem Bereich D der komplexen Zahlenebene R holomorphe Funktion; faßt man $w = T\,z$ als Operator auf, so führt die Definition der Ableitung unmittelbar auf

$$T'_{(z)} \cdot k = f'(z)\,k,$$
$$T^{(n)}_{(z)} \cdot k_1 \cdot k_2 \ldots k_n = f^{(n)}(z)\,k_1\,k_2 \ldots k_n.$$

Bei der Norm $\|z\| = |z|$ wird $\|T^{(n)}\| \leq \sup\limits_{D}|f^{(n)}(z)|$.

Beispiel 2: Eigenwertaufgabe. Der Eigenwertaufgabe

$$V\,u = \lambda\,u, \tag{16.10}$$

wobei V ein linearer Operator sei, war bereits in Nr. 1.2 durch Hinzunahme einer Normierungsbedingung $G\,u = 1$ in einem erweiterten Raum von Elementen $\begin{pmatrix} v \\ a \end{pmatrix}$ eine Gleichung

$$T\begin{pmatrix} v \\ a \end{pmatrix} = \Theta \quad \text{mit} \quad T\begin{pmatrix} v \\ a \end{pmatrix} = \begin{pmatrix} V\,v - a\,v \\ G\,v - 1 \end{pmatrix} \tag{16.11}$$

gegenübergestellt worden. Mit den Bezeichnungen von Nr. 1.2 wird in dem erweiterten Raum R_1 als Norm eingeführt

$$\left\|\begin{pmatrix} v \\ a \end{pmatrix}\right\| = \mathrm{Max}\,(\|v\|_R,\,|a|),$$

wobei $\|v\|_R$ die Norm von v im Raum R bedeutet. Nun sollen zu dem neuen nichtlinearen Operator T die Ableitungen gebildet werden. (In Nr. 1.2 war T_1, T an Stelle des jetzigen T, V geschrieben; G sei jetzt linear homogen.) Mit den Bezeichnungen $f = \begin{pmatrix} v \\ a \end{pmatrix}$, $k = \begin{pmatrix} w \\ b \end{pmatrix}$, $p = \begin{pmatrix} z \\ c \end{pmatrix}$ bildet man zur Bestimmung der Ableitung $T'_{(f)}$ gemäß den Definitionen die Differenz $T(f + k) - T(f)$:

$$T \begin{pmatrix} v + w \\ a + b \end{pmatrix} - T \begin{pmatrix} v \\ a \end{pmatrix} = \begin{pmatrix} V w - a w - b v - b w \\ G w \end{pmatrix}.$$

Hier ist das Glied $b\,w$ im Vergleich zu den anderen Gliedern von höherer Ordnung, und nach der Definition erhält man daher

$$T'_{(f)} k = T'_{\begin{pmatrix} v \\ a \end{pmatrix}} \begin{pmatrix} w \\ b \end{pmatrix} = \begin{pmatrix} V w - a w - b v \\ G w \end{pmatrix}. \qquad (16.12)$$

Ebenso bildet man zur Bestimmung der Ableitung $T''_{(f)}$ die Differenz $T'_{(f + p)} k - T'_{(f)} k$:

$$T'_{\begin{pmatrix} v + z \\ a + c \end{pmatrix}} \begin{pmatrix} w \\ b \end{pmatrix} - T'_{\begin{pmatrix} v \\ a \end{pmatrix}} \begin{pmatrix} w \\ b \end{pmatrix} = \begin{pmatrix} -c w - b z \\ 0 \end{pmatrix}$$

und erhält als zweite Ableitung

$$T''_{(f)} k\,p = T''_{\begin{pmatrix} v \\ a \end{pmatrix}} \begin{pmatrix} w \\ b \end{pmatrix} \begin{pmatrix} z \\ c \end{pmatrix} = \begin{pmatrix} -c w - b z \\ 0 \end{pmatrix}. \qquad (16.13)$$

Dieser Operator ist von $f = \begin{pmatrix} v \\ a \end{pmatrix}$ unabhängig, d. h. $T''_{(f)}$ ist konstant. Durch weitere Differenzenbildung erhalten wir $T'''_{(f)} \cdots = O$ ($O =$ Nulloperator). Dritte und höhere Ableitungen ergeben den Nulloperator.

Beispiel 3: Vektoranalysis. $x = (x_1, \ldots, x_n)$ sei ein Punkt im R_n und $T x = g(x_1, \ldots, x_n)$ eine in einem abgeschlossenen Bereich D des R_n definierte, mit stetigen partiellen Ableitungen bis zur zweiten Ordnung einschließlich versehene Ortsfunktion. Mit der Norm $\|x\| = \underset{j}{\mathrm{Max}}|x_j|$ und einem Zusatzvektor $k = (k_j)$ von hinreichend kleiner Norm $\|k\|$ gilt dann nach dem TAYLORschen Satz

$$\left| g(x_j + k_j) - g(x_j) - \sum_{j=1}^{n} \frac{\partial g}{\partial x_j} k_j \right| \leq \|k\| \cdot \varepsilon(\|k\|),$$

wobei ε eine Nullfunktion ist.

Die erste Ableitung von T ist also hier der Gradient

$$T'_{(x)} = \mathrm{grad}\, g. \qquad (16.14)$$

Für ein lokales differenzierbares Extremum (Maximum oder Minimum) von g an der Stelle x ist dann eine notwendige Bedingung, daß die

FRÉCHETsche Ableitung der Nulloperator ist (kurz: „daß die FRÉCHETsche Ableitung verschwindet").

Sind mehrere Ortsfunktionen $g_r(x_j)$ für $r = 1, \ldots, s$ gegeben, so ist $T x$ ein s-dimensionaler Vektor, und aus

$$\left| g_r(x_j + k_j) - g_r(x_j) - \sum_{j=1}^{n} \frac{\partial g_r}{\partial x_j} k_j \right| \leq \|k\|\, \varepsilon(\|k\|)$$

folgt, daß die Ableitung von T hier die Funktionalmatrix $\frac{\partial g_r}{\partial x_j}$ ergibt.

Beispiel 4: Integraltransformationen. Der Begriff der FRÉCHETschen Ableitung stammt aus der Variationsrechnung. $f(x)$ sei im Intervall $J = \langle a, b \rangle$ reell, stetig differenzierbar und $\Phi(x, y, z)$ eine für $x \in J$ und für beliebige y, z gegebene, reelle, nach allen Argumenten mit partiellen Ableitungen bis zur zweiten Ordnung einschließlich versehene Funktion. Nun soll für das Funktional

$$T f = \int_a^b \Phi(x, f, f')\, dx \tag{16.15}$$

die FRÉCHETsche Ableitung gebildet werden. Der TAYLORsche Satz ergibt

$$T(f + k) - T f = \int_a^b [\Phi(x, f + k, f' + k') - \Phi(x, f, f')]\, dx$$

$$= \int_a^b \left[k\, \Phi_f + k'\, \Phi_{f'} + \frac{k^2}{2} \tilde{\Phi}_{ff} + k k'\, \tilde{\Phi}_{ff'} + \frac{k'^2}{2} \tilde{\Phi}_{f'f'} \right] dx.$$

Dabei ist $k(x)$ in J stetig differenzierbar, und die Schlangenlinien bei Φ bedeuten, daß die Ableitungen an gewissen Zwischenstellen zu nehmen sind. Mit der Norm

$$\|g\| = \underset{J}{\mathrm{Max}}\,(\mathrm{Max}\,|g(x)|, |g'(x)|) \tag{16.16}$$

kann man $|k| \leq \|k\|$ und $|k'| \leq \|k\|$ und die Integralanteile mit den zweiten Ableitungen durch $\|k\| \cdot \varepsilon(\|k\|)$ abschätzen, wobei ε wieder eine Nullfunktion ist. Somit erhält man als Ableitung

$$T'_{(f)} k = \int_a^b \left[\frac{\partial \Phi}{\partial f} k(x) + \frac{\partial \Phi}{\partial f'} k'(x) \right] dx. \tag{16.17}$$

Wenn Φ genügend oft differenzierbar ist, kann man auch höhere Ableitungen bilden; z. B. lautet für den Operator

$$S f = \int_B \varphi(x, f)\, dx, \tag{16.18}$$

wobei x den Bereich B des Punktraumes R_n durchläuft und φ nach f partielle Ableitungen bis zur q-ten Ordnung besitzt, die q-te Ableitung

$$S_{(f)}^{(q)} k_1 \ldots k_q = \int\limits_B \frac{\partial^\alpha \varphi(s, f)}{\partial f^\alpha} k_1(s) \ldots k_q(s)\, ds. \qquad (16.19)$$

In der Variationsrechnung betrachtet man u. a. den Fall von Randbedingungen; ist z. B. $f(a) = f_a$ und $f(b) = f_b$ vorgeschrieben, so werden nur Funktionen $k(x)$ mit $k(a) = k(b) = 0$ zugelassen. Dann liefert Teilintegration

$$\int\limits_a^b \frac{\partial \Phi}{\partial f'} k'(x)\, dx = - \int\limits_a^b \left(\frac{d}{dx} \frac{\partial \Phi}{\partial f'} \right) k(x)\, dx.$$

Mit dem EULERschen Ausdruck

$$E f = E(x, f, f') = \frac{\partial \Phi}{\partial f} - \frac{d}{dx} \frac{\partial \Phi}{\partial f'} \qquad (16.20)$$

ist dann die Ableitung von T gerade der mit E gebildete Integraloperator

$$T'_{(f)} k = \int\limits_a^b E(x, f, f')\, k(x)\, dx. \qquad (16.21)$$

In der Variationsrechnung wird gezeigt, daß für ein Extremum (Maximum oder Minimum) von $T f$ bei den Funktionen $f(x) \in C^2 \langle a, b \rangle$ mit $f(a) = f_a$, $f(b) = f_b$ als Vergleichsfunktionen die EULERsche Differentialgleichung $E f = 0$ eine notwendige Bedingung ist und daß $E = 0$ gleichwertig ist mit $\int\limits_a^b E k\, dx = 0$. Man kann also auch sagen: Notwendig für ein Extremum von $T f$ ist das Verschwinden der FRÉCHETschen Ableitung an der Stelle f, oder etwas ausführlicher, daß die FRÉCHETsche Ableitung an der Stelle f der Nulloperator ist. Ebenso lassen sich Funktionen $f(x_1, \ldots, x_n)$ von mehreren unabhängigen Veränderlichen und die Abhängigkeit der Funktion Φ von höheren Ableitungen $f'', \ldots$ erfassen.

16.5 L-metrische Räume

Definition: Ein metrischer Raum R heißt L-metrisch, wenn es zu jedem Element $h \in R$ ein lineares beschränktes Funktional $L f$ gibt mit $\|L\| = 1$ und $L h = \varrho(h, \Theta)$.

Entsprechend heißt ein supermetrischer Raum bzw. ein Banachraum mit der oben genannten Eigenschaft ein L-supermetrischer Raum bzw. ein L-Banachraum.

Man kann beweisen, daß jeder Banachraum zugleich ein L-Banachraum ist; doch benutzt dieser Beweis (vgl. z. B. RIESZ-v. NAGY [56], S. 197) den Wohlordnungssatz, den wir wegen seines nichtkonstruktiven Charakters nicht gerne zum Aufbau der Theorie verwenden wollen. Man kann zudem die in der Definition geforderte Eigenschaft für die für die Anwendungen wichtigen Räume unmittelbar als erfüllt erkennen, indem man ein solches lineares beschränktes Funktional direkt angibt. Das sei an einigen Beispielen vorgeführt:

Beispiel 1: $R = R_n$ sei der lineare metrische n-dimensionale komplexe Punktraum mit den Vektoren $f = (f_1, \ldots, f_n)$ und dem euklidischen Abstand (2.17)

$$\varrho(f, g) = + \sqrt{\sum_{j=1}^{n} p_j |f_j - g_j|^2}, \quad p_j > 0. \tag{16.22}$$

Zu jedem festen $h = (h_1, \ldots, h_n) \neq \Theta$ aus R gibt es ein lineares Funktional

$$L f = \frac{1}{\varrho(h, \Theta)} \sum_{j=1}^{n} p_j f_j \bar{h}_j.$$

Es ist $L h = \varrho(h, \Theta)$. Im Bildraum der $L f$ werde, auch in den folgenden Beispielen, als Abstand $\sigma(L f, L g) = |L f - L g|$ definiert. Nun liefert die SCHWARZsche Ungleichung

$$\varrho(h, \Theta) |L f - L g| = \left| \sum_{j=1}^{n} (\sqrt{p_j}) (f_j - g_j) (\sqrt{p_j}) \bar{h}_j \right| \leq$$

$$\leq \left(\sum_{k=1}^{n} \left| (\sqrt{p_k}) (f_k - g_k) \right|^2 \right)^{\frac{1}{2}} \left(\sum_{l=1}^{n} \left| (\sqrt{p_l}) h_l \right|^2 \right)^{\frac{1}{2}},$$

$$\left| \sum_{j=1}^{n} p_j (f_j - g_j) \bar{h}_j \right| \leq \sqrt{\sum_{k=1}^{n} p_k |f_k - g_k|^2} \sqrt{\sum_{l=1}^{n} p_l |h_l - 0|^2} = \varrho(f, g) \varrho(h, \Theta).$$

Somit folgt

$$\sigma(L f, L g) = |L f - L g| \leq 1 \cdot \varrho(f, g), \quad \text{d. h.} \quad \|L\| \leq 1.$$

Ferner ist $L \Theta = 0$; $\sigma(L h, L \Theta) = |L h| = \varrho(h, \Theta)$, also $\|L\| \geq 1$ und somit $\|L\|$ genau $= 1$.

Zu $h = \Theta$ gibt es ein lineares Funktional $L f = +(\sqrt{p_1}) \cdot f_1$ mit

$$\sigma(L f, L g) = |L f - L g| = (\sqrt{p_1}) |f_1 - g_1| \leq \sqrt{\sum_{j=1}^{n} p_j |f_j - g_j|^2} = 1 \cdot \varrho(f, g).$$

Für $f = (1, 0, \ldots)$, $g = \Theta$ steht hier das Gleichheitszeichen; somit wird wieder $\|L\| = 1$, und es ist $L \Theta = 0$.

Beispiel 2: Raum R_n wie im vorigen Beispiel, aber mit dem Abstand (2.18)

$$\varrho(f, g) = \operatorname*{Max}_{j} (p_j |f_j - g_j|) \quad \text{mit} \quad p_j > 0.$$

Bei festem $h \neq \Theta$ werde eine Nummer k ausgewählt mit

$$\varrho(h, \Theta) = p_k |h_k|, \quad h_k = |h_k| e^{i\varphi_k}, \quad 0 \leq \varphi_k < 2\pi.$$

Es wird dann $L f = p_k f_k e^{-i\varphi_k}$ definiert; dann ist $L h = \varrho(h, \Theta)$,

$$\sigma(L f, L g) = |L f - L g| = p_k |f_k - g_k| \leq \varrho(f, g), \quad \text{also} \quad \|L\| \leq 1,$$

anbererseits

$$\sigma(L\,h,\,L\,\Theta) = \varrho(h,\,\Theta), \quad \text{d. h.} \quad \|L\| \geqq 1 \quad \text{und daher} \quad \|L\| = 1.$$

Für $h = \Theta$ leistet $L\,f = p_1\,|f_1|$ alles Gewünschte;

$$L\,\Theta = \varrho(\Theta,\,\Theta) = 0, \quad \sigma(L\,f,\,\Theta) = p_1\,|f_1| \leqq \varrho(f,\,\Theta), \quad \text{d. h.} \quad \|L\| \leqq 1$$

und für $f = (1,\,0,\,\ldots,\,0)$ wird $\sigma(L\,f,\,\Theta) = p_1 = \varrho(f,\,\Theta)$ oder $\|L\| \geqq 1$.

Beispiel 3: Raum $L^2(B)$ der in einem Bereich B im LEBESGUEschen Sinne quadratisch integrablen Funktionen $f(x)$ (wie in Beispiel 3 von Nr. 2.7) mit dem Abstand

$$\varrho(f,\,g) = \left[\int_B p(x)\,|f(x) - g(x)|^2\,dx\right]^{1/2}$$

mit $p(x) > 0$, fest gegebene Funktion $\in C\langle B\rangle$.

Für festes $h(x) \neq \Theta$ werde gewählt

$$L\,f = \frac{1}{\varrho(h,\,\Theta)}\int_B p\,f\,h\,dx, \tag{16.23}$$

dann ist $L\,h = \varrho(h,\,\Theta)$ und nach der SCHWARZschen Ungleichung

$$\sigma(L\,f,\,L\,g) = |L\,f - L\,g| \leqq \frac{1}{\varrho(h,\,\Theta)}\left[\int_B p\,|f - g|^2\,dx \int_B p\,|h|^2\,dx\right]^{1/2} = \varrho(f - g,\,\Theta),$$

also $\|L\| \leqq 1$ und wegen $\sigma(L\,h,\,L\,\Theta) = \varrho(h,\,\Theta)$ ist $\|L\| \geqq 1$, d. h. $\|L\| = 1$. Für

$h = \Theta$ wird mit $m = \left[\int_B p\,dx\right]^{1/2}$ gewählt: $L\,f = \frac{1}{m}\int_B p\,f\,dx$; es wird dann $L\,\Theta = 0$

$= \varrho(\Theta,\,\Theta)$

$$\sigma(L\,f,\,L\,g) = |L\,f - L\,g| \leqq \frac{1}{m}\left[\int_B p\,|f - g|^2\,dx \int_B p\cdot 1\,dx\right]^{1/2}$$

$$= \varrho(f,\,g), \quad \text{d. h.} \quad \|L\| \leqq 1,$$

und für $f \equiv 1$, $g \equiv 0$ steht hier das Gleichheitszeichen, d. h. $\|L\| \geqq 1$.

Beispiel 4: $R = C\langle B\rangle$ sei der metrische Raum von Beispiel 5 von Nr. 2.3 mit dem Abstand $\varrho(f,\,g) = \underset{\langle B\rangle}{\text{Max}}\,(p\cdot|f - g|)$ mit $p > 0$ als fester Funktion aus $C\langle B\rangle$. Für eine (im allgemeinen komplexwertige) Funktion $h(P) \not\equiv \Theta$ sei Q ein Punkt mit $p(Q)\,|h(Q)| = \varrho(h,\,\Theta)$, und es werde α aus $h(Q) = |h(Q)|\,e^{i\alpha}, 0 \leqq \alpha < 2\pi$ ermittelt. Als lineares Funktional wird gewählt $L\,f = p(Q)\,f(Q)\,e^{-i\alpha}$, dann ist $L\,h = \varrho(h,\,\Theta)$, und es ist

$$\sigma(L\,f,\,L\,g) = |L\,f - L\,g| = p(Q)\,|f(Q) - g(Q)| \leqq \underset{P\in B}{\text{Max}}\,p(P)\,|f(P) - g(P)|$$

$$= 1\cdot\varrho(f,\,g),$$

also $\|L\| \leqq 1$; für $f = h$, $g = \Theta$ steht hier das Gleichheitszeichen, mithin $\|L\| \geqq 1$ und damit $\|L\| = 1$.

Für $h = \Theta$ sei Q ein Punkt mit $p(Q) = \underset{x\in B}{\text{Max}}\,p(x)$; dann erfüllt $L\,f = p(Q)\,f(Q)$ alle Forderungen: $L\,\Theta = \varrho(\Theta,\,\Theta) = 0$, $\sigma(L\,f,\,L\,g) \leqq \varrho(f,\,g)$, d. h. $\|L\| \leqq 1$, und für die Funktion $f \equiv 1$ wird $\sigma(1,\,\Theta) = \varrho(1,\,\Theta)$, d. h. $\|L\| \geqq 1$.

16.6 Mittelwertsatz und Taylorsche Formel

In der klassischen Differentialrechnung hat man für eine beliebige, in einem Intervall $J = \langle a, a + h \rangle$ stetig differenzierbare, reellwertige Funktion $f(x)$ den Mittelwertsatz

$$f(x + h) - f(x) = h\, f'(x + \vartheta\, h) \tag{16.24}$$

mit einer Zahl ϑ aus $\langle 0, 1 \rangle$. Daraus folgt sofort die gröbere Form

$$\left| f(x + h) - f(x) \right| \leq h\, M_1 \quad \text{mit} \quad M_1 = \operatorname*{Max}_{x \in J} \left| f'(x) \right|. \tag{16.25}$$

Man kann nun nicht erwarten, daß eine Aussage wie (16.24) auch bei Operatoren gilt; denn (16.24) ist bereits im Komplexen ungültig, wie das folgende Beispiel zeigt:

$$f(z) = e^z, \quad a = 0, \quad h = 2\pi i;$$

hier ist $f(2\pi i) - f(0) = 0$; es gibt aber kein ϑ aus $\langle 0, 1 \rangle$, für welches $f'(\vartheta\, 2\pi i) = 0$ wird, da $f'(z) = e^z$ sogar in einem beliebigen abgeschlossenen beschränkten Bereich der komplexen Zahlenebene nicht verschwindet. Wohl aber bleibt die gröbere Fassung (16.25) gültig, und diese ist auch bei Operatoren verwendbar.

Es soll hier gleich die Verallgemeinerung für höhere Ableitungen bewiesen werden, von der der Mittelwertsatz nachher als Spezialfall genannt wird.

Satz (Taylorsche Formel mit Restgliedabschätzung): *Es sei T ein beliebiger $(n + 1)$-mal Fréchet-differenzierbarer Operator in einem L-supermetrischen Raum R; es seien f und $f + k$ zwei gegebene Elemente im Definitionsbereich D von T, und es gehöre die Strecke $f + t\, k$ (für $0 \leq t \leq 1$) zu D. Dann ist*

$$\varrho\left(T(f + k),\ T f + \frac{1}{1!}\, T'_{(f)} k + \frac{1}{2!}\, T''_{(f)} k\, k + \cdots + \frac{1}{n!}\, T^{(n)}_{(f)} \underbrace{k \ldots k}_{n} \right) \leq$$

$$\leq \frac{1}{(n + 1)!}\, \sup_t \left\| T^{(n+1)}_{(f + t\, k)} \right\| \cdot \varrho(k, \Theta)^{n+1}. \tag{16.26}$$

Beweis: Zur Abkürzung werde gesetzt:

$$q = T(f + k) - T f - \frac{1}{1!}\, T'_{(f)} k - \frac{1}{2!}\, T''_{(f)} k\, k - \cdots - \frac{1}{n!}\, T^{(n)}_{(f)} \underbrace{k \ldots k}_{n}.$$

Da R ein L-supermetrischer Raum ist, gibt es zu dem Element q ein lineares beschränktes Funktional $L\, p$ mit $\|L\| = 1$ und $L\, q = \varrho(q, \Theta)$. Mit L wird die Hilfsfunktion gebildet $\varphi(t) = L\, T(f + t\, k)$. Sie ist differenzierbar, und man erhält nach (16.9) $(L\, T)'_{(p)} \cdot = L\, T'_{(p)} \cdot$.

Mit $\dfrac{d}{dt}(f + tk) = k$ wird

$$\varphi'(t) = L\,T'_{(f+tk)}\,k,$$
$$\varphi''(t) = L\,T''_{(f+tk)} \cdot k \cdot k,$$
$$\vdots$$
$$\varphi^{(n+1)}(t) = L\,T^{(n+1)}_{(f+tk)}\underbrace{k \ldots k}_{n+1} \qquad (n+1 \text{ Argumente}).$$

Nach Definition von q und auf Grund von $L\,q = \varrho(q, \Theta)$ wird

$$\varrho(q, \Theta) = L\,T(f + k) - L\,T\,f - \frac{1}{1!}\,L\,T'_{(f)}\,k - \cdots - \frac{1}{n!}\,L\,T^{(n)}_{(f)}\underbrace{k \ldots k}_{n}$$

$$= \varphi(1) \qquad - \varphi(0) - \frac{1}{1!}\,\varphi'(0) \quad - \cdots - \frac{1}{n!}\,\varphi^{(n)}(0).$$

Nun ist $\varphi(t)$ eine Funktion einer reellen Variablen t, für welche die klassische Restgliedabschätzung der TAYLORschen Formel gültig ist:

$$\left| \varphi(1) - \varphi(0) - \frac{1}{1!}\,\varphi'(0) - \cdots - \frac{1}{n!}\,\varphi^{(n)}(0) \right| \le \frac{1}{(n+1)!}\,\underset{\langle 0,1\rangle}{\text{Max}}\,|\varphi^{(n+1)}(t)|.$$

Damit folgt

$$\varrho(q, \Theta) \le \frac{1}{(n+1)!}\,\sup_t\left(\underbrace{\|L\|}_{=1} \cdot \|T^{(n+1)}_{(f+tk)}\| \right)\varrho(k, \Theta)^{n+1}.$$

Als Spezialfall von (16.26) folgt für $n = 0$ der

Mittelwertsatz: *Für jeden bei festen Elementen f und $f + k$ auf der Strecke $f + tk$ (mit $0 \le t \le 1$) Fréchet-differenzierbaren Operator T in einem L-supermetrischen Raum gilt*

$$\varrho(T(f + k), T\,f) \le \sup_{0 \le t \le 1}\|T'_{(f+tk)}\|\,\varrho(k, \Theta)\text{:} \qquad (16.27)$$

§ 17. Aufstellung von Iterationsverfahren

Im folgenden wird eine Operatorgleichung

$$T\,u = \Theta \qquad (17.1)$$

zugrunde gelegt. Bei dem Operator T mögen Original- und Bildelemente in L-supermetrischen Räumen R_1 bzw. R_2 liegen; Θ ist das Nullelement in R_2. Gesucht sind Elemente $u \in R_1$, die (17.1) erfüllen.

17.1 Gewöhnliches und vereinfachtes Newtonsches Verfahren

Bei einer Gleichung

$$f(x) = 0, \qquad (17.2)$$

wobei $f(x)$ eine reellwertige, differenzierbare Funktion der reellen Veränderlichen x ist, ist das NEWTONsche Verfahren

$$x_{n+1} = x_n - \frac{f(x_n)}{f'(x_n)} \qquad (n = 0, 1, 2, \ldots) \quad (17.3)$$

wohlbekannt, wobei man von einem Näherungswert x_0 für eine Lösung ξ der Gleichung ausgehend weitere x_n nach (17.3) ermittelt. Geometrisch bedeutet das NEWTONsche Verfahren, daß man im Punkte x_n, $f(x_n)$ die Tangente an die Kurve $y = f(x)$ legt und den Schnittpunkt der Tangente mit der x-Achse als neuen Näherungswert x_{n+1} für ξ benutzt, vgl. Abb. 17/1; wenn x_n bereits eine gute Näherung für ξ ist, kann man erwarten, daß x_{n+1} ein noch besserer Näherungswert ist.

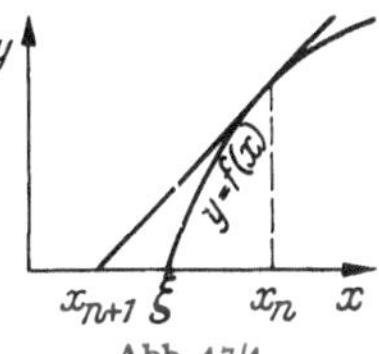

Abb. 17/1
NEWTONsches Verfahren

Nun soll das Verfahren auf die Operatorgleichung (17.1) übertragen werden. Dazu wird vorausgesetzt, daß T innerhalb einer gewissen konvexen Teilmenge D von R FRÉCHET-differenzierbar ist und daß dort die Ableitung $T'_{(v)}$ eine Inverse $T'^{-1}_{(v)}$ besitzt. Dann lautet das (gewöhnliche) NEWTONsche Iterationsverfahren zur Lösung der gegebenen Operatorgleichung in Verallgemeinerung von (17.3) auf den Fall von Operatoren:

$$u_{n+1} = u_n - T'^{-1}_{(u_n)}\, T u_n. \tag{17.4}$$

Dabei geht man von einem Element $u_0 \in D$ aus, und das Iterationsverfahren ist so lange ausführbar, als $u_n \in D$ bleibt.

Andere Herleitung des Newtonschen Verfahrens: Es sei v eine Näherung für eine Lösung $\hat{u}$ von $T u = \Theta$ mit dem Fehler $v - \hat{u} = -\varepsilon$ und δ die gesuchte „Verbesserung", so daß $v + \delta \approx \hat{u}$ wird, d. h. $v + \delta$ möglichst nahe an $\hat{u}$ liegt; dann gilt, falls T zweimal FRÉCHET-differenzierbar ist, nach (16.26)

$$\Theta = T \hat{u} = T (v + \varepsilon) \approx T v + T'_{(v)}\, \varepsilon.$$

Das $\approx$-Zeichen soll hier ausdrücken, daß der Abstand

$$\varrho\big(T (v + \varepsilon),\, T v + T'_{(v)}\, \varepsilon\big)$$

mit ε^2 gegen Null geht. Ersetzt man das Zeichen $\approx$ durch $=$, so tritt an Stelle von ε eine Näherung δ:

$$\Theta = T v + T'_{(v)}\, \delta$$

oder

$$T'^{-1}_{(v)}\, \Theta = \Theta = T'^{-1}_{(v)}\, T v + \delta;$$

das geht mit $v = u_n$ und $\delta = u_{n+1} - u_n$ in (17.4) über.

Beispiel für die Kompliziertheit der Verhältnisse im großen: Nun können die Verhältnisse beim NEWTONschen Verfahren sehr kompliziert sein; das zeigt sich schon bei dem recht einfachen Beispiel eines Polynoms vom dritten Grade

$$f(x) = \sum_{\nu=0}^{3} a_\nu\, x^\nu$$

längs der reellen Achse. Es möge $f(x) = 0$ drei reelle, einfache Nullstellen $\xi_1 < \xi_2 < \xi_3$ besitzen. Die Deutung des NEWTONschen Verfahrens mit Hilfe der Tangente gibt rasch einen Überblick über die hier auftretenden Erscheinungen. Es existieren 2 Extrema η_1, η_2 mit

$$\xi_1 < \eta_1 < \xi_2 < \eta_2 < \xi_3.$$

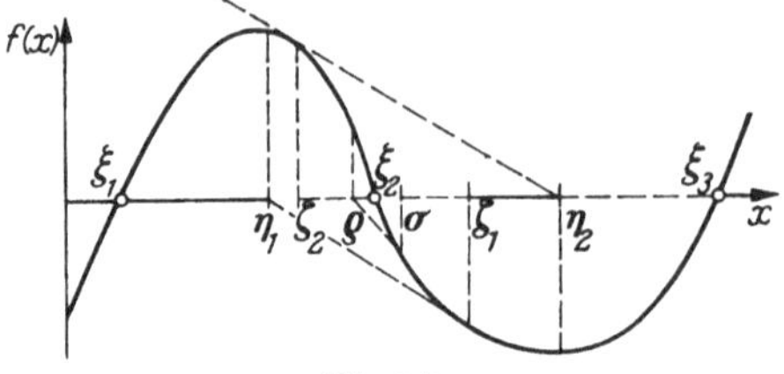

Abb. 17/2
NEWTONsches Verfahren bei einer Gleichung 3. Grades

Dann ist $-\infty < x < \eta_1$ Einzugsgebiet für die Wurzel ξ_1 und $\eta_2 < x < \infty$ Einzugsgebiet für ξ_3. Die Tangenten von η_1 und η_2 aus an die Kurve $y = f(x)$ mögen die Kurve in den Punkten mit den Abszissen ζ_1 bzw. ζ_2 berühren, vgl. Abb. 17/2; dann gehört $\eta_1 < x < \zeta_2$ zum Einzugsgebiet von ξ_3 und $\zeta_1 < x < \eta_2$ zum Einzugsgebiet von ξ_1, und man erkennt, daß sich an ζ_2 nach rechts und an ζ_1 nach links je unendlich viele Intervalle anschließen, die abwechselnd zu den Einzugsgebieten von ξ_1 bzw. ξ_3 gehören. Zwischen ihnen liegt ein Intervall $\varrho < x < \sigma$ als Einzugsgebiet von ξ_2, wobei ϱ, σ einen Grenzzyklus bilden; das NEWTONsche Verfahren ordnet die Punkte ϱ, σ gegenseitig einander zu.

Vereinfachtes Newtonsches Verfahren: Um bei der praktischen Durchführung des NEWTONschen Verfahrens die Berechnung von $T'^{-1}_{(u_n)}$

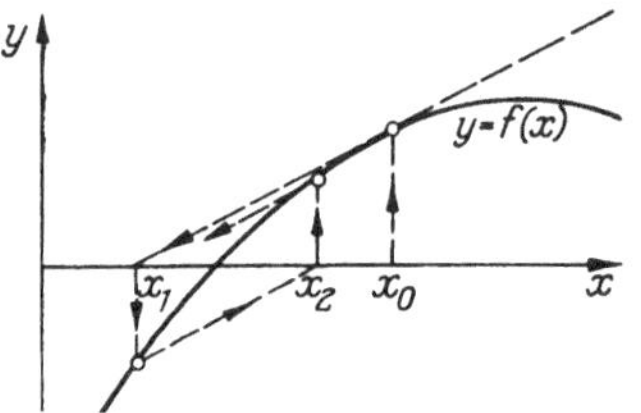

Abb. 17/3
Vereinfachtes NEWTONsches Verfahren

für jeden neuen Schritt zu vermeiden, kann man $T'^{-1}_{(u_n)}$ näherungsweise durch $T'^{-1}_{(u_0)}$ ersetzen und erhält dann die Iterationsvorschrift für das „vereinfachte NEWTONsche Verfahren":

$$u_{n+1} = u_n - T'^{-1}_{(u_0)} T u_n$$
$$(n = 0, 1, 2, \ldots), \quad u_0 \in D. \quad (17.5)$$

Man hat also hier nur ein einziges Mal den inversen Operator zu bilden; das kann z. B. bei Gleichungssystemen eine große Rechenersparnis bedeuten. Geometrisch bedeutet dies an dem früheren Beispiel (17.2), daß man mit einer festen Steigung und nicht mit der jeweiligen Tangentensteigung arbeitet, vgl. Abb. 17/3.

17.2 Fehlerabschätzung für das vereinfachte Newtonsche Verfahren

Das vereinfachte NEWTONsche Verfahren (17.5) zur Lösung von $T u = \Theta$ ist ein Spezialfall des gewöhnlichen Iterationsverfahrens $u_{n+1} = V u_n$ zur Lösung der Operatorgleichung $u = V u$ mit

$$V = E - T'^{-1}_{(u_0)} T. \qquad (17.6)$$

Man kann daher den Fixpunktsatz für allgemeine Iterationsverfahren in dem Spezialfall der Nr. 12.2 benutzen. Es wird dazu die LIPSCHITZkonstante P von V gebraucht; nach dem Mittelwertsatz (16.27) gilt

$$\varrho(Vv,\,Vw) \leq \sup_{f\in D} \|V'_{(f)}\|\,\varrho(v,\,w).$$

Es ist somit

$$P = \sup_{f\in D} \|V'_{(f)}\|.$$

Nun bildet man die Ableitung von V nach den allgemeinen Regeln von Nr. 16.3:

$$\sup_{f\in D}\|V'_{(f)}\| = \sup_{f\in D}\|E - T'^{-1}_{(u_0)}\,T'_{(f)}\| \leq \|T'^{-1}_{(u_0)}\|\sup_{f\in D}\|T'_{(u_0)} - T'_{(f)}\|.$$

Dabei wurde verwendet, daß E und $T'_{(u_0)}$ beschränkte lineare Operatoren sind, daß $T'^{-1}_{(u_0)}$ existiert und als Inverse von $T'_{(u_0)}$ selbst linear und beschränkt ist und daß der Bereich D konvex sein soll. Es ist also

$$P = \|T'^{-1}_{(u_0)}\|\sup_{f\in D}\|T'_{(u_0)} - T'_{(f)}\|. \tag{17.7}$$

Somit gilt der

Satz: *Für die Gleichung $T\,u = \Theta$ in L-supermetrischen Räumen werde das vereinfachte Newtonsche Verfahren (17.5) benutzt:*

T sei in einem konvexen Bereich D Fréchet-differenzierbar, und T' besitze im Punkte $u_0 \in D$ eine Inverse $T'^{-1}_{(u_0)}$. Wenn dann die Lipschitz-Konstante P nach (17.7) <1 ausfällt, und mit u_0 und u_1 auch die Kugel S nach (12.5) zu D gehört, so existiert in D eine Lösung u von $T\,u = \Theta$, die sogar in S liegt; die u_n bleiben in D und konvergieren gegen u.

Da man den letzten rechnerisch durchgeführten Schritt des gewöhnlichen Newtonschen Verfahrens (17.3) stets als ersten (und einzigen berechneten) Schritt des vereinfachten Newtonschen Verfahrens (17.5) auffassen kann, hat man mit obigem Satz zugleich eine Existenzaussage für die Lösung und eine Fehlerabschätzung für das gewöhnliche Newtonsche Verfahren.

Zur Unterscheidung seien die nach dem gewöhnlichen Newtonschen Verfahren berechneten Näherungen mit $\hat{u}_0, \hat{u}_1, \ldots$ bezeichnet; das letzte berechnete Element sei $\hat{u}_n$; man verwendet dann $\hat{u}_{n-1}$ als Element u_0 des vereinfachten Verfahrens, dann ist $\hat{u}_n = u_1$, und es wird

$$P = \|T'^{-1}_{(\hat{u}_{n-1})}\| \cdot \sup_{f\in D}\|T'_{(\hat{u}_{n-1})} - T'_{(f)}\|. \tag{17.8}$$

Wenn $P < 1$ ist und die Kugel S zu D gehört, ist obiger Satz anwendbar.

Die hier gegebene Fehlerabschätzung wird die Güte der Konvergenz des gewöhnlichen Newtonschen Verfahrens bei Ausführung weiterer Schritte nicht erkennen lassen, da $T'^{-1}_{(\hat{u}_m)}$ ($m = n, n+1, \ldots$) durch $T'^{-1}_{(\hat{u}_{n-1})}$ ($\hat{u}_{n-1}$ fest) ersetzt wird. Die Fehlerabschätzung ist jedoch i. allg. leichter durchzuführen als die Abschätzung in § 19.

Beispiel: Transzendente Gleichung

$$e^{2z} = 1 + z \tag{17.9}$$

wie in Nr. 13.1. Als Iterationsverfahren wird das (gewöhnliche bzw. vereinfachte, bei nur einem Schritt entfällt der Unterschied) NEWTONsche Verfahren $z_1 = z_0 - \dfrac{f(z_0)}{f'(z_0)}$ bei derselben Wahl des Zweiges vom Logarithmus wie in Nr. 13.1 mit $f(z) = z - \frac{1}{2}\ln(1 + z)$ benutzt.

Es wird derselbe Ausgangswert wie im Beispiel Nr. 13.1 gewählt: $z_0 = 0,7 + i \cdot 3,7$. Dann wird

$$z_1 = z_0 - \frac{z_0 - \dfrac{1}{2}\ln(1 + z_0)}{1 - \dfrac{1}{2(1 + z_0)}} = 0,703\,555 + i \cdot 3,711\,856.$$

Hiernach liegt es nahe, vgl. Abb. 17/4, als D den Bereich aller Punkte $z = x + iy$ mit $|x - x_m| \leqq 0,002$, $|y - y_m| \leqq 0,006$ und $z_m = 0,702 + i \cdot 3,706$ zu wählen.

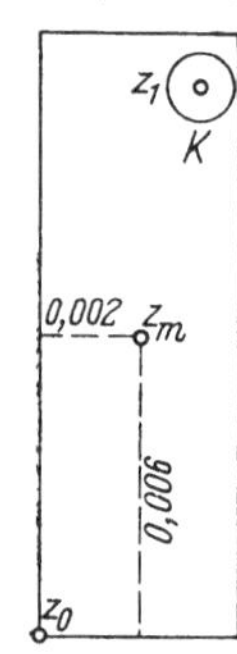

Abb. 17/4
Fehlerabschätzung beim NEWTONschen Verfahren

Es ist $f'(z) = 1 - \dfrac{1}{2(1 + z)}$ und $f'^{-1}_{(z)} = 1 + \dfrac{1}{1 + 2z}$, ferner $|f'^{-1}_{(z_0)}| \leqq 1,047$. Daher gilt in D bei der Norm $\|z\| = |z|$

$$P = |f'^{-1}_{(z_0)}| \cdot \sup_{z \in D} |f'(z_0) - f'(z)| = 1,047 \cdot \frac{1}{2} \sup_{z \in D} \left| \frac{-1}{1 + z_0} + \frac{1}{1 + z} \right|,$$

und es ist dort

$$\left| \left(\frac{1}{1 + z} \right)' \right| = \left| \frac{1}{(1 + z)^2} \right| \leqq \left| \frac{1}{(1 + 0,7 + i \cdot 3,7)^2} \right| = \frac{1}{4,072^2}.$$

Nach dem Mittelwertsatz der Differentialrechnung folgt somit für P die Abschätzung

$$P \leqq 1,047 \cdot \frac{1}{2} \cdot \frac{1}{4,072^2} \sup_{z \in D} |z_0 - z|$$

$$= 1,047 \cdot \frac{1}{2} \cdot \frac{1}{4,072^2} \cdot 0,002 \cdot \sqrt{40} = 0,000\,398;$$

es ist $P < 1$ erfüllt.

Ferner liegt die Kugel S (in der Zeichnung: Kreis K)

$$|v - z_1| \leqq \frac{P}{1 - P} |z_0 - z_1| \leqq \frac{0,000\,398}{0,999\,602} \cdot 0,015\,320 = 0,000\,049$$

noch ganz in D, vgl. die Abb. 17/4. Das Beispiel erfüllt somit die Voraussetzungen des Satzes dieser Nummer, und es existiert daher in D eine eindeutige Lösung z der Gleichung, und diese liegt sogar in S.

17.3 Vereinfachtes Newtonsches Verfahren bei nichtlinearen Randwertaufgaben

Bei der nichtlinearen Randwertaufgabe (Bezeichnungen wie in Nr. 15.1)

$$\begin{aligned} L\,u &= F(x, u) \quad \text{in } B, \\ R\,u &= \hat{\gamma}(x) \quad \text{auf } \Gamma \end{aligned} \tag{17.10}$$

besitze die Funktion $F(x, u)$ in B stetige partielle zweite Ableitungen nach u.

Beim NEWTONschen Verfahren bestimmt man eine Folge von Funktionen $u_n(x)$ nach $u_{n+1} = u_n + \delta_n$ mit

$$L u_{n+1} = L u_n + L \delta_n = F(x, u_n) + \delta_n F_u(x, u_n)$$

oder

$$\left. \begin{aligned} L \delta_n - \delta_n F_u(x, u_n) &= F(x, u_n) - L u_n \\ R u_{n+1} &= \hat{\gamma} \end{aligned} \right\} \qquad (n = 0, 1, \ldots). \qquad \begin{aligned} (17.11) \\ (17.12) \end{aligned}$$

Beim vereinfachten NEWTONschen Verfahren tritt bei (17.11) und (17.12) nur die Änderung auf, daß in (17.11) F_u stets an der Stelle x, u_0 genommen wird.

Die Transformation $g = T f$ wird also durch

$$\hat{L} g \equiv L g - g F_u(x, u_0) = F(x, f) - f F_u(x, u_0) \quad \text{in } B, \quad R g = \hat{\gamma} \qquad (17.13)$$

festgelegt; es wird dazu vorausgesetzt, daß die lineare Randwertaufgabe

$$\hat{L} g = \varrho(x), \qquad R g = \hat{\gamma}$$

für beliebige stetige ϱ eindeutig lösbar ist, etwa für $\hat{\gamma} = 0$ mit Hilfe der GREENschen Funktion $G(x, s)$ in der Form $g(x) = \int_B G(x, s) \varrho(s) ds$.

Zur Berechnung der LIPSCHITZ-Konstante K des Operators T werden zu zwei stetigen Funktionen f_1, f_2 eines noch genauer festzulegenden Bereiches Funktionen $g_j = T f_j$ $(j = 1, 2)$ gebildet. Dann ist mit $f_1 - f_2 = \tilde{f}$, $g_1 - g_2 = \tilde{g}$

$$L \tilde{g} - \tilde{g} F_u(x, u_0) = F(x, f_1) - F(x, f_2) - \tilde{f} F_u(x, u_0). \qquad (17.14)$$

Hier geht bei $\tilde{g} F_u(x, u_0)$ ein, daß das vereinfachte und nicht das gewöhnliche NEWTONsche Verfahren verwendet wird.

Nach dem TAYLORschen Satz ist

$$F(x, f_1) - F(x, f_2) = \tilde{f} F_u(x, \tilde{\tilde{f}}),$$

wobei $\tilde{\tilde{f}}$ eine Zwischenstelle zwischen f_1 und f_2 bedeutet, und entsprechend mit $\tilde{\tilde{u}}_0$ als Zwischenstelle zwischen $\tilde{\tilde{f}}$ und u_0

$$F_u(x, \tilde{\tilde{f}}) - F_u(x, u_0) = (\tilde{\tilde{f}} - u_0) F_{uu}(x, \tilde{\tilde{u}}_0).$$

Somit ist

$$L \tilde{g} - \tilde{g} F_u(x, u_0) = \tilde{f}(\tilde{\tilde{f}} - u_0) F_{uu}(x, \tilde{\tilde{u}}_0) = \varphi(x), \quad R\tilde{g} = 0 \qquad (17.15)$$

oder

$$\tilde{g}(x) = \int_B G(x, s) \tilde{f}(s) [\tilde{\tilde{f}}(s) - u_0(s)] F_{uu}(s, \tilde{\tilde{u}}_0(s)) ds.$$

Hierin tritt das (vom gewöhnlichen NEWTONschen Verfahren her bekannte) quadratische Verhalten des NEWTONschen Verfahrens in Er-
scheinung; rechts stehen die beiden Faktoren $\tilde{f}$ und $\tilde{\tilde{f}} - u_0$. Mit der
Norm (2.31) wird dann

$$\|\tilde{g}\| \le \|\tilde{f}\|\, K \tag{17.16}$$

mit

$$K = \sup_B \left[p(x) \int_B \frac{G(x,s)}{p(s)} F_{uu}(s, \tilde{\tilde{u}}_0(s))\, ds \right] \cdot \max_{B+\Gamma} \left| \tilde{\tilde{f}}(x) - u_0(x) \right|. \tag{17.17}$$

Es ergibt sich somit grundsätzlich die Anwendbarkeit des NEWTON-
schen Verfahrens, sobald man u_0 hinreichend nahe bei einer Lösung
gewählt hat; d. h. sobald der Unterschied $u_1 - u_0$ hinreichend klein ist,
kann man auch erreichen, daß $\tilde{\tilde{f}} - u_0$ genügend klein ausfällt, und
damit ist $K < 1$ erreichbar, sofern eine GREENsche Funktion existiert,
d. h. sofern nicht die zu (17.13) gehörige homogene Randwertaufgabe
Eigenlösungen besitzt; diesen Ausnahmefall kann man aber durch
kleine Abänderung von u_0 vermeiden.

Für die numerische Anwendung ist es nun wichtig, daß man bei
gewissen Typen von Randwertaufgaben die GREENsche Funktion
majorisieren oder auch ganz eliminieren kann. Dazu muß man allerdings
speziellere Aufgabenklassen zugrunde legen, das soll in Nr. 24.4 näher
ausgeführt werden (dort auch ein Zahlenbeispiel).

17.4 Die Ordnung von Iterationsverfahren

Es sei $R = S$ ein vollständiger linearer L-supermetrischer Raum und
T (bzw. φ) ein Operator, dessen Definitionsbereich eine konvexe Teilmenge D von R ist. Die Lösungen u der Operatorgleichung $T u = \vartheta$
sollen mit Hilfe eines Iterationsverfahrens

$$u_{n+1} = \varphi(u_n) \quad \text{mit} \quad \varphi(u_n) = G(u_n, T u_n) \tag{17.18}$$

angenähert werden.

Im folgenden wird die Bezeichnung $T^{(k)}_{(u_n)} = T^{(k)}_n$ benutzt. Bei den
Betrachtungen von Nr. 17.4 bis 17.7 werden Existenz und Eindeutigkeit
der Lösung u im zugrunde gelegten Bereich D sowie Konvergenz des
Iterationsverfahrens gegen die Lösung u vorausgesetzt, u also stets als
anziehender Fixpunkt angenommen.

Definition [nach E. SCHRÖDER (1870)]. Ein Iterationsverfahren konvergiert in der Umgebung U einer Nullstelle u [Lösung der Gleichung
$\varphi(u) = u$] von der Ordnung $k > 1$ gegen u, wenn in U gilt

$$\varrho(\varphi(v), u) = O[\varrho(v, u)^k]. \tag{17.19}$$

Das LANDAU-Symbol O ist auf S. XVI genannt und bedeutet hier: Es gibt eine Konstante $K > 0$ mit

$$\varrho(\varphi(v), u) \leqq K\, \varrho(v, u)^k \quad \text{für} \quad v \in U. \tag{17.20}$$

Satz 1. *$\varphi(v)$ sei in der konvexen Umgebung U des anziehenden Fixpunktes u mindestens k-mal Fréchet-differenzierbar, und es sei $\varphi(u) = u$; ferner seien $\varphi'_{(u)}, \varphi''_{(u)}, \ldots, \varphi^{(k-1)}_{(u)}$ Nulloperatoren, während $\varphi^{(k)}_{(u)}$ vom Nulloperator verschieden ist und in U eine durch M_k beschränkte Norm hat; dann ist das Iterationsverfahren von k-ter Ordnung.*

(Auch auf Grund dieses Satzes kann die Ordnung der Konvergenz eines Iterationsverfahrens definiert werden.)

Beweis: Nach der TAYLORschen Formel (16.26) gilt

$$\varrho\big(\varphi(v),\, u\big) = \varrho\big(\varphi(v),\, \varphi(u)\big) = \varrho\bigg(\varphi(u + v - u),\, \varphi(u) +$$

$$+ \frac{1}{1!}\,\varphi'_{(u)}\,(v - u) + \cdots + \frac{1}{(k-1)!}\,\varphi^{(k-1)}_{(u)}\,\underbrace{(v - u)\ldots(v - u)}_{k-1}\bigg) \leqq$$

$$\leqq \frac{1}{k!}\,\sup_{0 \leqq t \leqq 1}\,\big\|\varphi^{(k)}_{(1-t)\,u + t v}\big\|\,\varrho(v, u)^k \leqq \frac{1}{k!}\,M_k\,\varrho(v, u)^k.$$

Definition: Zu einer beliebigen gegebenen Funktion $\varphi(v)$ nennt man die Funktion $\varphi_s(v)$ mit

$$\varphi_1(v) = \varphi(v), \quad \varphi_2(v) = \varphi(\varphi_1(v)), \ldots, \varphi_s(v) = \varphi(\varphi_{s-1}(v)) \quad (s = 2, 3, \ldots)$$

die s-te iterierte Funktion.

Satz 2: *Sind $u_{n+1} = \varphi^{(1)}(u_n)$ und $u_{n+1} = \varphi^{(2)}(u_n)$ zwei Iterationsverfahren der Ordnung k_1 bzw. k_2 zur Lösung der Operatorgleichung $Tu = \Theta$, so ist $u_{n+1} = \varphi^{(1)}(\varphi^{(2)}(u_n))$ ein Iterationsverfahren von mindestens der Ordnung $k_1 k_2$.*

Beweis: Wenn $\varrho(v, u)$ und $\varrho(w, u)$ hinreichend klein sind, gilt

$$\varrho(\varphi^{(1)}(w), u) \leqq K_1\, \varrho(w, u)^{k_1},$$

$$\varrho(\varphi^{(2)}(v), u) \leqq K_2\, \varrho(v, u)^{k_2}$$

und

$$\varrho(\varphi^{(1)}(\varphi^{(2)}(v)), u) \leqq K_1 \varrho(\varphi^{(2)}(v), u)^{k_1} \leqq K_1 K_2^{k_1} \varrho(v, u)^{k_1 k_2}.$$

Folgerung: Ist ein Iterationsverfahren $u_{n+1} = \varphi(u_n)$ von der Ordnung $k > 1$ bekannt, so kann man durch Bildung der Iterierten $\varphi_s(v)$ Iterationsverfahren beliebig hoher Ordnung aufstellen. (Es wird sich zeigen, daß diese Möglichkeit beim gewöhnlichen Iterationsverfahren von Nr. 11.1 nicht besteht, da in diesem Fall $k = 1$ ist.)

Satz 3: *Das gewöhnliche Newtonsche Verfahren ist unter den in Nr. 17.1 getroffenen Voraussetzungen und unter den weiteren Voraussetzungen, daß auch $T'^{-1}_{(v)}$ und die zweite Ableitung $T''_{(v)}$ für alle $v \in D$ existieren und beschränkt sind, mindestens von der Ordnung 2.*

Beweis: Es sei $\| T''_{(w)} \| \leqq M_2$ für $w \in D$.

Nach der TAYLORschen Formel (16.26) gilt dann wegen $T\, u = \Theta$:

$$\varrho\big(T\, v,\; T'_{(v)}\, (v - u)\big) = \varrho\big(T\, u,\; T\, v + T'_{(v)}\, (u - v)\big) \leqq \frac{1}{2!}\, M_2\, \varrho\,(u,\, v)^2.$$

Für das gewöhnliche NEWTONsche Verfahren (17.4) lautet die Funktion $\varphi\,(v)$:

$$\varphi\,(v) = v - T'^{-1}_{(v)}\, T\, v.$$

Also ist

$$\varrho\big(\varphi\,(v),\, u\big) = \varrho\big(T'^{-1}_{(v)}\, T\, v,\; v - u\big) = \varrho\big(T'^{-1}_{(v)}\, T\, v,\; T'^{-1}_{(v)}\, T'_{(v)}\, (v - u)\big) \leqq$$

$$\leqq \| T'^{-1}_{(v)} \|\; \varrho\big(T\, v,\; T'_{(v)}\, (v - u)\big) \leqq \| T'^{-1}_{(v)} \|\, \frac{1}{2!}\, M_2\, \varrho\,(u,\, v)^2.$$

Durch Bildung der Iterierten beim NEWTONschen Verfahren kann man also Verfahren beliebig hoher Ordnung konstruieren.

17.5 Iterationsverfahren bei Gleichungen mit holomorphen Funktionen, auch bei mehrfachen Nullstellen

Satz 1: *Die Funktion $f\,(z)$ der komplexen Veränderlichen z sei holomorph im konvexen Bereich F der Zahlenebene und besitze dort eine genau p-fache Nullstelle im Punkte u. Es sei $f'\,(z) \neq 0$ für alle $z \neq u$ aus F. Dann ist das Iterationsverfahren zur Bestimmung der p-fachen Nullstelle u:*

$$z_{n+1} = z_n - q\, \frac{f(z_n)}{f'(z_n)} \tag{17.21}$$

für $q \neq p$ von erster Ordnung und für $q = p$ von (mindestens) der Ordnung 2.

Beweis: $f\,(z)$ läßt sich mit Hilfe einer in F holomorphen Funktion $g\,(z) \neq 0$ darstellen als

$$f(z) = (z - u)^p\, g(z),$$

$$f'(z) = p\,(z - u)^{p-1}\, g(z) + (z - u)^p\, g'(z),$$

$$\frac{f(z)}{f'(z)} = \cfrac{1}{\cfrac{p}{z - u}\left(1 + \cfrac{z - u}{p}\, \cfrac{g'(z)}{g(z)}\right)}.$$

Mit Hilfe einer Funktion $\mu\,(v)$, die in dem hinreichend klein zu wählenden Bereich F beschränkt ist [etwa durch $|\mu\,(v)| \leqq A$, wobei A gewöhnlich etwas größer als 1 sein wird], kann man schreiben:

$$\frac{f(z)}{f'(z)} = \frac{z - u}{p}\left(1 - \mu\,(z)\, \frac{z - u}{p}\, \frac{g'(z)}{g(z)}\right).$$

Das Iterationsverfahren wird durch (17.18) mit $\varphi(v) = v - q\,\dfrac{f(v)}{f'(v)}$ beschrieben, und es wird

$$\varphi(v) - u = \left(1 - \frac{q}{p}\right)(v - u) + \frac{q}{p^2}\,\mu(v)\,\frac{g'(v)}{g(v)}\,(v - u)^2. \qquad (17.22)$$

Hier fällt das lineare Glied $v - u$ genau im Falle $q = p$ heraus.

Folgerung: *Das gewöhnliche Newtonsche Verfahren* (17.3) *zur Lösung von $f(u) = 0$ ist also im Falle einer mehrfachen Nullstelle u nur von der Ordnung 1.*

Satz 2: *Das Iterationsverfahren*

$$z_{n+1} = z_n - \frac{\dfrac{f(z_n)}{f'(z_n)}}{\left(\dfrac{f(z)}{f'(z)}\right)'_{(z_n)}} = z_n - \frac{f(z_n)}{f'(z_n) - f^*(z_n)} \qquad (17.23)$$

mit $f^*(z_n) = \dfrac{f(z_n) f''(z_n)}{f'(z_n)}$ zur Bestimmung der p-fachen Nullstelle u von $f(z) = 0$ in F ist unter denselben Voraussetzungen wie beim vorigen Satz (mindestens) von der Ordnung 2.

Beweis: Das Verfahren (17.23) kann als Iterationsverfahren der Art (17.21) $(q = 1)$ zur Bestimmung der einfachen Nullstelle von $F(u) = \dfrac{f(u)}{f'(u)} = 0$ aufgefaßt werden. Nach (17.21) ist das Verfahren also von (mindestens) der Ordnung 2; denn $\dfrac{f(z)}{f'(z)}$ hat bei $z = u$ eine einfache Nullstelle, auch wenn $f(z) = 0$ bei $z = u$ eine mehrfache Nullstelle hat.

Satz 3: *Das Iterationsverfahren*

$$z_{n+1} = z_n - q\,\frac{f(z_n)}{f'(z_n) - f^*(z_n)} \quad \text{mit} \quad f^*(z_n) = \frac{f(z_n) f''(z_n)}{f'(z_n)} \qquad (17.24)$$

zur Bestimmung der p-fachen Nullstelle u von $f(z) = 0$ in F ist unter den Voraussetzungen des vorigen Satzes für $q = 1$, p beliebig $(1, 2, 3, \ldots)$ von (mindestens) der Ordnung 2 und für $q = \frac{1}{2}$, $p = 1$ von (mindestens) der Ordnung 3.

Beweis: Der erste Teil der Behauptung ist die Aussage des vorigen Satzes, der zweite Teil ist ähnlich wie bei (17.22) nachzuweisen.

Satz 4: *Das Iterationsverfahren*

$$z_{n+1} = \frac{z'_{n+1} + z''_{n+1}}{2} \qquad (17.25)$$

mit

$$z'_{n+1} = z_n - p\,\frac{f(z_n)}{f'(z_n)} \qquad (17.26)$$

und

$$z''_{n+1} = z_n - \frac{f(z_n)}{f'(z_n) - f^*(z_n)} \quad \text{mit} \quad f^*(z_n) = \frac{f(z_n) f''(z_n)}{f'(z_n)} \qquad (17.27)$$

zur Bestimmung der p-fachen Nullstelle u von $f(z) = 0$ in F ist unter den Voraussetzungen des vorigen Satzes (mindestens) von der Ordnung 3.

Beweis: Obwohl die Iterationsverfahren für z'_{n+1} und z''_{n+1} beide i. allg. nur von der Ordnung 2 sind, ergibt sich für das durch Mittelung gewonnene Iterationsverfahren (mindestens) die Ordnung 3, da in der Darstellung von $\varphi(v) - u$, wie man sofort nachrechnet, bis auf unterschiedliches Vorzeichen gleiche Glieder mit $(v - u)^2$ auftreten.

17.6 Allgemeines Iterationsverfahren k-ter Ordnung zur Lösung der Operatorgleichung $T\,u = \Theta$

(nach dem Vorgange von E. SCHRÖDER 1865)

Am Anfang von Nr. 17.1 war vorausgesetzt worden, daß der Operator T im konvexen Definitionsbereich D FRÉCHET-differenzierbar ist; nun mögen in D die Ableitungen von T bis zur $(k-1)$-ten Ordnung einschließlich sowie für alle v aus D die Inverse $T'^{-1}_{(v)}$ existieren. Es sei $u_0 \in D$ gewählt. Das Iterationsverfahren lautet:

$$u_{n+1} = u_n + \psi_k(u_n). \tag{17.28}$$

Dabei ist in symbolischer Schreibweise

$$\psi_k(v) = \sum_{\nu=1}^{k-1} (-1)^\nu \frac{T^\nu}{\nu!} \left(\frac{1}{T'} \frac{d}{dv} \right)^{\nu-1} \frac{1}{T'} v.$$

Erläuterung: $\left(\dfrac{1}{T'} \dfrac{d}{dv} \right)^{\nu-1}$ soll bedeuten, daß die Klammer $\nu - 1$-mal hintereinandergesetzt werden soll (die nullte Potenz bedeutet den Faktor 1) und jeweils der rechts eines d/dv-Symbols stehende zusammengesetzte Operator nach v abgeleitet werden soll.

T^ν steht für ν Faktoren T, die an passender Stelle [s. (17.30)] in der Formel einzusetzen sind. Im übrigen richtet sich die Struktur des j-ten Gliedes von $\psi_k(v)$ ($j = 1, 2, \ldots, k-1$) nach den höchsten auftretenden Ableitungen und der Vielzahl ihrer Argumente. Die Formeln seien zur Erläuterung zunächst für den Spezialfall, daß $T\,v = f(v)$ eine holomorphe Funktion der komplexen Veränderlichen v ist, angegeben:

$$\psi_2(v) = -\frac{f(v)}{f'(v)},$$

$$\psi_3(v) = -\frac{f(v)}{f'(v)} - \frac{f^2(v)\,f''(v)}{2f'^3(v)}, \tag{17.29}$$

$$\psi_4(v) = -\frac{f(v)}{f'(v)} - \frac{f^2(v)\,f''(v)}{2f'^3(v)} - \frac{f^3(v)}{6f'^4(v)} \left(3\frac{f''^2(v)}{f'(v)} - f'''(v) \right).$$

Um nun ψ_k für einen Operator explizit hinschreiben zu können, muß man beachten, daß f' oder $1/f'$ einem linearen Operator T' bzw. T'^{-1}

entspricht, der auf ein Element angewendet wird; es muß also noch ein Term hinter T' bzw. T'^{-1} stehen, und hinter T'', welches auf 2 Elemente angewendet wird, müssen 2 Terme stehen; so muß man z. B. $\dfrac{f^2 f''}{f'^3}$ in die Form $\dfrac{1}{f'} \cdot f'' \left[\left(\dfrac{1}{f'} \cdot f \right) \cdot \left(\dfrac{1}{f'} \cdot f \right) \right]$ bringen, um es auf Operatoren übertragen zu können. So erhält man die Formeln

$$\psi_2(v) = -T'^{-1}_{(v)} (T v),$$

$$\psi_3(v) = \psi_2(v) + \Phi_3(v)$$

mit

$$\Phi_3(v) = -\tfrac{1}{2} T'^{-1}_{(v)} T''_{(v)} (T'^{-1}_{(v)} T v) (T'^{-1}_{(v)} T v),$$

$$\psi_4(v) = \psi_3(v) + \Phi_4(v) \tag{17.30}$$

mit

$$\Phi_4(v) = -\tfrac{1}{6} T'^{-1}_{(v)} \{3\, T''_{(v)} [T'^{-1}_{(v)} T v] [T'^{-1}_{(v)} T''_{(v)} (T'^{-1}_{(v)} T v) (T'^{-1}_{(v)} T v)] -$$
$$- T'''_{(v)} (T'^{-1}_{(v)} T v) (T'^{-1}_{(v)} T v) (T'^{-1}_{(v)} T v) \}.$$

Argumente sind durch Klammern in normaler Zeilenhöhe verdeutlicht. Entsprechend kann man weitere $\psi_k(v)$ explizit hinschreiben.

Es gibt auch andere Möglichkeiten, Iterationsverfahren höherer Ordnung aufzustellen:

Nach der TAYLORschen Formel (16.26) gilt

$$\Theta = T u \approx T u_n + \frac{1}{1!} T'_{(u_n)} (u - u_n) + \cdots +$$
$$+ \frac{1}{(k-1)!} T^{(k-1)}_{(u_n)} \underbrace{(u - u_n) \ldots (u - u_n)}_{(k-1)},$$

wobei das $\approx$-Zeichen bedeutet, daß der Abstand zwischen dem links und dem rechts stehenden Element mit $\varrho(u, u_n)^k$ gegen Null geht. Ersetzt man das Zeichen durch ein Gleichheitszeichen, so hat man u durch eine Näherung u_{n+1} zu ersetzen; man hätte dann ein Iterationsverfahren (wie man zeigen kann, von der Ordnung k):

$$\Theta = T u_n + \frac{1}{1!} T'_{(u_n)} (u_{n+1} - u_n) + \cdots +$$
$$+ \frac{1}{(k-1)!} T^{(k-1)}_{(u_n)} \underbrace{(u_{n+1} - u_n) \ldots (u_{n+1} - u_n)}_{k-1}.$$

Im allgemeinen führt dies auf eine komplizierte Gleichung für u_{n+1} und im Beispiel der holomorphen Funktionen auf eine algebraische Gleichung $(k-1)$-ten Grades für die Unbekannte u_{n+1}. Statt dessen, und um die Auflösung einer algebraischen Gleichung vom Grade $\geqq 2$ zu vermeiden, berechnet man nacheinander aus u_n die Elemente

$\delta_{n\,2}, \delta_{n\,3}, \ldots, \delta_{n\,k}$ wie folgt:

$$\Theta = T\,u_n + T'_{(u_n)}\,\delta_{n\,2}, \qquad (17.31)$$

$$\Theta = T\,u_n + T'_{(u_n)}\,\delta_{n\,3} + \frac{1}{2!}\,T''_{(u_n)}\,\delta_{n\,2}\,\delta_{n\,2},$$

$$\vdots \qquad\qquad (17.32)$$

$$\Theta = T\,u_n + T'_{(u_n)}\,\delta_{n\,k} + \frac{1}{2!}\,T''_{(u_n)}\,\delta_{n,\,(k-1)}\,\delta_{n,\,(k-1)} + \cdots +$$

$$+ \frac{1}{(k-1)!}\,T^{(k-1)}_{(u_n)}\,\underbrace{\delta_{n,\,(k-1)} \cdots \delta_{n,\,(k-1)}}_{k-1}.$$

$u_n + \delta_{n\,k}$ wird nun wieder als u_{n+1} bezeichnet.

Das so gewonnene Verfahren zur Bestimmung von u_{n+1} aus u_n stimmt für $k = 2$ und $k = 3$ mit den Formeln (17.30) für ψ_2 und ψ_3 überein. Für die Formel

$$0 = f(u_n) + \frac{1}{1!}\,f'(u_n) \cdot \delta_{n,\,s+1} + \frac{1}{2!}\,f''(u_n)\,\delta_{n\,s}^2 + \cdots +$$

$$+ \frac{1}{s!}\,f^{(s)}(u_n)\,\delta_{n\,s}^s \quad (s = 1, 2, \ldots, k-1; \quad \delta_{n,\,1} = 0; \quad u_n + \delta_{n,\,k} = u_{n+1})$$

$$(17.33)$$

zeigt H. EHRMANN [59], S. 72, daß für holomorphe Funktionen $f(z)$ bei einfachen Nullstellen ein Verfahren von mindestens k-ter Ordnung entsteht. Der Beweis, daß (17.28) von der Ordnung k ist, soll hier nur für den schon öfter herausgegriffenen Spezialfall der holomorphen Funktionen, $T\,v = f(v)$, für eine einfache Nullstelle gegeben werden. Dann ist, wenn zur Abkürzung $d/dv = D$ gesetzt wird,

$$\psi_k(v) = \sum_{\nu=1}^{k-1} (-1)^\nu\,\frac{f(v)^\nu}{\nu!}\left(\frac{1}{f'(v)}\,D\right)^{\nu-1}\frac{1}{f'(v)},$$

$$\frac{d\,\psi_k(v)}{dv} = \sum_{\nu=1}^{k-1}\left\{(-1)^\nu\,\frac{f^{\nu-1}}{(\nu-1)!}\,f'\left(\frac{1}{f'}\,D\right)^{\nu-1}\frac{1}{f'} + \right.$$

$$\left. + (-1)^\nu\,\frac{f^\nu}{\nu!}\,D\left(\frac{1}{f'}\,D\right)^{\nu-1}\frac{1}{f'}\right\}.$$

Das zweite Summenglied wird mit $\dfrac{f'(v)}{f'(v)}$ erweitert zu

$$+ (-1)^\nu\,\frac{f^\nu}{\nu!}\,f'\left(\frac{1}{f'}\,D\right)^\nu\frac{1}{f'}.$$

Schreibt man die Summen aus, so heben sich bis auf das erste und letzte Glied die Terme paarweise fort:

$$\psi'_k(v) = -1 + (-1)^{k-1}\,\frac{f^{k-1}}{(k-1)!}\,f'\left(\frac{1}{f'}\,D\right)^{k-1}\frac{1}{f'}.$$

Der Faktor f^{k-1} bewirkt, daß bei weiterem $(k-2)$-maligem Differenzieren die Ableitungen an der Stelle u [wegen $f(u) = 0$, $f'(u) \neq 0$] verschwinden; es ist also

$$\psi_k'(u) = -1, \quad \psi_k''(u) = \cdots = \psi_k^{(k-1)}(u) = 0 \qquad (17.34)$$

und wegen

$$u_{n+1} = \varphi(u_n) \quad \text{mit} \quad \varphi(v) = v + \psi_k(v)$$

folgt

$$\varphi'(u) = \varphi''(u) = \cdots = \varphi^{(k-1)}(u) = 0.$$

Daher ist nach dem ersten Satz in Nr. 17.4 das Iterationsverfahren $u_{n+1} = \varphi(u_n)$ von mindestens der Ordnung k.

17.7 Bemerkung über den Rechenaufwand bei Verfahren höherer Ordnung

Bei praktischer Anwendung eines der genannten Iterationsverfahren entsteht die Frage, ob es, gemessen am Rechenaufwand, günstiger ist, mehrmals mit einem Verfahren niedriger Ordnung zu iterieren oder einige wenige Schritte mit einem Verfahren höherer Ordnung durchzuführen.

Verfahren höherer Ordnung bieten sich dann an, wenn der Operator T einfach zu bildende Ableitungen $T_{(v)}^{(k)}$ besitzt. So sind z. B. bei Matrixoperatoren M sämtliche Ableitungen der Ordnung ≥ 2 gleich der Nullmatrix. H. EHRMANN [59], S. 77, hat für den Fall, daß als Operatorgleichung eine algebraische Gleichung vorliegt, die Anzahlen der erforderlichen Multiplikationen und Divisionen bei verschiedenen Iterationsverfahren untersucht; er stellt fest, daß für algebraische Gleichungen bis einschließlich fünften Grades das gewöhnliche NEWTONsche Verfahren und für algebraische Gleichungen höheren Grades ein Verfahren dritter Ordnung am günstigsten ist.

H. EHRMANN [59] hat Schemata für Iterationsverfahren verschiedener Ordnungen angegeben, von denen hier der besonderen Bedeutung wegen das folgende Schema wiedergegeben sei, nach welchem man für den Fall einer Gleichung $f(z) = 0$ mit holomorpher Funktion $f(z)$ die Korrekturen $\psi_2(z_n)$ und $\psi_3(z_n)$ für die Verfahren zweiter und dritter Ordnung berechnen kann, wenn man die Werte $f(z_n)$, $f'(z_n)$, $f''(z_n)$ kennt. Es ist dann $z_{n+1} = z_n + \psi_k(z_n)$. Die Anordnung der Werte $c_q = \frac{1}{q!} f^{(q)}(z_n)$ ist so getroffen, wie sich diese Zahlen im Falle eines Polynoms $f(z)$ unmittelbar aus dem bekannten HORNERschen Schema (vgl. etwa ZURMÜHL [61], S. 37) ergeben. Dabei bedeutet im Schema ein horizontaler Pfeil $\rightarrow$ „multipliziere mit $-1/c_1$" und ein vertikaler Pfeil $\downarrow$ „addiere".

	$c_1 = \dfrac{f'(z_n)}{1!}$	$c_0 = f(z_n) \longrightarrow$	$\psi_2 = -\dfrac{c_0}{c_1}$
$c_2 = \dfrac{f''(z_n)}{2!}$		$c_2\,\psi_2^2$ $c_0 + c_2\,\psi_2^2 \longrightarrow$	$\psi_3 = -\dfrac{c_0 + c_2\,\psi_2^2}{c_1}$

Beispiele:

I. $f(z) = z^5 - 10z^2 + 5 = 0$. Das HORNERsche Schema mit obiger Ergänzung lautet hier, wenn man von $z_n = 2$ ausgeht:

1	0	0	-10	0	5	
	2	4	8	-4	-8	
1	2	4	-2	-4	$-3 = c_0$	$0{,}075 = \psi_2$
	2	8	24	44		
1	4	12	22	$40 = c_1$	$0{,}39375$	
	2	12	48			
1	6	24	$70 = c_2$		$-2{,}60625$	$0{,}065156 = \psi_3$

Man erhält also als iterierten Wert nach dem NEWTONschen Verfahren (zweiter Ordnung)

$$z_{n+1} = 2{,}075.$$

Verfahren dritter Ordnung

$$z_{n+1} = 2{,}065156.$$

Die Nullstelle liegt bei $z = 2{,}06688$.

II. $f(z) = z^2 - 7 = 0$.

Für $z_0 = 2{,}646$ wird $c_0 = 0{,}001316$, $c_1 = 5{,}292$, $c_2 = 1$, $\psi_2 = -\dfrac{c_0}{c_1}$
$= -0{,}0002486772487$; man berechnet hier zweckmäßig nicht ψ_3 nach dem Schema,
sondern nach $\psi_3 = \psi_2 - \dfrac{c_2\,\psi_2^2}{c_1}$, da das Zusatzglied $\dfrac{c_2\,\psi_2^2}{c_1} = 0{,}0000000116856$
klein ist. Man erhält:

NEWTONsches Verfahren: $\quad z_1 = 2{,}64575132275 \ldots$

Verfahren dritter Ordnung: $z_1 = 2{,}6457513110657 \ldots$

zum Vergleich: $\qquad \sqrt{7} = 2{,}64575131106459 \ldots$

§ 18. Regula falsi

18.1 Primitivform und Normalform der Regula-falsi-Verschärfungen

Die Regula falsi unterscheidet sich von den bisher erwähnten Iterationsverfahren dadurch, daß zur Berechnung des neuen Näherungselementes u_{n+1} statt nur eines vorangehenden Wertes u_n zwei oder mehr vorangehende Werte $u_n, u_{n-1}, \ldots$ verwendet werden. Ursprünglich wurde die Regula falsi angewandt, um Nullstellen ξ reeller Funktionen $f(x)$ einer reellen Veränderlichen x zu bestimmen.

Normalform der Regula falsi: Der neue Wert x_{n+1} wird aus den beiden vorangehenden Werten x_n, x_{n-1} ermittelt als Schnittabszisse der

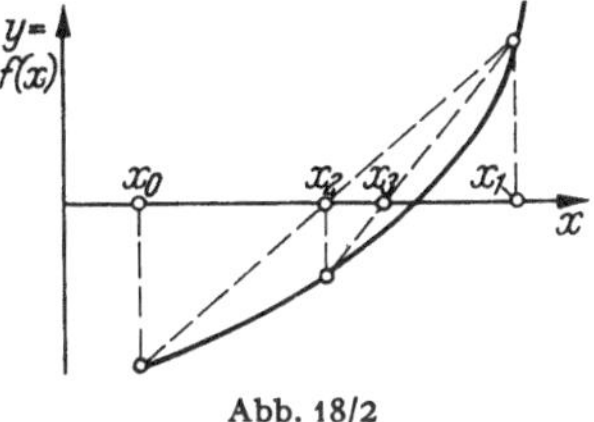

Abb. 18/1. Regula falsi

Sekante durch die Punkte x_n, $f(x_n)$ und x_{n-1}, $f(x_{n-1})$ mit der x-Achse, vgl. Abb. 18/1. Mit den in diesem Paragraphen benutzten Abkürzungen $f_n = f(x_n)$ lautet die Iterationsvorschrift

$$x_{n+1} = \frac{x_{n-1} f_n - x_n f_{n-1}}{f_n - f_{n-1}} = x_n - \frac{x_{n-1} - x_n}{f_{n-1} - f_n} \cdot f_n$$

$$(n = 1, 2, 3, \ldots; \quad f_{n-1} - f_n \neq 0). \quad (18.1)$$

Falls einmal $f_n = 0$ ist, bricht das Verfahren ab.

Die „Primitivform der Regula falsi" unterscheidet sich von (18.1) dadurch, daß bei jedem Iterationsschritt nur solche vorangehenden Werte x_s, x_n zugelassen sind, deren zugehörige Funktionswerte f_s, $f_n \neq 0$ sind und verschiedenes Vorzeichen besitzen, vgl. Abb. 18/2, d. h. $f_s f_n < 0$. Die Iterationsvorschrift lautet dann

$$x_{n+1} = \frac{x_s f_n - x_n f_s}{f_n - f_s} = x_n - \frac{x_s - x_n}{f_s - f_n} f_n.$$
$$(18.2)$$

$s = s(n)$ ist der größte Index unterhalb n mit $f_s f_n < 0$; o.B.d.A. sei $f_0 < 0$ und $f_1 > 0$ $(n = 1, 2, 3, \ldots)$.

Die Primitivform ist weitgehend an den Spezialfall der reellwertigen Funktionen

Abb. 18/2
Primitive Form der regula falsi

einer reellen Veränderlichen gebunden, während sich die Form (18.1) auch auf allgemeinere Fälle anwenden läßt. Die Primitivform wird i. allg. nur ein Verfahren der Ordnung 1 ergeben, da wie z. B. in Abb. 18/2 der Fall eintreten kann, daß der Wert x_1 im Laufe der Iteration nicht verbessert wird.

18.2 Primitivform der Regula falsi bei reellen Funktionen einer Veränderlichen

Satz: *Für jede im abgeschlossenen Intervall $\langle a, b \rangle$ reellwertige stetige Funktion $f(x)$ einer reellen Veränderlichen x konvergiert das Iterationsverfahren der Primitivform der Regula falsi (18.2) für $x_0 = a$, $x_1 = b$, $f(a)\,f(b) < 0$ gegen eine in $\langle a, b \rangle$ existierende Lösung x der Gleichung $f(x) = 0$.*

Beweis: O. B. d. A. kann $f(a) < 0$, $f(b) > 0$ angenommen werden. Wenn das Verfahren nach endlich vielen Iterationsschritten $f_n = 0$ ergibt, d. h. abgebrochen werden kann, ist die Satzaussage richtig. Es sei nun $f_n \neq 0$ für alle n, und man kann die Folge der $x_0, x_1, x_2, \ldots$ einteilen in 2 Klassen:

$$x_p = \begin{cases} x_p', & \text{wenn} \quad f_p < 0, \\ x_p'', & \text{wenn} \quad f_p > 0. \end{cases}$$

Die x_p' bzw. x_p'' bilden jeweils eine streng monotone Folge. Höchstens eine der beiden Folgen kann nach endlich vielen Elementen abbrechen.

Die Folge der x_p' ist monoton wachsend und beschränkt und konvergiert daher, falls unendlich viele Elemente vorhanden sind, gegen eine in $\langle a, b \rangle$ liegende Zahl x' und entsprechend konvergieren die x_p'', falls unendlich viele vorhanden sind, gegen ein $x'' \in \langle a, b \rangle$.

Fall 1: Eine der beiden Folgen hat nur endlich viele Glieder, etwa die Folge der x_p''. Dann gibt es ein kleinstes $x_q = x_q''$, und es ist $f_{q+m} < 0$ für $m = 1, 2, 3, \ldots$ Für alle $n > q$ gilt nach (18.2) $(x_{n+1} - x_n) f_q - (x_{n+1} - x_q) f_n = 0$. Für $n \to \infty$ konvergiert $x_{n+1} - x_n$ gegen Null, x_{n+1} gegen x' und f_n gegen $f(x')$ [wegen Stetigkeit der Funktion $f(x)$]; man erhält also $(x' - x_q)\,f(x') = 0$. Es kann nicht $x' = x_q$ sein, da das im Widerspruch zu $f(x') \leqq 0$ und $f(x_q) > 0$ stehen würde; also ist $f(x') = 0$, d. h.

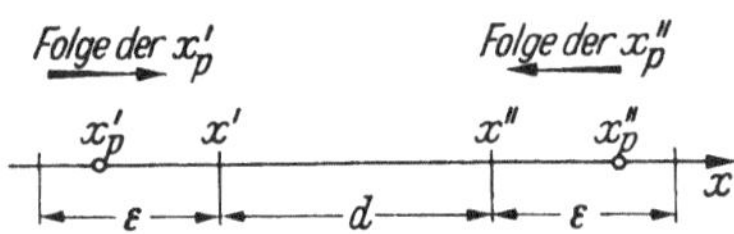

Abb. 18/3. 2 Punktfolgen bei der regula falsi

die Folge x_n konvergiert im Fall 1 gegen eine Nullstelle der Gleichung $f(x) = 0$.

Fall 2: Beide Folgen x_p', x_p'' haben unendlich viele Glieder und konvergieren gegen x' bzw. x''.

Fall 2a: Es sei $x' = x''$. Wegen $f(x') \leqq 0$ und $f(x'') \geqq 0$ ist $f(x') = f(x'') = 0$, d. h. x_n konvergiert gegen eine Nullstelle von $f(x)$.

Fall 2b: Es sei $x' \neq x''$, und zwar $x'' - x' = d > 0$.

Zu jedem $\varepsilon > 0$ gibt es ein $N(\varepsilon)$ mit $x' - x_p' < \varepsilon$ und $x_p'' - x'' < \varepsilon$ für alle $p > N(\varepsilon)$ (Abb. 18/3). Nun sei $\varepsilon < d$ gewählt. In der Folge x_p für $p > N(\varepsilon)$ gibt es ein $p = m$ mit $f_m < 0$ und $f_{m+1} > 0$. Ferner kann es dann höchstens $t - 1$ (endlich viele) weitere Elemente $x_{m+2}, x_{m+3}, \ldots, x_{m+t}$ geben mit $f_{m+2} > 0, f_{m+3} > 0, \ldots, f_{m+t} > 0$. Für das nächste Element gilt dann wieder $f_{m+t+1} < 0$.

Das bedeutet aber, daß die Sekante durch f_m und f_{m+t} die x-Achse zwischen $x' - \varepsilon$ und x' schneiden muß (der Schnittpunkt ist x_{m+t+1}), und es gilt nach dem Strahlensatz (Abb. 18/4)

$$\frac{|f_{m+t}|}{|f_m|} > \frac{d}{\varepsilon} \quad \text{oder} \quad |f_{m+t}| > \frac{d}{\varepsilon}\,|f_m|.$$

Auf x_{m+t} folgen wieder unmittelbar nur endlich viele Glieder der Folge x'_p:

$$f_{m+t+\varrho} < 0 \quad \text{für} \quad \varrho = 1, 2, \ldots, r,$$

aber

$$f_{m+t+r+1} > 0.$$

Dann folgt wiederum

$$|f_{m+t+r}| > \frac{d}{\varepsilon}\,|f_{m+t}|.$$

Durch wiederholte Anwendung dieser Schlußweise erhält man eine Folge von Funktionswerten $f_m, f_{m+t}, f_{m+t+r}, \ldots$, die dem Betrage nach gegen ∞ strebt; das widerspricht der Stetigkeit von $f(x)$ in $\langle a, b \rangle$. Fall 2b tritt nicht ein.

Bemerkung: Die Primitivform ist, wie bereits erwähnt, für die numerische Anwendung nur beschränkt

Abb. 18/4. Regula falsi bei reellen Funktionen

geeignet, da das Verfahren von der Ordnung 1 ist. Man hat aber in einfachster Weise eine Fehlerabschätzung; es gilt stets $x'_p \leqq x \leqq x''_q$ für irgend zwei Werte der Folge x'_p bzw. x''_q. Leider überträgt sich diese einfache Abschätzung nicht auf Funktionen mehrerer reeller Veränderlichen oder andere allgemeinere Fälle.

18.3 Die Regula falsi bei Operatorgleichungen

T sei wie in Nr. 16.1 ein Operator in einem linearen supermetrischen Raum R. Der Definitionsbereich D von T sei eine konvexe Teilmenge von R.

Der Raum R sei nun überdies ein kommutativer Ring, und es gebe in R eine Menge V von Elementen v, zu denen die Inverse v^{-1} in R existiert. V heiße die Invertiermenge des Ringes R (Menge der Einheiten).

In R soll also eine Multiplikation für beliebige Paare u, v von Elementen mit $u\,v = v\,u$ und eine „Division" (= Multiplikation mit der Inversen) u/v für die Elemente $v \in V$ erklärt sein. Bei Verwendung des Newtonschen Verfahrens wurde zwar die Existenz des inversen Operators, aber keine Multiplikation bzw. „Division" von Elementen gefordert. R als Körper oder Schiefkörper vorauszusetzen, wäre nicht allgemein genug, da dann u. a. zu jedem Element $v \neq \Theta$ aus R die

Inverse v^{-1} in R existieren müßte. Bei einem wichtigen Beispiel der Anwendungen, dem Raum $C\langle B\rangle$ der im abgeschlossenen Bereich B stetigen Funktionen existiert aber nicht zu jedem Element $\neq \Theta$ die Inverse.

Gesucht ist die Lösung u der Operatorgleichung $T\,u = \Theta$. Eine Verallgemeinerung der Regula falsi (Normalform) zur Lösung dieser Operatorgleichung lautet

$$u_{n+1} = u_n - (T\,u_{n-1} - T\,u_n)^{-1}(u_{n-1} - u_n)\,T\,u_n \quad \text{mit} \quad u_0,\,u_1 \in D.$$

$$(18.3)$$

Diese Formel stellt ein finites Analogon zum NEWTONschen Verfahren (17.4) dar. Der Differenzenquotient $(T\,u_{n-1} - T\,u_n)^{-1}(u_{n-1} - u_n)$ entspricht dem Differentialquotienten $T'_{(u_n)}$. Deshalb ist zu erwarten, daß die Ordnung des Verfahrens, anders als bei der Primitivform (18.2), größer als 1 ist.

Beispiel: Anfangswertaufgabe: $y'(x) + y(x) - x = 0$, $y(0) = 1$. $R = S = D = C^1\langle 0, \infty\rangle$ ist der Raum der reellwertigen stetig differenzierbaren Funktionen $f(x)$ der reellen Veränderlichen x für $x \geqq 0$ und

$$T\,y(x) = y'(x) + y(x) - x.$$

$$(18.4)$$

Die obigen Voraussetzungen sind erfüllbar. Als „Stützpunkte" werden die Funktionen $y_0(x) = 1$, $y_1(x) = 1 - x$ benutzt, welche die Anfangsbedingung $y(0) = 1$ erfüllen. Die folgenden Näherungen erfüllen dann auch die Anfangsbedingung und berechnen sich nach

$$y_{n+1}(x) = \frac{y_{n-1}(x)\,T\,y_n(x) - y_n(x)\,T\,y_{n-1}(x)}{T\,y_n(x) - T\,y_{n-1}(x)}.$$

Es ist:

$$y_2(x) = \frac{x^2 + 1}{x + 1}, \qquad y_3(x) = \frac{x^3 + x^2 + 2}{x^2 + 2x + 2},$$

$$y_4(x) = \frac{x^5 + x^4 + 2x^3 + 2x^2 + 2x + 4}{x^4 + 2x^3 + 4x^2 + 6x + 4},$$

$$y_5(x) = \frac{x^8 + x^7 + 3x^6 + 9x^5 + 18x^4 + 24x^3 + 24x^2 + 28x + 24}{x^7 + 2x^6 + 5x^5 + 14x^4 + 32x^3 + 52x^2 + 52x + 24}.$$

Die exakte Lösung lautet:

$$y(x) = 2e^{-x} + x - 1.$$

Für $x \geqq 0$ sind in den Abb. 18/5 und 18/6 einige Näherungen $y_\nu(x)$ und Fehlerkurven $\varepsilon_\nu(x) = y_\nu(x) - y(x)$ gezeichnet.

Erstaunlich ist bei diesem Beispiel die Güte des Verfahrens; denn bereits die erste Näherung $y_2(x)$ hat die gleiche Asymptote $y(x) = x - 1$ wie die exakte Lösung.

Nach dem gewöhnlichen Iterationsverfahren oder nach dem NEWTONschen Iterationsverfahren hätte man aus Polynomen $y_0(x)$, $y_1(x)$ stets wieder Polynome, nicht aber wie bei der Regula falsi gebrochene rationale Funktionen als neue Näherungen erhalten, und diese Polynome hätten keine Asymptote. Es gibt aber auch andere Beispiele, bei denen die Regula falsi versagt.

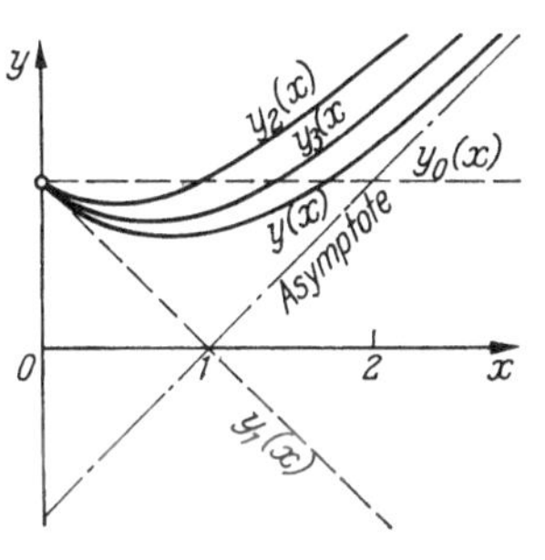

Abb. 18/5. Regula falsi bei einer gewöhnlichen Differentialgleichung

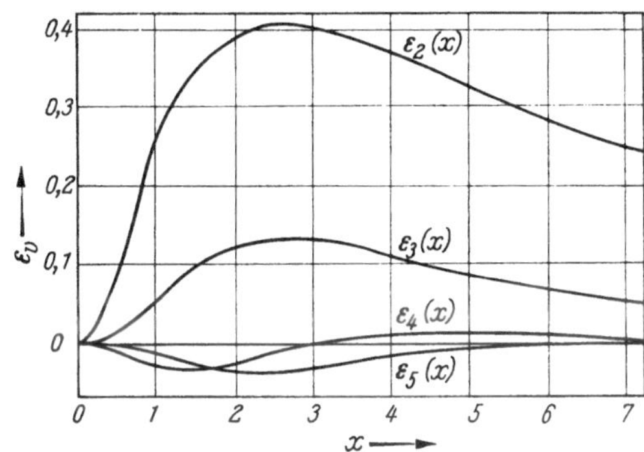

Abb. 18/6. Fehlerkurven bei dem Beispiel von Nr. 18.3

18.4 Erweiterungen der Regula falsi

Man kann an Stelle von 2 Stützstellen (u_{n-1}, u_n) allgemein m Stützstellen $(u_{n-m+1}, \ldots, u_{n-1}, u_n)$ zur Berechnung von u_{n+1} verwenden, indem man durch die m Stützwerte $T u_\nu$ $(\nu = n - m + 1, \ldots, n)$ ein Interpolationspolynom G_n vom $(m-1)$-ten Grade legt und die Nullstelle u_{n+1} von $G_n u_{n+1} = \Theta$ aufsucht.

Über die Aufstellung von Interpolationspolynomen siehe Nr. 18.5.

Zur Lösung nichtlinearer Gleichungssysteme mit Hilfe der Regula falsi hat man verschiedene Arten aufgestellt, vgl. z. B. WALL [56], KINCAID [60].

Bei dem reellen Gleichungssystem

$$f_j(x_1, x_2, \ldots, x_n) = 0 \quad (j = 1, 2, \ldots, n) \quad (18.5)$$

sei $x = (x_1, \ldots, x_n)$ der gesuchte Lösungsvektor und $x_{(1)}, x_{(2)}, \ldots, x_{(r)}$ die Folge der Näherungsvektoren mit den Komponenten $x_{(r)1}, x_{(r)2}, \ldots, x_{(r)n}$. Ferner wird das Symbol für einen Vektor $(x f_k y)$ eingeführt, der bei gegebenen Vektoren x und y die Komponenten hat:

$$(\dot{x} f_k y)_j = \frac{x_j f_k(y) - y_j f_k(x)}{f_k(y) - f_k(x)} . \quad (18.6)$$

Man startet nun mit zwei Anfangsvektoren $x_{(1)}, x_{(2)}$. Die Iterationsvorschrift zur Bildung weiterer $x_{(r)}$ lautet dann

$$x_{(r+1)} = (x_{(r)} f_r x_{(r-1)}) \quad \text{für} \quad r = 2, 3, \ldots; \quad (18.7)$$

dabei ist $f_{n+r} = f_r$ (für $r = 1, 2, \ldots$) gesetzt.

18.5 Steigungen eines Operators und Newtonsches Interpolationspolynom

Definition: Wie in Nr. 18.3 sei der lineare Raum R ein kommutativer Ring mit der Invertiermenge V. Dann lassen sich zu einem Operator T (mit Definitionsbereich D) „Steigungen" definieren. Es seien $u_0, u_1, \ldots, u_n$ fest gegebene Elemente in D und v ein variables Element in D. Wenn dann die Elemente $v - u_\nu$ für $\nu = 0, 1, \ldots, n$ zur Invertiermenge V gehören, kann man als Steigungen erster, zweiter und höherer Ordnung die Elemente einführen (vgl. z. B. WILLERS [50], S. 65, oder ZURMÜHL [61], S. 189):

Steigung erster Ordnung: $\quad [v, u_0] = (v - u_0)^{-1}(T v - T u_0),$

Steigung zweiter Ordnung: $[v, u_0, u_1] = (v - u_1)^{-1}([v, u_0] - [u_0, u_1]),$

$$\vdots \tag{18.8}$$

Steigung $(n + 1)$-ter Ordnung:

$$[v, u_0, u_1, \ldots, u_n] = (v - u_n)^{-1}([v, u_0, \ldots, u_{n-1}] - [u_0, u_1, \ldots, u_n]).$$

Diese Definition ist völlig analog zur Definition der Steigungen (Differenzenquotient) reeller Funktionen. Die Indizes der Symbole $[u_0, u_1, \ldots, u_k]$ sind auch hier vertauschbar.

Nun kann man wie bei den reellen Funktionen zu einem Operator T ein (NEWTONsches) Interpolationspolynom $N_n v$ vom n-ten Grade aufstellen, das in $n + 1$ „Stützstellen" $u_0, \ldots, u_n$ mit dem Wert von $T v$ übereinstimmt.

Aus den Definitionsgleichungen (18.8) für die Steigungen des Operators folgt durch fortlaufendes Einsetzen die Darstellung:

$$T v = N_n v + R_{n+1} v \tag{18.9}$$

mit

$$N_n v = T u_0 + (v - u_0)[u_0, u_1] + \cdots + \left(\prod_{\nu=0}^{n-1} (v - u_\nu)([u_0, u_1, \ldots, u_n]) \right),$$

$$\tag{18.10}$$

$$R_{n+1} v = \left(\prod_{\nu=0}^{n} (v - u_\nu) \right) [v, u_0, \ldots, u_n]. \tag{18.11}$$

$N_n v$ ist das gesuchte Interpolationspolynom und $R_{n+1} v$ das Restglied. $N_n v$ und R_{n+1} sind Polynome n-ten bzw. $n + 1$-ten Grades in v. Es ist $R_{n+1} u_\nu = \Theta$ für alle Stützpunkte $u_0, u_1, \ldots, u_n$.

Man kann bekanntlich (vgl. ZURMÜHL [61], S. 193) im Spezialfall, daß $T v$ eine $n + 1$-mal stetig differenzierbare reellwertige Funktion $f(x)$ einer reellen Veränderlichen x ist, eine einfache Form des Restgliedes angeben. Es hat dann nämlich $R_{n+1}(x)$ mindestens $n + 1$ Nullstellen in D, und $R'_{n+1}(x)$ (nach dem Satz von ROLLE) n Nullstellen usw., und

$R^{(n)}_{n+1}(x)$ mindestens eine Nullstelle ξ in D mit

$$0 = R^{(n)}_{n+1}(\xi) = f^{(n)}(\xi) - N^{(n)}_n(\xi).$$

Nun ist die n-te Ableitung des Polynoms $N_n(x)$ (n-ten Grades) konstant $= n! \, [x_0, x_1, \ldots, x_n]$, also

$$[x_0, x_1, \ldots, x_n] = \frac{1}{n!} f^{(n)}(\xi). \tag{18.12}$$

Nimmt man in D noch eine beliebige Stelle x als weitere Stützstelle $x = x_b$ hinzu, so existiert nach dieser Überlegung in D eine Stelle η mit

$$[x_b, x_0, x_1, \ldots, x_n] = \frac{1}{(n+1)!} f^{(n+1)}(\eta).$$

Nach (18.11) folgt daraus die gesuchte Darstellung des Restgliedes $R_{n+1}(x)$

$$R_{n+1}(x) = \frac{1}{(n+1)!} \left(\prod_{\nu=0}^{n} (x - x_\nu) \right) f^{(n+1)}(\eta). \tag{18.13}$$

Bemerkung: Diese Restglieddarstellung gilt bereits nicht mehr für holomorphe Funktionen $f(z)$ einer komplexen Veränderlichen z; z. B. für $f(z) = e^z$, $z_0 = 0$, $z_1 = 2\pi i$, $f(z_0) = f(z_1) = 1$ ist $f''(\eta) = e^\eta \neq 0$ für beliebige endliche komplexe η. Hier lautet

$$N_1(z) = f(z_0) + (z - z_0) \frac{f(z_0) - f(z_1)}{z_0 - z_1} = f(z_0) = \text{const.}$$

Für $z = 4\pi i$ verschwindet das Restglied $R_2(z) = f(z) - N_1(z)$ und kann daher nicht die Gestalt

$$\tfrac{1}{2}(z - z_0)(z - z_1) f''(\eta)$$

haben.

Faßt man $x, x_0, \ldots, x_n$ als komplexe Zahlen auf, die im Innern eines von einer rektifizierbaren Kurve C berandeten, einfach zusammenhängenden Bereichs B liegen, und ist $f(x)$ in $B + C$ holomorph, so läßt sich das Restglied mit der Abkürzung

$$\psi_n(x) = (x - x_0)(x - x_1) \ldots (x - x_n)$$

auf die Form bringen (vgl. NÖRLUND [54], S. 199)

$$R_{n+1}(x) = \psi_n(x) \frac{1}{2\pi i} \int_C \frac{f(z)}{\psi_n(z)(z - x)} \, dz$$

oder mit Hilfe einer von $f(z)$ und dem Bereich abhängenden Konstanten c abschätzen zu

$$|R_{n+1}(x)| \leq c \cdot \prod_{\nu=0}^{n} |x - x_\nu|. \tag{18.14}$$

18.6 Konvergenz der Regula-falsi-Methode bei reellen Funktionen einer Veränderlichen

Die folgende Betrachtung bezieht sich auf eine einzelne reelle Gleichung $f(x) = 0$, die Formulierungen werden aber etwas allgemeiner gehalten.

Es werden folgende Voraussetzungen getroffen:

a) Der Operator T und der Raum R erfüllen die allgemeinen Voraussetzungen von Nr. 18.3, und es gebe eine nur von T, D und m abhängende Konstante C_m, so daß für beliebige $v, u_0, \ldots, u_m \in D$ das Restglied bei der NEWTONschen Interpolationsformel (18.10) abgeschätzt werden kann durch

$$\varrho(T v, N_m v) \leqq C_m \prod_{\nu = 0}^{m} \varrho(v, u_\nu). \tag{18.15}$$

Erläuterung: Dies ist im Reellen für Funktionen $f(x)$, die $(n + 1)$-mal in D stetig differenzierbar sind, und im Bereich der holomorphen Funktionen nach (18.14) erfüllt.

b) Wie in Nr. 18.4 wird durch die Elemente $u_{n-m+1}, \ldots, u_n$ ein Interpolationspolynom $G_n u$ gelegt. Die Gleichung

$$G_n u_{n+1} = \Theta \tag{18.16}$$

soll mindestens eine Lösung $u_{n+1} \in D$ besitzen.

Erläuterung: u_{n+1} ist dann der neue Näherungswert des Iterationsverfahrens. Der Nachweis der Existenz von u_{n+1} in D kann zuweilen schwierig sein.

c) Für den neuen Näherungswert u_{n+1} soll mit einer Konstanten C^* die Abschätzung gelten

$$\varrho(u_{n+1}, u) \leqq C^* \varrho(T u, G_n u). \tag{18.17}$$

Die Existenz einer Lösung u von $T u = \Theta$ wird vorausgesetzt.

Für $m = 2$ (gewöhnliche Regula falsi) ist

$$G_n v = T u_n + (v - u_n) [u_n, u_{n-1}] \text{ und } G_n' \text{ konstant: } G_n' k = [u_n, u_{n-1}] k;$$

nun soll sein

$$T u = \Theta = G_n u_{n+1}, \ T u - G_n u = G_n u_{n+1} - G_n u$$

$$= [u_n, u_{n-1}] (u_{n+1} - u) = G_n' (u_{n+1} - u).$$

Wenn G_n' eine beschränkte Inverse besitzt, wird

$$(u_{n+1} - u) = G_n'^{-1} (T u - G_n u),$$

$$\varrho(u_{n+1}, u) \leqq \| G_n'^{-1} \| \varrho(T u, G_n u),$$

und es ist (18.17) mit

$$\|G_n'^{-1}\| \leqq C^*$$

erfüllt.

Für $m > 2$ und reelle oder holomorphe Funktionen $f(x)$ ist $T u - G_n u = -G_n u = G_n u_{n+1} - G_n u = (u_{n+1} - u) \cdot \tilde{G}_n'$, wobei $\tilde{G}_n'$ die Ableitung von G_n an einer passenden Zwischenstelle bedeutet. Sind die Ableitungsbeträge in einem passenden Bereich nach unten beschränkt, gibt es also eine Konstante C^* mit $|G'| \geqq 1/C^*$, so folgt

$$|u_{n+1} - u| \leqq C^* \cdot |G_n u|, \tag{18.18}$$

d. h. es gilt dann (18.17).

d) Die Anfangsstützstellen u_ν ($\nu = 0, 1, \ldots, m - 1$) müssen so nahe an der Lösung u liegen, daß es eine Konstante C gibt mit

$$\varrho(u_\nu, u) \leqq C \text{ (für } \nu = 0, \ldots, m - 1) \quad \text{und} \quad C^* C_m C^m < 1. \tag{18.19}$$

Satz: *Unter den oben genannten Voraussetzungen* a), b), c), d) *konvergiert die Folge der nach der Regula falsi berechneten Näherungen u_ν gegen eine in D als existent vorausgesetzte Lösung u der Operatorgleichung $T u = \Theta$, und das Verfahren hat mindestens die Ordnung* $\dfrac{1 + \sqrt{5}}{2} \approx 1,618$ *für die gewöhnliche Regula falsi ($m = 2$) und die Ordnung λ_m für $m > 2$, wobei λ_m die dem Betrage nach größte Wurzel der algebraischen Gl. (18.26) ist. Es ist*

$$\lambda_2 = \frac{1 + \sqrt{5}}{2} < \lambda_3 < \lambda_4 < \cdots < 2. \tag{18.20}$$

Die Konvergenz der Abstände $\varrho_n = \varrho(u_n, u)$ gegen Null für $n \to \infty$ wird gezeigt durch Einführung einer majoranten Folge positiver Zahlen e_n. Diese wird definiert durch

$$e_0 = e_1 = e_2 = \cdots = e_{m-1} = C,$$

$$e_{n+1} = C^* C_m \prod_{\nu = n-m+1}^{n} e_\nu. \tag{18.21}$$

Dann wird $\varrho_n \leqq e_n$ durch vollständige Induktion bewiesen; es gilt nach (18.15), (18.17)

$$\varrho_{n+1} \leqq C^* \varrho(T u, G_n u) \leqq C^* C_m \prod_{j = n-m+1}^{n} \varrho(u, u_j)$$

$$\leqq C^* C_m \prod_{j = n-m+1}^{n} e_j = e_{n+1}.$$

Nun berechnet man leicht rekursiv die e_j nach (18.21) (für $m \geqq 2$):

$$\left.\begin{aligned} e_m &= (C^* C_m)^1 C^m, \\ e_{m+1} &= (C^* C_m)^2 C^{2m-1}, \\ e_{m+2} &= (C^* C_m)^4 C^{4m-3} \end{aligned}\right\} \tag{18.22}$$

und allgemein für $j \geq m$:

$$e_j = (C^* C_m)^{a_j} C^{b_j} \qquad (18.23)$$

mit

$$a_j = 1 + \sum_{\nu=1}^{m} a_{j-\nu}; \qquad a_0 = a_1 = a_2 = \cdots = a_{m-1} = 0, \qquad (18.24)$$

$$b_j = \sum_{\nu=1}^{m} b_{j-\nu}; \qquad b_0 = b_1 = b_2 = \cdots = b_{m-1} = 1. \qquad (18.25)$$

Die Ordnung des Wachstums der e_j (und damit der Regula falsi) wird durch die Rekursionsformeln für a_j, b_j (Differenzengleichungen) bestimmt.

Nach der Theorie der Differenzengleichungen (Nörlund [54]) führt der Ansatz $a_j = \lambda^j$ bzw. $b_j = \lambda^j$ zur Lösung der homogenen Differenzengleichungen auf die charakteristische Gleichung

$$\lambda^m - \sum_{\nu=0}^{m-1} \lambda^\nu = 0, \qquad (18.26)$$

während eine spezielle Lösung der inhomogenen Gl. (18.24)

$$a_j = \text{const} = -\frac{1}{m-1}$$

lautet.

Die dem Betrage nach größte Zahl λ bei den Wurzeln der charakteristischen Gl. (18.26) gibt die Ordnung des Wachstums der e_j an.

Für $m = 2$ (gewöhnliche Regula falsi) erhält man als Wurzeln von (18.26)

$$\lambda = \frac{1 \pm \sqrt{5}}{2} = \begin{cases} 1,618\ldots \\ -0,618\ldots \end{cases}$$

Die elementare Diskussion der Gl. (18.26) für $m > 2$ gibt unmittelbar die Aussage (18.20). Der Nachweis, daß nun (18.19) ausreicht für die Konvergenz der e_n und damit der ϱ_n gegen Null für $n \to \infty$, ist durch weitere Diskussion von (18.23), (18.24) und (18.25) zu erbringen; für die numerische Abschätzung ist es oft bequemer, direkt (18.22) zu verwenden, vgl. das Beispiel.

Zur Voraussetzung b): Im Falle einer Gleichung $f(x) = 0$ für eine reelle Veränderliche x beweist man leicht elementar:

Es sei $f'(x)$ im Intervall $I = \langle x_0, x_1 \rangle$ zweimal stetig differenzierbar, und f' und f'' wechseln in I nicht das Vorzeichen; es sei $f(x_0) \cdot f(x_1) < 0$, und der nach dem Newtonschen Verfahren im Intervallendpunkt mit dem kleineren Ableitungsbetrag berechnete Näherungswert ζ möge noch in I liegen [d. h. ist etwa $|f'(x_0)| < |f'(x_1)|$, so möge

$$\zeta = x_0 - \frac{f(x_0)}{f'(x_0)} \qquad (18.27)$$

zu I gehören; der Fall $|f'(x_0)| = |f'(x_1)|$ oder $f'' \equiv 0$ ist trivial]; dann liegt auch der Schnittpunkt jeder Sehne durch beliebige Punkte x_a, $f(x_a)$; x_b, $f(x_b)$, (x_a und x_b aus I) mit der x-Achse wieder in I. Vgl. Abb. 18/7.

Beispiel: Gleichung $f(x) = x^2 - 3 = 0$, gewöhnliche Regula falsi ($m = 2$). Stützstellen:

$$x_0 = 1{,}7, \quad f(x_0) = -0{,}11,$$
$$x_1 = 1{,}75, \quad f(x_1) = 0{,}0625.$$

Als Definitionsbereich D werde das Intervall $I = \langle x_0, x_1 \rangle$ gewählt. Die Voraussetzungen des Satzes sind hier erfüllt:

a) Nach (18.13) ist

$$C_2 = \frac{1}{2!} \sup_I |f''| = \frac{1}{2} \cdot 2 = 1.$$

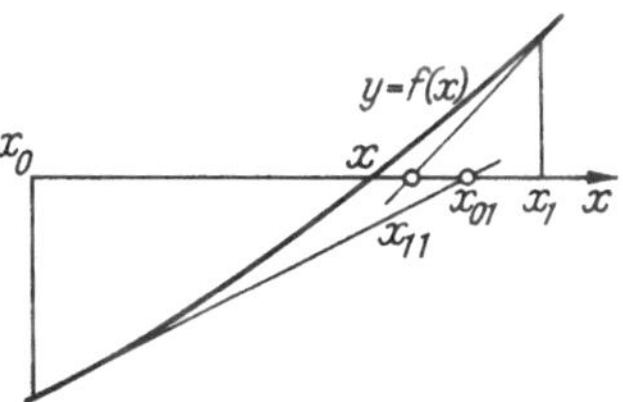

Abb. 18/7
Schnittpunkte bleiben im Intervall

b) Nach (18.27) wird $\zeta = 1{,}7 + \dfrac{0{,}11}{3{,}4}$, und ζ liegt in I; die Regula falsi führt hier nicht aus I hinaus.

c) Die Beträge der Sekantensteigungen können nach unten durch den kleinsten Ableitungsbetrag abgeschätzt werden, oder:

$$\left\| G_1'^{-1} \right\| = \left| \frac{1}{[x_0, x_1]} \right| \leqq \left| \operatorname*{Min}_I |f'(x)| \right|^{-1} = \frac{1}{3{,}4} \leqq 0{,}2942 = C^*.$$

d) Mit

$$\varrho(x_j, x) = |x_j - x| \leqq 0{,}05 = C \qquad (j = 0,1) \qquad (18.28)$$

ist auch (18.19) erfüllt: $C^* C_2 C^2 = \dfrac{1 \cdot 0{,}05^2}{3{,}4} \approx 0{,}000\,735 < 1.$

Also konvergiert hier die Folge der Regula falsi. Man erhält nach (18.1)

$$x_2 = 1{,}731\,884,$$
$$x_3 = 1{,}732\,050\,000.$$

Die Fehlerabschätzung führt man durch nach (18.22)

$$|x_2 - x| \leqq e_2 = (C^* C_2) \, C^2 = 0{,}29 \cdot 0{,}05^2 = 0{,}000\,7250,$$
$$|x_3 - x| \leqq e_3 = (C^* C_2)^2 \, C^3 = 0{,}29^2 \cdot 0{,}05^3 = 0{,}000\,0106.$$

Der Fehler wird überschätzt, weil (18.28) recht grob ist; es wäre leicht, das zu verschärfen. Exakte Lösung zum Vergleich:

$$\sqrt{3} = 1{,}732\,050\,807 \ldots$$

18.7 Allgemeinere Verfahren und Beispiele

Man kann leicht noch allgemeinere Iterationsverfahren zur Berechnung der Näherungsfolge u_n aufstellen. Es bezeichne wieder $T_n^{(k)}$ die Ableitung $T_{(u_n)}^{(k)}$. Die NEWTONschen Verfahren benutzen zur Berechnung von u_{n+1} die Größen $T_n, T_n', T_n'', \ldots$, die Regula-falsi-Verfah-

| Gleichung | $f(x)=x^2-3=0$ | | | $f(x)=x^3-2x^2-1=0$ | | |
| Stützstellen | $x_0=2,\ x_1=\frac{3}{2}$ | | | $x_0=2,\ x_1=\frac{5}{2}$ | | |
Verfahren	berechneter Wert	Fehler	%	berechneter Wert	Fehler	%
Lösung	$x=1{,}7320508\ldots$	—	—	$x=2{,}205\,569\ldots$	—	—
Newton $x_{1N}=x_0-\dfrac{f_0}{f_0'}$	$x_{1N}=1{,}75000$	$+0{,}01795$	1,036	$x_{1N}=2{,}250$	$+0{,}044$	1,99
Newton iteriert $x_2=x_{1N}-\dfrac{f_{1N}}{f_{1N}'}$	$x_2=1{,}73214$	$+0{,}0009$	0,005	$x_2=2{,}207\,07$	$+0{,}001\,5$	0,05
Regula falsi $x_2=x_1-f_1\dfrac{x_0-x_1}{f_0-f_1}$	$x_2=1{,}71429$	$-0{,}01776$	1,025	$x_2=2{,}160$	$-0{,}046$	2,09
Regula falsi mit x_{1N} statt x_1	$x_2=1{,}73333$	$+0{,}00128$	0,074	$x_2=2{,}197\,53$	$-0{,}008\,0$	0,36
Formel (18.29) $x_2=x_0-\dfrac{f_0}{f_0'}+\left(\dfrac{f_0}{f_0-f_1}\right)^2\left[x_1-x_0+\dfrac{f_0-f_1}{f_0'}\right]$	$x_2=1{,}72959$	$-0{,}00246$	0,142	$x_2=2{,}221$	$+0{,}015$	0,68
Formel (18.29) mit x_{1N} statt x_1	$x_2=1{,}73222$	$+0{,}00017$	0,010	$x_2=2{,}208\,54$	$+0{,}003\,0$	0,14

ren benutzen T_n, T_{n-1}, T_{n-2}, ..., und allgemeiner könnte man zur Berechnung von u_{n+1} alle $T_{n-r}^{(k)}$ bis zu einem gewissen Wert von k und r heranziehen. Als einfachstes Beispiel dieser Art sei die Benutzung von

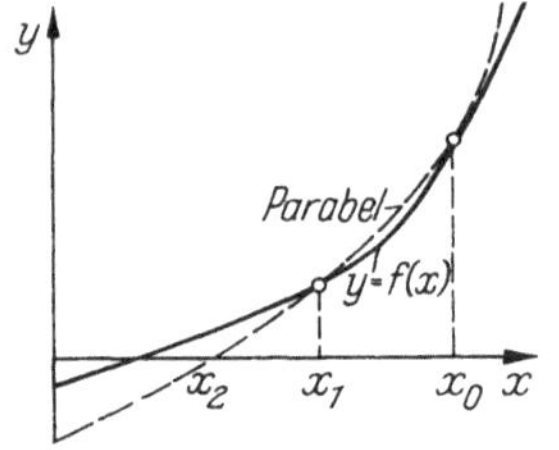

Abb. 18/8
Spezialfall reeller Funktionen

T_n, T_n' und T_{n-1} genannt, und zwar am Beispiel einer Gleichung $f(z)=0$ mit einer in einem Gebiet D holomorphen Funktion $f(z)$.

Es wird ein Interpolationspolynom $z(w)$ verwendet, das in 2 Stützstellen z_0, z_1 mit den Funktionswerten f_0, f_1 und in z_0 mit der Ableitung f_0' von $f(z)$ übereinstimmt.

Die 3 Konstanten a, b, c der Gleichung $c\,w^2(z) + b\,w(z) - z + a = 0$ bestimmen sich aus:

$$z_0 = a + b f_0 + c f_0^2,$$
$$1 = b f_0' + 2 c f_0' f_0,$$
$$z_1 = a + b f_1 + c f_1^2.$$

Die Nullstelle der Funktion $w(z)$, Abb. 18/8, liegt bei $z = a$.

Auflösung des Gleichungssystems ergibt für die nächste Näherung $z_2 = a$ den Wert

$$z_2 = z_0 - \frac{f(z_0)}{f'(z_0)} + \left(\frac{f(z_0)}{f(z_0) - f(z_1)}\right)^2 \left[z_1 - z_0 + \frac{f(z_0) - f(z_1)}{f'(z_0)}\right]. \qquad (18.29)$$

Beispiele: Nach verschiedenen Verfahren soll eine Nullstelle der Funktion $f(x) = x^2 - 3$ bzw. von $x^3 - 2x^2 - 1 = 0$ bestimmt werden. Die Ergebnisse sind in der Tabelle zusammengestellt:

§ 19. Newtonsches Verfahren mit Verschärfungen

19.1 Das Newtonsche Verfahren mit Verschärfungen und die grundlegenden Abschätzungsfunktionen

Es sei $R = S$ ein vollständiger linearer L-supermetrischer Raum und T ein Operator mit einer konvexen Teilmenge F von R als Definitionsbereich. T besitze in F FRÉCHETsche Ableitungen bis zur $(p + 1)$-ten Ordnung einschließlich. Es sei dort

$$\frac{1}{q!} \sup_{v \in F} \| T^{(q)}_{(v)} \| \leq M_q \quad (q = 0, 1, \ldots, p + 1). \qquad (19.1)$$

Zur Lösung der Operatorgleichung $T u = \Theta$ wird ausgehend von einem Element $u_0 \in F$ ein Iterationsverfahren (NEWTONsches Verfahren mit Verschärfungen) benutzt, bei welchem man das neue Element u_{n+1} nach einer Vorschrift bestimmt:

$$u_{n+1} = g(u_n, T'^{-1}_n, T_n, T'_n, T''_n, \ldots, T^{(p)}_n). \qquad (19.2)$$

Dabei ist zur Abkürzung gesetzt:

$$T u_n = T_n, \qquad T'_{(u_n)} = T'_n, \ldots, T^{(k)}_{(u_n)} = T^{(k)}_n; \qquad (19.3)$$

g ist ein gegebenes Polynom in den angeschriebenen Elementen, und das Verfahren ist durchführbar, soweit u_n in F bleibt und die Inversen T'^{-1}_n existieren. Diese Inversen werden als beschränkt vorausgesetzt, und es sei

$$\| T'^{-1}_n \| = b_n. \qquad (19.4)$$

(Literatur: KANTOROWITSCH [48], COLLATZ [58], SCHRÖDER [57] u. a.)

Die Regula falsi ist nicht in (19.2) enthalten.

Es werden die Bezeichnungen für die Änderungen $\delta_n = u_{n+1} - u_n$ und die Abstände $t_n = \varrho(T_n, \Theta)$ eingeführt.

Das Verfahren erfülle folgende Voraussetzung:

Es gibt zwei monoton nicht fallende Funktionen $H(x, y)$ und $G(x, y)$, mit:

$$0 \leq x_1 \leq x_2, \qquad 0 \leq y_1 \leq y_2$$

bewirkt

$$0 \leq H(x_1, y_1) \leq H(x_2, y_2), \qquad 0 \leq G(x_1, y_1) \leq G(x_2, y_2), \qquad (19.5)$$

und es gebe eine Konstante $k \geqq 1$ mit

$$\varrho(u_{n+1}, u_n) \leqq H(b_n, t_n) \cdot t_n, \qquad t_{n+1} \leqq G(b_n, t_n) \cdot t_n^k. \qquad (19.6)$$

Erläuterung: Mit dem Funktionswert $T u_n$ bzw. t_n soll auch die Änderung δ_n bzw. $\varrho(u_{n+1}, u_n)$ klein werden. Ferner soll der Abstand t_{n+1} durch die k-te Potenz des vorhergehenden Abstandes t_n abgeschätzt werden können. k ist ein Maß für die „Ordnung" des Verfahrens.

Die Abschätzungsfunktionen G, H sollen nun für einige bekannte Iterationsverfahren explizit angegeben werden:

I. Beim gewöhnlichen NEWTONschen Verfahren (17.4),

$$u_{n+1} = u_n - T_n'^{-1} T_n,$$

erhält man, da $T_n'^{-1}$ ein linearer Operator, also $T_n'^{-1} \Theta = \Theta$ ist:

$$\varrho(u_{n+1}, u_n) = \varrho(T_n'^{-1} T_n, T_n'^{-1} \Theta) \leqq \|T_n'^{-1}\| \varrho(T_n, \Theta) = b_n \cdot t_n$$

und

$$\delta_n = u_{n+1} - u_n = - T_n'^{-1} T_n, \qquad T_n + T_n' \delta_n = \Theta.$$

Nach der TAYLORschen Formel (16.26) wird somit

$$t_{n+1} = \varrho(T_{n+1}, \Theta) = \varrho(T_{n+1}, T_n + T_n' \delta_n) \leqq M_2 \varrho(u_{n+1}, u_n)^2 \leqq M_2 b_n^2 t_n^2.$$

Hier ist also $k = 2$, $H(b_n, t_n) = b_n$ und $G(b_n, t_n) = M_2 b_n^2$, und (19.5) und (19.6) sind erfüllt.

II. Die folgende Verschärfung des NEWTONschen Verfahrens [Verfahren nach (17.30) dritter Ordnung]

$$u_{n+1} = u_n - T_n'^{-1} T_n - \frac{1}{2!} T_n'^{-1} T_n''(T_n'^{-1} T_n)(T_n'^{-1} T_n) \qquad (19.7)$$

werde in der Form geschrieben:

$$T_n + T_n' \zeta_n = \Theta \quad \text{und} \quad T_n + T_n' \delta_n + \frac{1}{2} T_n'' \zeta_n \zeta_n = \Theta.$$

Auf die gleiche Weise wie bei I. erhält man hier unter Benutzung der Abschätzungen für bilineare Operatoren in Nr. 6.1

$$\varrho(u_{n+1}, u_n) \leqq (b_n + M_2 b_n^3 t_n) t_n,$$

$$t_{n+1} \leqq M_2^2 b_n^4 (2 + M_2 b_n^2 t_n) t_n^3 + M_3 \varrho(u_{n+1}, u_n)^3,$$

$$\leqq M_2^2 b_n^4 (2 + M_2 b_n^2 t_n) t_n^3 + M_3 (b_n + M_2 b_n^3 t_n)^3 t_n^3.$$

(Bei Eigenwertaufgaben ist oft $M_3 = 0$; dann fällt das zweite Glied fort.) Mit

$$H(b_n, t_n) = b_n + M_2 b_n^3 \cdot t_n,$$
$$G(b_n, t_n) = M_2^2 b_n^4 (2 + M_2 b_n^2 \cdot t_n) + M_3 (b_n + M_2 b_n^3 t_n)^3 \qquad (19.8)$$

sind auch hier die Voraussetzungen (19.5) und (19.6) generell erfüllt.

19.2 Allgemeiner Konvergenzsatz für die Newtonschen Verfahren mit Verschärfungen

Es werden folgende Voraussetzungen benutzt:

A) Für das Verfahren (19.2) gibt es 2 Abschätzungsfunktionen H, G und eine Konstante $k \geqq 1$ mit (19.5) und (19.6).

B) Der Operator T sei in F $(p + 1)$-mal FRÉCHET-differenzierbar, und es gebe eine Schranke M_2 mit $\frac{1}{2} \| T''_{(v)} \| \leqq M_2$ für $v \in F$.

C) T'_0 besitze eine beschränkte Inverse mit $b_0 = \| T'^{-1}_0 \|$. Nun werde eine reelle Zahl

$$\gamma > b_0 \tag{19.9}$$

gewählt, und es werden die (nichtnegativen) Zahlen eingeführt:

$$\sigma = H(\gamma, t_0), \qquad \nu = G(\gamma, t_0), \qquad \beta = \nu \cdot t_0^{k-1}, \qquad \varphi_0 = 2 b_0 M_2 \sigma t_0. \tag{19.10}$$

D) Es sei

$$0 \leqq \varphi_0 \leqq 1 - \beta < 1 \quad \text{mit} \quad \beta < 1 \tag{19.11}$$

und

$$\beta + \frac{\varphi_0}{1 - \varphi_0} \frac{\gamma^2}{(\gamma - b_0) b_0} \leqq 1 . \tag{19.12}$$

Für hinreichend kleines t_0 ist auch φ_0 klein, und (19.11) und (19.12) sind erfüllt.

E) Das Element u_0 und die Kugel S der Elemente v mit

$$\varrho(v, u_1) \leqq \frac{\sigma \cdot t_0 \beta}{1 - \beta^k} \tag{19.13}$$

sollen in F liegen.

Satz: *Zur Lösung der Operatorgleichung $T u = \Theta$ in einem vollständigen linearen L-supermetrischen Raum R werde das allgemeine Newtonsche Verfahren (19.2) verwendet. Die oben genannten Voraussetzungen A) bis E) seien erfüllt. Dann ist die Iteration in F unbeschränkt ausführbar.*

$T u = \Theta$ besitzt in F eine Lösung u, die sogar in S liegt, und es gilt die Abschätzung

$$\varrho(u, u_n) \leqq \frac{\sigma \cdot t_0 \cdot B_n}{1 - \beta^{(k^n)}} \quad \text{für} \quad n = 1, 2, 3, \ldots \tag{19.14}$$

mit

$$B_n = \beta^{1 + k + k^2 + \cdots + k^{n-1}}, \qquad B_0 = 1 . \tag{19.15}$$

Bemerkung: Die Konvergenzgeschwindigkeit des Verfahrens wird durch $\beta^{k^{n-1}}$ beschrieben. Beim gewöhnlichen NEWTONschen Verfahren ist $k = 2$; das bedeutet grob gesprochen etwa Verdoppelung der gültigen Dezimalstellen bei jedem Iterationsschritt.

Beweis: I. Durch vollständige Induktion soll zunächst bewiesen werden:

a) $t_n \leqq t_0 B_n \leqq t_0$.

b) $T_n'^{-1}$ existiert, ist beschränkt und u_{n+1} existiert.

c) Für $\varphi_n = 2 b_n M_2 \sigma t_n$ gilt $\varphi_n \leqq \varphi_0 < 1$.

d) Es ist $b_n \leqq \gamma - (\gamma - b_0) B_n \leqq \gamma$.

e) u_{n+1} gehört zu F.

Für $n = 0$ sind diese Aussagen nach den getroffenen Voraussetzungen richtig. Die Aussagen seien bis zu einem festen nichtnegativen n zutreffend. Es wird gezeigt, daß dann a) bis e) auch für $n + 1$ gelten.

a) u_{n+1} existiert nach Annahme b) und liegt nach e) in F. Es existiert also T_{n+1}. Nach (19.5), (19.6) und (19.10) gilt:

$$\varrho(T_{n+1}, \Theta) = t_{n+1} \leqq G(b_n, t_n) t_n^k \leqq G(\gamma, t_0) t_n^k = \nu \cdot t_n^k \leqq \nu (t_0 B_n)^k$$
$$= \beta \cdot t_0 B_n^k = t_0 \cdot \beta^{1 + k + k^2 + \cdots + k^n} = t_0 \cdot B_{n+1}. \tag{19.16}$$

Mit $\beta \leqq 1$ ist auch $B_{n+1} \leqq 1$ und somit $t_{n+1} \leqq t_0 \cdot B_{n+1} \leqq t_0$.

b) Es existiert nach b) der Operator $L_n = T_n'^{-1}(T_n' - T_{n+1}') = (E - Z_n)$; dabei ist E der Einheitsoperator und $Z_n = T_n'^{-1} T_{n+1}'$. Für die Norm von $E - Z_n$ erhält man mit Hilfe der TAYLORschen Formel (16.27) (F ist konvex)

$$\|L_n\| = \|T_n'^{-1}(T_n' - T_{n+1}')\| \leqq \|T_n'^{-1}\| \cdot \|T_n' - T_{n+1}'\|$$
$$= b_n \|T_n' - T_{n+1}'\| \leqq 2 b_n M_2 \varrho(u_{n+1}, u_n). \tag{19.17}$$

Nach (19.5) und (19.6) folgt weiter

$$\varrho(u_{n+1}, u_n) \leqq H(b_n, t_n) t_n \leqq H(\gamma, t_0) t_n = \sigma t_n.$$

Somit wird

$$\|L_n\| \leqq 2 b_n M_2 \sigma \cdot t_n = \varphi_n < 1.$$

Der lineare Operator L_n hat also eine Norm <1, und daher konvergiert

$$\sum_{j=0}^{\infty} L_n^j v \quad \text{für alle } v \in R \quad \text{(vgl. Nr. 6.3)}.$$

Die Voraussetzungen des Satzes in Nr. 6.3 sind erfüllt, d. h. $E - L_n = Z_n$ besitzt eine Inverse $= Z_n^{-1}$, und es gilt nach (6.12) $\|Z_n^{-1}\| \leqq \dfrac{1}{1 - \|L_n\|} \leqq \dfrac{1}{1 - \varphi_n}$. Mit T_n' und Z_n besitzt auch $T_n' Z_n = T_{n+1}'$ eine Inverse.

Für ihre Norm erhält man

$$b_{n+1} = \|T_{n+1}'^{-1}\| = \|Z_n^{-1} T_n'^{-1}\| \leqq b_n \cdot \frac{1}{1 - \varphi_n}. \tag{19.18}$$

u_{n+2} existiert, da man nun das Polynom

$$u_{n+2} = g(u_{n+1}, T_{n+1}'^{-1}, T_{n+1}, T_{n+1}', T_{n+1}'', \ldots, T_{n+1}^{(p)})$$

berechnen kann.

c) Aus (19.18) und (19.16) folgt

$$\varphi_{n+1} = 2\,b_{n+1}\,M_2\,\sigma\,t_{n+1} \leqq 2\cdot\frac{b_n}{1-\varphi_n}\,M_2\cdot\sigma\cdot\nu\cdot t_n^k = \frac{\varphi_n}{1-\varphi_n}\cdot\nu\cdot t_n^{k-1}.$$

Mit a), c) und $\beta \leqq 1-\varphi_0$ erhält man daraus

$$\varphi_{n+1} \leqq \frac{\varphi_n}{1-\varphi_n}\cdot\nu\cdot t_0^{k-1} \leqq \frac{\varphi_n}{1-\varphi_0}\cdot\beta \leqq \varphi_n.$$

d) Wegen $0 \leqq \varphi_n \leqq \varphi_0 < 1$ gilt

$$(1-\varphi_n) > 0, \qquad (1-\varphi_0) > 0, \qquad \varphi_n(\varphi_0-\varphi_n) \geqq 0$$

und

$$\frac{1}{1-\varphi_n} = \frac{1-\varphi_0}{(1-\varphi_n)\,(1-\varphi_0)} \leqq \frac{1-\varphi_0+\varphi_n(\varphi_0-\varphi_n)}{(1-\varphi_n)\,(1-\varphi_0)}$$
$$= 1 + \frac{\varphi_n}{1-\varphi_0} = 1 + \frac{2\,b_n\,M_2\,\sigma\,t_n}{1-\varphi_0}.$$

Somit folgt aus (19.18)

$$b_{n+1} \leqq b_n\left(1 + \frac{2\,b_n\,M_2\,\sigma\,t_n}{1-\varphi_0}\right);$$

mit Benutzung von d) $b_n \leqq \gamma$ und a) $t_n \leqq t_0\,B_n$ und der Abkürzung

$$q = \frac{2\,M_2\,\sigma\,t_0}{1-\varphi_0} = \frac{\varphi_0}{1-\varphi_0}\,\frac{1}{b_0} \tag{19.19}$$

erhält man

$$b_{n+1} \leqq b_n(1 + \gamma\,q\,B_n),$$

und nach d)

$$b_{n+1} \leqq [\gamma-(\gamma-b_0)\,B_n]\,[1+\gamma\,q\,B_n] = \gamma-(\gamma-b_0)\,B_n\,q^* \tag{19.20}$$

mit

$$q^* = 1 + \gamma\,q\,B_n - \frac{\gamma^2\,q}{\gamma-b_0} \geqq 1 - \frac{\gamma^2\,q}{\gamma-b_0}.$$

Der Nenner $\gamma-b_0$ ist nach (19.9) positiv. Setzt man den Wert von q nach (19.19) ein, so ergibt (19.12)

$$q^* \geqq 1 - \frac{\gamma^2\,\varphi_0}{(\gamma-b_0)\,(1-\varphi_0)\,b_0} \geqq \beta \geqq \beta^{k^n}.$$

Nach (19.15) wird damit $B_n\,q^* \geqq B_{n+1}$, und (19.20) geht über in $b_{n+1} \leqq \gamma-(\gamma-b_0)\,B_{n+1}$.

Das zweite Glied ist >0, d. h., es gilt sogar $b_{n+1} \leqq \gamma$.

e) In $\varrho(u_{n+2}, u_1) \leqq \sum\limits_{\nu=1}^{n+1} \varrho(u_\nu, u_{\nu+1})$ gilt für das einzelne Summenglied nach (19.6)

$$\varrho(u_{\nu+1}, u_\nu) \leqq H(b_\nu, t_\nu)\,t_\nu \leqq H(\gamma, t_0)\,t_0\,B_\nu = \sigma\,t_0\,B_\nu$$
$$(\nu = 1, 2, \ldots, n+1); \tag{19.21}$$

also

$$\varrho(u_{n+2}, u_1) \leqq \sigma\,t_0 \sum\limits_{\nu=1}^{n+1} B_\nu = \sigma\,t_0(\beta + \beta\cdot\beta^k + \beta\cdot\beta^k\cdot\beta^{k^2} + \cdots + \beta\cdot\beta^k\ldots\beta^{(k^n)}).$$

Wegen $\beta < 1$ und $k \geq 1$ gilt $\beta^{(k^\nu)} \leq \beta^k \leq \beta < 1$ für $\nu = 1, 2, \ldots$, $n + 1$. Also ist

$$\varrho(u_{n+2}, u_1) \leq \sigma t_0 [\beta + \beta(\beta^k)^1 + \beta(\beta^k)^2 + \cdots + \beta(\beta^k)^n]$$
$$= \sigma t_0 \beta \frac{1 - (\beta^k)^{n+1}}{1 - \beta^k} < \sigma t_0 \frac{\beta}{1 - \beta^k}.$$

Damit liegt u_{n+2} nach (19.13) in der Kugel S und damit auch in F. Somit gelten die Aussagen a), b), c), d), e) für $n = 1, 2, 3, \ldots$

II. Nach (19.21) und (19.15) gilt

$$\begin{aligned}
\varrho(u_{n+m+1}, u_n) &\leq \sum_{\nu=n}^{n+m} \varrho(u_\nu, u_{\nu+1}) \leq \sum_{\nu=n}^{n+m} \sigma t_0 B_\nu \\
&= \sigma t_0 B_n [1 + \beta^{(k^n)} + \beta^{(k^n)}\beta^{(k^{n+1})} + \cdots + \beta^{(k^n)}\beta^{(k^{n+1})} \cdots \beta^{(k^{n+m-1})}] \leq \\
&\leq \sigma t_0 B_n [1 + (\beta^{(k^n)}) + (\beta^{(k^n)})^2 + \cdots + (\beta^{(k^n)})^m] \\
&= \sigma t_0 B_n \frac{1 - (\beta^{(k^n)})^{m+1}}{1 - \beta^{(k^n)}} < \frac{\sigma \cdot t_0 \cdot B_n}{1 - \beta^{(k^n)}}.
\end{aligned} \tag{19.22}$$

Für $n \to \infty$ bleibt der Nenner beschränkt, und der Zähler strebt mit B_n gegen Null.

Die u_n liegen alle in der Kugel S. Es strebt $\varrho(u_{n+m+1}, u_n)$ für beliebige $m = 1, 2, 3, \ldots$ und $n \to \infty$ gegen Null. Somit konvergiert die Folge der u_n für $n \to \infty$ gegen ein Element u, das wegen der Vollständigkeit der Kugel S ebenfalls in S liegt. Für $n \to \infty$ strebt ferner $t_n = \varrho(T_n, \Theta) \leq t_0 B_n$ mit B_n gegen Null und $T u_n$ wegen Stetigkeit des Operators T gegen $T u$. Somit gilt $\varrho(T u, \Theta) = 0$ oder $T u = \Theta$. Für $m \to \infty$ strebt u_{n+m+1} gegen u, und (19.22) liefert bei festem n die Fehlerabschätzung (19.14).

19.3 Allgemeine Bemerkungen über die Anwendung des Newtonschen Verfahrens

Das NEWTONsche Verfahren ist in neuerer Zeit bei vielen sehr verschiedenartigen Problemen erfolgreich angewandt worden, es seien nur die Eigenwertaufgaben (s. Nr. 19.4) genannt. (Natürlich kann man es nicht überall anwenden.)

Zur Berechnung der reziproken Matrix wurde das NEWTONsche Verfahren wegen seiner quadratischen Konvergenz von G. SCHULZ [33] angewandt.[1]

---

[1] GÜNTHER SCHULZ, Schüler von R. v. MISES, Forscher auf den Gebieten der praktischen Analysis und der Wahrscheinlichkeitsrechnung, geboren 30. 11. 1903 in Berlin-Charlottenburg, Promotion 1928 Universität Berlin, 1943 Professor in Berlin, 1946 Aachen, 1951 Stuttgart, gestorben dort 19. 11. 1962.

Bei Randwertaufgaben kann man häufig einen Schritt des NEWTON-schen Verfahrens sehr gut ausführen; bei jedem weiteren Schritt aber hat man im allgemeinen eine (neue) lineare Randwertaufgabe (und diese auch wieder näherungsweise iterativ) zu lösen. Den ersten Schritt jedoch kann man oft durch geeignete Ansatzfunktionen in geschlossener Form durchführen, vgl. die Beispiele in Nr. 20.4.

Wie im Beispiel von Nr. 19.4 kann es vorkommen, daß die Ungleichungen (19.11) und (19.12) nicht erfüllt, aber alle übrigen Voraussetzungen von Nr. 19.2 erfüllbar sind. In solchen Fällen hilft es oft, das aus u_0 nach dem NEWTONschen Verfahren berechnete neue Element u_1 als Ausgangselement u_0^* zu betrachten und zu prüfen, ob für u_0^* die Voraussetzungen des Satzes erfüllt sind. Es ist dabei (und das ist für die numerische Rechnung wichtig) i. allg. nicht nötig, durch einen zweiten Iterationsschritt $u_2 = u_1^*$ zu berechnen, sondern man kann die benötigten Größen aus den Formeln (19.6) und (19.24) direkt abschätzen:

$$b_1 \leqq \frac{b_0}{1 - 2b_0 M_2 \varrho(u_1, u_0)} \quad \text{(falls der Nenner positiv ist),}$$
$$t_1 \leqq G(b_0, t_0)\, t_0^k \quad \left(\text{oder besser noch } t_1 = \varrho(T_1, \Theta) \text{ direkt ausrechnen}\right). \tag{19.23}$$

Es gilt nämlich nach (19.17) und (19.18)

$$b_{n+1} \leqq \|Z_n^{-1}\|\,\|T_n'^{-1}\| \leqq \frac{1}{1 - \|L_n\|}\, b_n \leqq \frac{b_n}{1 - 2b_n M_2 \varrho(u_{n+1}, u_n)}. \tag{19.24}$$

Man kann dann $u_1 = u_0^*$, $\delta_1 = \delta_0^*$, $b_1 = b_0^*$, $t_1 = t_0^*$ setzen und im Satz in Nr. 19.2 statt von u_0, δ_0, b_0, t_0 von $u_0^*, \delta_0^*, b_0^*, t_0^*$ ausgehen und erhält statt $\sigma, v, \beta, \varphi_0, B_n$ neu zu berechnende Größen $\sigma^*, v^*, \beta^*, \varphi_0^*, B_n^*$. Sind für die neuen Größen die Voraussetzungen in Nr. 19.2 erfüllt, so wird z. B. für $n = 1$

$$\varrho(u, u_2) \leqq \frac{\sigma^* t_0^* \beta^*}{1 - \beta^{*k}} \tag{19.25}$$

und damit

$$\varrho(u, u_1) \leqq \varrho(u_2, u_1) + \frac{\sigma^* t_0^* \beta^*}{1 - \beta^{*k}}. \tag{19.26}$$

Notfalls muß man diesen Schritt mehrmals wiederholen.

19.4 Das Newtonsche Verfahren bei Eigenwertaufgaben

Das NEWTONsche Verfahren und seine Verschärfungen eignen sich gut bei Eigenwertaufgaben (vgl. UNGER [50]), weil dort die höheren FRÉCHETschen Ableitungen einfach zu bilden sind; die zweite Ableitung ist nach (16.13) konstant, und die weiteren Ableitungen verschwinden.

Die Matrizen-Eigenwertaufgabe $A\,x = \lambda\,B\,x$ [gegebene Matrizen $A = (a_{jk})$, $B = (b_{jk})$, Eigenwert λ, Eigenvektor $x = \{x_{(j)}\}$, jeweils $j, k = 1, \ldots, n$] wird wie in (16.10) und (16.11) als Operatorgleichung $T\,f = \Theta$ geschrieben. Der Raum $R = S$ ist dann ein BANACHscher Raum mit den Elementen $g = \binom{y}{\varkappa}$, wobei $y = (y_{(j)})$ ein Vektor und $\varkappa$ eine Zahl ist. Als Vektornorm und zugehörige Matrixnorm werde eingeführt, vgl. (9.6) und (9.26),

$$\|g\| = \operatorname*{Max}_j |g_j|,$$

$$\|M\| = \operatorname*{Max}_j \sum_k |m_{jk}|.$$

Je nach den vorliegenden Zahlen kann es zweckmäßig sein, Gewichte γ einzuführen und z. B. $\|g\| = \operatorname{Max}(|y_{(1)}|, |y_{(2)}|, \ldots, |y_{(n)}|, \gamma \cdot |\varkappa|)$ mit geeignetem $\gamma > 0$ zu verwenden.

Gesuchte Eigenvektoren x seien durch $x_{(q)} = 1$ „normiert". q ist fest in der Rechnung, in dem folgenden Beispiel ist $q = n$ gewählt. Der Operator T ist dann gegeben als

$$T g = T \begin{pmatrix} y_{(1)} \\ y_{(2)} \\ \vdots \\ y_{(n)} \\ \varkappa \end{pmatrix} = \begin{pmatrix} (A - \varkappa B)\,y \\ \\ y_{(q)} - 1 \end{pmatrix}.$$

Die Ableitungen des Operators berechnet man wie in (16.12).

Hier werde als Zahlenbeispiel genommen:

$$A = \begin{pmatrix} 2 & 1 & -3 \\ -1 & 4 & 2 \\ -2 & 0 & 1 \end{pmatrix}, \quad B = \begin{pmatrix} -2 & 1 & 0 \\ 5 & 2 & -1 \\ -3 & 3 & 4 \end{pmatrix}.$$

Für die Ausgangsnäherung $y_{(1)} = 0{,}36$; $y_{(2)} = -0{,}93$, $y_{(3)} = 1$, $\varkappa = 1{,}95$ wird

$$f_0 = \begin{pmatrix} 0{,}36 \\ -0{,}93 \\ 1 \\ 1{,}95 \end{pmatrix}; \quad A - \lambda_0 B = \begin{pmatrix} 5{,}9 & -0{,}95 & -3 \\ -10{,}75 & 0{,}1 & 3{,}95 \\ 3{,}85 & -5{,}85 & -6{,}8 \end{pmatrix};$$

$$T_0 = T f_0 = 0{,}01 \begin{pmatrix} 0{,}75 \\ -1{,}3 \\ 2{,}65 \\ 0 \end{pmatrix}.$$

Die Ableitung ist gegeben durch

$$T_0' \begin{pmatrix} k_{(1)} \\ k_{(2)} \\ k_{(3)} \\ \mu \end{pmatrix} = \begin{pmatrix} (A - \lambda_0 B)\, k - \mu \cdot B\, y_0 \\ \\ k_{(3)} \end{pmatrix}$$

$$= \begin{pmatrix} 5{,}9\ k_{(1)} - 0{,}95\, k_{(2)} - 3\quad k_{(3)} + 1{,}65\, \mu \\ -10{,}75\, k_{(1)} + 0{,}1\quad k_{(2)} + 3{,}95\, k_{(3)} + 1{,}06\, \mu \\ 3{,}85\, k_{(1)} - 5{,}85\, k_{(2)} - 6{,}8\quad k_{(3)} - 0{,}13\, \mu \\ 0\qquad + 0\qquad + \qquad k_{(3)} + 0 \end{pmatrix}.$$

Nun braucht man die Inverse dieses Operators (als Matrix). (Das kann bei größeren Matrizen einen großen Rechenaufwand verursachen):

$$-137{,}089\ T_0'^{-1} = \begin{pmatrix} -\ 6{,}188 & 9{,}776 & 1{,}172 & -\ 49{,}2096 \\ -\ 2{,}6835 & 7{,}1195 & 23{,}9915 & 126{,}969675 \\ 0 & 0 & 0 & -137{,}089 \\ -62{,}5025 & -30{,}8575 & 9{,}6225 & -\ 0{,}187375 \end{pmatrix}.$$

Für die zweite Ableitung ist keine numerische Rechnung nötig, es hängt

$$T_0'' \begin{pmatrix} k_{(1)} \\ k_{(2)} \\ k_{(3)} \\ \mu \end{pmatrix} \begin{pmatrix} p_{(1)} \\ p_{(2)} \\ p_{(3)} \\ \nu \end{pmatrix} = \begin{pmatrix} -\mu\, B\, p - \nu\, B\, k \\ \\ 0 \end{pmatrix}$$

nicht von f_0 ab und ist konstant nach (16.13). T_0''' ist der Nulloperator.

Nach dem gewöhnlichen Newtonschen Verfahren erhält man die Änderung

$$\zeta_0 = -T_0'^{-1}\, T_0 = \begin{pmatrix} -0{,}001\ 039\ 033 \\ 0{,}003\ 815\ 733 \\ 0 \\ 0{,}001\ 366\ 813 \end{pmatrix} = \begin{pmatrix} k_0 \\ \\ \mu_0 \end{pmatrix}$$

und den neuen Näherungswert

$$f_{1N} = f_0 + \zeta_0 = \begin{pmatrix} 0{,}358\ 960\ 967 \\ -0{,}926\ 184\ 267 \\ 1 \\ 1{,}951\ 366\ 813 \end{pmatrix}.$$

Für das verbesserte Newtonsche Verfahren benötigt man nach (19.7) mit $T_0''\, \zeta_0\, \zeta_0 = \begin{pmatrix} -2\mu_0\, B\, k_0 \\ 0 \end{pmatrix}$ die verbesserte Änderung

$$\delta_0 = \zeta_0 + T_0'^{-1} \begin{pmatrix} \mu_0\, B\, k_0 \\ 0 \end{pmatrix}$$

$$= \zeta_0 + \begin{pmatrix} -0{,}000\ 000\ 0440 \\ -0{,}000\ 003\ 4990 \\ 0 \\ 0{,}000\ 003\ 0251 \end{pmatrix} = \begin{pmatrix} -0{,}001\ 039\ 077 \\ 0{,}003\ 812\ 234 \\ 0 \\ 0{,}001\ 369\ 838 \end{pmatrix}, \tag{19.27}$$

und man erhält den neuen Näherungswert

$$f_{1VN} = f_0 + \delta_0 = \begin{pmatrix} 0{,}358 \ 960 \ 923 \\ -0{,}926 \ 187 \ 766 \\ 1 \\ 1{,}951 \ 369 \ 838 \end{pmatrix}.$$

(Zur Berechnung von f_{1VN} aus f_{1N} ist also nur geringfügige Mehrarbeit nötig.)

Für das verbesserte NEWTONsche Verfahren ($k = 3$) soll nun eine Fehlerabschätzung gemäß Nr. 19.3 aufgestellt werden. (Nr. 19.2 kann nicht direkt herangezogen werden, da die Rechnung u. a. $\varphi_0 > 1$ ergibt.) Man erhält

$$t_0 = \| T f_0 \| = 0{,}0265\,,$$
$$b_0 = \| T_0'^{-1} \| = 1{,}1727\,,$$
$$M_3 = 0 \quad \text{und} \quad M_2 = \| B \| = 10\,,$$

da

$$\left\| T_0'' \binom{k}{\mu} \binom{p}{\nu} \right\| = \left\| \mu \left(\begin{array}{c|c} B & \begin{smallmatrix}0\\0\\0\end{smallmatrix} \\ \hline 0\ 0\ 0 & 0 \end{array} \right) \binom{p}{\nu} + \nu \left(\begin{array}{c|c} B & \begin{smallmatrix}0\\0\\0\end{smallmatrix} \\ \hline 0\ 0\ 0 & 0 \end{array} \right) \binom{k}{\mu} \right\| \leqq |\mu| \, \| B \| \times$$

$$\times \left\| \binom{p}{\nu} \right\| + |\nu| \, \| B \| \left\| \binom{k}{\mu} \right\| \leqq \| B \| \left\| \binom{k}{\mu} \right\| \left\| \binom{p}{\nu} \right\| + \| B \| \left\| \binom{k}{\mu} \right\| \left\| \binom{p}{\nu} \right\|$$

$$= 2 \| B \| \left\| \binom{k}{\mu} \right\| \left\| \binom{p}{\nu} \right\|\,,$$

(19.27) entnimmt man $\| \delta_0 \| = 0{,}003\,812$.

Mit den Hilfsfunktionen $H(b_n, t_n)$ und $G(b_n, t_n)$ nach (19.8) berechnet man nach Nr. 19.3

$$b_0^* = b_1 \leqq \frac{b_0}{1 - 2 b_0 M_2 \| \delta_0 \|} = 1{,}288\,,$$

$$t_0^* = t_1 = \varrho(T_1, \Theta) = 3{,}1 \cdot 10^{-8}\,,$$

$$\| \delta_0^* \| = \| \delta_1 \| \leqq H(b_1, t_1) \cdot t_1 \leqq 4 \cdot 10^{-8}\,.$$

Wählt man $\gamma = 1{,}5$ (es soll $\gamma > b_0^*$ sein), so wird

$$\sigma^* = H(\gamma, t_0^*) = 1{,}500\,001\,1\,, \qquad v^* = G(\gamma, t_0^*) = 1012{,}500\,405\,,$$

$$\beta^* = \gamma^* t_0^{*2} = 9{,}75 \cdot 10^{-13}\,, \qquad \varphi_0^* = 2 b_0^* M_2 \sigma^* t_0^* = 1{,}24 \cdot 10^{-6}\,.$$

Die Voraussetzungen des Satzes von Nr. 13.2 sind nun für die gesternten Größen erfüllt, und es ist gemäß (19.25)

$$\| u - f_{1VN} \| \leqq \| \delta_1 \| + \frac{\sigma^* t_0^* \beta^*}{1 - \beta^{*3}} \leqq 4 \cdot 10^{-8} + 5 \cdot 10^{-20}\,.$$

19.5 Das Newtonsche Verfahren bei Approximationsaufgaben

Es liege die Aufgabe wie in Nr. 1.5 vor, eine in einem Gebiet B gegebene Funktion $f(x) = f(x_1, \ldots, x_m)$ durch einen Ausdruck $F(x, a_1, \ldots, a_n) = F(x, a_j)$ durch passende Wahl der Parameter a_j so zu approximieren, daß der Defekt $D(x, a_j) = f(x) - F(x, a_j)$ eine möglichst kleine Norm im TSCHEBYSCHEFFschen[1] Sinne hat:

$$\| D(x, a_j) \| = \operatorname*{Max}_{x \in B} | D(x, a_j) | = \text{Minimum bezüglich der } a_j; \quad (19.28)$$

alle auftretenden Funktionen seien stetig in den a_j und differenzierbar in x.

Es werde nun vorausgesetzt, daß die Approximationsaufgabe eine Lösung $a = (a_1, \ldots, a_n)$ besitzt, welche eindeutig dadurch bestimmt ist, daß der Defekt $D(x, a_j)$ in B an $(n + 1)$ Stellen $x^{(0)}, x^{(1)}, \ldots, x^{(n)}$ Extrema gleichen Betrags, aber mit abwechselnden Vorzeichen besitzt; die Lösungsfunktion $F(x, a_j)$ heißt dann eine „Alternante". Diese Voraussetzung ist bei eindimensionalen

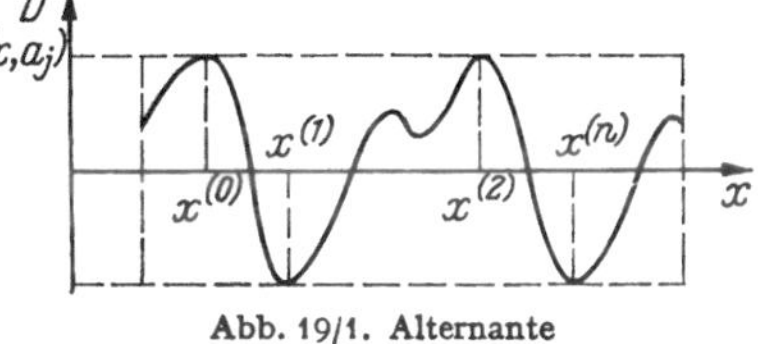

Abb. 19/1. Alternante

Bereichen (Intervallen der x-Achse) oft erfüllt, wie es Abb. 19/1 veranschaulicht. Dann hat man die Gleichungen, WETTERLING [62],

$$D(x^{(0)}, a_k) + \varepsilon_j D(x^{(j)}, a_k) = 0 \qquad (j = 1, 2, \ldots, n; \quad \varepsilon_j = (-1)^{j+1}).$$
$$(19.29)$$

Es sei nun S die Menge der Vektoren a, für die $D(x, a_k)$ an $(n + 1)$ Stellen $x^{(0)}, \ldots, x^{(n)}$ von B relative Extrema mit abwechselndem Vorzeichen, aber nicht notwendig von gleichen Beträgen annimmt. Die Extremstellen werden nun als Funktionen der a_k aufgefaßt: $x^{(j)} = x^{(j)}(a_k)$. Für Extrema im Innern genügen diese Funktionen den Gleichungen

$$\left[\frac{\partial D(x, a_k)}{\partial x} \right]_{x = x^{(j)}} = 0.$$

Setzt man

$$p_j(a_k) = D(x^{(0)}(a_k), a_k) + \varepsilon_j D(x^{(j)}(a_k), a_k) \qquad (j = 1, \ldots, n), \quad (19.30)$$

<hr>

[1] TSCHEBYSCHEFF (eigentlich Tschebyschów), PAFNUTIJ LWOWITSCH, geboren am 1. 5. 1821 aus adliger Familie im Dorf Okawowo, Kreis Borowsk (südwestlich Moskau). Anfangs erhielt er Unterricht im Elternhaus, mit 16 Jahren besuchte er die Moskauer Universität. 1841 erhielt er eine Silbermedaille für die Bearbeitung des von der Fakultät gestellten Themas „Berechnung der Wurzeln von Gleichungen". 1846 erwarb er den Magistergrad („Versuch einer elementaren Analyse der Wahrscheinlichkeitstheorie"). 1847 ging er nach St. Petersburg, wo er Vorlesungen über Algebra und Zahlentheorie hielt. 1850 wurde er Professor, 1853 Adjunkt, 1856 Mitglied der Akademie. Lange Zeit nahm er lebhaften Anteil an den Arbeiten der Artillerie-Abteilung des kriegswissenschaftlichen Komitees und des wissenschaftlichen Komitees des Kulturministeriums. 1882 trat er in den Ruhestand und widmete sich ganz seiner wissenschaftlichen Arbeit, die er bis zum Lebensende weiterführte. Hochgeehrt starb er am 26. 11. 1894 in Petersburg an einer Herzlähmung. Lit.: „Große Sowjet-Enzyklopädie" 1957.

so sind
$$p_j(a_k) = 0 \qquad (j = 1, \ldots, n),$$

n nichtlineare Bestimmungsgleichungen für die a_k.

Diese sollen im folgenden iterativ nach dem NEWTONschen Verfahren gelöst werden.

Faßt man die $p_j(a_k)$ als Komponenten eines Vektors $T a$ auf, so ist durch (19.30) ein Operator T definiert. Von $a^{(0)}$ ausgehend, werden weitere $a^{(\nu)}$ bestimmt nach (17.4)

$$a^{(\nu+1)} = a^{(\nu)} - [T'_{(a^{(\nu)})}]^{-1} T a^{(\nu)} \qquad (\nu = 0, 1, 2, \ldots). \qquad (19.31)$$

Die FRÉCHETsche Ableitung des Operators T ist dabei gegeben durch die Matrix mit den Elementen

$$t_{jk} = -\frac{\partial F(x^{(0)}(a_p), a_p)}{\partial a_k} - \varepsilon_j \frac{\partial F(x^{(j)}(a_p), a_p)}{\partial a_k} \qquad (j, k = 1, \ldots, n). \qquad (19.32)$$

Die numerische Rechnung enthält dann folgende Schritte:

1. Aufstellung eines Ausgangsvektors $a^{(0)}$, wozu man oft ein Interpolationsverfahren benutzen kann.

2. Zu diesem $a^{(0)}$ hat man die Extremstellen $x^{(j)}(a_k^{(0)})$ zu bestimmen. Hierfür hat sich folgende Näherungsmethode bewährt: Man verschafft sich einige (im Falle, daß B ein Intervall ist: drei) Näherungswerte für ein Extremum, interpoliert an diesen Stellen durch ein Polynom (falls B ein Intervall ist, durch eine Parabel) und ersetzt den „schlechtesten" Näherungswert durch die Extremstelle des Polynoms und wiederholt notfalls dieses Verfahren mehrmals.

3. Berechnung des Vektors $T a^{(0)}$ und der Matrix $T'_{(a^{(0)})} = (t_{jk})$.

4. Bestimmung des Korrekturvektors $h = (h_1, \ldots, h_n)$ durch Lösung des linearen Gleichungssystems $-T'_{(a^{(0)})} h = T a^{(0)}$ oder

$$-\sum_{k=1}^{n} t_{jk} h_k = p_j(a^{(0)}) \qquad (j = 1, \ldots, n). \qquad (19.33)$$

Der neue Vektor ist dann $a^{(1)} = a^{(0)} + h$.

Das Gleichungssystem (19.33) kann in einigen wichtigen Fällen durch Interpolation aufgelöst werden, was nicht nur eine wesentliche Verringerung des Rechenaufwandes, sondern auch Verminderung des Einflusses der Abrundungsfehler bedeutet; das wird in dem folgenden Spezialfall kurz beschrieben.

5. Wenn erforderlich, Berechnung weiterer $a^{(2)}, a^{(3)}, \ldots$ durch Wiederholung der Schritte 2., 3., 4.

Als wichtiger Spezialfall sei die Polynomapproximation in einem Intervall B der x-Achse herausgegriffen; dann ist

$$F(x, a_k) = \sum_{k=1}^{n} a_k x^{k-1},$$

und das Verfahren ist der von REMES [34] angegebene Algorithmus.

Wird jetzt einfach x_j statt $x^{(j)}$ geschrieben, so lautet (19.33)

$$\sum_{k=1}^{n} h_k \left(x_0^{k-1} + \varepsilon_j x_j^{k-1} \right) = p_j \qquad (j = 1, 2, \ldots, n).$$

Diese Gleichungen können einfach durch Interpolation gelöst werden. Man ermittle Polynomkoeffizienten u_k, v_k aus

$$\sum_{k=1}^{n} u_k x_j^{k-1} = \varepsilon_j p_j, \qquad \sum_{k=1}^{n} v_k x_j^{k-1} = \varepsilon_j \qquad (j = 1, 2, \ldots, n).$$

Dann ist

$$h_k = u_k - \frac{\sum_{s=1}^{n} u_s x_0^{s-1}}{1 + \sum_{s=1}^{n} v_s x_0^{s-1}} \, v_k.$$

WETTERLING [63] gibt auch für den Fall der rationalen Approximation den genauen Rechnungsgang an.

Zahlenbeispiel: Es soll die Funktion

$$f(x) = \frac{\arctan \left[\sqrt{x} \left(\sqrt{2} - 1 \right) \right]}{\sqrt{x} \left(\sqrt{2} - 1 \right)}$$

im Intervall $0 \leq x \leq 1$ durch eine rationale Funktion

$$F(x, a_j) = \frac{a_1 + a_2 x + \cdots + a_m x^{m-1}}{1 + a_{m+1} x + \cdots + a_n x^{n-m}}$$

approximiert werden; durch $f(x)$ lassen sich beliebige arctan-Werte leicht berechnen, und $F(x, a_j)$ ist auf einer Rechenanlage bequem zu ermitteln.

Nach dem oben beschriebenen Verfahren wurden für verschiedene Paare (m, n) die Koeffizienten a_ν auf einer Rechenanlage berechnet; es genügten in allen Fällen 5 Iterationsschritte. Die Ergebnisse gibt die nebenstehende Tabelle:

Die nächste Tabelle gibt die PADÉsche Tafel, welche geordnet nach Zähler- und Nennergrad jeweils die erreichte Genauigkeit

$$\| \varepsilon \| = \| f - F \| = \mathop{\text{Max}}_{(0,1)} | f(x) - F(x, a_j) |$$

enthält; in diesem Beispiel sind bei den Fällen mit gleicher Parameterzahl jeweils die in der „Hauptdiagonale'' stehenden Fälle (Zählergrad = Nennergrad) am günstigsten.

$m-1=3$, $n-m=1$	$m-1=2$, $n-m=2$	$m-1=2$, $n-m=0$	$m-1=1$, $n-m=1$
$a_1 = 0{,}999999999914142$	$a_1 = 0{,}99999999972077$	$a_1 = 0{,}99998245$	$a_1 = 0{,}999997220$
$a_2 = 0{,}074091773600$	$a_2 = 0{,}129097077292$	$a_2 = -0{,}05686140$	$a_2 = 0{,}043011002$
$a_3 = -0{,}001621124390$	$a_3 = 0{,}001801646263$	$a_3 = 0{,}00495595$	
$a_4 = 0{,}000052592668$	$a_4 = 0{,}186288025293$		
$a_5 = 0{,}131282685568$	$a_5 = 0{,}006568317935$		$a_3 = 0{,}100147427$

Padésche Tafel: Werte von $\|\varepsilon\|$

	Zählergrad $m-1=$				
	0	1	2	3	4
0	0,0244		$1,755 \cdot 10^{-5}$		$17,54 \cdot 10^{-9}$
1		$0,278 \cdot 10^{-5}$		$0,859 \cdot 10^{-9}$	
2			$0,279 \cdot 10^{-9}$		
3		$a \cdot 10^{-9}$ $0,34 \leqq a \leqq 0,52$			

(Row labels under **Nennergrad** $n-m=$)

§ 20. Monotonie und Extremalprinzipien beim Newtonschen Verfahren

20.1 Problemklasse, konvexe und konkave Operatoren

Man beobachtet bei der Iteration nach dem NEWTONschen Verfahren häufig, daß die Näherungen $u_0, u_1, u_2, \ldots$, oder zumindest von u_1 an, monoton verlaufen. Das braucht natürlich nicht stets der Fall zu sein, wie schon das Gegenbeispiel einer Gleichung $f(x) = 0$ im Falle eines Wendepunktes an der Nullstelle zeigt. Weiterhin ist vom NEWTONschen Verfahren für eine reelle Gleichung $f(x) = 0$ mit zweimal stetig differenzierbarem $f(x)$ bei festem Vorzeichen von f' und f'' her bekannt: Findet die Monotonie nicht von x_0 an, sondern erst von x_1 an statt, so haben die „Defekte" $f(x_0)$ und $f(x_1)$ verschiedenes Vorzeichen, und es wird dann mindestens eine Lösung x von $f(x) = 0$ von x_0 und x_1 eingeschlossen. Es soll hier nach weiteren Fällen gefragt werden, in denen man ähnliche Aussagen treffen und möglichst ohne Zusatzrechnungen Einschließungsaussagen erhalten kann. (Die Frage nach dem monotonen Verhalten wurde von KALABA [59] in Angriff genommen, hier wird sie in etwas allgemeinerem Rahmen aufgegriffen.)

Vorgelegt sei eine Gleichung

$$N u = L u - T u = \Theta, \tag{20.1}$$

zu der evtl. eine Nebenbedingung

$$S u = r \tag{20.2}$$

tritt. Die Operatoren N, L, T, S seien sämtlich in einem konvexen Definitionsbereich D des Raumes R erklärt. Die Bildelemente $L u, T u$ mögen in einem Raum R_1 und $S u$ in einem Raum R_2 liegen. $r \in R_2$ ist ein gegebenes Element. Θ ist das jeweilige Nullelement (es ist wohl nicht nötig, $\Theta_R, \Theta_{R_1}, \Theta_{R_2}$ zu schreiben). R_1 und R_2 seien lineare Räume, R und R_1 überdies L-supermetrisch und halbgeordnet.

Die Operatoren L und S seien linear und stetig in D. Falls L nicht der Nulloperator O ist, soll L eine (lineare stetige) beschränkte Inverse besitzen. Der Operator T sei nichtlinear und stetig in D und dort einmal FRÉCHET-differenzierbar. T' ist dann ein linearer, beschränkter (stetiger) Operator.

Zur Lösung von (20.1) und (20.2) wird das gewöhnliche NEWTONsche Verfahren verwendet. Es wird eine Folge von Elementen u_n gebildet, wobei u_0 in D gewählt wird. Es bedeute, wie in (19.3), zur Abkürzung bei L, N, T, T' ein angehängter Index n, daß der betreffende Operator an der Stelle u_n zu nehmen ist. Dann wird beim NEWTONschen Verfahren die Korrektur

$$\delta_n = u_{n+1} - u_n \tag{20.3}$$

nach

$$N_n + N'_n \delta_n = L_n - T_n + L(u_{n+1} - u_n) - T'_n(u_{n+1} - u_n) = \Theta,$$

also nach

$$L_{n+1} = T_n + T'_n \delta_n \tag{20.4}$$

bestimmt. Falls eine Nebenbedingung (20.2) auftritt, ist zu (20.4)

$$S\,u_{n+1} = r \tag{20.5}$$

hinzuzunehmen.

Definition: Der im Definitionsbereich D FRÉCHET-differenzierbare Operator T heißt ein konvexer (bzw. konkaver) Operator, wenn gilt

$$T'_{(w)}(v - w) \leqq (\text{bzw. } \geqq)\, T v - T w \quad \text{für beliebige } v, w \in D, \tag{20.6}$$

d. h.

$$T v \geqq (\text{bzw. } \leqq)\, T w + T'_{(w)}(v - w) \quad \text{für beliebige } v, w \in D. \tag{20.7}$$

Es gilt dann mit

$$T v = \underset{w \in D}{\text{Max}} \left(\text{bzw. } \underset{(w \in D)}{(\text{Min})} \right) [T w + T'_{(w)}(v - w)] \tag{20.8}$$

ein Maximum- (bzw. Minimum-) Prinzip für konvexe (bzw. konkave) Operatoren. Das Maximum (bzw. Minimum) wird für $v = w$ angenommen.

Beispiel: Es sei $T f = g(f)$ und $g(f)$ eine zweimal stetig differenzierbare Funktion der Veränderlichen f und $f = f(x_1, \ldots, x_n)$ eine Funktion der n Veränderlichen $x_1, \ldots, x_n$ [z. B. $g(f) = e^f$]. Alle Größen seien reell.

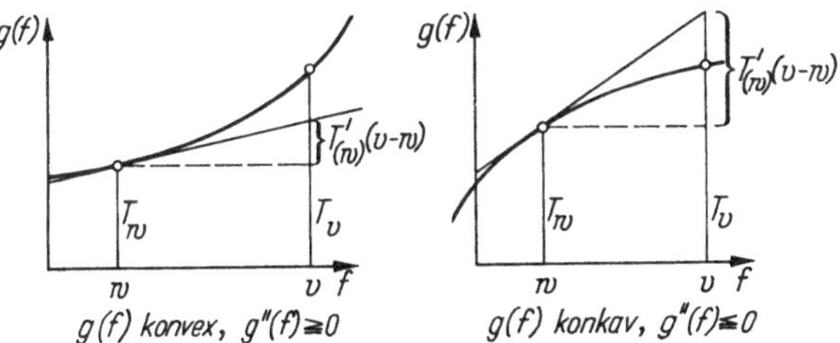

Abb. 20/1. Konvexer und konkaver Operator

Nach der TAYLORschen Formel gilt dann

$$g(v) = g(w) + g'(w)(v-w) + \tfrac{1}{2}g''(\tilde{w})(v-w)^2$$

($\tilde{w}$ Zwischenwert in $\langle v, w \rangle$).

$T f$ ist also konvex (bzw. konkav), falls $g''(f) \geqq 0$ (bzw. $\leqq 0$) in D gilt, vgl. Abb. 20/1.

20.2 Monotonie beim Newtonschen Verfahren

Es werden nun folgende 4 Voraussetzungen betrachtet:

(a_1) T ist ein konvexer Operator in D.
(a_2) T ist ein konkaver Operator in D.
(b_1) Aus $L f \geqq T'_{(g)} f$ und $S f = \Theta$ folgt $f \geqq \Theta$ für alle $f \in R, g \in D$.
(b_2) Aus $L f \geqq T'_{(g)} f$ und $S f = \Theta$ folgt $f \leqq \Theta$ für alle $f \in R, g \in D$.

Die Voraussetzungen (b_1) (b_2) sind von den „Aufgaben monotoner Art" her bekannt. (Bei COLLATZ [52] ist gezeigt, daß z. B. (b_1) bzw. (b_2) bei allgemeineren Klassen von Randwertaufgaben gewöhnlicher und partieller Differentialgleichungen erfüllt sind.)

Unter der Voraussetzung (a_1) bzw. (a_2) folgt aus

$$L u_{n+1} = T u_n + T'_{(u_n)}(u_{n+1} - u_n) \leqq (\text{bzw.} \geqq) T u_{n+1}$$

und

$$L u_{n+2} = T u_{n+1} + T'_{(u_{n+1})}(u_{n+2} - u_{n+1})$$

durch Subtraktion

$$L \delta_{n+1} \geqq (\text{bzw.} \leqq) T'_{n+1} \delta_{n+1},$$

ferner gilt $S \delta_{n+1} = \Theta$.

Im Falle (a_2) gilt

$$L(-\delta_{n+1}) \geqq T'_{n+1}(-\delta_{n+1}), \quad S(-\delta_{n+1}) = \Theta.$$

In beiden Fällen sind (b_1) (b_2) anwendbar, und es folgt $\delta_{n+1} \geqq \Theta$ unter den Voraussetzungen (a_1) (b_1) oder auch für (a_2) (b_2), dagegen $\delta_{n+1} \leqq \Theta$ für den Fall (a_1) (b_2) und für (a_2) (b_1), jeweils für $n = 0, 1, \ldots$ Somit gilt der

Satz (*Monotones Verhalten*): *Für die Iteration* (20.4) *und* (20.5) *nach dem gewöhnlichen Newtonschen Verfahren gilt, falls eine der Voraussetzungen* (a_1) (a_2) *und eine der Voraussetzungen* (b_1) (b_2) *erfüllt sind,* $u_{n+1} \geqq u_n$ *bzw.* $u_{n+1} \leqq u_n$ *von* $n = 1$ *an nach dem folgenden Schema*

	(a_1)	(a_2)
(b_1)	$u_{n+1} \geqq u_n$	$u_{n+1} \leqq u_n$
(b_2)	$u_{n+1} \leqq u_n$	$u_{n+1} \geqq u_n$

$(n = 1, 2, 3, \ldots)$

Beispiel: Für die Gleichung $f(x) = 0$ im Reellen mit der im Intervall D zweimal stetig differenzierbaren Funktion $f(x)$ werde das gewöhnliche NEWTONsche Verfahren (17.3) benutzt:

$$x_{n+1} = x_n - \frac{f(x_n)}{f'(x_n)} \quad (x_0 \in D \quad \text{gegeben}, \quad n = 0, 1, 2, \ldots). \quad (20.9)$$

Hier ist $L = 0$ und $T x = f(x)$.

(a_1) bzw. (a_2) ist erfüllt, falls $f''(x) \geq$ (bzw. $\leq$) 0 in D gilt.

(b_1) bzw. (b_2) lautet: Aus $0 \geq f'(\xi) \cdot x$ folgt $x \geq$ (bzw. $\leq$) 0 für

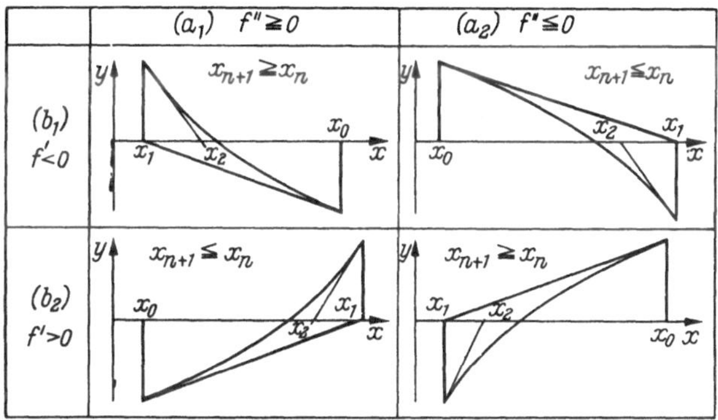

Abb. 20/2. Monotonie beim NEWTONschen Verfahren

alle $\xi \in D$ und $x \in R$ und ist also erfüllt, falls $f'(\xi) <$ (bzw. $>$) 0 für alle $\xi \in D$ gilt.

So erhält man hier das bekannte Schema (man beachte, daß die Monotonie der x_n erst von x_1 an zu gelten braucht!) von Abb. 20/2.

20.3 Extremalprinzipien und Einschließungssatz

Die Iterationsvorschrift (20.4) und (20.5) werde als $u_{n+1} = \varphi(u_n)$ geschrieben, d. h., wenn $v \in D$ liegt, werde $\varphi(v)$ durch

$$L \varphi(v) = T v + T'_{(v)}(\varphi(v) - v); \quad S \varphi(v) = r \quad (20.10)$$

festgelegt. Für eine Lösung u von (20.1) und (20.2) gilt, falls T ein konvexer (bzw. konkaver) Operator ist,

$$L u = T u \geqq (\text{bzw. } \leqq) \, T v + T'_{(v)}(u - v); \quad S u = r.$$

Subtraktion ergibt, da $L, T'_{(v)}$ und S lineare Operatoren sind,

$$L(u - \varphi(v)) \geqq (\text{bzw. } \leqq) \, T'_{(v)}(u - \varphi(v)); \quad S(u - \varphi(v)) = \Theta.$$

Es gilt also wie in der vorigen Nummer

$$u - \varphi(v) \geqq \Theta \quad \text{bei } (a_1)\,(b_1) \text{ und bei } (a_2)\,(b_2)$$

und

$$u - \varphi(v) \leqq \Theta \quad \text{bei } (a_1)\,(b_2) \text{ und bei } (a_2)\,(b_1).$$

Es gilt somit der

Satz 1: (Erstes Extremalprinzip). *Das gewöhnliche Newtonsche Verfahren* (20.4) *und* (20.5) *liefere, ausgehend von* $v = u_0$, *das Element* $\varphi(v) = u_1$; *es mögen* v, $\varphi(v)$ *und eine Lösung* u *von* (20.1) *und* (20.2) *in* D *liegen. Falls je eine der Voraussetzungen* (a_1) (a_2) *und* (b_1) (b_2) *erfüllt sind, gilt für* u *ein Maximum- bzw. ein Minimumprinzip nach dem folgenden Schema* [*das Maximum* (*bzw. Minimum*) *wird für* $v = u$ *angenommen*]:

	(a_1)	(a_2)
(b_1)	$u \geqq \varphi(v)$ für $v \in D$ bzw. $u = \underset{v \in D}{\mathrm{Max}}\, \varphi(v)$	$u \leqq \varphi(v)$ für $v \in D$ bzw. $u = \underset{v \in D}{\mathrm{Min}}\, \varphi(v)$
(b_2)	$u \leqq \varphi(v)$ für $v \in D$ bzw. $u = \underset{v \in D}{\mathrm{Min}}\, \varphi(v)$	$u \geqq \varphi(v)$ für $v \in D$ bzw. $u = \underset{v \in D}{\mathrm{Max}}\, \varphi(v)$

Nun werde außer der Existenz einer Lösung $u \in D$ noch über den Defekt $d\,u_0$ der Ausgangsnäherung u_0, welche bereits $S\,u_0 = r$ erfülle, vorausgesetzt:

$$d\,u_0 = L\,u_0 - T\,u_0 \geqq \Theta. \tag{20.11}$$

Dann folgt für einen konvexen Operator T nach (20.6)

$$L\,u_0 - d\,u_0 = T\,u_0 \geqq T\,u + T'_{(u)}(u_0 - u) = L\,u + T'_{(u)}(u_0 - u),$$
$$L(u_0 - u) \geqq d\,u_0 + T'_{(u)}(u_0 - u) \geqq T'_{(u)}(u_0 - u); \quad S(u_0 - u) = \Theta. \tag{20.12}$$

Unter der Voraussetzung (b_1) [bzw. (b_2)] ergibt sich daher

$$u_0 - u \geqq \Theta \ (\text{bzw.} \leqq \Theta). \tag{20.13}$$

Bei einem konkaven Operator hat man entsprechend in (20.11), (20.12) und (20.13) jedesmal $\leqq$ an Stelle von $\geqq$ zu schreiben. In Kombination mit dem vorigen Satz folgt so der

Satz 2: (Einschließungssatz). *Unter den Voraussetzungen von Satz 1 sei überdies der Defekt* $d\,u_0 = L\,u_0 - T\,u_0$, *falls* T *ein konvexer Operator ist,* $\geqq \Theta$ *und* $d\,u_0$ *sei* $\leqq \Theta$, *falls* T *konkav ist. Ferner erfülle* u_0 *die etwa vorhandenen Nebenbedingungen* (20.2). *Dann gelten in den einzelnen Fällen die Einschließungsaussagen nach dem folgenden Schema:*

	(a_1) $d\,u_0 \geqq \Theta$	(a_2) $d\,u_0 \leqq \Theta$
(b_1)	$u_1 \leqq u \leqq u_0$	$u_0 \leqq u \leqq u_1$
(b_2)	$u_0 \leqq u \leqq u_1$	$u_1 \leqq u \leqq u_0$

Die Betrachtungen (20.11) bis (20.13) liefern zugleich einen Satz, der das Gegenstück zu Satz 1 liefert, indem u jetzt in den 4 Fällen des Schemas jeweils durch ein Maximum- *und* durch ein Minimumprinzip dargestellt werden kann.

Satz 3: (Zweites Extremalprinzip). *Für die Gl.* (20.1) *seien je eine der Voraussetzungen* (a$_1$) (a$_2$) *bzw.* (b$_1$) (b$_2$) *erfüllt. Dann ist u das Minimum bzw. das Maximum von u_0, entsprechend dem folgenden Schema, wenn u_0 innerhalb des Definitionsbereichs D die Menge aller die etwaigen Nebenbedingungen* (20.2) *erfüllenden Elemente mit einem Defekt $d\,u_0 \ggeq \Theta$ im Falle* (a$_1$) *und mit $d\,u_0 \lleq \Theta$ im Falle* (a$_2$) *durchläuft:*

	(a$_1$)	(a$_2$)
(b$_1$)	$u = \mathrm{Min}\,u_0$ für $d\,u_0 \geqq \Theta$	$u = \mathrm{Max}\,u_0$ für $d\,u_0 \leqq \Theta$
(b$_2$)	$u = \mathrm{Max}\,u_0$ für $d\,u_0 \geqq \Theta$	$u = \mathrm{Min}\,u_0$ für $d\,u_0 \leqq \Theta$

20.4 Beispiele nichtlinearer Randwertaufgaben

I. Gegeben sei die Randwertaufgabe:

$$-u'' = f(x, u, u'); \qquad u'(a) - c_1\,u(a) = d_1; \qquad u'(b) + c_2\,u(b) = d_2;$$

alle Größen seien reell, und $f(x, u, u')$ besitze (auch gemischte) stetige partielle Ableitungen bis zur zweiten Ordnung einschließlich nach u und u'.

Ferner seien $a < b$, $c_1 \geqq 0$, $c_2 \geqq 0$, c_1 und c_2 nicht zugleich Null. Es sei hier $L\,u = -u''$, und $T\,u = f(x, u, u')$ sei nichtlinear. Die Randbedingungen sind hier die Nebenbedingungen (20.2). Die FRÉCHETsche Ableitung $T'_{(u)}\,v$ von T lautet

$$T'_{(u)}\,v = f_u(x, u, u')\,v + f_{u'}(x, u, u')\,v' \tag{20.14}$$

mit den üblichen Abkürzungen $f_u = \dfrac{\partial f}{\partial u}$, $f_{u'} = \dfrac{\partial f}{\partial u'}$.

Nach der TAYLORschen Formel gilt

$$T\,v - T\,w - T'_{(w)}(v - w)$$

$$= f(x, v, v') - f(x, w, w') - \frac{1}{1!}\,[f_u(x, w, w')\,(v - w) +$$

$$+ f_{u'}(x, w, w')\,(v' - w')] = \frac{1}{2!}\,[f_{uu}(x, w^*, w'^*)\,(v - w)^2 +$$

$$+ 2f_{uu'}(x, w^*, w'^*)\,(v - w)\,(v' - w') + f_{u'u'}(x, w^*, w'^*)\,(v' - w')^2].$$

Dabei ist w^* bzw. w'^* eine Zwischenstelle in $\langle v, w \rangle$ bzw. in $\langle v', w' \rangle$; somit ist T ein konvexer (bzw. konkaver) Operator, wenn die quadratische Form in ξ, η

$$f_{uu}(x, w^*, w'^*)\, \xi^2 + 2 f_{uu'}(x, w^*, w'^*)\, \xi\eta + f_{u'u'}(x, w^*, w'^*)\, \eta^2$$

positiv (bzw. negativ) semidefinit ist, wenn also die symmetrische Matrix $M = \begin{pmatrix} f_{uu} & f_{uu'} \\ f_{uu'} & f_{u'u'} \end{pmatrix}$ im ganzen zugrunde gelegten Definitionsbereich D positiv (bzw. negativ) semidefinit ist.

II. (Spezialfall von Beispiel I).

Gegeben sei die spezielle Randwertaufgabe $-u'' = 1 - x\,u^2$, $u(0) = u(1) = 0$. Bezeichnungen und Voraussetzungen wie in Beispiel I. Die Iterationsvorschrift (20.4) $L_{n+1} = T_n + T_n'\,\delta_n$ lautet hier:

$$-u''_{n+1} = 1 - 2 x\, u_n\, u_{n+1} + x\, u_n^2.$$

Die Ausgangsnäherung $u_0 \equiv 0$ mit $S u_0 = \Theta$ ergibt $-u_1'' = 1$ und $S u_1 = \Theta$, woraus $u_1 = \tfrac{1}{2} x(1-x)$ folgt.

Nach Beispiel I läßt sich zeigen, daß T ein konkaver Operator ist, Voraussetzung (a_2). Ferner kann Voraussetzung (b_1) erfüllt werden. Es ist dann nach dem Satz von Nr. 20.2 $u_1 \geqq u_2 \geqq u_3 \geqq \cdots$ und alle u_n in $0 \leqq u_n \leqq 1$.

III. Gegeben sei die Randwertaufgabe $-\Delta u(x, y) = 1 - u + u^2$; $u = 0$ für $r = 1$ mit $r^2 = x^2 + y^2$. Die Iterationsvorschrift (20.4) $L_{n+1} = T_n + T_n'\,\delta_n$ lautet $u_{n+1} = \varphi(u_n)$ mit Einführung der Funktion $\varphi = \varphi(v)$:

$$-\Delta\varphi = 1 - \varphi + \varphi^2 - (\varphi - v)^2;$$

$$\varphi = v = 0 \quad \text{für} \quad r = 1.$$

Bei dem Ansatz $\varphi = a(1 - r^2)$ wird a so gewählt, daß $\varphi - v$ reell ausfällt und betragsmäßig möglichst kleine Werte annimmt; das ergibt $a = \tfrac{1}{2}\left(5 - \sqrt{21}\right) \approx 0{,}21$. T ist ein konvexer Operator; denn $T f = g(f) = 1 - f + f^2$ hat die Form wie bei dem Beispiel in Nr. 20.1, wobei $g''(f) = 2 > 0$ ausfällt.

Der Bereich D der Elemente $(p, u, v, w$ usw.$)$ sei so gewählt, daß $0 \leqq p \leqq \tfrac{1}{2}$; dann ist auch Voraussetzung (b_1) von Nr. 20.2 erfüllt:

Aus

$$L q = -\Delta q \geqq (-1 + 2p)\, q = T'_{(p)}\, q, \quad q = 0 \quad \text{für} \quad r = 1$$

folgt $q \geqq \Theta$. Nach dem Satz von Nr. 20.2 ist also $u_1 \leqq u_2 \leqq u_3, \ldots$

Wählt man in obigem Ansatz $a = \tfrac{1}{4}$, so fällt der Defekt $d v \geqq 0$ aus und man erhält unter der Annahme, daß eine Lösung der Randwertaufgabe mit $0 \leqq u \leqq \tfrac{1}{2}$ existiert, für u die Schranken $\tfrac{1}{2}\left(5 - \sqrt{21}\right)(1 - r^2) \leqq u \leqq \tfrac{1}{4}(1 - r^2)$.

20.5 Konvergenzuntersuchung

Nunmehr seien alle Größen reell; z. B. die Elemente des Raumes R seien reelle Vektoren oder reelle Funktionen, und das Zeichen $\leqq$ habe die gewöhnliche Bedeutung.

Über die Voraussetzungen von Nr. 20.1 und einer Monotonievoraussetzung von Nr. 20.2 hinaus sei nun noch erfüllt:

a) Es gibt Konstanten A, B mit

$$\varrho(T u_n, \Theta) \leqq A + B \varrho(u_n, \Theta) \qquad (n = 0, 1, 2, \ldots). \qquad (20.15)$$

Es ist gewöhnlich leichter nachzuprüfen

$$\varrho(T v, \Theta) \leqq A + B \varrho(v, \Theta) \quad \text{für} \quad v \in D.$$

Es wird aber nur (20.15) gebraucht.

b) In D existieren die Inverse L^{-1} und die Ableitung $T'_{(v)}$ und sind beschränkt. Es gibt Konstanten C, M_1 mit

$$\|L^{-1}\| \leqq C, \quad \|T'_{(v)}\| \leqq M_1 \quad \text{für} \quad v \in D \qquad (20.16)$$

und

$$C(B + 2M_1) < 1. \qquad (20.17)$$

c) Die Kugel K der Elemente v mit

$$\varrho(v, \Theta) \leqq \mathrm{Max}\left[\frac{C A}{1 - C(B + 2M_1)}, \varrho(u_0, \Theta)\right] \qquad (20.18)$$

gehöre zu D.

d) Die Folge der u_n $(n = 0, 1, 2, \ldots)$ sei monoton.

Satz: *Unter den Voraussetzungen von Nr.* 20.1 *und* 20.2 *und den eben genannten Annahmen* a) *bis* d) *konvergiert das Iterationsverfahren* (20.4).

Bemerkung: Die Existenz einer Schranke M_2 für die zweite Ableitung wird nicht vorausgesetzt.

Beweis: Aus (20.4) folgt:

$$u_{n+1} = L^{-1}(T_n + T'_n u_{n+1} - T'_n u_n)$$

und nach (a) (b) (c)

$$\varrho(u_{n+1}, \Theta) \leqq C[A + B \varrho(u_n, \Theta) + M_1 \varrho(u_{n+1}, \Theta) + M_1 \varrho(u_n, \Theta)],$$

$$\varrho(u_{n+1}, \Theta)(1 - C M_1) \leqq C A + C(B + M_1) \varrho(u_n, \Theta),$$

$$\varrho(u_{n+1}, \Theta) \leqq \alpha + \beta \varrho(u_n, \Theta) \ (n = 0, 1, 2, \ldots) \quad \text{mit} \quad \alpha = \frac{C A}{1 - C M_1}.$$

Hierbei ist $\beta = \dfrac{C(B + M_1)}{1 - C M_1} < 1$ wegen (20.17).

Die Folge der $\varrho(u_n, \Theta)$ ist also wegen $\beta < 1$ beschränkt. Es ist nämlich

$$\varrho(u_n, \Theta) \leqq \alpha \frac{1 - \beta^n}{1 - \beta} + \beta^n \varrho(u_0, \Theta) \leqq \frac{\alpha}{1 - \beta} + \varrho(u_0, \Theta); \qquad (20.19)$$

man kann mit Hilfe der linken Ungleichung von (20.19) elementar zeigen

$$\varrho(u_n, \Theta) \leqq \mathrm{Max}\left[\frac{\alpha}{1 - \beta}, \varrho(u_0, \Theta)\right], \qquad (20.20)$$

d. h., es liegen alle u_n in der Kugel K, und es konvergiert die monotone und beschränkte Folge der reellen Elemente u_n. Bei Vektoren folgt, daß die u_n gegen ein Grenzelement $u \in D$ streben, das Lösung von $L\,u - T\,u = \Theta$ ist.

Bei Funktionen u erhält man lediglich punktweise Konvergenz. Um die Konvergenz gegen eine Grenzfunktion $u \in D$ mit $L\,u - T\,u = \Theta$, etwa nach dem Häufungsstellenprinzip für Funktionen aussagen zu können, muß man noch im Einzelfall nachprüfen, ob die u_n die beim Häufungsstellenprinzip geforderte gleichgradige Stetigkeit besitzen; die ebenfalls verlangte gleichmäßige Beschränktheit ist gesichert.

20.6 Vermischte Aufgaben zu Kapitel II

Aufgabe 1. Man untersuche Einzugsgebiete der Fixpunkte bei den Iterationen (im Reellen)

$$x_{n+1} = \sqrt[3]{x_n}$$
$$y_{n+1} = \sqrt[3]{y_n}$$

$$(n = 0, 1, 2, \ldots).$$

Aufgabe 2. Desgleichen bei der Iteration

$$x_{n+1} = \sqrt[3]{y_n} - 3,$$
$$y_{n+1} = \frac{1}{16}\left(x_n^3 - 12\,x_n\right).$$

Aufgabe 3. Man löse das Gleichungssystem $A\,x = r$ mit

$$A = \begin{pmatrix} 4{,}33 & -1{,}12 & -1{,}08 \\ -1{,}12 & 4{,}33 & 0{,}24 \\ -1{,}08 & 0{,}24 & 7{,}21 \end{pmatrix}, \qquad r = \begin{pmatrix} 3{,}52 \\ 1{,}57 \\ 0{,}54 \end{pmatrix}$$

durch Iteration (mit Fehlerabschätzung) und schätze nach der Methode von Nr. 12.4 den Fehler der Lösung ab, wenn jede der angegebenen Zahlen einen Fehler bis zum Betrage von 0,005 (Meßfehler) haben kann.

Aufgabe 4. Das Torsionsproblem für einen Träger rechteckigen Querschnitts B $|x| < 2, |y| < 1$ (Abb. 20/5), $\Delta u = -1$ in B, $u = 0$ auf dem Rand Γ soll näherungsweise mit Hilfe des Mehrstellenverfahrens gelöst werden. Bei der Maschenweite $h = \frac{1}{2}$ hat man 8 Unbekannte $y_1, \ldots, y_8$, Abb. 20/5. Bei dem Mehrstellenstern

(COLLATZ [55], S. 505, vgl. hier Nr. 14.3) $\begin{array}{|ccc|} \hline 1 & 4 & 1 \\ 4 & -20 & 4 \\ 1 & 4 & 1 \\ \hline \end{array}$ lauten die Gleichungen

$$\left.\begin{aligned} 20y_1 &= 1{,}5 + 4y_2 + 4y_5 + y_6, \\ 20y_2 &= 1{,}5 + 4y_1 + 4y_3 + y_5 + 4y_6 + y_7, \\ &\cdots\cdots\cdots\cdots\cdots\cdots\cdots\cdots \\ 20y_8 &= 1{,}5 + 4y_3 + 8y_4 + 8y_7. \end{aligned}\right\} \qquad (20.21)$$

Man behandle diese Gleichungen mit dem Einzelschrittverfahren und führe eine Fehlerabschätzung dafür durch.

Aufgabe 5. Man führe für die nichtlineare Randwertaufgabe

$$-y'' + 2y + y^2 = 0, \quad y'(0) = 0, \quad y(1) = 1$$

einen Schritt des NEWTONschen Verfahrens durch; es entsteht dabei aus der Ausgangsnäherung $u_0(x)$ eine neue Näherung $u_1(x)$ durch die Vorschrift

$$u_0 = u_1 \pm \sqrt{d(u_1)},$$

wobei der Defekt $d(u_1) = -u_1'' + 2u_1 + u_1^2$ ist. Hier wählt man zweckmäßig u_1 und bestimmt dann u_0 aus der obigen Gleichung.

20.7 Hinweise zu den Lösungen

Aufgabe 1. Es treten 9 Fixpunkte auf. Die 4 Fixpunkte $x, y = \pm 1$ sind anziehend und haben als Einzugsgebiet jeweils den offenen Quadranten, in dem sie liegen; der Fixpunkt $x = y = 0$ ist abstoßend; die vier auf den Achsen im Abstand 1 vom Nullpunkt liegenden Fixpunkte sind weder anziehend noch abstoßend und haben als Einzugsgebiet jeweils die offene vom Nullpunkt ausgehende halbe Koordinatenachse, auf der sie liegen, Abb. 20/3.

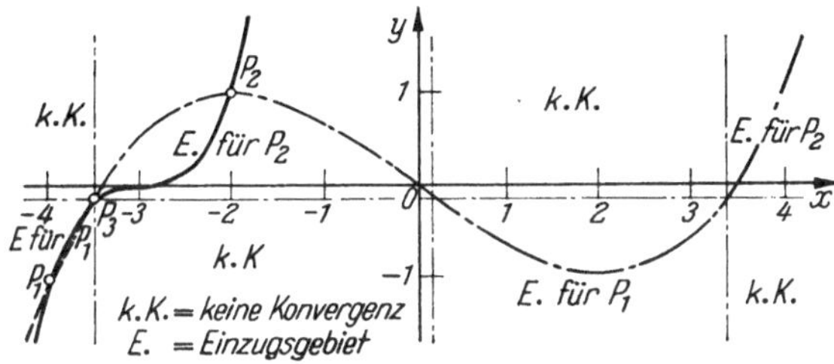

Abb. 20/3. Einzugsgebiete bei einer Iteration

Aufgabe 2. Es sind zwei anziehende Fixpunkte $P_1(x = -4, y = -1)$ und $P_2(x = -2, y = 1)$ und ein abstoßender Fixpunkt P_3 vorhanden. Abb. 20/4 zeigt einen Ausschnitt aus der x-y-Ebene mit einigen Gebieten ohne Konvergenz und Einzugsgebieten für P_1 und P_2.

Aufgabe 3. Für die Komponenten $x^{(j)}$ von x habe man die Näherungen erhalten, wobei $x_{k+1}^{(j)}$ aus den angegebenen $x_k^{(j)}$ nach dem Gesamtschrittverfahren berechnet ist:

		$x^{(1)}$	$x^{(2)}$	$x^{(2)}$
u_0	$x_k^{(j)}$	1,024	0,616	0,2078
u_1	$x_{k+1}^{(j)}$	1,02410	0,61594	0,20778

Hier ist [nach (14.5)] $\mu = \dfrac{1,12 + 1,08}{4,33} = P = 0,4966; \quad \dfrac{P}{1-P} = \dfrac{2,20}{2,23} < 1.$

Abb. 20/4. Iteration mit 3 Fixpunkten

Bei der Norm (14.6) ist die Änderung $\varrho(u_0, u_1) = 0,00010$ (maximaler Änderungsbetrag), also nach (12.5) $\varrho(x, u_1) \leqq 0,00010$ (Schranke für den Fehler jeder

	$j=1$	$j=2$	$j=3$	$j=4$	$j=5$	$j=6$	$j=7$	$j=8$
$y_{j(20)}$	0,2066201	0,2960091	0,3333326	0,3435454	0,2649680	0,3886117	0,4411136	0,4555301
$y_{j(21)}$	0,2066260	0,2960181	0,3333425	0,3435544	0,2649745	0,3886217	0,4411246	0,4555401
β_j	0,45	0,59	0,618	0,5472	0,439	0,6306	0,68704	0,617296
$[y_{j(21)} - y_{j(20)}] \cdot 10^7$	59	90	99	90	65	100	110	100
$[y_j - y_{j(21)}] \cdot 10^7$	95	146	160	145	105	163	178	161

Größe $x^{(1)}_{k+1}$). Nun werden alle gegebenen Daten als fehler-
haft angesehen. Das Gleichungssystem wird geschrieben als

$$x = T x = B x + s$$

mit

$$B = \begin{pmatrix} 0 & \dfrac{1,12}{4,33} & \dfrac{1,08}{4,33} \\ \dfrac{1,12}{4,33} & \cdot & \cdot \\ \cdot & \cdot & \cdot \end{pmatrix} \qquad s = \begin{pmatrix} \dfrac{3,52}{4,33} \\ \cdot \\ \dfrac{0,54}{7,21} \end{pmatrix}.$$

Bei der Änderung der Daten jeweils um höchstens $\alpha = 0,005$
gehen B, s, T in B^*, s^*, T^* über, und man braucht nach
(12.17)

$$\varepsilon = \| T v - T^* v \| \leqq \| B - B^* \| \, \| v \| + \| s - s^* \|.$$

Für einen Bruch $\dfrac{p}{q}$ und eine Näherung für ihn $\dfrac{p'}{q'}$
$= \dfrac{p + \Delta p}{q + \Delta q}$ gilt $\dfrac{p}{q} - \dfrac{p'}{q'} = \dfrac{p(\Delta q) - q(\Delta p)}{q q'}$. Bei den hier
auftretenden Brüchen ist $|\Delta p| \leqq 0,005$, $|\Delta q| \leqq 0,005$, also

$$\| B - B^* \| \leqq 0,005 \cdot \frac{1,12 + 4,33 + 1,08 + 4,33}{4,33 \cdot 4,325} = 0,0029;$$
$$\| v \| \leqq 1,05;$$
$$\| s - s^* \| \leqq 0,005 \cdot \frac{3,52 + 4,33}{4,33 \cdot 4,325} = 0,00210,$$

mithin $\varepsilon = 0,0051$; $\dfrac{\varepsilon}{1 - P} = \delta = 0,0104$; nach (12.19) hat
man jetzt [das obige u_1 entspricht dem u_1^* von (12.19)] die
Fehlerschranke $\varrho(x, u_1) \leqq 0,0105$, also etwa das Hundert-
fache der obigen Schranke 0,00010.

Aufgabe 4. Ausgehend von den Werten $y_{j(0)} = 0$ (Abb. 20/5)
wurden durch Iteration Werte $y_{j(k)}$ ($k = 1, 2, \ldots, 21$) auf einer

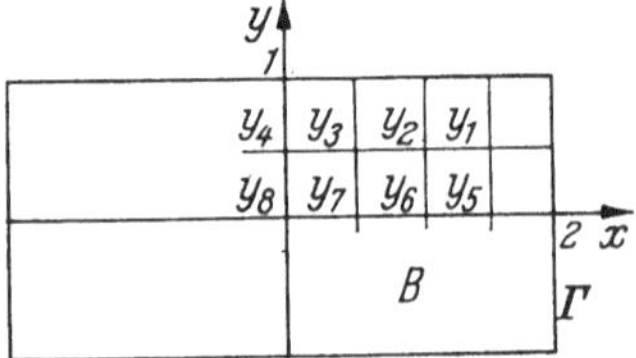

Abb. 20/5. Torsion, rechteckiger Querschnitt

Rechenanlage auf 10 Dezimalen berechnet. In der Tabelle
sind die Werte von $y_{j(20)}$ und $y_{j(21)}$ auf 7 Dezimalen abgerundet angegeben. Das Zeilensummenkriterium (14.5) ist
hier nicht erfüllt, man hat $\mu = 1$; wohl aber ist die Abschätzung von SASSENFELD von Nr. 14.2 anwendbar; die

Zahlen β_j lauten hier nach (14.9) $\beta_1 = \frac{9}{20} = 0,45$; $\beta_2 = \frac{59}{100}, \ldots$; die Tabelle enthält auch die β_j und liefert als ihr Maximum $P = \beta_7 = 0,68704$.

Mit der Betragsnorm (14.6) gilt dann die Abschätzung

$$|y_j - y_{j(21)}| \leqq \frac{P}{1-P} \|y_{(20)} - y_{(21)}\|.$$

Die maximale Änderung beim Übergang von $y_{(20)}$ zu $y_{(21)}$ tritt bei y_7 auf und beträgt

$$\|y_{(20)} - y_{(21)}\| = 110 \cdot 10^{-7},$$

mithin wird

$$|y_j - y_{j(21)}| \leqq 219 \cdot 10^{-7} \quad (\text{für} \quad j = 1, 2, \ldots, 8).$$

Dies gibt die Größenordnung des Fehlers gut wieder; bei y_7 beträgt der tatsächliche Fehler

$$y_7 - y_{7(21)} = 178 \cdot 10^{-7}.$$

Die Tabelle gibt in der letzten Zeile die tatsächlichen Fehler (die durch Berechnung der y_j mit Hilfe von Monotonieeigenschaften gewonnen wurden, vgl. Nr. 26.6, Aufgabe 1).

Aufgabe 5. Der Ansatz

$$u_1 = \frac{8}{14} - 37c + \left(\frac{3}{14} + 57c\right) x^2 + \left(\frac{3}{14} - 27c\right) x^4 + 7c\, x^6$$

ist so gewählt, daß u_1 und u_0 für beliebiges c die Randbedingungen erfüllen. Nun wird c so ermittelt, daß $d(u_1)$ im ganzen Intervall $\langle 0, 1\rangle$ nichtnegativ, aber möglichst klein ausfällt. Auf einer Rechenanlage wurde der Wert $c = 0,00464$ gefunden. Die folgende Tabelle gibt einige Werte von u_1 und $d(u_1)$, es ist in $\langle 0, 1\rangle$ $0 \leqq d(u_1) \leqq 0,0447$. (Eine Fehlerabschätzung wird am Schluß von Nr. 24.4 gegeben.)

x	u_1	$d(u_1)$
0	0,399749	0,001765
0,2	0,419044	0,011872
0,4	0,478783	0,033372
0,6	0,585155	0,044397
0,8	0,751130	0,026246
1	1	0,000001

Kapitel III

Monotonie, Ungleichungen und weitere Gebiete

§ 21. Monotone Operatoren

21.1 Definition und Beispiele

Es seien R und R^* lineare halbgeordnete metrische Räume. Der Operator T besitze einen Definitionsbereich $D \subseteq R$ und einen Wertebereich $W \subseteq R^*$.

Definition: *Der Operator T heißt isoton, wenn aus $v \leqq w$ folgt $Tv \leqq Tw$ für alle $v, w \in D$; der Operator T heißt antiton, wenn aus $v \leqq w$ folgt $Tv \geqq Tw$ für alle $v, w \in D$. T heißt monoton, wenn T isoton* *oder antiton ist. Der Operator T heißt von monotoner Art, wenn aus $T v \leqq T w$ folgt $v \leqq w$ für alle $v, w \in D$; er heißt von streng monotoner Art, wenn $T v < T w$ zur Folge hat $v < w$.*

Ist eine Gleichung

$$T u = s \tag{21.1}$$

vorgelegt, so ergibt sich bei einem Operator T von monotoner Art, sofern (21.1) eine Lösung u besitzt, eine bequeme Art der Fehlerabschätzung: Hat man 2 Näherungen v, w, von denen die eine einen Defekt

$$\delta v = T v - s \leqq \Theta \tag{21.2}$$

und die andere einen Defekt

$$\delta w = T w - s \geqq \Theta \tag{21.3}$$

ergibt, so gilt die Eingabelung

$$v \leqq u \leqq w. \tag{21.4}$$

Oft gelingt es, an einer Näherung durch Anbringung kleiner Änderungen zu erreichen, daß (21.2) bzw. (21.3) erfüllt sind. Dieses Korrekturverfahren ist als „Relaxation" bekannt.

Wegen dieser bequemen Möglichkeit der Fehlerabschätzung ist es von großer praktischer Bedeutung, Typen von Operatoren monotoner Art zu kennen.

Einfache Beispiele monotoner Operatoren: Der Matrix-Operator $A = (a_{jk})$ ist genau dann isoton, wenn alle Elemente $a_{jk} \geqq 0$ sind, und antiton, wenn alle Elemente $a_{jk} \leqq 0$ sind.

Die durch

$$T u = \int_B K(x, \xi, u(\xi)) \, d\xi \tag{21.5}$$

wie in (6.19) definierte Integraltransformation T ist isoton, wenn $\dfrac{\partial K}{\partial u} \geqq 0$ in B, und antiton, wenn $\dfrac{\partial K}{\partial u} \leqq 0$ in B gilt.

Ein wichtiger Spezialfall von (21.5) ist $T u = \int_B G(x, \xi) \, u(\xi) \, d\xi$. T ist isoton für $G \geqq 0$ in B, und antiton, wenn $G \leqq 0$ in B gilt.

Faßt man bei der Randwertaufgabe (1.12) und (1.13) L als Operator T auf, wobei der Definitionsbereich D die genügend oft differenzierbaren und die Randbedingungen (1.13) erfüllenden Funktionen u umfaßt, so ist T von monotoner Art, wenn die GREENsche Funktion G in (1.14) $\geqq 0$ ist. Das ist bei vielen Typen von Randwertaufgaben der Fall, gilt jedoch nicht allgemein. Ein Gegenbeispiel liefert die homogene rechteckige Platte mit Seitenlängen a, b, mit der Plattengleichung

$$\Delta\Delta u = \frac{p(x,y)}{N} = q(x,y). \tag{21.6}$$

Hierbei ist N die konstante Plattensteifigkeit und $p(x,y)$ die Belastungsdichte. Die Lösung u kann mit Hilfe der GREENschen Funktion $G(x,y,\xi,\eta)$ durch einen Integraloperator

$$u = \int_B G(x,y,\xi,\eta)\, q(\xi,\eta)\, d\xi\, d\eta \tag{21.7}$$

dargestellt werden.

Die GREENsche Funktion G (es sei $N=1$ gesetzt) kann aufgefaßt werden als Durchbiegung an der Stelle x,y unter der Einheitslast an der Stelle ξ,η. Ist die Platte ringsum frei gelagert, so gilt $G \geqq 0$; die Durchsenkungen weisen alle in Lastrichtung. Ist dagegen die Platte ringsum eingespannt, so kann es bei hinreichend langen Platten (a/b hinreichend groß) eintreten, daß Durchsenkungen in

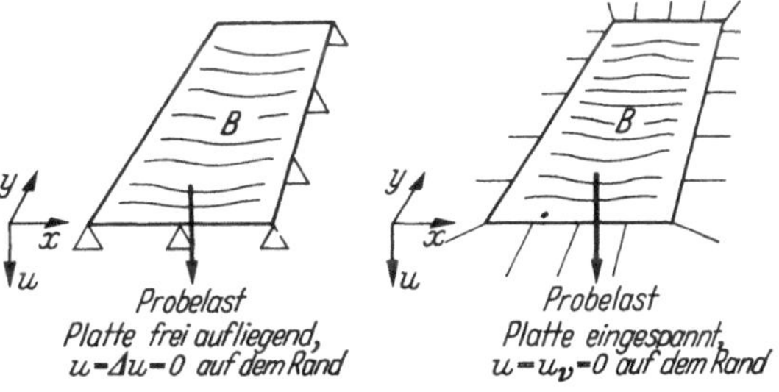

Abb. 21/1. Wechsel des Vorzeichens bei der GREENschen Funktion

gewissen Bereichen der Platte entgegen der Lastrichtung auftreten, daß also in diesen Bereichen $G \leqq 0$ ausfällt, vgl. Abb. 21/1.

21.2 Monoton zerlegbare Operatoren

Es sei nun die Gleichung vorgelegt

$$u = T u + r = T^* u \tag{21.8}$$

mit gegebenem Element r, gegebenem Operator T und gesuchtem Element u; T^* ist als Abkürzung verwendet; die Räume R, R^* von Nr. 21.1 mögen zusammenfallen.

Es sei

$$T = T_1 + T_2 \tag{21.9}$$

ein Operator, der sich als Summe eines isotonen Operators T_1 und eines antitonen Operators T_2 darstellen läßt.

T_1 und T_2 mögen stetig sein und einen gemeinsamen konvexen Definitionsbereich D besitzen. Ausgehend von 2 Elementen $v_0, w_0 \in D$, für welche das ganze Intervall $\langle v_0, w_0 \rangle$ zu D gehöre, werden durch

$$v_{n+1} = T_1 v_n + T_2 w_n + r$$
$$w_{n+1} = T_1 w_n + T_2 v_n + r \qquad (n = 0, 1, 2 \ldots) \qquad (21.10)$$

2 Folgen von Elementen v_n, w_n definiert.

Es sei

$$v_0 \leqq v_1 \leqq w_1 \leqq w_0. \qquad (21.11)$$

Für $v_n \leqq w_n$ werde das Intervall $M_n = \langle v_n, w_n \rangle$ eingeführt (vgl. Nr. 3.1). Dann läßt sich leicht durch vollständige Induktion zeigen, daß allgemein

$$v_n \leqq v_{n+1} \leqq w_{n+1} \leqq w_n, \quad M_n \in D \quad \text{für} \quad n = 0, 1, 2, \ldots \qquad (21.12)$$

gilt. Dies stimmt für $n = 0$ und gelte bis zu einem gewissen $n \geqq 0$. Da T_1 isoton und T_2 antiton ist, folgt dann

$$\left.\begin{array}{l} v_{n+2} = T_1 v_{n+1} + T_2 w_{n+1} + r \geqq T_1 v_n + T_2 w_n + r = v_{n+1}, \\ w_{n+2} = T_1 w_{n+1} + T_2 v_{n+1} + r \leqq T_1 w_n + T_2 v_n + r = w_{n+1}, \\ v_{n+2} = T_1 v_{n+1} + T_2 w_{n+1} + r \leqq T_1 w_{n+1} + T_2 v_{n+1} + r = w_{n+2}. \end{array}\right\} \qquad (21.13)$$

Damit ist die Induktionsbehauptung bewiesen. [Man kann die Voraussetzung (21.11) auch durch die etwas schwächere

$$v_0 \leqq w_0, \quad v_0 \leqq v_1, \quad w_1 \leqq w_0, \qquad (21.14)$$

die gelegentlich etwas leichter nachprüfbar ist, ersetzen und

$$v_n \leqq w_n, \quad v_n \leqq v_{n+1}, \quad w_{n+1} \leqq w_n$$

genau wie in (21.13) durch vollständige Induktion beweisen.]

Die Elemente v_n, w_n sind also folgendermaßen angeordnet:

$$v_0 \leqq v_1 \leqq v_2 \leqq \cdots \leqq v_n \leqq \cdots \leqq w_n \leqq \cdots \leqq w_2 \leqq w_1 \leqq w_0.$$

Die Intervalle $M_n = \langle v_n, w_n \rangle$ werden laufend kleiner und sind in allen früheren Intervallen und in M_0, also auch in D, enthalten.

Nun sei z ein Element des Intervalls M_n, also

$$v_n \leqq z \leqq w_n;$$

dann gilt

$$v_{n+1} = T_1 v_n + T_2 w_n + r \leqq T_1 z + T_2 z + r = T z + r \leqq T_1 w_n +$$
$$+ T_2 v_n + r = w_{n+1},$$

d. h.

$$T^* M_n \subseteq M_{n+1} \subseteq M_n. \qquad (21.15)$$

Der Operator T^* bildet M_n in sich ab.

In den Formeln sind zwei wichtige Spezialfälle enthalten:

I. $T_1 = T$, $\quad T_2 = O = $ Nulloperator (T ist selbst isoton).

Die Folgen der v_n, w_n sind gegeben durch

$$v_{n+1} = T^* v_n$$
$$w_{n+1} = T^* w_n \qquad (n = 0, 1, \ldots). \qquad (21.16)$$

[Bei Iterationsverfahren dieser Art kann die Konvergenz, falls sie besteht, oft durch Overrelaxation verbessert werden, vgl. Nr. 14.5. Abb. 21/2 zeigt die Iterationsfolgen der v_n, w_n im Spezialfall der reellen Funktionen einer reellen Veränderlichen (monotones Verhalten).]

II. $T_1 = O = $ Nulloperator; $T_2 = T$ (T ist selbst antiton).

Die Folgen der v_n, w_n sind gegeben durch

$$v_{n+1} = T^* w_n$$
$$w_{n+1} = T^* v_n \qquad (n = 0, 1, \ldots). \qquad (21.17)$$

Abb. 21/3 zeigt wieder die Iterationsfolgen der v_n, w_n im Falle reeller Funktionen einer reellen Veränderlichen (alternierendes Verhalten).

Im allgemeinen Falle bilden also die v_n eine monoton nichtfallende und beschränkte Folge (es ist $v_n \leqq w_0$) und die w_n eine monoton nichtwachsende beschränkte Folge. Man kann daraus in manchen Fällen schließen, daß die v_n gegen ein Grenzelement v und die w_n gegen ein Element w konvergieren, z. B., wenn v_n und w_n reelle Vektoren sind

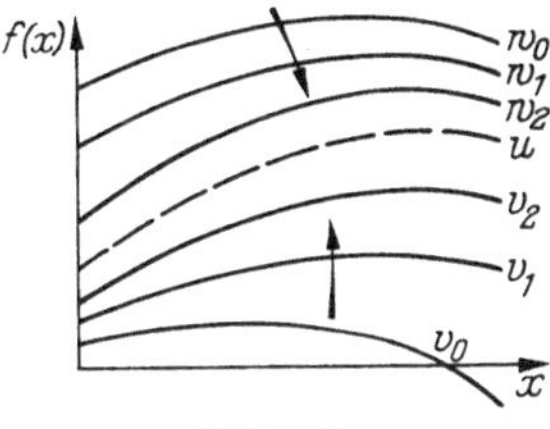

Abb. 21/2
Monotones Verhalten einer Iterationsfolge

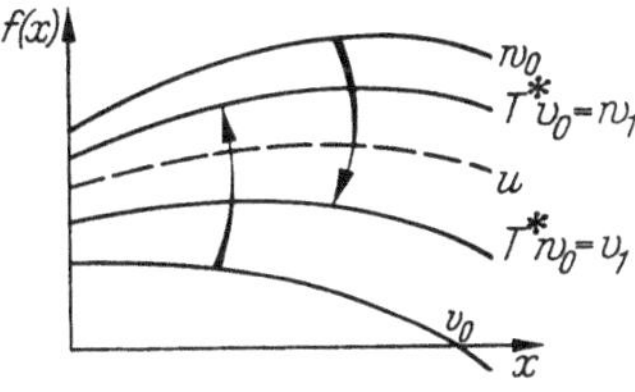

Abb. 21/3
Alternierendes Verhalten einer Iterationsfolge

und das Zeichen $\leqq$ im gewöhnlichen Sinne für alle Komponenten aufgefaßt wird. Sind überdies noch T, T_1, T_2 linear, so folgt die Existenz einer Lösung u von (21.8) und die Einschließung

$$v_n \leqq u \leqq w_n \quad \text{für alle } n; \qquad (21.18)$$

aus (21.10) folgt nämlich für $n \to \infty$ wegen der Stetigkeit der Operatoren

$$v = T_1 v + T_2 w + r,$$
$$w = T_1 w + T_2 v + r$$

und Addition ergibt für das Element $u = \tfrac{1}{2}(v + w)$

$$u = T_1 u + T_2 u + r = T u + r;$$

dieses Element u löst also die Gl. (21.8), und aus $v_n \leqq \dfrac{v_k + w_k}{2} \leqq w_n$ für $k \geqq n$ folgt (21.18) für $k \to \infty$.

Beispiel 1: Bei dem linearen Gleichungssystem $A\,x = r$ mit

$$A = \begin{pmatrix} 1 & -0,4 & 0,2 \\ 0,2 & 1 & -0,4 \\ 0,2 & -0,2 & 1 \end{pmatrix}, \quad x = \begin{pmatrix} x_1 \\ x_2 \\ x_3 \end{pmatrix}, \quad r = \begin{pmatrix} 1 \\ 1 \\ 2 \end{pmatrix}$$

iefert Iteration in Einzelschritten die Näherungswerte, welche kein monotones Verhalten zeigen:

	x_1	x_2	x_3
	1	1	2
	1,0	1,6	2,12
	1,22	1,60	2,08
	1,224	1,587	2,072
	1,22040	1,5847	2,07280
a)	1,21932	1,58526	2,07319
b)	1,219466	1,5853828	2,07318336

Bei der Aufspaltung

$$\begin{pmatrix} 1 & -0,4 & 0,2 \\ 0,2 & 1 & -0,4 \\ 0,2 & -0,2 & 1 \end{pmatrix} = \begin{pmatrix} 1 & 0 & 0 \\ 0 & 1 & 0 \\ 0 & 0 & 1 \end{pmatrix} - \begin{pmatrix} 0 & 0,4 & 0 \\ 0 & 0 & 0,4 \\ 0 & 0,2 & 0 \end{pmatrix} - \begin{pmatrix} 0 & 0 & -0,2 \\ -0,2 & 0 & 0 \\ -0,2 & 0 & 0 \end{pmatrix}$$
$$\underbrace{}_{A} \qquad = \quad \underbrace{}_{E} \quad - \quad \underbrace{}_{T_1} \quad - \quad \underbrace{}_{T_2}$$

ist T_1 isoton, T_2 antiton, und es wird

$$x = T_1\,x + T_2\,x + r = T\,x + r.$$

Aus den obigen Näherungswerten wählt man v_0 und w_0 geeignet aus und bestimmt v_1 und w_1 (die Komponenten sind untereinander geschrieben):

v_0	w_0	$T_1 v_0 + r$	$T_1 w_0 + r$	$T_2 v_0$	$T_2 w_0$	$v_1 = T_1 v_0 + T_2 w_0 + r$	$w_1 = T_1 w_0 + T_2 v_0 + r$
1,219	1,22	0,634	0,6344	0,4146	0,4147	1,2193	1,2198
1,585	1,586	0,8292	0,8294	0,2438	0,2440	1,5852	1,5856
2,073	2,0735	0,317	0,3172	0,2438	0,2440	2,0730	2,0734

Es ist $v_0 \leqq v_1 \leqq w_1 \leqq w_0$ erfüllt, und daher existiert hier eine Lösung x mit $v_1 \leqq x \leqq w_1$, bzw. die Näherungslösung $\begin{pmatrix} 1,21955 \\ 1,58540 \\ 2,07320 \end{pmatrix}$ hat in jeder der drei Komponenten betragsmäßig maximal einen Fehler von $0,00025$.

Beispiel 2: Gegeben sei die gewöhnliche Differentialgleichung erster Ordnung

$$y'(x) = (1 - x)\,y^2(x) \tag{21.19}$$

mit der Anfangsbedingung $y(0) = 1$. Durch Integration und Anpassung der Integrationskonstanten an den Anfangswert erhält man daraus die Integralgleichung $y(x) = 1 + \int_0^x (1 - s) \, y^2(s) \, ds$.

Der Integrand ist für $0 < s < 1$ positiv und für $1 < s$ negativ, d. h. für die interessierenden Werte $x \geqq 0$ sind die Operatoren

$$T_1 \, y(x) = \begin{cases} 1 + \int_0^x (1 - s) \, y^2(s) \, ds & \text{für} \quad 0 \leqq x \leqq 1 \\ 1 + \int_0^1 (1 - s) \, y^2(s) \, ds & \text{für} \quad 1 \leqq x \end{cases} \Biggr\} \text{ wachsend,}$$

$$T_2 \, y(x) = \begin{cases} 0 & \text{für} \quad 0 \leqq x \leqq 1 \\ \int_1^x (1 - s) \, y^2(s) \, ds & \text{für} \quad 1 \leqq x \end{cases} \Biggr\} \text{ fallend.}$$

(21.19) geht dann über in

$$y(x) = T \, y(x) \quad \text{mit} \quad T = T_1 + T_2.$$

21.3 Anwendung des Schauderschen Fixpunktsatzes

Die in Nr. 21.2 dargestellte Theorie läßt sich weiterführen, wenn man einen etwas tiefer liegenden Satz heranzieht. Es gibt eine Reihe topologischer Fixpunktsätze, die auf BROUWER [12], SCHAUDER [30] u. a. zurückgehen. Ein auf einer Menge M von Elementen eines Raumes R definierter stetiger Operator T bilde M in sich ab, $TM \subseteq M$. Beim klassischen BROUWERschen Fixpunktsatz[1] ist R der n-dimensionale reelle Raum R_n und M die Einheitskugel in ihm; der Satz sagt dann aus, daß T in M mindestens einen Fixpunkt besitzt.

Eine weitreichende Verallgemeinerung ist der für die Anwendungen sehr bequeme

Fixpunktsatz von Schauder[2]: *R sei ein Banachscher Raum; der stetige Operator T bilde die abgeschlossene und konvexe Menge M (aus R)*

---

[1] BROUWER, LUITZEN EGBERTUS JAN, geboren am 27. 2. 1881 in Overschie (Niederlande), Studium an der Universität Amsterdam, 1907 Promotion, 1909 Privatdozent, 1913 o. Professor an der Universität Amsterdam. Er wurde sehr bekannt durch seine mathematisch-philosophischen Untersuchungen. Er entwickelte neue Grundlagen der Mengenlehre, die sich von den damals gebräuchlichen unterschieden, indem das (Aristotelische) Axiom vom ausgeschlossenen Dritten nicht benutzt wurde. Er wandte seine Philosophie auch auf die Erkenntnistheorie im allgemeinen, die Linguistik und die Gesellschaftskunde an. Lit.: Winkler-Prins-Encyclopedie, Elsevier 1949.

[2] SCHAUDER, PAWEL JULIUSZ, 1896—1943, polnischer Mathematiker, Dozent und später Professor an der Universität Lemberg. Spezialgebiet: Funktional-Analysis und partielle Differentialgleichungen. Lit.: Poggendorffs Handwörterbuch VI (1923—1931), Kleine polnische Enzyklopädie 1958, jeweils nur eine kleine Notiz.

in sich ab, und die Bildmenge TM sei kompakt. Dann besitzt T mindestens einen Fixpunkt in M.

Der Beweis dieses Satzes erfordert einigen Aufwand an Hilfsbetrachtungen und soll hier nicht vorgeführt werden. Man findet einen Beweis z. B. bei SCHRÖDER [63], s. auch DAY [62], S. 82, vgl. auch hier den Anhang in Nr. 26.7 und 26.8.

Der Raum R werde nun als Halbordnungs-Banachraum, vgl. Nr. 4.3, vorausgesetzt. Dann ist jedes Intervall konvex und abgeschlossen (Nr. 3.1 und 4.1). Der Operator T^* bildet das Intervall M_n nach (21.15) in sich ab. Die Anwendung des SCHAUDERschen Fixpunktsatzes auf die Menge $M = M_n$ liefert daher den

Satz: *In dem Halbordnungs-Banachraum R sei die Gleichung*

$$u = T\,u + r = T^*\,u$$

vorgelegt, wobei T sich als Summe eines isotonen Operators T_1 und eines antitonen Operators T_2 schreiben läßt; T_1 und T_2 seien stetig und in einem konvexen Bereich D definiert. Ausgehend von 2 Elementen v_0, w_0 aus D werde nach (21.10) iteriert, und die Anfangselemente v_0, w_0, v_1, w_1 mögen $v_0 \leqq v_1 \leqq w_1 \leqq w_0$ erfüllen. Der Operator T^* bildet dann das Intervall $M_n = \langle v_n, w_n \rangle$ in sich ab. Nun sei die Bildmenge $T^* M_n$ für irgendein $n \geqq 0$ kompakt; dann besitzt die Gleichung $u = T^*\,u$ eine Lösung u, und für diese gilt

$$v_n \leqq u \leqq w_n \qquad (n = 0, 1, \ldots). \qquad (21.20)$$

Bei der Anwendung dieses Satzes auf Anfangs- und Randwertaufgaben gewöhnlicher und partieller Differentialgleichungen bedeutet T^* häufig einen Integraloperator, und man kann dabei die Voraussetzung, daß $T^* M_n$ kompakt ist, oft mit Hilfe des allgemeinen Satzes aus Nr. 5.4, der gerade auf solche Fälle zugeschnitten ist, nachprüfen.

21.4 Anwendung des Schauderschen Satzes bei nichtlinearen Differentialgleichungen

Beispiel: Das folgende Beispiel zeigt die bequeme Anwendbarkeit des SCHAUDERschen Satzes. Bei der Frage nach der stationären Temperaturverteilung bei Vorhandensein chemischer Reaktionen tritt die Randwertaufgabe (mit $r^2 = x^2 + y^2$) auf

$$-\Delta u = r^2 + a\,e^u \quad \text{in } B\,(r < 1), \qquad (21.21)$$
$$u = 1 \quad \text{auf dem Rande } \Gamma\,(r = 1).$$

Es werden zunächst Funktionen u_0, u_1 mit

$$-\Delta u_1 = r^2 + a\,e^{u_0} \quad \text{in } B, \quad u_0 = u_1 = 1 \quad \text{auf } \Gamma$$

betrachtet.

Der Ansatz

$$u_1 = 1 + b\,(1 - r^2) + c\,(1 - r^4)$$

ergibt

$$a\,e^{u_0} = 4b + (16c - 1)\,r^2.$$

Die Bedingung $u_0 = 1$ für $r = 1$ verlangt $c = \frac{1}{16}(1 + a\,e) - \frac{1}{4}b$.

Nun werde der Fall $a = \frac{1}{2}$ numerisch weiterbehandelt; man variiert die Werte von b in

$$u_1 = u_1(r, b) = 1 + b(1 - r^2) + \left(\frac{2 + e}{32} - \frac{b}{4}\right)(1 - r^4),$$

$$u_0 = u_0(r, b) = \ln[8b + (e - 8b)\,r^2].$$

Es zeigt sich (das wurde auf einer Rechenanlage durchgeführt), daß $u_0(r; 0{,}54) = v_0$, $u_1(r; 0{,}54) = v_1$, $u_0(r; 0{,}64) = w_0$, $u_1(r; 0{,}64) = w_1$ die Voraussetzung (21.11)

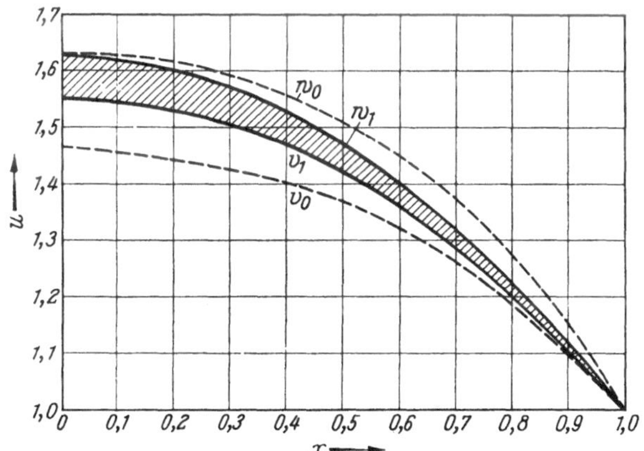

Abb. 21/4. Einschließung mit dem Schauderschen Fixpunktsatz

erfüllt, vgl. Abb. 21/4; man hat dann die Einschließung $v_1 \leqq u \leqq w_1$; die größte Abweichung zwischen v_1 und w_1 tritt im Nullpunkt auf, dort ist

$$v_1 = 1{,}552\,446 \leqq u \leqq w_1 = 1{,}627\,446.$$

Versagen des Kontraktionssatzes. Es gibt Fälle, in denen die Anwendung des Kontraktionssatzes von § 12 Schwierigkeiten bereitet, weil man dazu eine Lipschitzkonstante braucht, und auch Fälle, in denen es schwer ist, passende Ausgangselemente für Anwendung des Schauderschen Satzes zu finden. Man kann auch leicht Fälle angeben, in denen der Kontraktionssatz überhaupt nicht anwendbar ist, wohl aber der Schaudersche Satz; z. B. entspricht der Randwertaufgabe:

$$y'' = f(x, y), \quad y(0) = y_0, \quad y(1) = y_1 \qquad (21.22)$$

bei Benutzung der Greenschen Funktion $G(x, s)$ eine Gleichung der Form $y = T\,y$ mit

$$T\,z(x) = g(x) + \int_0^1 G(x, s)\,f(s, z(s))\,ds \qquad (21.23)$$

mit einer festen Funktion $g(x)$. Ist nun $f(x, z)$ bei festem x in z monoton, bleibt aber $\dfrac{\partial f}{\partial z}$ nicht beschränkt, so existiert keine endliche Lipschitzkonstante, und der Kontraktionssatz ist nicht anwendbar, während der SCHAUDERsche Satz anwendbar sein kann. Ein einfaches Beispiel hierfür ist

$$-y'' = x + \sqrt{y}, \quad y(0) = 0, \quad y(1) = 1. \tag{21.24}$$

Es ist leicht, Funktionen v_0, v_1, w_1, w_0 mit (21.11) aufzustellen, die sämtlich die Randbedingungen erfüllen und für die

$$-v_1'' = x + \sqrt{v_0}, \quad -w_1'' = x + \sqrt{w_0}$$

gilt (es ist stets die positive Quadratwurzel zu nehmen):

$$v_0 = x^2, \quad v_1 = \frac{4}{3}x - \frac{x^3}{3}, \quad w_1 = \frac{23}{15}x - \frac{8}{15}x^{5/2}, \quad w_0 = (2\sqrt{x} - x)^2.$$

Da hier alle Voraussetzungen des SCHAUDERschen Satzes erfüllt sind, hat man die Einschließung für eine Lösung von (21.24)

$$v_1 \leqq y(x) \leqq w_1.$$

Nichtlineare Schwingungen und andere Anwendungen. Mit Hilfe des BROUWERschen Fixpunktsatzes zeigt HUOUX [62] die Existenz mindestens einer periodischen Lösung der Periode $2\pi/w$ bei der nichtlinearen Gleichung

$$\ddot{x} + 2\gamma \dot{x} + k^2 \frac{x}{1-x} - a\cos(wt) = 0 \tag{21.25}$$

mit positiven Konstanten γ, k^2, a, w (allgemeinere Fälle behandelt DERWIDUÉ [63]). Nach BOITTE ergibt sich eine solche Gleichung für die Bewegung $x(t)$ eines Kolbens, der in einem Zylinder ein Gas komprimiert, welches auf den Kolben eine zum Gasvolumen umgekehrt proportionale Kraft ausübt.

Anwendungen auf Flüssigkeitsströmungen finden sich bei BECKERT [63].

21.5 Anwendung auf reelle lineare Gleichungssysteme

Alle in dieser Nummer auftretenden Größen seien reell.

Es sei ein lineares Gleichungssystem der Form (13.16) oder (21.8) vorgelegt

$$u = Tu + r = T^*u. \tag{21.26}$$

Wie in (21.9) werde die Matrix $T = (t_{jk})$ aufgespalten in $T = T_1 + T_2$, wobei T_1 nur nichtnegative und T_2 nur nichtpositive Elemente enthält. Nun wird gefragt, wann der Operator T^* ein Intervall $M = \langle v, w \rangle$ in sich abbildet.

Sei $s \in M$, also $v \leqq s \leqq w$; dann wird

$$T^*s = T_1 s + T_2 s + r \geqq T_1 v + T_2 w + r$$

und ebenso

$$T^*s \leqq T_1 w + T_2 v + r.$$

Unter der Voraussetzung

$$v - T_1 v - T_2 w \leqq r \leqq w - T_1 w - T_2 v, \quad v \leqq w \qquad (21.27)$$

gilt dann $v \leqq T^* s \leqq w$, d. h., T^* bildet M in sich ab, und nach dem Fixpunktsatz von SCHAUDER von Nr. 21.3 liegt eine Lösung u von (21.26) in M; für diese gilt sogar

$$T_1 v + T_2 w + r \leqq u = T^* u \leqq T_1 w + T_2 v + r. \qquad (21.28)$$

Nun sei, ausgehend von einem beliebigen Vektor u_0, durch Iteration u_1 berechnet: $u_1 = T^* u_0$, und es werde versucht, durch passendes z zwei Vektoren v, w mit (21.27) zu finden durch den Ansatz

$$v = u_0 - z, \quad w = u_0 + z.$$

Dabei gehen (21.27) und (21.28) mit $r = u_1 - T_1 u_0 - T_2 u_0$ über in

$$-z + (T_1 - T_2) z \leqq u_1 - u_0 \leqq z - (T_1 - T_2) z, \quad z \geqq \Theta,$$

$$-(T_1 - T_2) z \leqq u - u_1 \leqq (T_1 - T_2) z.$$

Hier tritt die Matrix $\hat{T} = T_1 - T_2 = (|t_{jk}|)$ auf, die als Elemente die Beträge der t_{jk} hat. Damit gilt (J. SCHRÖDER [59]) der

Satz: *Für das reelle lineare Gleichungssystem (21.26) sei durch einen Iterationsschritt ein Paar von Vektoren u_0, u_1 mit $u_1 = T^* u_0$ gefunden. Gibt es dann einen Vektor z mit*

$$|u_1 - u_0| \leqq z - \hat{T} z, \quad z \geqq \Theta, \qquad (21.29)$$

(die Ungleichungen sollen für alle Komponenten einzeln bestehen), so gelten die Fehlerabschätzungen

$$|u - u_0| \leqq z, \quad |u - u_1| \leqq \hat{T} z. \qquad (21.30)$$

Es soll nun ein Vergleich mit anderen Abschätzungen durchgeführt werden. Das Gleichungssystem (13.5)

$$A u = r$$

mit der Matrix $A = (a_{jk})$ wird durch Auflösung nach den Hauptdiagonalgliedern auf die Form (21.26) gebracht; die Iteration in Gesamtschritten wird dann durch (13.6) beschrieben, und die Matrix $\hat{T}$ besteht aus den Elementen

$$|t_{jk}| = \left| \frac{a_{jk}}{a_{jj}} \right|$$

und hat die Zeilenbetragssummen

$$\mu_j = \frac{1}{|a_{jj}|} \sum_{\substack{k=1 \\ k \neq j}}^{n} |a_{jk}|.$$

Es sei das Zeilensummenkriterium (14.5)

$$\mu_j \le \mu < 1 \qquad\qquad (j = 1, \ldots, n)$$

erfüllt; dann führt der Ansatz, den Vektor z konstant zu wählen (alle Komponenten $= c > 0$), zum Ziel. Es seien $u^{(j)}$, $u_0^{(j)}$, $u_1^{(j)}$, $\delta_0^{(j)}$ die Komponenten von u, u_0, u_1, δ_0 (mit $\delta_0 = u_1 - u_0$); dann verlangt (21.29)

$$|\delta_0^{(j)}| \le c(1 - \mu_j).$$

Dies ist erfüllt für

$$c = \operatorname*{Max}_{j}\left(\frac{|\delta_v^{(j)}|}{1 - \mu_j} \right). \qquad\qquad (21.31)$$

Die Fehlerabschätzung (21.30) ergibt dann

$$|u^{(j)} - u_1^{(j)}| \le c\,\mu_j = \mu_j \operatorname*{Max}_{k}\left(\frac{|\delta_0^{(k)}|}{1 - \mu_k} \right). \qquad\qquad (21.32)$$

Diese Abschätzung ist i. allg. schärfer als die aus dem Kontraktionssatz folgende Schranke (14.7); denn (14.7) folgt aus (21.32), indem man vergröbernd alle μ_j durch ihr Maximum μ ersetzt.

Auch beim Rechnen mit Gewichten [Norm (2.26) an Stelle von Norm (14.6)] tritt die Erscheinung auf (ALBRECHT [63]), daß der SCHAUDERsche Satz i. allg. schärfere Abschätzungen ergibt als der Kontraktionssatz.

§ 22. Weitere Anwendungen des Schauderschen Satzes

22.1 Extrapolation mit Fehlerabschätzung bei einer monotonen Iterationsfolge

Bei monotonem Verhalten einer Iterationsfolge u_k gelingt bei linearen Operatoren unter gewissen Voraussetzungen eine Extrapolation (nach ALBRECHT [62]), die oft eine Konvergenzbeschleunigung bedeutet, und die zugleich eine Fehlerabschätzung liefert, wenn man zu u_k zwei Elemente v_0, w_0 angeben kann, welche die Voraussetzungen des SCHAUDERschen Fixpunktsatzes erfüllen, und zwar setzt man v_0 und w_0 als Linearkombination aus u_k und der letzten Änderung δ_k an. Ohne Beschränkung der Allgemeinheit sei die Numerierung der u_k so gewählt, daß $k = 2$ und die für das folgende gebrauchten Elemente u_0, u_1, u_2 sind. Man bestimmt nun in

$$v_0 = u_2 + s\,\delta_2, \quad w_0 = u_2 + S\,\delta_2 \qquad\qquad (22.1)$$

die Konstanten s, S so, daß der Satz aus Nr. 21.3 anwendbar wird. Dann gilt der

Satz: *Vorgelegt sei die Gleichung*

$$(E - V)\,u = T\,u + r \qquad\qquad (22.2)$$

in einem Halbordnungs-Banachraum R, und es werde das Iterations-verfahren

$$(E - V)\, u_{n+1} = T\, u_n + r \qquad (n = 0, 1, 2) \qquad (22.3)$$

benutzt. Es besitze $E - V$ eine Inverse, und es seien T und $(E - V)^{-1}$ monotone lineare Operatoren. Für die Differenzen

$$\delta_n = u_n - u_{n-1} \qquad (n = 1, 2, \ldots) \qquad (22.4)$$

gelte

$$\Theta < \delta_2 < \delta_1. \qquad (22.5)$$

Man bestimme zwei Zahlen m, M mit

$$m\, \delta_1 \leqq \delta_2 \leqq M\, \delta_1, \qquad (22.6)$$

und es sei

$$0 < m \leqq M < 1. \qquad (22.7)$$

Der Operator $(E - V)^{-1}\, T$ bilde das Intervall

$$J = \left\langle u_2 + \frac{m}{1-m}\, \delta_2,\ u_2 + \frac{M}{1-M}\, \delta_2 \right\rangle \qquad (22.8)$$

in eine kompakte Menge ab; dann liegt mindestens eine Lösung u in diesem Intervall.

Beweis: Man versucht, s und S so zu bestimmen, daß die nach (22.1) bestimmten v_0, w_0 die Voraussetzungen, die in (21.14) für v_0, w_0 gefordert werden, erfüllen; man denkt sich dazu v_0, w_0 als Anfangselemente von Iterationen mit dem monotonen Operator $U = (E - V)^{-1}\, T$. Es entspricht U dem damaligen T_1. Die Bedingungen (21.14)

$$v_0 \leqq w_0, \qquad v_0 \leqq T_1 v_0 + r, \qquad T_1 w_0 + r \leqq w_0 \qquad (22.9)$$

folgen jetzt aus den Forderungen

$$v_0 \leqq w_0, \qquad (E - V)\, v_0 \leqq T\, v_0 + r, \qquad T\, w_0 + r \leqq (E - V)\, w_0; \quad (22.10)$$

ersetzt man hier nach (22.1) v_0 und w_0 durch u_2 und δ_2, so erhält man

$$s \leqq S, \qquad s\, T(\delta_1 - \delta_2) \leqq T\, \delta_2 \leqq S\, T(\delta_1 - \delta_2); \qquad (22.11)$$

die zweite dieser Ungleichungen ergibt sich dabei aus

$$(E - V)\, u_2 + s(E - V)\, \delta_2 \leqq T\, u_2 + s\, T\, \delta_2 + r,$$

und hierbei ist

$$(E - V)\, u_2 = T\, u_1 + r = T\, u_2 - T\, \delta_2 + r,$$
$$(E - V)\, \delta_2 = T\, \delta_1.$$

Einsetzen liefert $s\, T(\delta_1 - \delta_2) \leqq T\, \delta_2$; ebenso folgt die dritte Ungleichung in (22.11).

Wegen der Monotonie von T ist (22.11) erfüllt, wenn

$$s \leqq S; \quad s(\delta_1 - \delta_2) \leqq \delta_2 \leqq S(\delta_1 - \delta_2) \tag{22.12}$$

gilt. Die letzten beiden Ungleichungen sind wegen (22.6) erfüllt, wenn

$$s \leqq \frac{m}{1-m}, \quad S \geqq \frac{M}{1-M}$$

gilt. Wählt man nun

$$s = \frac{m}{1-m}, \quad S = \frac{M}{1-M},$$

so ist wegen (22.7) auch die erste Ungleichung $s \leqq S$ von (22.12) erfüllt, und es wird

$$v_0 = u_2 + \frac{m}{1-m}\delta_2, \quad w_0 = u_2 + \frac{M}{1-M}\delta_2.$$

Nun ist der Satz aus Nr. 21.3 auf das Intervall $J = \langle v_0, w_0 \rangle$ anwendbar und ergibt die Behauptung.

Zusatz: Die gleichen Betrachtungen sind für monoton fallende Iterationsfolgen durchführbar. Ersetzt man dann (22.4) durch

$$\delta_n = u_{n-1} - u_n, \tag{22.13}$$

so bleibt der Satz richtig, wenn man das Intervall (22.8) durch

$$J = \left\langle u_2 - \frac{M}{1-M}\delta_2, \, u_2 - \frac{m}{1-m}\delta_2 \right\rangle \tag{22.14}$$

ersetzt und sonst den Satz wörtlich beibehält.

Man kommt mit einem Iterationsschritt aus, wenn man im wesentlichen ein zu einem positiven Eigenwert $\varrho < 1$ gehöriges nichtnegatives Eigenelement α der zugehörigen Eigenwertaufgabe kennt; es gilt der

Satz: *Unter den Voraussetzungen des vorigen Satzes über die Gl. (22.2) sei ein Schritt des Iterationsverfahrens (22.3) ausgeführt, also u_0 und u_1 bekannt.*

Für die Differenz $\delta_1 = u_1 - u_0$ gelte

$$\Theta < \delta_1. \tag{22.15}$$

Die Eigenwertaufgabe

$$T\alpha = \varrho(E - V)\alpha \tag{22.16}$$

besitze ein zu einem Eigenwert ϱ mit $0 < \varrho < 1$ gehöriges nichtnegatives Eigenelement α, und es gebe zwei nichtnegative Zahlen q, Q mit

$$q\alpha \leqq \delta_1 \leqq Q\alpha. \tag{22.17}$$

Der Operator $U = (E - V)^{-1}T$ bilde das Intervall

$$J = \left\langle u_1 + \frac{\varrho\, q}{1-\varrho}\alpha, \, u_1 + \frac{\varrho\, Q}{1-\varrho}\alpha \right\rangle \tag{22.18}$$

in eine kompakte Menge ab; dann liegt eine Lösung u von (22.2) in diesem Intervall.

Der Beweis verläuft ganz analog zum Beweis des vorigen Satzes. Hier versucht man durch den Ansatz

$$v_0 = u_1 + z\,\alpha, \qquad w_0 = u_1 + Z\,\alpha \qquad (22.19)$$

die Ungleichungen (21.14) oder (22.10) zu erfüllen; das ergibt hier

$$z \leqq Z, \qquad z\left(\frac{1}{\varrho} - 1\right) T\,\alpha \leqq T\,\delta_1 \leqq Z\left(\frac{1}{\varrho} - 1\right) T\,\alpha; \qquad (22.20)$$

die zweite der Ungleichungen ergibt sich dabei aus

$$(E - V)\,(u_1 + z\,\alpha) \leqq T\,(u_1 + z\,\alpha) + r$$

wegen

$$(E - V)\,u_1 = T\,u_0 + r \quad \text{und} \quad (E - V)\,\alpha = \frac{1}{\varrho}\,T\,\alpha;$$

analog folgt die dritte Ungleichung in (22.20). Wieder wegen der Monotonie von T ist (22.20) erfüllt für

$$z \leqq Z; \qquad z\,\alpha \leqq \frac{\varrho}{1-\varrho}\,\delta_1 \leqq Z\,\alpha,$$

und dies wiederum ist wegen (22.17) erfüllt, wenn man

$$z = \frac{\varrho\,q}{1-\varrho}, \qquad Z = \frac{\varrho\,Q}{1-\varrho}$$

wählt.

Nun ist wieder der Satz aus Nr. 21.3 auf das Intervall $J = \langle v_0, w_0 \rangle$ anwendbar und ergibt die Behauptung.

[Man kann in (22.18) ϱ durch eine Schranke $\hat{\varrho}$ mit $\varrho \leqq \hat{\varrho} < 1$ ersetzen.]

ALBRECHT [62] stellt auch entsprechende Sätze bei antitonen Operatoren auf und wendet die Theorie auf den Einfluß von Abrundungsfehlern an.

22.2 Anwendungen auf lineare Gleichungssysteme

Es sei (22.2) ein lineares Gleichungssystem für den gesuchten Vektor u. Wenn $E - V$ eine Inverse besitzt, ist die im Satz von Nr. 22.1 genannte Kompaktheitsbedingung stets von selbst erfüllt. Im Falle $V = O = $ Nullmatrix ist (22.3) das Gesamtschrittverfahren (13.6). Besitzt dann die Matrix $T = (t_{jk})$ nichtnegative Elemente $t_{jk} \geqq 0$, so braucht nur nachgeprüft zu werden, ob die Bedingung (22.5)

$$\Theta < \delta_2 < \delta_1$$

für alle Komponenten erfüllt ist; dann ist (22.7) von selbst erfüllt, da nur endlich viele Komponenten vorhanden sind, und die Lösung u liegt im Intervall (22.8).

Der Satz ist anwendbar auf die Differenzengleichungen (14.3) und (14.4) bei linearen elliptischen Differentialgleichungen für genügend kleine Maschenweiten, da für diese die richtige Vorzeichenverteilung $t_{jk} \geqq 0$ gilt.

Das Einzelschrittverfahren für durchdividierte Gleichungssysteme nach (13.7) und (13.10) ordnet sich für $D = E$, $A_L = -V$, $A_R = -T$ ebenfalls hier ein.

[Auch hier lassen sich die Ergebnisse auf das Differenzenverfahren (14.3) und (14.4) anwenden, da nach dem Zusatz zu Satz 2 in Nr. 23.1 die Inverse $(E - V)^{-1}$ existiert und monoton ist.]

Es interessiert noch ein Zusammenhang mit dem δ^2-Verfahren von AITKEN [50]. Läßt man in der Fehlerschranke (22.8), wobei $u_m^{(j)}$, $\delta_m^{(j)}$ die Komponenten von u_m, δ_m bedeuten,

$$u_2^{(j)} + \frac{\underset{P}{\text{Min}} \,[\delta_2^{(P)}/\delta_1^{(P)}]}{1 - \underset{P}{\text{Min}} \,[\delta_2^{(P)}/\delta_1^{(P)}]} \, \delta_2^{(j)} \tag{22.21}$$

(und der entsprechenden mit Max statt Min) Min und Max fort und schreibt dann j statt p, so erhält man die Formel von AITKEN zur Berechnung eines neuen Vektors $u_2^{*(j)}$

$$u_2^{*(j)} = u_2^{(j)} + \frac{[\delta_2^{(j)}]^2}{\delta_1^{(j)} - \delta_2^{(j)}} \,. \tag{22.22}$$

Jedoch fehlt bisher für das Verfahren von AITKEN eine Fehlerabschätzung; man hat hier in (22.8) neben der Konvergenzbeschleunigung durch die Extrapolation den Vorteil, exakte Schranken erhalten zu haben.

Beispiel: In dem Zylinder $r < 1$, $z < 1$ (im x-y-z-Raum, $r^2 = x^2 + y^2$) sei

$$-\Delta u + u = 1$$

und

$$u = 0$$

auf dem Zylinderrand Γ. Hier liegt Zylindersymmetrie vor, und es werden für das verbesserte Differenzenverfahren die Mehrstellenformeln von ALBRECHT [62a] (dort S. 400, Tab. II) benutzt. Bei der Maschenweite $h = 1/n$ hat man dann bei Ausnutzung der Symmetrien noch n^2 Unbekannte. Es wurden jeweils von $u_0 \equiv 0$ ausgehend nach dem Einzelschrittverfahren weitere Näherungen u_k berechnet und von Zeit zu Zeit (d. h. für gewisse k) die Größen m, M nach (22.6) und die unteren und oberen Schranken (die Intervallenden von J) nach (22.8) ermittelt. Die folgende Tabelle gibt für einige Werte von n und k die auf einer Rechenanlage erhaltenen Werte für den Zylindermittelpunkt ($r = z = 0$): Zum bequemeren Vergleich stehen jeweils u_k, untere und obere Schranken untereinander. Die Zahlen m und M sind zugleich Schranken für die größte charakteristische Zahl der zugehörigen Matrix und geben an, mit welchem Faktor ungefähr sich der Fehler der Näherungen bei jedem Iterationsschritt multipliziert. Die letzte Spalte zeigt, daß die untere und obere Schranke sich von einem gewissen k (innerhalb der mitgeführten Stellenzahl) i. allg. nicht mehr verbessern (z. B. bei $n = 4$ vergrößert sich die Spanne zwischen den beiden Schranken von $k = 20$ zu $k = 25$), während die u_k sich noch verbessern, aber natürlich auch nur noch für eine gewisse Anzahl von Schritten.

n	k	m	M	u_k obere $\Big\}$ Schranke untere
2	12	0,362 305 757 9	0,362 367 571 3	0,188 966 804 9 0,188 967 764 2 0,188 967 764 5
4	10	0,748 889 982 4	0,749 498 066 4	0,180 135 648 6 0,190 841 266 6 0,190 875 968 2
	20	0,749 392 201 5	0,749 395 001 9	0,190 270 538 1 0,190 870 163 8 0,190 870 172 9
	25	0,749 389 649 5	0,749 405 972 8	0,190 728 447 3 0,190 870 164 6 0,190 870 177 0
8	49	0,926 641 093 5	0,926 680 466 1	0,186 516 713 6 0,191 421 793 8 0,191 424 636 5
	71	0,926 665 206 6	0,926 722 271 9	0,190 505 415 0 0,191 424 202 9 0,191 424 975 1
	86	0,926 633 499 1	0,926 736 613 6	0,191 131 118 5 0,191 424 158 0 0,191 424 603 2
16	66	0,976 946 081 2	0,981 639 880 1	0,131 998 661 8 0,181 143 968 8 0,194 004 545 5
	155	0,980 568 708 7	0,980 650 914 2	0,181 069 496 5 0,191 541 895 0 0,191 587 269 3
	176	0,980 559 933 9	0,980 675 778 2	0,184 609 183 9 0,191 553 032 7 0,191 595 484 9
	188	0,980 606 032 6	0,980 729 067 7	0,186 067 363 9 0,191 572 590 6 0,191 608 434 0

22.3 Anwendung auf lineare Differentialgleichungen

Es genügt hier, ein einfaches Beispiel vorzuführen.
Bei der Randwertaufgabe

$$-y'' = 6 + x\,y, \quad y(0) = y(1) = 0$$

19*

wird nach

$$-y''_{n+1} = 6 + x\,y_n, \qquad y_{n+1} = 0 \quad \text{für} \quad x = 0 \quad \text{und} \quad x = 1$$

iteriert; für $y_0 = 0$ erhält man $y_1 = 3\,(x - x^2) = \delta_1$,

$$y_2 = 3{,}1\,x - 3\,x^2 - 0{,}25\,x^4 + 0{,}15\,x^5 = y_1 + \delta_2$$

mit

$$\delta_2 = (x - x^2)\,\Phi \quad \text{und} \quad \Phi = 0{,}1 + 0{,}1\,x + 0{,}1\,x^2 - 0{,}15\,x^3;$$

es ist (22.5) erfüllt, und (22.6) besagt in $\langle 0,1 \rangle$:

$$3\,m = \Phi_{\min} = 0{,}1; \qquad 3\,M = \Phi_{\max} = 0{,}168.$$

Die Kompaktheitsvoraussetzung ist nach dem allgemeinen Satz von Nr. 5.4 erfüllt, so daß der Satz von Nr. 22.1 anwendbar ist; somit liefert (22.8)

$$y_2 + \frac{1}{29}\,\delta_2 \leqq y(x) \leqq y_2 + \frac{7}{118}\,\delta_2.$$

Es seien einige Zahlen genannt

x	y_1	y_2	δ_2	untere	obere
				Schranke für y	
0,5	0,75	0,78906	0,03906	0,79041	0,79138
0,6	0,72	0,75926	0,03926	0,76062	0,76159

22.4 Ein weiterer Monotoniesatz

Diese und die folgende Nummer stellen einen Auszug aus BOHL [64] dar und sollen in skizzenhafter Darstellung zeigen, daß der SCHAUDER-sche Fixpunktsatz eine zentrale Stellung einnimmt, indem sich sehr verschiedenartige Sätze ihm unterordnen.

R sei ein Halbordnungs-Banachraum; im Folgenden wird von einem Halbordnungs-Banachraum noch vorausgesetzt, daß aus $\Theta \leqq f \leqq g$ folgt $\|f\| \leqq \|g\|$. Dann ist jedes Intervall in ihm eine beschränkte Menge. T sei ein vollstetiger Operator, der eine Teilmenge $F \subseteq R$ in R abbildet, wobei jetzt eine allgemeinere Definition der Vollstetigkeit als in Nr. 7.5 verwendet wird: Ein Operator heißt vollstetig, wenn er eine beliebige beschränkte Menge in eine kompakte Menge abbildet. Daß sich hieraus für Hilberträume die frühere Definition ergibt, findet man z. B. bei WULICH [62], Bd. 2, S. 93. G sei eine Teilmenge von R mit der Eigenschaft: Es gibt in dem Durchschnitt D von F und G Paare (x, y) von Elementen, die ein Intervall $\langle x, y \rangle \neq \emptyset$ bestimmen, welches zu F gehört. Die Menge aller solcher Paare (x, y) sei M_0.

Ferner seien in M_0 2 Operatoren $S_j(x, y)$ (für $j = 1, 2$) erklärt, die Werte aus R annehmen; es gebe ein Paar von Elementen x_1, x_2 in M_0 mit

$$x_1 \leqq S_1(x_1, x_2) \quad \text{und} \quad S_2(x_1, x_2) \leqq x_2,$$

schließlich gelte

$$S_1(x_1, x_2) \leqq T x \leqq S_2(x_1, x_2) \quad \text{für} \quad x \in J = \langle x_1, x_2 \rangle. \tag{22.23}$$

Satz 1: *Unter den obengenannten Voraussetzungen besitzt der Operator T einen Fixpunkt $x_0 = T x_0$ mit*

$$S_1(x_1, x_2) \leqq x_0 \leqq S_2(x_1, x_2). \tag{22.24}$$

Beweis: Nach Voraussetzung liegt das Intervall $\langle x_1, x_2 \rangle$ in F, dort ist T erklärt, und es gilt

$$x_1 \leqq S_1(x_1, x_2) \leqq T x \leqq S_2(x_1, x_2) \leqq x_2 \quad \text{für} \quad x \in J. \tag{22.25}$$

J ist konvex, abgeschlossen und beschränkt und wird durch T in sich abgebildet. Da T vollstetig ist, ist das Bild $T J$ kompakt. Somit ist der SCHAUDERsche Fixpunktsatz von Nr. 21.3 anwendbar, und es gibt daher in $T J$ einen Fixpunkt x_0, der (22.24) genügt.

Nun folgt leicht der

Satz 2 (J. SCHRÖDER [60]): *R sei ein Halbordnungs-Banachraum, T sei ein vollstetiger Operator, der ein Intervall $F = \langle \varphi, \psi \rangle \subseteq R$ in R abbilde. F habe mit dem Intervall $G = \langle \Phi, \Psi \rangle$ einen nichtleeren Durchschnitt D. Die Operatoren $H_j(x, y)$ (für $j = 1, 2$) seien für $x \in G, y \in G$ definiert und haben Werte aus R. Es gebe Elemente $\overline{x}_1, \overline{x}_2$ aus D mit*

$$\overline{x}_1 \leqq \overline{x}_2, \quad \overline{x}_1 \leqq H_1(\overline{x}_1, \overline{x}_2), H_2(\overline{x}_2, \overline{x}_1) \leqq \overline{x}_2.$$

Es sei

$$H_1(x, x) \leqq T x \leqq H_2(x, x) \quad \text{für} \quad x \in D$$

und

$$H_j(u_1, v_1) \leqq H_j(u_2, v_2) \quad \text{für} \quad u_j, v_j \in G, \quad u_1 \leqq u_2, \quad v_1 \geqq v_2 \quad (j = 1, 2).$$

Dann existiert ein Fixpunkt $\overline{x}_0 = T \overline{x}_0$ mit

$$H_1(\overline{x}_1, \overline{x}_2) \leqq \overline{x}_0 \leqq H_2(\overline{x}_2, \overline{x}_1).$$

Beweis: Es sei x ein Element aus dem Intervall $\langle \overline{x}_1, \overline{x}_2 \rangle$, dann gilt

$$\varphi \leqq \overline{x}_1 \leqq x \leqq \overline{x}_2 \leqq \psi,$$

also $\langle \overline{x}_1, \overline{x}_2 \rangle \subseteq F$.

Es wird nachgewiesen, daß $\overline{x}_j = x_j$ und $H_1(x_1, x_2) = S_1(x_1, x_2)$, $H_2(x_1, x_2) = S_2(x_2, x_1)$ die Voraussetzungen bei Satz 1 erfüllen; F und G werden wie bei Satz 1 verwendet.

Für $x \in \langle \overline{x}_1, \overline{x}_2 \rangle$ folgt

$$S_1(\overline{x}_1, \overline{x}_2) = H_1(\overline{x}_1, \overline{x}_2) \leqq H_1(x, x) \leqq T\,x \leqq H_2(x, x) \leqq H_2(\overline{x}_2, \overline{x}_1)$$
$$= S_2(\overline{x}_1, \overline{x}_2),$$

d. h., es ist (22.23) erfüllt.

Satz 2 ist eine allgemeinere Fassung des Satzes am Schluß von Nr. 21.3.

22.5 Anwendungen auf nichtlineare Integralgleichungen

Es sei R der in Nr. 4.3 als Beispiel für einen Halbordnungs-Banachraum genannte Raum R der Funktionsvektoren $f = \{f_j(x)\}$ ($j = 1, \ldots, n$ und $x \in B$) mit der dortigen Norm und Halbordnung.

$|f|$ sei der Vektor mit den Komponenten $|f_j|$. V sei ein linearer vollstetiger Operator in R mit Werten in R, der die positive Halbgruppe K von R (vgl. Nr. 3.1) in sich abbildet.

Ferner sei

$$\lambda_0 = \begin{cases} \text{größter positiver Eigenwert von } V, \text{ falls } V \text{ solche besitzt,} \\ 0, \text{ falls } V \text{ keinen positiven Eigenwert hat.} \end{cases}$$

Dann gilt der Alternativsatz:

$\mu > 0$ sei vorgegeben; genau dann, wenn $\lambda_0 < \mu$ ist, gibt es zu jedem festen $g \in K$ ein $y_0 \in K$ mit $(1/\mu)\,V\,y_0 + g = y_0$.

Nun soll Satz 1 von Nr. 22.4 mit $F = G = R$ und $M_0 = $ Menge aller x, y mit $x \leqq y$ angewendet werden; ferner sei

$$S_1(x, y) = -\frac{1}{\mu}\,V\,|x| - g = -S_2(y, x) \quad \text{mit} \quad g \in K \quad \text{und} \quad \lambda_0 < \mu.$$

Nach dem Alternativsatz gibt es ein $y_0 \in K$ mit $1/\mu\,V\,y_0 + g = y_0$. Wegen $|y_0| = |-y_0| = y_0$ gilt dann

$$-y_0 = -\frac{1}{\mu}\,V\,y_0 - g = -\frac{1}{\mu}\,V\,|-y_0| - g = S_1(y_0, y) = S_1(-y_0, y_0),$$

$$y_0 = \frac{1}{\mu}\,V\,y_0 + g = \frac{1}{\mu}\,V\,|y_0| + g = S_2(y_0, y) = S_2(-y_0, y_0).$$

Nun sei T ein vollstetiger Operator, der R in sich abbildet und der Ungleichung

$$|T\,y| \leqq \frac{1}{\mu}\,V\,|y| + g \leqq y_0 = S_2(-y_0, y_0) \quad \text{für} \quad |y| \leqq y_0$$

genügt, also gilt $S_1(-y_0, y_0) = -S_2(-y_0, y_0) \leqq T\,x \leqq S_2(-y_0, y_0)$ und damit (22.23). Dann liefert der Satz 1 von Nr. 22.4 die Existenz eines Fixpunktes $x_0 = T\,x_0$.

Diesem Ergebnis ordnen sich als ziemlich unmittelbare Folgerungen (ausführliche Darstellung bei Bohl [64]) zwei bekannte Sätze über nichtlineare Integralgleichungen

$$y = T y \quad \text{mit} \quad T y(x) = \int\limits_B K(x, t)\, f(t, y(t))\, dt \qquad (22.26)$$

unter:

Satz 1 (HAMMERSTEIN [30]): *Bei der Integralgleichung (22.26) sei B ein beschränkter, abgeschlossener Bereich, $K(x, t)$ auf $B \times B$ definiert, reellwertig, symmetrisch, $\geqq 0$ und für jedes feste $x \in B$ über B summierbar, und die erste Iterierte $K_2(x, t)$ sei stetig auf $B \times B$; ferner sei $f(t, z)$ stetig auf $B \times R_1$ mit Werten aus R_1 und sei abschätzbar durch*

$$|f(t, z)| \leqq \frac{1}{\mu} |z| + c \qquad (22.27)$$

mit einer Zahl $c > 0$ und $\mu > \lambda_0$, wobei λ_0 der größte positive Eigenwert von

$$V y = \lambda y \quad \text{mit} \quad V y = \int\limits_B K(x, t)\, y(t)\, dt \qquad (22.28)$$

sei. Dann besitzt (22.26) eine auf B stetige Lösung $y(x)$.

Satz 2 (SCHÄFER [55]): *Bei der Integralgleichung (22.26) sei B ein beschränkter, abgeschlossener Bereich, $K(x, t)$ auf $B \times B$ definiert, reellwertig und für jedes feste $x \in B$ über B summierbar; zu jedem $\overline{x} \in B$ gebe es ein $\varrho > 0$, so daß für $\|\overline{x} - x\| < \varrho$*

$$g(x, \overline{x}) = \int\limits_B |K(x, t) - K(\overline{x}, t)|^2 \, dt$$

existiert und

$$\lim_{x \to \overline{x}} g(x, \overline{x}) = 0$$

gilt.

Ferner sei $f(t, z)$ stetig auf $B \times R_1$ mit Werten aus R_1 und abschätzbar durch (22.27) mit einer Zahl $c > 0$ und $\mu > \lambda_0$, wobei λ_0 entweder der größte positive Eigenwert von $|K(x, t)|$ sei oder, falls ein solcher nicht existiert, sei $\lambda_0 = 0$. Dann besitzt (22.26) eine auf B stetige Lösung $y(x)$.

Beim Beweis von Satz 2 hat man an Stelle von (22.28) den Operator

$$V y = \int\limits_B |K(x, t)|\, y(t)\, dt$$

zu benutzen.

Von großer Wichtigkeit ist nun, daß die lineare Beschränkung (22.27) nicht für alle $z \in R$ gefordert werden muß, sondern nur für solche z, die der Bedingung $|z| \leqq y_0(x)$ gleichmäßig in B genügen, wobei $y_0(x)$ Lösung der Gleichung

$$\frac{1}{\mu} \int\limits_B |K(x, t)|\, y(t)\, dt + c \int\limits_B |K(x, t)|\, dt = y(x)$$

ist.

Dadurch gelingt es, weit in das nichtlineare Gebiet vorzustoßen und auch numerische Abschätzungen zu erhalten, siehe BOHL [64]. Als Beispiel für auf diese Weise aufstellbare Fehlerabschätzungen sei genannt: Für die Integralgleichung

$$y(x) = \int_0^1 \frac{x^2 [y(t)]^j + t^2}{x^2 + t^2 + 1 + [y(t)]^k}\, dt \qquad (22.29)$$

ergeben sich die Existenz einer Lösung für beliebige positive j, k und die von j, k unabhängigen Schranken

$$1 - \sqrt{x^2 + 2}\, \operatorname{arc\,tg} \frac{1}{\sqrt{x^2 + 2}} \leqq y(x) \leqq 1 - \frac{1}{\sqrt{x^2 + 1}}\, \operatorname{arc\,tg} \frac{1}{\sqrt{x^2 + 1}}$$

$$\text{für} \quad 0 \leqq x \leqq 1.$$

§ 23. Monotone Art bei Matrizen und Randwertaufgaben

Wegen der großen Bedeutung der Operatoren monotoner Art für die Numerik und der bequemen Möglichkeit der Fehlerabschätzung von Näherungslösungen seien hier einige wichtige Klassen Operatoren monotoner Art zusammengestellt.

23.1 Matrizen monotoner Art

Für eine reelle Matrix $A = (a_{jk})$ von monotoner Art folgt $x \geqq 0$ aus $A x \geqq 0$ und $x \leqq 0$ aus $A x \leqq 0$ und damit $x = 0$ aus $A x = 0$, d. h., die Determinante von A verschwindet nicht (die Zeichen $\geqq$, $>$ bedeuten hier bei Vektoren, daß sie für alle Komponenten gelten).

Man kann dann auch aus $|A x| \leqq A y$ auf $|x| \leqq y$ schließen, da wegen $A(y \pm x) \geqq 0$ auch $y \pm x \geqq 0$ gilt. (Entsprechend obiger Festsetzung soll $|x| \leqq y$ bedeuten: $|x_j| \leqq y_j$ für $j = 1, \ldots, n$.) Für die monotone Art einer Matrix A ist notwendig und hinreichend, daß alle Elemente der reziproken Matrix A^{-1} nichtnegativ sind; aber für praktische Zwecke braucht man einfacher nachprüfbare, determinantenfreie Kriterien, selbst wenn sie nur hinreichend sind.

Hier gilt der

Satz 1: *Für die quadratische n-reihige reelle Matrix $A = (a_{jk})$ gelte:*
1. es ist $a_{jk} \leqq 0$ für $j \neq k$,
2. A zerfällt nicht,
3. es gibt einen Vektor $y > 0$ und einen vom Nullvektor verschiedenen Vektor $r \geqq 0$ mit $A y = r$.

Dann ist A eine Matrix monotoner Art.

Der Begriff des „Zerfallens" einer Matrix wurde in Nr. 13.4 behandelt.

Beweis: Es sei $A x \geqq 0$; dann soll $x \geqq 0$ bewiesen werden. Es wird gezeigt, daß ein Widerspruch entsteht, wenn x eine negative Komponente, etwa $x_q < 0$ besitzt. Nach Voraussetzung 3. gilt $A((1 - \lambda) y + \lambda x) \geqq 0$ für $0 \leqq \lambda \leqq 1$. Wegen $y_q > 0$, $x_q < 0$ gibt es ein $\lambda = \lambda_q$

in $\langle 0, 1\rangle$ mit $(1 - \lambda_q)\, y_q + \lambda_q\, x_q = 0$; es kann möglicherweise auch für andere Komponenten, etwa die r-te, ein λ_r in $\langle 0, 1\rangle$ geben mit $(1 - \lambda_r)\, y_r + \lambda_r\, x_r = 0$. Sei Λ das Minimum dieser (höchstens n) Werte λ_r; es ist $0 < \Lambda < 1$. Der Vektor $w = (1 - \Lambda)\, y + \Lambda\, x$ hat nur nichtnegative Komponenten und mindestens eine verschwindende Komponente. Es ist aber w nicht der Nullvektor, da im Falle $\dfrac{(1-\Lambda)y}{\Lambda} = -x$ aus $A\,y \geqq 0$ folgen würde $A\,x \leqq 0$, also $A\,x = 0$, $A\,y = 0$; es sollte aber $A\,y = r$ nach 3. vom Nullvektor verschieden sein. Nun seien $w_{\varrho_1}, \ldots, w_{\varrho_m}$ die verschwindenden und $w_{\sigma_1}, \ldots, w_{\sigma_{n-m}}$ die nichtverschwindenden, also positiven Komponenten von w, wobei also $1 \leqq m \leqq n - 1$ ist. Wegen des Nichtzerfallens von A gibt es mindestens ein Element $a_{\varrho_\nu \sigma_\mu} \neq 0$, welches < 0 ist; dann ist die ϱ_ν-te Komponente von $A\,w$

$$(A\,w)_{\varrho_\nu} = \sum_{k=1}^{n} a_{\varrho_\nu k}\, w_k = \sum_{\mu=1}^{n-m} a_{\varrho_\nu \sigma_\mu}\, w_{\sigma_\mu} < 0 \qquad (23.1)$$

im Widerspruch zu $A\,w \geqq 0$.

Setzt man in 3. sogar $r > 0$ voraus, so kann die Voraussetzung 2. fortfallen; dann ist $A\big((1 - \lambda)\, y + \lambda\, x\big) > 0$ für $0 \leqq \lambda < 1$; $A\,w > 0$; ϱ_ν wird beliebig gewählt; es ist dann $a_{\varrho_\nu \sigma_\mu} \leqq 0$, und in (23.1) steht $\leqq$ an Stelle von $<$; auch dann ist ein Widerspruch vorhanden.

Für $y_j = 1$ $(j = 1, 2, \ldots, n)$ geht Voraussetzung 3. in das „schwache Zeilensummenkriterium" über:

$$\sum_{k=1}^{n} a_{jk} \left\{ \begin{array}{ll} \geqq 0 & \text{für alle } j \\ > 0 & \text{für mindestens ein } j = j_0 \end{array} \right\}; \qquad (23.2)$$

während die Verschärfung $r > 0$ zum „starken" oder gewöhnlichen Zeilensummenkriterium führt:

$$\sum_{k=1}^{n} a_{jk} > 0 \quad \text{für} \quad j = 1, \ldots, n. \qquad (23.3)$$

Satz 2: *In der reellen quadratischen n-reihigen Matrix $A = (a_{jk})$ sei*

$$a_{jj} > 0, \quad a_{jk} \leqq 0 \quad \text{für} \quad j \neq k.$$

Ferner gelte a) das schwache Zeilensummenkriterium (23.2), und A zerfalle nicht, oder b) das starke Zeilensummenkriterium (23.3). Dann ist A von monotoner Art.

Die Gln. (14.3) und (14.4) des gewöhnlichen Differenzenverfahrens bei elliptischen Differentialgleichungen gehören unter den in Nr. 14.1 getroffenen Voraussetzungen zu einer Matrix monotoner Art; man hat damit eine bequeme Möglichkeit der Fehlerabschätzung bei diesen Differenzengleichungen. Es liegt ebenfalls monotone Art vor, wenn man hier irgendwelche a_{jk} mit $j < k$ durch Nullen ersetzt (diese triviale Bemerkung wird in Nr. 22.2 benutzt).

Ein anderes Monotoniekriterium lautet:

Satz 3: *Die quadratische n-reihige Matrix $A = (a_{jk})$ werde in der Gestalt $A = E - B$ geschrieben mit $b_{jk} = \delta_{jk} - a_{jk}$. Es sei $\|B\| < 1$ (bei irgendeinem Matrixnormbegriff nach § 9) und $b_{jk} \geq 0$ für $j, k = 1, \ldots, n$. Dann ist A von monotoner Art.*

Beweis: Nach Nr. 6.3 existiert $(E - B)^{-1}$ wegen $\|B\| < 1$ und kann durch die konvergente Reihe $A^{-1} = (E - B)^{-1} = \sum_{k=0}^{\infty} B^k$ dargestellt werden; hier haben alle B^k und damit auch A^{-1} nur nichtnegative Elemente.

Satz 4: *Es sei A eine reelle symmetrische, positiv definite Matrix und lasse sich schreiben als $A = E - B$, wobei für alle Elemente von B gilt $b_{jk} \geq 0$, dann ist A von monotoner Art.*

Beweis: Benutzt man als Norm $\|B\|$ der Matrix B die Spektralnorm [diese ist, da B hermitesch ist, nach (9.19) gleich dem Spektralradius von B], so ist diese nach den Sätzen von FROBENIUS [12] über Matrizen mit nichtnegativen Elementen gleich der „Maximalwurzel" $\sigma(B)$, welche zugleich die betragsgrößte charakteristische Zahl von B ist. Den charakteristischen Zahlen β_j von B entsprechen wegen $A = E - B$ die charakteristischen Zahlen $\alpha_j = 1 - \beta_j$ von A. Da A positiv definit ist, gilt $0 < \alpha_j$; d. h., $\beta_j < 1$, also auch $\|B\| = \sigma(B) < 1$. Somit ist der vorhergehende Satz anwendbar.

Beispiel: In Zylinderkoordinaten r, z sei B der Bereich $|r| < 1$, $|z| < 0{,}75$, bei Fortnahme der Kreisscheibe K: $z = 0$, $|r| \leq 0{,}5$, und M sei der Rand des Zylinders. Abb. 23/1 stellt einen Querschnitt dar. Es sei

$$L u = \Delta u = u_{rr} + \frac{1}{r} u_r + u_{zz} = -1 \quad \text{in } B,$$

$$u = 1 \quad \text{auf } K,$$

$$u = 0 \quad \text{auf } M.$$

In einem Gitter von der Maschenweite h in der Querschnittebene werde die Randwertaufgabe näherungsweise mit dem Mehrstellenverfahren behandelt, ALBRECHT [62], wobei im Abstand $r = p\,h$ von der Zylinderachse der Differenzenstern

$$\begin{pmatrix} 7 + 24p - 48p^2 & 10 - 192p^2 & 7 - 24p - | \ 48p^2 \\ 34 + 96p - 192p^2 & -116 + 960p^2 & 34 - 96p - 192p^2 \\ 7 + 24p - 48p^2 & 10 - 192p^2 & 7 - 24p - 48p^2 \end{pmatrix} \{u\} = (-24 + 288p^2)\,h^2$$

verwendet wird. Bei Ausnutzung der Symmetrie hat man für

$$h = \frac{1}{4} \quad \text{insgesamt} \quad 9 \text{ Unbekannte (vgl. Abb. 23/1}$$

$$h = \frac{1}{8} \quad \text{insgesamt} \quad 43 \text{ Unbekannte,}$$

$$h = \frac{1}{16} \quad \text{insgesamt} \ 183 \text{ Unbekannte.}$$

Die Matrix der Gleichungen erfüllt das schwache Zeilensummenkriterium, und die Vorzeichenverteilung entspricht den Voraussetzungen von Satz 2 (für $p = 0$ nach Multiplikation der Gleichung mit -1); sie zerfällt nicht und ist daher von monotoner Art. Es wurde iteriert, wobei einmal von den Anfangswerten Null ausgegangen und bei der Rechnung stets nach unten abgerundet wurde, so daß bei Stillstand der Iterationen die erhaltenen Werte untere Schranken für die Lösung darstellen, und ein zweites Mal von Ausgangswerten, die durch Addition eines konstanten Vektors c zu den unteren Schranken entstanden, wobei c so gewählt wurde, daß bei einem Iterationsschritt überall nur Abnahme der Werte erfolgte. Wieder wurde iteriert bis zum Stillstand (und diesmal stets nach oben abgerundet), so daß obere Schranken erhalten wurden. So ergeben sich bei $h = \frac{1}{4}$ in der Anordnung wie in der Abb. 23/1 die unteren und oberen Schranken:

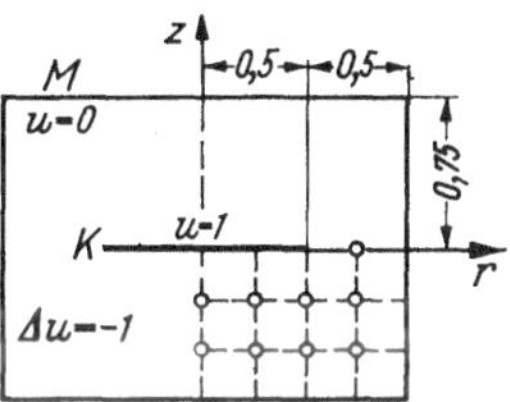

Abb. 23/1. Rotationssymmetrische Randwertaufgabe

Untere Schranken	1,000 000 000	1,000 000 000	1,000 000 000	0,299 481 091
	0,643 662 633	0,615 625 915	0,492 050 004	0,236 491 028
	0,316 116 350	0,295 795 699	0,230 641 437	0,124 914 018
Obere Schranken	1,000 000 000	1,000 000 000	1,000 000 000	0,299 481 093
	0,643 662 637	0,615 625 919	0,492 050 008	0,236 491 031
	0,316 116 354	0,295 795 702	0,230 641 440	0,124 914 021

Hier ist der Rundungsfehler also noch klein; bei $h = \frac{1}{18}$ und 183 Unbekannten macht er sich etwas mehr bemerkbar. Von der auf der Rechenanlage ausgeführten Rechnung sei nur ein kleiner Ausschnitt der Ergebnisse wiedergegeben: untere und obere Schranken für die Werte an den Stellen $r = 0$, h, $2h$ und $z = 0$, h, $2h, \ldots, 11h$; die größte auftretende Abweichung zwischen unterer und oberer Schranke tritt bei $r = 0$, $z = 6h$ auf und beträgt $74 \cdot 10^{-9}$. Bei noch größeren Gleichungssystemen wird natürlich auch der Einfluß der Rundungsfehler stärker.

Untere Schranken

$r = 0$	$r = h$	$r = 2h$
1,000 000 000	1,000 000 000	1,000 000 000
0,905 020 898	0,904 235 738	0,901 777 250
0,809 198 091	0,807 761 656	0,803 279 237
0,715 087 391	0,713 218 056	0,707 426 458
0,624 410 201	0,622 343 822	0,615 990 201
0,537 974 096	0,535 913 271	0,529 620 407
0,455 788 801	0,453 881 370	0,448 089 891
0,377 271 798	0,375 612 366	0,370 595 635
0,301 454 929	0,300 097 232	0,296 005 429
0,227 146 905	0,226 117 846	0,223 023 027
0,153 042 169	0,152 353 238	0,150 284 096
0,077 784 641	0,077 439 727	0,076 404 566

Obere Schranken

1,000 000 000	1,000 000 000	1,000 000 000
0,905 020 921	0,904 235 760	0,901 772 772
0,809 198 131	0,807 761 696	0,803 279 277
0,715 087 446	0,713 218 111	0,707 426 513
0,624 410 267	0,622 343 888	0,615 990 267
0,537 974 168	0,535 913 343	0,529 620 479
0,455 788 875	0,453 881 443	0,448 089 964
0,377 271 869	0,375 612 437	0,370 595 706
0,301 454 993	0,300 097 296	0,296 005 494
0,227 146 959	0,226 117 899	0,223 023 081
0,153 042 208	0,152 353 277	0,150 284 136
0,077 784 663	0,077 439 748	0,076 404 588

23.2 Monotone Art bei linearen Randwertaufgaben gewöhnlicher Differentialgleichungen

Satz: *Im Intervall $B = (a, b)$ sei in der reellen gewöhnlichen linearen Differentialgleichung*

$$L u + A(x) u = r(x) \quad \text{mit} \quad L u = -[p(x) u'(x)]', \qquad (23.4)$$

$$p(x) > 0, \quad A(x) \geqq 0, \quad p(x) \in C^1(B),$$

$$A(x) \in C(B), \quad r(x) \in C(B).$$

Als linearer Randausdruck für $u(x)$ sei auf dem Rande Γ (für $x = a$ und $x = b$) gegeben (mit $c, d \geqq 0$ als Konstanten):

$$Ru = \begin{pmatrix} u(a) & oder & c\,u(a) - u'(a) \\ u(b) & oder & d\,u(b) + u'(b) \end{pmatrix} \quad auf\ \Gamma. \qquad (23.5)$$

Der Fall $A \equiv 0$, $c = d = 0$ (2. Randwertaufgabe) sei ausgeschlossen.

Für eine Funktion $v(x)$ mit $v \in C^1\langle a, b\rangle$, $v \in C^2(B)$ folgt dann $v \geqq 0$ in $B + \Gamma$ aus $L v + A v \geqq 0$ in B und $R v \geqq 0$ auf Γ.

Beweis: Es gibt eine Stelle $x = s$ in $\langle a, b\rangle$ mit $v(s) = \underset{B+\Gamma}{\text{Min}}\, v(x)$. Es wird gezeigt, daß sich im Falle $v(s) < 0$ ein Widerspruch ergibt.

Fall 1: Es sei $v(s) < 0$ für $a < s < b$. Dann ist auch in einer gewissen Umgebung U von s (mit U in B) noch $v < 0$. Bei s liegt ein differenzierbares Minimum vor, also $p(s) v'(s) = 0$. In U gilt dann

$$-(p v')' + v A \geqq 0;$$

$$-(p v')' \geqq -A v \geqq 0 \quad \text{oder} \quad (p v')' \leqq 0.$$

Daher ist $p v' \geqq 0$ und damit $v' \geqq 0$ für $x < s$ in U, und entsprechend $v' \leqq 0$ für $x > s$. Da v bei s sein Minimum annimmt, muß $v' = 0$, d. h. $v = \text{const}$ in U und damit in ganz B sein; es gilt daher $L v = 0$, $A v \geqq 0$ in B. Nimmt A in B Werte > 0 an, etwa $A(x_0) > 0$, so hat man in $A(x_0)\, v(x_0) < 0$ einen Widerspruch zu $A\, v \geq 0$. Ist aber $A \equiv 0$ in B, dann folgt aus den Randbedingungen $R\, v \geq 0$:

Die Randbedingung $v(a) \geq 0$ oder $v(b) \geq 0$ ist mit $v = \text{const} < 0$ nicht vereinbar, und $c\, v(a) - v'(a) \geq 0$, $d\, v(b) + v'(b) \geq 0$ ergibt $c = d = 0$, was aber ausgeschlossen war.

Fall 2: s liegt am Rande, etwa $s = a$; dort ist also $v(a) < 0$. Dann ist $v'(a) \geq 0$, da v bei $x = a$ sein Minimum annimmt. Aus der Randbedingung ($v(a) \geq 0$ widerspricht $v(a) < 0$)

$$c\, v(a) \geq v'(a) \quad \text{folgt} \quad v'(a) = 0, \quad c = 0,$$

jetzt kann man aus $v'(a) = 0$ genau wie im Fall 1 auf $v = \text{const}$ in B schließen und daraus genau wie im Fall 1 einen Widerspruch herleiten.

Zusatz: An Stelle von (23.4) werde die etwas allgemeinere Gleichung

$$-p_2(x)\, u'' + p_1(x)\, u' + p_0(x)\, u = r(x) \quad \text{mit} \quad p_1 \in C(B), \quad p_2 \in C^1 \langle a, b \rangle,$$

$$p_2(x) > 0 \quad \text{in} \quad \langle a, b \rangle \tag{23.6}$$

verwendet. Dann ist unter den sonst gleichen Voraussetzungen wie bei dem obigen Satz der durch

$$T v = \begin{pmatrix} -p_2(x)\, v'' + p_1(x)\, v' + p_0(x)\, v \\ v(a) \quad \text{oder} \quad c\, v(a) - v'(a) \\ v(b) \quad \text{oder} \quad d\, v(b) + v'(b) \end{pmatrix}$$

definierte lineare Operator T von monotoner Art.

Multipliziert man nämlich beide Seiten von (23.6) mit dem positiven Faktor

$$d(x) = e^{-\int_a^x \frac{p_2'(t) + p_1(t)}{p_2(t)}\, dt},$$

so erhält man eine Gleichung der Form (23.4)

$$-[d(x)\, p_2(x)\, u']' + d(x)\, p_0(x)\, u = r(x)\, d(x),$$

so daß der obige Satz unmittelbar anwendbar ist.

23.3 Randmaximumsatz bei nichtlinearen elliptischen Differentialgleichungen

Bei elliptischen Differentialgleichungen wurden Monotonie- und Randmaximumsätze, ausgehend von der klassischen Potentialgleichung, mehr und mehr verallgemeinert. Hier wird eine sehr allgemeine, von REDHEFFER [62] aufgestellte Fassung gegeben. Dazu sind einige Hilfsbetrachtungen nötig.

Definition: Eine in einem Intervall $0 < p \leq p_0$ erklärte Funktion $g(p)$ erfüllt die „OSGOODsche Forderung", wenn $g(p) > 0$ monoton wachsend ist und

$$\int_0^{p_0} \frac{dp}{g(p)} = \infty \quad \text{gilt.} \tag{23.7}$$

Hilfssatz: *Mit $g(p)$ erfüllt auch $p + g(p)$ die Osgoodsche Forderung.*
Beweis:
Fall I. Es gibt ein Intervall $(0, p_1)$ mit $p_1 \leq p_0$, in dem $g(p) > p$ ist; dann gilt der Satz wegen

$$\int_\varepsilon^{p_1} \frac{dp}{p + g(p)} \geq \int_\varepsilon^{p_1} \frac{dp}{2g(p)} \to \infty \quad \text{für} \quad \varepsilon \to 0.$$

Fall II. Es gibt kein solches Intervall, sondern eine Folge von Punkten p_n ($n = 1, 2, \ldots$) mit $p_{n+1} < p_n$, $\lim_{n \to \infty} p_n = 0$, $g(p_n) \leq p_n$ ($n = 1, 2, \ldots$). Man kann $\frac{p_{n+1}}{p_n} \leq \frac{1}{2}$ annehmen, indem man gegebenenfalls gewisse Punkte der Folge fortläßt.

$g(p)$ ist monoton, mithin gilt für die Teilintegrale

$$\alpha_n = \int_{p_{n+1}}^{p_n} \frac{dp}{p + g(p)} \geq \int_{p_{n+1}}^{p_n} \frac{dp}{p_n + p_n} = \frac{1}{2}\left(1 - \frac{p_{n+1}}{p_n}\right) \geq \frac{1}{4},$$

damit ist $\sum_{n-1}^{\infty} \alpha_n$ divergent und der Hilfssatz bewiesen.

Mit $g(p)$ erfüllt dann natürlich auch $c_1 g(p) + c_2 p$ für Konstanten $c_1 > 0$, $c_2 \geq 0$ die OSGOODsche Forderung.

Im folgenden werden elliptische Differentialgleichungen für Funktionen $u(x_1, \ldots, x_m)$ betrachtet; es steht wieder kurz x für $x_1, \ldots, x_m$, und bei u und bei der Funktion $c(x_j)$ bedeuten wie in Nr. 7.4 tiefgestellte Indizes partielle Ableitungen; für eine Funktion $a(x_1, x_2, \ldots, x_m, u, u_1, u_2, \ldots, u_m)$ wird kurz $a(x, u, u_l)$ geschrieben; $a(x, u, 0)$ bedeutet, daß in a alle $u_l = 0$ gesetzt werden; bei a_{jk} bedeuten die Indizes nur eine Numerierung.

Ferner soll für eine Matrix (a_{jk}) die Schreibweise $(a_{jk}) \geq 0$ bzw. $(a_{jk}) \leq 0$ bedeuten, daß die Matrix positiv bzw. negativ semidefinit ist, d. h., daß für beliebige reelle Vektoren $f = (f_1, \ldots, f_m)$ gilt

$$\sum_{j,k-1}^{m} a_{jk} f_j f_k \geq 0 \quad \text{bzw.} \quad \leq 0.$$

Der Kürze halber wird bei Doppelsummen über j, k die Summation nicht jedesmal ausdrücklich hingeschrieben werden. Sind a_{jk} und b_{jk}

positiv semidefinite Matrizen, so gilt die Formel von Fejér

$$\sum_{j,k} a_{jk}\, b_{jk} \geqq 0 \quad (\text{für} \quad a_{jk} = a_{kj}).\tag{23.8}$$

Allgemeiner Randmaximumsatz: *B sei ein offenes, zusammenhängendes beschränktes Gebiet des R_m mit Rand Γ und d eine reelle Zahl. Eine Funktion $u(x) \in C^2(B)$ erfülle*
a) die Differentialungleichung

$$\sum_{j,k=1}^{m} a_{jk}(x, u, u_l)\, u_{jk} \geqq a(x, u, u_l)\tag{23.9}$$

mit gegebenen Funktionen a_{jk}, a und

$$a(x, u, 0) \geqq 0 \quad \text{für} \quad u \geqq d.\tag{23.10}$$

b) Die folgende Matrix sei positiv semidefinit

$$(a_{jk}(x, u, 0)) \geqq 0.\tag{23.11}$$

c) Zu jeder in sich kompakten Teilmenge $S \subset B$ existiere eine Funktion $c(x) \in C^2\langle S\rangle$ und eine Konstante $C > 0$ mit

$$\left.\begin{aligned}
\sum a_{jk}(x, u, 0)\, c_j c_k &> 1 \\
\sum a_{jk}(x, u, 0)\, c_{jk} &\geqq -C
\end{aligned}\right\} \quad \text{für} \quad x \in S.\tag{23.12}\tag{23.13}$$

d) Es existiere eine die Osgoodsche Forderung erfüllende Funktion $g(p)$ mit

$$|a_{jk}(x, u, u_l) - a_{jk}(x, u, 0)| \leqq g(|\operatorname{grad} u|),\tag{23.14}$$
$$|a(x, u, u_l) - a(x, u, 0)| \leqq g(|\operatorname{grad} u|).\tag{23.15}$$

Dann hat $u \leqq d$ auf Γ zur Folge: $u \leqq d$ in B.

Erläuterung: b) Die Eigenschaft der Matrix (a_{jk}) für Argumente $u_l = 0$ und für die feste Funktion u positiv semidefinit zu sein, entspricht dem elliptischen (oder allenfalls parabolischen) Charakter der zu betrachtenden Differentialgleichungen.

Voraussetzung c) ist z. B. erfüllt, wenn es Konstanten γ, γ_j mit $\gamma > 0$ gibt, so daß in ganz B

$$\sum a_{jk}(x, u, 0)\, \gamma_j \gamma_k \geqq \gamma > 0\tag{23.16}$$

gilt; man braucht dann nur $c(x) = 2\gamma^{-\frac{1}{2}} \sum_{j=1}^{m} \gamma_j x_j$ zu wählen.

d) bedeutet, daß die Funktionen a_{jk}, a sich nicht zu stark mit u_l ändern dürfen.

Beweis: Unter der Annahme, daß es in B einen Punkt P gibt mit $u(P) > d$, gibt es auch eine in sich kompakte Umgebung S von P derart, daß $u > d$ in ganz S und $u(P) > u(\hat{P})$ für alle Randpunkte $\hat{P}$ von S

gilt. Nach Voraussetzung c) gibt es zu S eine Funktion $c(x) \in C^2\langle S\rangle$, und zu dieser gibt es eine Konstante D mit $|\mathrm{grad}\,c| \leqq D$ in S; ferner gibt es eine Konstante U mit $|u_{jk}| \leqq U$ in S.

Mit der Funktion $g(p)$ von Voraussetzung d) wird die Hilfsfunktion

$$h(p) = C\,p + (m^2\,U + 1)\,g(D\,p) \tag{23.17}$$

gebildet, die nach dem Hilfssatz auch die OSGOODsche Forderung erfüllt; insbesondere ist für $p_1 = p_0/D$

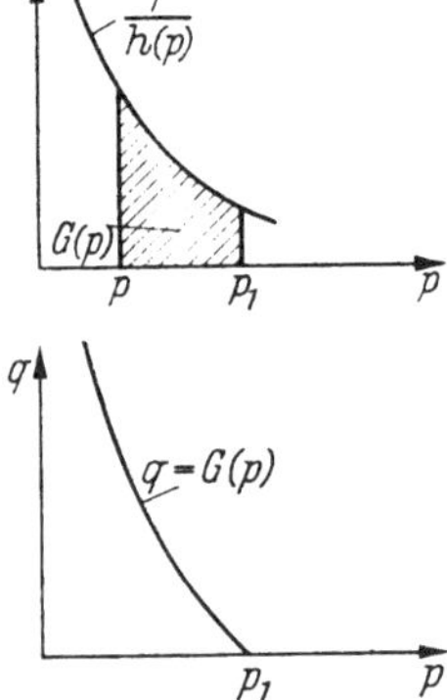

$$\int\limits_0^{p_1} \frac{dp}{h(p)} = \infty\,.$$

Zu der zweiten Hilfsfunktion

$$q = G(p) = \int\limits_p^{p_1} \frac{dp}{h(p)}$$

existiert, da $G(p)$ streng monoton ist, die Umkehrfunktion, vgl. Abb. 23/2,

$$p = \gamma(q)\,.$$

Nun wird die Funktionenschar eingeführt

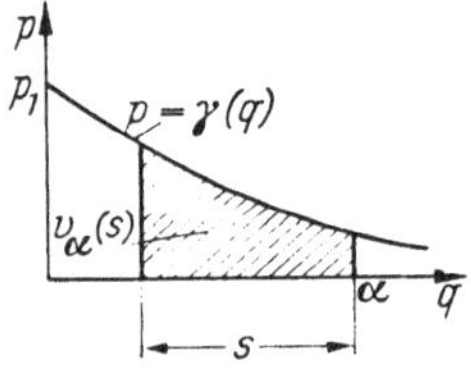

$$v_x(s) = v = \int\limits_0^s \gamma(\alpha - t)\,dt\,.$$

v genügt für jeden Wert des (positiven) Parameters α der Differentialgleichung

$$v'' = h(v'); \tag{23.18}$$

denn

$$v' = \gamma(\alpha - s), \quad \alpha - s = G(v')\,,$$

Abb. 23/2. Hilfsfunktionen

und Differentiation nach s ergibt $-1 = v''\,G'(v') = -\dfrac{v''}{h(v')}$.

Da $\gamma(q)$ monoton gegen Null fällt, ist für beschränktes s

$$\lim_{\alpha \to \infty} v_\alpha(s) = 0, \qquad \lim_{\alpha \to \infty} v'_\alpha(s) = 0\,.$$

Schließlich wird noch die Hilfsfunktion eingeführt

$$w(x) = u(x) + v_x(c(x))\,. \tag{23.19}$$

$c(x)$ nimmt in S beschränkte Werte an, und daher strebt $v_\alpha(c(x))$ auf S gleichmäßig gegen Null für $\alpha \to \infty$. Da u im Punkte P echt größer ist als auf dem Rande von S, nimmt w für hinreichend großes α in einem inneren Punkt Q von S ein Maximum an. Dort muß

$$w_j = \frac{\partial w}{\partial x_j} = u_j + v'(c(x))\,c_j = 0 \tag{23.20}$$

und die Matrix der

$$w_{jk} = u_{jk} + v'' c_j c_k + v' c_{jk} \tag{23.21}$$

negativ semidefinit sein; $(w_{jk}) \leq 0$. Nun wird die Ungleichung (23.9) im Punkte Q in S mit Hilfe von (23.21) umgeformt:

$$\sum a_{jk}(x, u, 0) [w_{jk} - v'' c_j c_k - v' c_{jk}] +$$
$$+ \sum [a_{jk}(x, u, u_l) - a_{jk}(x, u, 0)] u_{jk} \geq a(x, u, u_l). \tag{23.22}$$

Nach (23.8) und (23.11) ist

$$\sum a_{jk}(x, u, 0) w_{jk} \leq 0,$$

und nach (23.12)

$$\sum a_{jk}(x, u, 0) (- v'' c_j c_k) < - v'',$$

nach (23.13)

$$\sum a_{jk}(x, u, 0) (- v' c_{jk}) \leq v' C,$$

nach (23.14)

$$\sum [a_{jk}(x, u, u_l) - a_{jk}(x, u, 0)] u_{jk} \leq m^2 \, U \, g(|\operatorname{grad} u|),$$

nach (23.10) und (23.15)

$$a(x, u, u_l) = a(x, u, 0) + [a(x, u, u_l) - a(x, u, 0)] \geq -g(|\operatorname{grad} u|).$$

Somit wird aus (23.22)

$$-v'' + v' C + m^2 \, U \, g(|\operatorname{grad} u|) > -g(|\operatorname{grad} u|)$$

oder

$$v'' < v' C + (m^2 \, U + 1) \, g(|\operatorname{grad} u|). \tag{23.23}$$

Nach (23.19) ist

$$\operatorname{grad} u = \operatorname{grad} w - v' \operatorname{grad} c.$$

Im Punkte Q hat w ein Maximum, dort ist $\operatorname{grad} w = 0$; in S ist $|\operatorname{grad} c| \leq D$, also in Q gilt $|\operatorname{grad} u| \leq v' D$; da g in p monoton ist, folgt aus (23.23) und (23.17)

$$v'' < v' C + (m^2 \, U + 1) \, g(D \, v') = h(v')$$

im Widerspruch zu (23.18). Damit ist der Randmaximumsatz bewiesen.

Der Beweis läßt sich kürzer führen, wenn in (23.9) streng das $<$ Zeichen verlangt wird; die Zulassung des Gleichheitszeichens bedingt die Komplikation.

23.4 Monotone Art bei nichtlinearen elliptischen Differentialgleichungen

Hieraus kann man nun Aussagen über Monotonie nach REDHEF-FER [62a] gewinnen.

Allgemeiner Monotoniesatz für elliptische Differentialgleichungen:
B sei ein offenes zusammenhängendes beschränktes Gebiet des R_m mit Rand Γ. Es seien u, v zwei Funktionen aus $C^2(B)$. Bei dem Operator

$$T z = - \sum a_{jk}(x, z_l) z_{jk} + a(x, z, z_l) \tag{23.24}$$

sei

    a′) $a(x, u, u_l)$ in u monoton nicht fallend,

    b′) die folgende Matrix positiv semidefinit

$$(a_{jk}(x, v_l)) \geq 0,$$

    c′) zu jeder in sich kompakten Teilmenge $S \subset B$ existiere eine Funktion $c(x) \in C^2(s)$ und eine Konstante C mit

$$\left. \begin{array}{l} \sum a_{jk}(x, v_l)\, c_j\, c_k > 1 \\[4pt] \sum a_{jk}(x, v_l)\, c_{jk} \geq -C \end{array} \right\} \quad \text{für} \quad x \in S, \tag{23.25}$$

    d′) es existiere eine die Osgoodsche Forderung erfüllende Funktion $g(p)$
mit

$$\left. \begin{array}{l} |a_{jk}(x, v_l + w_l) - a_{jk}(x, v_l)| \leq g(|\operatorname{grad} w|) \\[4pt] a(x, u, v_l + w_l) - a(x, u, v_l)| \leq g(|\operatorname{grad} w|) \end{array} \right\} \quad \text{für} \quad w \in C^2(B). \quad \begin{array}{l} (23.26) \\[6pt] (23.27) \end{array}$$

Dann gilt: $T u \leq 0$, $T v \geq 0$ in B und $u \leq v$ auf Γ hat $u \leq v$ in B zur Folge.

Beweis: Mit $w = u - v$ ist $w \leq 0$ in B zu zeigen. Der allgemeine Randmaximumsatz soll nun auf w und $\hat{a}_{jk}$ statt auf u und a_{jk} angewandt werden; v ist eine fest gewählte Funktion; es werde

$$a_{jk}(x, v_l + w_l) = \hat{a}_{jk}(x, w_l) \tag{23.28}$$

gesetzt. Die Voraussetzungen b′) und c′) für a_{jk} gehen in die früheren b) und c) für $\hat{a}_{jk}$ über. $T u \leq 0$ besagt

$$\sum a_{jk}(x, v_l + w_l)(v_{jk} + w_{jk}) \geq a(x, v + w, v_l + w_l).$$

Mit $T v \geq 0$ ergibt dies

$$\sum \hat{a}_{jk}(x, w_l)\, w_{jk} \geq \hat{a}(x, w, w_l)$$

mit

$$\hat{a}(x, w, w_l) = a(x, v + w, v_l + w_l) - a(x, v, v_l) - $$
$$- \sum [a_{jk}(x, v_l + w_l) - a_{jk}(x, v_l)]\, v_{jk}.$$

Unter der Annahme, daß in B ein Punkt P mit $w(P) > 0$ existiert, gibt es eine in sich kompakte Umgebung S von P, in der $w > 0$ ist. Wegen der Monotonievoraussetzung a′) ist dann in S

$$\hat{a}(x, w, 0) \geq 0;$$

damit ist auch die frühere Voraussetzung a) erfüllt, wenn sie auf $\hat{a}$ anstatt von a angewandt wird. In S ist v_{jk} beschränkt, etwa $|v_{jk}| \leq K$ und mit (23.26) und (23.27)

$$|\hat{a}(x, w, w_l) - \hat{a}(x, w, 0)| \leq (1 + m^2 K)\, g(|\operatorname{grad} w|) = \hat{g}(|\operatorname{grad} w|).$$

Damit ist (23.15) mit $\hat{g}$ anstatt g erfüllt, und (23.14) ergibt sich unmittelbar aus (23.26), auch mit $\hat{g}$ an Stelle von g. Beim Beweis des Randmaximumsatzes werden die Voraussetzungen a) und d) nur in S benötigt, und die Annahme $w(P) > 0$ führt daher zu einem Widerspruch.

23.5 Spezialfall der linearen elliptischen Differentialgleichungen

Im linearen Fall vereinfacht sich die Nachprüfung der Voraussetzungen stark; es sei daher das Ergebnis für diesen wichtigen Spezialfall formuliert:

Monotoniesatz für die 1. Randwertaufgabe einer linearen elliptischen Differentialgleichung: *Es gelte die reelle, elliptische, lineare Differentialgleichung*

$$L u = - \sum_{j,\,k=1}^{m} a_{jk} \frac{\partial^2 u}{\partial x_j \partial x_k} - \sum_{j=1}^{m} b_j \frac{\partial u}{\partial x_j} + c u = r(x_1, \ldots, x_m) \qquad (23.29)$$

in einem offenen, beschränkten, zusammenhängenden Bereich B. Die Koeffizienten a_{jk}, b_j und c dürfen von $x_1, \ldots, x_m$ abhängen, sollen aber beschränkt und stetig sein. In B sei $c \geq 0$, die Matrix $A = (a_{jk})$ in jedem Punkt von B positiv definit, und zwar gleichmäßig in dem Sinne, daß es für jeden abgeschlossenen Teilbereich S von B Konstanten γ_i, γ gibt mit

$$\sum_{j,\,k=1}^{m} a_{jk} \gamma_j \gamma_k \geq \gamma > 0 \quad \text{in } S. \qquad (23.30)$$

Auf dem Rand Γ von B seien Randwerte von u: $R u = u = \gamma(x_1, \ldots, x_n)$ vorgegeben. Dann ist der Operator $T u = (L u, R u)$ von monotoner Art, d. h., aus $L v \geq L w$ in B und $R v \geq R w$ auf Γ folgt $v \geq w$ in $B + \Gamma$.

Auch für die zweite und dritte Randwertaufgabe lassen sich Monotoniesätze aufstellen, doch würde es hier zu weit führen, das im einzelnen zu beschreiben.

Beispiel: Beim Torsionsproblem für einen Träger vom Querschnitt B hat man $\Delta u = -1$ in B, $u = 0$ auf dem Rande Γ. Γ bestehe aus

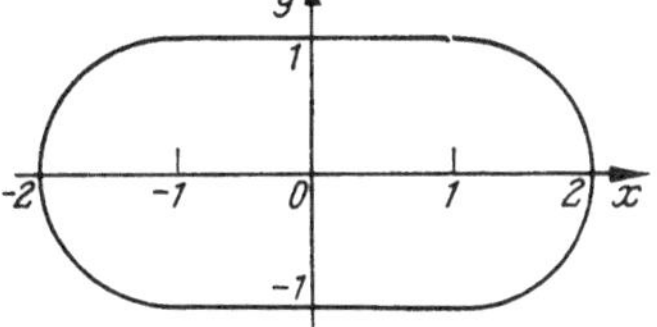

Abb. 23/3. Torsionsproblem

zwei Geradenstücken $|x| \leq 1$, $y = \pm 1$ und im Bereich $|x| \geq 1$ aus zwei Halbkreisbögen vom Radius 1 um die Punkte $x = \pm 1$, $y = 0$, s. Abb. 23/3; für u wird die Näherung angesetzt

$$v = v_0 + \sum_{j=1}^{q} a_j v_j \quad \text{mit} \quad v_0 = - \frac{x^2 + y^2}{4}, \qquad v_j = Re\,(x + i\,y)^{2j-2}$$

$$(j = 1, 2, \ldots, q),$$

also $v_1 = 1$, $v_2 = x^2 - y^2, \ldots$ Die a_j werden so ermittelt, daß auf Γ die Randwerte Null durch v im TSCHEBYSCHEFFschen Sinne [vgl. (1.30)] möglichst gut

20*

approximiert werden; es soll also

$$d = \operatorname*{Max}_{\Gamma} \left| v_0 + \sum_{j=1}^{q} a_j v_j \right|$$

möglichst klein werden; berechnet man zu einer Näherung v die Größe d, so gilt nach den Sätzen die Fehlerabschätzung $-d \leqq v - u \leqq d$ oder $|v - u| \leqq d$.

Die Approximation wurde auf einer Rechenanlage nach der Simplexmethode durchgeführt, wobei 200 Randpunkte zugrunde gelegt wurden. Aus Symmetriegründen konnte man sich auf die 51 Randpunkte beschränken:

$$x = \mu \, 0{,}05; \quad y = 1 \qquad (\mu = 0, 1, \ldots, 19),$$

$$x = 1 + \sin \nu \alpha, \quad y = \cos \nu \alpha \qquad \left(\nu = 0, 1, \ldots, 30; \quad \alpha = \frac{\pi}{60} \right).$$

Die Tabelle gibt für $q = 5$ und $q = 6$ Werte der Koeffizienten a_j und das jeweils erreichte d;

	$q = 5$	$q = 6$
Koeffizienten	$a_1 = 0{,}44243967$	$a_1 = 0{,}44240960$
	$a_2 = 0{,}18134112$	$a_2 = 0{,}18099187$
	$a_3 = -0{,}013958097$	$a_3 = -0{,}013425692$
	$a_4 = 0{,}00084236449$	$a_4 = 0{,}00044736721$
	$a_5 = 0{,}000020682953$	$a_5 = 0{,}00018263215$
		$a_6 = -0{,}000028510975$
$d =$ Maximum des Fehlerbetrags	$= 0{,}00368128$	$= 0{,}00224418$

Abb. 23/4 zeigt die Fehlerkurve längs des betrachteten Viertels des Randes als Funktion der Bogenlänge s auf dem Rande.

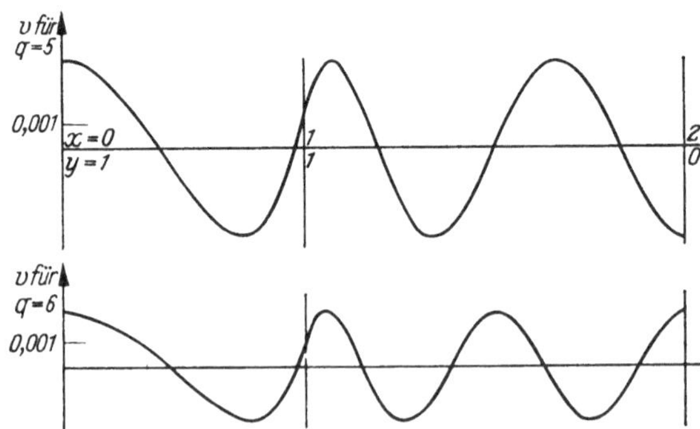

Abb. 23/4. Fehlerkurve beim Torsionsproblem

Der Koeffizient a_1 gibt zugleich die Näherung für den Wert $u(0, 0)$ im Mittelpunkt an; man hat somit für diesen die Einschließung

$$0{,}4401 \leqq u(0, 0) \leqq 0{,}4447.$$

§ 24. Anfangswertaufgaben und weitere Monotoniesätze

24.1 Strenge Monotonie bei parabolischen Gleichungen

Für eine Funktion $u = u(x_1, \ldots, u_n, t)$ oder kurz $u(x, t)$ wird der Operator

$$T u = u_t - f(x, t, u, u_j, u_{jk}) \tag{24.1}$$

betrachtet. u_j, u_{jk} bedeuten wieder wie in Nr. 7.4 partielle Ableitungen und $u_t = \dfrac{\partial u}{\partial t}$. In der Hyperebene $t = 0$ sei B ein offenes, beschränktes, einfach zusammenhängendes Gebiet mit stückweise glattem Rand Γ, wobei in jedem Randpunkt eine (nicht notwendig überall eindeutig festgelegte) innere Normale ν definierbar ist, von der ein endliches Stück zu $\hat{B} = B + \Gamma$ gehört. Dann sei B_t das Innere des Zylinders (x, t) mit $x \in B$, $0 < t < t_a$ und Γ_t der Mantel der Punkte (x, t) mit $x \in \Gamma$, $0 < t < t_a$. Schließlich sei $\hat{B}_t = B_t + \Gamma_t + \hat{B}$.

Es soll die Aussage „f ist in (u_{jk}) monoton nicht fallend" bedeuten: Für $(u_{jk}) \leqq (v_{jk})$, d. h. falls die Matrix $(v_{jk} - u_{jk})$ positiv semidefinit ist, soll

$$f(x, t, u, u_j, u_{jk}) \leqq f(x, t, u, u_j, v_{jk}) \tag{24.2}$$

sein, wobei die Argumente von f als unabhängige Veränderliche angesehen werden.

Verschiedene Autoren haben an der Verallgemeinerung des Monotoniesatzes gearbeitet; es seien nur PICONE, NAGUMO, WESTPHAL [49], SZARSKY [55], NICKEL [59], WALTER [62] und REDHEFFER [62] genannt.

Satz über strenge Monotonie bei parabolischen Gleichungen. *Unter den eben genannten allgemeinen Voraussetzungen sei*

a) f in (u_{jk}) monoton nicht fallend,

$$b)\ R u = \begin{cases} u \ auf \ \hat{B} \\ u - k(x, t, u, u_\nu) \ auf \ \Gamma_t \end{cases} \tag{24.3}$$

mit einer in $u_\nu = \dfrac{\partial u}{\partial \nu}$ monoton nicht fallenden Funktion k; dann ist der Operator $(T u, R u)$ von streng monotoner Art, d. h. für zwei Funktionen $u, v \in C(\hat{B}_t)$ und $\in C^2(B_t)$ folgt aus

$$T v < T u \quad in \quad B_t, \quad R v < R u \quad auf \quad \hat{B} + \Gamma_t, \tag{24.4}$$

daß $v < u$ in $\hat{B}_t$ ist.

Für $k = A(x, t) \cdot u_\nu$ mit $A \geqq 0$ hat man im Falle $A = 0$ die erste und für $A > 0$ eine dritte Randwertaufgabe.

Beweis: Es sei $w = u - v$; es ist $w > 0$ in $\hat{B}_t$ zu zeigen. Es sei M die Menge der t-Werte aus dem Intervall $(0, t_a)$, für die es Punkte (x, t) mit $x \in \hat{B}$ und $w(x, t) \leqq 0$ gibt. $t = 0$ gehört nicht zu M, da auf $\hat{B}$ gilt: $w = R u - R v > 0$. Ist M leer, so ist der Satz richtig; ist M nicht leer, so sei t_0 die untere Grenze aller t-Werte von M:

$$t_0 = \inf_{t \in M} t.$$

Dann gibt es eine Folge $\{x^{(\nu)}, t^{(\nu)}\}$ mit $w(x^{(\nu)}, t^{(\nu)}) \leqq 0$, $\lim_{\nu \to \infty} t^{(\nu)} = t_0$. Wegen der Kompaktheit von $\hat{B}$ läßt sich aus der Folge der $(x^{(\nu)}, 0)$ eine konvergente Teilfolge auswählen; es sei $(x^{(\nu)}, 0)$ bereits diese Teilfolge, sie konvergiere gegen den Punkt $(x_0, 0) \in \hat{B}$, und es konvergiert $(x^{(\nu)}, t^{(\nu)})$ gegen den Punkt $P_0 = (x_0, t_0)$; es ist $w(P_0) \leqq 0$; also liegt P_0 nicht in $\hat{B}$; somit ist $t_0 > 0$; nach Definition von t_0 ist $w(x, t) > 0$ für $0 \leqq t < t_0$, und wegen der Stetigkeit von w ist $w(x, t_0) \geqq 0$; somit muß $w(P_0) = 0$ sein und $w_t(P_0) \leqq 0$, falls $P_0 \in B_t$. Wegen $w(x, t_0) \geqq 0$ hat $w(x, t_0)$ als Funktion von x in P_0 ein Minimum.

Fall I: $P_0 \in \Gamma_t$; dann ist $w_\nu(P_0) \geqq 0$, also $u_\nu(P_0) \geqq v_\nu(P_0)$ und

$$(R v)_{P_0} - (R u)_{P_0} = w(P_0) + k(x, t, u, u_\nu)_{P_0} - k(x, t, v, v_\nu)_{P_0} \geqq 0,$$

da in P_0 gilt $u = v$ und k im letzten Argument monoton nicht fällt. Das widerspricht $R v < R u$.

Fall II: $P_0 \in B_t$. Dann hat $w(x, t_0)$ als Funktion von x in P_0 ein differenzierbares Minimum, es ist also $w_j = 0$ und $(w_{jk}) \geqq 0$ oder $u_j = v_j$ und $(u_{jk}) \geqq (v_{jk})$. In P_0 ist

$$T v - T u = v_t - f(x, t, v, v_j, v_{jk}) - u_t + f(x, t, u, u_j, u_{jk})$$
$$= -w_t + f(x, t, u, u_j, u_{jk}) - f(x, t, u, u_j, v_{jk}) \geqq 0$$

im Widerspruch zu $T v < T u$. Damit ist der Satz bewiesen.

24.2 Der allgemeine Monotoniesatz

Für die numerische Rechnung ist es wichtig, die Voraussetzungen in (24.4) abzuschwächen und statt des Zeichens $<$ das Zeichen $\leqq$ benutzen zu können. Hierfür gilt der Satz in der von REDHEFFER [62] gegebenen Form:

Allgemeiner Monotoniesatz für parabolische Gleichungen: *Unter den Voraussetzungen des vorigen Satzes gelte ferner: Es gebe zwei Konstanten γ und α mit $\alpha < 1$ derart, daß*

$$f(x, t, v + z, v_j, v_{jk}) - f(x, t, v, v_j, v_{jk}) \leqq \gamma z \quad \text{für} \quad z > 0 \quad (24.5)$$

und

$$k(x, t, v + z, v_\nu) - k(x, t, v, v_\nu) \leqq \alpha z \quad \text{für} \quad z > 0 \quad (24.6)$$

gilt. Dann hat

$$T u \leqq T v + \varepsilon \quad mit \quad \varepsilon \geqq 0, \tag{24.7}$$

$$R u \leqq R v + \delta \quad mit \quad \delta \geqq 0 \tag{24.8}$$

zur Folge

$$u \leqq v + \varphi(t), \tag{24.9}$$

wobei $\varphi(t)$ in der Tabelle angegeben ist:

	$\gamma = -\beta < 0$		$\gamma = 0$	$\gamma > 0$
	$\dfrac{\delta}{1-\alpha} \geqq \dfrac{\varepsilon}{\beta}$	$\dfrac{\delta}{1-\alpha} \leqq \dfrac{\varepsilon}{\beta}$		
$\varphi(t) =$	$\dfrac{\delta}{1-\alpha}$	$\dfrac{\varepsilon}{\beta} - \left(\dfrac{\varepsilon}{\beta} - \dfrac{\delta}{1-\alpha}\right)e^{-\beta t}$	$\dfrac{\delta}{1-\alpha} + \varepsilon t$	$\left(\dfrac{\delta}{1-\alpha} + \dfrac{\varepsilon}{\gamma}\right)e^{\gamma t} - \dfrac{\varepsilon}{\gamma}$

Beweis: In $w = v + y(t)$ soll $y(t)$ so bestimmt werden, daß auf w und u der Satz über strenge Monotonie angewendet werden kann. Es ist

$$T w = v_t + y'(t) - f(x, t, v + y, v_j, v_{jk})$$
$$= T v + y' + f(x, t, v, v_j, v_{jk}) - f(x, t, v + y, v_j, v_{jk}).$$

$y(t)$ soll so gewählt werden, daß

$$y(t) > \frac{\delta}{1-\alpha} \geqq 0 \quad und \quad y'(t) > \gamma \, y(t) + \varepsilon \tag{24.10}$$

gilt; dann ist nach (24.5)

$$f(x, t, v, v_j, v_{jk}) - f(x, t, v + y, v_j, v_{jk}) \geqq -\gamma \, y$$

und

$$T w \geqq T v + y' - \gamma \, y > T v + \varepsilon \geqq T u,$$

also

$$T w > T u;$$

entsprechend mit (24.6) auf Γ_t

$$R w = v + y - k(x, t, v + y, v_\nu)$$
$$= R v + y + k(x, t, v, v_\nu) - k(x, t, v + y, v_\nu) \geqq R v + y - \alpha \, y >$$
$$> R v + \delta \geqq R u;$$

auf $\hat{B}$ ist $R w = w > v \geqq u$, also ebenfalls $R w > R u$ erfüllt.

Nach dem Satz über strenge Monotonie ist somit

$$u < w = v + y(t) \quad in \quad \hat{B}_t,$$

falls es ein $y(t)$ gibt, das (24.10) erfüllt; ist nun $\hat{\varphi}$ die Funktion, die aus φ hervorgeht, wenn man in der Tabelle δ durch $\hat{\delta}$ und ε durch $\hat{\varepsilon}$

ersetzt und $\hat{\delta} > \delta$, $\hat{\varepsilon} > \varepsilon$ wählt, so leistet $y = \hat{\varphi}(t)$ das Gewünschte; z. B. für $\gamma = 0$ ist $y = \hat{\varphi}(t) = \dfrac{\hat{\delta}}{1-\alpha} + \hat{\varepsilon}\, t > \dfrac{\delta}{1-\alpha}$, $y' = \hat{\varepsilon} > \varepsilon$. Für beliebige $\hat{\delta} > \delta$, $\hat{\varepsilon} > \varepsilon$ ist also $u < v + \hat{\varphi}(t)$, und für $\hat{\delta} \to \delta$, $\hat{\varepsilon} \to \varepsilon$ folgt (24.9).

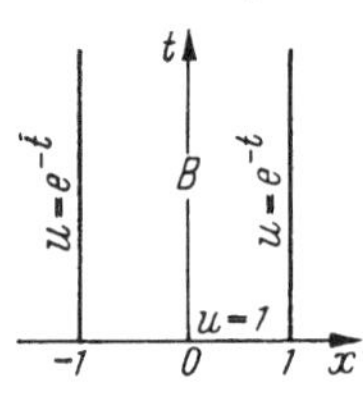

Abb. 24/1. Randwertaufgabe der Wärmeleitungsgleichung

Man kann unter zusätzlichen Voraussetzungen auch Randmaximumsätze beweisen; hierauf soll aber nicht weiter eingegangen werden, da für die numerische Abschätzung des Fehlers von Näherungslösungen die Monotoniesätze wichtiger sind.

Beispiel: Ein Stab habe die Übertemperatur $u = 1$ gegenüber der Umgebung; an den Enden klinge u exponentiell ab; es ist nach der Temperaturverteilung $u(x, t)$ im Stabe zur Zeit t gefragt. Es sei, Abb. 24/1,

$$u_{xx} = u_t \quad \text{in } B:\ \ -1 < x < 1,\ \ 0 < t < \infty, \tag{24.11}$$

$$u(\pm 1, t) = e^{-t} \quad \text{für} \quad 0 \leq t < \infty; \qquad u(x, 0) = 1 \quad \text{für} \quad |x| \leq 1.$$

Bei der ersten Randwertaufgabe der Wärmeleitungsgleichung folgt der Randmaximumsatz unmittelbar aus der Monotonie. Es wird angesetzt:

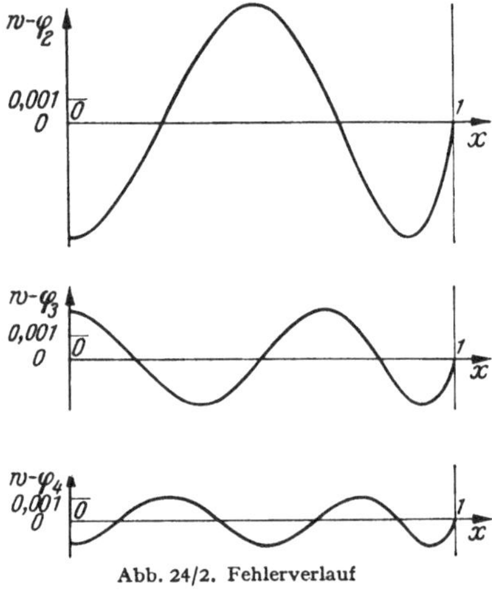

Abb. 24/2. Fehlerverlauf

$$u \approx v = v_0 + \sum_{j=1}^{q} a_j v_j$$

mit

$$v_0 = \frac{\cos x}{\cos 1}\, e^{-t},$$

$$v_j = \cos\left[(2j-1)\frac{\pi}{2}\,x\right] e^{-\left[(2j-1)\frac{\pi}{2}\right]^2 t}$$

$$(j = 1, 2, \ldots, q).$$

Dann erfüllt v für beliebige Werte der a_j die Differentialgleichung (24.11) und die Randbedingung für $x = \pm 1$. Es ist somit die Funktion $w = 1 - \dfrac{\cos x}{\cos 1}$ durch eine Linearkombination $\varphi_q = \sum\limits_{j=1}^{q} a_j v_j(x, 0)$ im Tschebyscheffschen Sinne möglichst gut zu approximieren, so daß $d = \operatorname*{Max}_{\langle -1,\, +1\rangle} |w - \varphi_q|$ möglichst klein wird, dann gilt $|v - u| \leq d$ in ganz B. Diese Approximation wurde auf einer Rechenanlage bei 40 Teilpunkten $x = \nu \cdot \frac{1}{10}$ ($\nu = 0, 1, \ldots, 39$) nach der Simplexmethode durchgeführt für $q = 2, 3, 4$. Die Tabelle gibt die Werte der a_j und die zugehörigen Werte von d.

q	a_1	a_2	a_3	a_4	Maximum des Fehlerbetrages $d=$
2	$-0{,}867\,816\,79$	$0{,}021\,899\,024$			$0{,}004\,898\,04$
3	$-0{,}867\,705\,01$	$0{,}020\,099\,539$	$-0{,}005\,239\,575\,7$		$0{,}002\,029\,41$
4	$-0{,}867\,692\,98$	$0{,}020\,029\,369$	$-0{,}004\,238\,458\,7$	$0{,}002\,166\,442\,0$	$0{,}001\,080\,09$

Abb. 24/2 gibt die Fehlerverläufe für $q = 2, 3, 4$.

24.3 Nichtlineare hyperbolische Differentialgleichungen

Für die Differentialgleichung

$$u_{xy} = f(x, y, u) \tag{24.12}$$

werden die 4 Fälle von Anfangsrandwertaufgaben I bis IV wie in Nr. 15.4 mit den dortigen Bezeichnungen betrachtet. Die Lösung u genügt in allen 4 Fällen einer Integralgleichung

$$u(P) = \Phi(x, y, u) + \int\limits_{D(P)} f(\xi, \eta, u(\xi, \eta))\, d\xi\, d\eta, \tag{24.13}$$

wobei Φ ein Anteil ist, der durch die Anfangswerte bestimmt ist. (24.13) hat die Form

$$u(P) = \Phi(u) + F u = T u; \tag{24.14}$$

dabei bedeutet $F u$ das Integral in (24.13); F heißt wachsend, wenn $v \leqq w$ in $D(P)$ zur Folge hat $F v \leqq F w$ in P.

$R u$ sei der Operator der gegebenen Funktionswerte von u auf Γ.

Satz: *Bei wachsendem F ist die Kombination $u - T u,\ R u,\ \Phi(u)$ von streng monotoner Art, d. h. aus*

$$v - T v < w - T w \quad in\ G, \quad v < w \quad auf\ \Gamma, \quad \Phi(v) < \Phi(w)$$
$$[hier\ genügt\ sogar\quad \Phi(v) \leqq \Phi(w)] \tag{24.15}$$

folgt $v < w$ in $G + \Gamma$. Der Satz bleibt richtig, wenn man überall $<$ durch $\leqq$ ersetzt.

Beweis:

I. Es werde zunächst (24.15) vorausgesetzt. Wenn $v \geqq w$ in G vorkommt, gibt es einen Punkt $P_1 \in G$ mit $v(P_1) = w(P_1)$ und $v \leqq w$ im zugehörigen Gebiet $D(P_1)$. Dann ist $F v \leqq F w$ in P_1. Dann steht

$$v - T v = v - F v - \Phi(v) \geqq w - F w - \Phi(w) = w - T w \quad in\ P_1$$

im Widerspruch zu $v - T v < w - T w$. Es muß also $v < w$ in G sein.

II. Nun sei in (24.15) überall $\leqq$ zugelassen an Stelle von $<$. Mit Hilfe einer in G positiven Funktion φ und zweier auf Γ positiven Funktionen ψ und χ wird für $0 \leqq \varepsilon \leqq 1$ eine Funktion $\hat{v}(x, y, \varepsilon)$ festgelegt durch

$$\hat{v} - T \hat{v} + \varepsilon \varphi = v - T v \quad in\ G,$$

$$\left.\begin{array}{ll}
\text{in den Fällen I, II, III} & \hat{v} + \varepsilon \psi = v \\
\text{in Fall I} & \hat{v}_y + \varepsilon \chi = v_y
\end{array}\right\} \text{ auf } \Gamma.$$

Für $\varepsilon = 0$ ist $\hat{v} = v$; es sind φ, ψ, χ so klein zu wählen, daß das Iterationsverfahren von Nr. 15.4 durchführbar ist. $\hat{v}$ hängt dann stetig von ε ab. Für $0 < \varepsilon \leqq 1$ ist

$$\hat{v} - T \hat{v} < w - T w, \quad R \hat{v} < R w;$$

in Fall II und III ist noch (mit den Bezeichnungen von Nr. 15.4)

$$\Phi(\hat{v}) = \hat{v}(A_1) + \hat{v}(B_1) - \hat{v}(A_0) \leqq \Phi(w)$$

zu fordern; dann ist auch $\Phi(\hat{v}) \leqq \Phi(w)$, also gilt nach dem bereits bewiesenen Teil I $\hat{v} < w$ in $G + \Gamma$; für $\varepsilon \to 0$ folgt daraus $v \leqq w$.

Bei der Differentialgleichung

$$L\,u = -u_{ss} + u_{tt} = g(s, t, u) \tag{24.16}$$

für eine Funktion $u(s, t)$ werde $\dfrac{\partial g}{\partial u} \geqq 0$ vorausgesetzt; das entspricht wachsendem F in (24.14). Bei der Transformation $t + s = x$, $t - s = y$ geht (24.16) in

$$u_{xy} = \frac{1}{4}\,g\left(\frac{x-y}{2},\ \frac{x-y}{2},\ u\right) = h(x, y, u)$$

über. Sei u eine Lösung von (24.16) und v eine Näherung.

In der Abb. 24/3 ist angegeben, was in den Fällen I, II, III über die Rand-

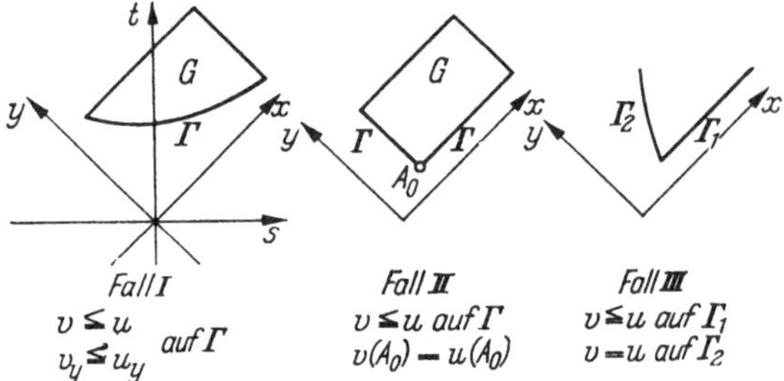

Abb. 24/3. Verschiedene Randwertaufgaben

werte von u und v gefordert wird, damit $\Phi(v) \leqq \Phi(u)$ gesichert ist. Hat schließlich v einen nichtpositiven Defekt

$$dv = -v_{ss} + v_{tt} - g(s, t, v) \leqq 0 \quad \text{in } G,$$

so folgt

$$v \leqq u \quad \text{in } G.$$

Leider gelten diese bequemen Monotonieaussagen nicht mehr bei Anfangsrandwertaufgaben, bei denen man nach der Art der Abb. 15/2 den Gesamtbereich aus mehreren Teilbereichen verschiedener Typen zusammensetzen muß. Das zeigt schon das einfache Gegenbeispiel:

$$L\,u = -u_{ss} + u_{tt} = 0$$

im Bereich G (Abb. 24/4)

$$0 \leqq s \leqq \pi, \quad 0 \leqq t \leqq \pi.$$

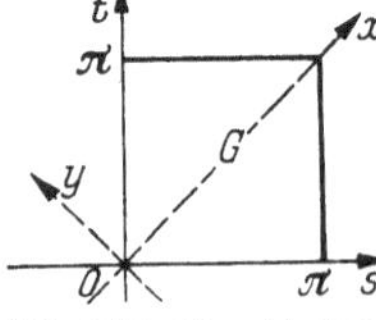

Abb. 24/4. Verschiedene Koordinaten

Für $u \equiv 0$, $v = \sin s \cdot \sin(t + 1)$ ist $L\,u = L\,v = 0$, also der Defekt von v identisch Null in G; auf den Randteilen, die zu $s = 0$, $t = 0$, $s = \pi$ gehören, ist $u \leqq v$. Auf der Geraden $t = 0$ ist die Ableitung in Richtung der Charakteristiken x, y zu bilden und zu prüfen, ob eine der beiden Ableitungen $\geqq 0$ ist. Man erhält

$$v_x = \tfrac{1}{2}\sin(s + 1) \geqq 0 \quad \text{für} \quad 0 \leqq s \leqq \pi - 1,$$

$$v_y = \tfrac{1}{2}\sin(s - 1) \geqq 0 \quad \text{für} \quad 1 \leqq s \leqq \pi.$$

Die zugehörigen Dreiecke vom Typ I überdecken den in der Abb. 24/5 schraffierten Bereich, in dem also die Sätze $u = 0 \leqq v$ garantieren; die Sätze aber gelten nicht für das ganze Quadrat G, und in ganz G ist die Monotonie auch nicht erfüllt, z. B. für $t = \pi$, $0 < s < \pi$ ist $v < 0$.

Beispiel: Telegraphengleichung (es wird hier wieder x, y statt s, t geschrieben).

$$-u_{xx} + u_{yy} = u \tag{24.17}$$

Anfangswerte
$$\left. \begin{aligned} u(x, 0) &= \frac{1}{x} \\ u_y(x, 0) &= 0 \end{aligned} \right\} \quad \text{für} \quad x \geqq 1.$$

Die Näherung

$$v = v(x, y; a) = \frac{1}{x} + \frac{a}{x} y^2$$

erfüllt die Anfangsbedingungen für jedes a. Der Defekt wird

$$dv = -v_{xx} + v_{yy} - v = -\frac{2}{x^3} + \frac{2a - 1}{x} - a\left(\frac{1}{x} + \frac{2}{x^3}\right) y^2.$$

Für $a = \frac{1}{2}$ ist $dv \leqq 0$ im ganzen Oktanten $0 \leqq y \leqq x - 1$; dort ist dann $v(x, y, \frac{1}{2}) \leqq u$.

Der Ansatz

$$w = \frac{1}{x} (1 + a[\cos h(b\,y) - 1]) = w(x, y, a, b)$$

erfüllt ebenfalls für beliebige a, b die Anfangsbedingungen; für $a = 1$, $b = \sqrt{3}$ ist $dw \geqq 0$, also

$$w(x, y, 1, \sqrt{3}) \geqq u \quad \text{für} \quad 0 \leqq y \leqq x - 1.$$

Für $a = 1$, $b = \sqrt{2}$ fällt die Schranke besser aus, gilt aber nicht im ganzen Oktanten;

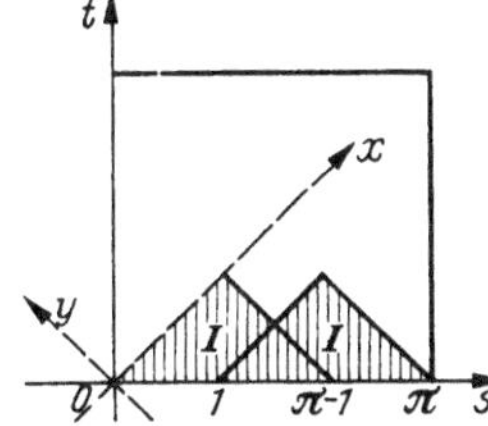
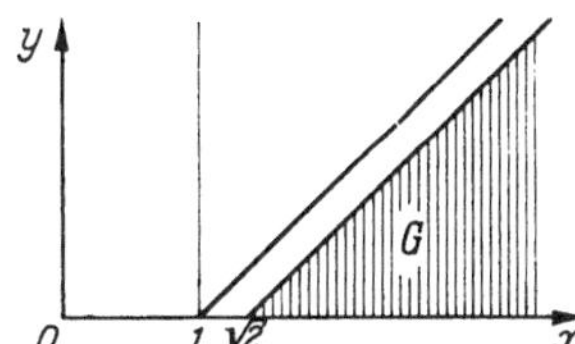

Abb. 24/5. Gültigkeitsbereich des Monotoniesatzes   Abb. 24/6. Gültigkeitsbereich der Fehlerabschätzung

es ist dann $dw \geqq 0$ für $x \geqq \sqrt{2}$, also gilt (vgl. Abb. 24/6, Bereich G) $w(x, y, 1, \sqrt{2}) \geqq u$ für $0 \leqq y \leqq x - \sqrt{2}$.

Bessere Ergebnisse kann man leicht durch andere Ansätze, z. B. mit mehr Gliedern, erhalten. Auf diesem Gebiet hat WALTER [61] sehr weitreichende Ergebnisse erzielt; es sei ohne Beweis eine allgemeine Abschätzungsformel von ihm angegeben:

Es sei $u(x, y)$ Lösung von

$$u_{xy} = f(x, y, u, p, q)$$

bei der CAUCHYschen Anfangswertaufgabe, wobei Γ die Gerade $x + y = 0$ ist. Es gebe Konstanten k, m, n (Lipschitzkonstanten für f) und δ, ε, ε_1 mit

$$|f(x, y, v_1, v_2, v_3) - f(x, y, v_1', v_2', v_3')| \leq$$
$$\leq k\,|v_1 - v_1'| + m\,|v_2 - v_2'| + n\,|v_3 - v_3'|,$$
$$|v_{xy} - f(x, y, v, v_x, v_y)| \leq \delta \quad \text{in } G,$$
$$|u - v| \leq \varepsilon, \quad |u_x - v_x| \leq \varepsilon_1, \quad |u_y - v_y| \leq \varepsilon_1 \quad \text{auf } \Gamma.$$

Dann ist

$$|u - v| \leq A_1 e^{\lambda_1(x+y)} + A_2 e^{\lambda_2(x+y)} - \frac{\delta}{k} \quad \text{in } G, \qquad (24.18)$$

wobei

$$2\lambda_{1,2} = m + n \pm Z; \quad A_1 Z = \varepsilon_1 - \lambda_2\Big(\varepsilon + \frac{\delta}{k}\Big); \quad A_2 Z = \lambda_1\Big(\varepsilon + \frac{\delta}{k}\Big) - \varepsilon_1,$$

$$Z = \sqrt{(m + n)^2 + 4k}$$

ist.

24.4 Majorisierung der Greenschen Funktion und nichtlineare Randwertaufgaben

Man kann die Ergebnisse der vorigen Nummern benutzen, um in gewissen Fällen GREENsche Funktionen in Schranken einzuschließen und damit einige Typen nichtlinearer Randwertaufgaben zu behandeln.

Die lineare Randwertaufgabe

$$L\,u = L^*\,u + c(x)\,u = r \quad \text{in } B, \quad R\,u = \hat{\gamma} \quad \text{auf } \Gamma \qquad (24.19)$$

[mit den Bezeichnungen von Nr. 15.1, L^* sei gegeben und L durch (24.19) festgelegt] sei für beliebiges $c(x) \geq 0$ stets von monotoner Art, d. h. hier, aus $L\,v \geq 0$ in B, $R\,v = 0$ auf Γ folge

$$v \geq 0 \quad \text{in } B. \qquad (24.20)$$

Nun werden Ausdrücke $L_j\,v$

$$L_j\,v = L^*\,v + c_j\,v \qquad (j = 1, 2) \quad (24.21)$$

mit verschiedenem c_j verglichen, und es sei $0 \leq c_1(x) \leq c_2(x)$; ferner sei

$$L_1 z_1 = L_2 z_2 = r(x); \quad R\,z_j = 0 \quad (j = 1, 2). \qquad (24.22)$$

Für die Differenz $z_1 - z_2 = \varphi$ gilt dann:

$$L_1\,\varphi = (c_2 - c_1)\,z_2.$$

Nach (24.20) und (24.22) ist für $r(x) \geqq 0$ auch $z_2 \geqq 0$, also $(c_2 - c_1) z_2 \geqq 0$ und wiederum nach (24.20) $\varphi \geqq 0$; entsprechend folgt $\varphi \leqq 0$ für $r \leqq 0$, d. h.

$$\begin{aligned} &\text{für} \quad r \geqq 0 \quad \text{gilt} \quad z_1 \geqq z_2 \geqq 0, \\ &\text{für} \quad r \leqq 0 \quad \text{gilt} \quad z_1 \leqq z_2 \leqq 0. \end{aligned} \tag{24.23}$$

Vergleicht man schließlich

$$\begin{aligned} L^*[z_1] + c_1 z_1 &= r_1, \\ L^*[\psi] + c_2 \psi &= r_1, \\ L^*[z_2] + c_2 z_2 &= r_2 \end{aligned}$$

stets mit denselben homogenen Randbedingungen, so hat man nach (24.20) und (24.23)

$$\left. \begin{aligned} &z_1 \geqq z_2 \text{ für } c_2 \geqq c_1 \geqq 0, \ r_1 \geqq r_2, \ r_1 \geqq 0, \text{ wegen } z_1 \geqq \psi \geqq z_2 \\ &\text{und} \\ &z_1 \leqq z_2 \text{ für } c_2 \geqq c_1 \geqq 0, \ r_1 \leqq r_2, \ r_1 \leqq 0, \text{ wegen } z_1 \leqq \psi \leqq z_2. \end{aligned} \right\} \tag{24.24}$$

Nun seien $G_j(x, s)$ (für $j = 1, 2$) die zu (24.21) und $R\, v = 0$ gehörigen GREENschen Funktionen; dann lauten die Lösungen von (24.22)

$$z_j(x) = \int\limits_B G_j(x, s)\, r(s)\, ds.$$

Nun sei $r(s) \geqq 0$; dann folgt

$$G_1(x, s) \geqq G_2(x, s) \geqq 0. \tag{24.25}$$

Wenn nämlich $G_1(x, s) < G_2(x, s)$ ist (für einen Punkt $x \neq s$, um einer evtl. Singularität der G_j aus dem Wege zu gehen), so ist $G_1 < G_2$ wegen der Stetigkeit der G_j (außer in $x = s$) auch in einer kleinen Umgebung B^* des Punktes x, s. Wählt man nun

$$r(x) \begin{cases} > 0 & \text{in } B^*, \\ = 0 & \text{in } B - B^*, \end{cases}$$

so wäre $z_1 < z_2$ im Widerspruch zu (24.23). Mit der gleichen Wahl von r folgt aus (24.23) $G_2(x, s) \geqq 0$. Die Ungleichungen (24.25) drücken aus, daß mit wachsendem Koeffizienten c beim Differentialausdruck (24.19) (aber $c \geqq 0$) die GREENsche Funktion sich nur verkleinern kann. Schließt man also $c(x)$ in positive Schranken c_m und c_M ein und kann man die zu c_m und c_M gehörigen GREENschen Funktionen angeben, so schließen diese auch die zu $c(x)$ gehörige GREENsche Funktion in Schranken ein. Bei gewöhnlichen Differentialgleichungen kann man verschiedentlich zu konstantem c (z. B. bei $L[u] = -u'' + c\, u$) die GREENsche

Funktion geschlossen angeben und damit auch bei $L[u] = -u'' + c(x)\,u$ die GREENsche Funktion, stets bei denselben Randbedingungen, in Schranken einschließen.

Man kann diese Methode auf die nichtlinearen Randwertaufgaben (17.10)

$$L\,u = F(x, u) \quad \text{in } B, \qquad R\,u = \hat{\gamma}(x) \quad \text{auf } \Gamma \tag{24.26}$$

(mit den dortigen Bezeichnungen) anwenden. In Nr. 17.3 war das vereinfachte NEWTONsche Verfahren benutzt und für den dabei verwendeten Operator T die Lipschitzkonstante K nach (17.17) berechnet worden. Man kann hierbei die GREENsche Funktion nach der eben beschriebenen Methode abschätzen. Wenn F_u in einer Umgebung der Lösung ≤ 0 ist, kann man aber auch bei Einführung gewisser Hilfsfunktionen die GREENsche Funktion oft ganz vermeiden:

Es werden die beiden Randwertaufgaben für $j = 1, 2$ verglichen mit L_j nach (24.21)

$$L_j[z_j] = r_j(x), \qquad R\,z_j = 0 \qquad (j = 1, 2).$$

Aus

$$r_1 \geq |r_2| \quad \text{folgt} \quad z_1 \geq |z_2|, \tag{24.27}$$

und zwar $z_1 \geq z_2$ unmittelbar nach (24.24) und $-z_1 \leq z_2$ nach (24.24) wegen $-r_1 \leq r_2$.

Nun sei v_1 eine Funktion mit $R\,v_1 = 0$, für welche die mit geeignetem $\Phi(x) \geq F_u(x, u_0)$ gebildete Funktion v_0 in $B + \Gamma$ positiv ausfällt:

$$L\,v_1 - v_1\,\Phi(x) = v_0 > 0; \quad R\,v_1 = 0; \quad \Phi \geq F_u(x, u_0). \tag{24.28}$$

Ist nun $c(x) + \Phi(x) \leq 0$ in B, so sind die Voraussetzungen für $r_1 = \underset{B+\Gamma}{\text{Max}} \dfrac{|\varphi(x)|}{v_0}\,v_0$ und $r_2 = \dfrac{\varphi(x)}{v_0}\,v_0$ für (24.27) erfüllt, und man kann abschätzen:

Aus

$$L\,\tilde{g} - \tilde{g}\,F_u(x, u_0) = \varphi(x) = \frac{\varphi(x)}{v_0}\,v_0; \qquad R\,\tilde{g} = 0$$

folgt

$$|\tilde{g}| \leq v_1 \cdot \underset{B+\Gamma}{\max}\left(\frac{|\varphi|}{v_0}\right).$$

Dies läßt sich nun auf die frühere Gl. (17.15) anwenden (dort g in anderer Bedeutung) und führt zu (17.16), wobei jetzt die Lipschitzkonstante K den Wert erhält

$$K = \underset{B}{\sup}\, p(x)\,v_1(x) \cdot \underset{B+\Gamma}{\max} \frac{\left|(\tilde{\tilde{f}}(x) - u_0(x))\,F_{uu}(x, \tilde{\tilde{u}}_0)\right|}{p(x)\,v_0(x)}. \tag{24.29}$$

Zusammenfassung:

Bei der Randwertaufgabe (24.26) gelte:

a) $L\,u$ läßt sich als $L^*u + c_0(x)\,u$ mit $c_0(x) \geq 0$ schreiben, so daß für $L^*u + c(x)\,u$ für beliebiges $c(x) \geq 0$ monotone Art vorliegt [vgl. (24.20)].

b) nach dem (vereinfachten) Newtonschen Verfahren sind zwei Funktionen u_0, u_1 ermittelt mit

$$L\,u_1 = F(x, u_0) + (u_1 - u_0)\,F_u(x, u_0)\ \ in\ B, \quad R\,u_1 = \hat{\gamma}\ \ auf\ \Gamma, \quad (24.30)$$

c) in B ist $c + F_u(x, u_0) \leq 0$ erfüllt [es muß also $F_u(x, u_0) \leq 0$ sein],

d) es gibt zwei Funktionen v_0, v_1 mit

$$L\,v_1 - v_1\,\Phi(x) = v_0 > 0; \quad R\,v_1 = 0; \quad \Phi(x) \geq F_u(x, u_0),$$

e) man wählt ein Intervall $D = \langle u_a(x), u_b(x)\rangle$ (vgl. Nr. 4.3, $u_a = -\infty$ und $u_b = \infty$ sind zugelassen), welches u_0 und u_1, also auch $\tilde{f}$ und $\tilde{\tilde{u}}_0$ enthält.

f) Man wählt eine positive Gewichtsfunktion $p(x) \in C\langle B + \Gamma\rangle$ und berechnet K nach (24.29).

g) Mit $p(x)$ ist eine Norm nach (2.31) festgelegt. Gehört dann die Kugel der Elemente v mit $\|v - u_1\| \leq \dfrac{K}{1-K}\|u_1 - u_0\|$ zu D, so besitzt die Randwertaufgabe (24.26) genau eine Lösung in dieser Kugel.

Zahlenbeispiel:

Genau nach diesem Schema wird die Aufgabe behandelt:

$$T\,y = -y'' + 2y + y^2 = 0, \quad y'(0) = 0, \quad y(1) = 1. \quad (24.31)$$

a) Hier ist $L\,y = -y''$ und $c(x) = 0$; nach Nr. 23.2 liegt für die Kombination $-y'' + c(x)\,y$, $y'(0)$, $y(1)$ mit $c(x) \geq 0$ monotone Art vor; ferner ist $F(x, y) = -2y - y^2$, $F_y = -2 - 2y$.

b) Das Newtonsche Verfahren lautet nach (24.30)

$$-y_1'' = -2y_0 - y_0^2 + (y_1 - y_0)(-2 - 2y_0); \quad y_1'(0) = 0, \quad y_1(1) = 1$$

oder $y_0 = y_1 \pm \sqrt{T\,y_1}$; es werde etwa $y_0 = y_1 + \sqrt{T\,y_1}$ gewählt.

Aus (24.31) ergeben sich weitere Randbedingungen $y''(1) = 3$, $y'''(1) = 4y'(1)$. Um gute Resultate zu erhalten, werden auch diese bei dem Ansatz (vgl. Aufg. 5 in Nr. 20.7)

$$y_1 = \left(\frac{8}{14} - 37\,C\right) + \left(\frac{3}{14} + 57\,C\right)x^2 + \left(\frac{3}{14} - 27\,C\right)x^4 + 7\,C\,x^6$$

erfüllt, wobei der Parameter C noch frei ist und so gewählt wird, daß der Defekt $T\,y_1$ in $\langle 0, 1\rangle$ überall nichtnegativ (damit $\sqrt{T\,y_1}$ reell ist), aber möglichst klein ausfällt.

So wird $C = 0,00465$ gewählt, dann ist $0 \leq T\,y_1 \leq 0,044$ und

$$+\sqrt{T\,y_1} = |y_1 - y_0| \leq \hat{\delta} = 0,21.$$

Es wird $y_0 \geqq y_1 > 0$ in $\langle 0, 1 \rangle$. Abb. 24/7 zeigt den Verlauf von y_1 und $T y_1$.

c) Mit $c = 0$ und im Bereich $y \geqq 0$ ist $c + F_y(x, y_0) \leqq 0$ erfüllt.

d) Es soll $\Phi \geqq F_y(x, y_0) = -2 - 2y_0$ sein; es wird einfach $\Phi = -2$ gewählt. Die Forderung $-v_1'' + 2v_1 = v_0 > 0$, $v_1'(0) = v(1) = 0$ wird erfüllt von dem einfachsten Ansatz

$$v_1 = 1 - x^2, \qquad v_0 = 2 + 2(1 - x^2) \geqq 2 > 0.$$

Als Intervall wird gewählt $D = \langle y_1 - \hat{\delta}, y_1 + \hat{\delta} \rangle$, es enthält y_0 und y_1 und nur Funktionen $y \geqq 0$.

f) Mit $p(x) = 1$ und $|\tilde{\tilde{f}} - u_0| \leqq 2\hat{\delta}$ wird

$$K = 2\hat{\delta} = 0{,}42; \quad \frac{K}{1-K} < 0{,}725.$$

g) Die „Kugel" $|v - y_1| \leqq 0{,}725\,\hat{\delta}$ gehört wegen $0{,}725 < 1$ zu D; also besitzt die Randwertaufgabe (24.31) genau eine Lösung y in D, und für diese gilt

$$|y - y_1| \leqq 0{,}152.$$

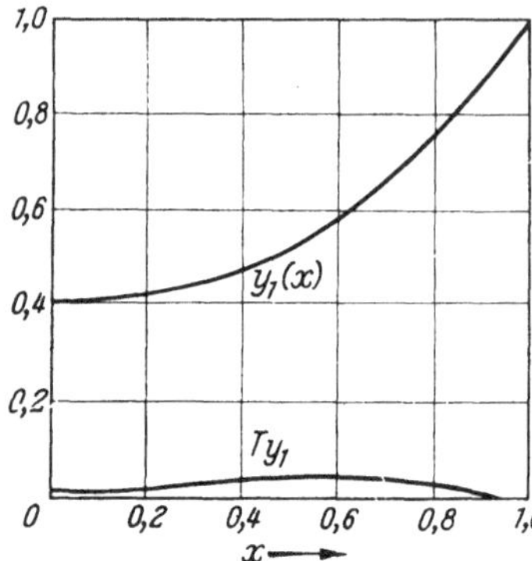

Abb. 24/7. Näherung und Defekt

Man kann die Schranke sofort etwas verbessern, wenn man

e) als Intervall wählt: $D = \langle y_1 - \tfrac{1}{2} \hat{\delta}, y_1 + \hat{\delta} \rangle$, dann wird

f) $K = \dfrac{3}{2} \hat{\delta} = 0{,}315$, $\dfrac{K}{1-K} < 0{,}46$ und

g) wegen $0{,}46 < \tfrac{1}{2}$ gehört die Kugel $|v - y_1| \leqq 0{,}46\,\hat{\delta}$ zu D; es gilt daher $|y - y_1| \leqq 0{,}46\,\hat{\delta} = 0{,}097$.

§ 25. Approximation von Funktionen

25.1 Problemstellungen bei Approximationsfragen

Das Problem der Approximation von Funktionen wurde schon mehrmals genannt, z. B. in Nr. 1.5 und 19.5. Es sei B ein Bereich im reellen oder komplexen n-dimensionalen Punktraum R_n, und in B seien eine Funktion $f(x)$ und eine Menge V von Funktionen $g(x)$ definiert; alle Funktionen können reell- oder komplexwertig sein. $f(x)$ gehöre nicht zu V, soll aber durch Funktionen $u(x) \in V$ in einem bestimmten Sinn „möglichst gut" approximiert werden, d. h., bei Zugrundelegung eines Abstandes $\|u - v\|$ zweier Funktionen u, v soll $\|f - v\|$, wenn v in V variiert, möglichst klein werden. Die untere Grenze ϱ_0 der nichtnegativen Zahlen $\|f - v\|$ existiert stets

$$\varrho_0 = \inf_{v \in V} \|f - v\|. \tag{25.1}$$

Dagegen braucht es kein Element v in V zu geben, für welches $\|f - v\|$ den Wert ϱ_0 annimmt. Ein Element w mit

$$\varrho_0 = \|f - w\| \tag{25.2}$$

heißt Minimallösung.

Bei den Anwendungen ist V oft eine von endlich vielen reellen oder komplexen Parametern $a_1, a_2, \ldots, a_p$ abhängende Funktionenschar. Hängt V linear von den a_ν ab, ist V also eine lineare Mannigfaltigkeit, so spricht man von linearer Approximation, andernfalls von nichtlinearer Approximation. Ist V die Menge der Funktionen

$$\frac{\sum\limits_{\nu=1}^{p} c_\nu v_\nu(x)}{\sum\limits_{\nu=1}^{q} d_\nu w_\nu(x)}, \tag{25.3}$$

wobei die $v_\nu(x)$ und $\dot{w}_\nu(x)$ fest gegebene Funktionen in B und die c_ν, d_ν beliebige Konstanten sind, so spricht man von rationaler Approxima-tion; hierbei sind häufig die $v_\nu(x)$ und $w_\nu(x)$ Polynome in den x_j, oft einfach Potenzprodukte.

Nimmt man als Norm die obere Grenze des Betrages, arbeitet also mit dem Abstand (1.30), so hat man die TSCHEBYSCHEFFsche Approxi-mation, kurz T-Approximation, die in neuerer Zeit zu großer Bedeutung gelangt ist, z. B. bei der Lösung von Randwertaufgaben von Differential-gleichungen (vgl. Nr. 23.5) oder bei der Eingabe von Funktionen in Rechenanlagen, vgl. das Beispiel am Schluß dieser Nummer. In Nr. 25.2

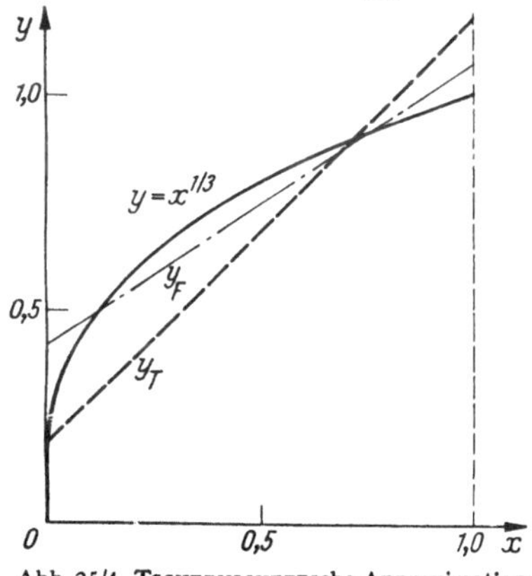

Abb. 25/1. TSCHEBYSCHEFFsche Approximation und Fehlerquadaatmethode

bis 26.4 sollen nur T-Approximationen behandelt werden. Die Punkte von B, in denen eine Näherung v ihre maximale Abweichung von f annimmt, heißen Extremalstellen von v (bezüglich f).

Daß die Minimallösungen für verschiedene Normen beträchtlich voneinander abweichen können, zeigen schon einfache Beispiele; z. B. soll etwa die Funk-tion $y = x^{1/3}$ in $\langle 0, 1 \rangle$ durch eine lineare Funktion $y = a + bx$ approximiert werden. Bei der klassischen Fehlerquadratmethode bestimmt man a, b so, daß

$$J = \int\limits_{0}^{1} (\sqrt[3]{x} - a - bx)^2\, dx = \text{Min}$$

wird, und man erhält $y = y_F = \tfrac{3}{7} + \tfrac{9}{14}x$; die maximale Abweichung ist $\tfrac{3}{7} = 0{,}42857$; die T-Approximation dagegen ergibt

$$y = y_T = \frac{1}{3\sqrt{3}} + x$$

mit der wesentlich kleineren Maximalabweichung $\dfrac{1}{3\sqrt{3}} = 0{,}19245$, vgl. Abb. 25/1.

Vom theoretischen Standpunkt aus fragt man zunächst nach der Existenz einer Minimallösung und dann nach der Menge der Minimal-lösungen, und insbesondere danach, wann es genau eine Minimallösung gibt (Problem der Eindeutigkeit).

Vom Standpunkt der Anwendungen aus interessieren diese Fragen nach Existenz und Eindeutigkeit weniger, sondern vielmehr die folgenden Fragen: Welchen Grad von Annäherung kann man mit einer p-parametrischen Funktionenschar V erreichen? Wie findet man eine gute Approximation? Wenn man eine Näherung $v \in V$ und zu ihr den Abstand $d = \|f - v\|$ ermittelt hat, wie kann man feststellen, ob es eine gute Näherung ist oder ob man durch andere Wahl der Parameter a_ν den Wert von d noch stark herabdrücken kann? Da man i. allg. die Größe ϱ_0 von (25.1), welche ja ein Maß für die erreichbare Güte ist, nicht angeben kann, interessiert eine gute untere Schranke σ für ϱ_0; wenn sich dann bei einer berechneten Näherung v der Abstand d nicht sehr von σ unterscheidet, weiß man, daß man durch andere Wahl der a_ν nicht viel mehr „herausholen" kann und wird sich mit der Näherung v zufriedengeben.

Die Frage nach der Existenz einer Minimallösung kann bei linearer Approximation in großer Allgemeinheit positiv beantwortet werden, macht aber schon bei rationaler Approximation bei mehreren Veränderlichen Schwierigkeiten.[1]

Ein einfaches Beispiel für Nichtexistenz einer Minimallösung bei nichtlinearer Approximation ist die Approximation der Funktion $f(x) = x^2$ im Intervall $\langle 0, 1 \rangle$ durch Funktionen der Menge V:

$$a_1 \cos(a_2 x) + a_3 \cos(a_4 x)$$

mit reellen Parametern a_j. Die Funktionen

$$\frac{2}{c^2}\left(1 - \cos(c\, x)\right)$$

gehören zu V und kommen für $c \to 0$ der Funktionen x^2 beliebig nahe; die Funktion x^2 selbst gehört aber nicht zu V, es gibt also in V keine Minimallösung.

Eindeutigkeit der Minimallösung besteht schon im linearen Fall nur unter stark einschränkenden Zusatzvoraussetzungen. Jedoch lassen sich die oben genannten vom praktischen Standpunkt aus wichtigen Fragen nach der Güte einer Annäherung glücklicherweise in viel größerer Allgemeinheit als die Existenzfragen behandeln und oft befriedigend beantworten.

Zur praktischen Bestimmung einer Näherung entwickelte REMES [34] einen Algorithmus für lineare Approximation, der als NEWTONsches Verfahren aufgefaßt werden kann, vgl. Nr. 19.5; das NEWTONsche Verfahren ist auch für nichtlineare Approximation verwendbar, WETTERLING [62]; es sind auch die Austauschverfahren (Simplexverfahren) der linearen Optimierung anwendbar, vgl. § 26.

---

[1] Der Verfasser verdankt hier Herrn J. R. RICE wertvolle Hinweise.

Für rationale Approximation wurden Verfahren von WERNER [63] entwickelt.

Rationale Approximation, z. B. zur Eingabe von Funktionen auf Rechenanlagen, kann günstiger sein als lineare Approximation; so ist nach WERNER [61] in $\langle -1, 1 \rangle$

$$\tan x = \varphi(x) + \varepsilon(x) \quad \text{mit} \quad \varphi(x) = x\,\frac{2{,}481\,739\,3 - 0{,}174\,502\,2\,x^2}{2{,}481\,477\,0 - x^2}$$

$$= x\left(0{,}174\,502\,2 + \frac{2{,}048\,716\,1}{2{,}481\,477\,0 - x^2}\right)$$

und $|\varepsilon(x)| < 2 \cdot 10^{-5}$, während man mit T-Approximation mit einem Polynom $x \sum\limits_{\nu=0}^{n} a_\nu\, x^{2\nu}$ im gleichen Intervall für $n = 3$ den Maximalfehler nur auf $3{,}4 \cdot 10^{-4}$ und für $n = 4$ nur auf $4{,}4 \cdot 10^{-5}$ herabdrücken kann.

Bei der linearen und der rationalen Approximation bekommt man auf folgende Weise durch Interpolation eine Näherung v, die in vielen Fällen (bei passender Wahl der Punkte x_j) für praktische Zwecke ausreicht und sonst als Ausgangsnäherung für ein Iterationsverfahren dienen kann: Man verlangt, daß der Ausdruck (25.3) an den Stellen x_j mit $f(x_j)$ für $j = 1, 2, \ldots, p + q - 1$ übereinstimmt (HAMMING [62], S. 268) und erhält für die Koeffizienten c_ν, d_ν das lineare homogene Gleichungssystem

$$\sum_{\nu-1}^{p} c_\nu\, v_\nu(x_j) - \sum_{\nu-1}^{q} d_\nu\, w_\nu(x_j)\, f(x_j) = 0 \qquad (j = 1, 2, \ldots, p + q - 1).$$

Ein Faktor bei den c_ν, d_ν ist frei; setzt man einen der Koeffizienten $= 1$, so hat man $p + q - 1$ Gleichungen für ebensoviele Unbekannte.

25.2 Lineare Approximation

Es sei R ein linearer normierter Raum und $f, g_1, g_2, \ldots, g_n$ gegebene Elemente von R. Die Aufgabe der linearen Approximation besteht darin, Konstanten $a_1, \ldots, a_n$ so zu bestimmen, daß

$$h = \sum_{j-1}^{n} a_j g_j \tag{25.4}$$

eine möglichst gute Annäherung für f ist, d. h., daß der Abstand $\varrho(f, h)$ möglichst klein ausfällt. Ein solches Element h, für welches $\varrho(f, h)$ seine untere Grenze ϱ_0 annimmt, heißt eine Minimallösung.

Existenzsatz: *In einem linearen normierten Raum R existiert zu gegebenen Elementen $f, g_1, \ldots, g_n$ stets eine Minimallösung; die Menge aller Minimallösungen ist eine konvexe Menge.*

Beweis (nach ACHIESER [53], S. 10): Die Funktion

$$\varphi(a_j) = \varrho(f, h) = \varrho\left(f, \sum_{j-1}^{n} a_j g_j\right)$$

ist nach dem Satz von der Stetigkeit des Abstandes in Nr. 4.4 eine stetige Funktion der a_j; für $\|h\| > 2\|f\|$ ist

$$\varrho(f, h) = \|f - h\| > \|f\| \geqq \varrho_0;$$

man braucht daher nur die Elemente h der Kugel $\|h\| \leqq 2\|f\|$ zu betrachten. Auf dieser Kugel, die eine beschränkte, abgeschlossene Menge im n-dimensionalen Vektorraum der Elemente h, also kompakt in sich ist, nimmt die stetige Funktion φ nach dem WEIERSTRASSschen Satz von Nr. 5.1 ihr Minimum an; es gibt also mindestens eine Minimallösung g mit $\varrho(f, g) = \varrho_0$.

Sind

$$g = \sum_{j-1}^{n} a_j g_j \quad \text{und} \quad \hat{g} = \sum_{j-1}^{n} \hat{a}_j g_j$$

Minimallösungen (wobei die angeschriebenen g_j als voneinander linear unabhängig angenommen werden können), so ist $\|f - g\| = \|f - \hat{g}\| = \varrho_0$.

Im Falle $\varrho_0 = 0$ ist $f = g = \hat{g}$.

Im Falle $\varrho_0 > 0$ sei k ein Element der Verbindungsstrecke von g mit $\hat{g}$ (Nr. 2.4)

$$k = c_1 g + c_2 \hat{g} \quad \text{mit reellen} \quad c_j \geqq 0, \quad c_1 + c_2 = 1;$$

dann ist

$$\varrho_0 \leqq \varrho(k, f) = \|c_1 g + c_2 \hat{g} - f\| = \|c_1 (g - f) + c_2 (\hat{g} - f)\| \leqq$$
$$\leqq c_1 \|g - f\| + c_2 \|\hat{g} - f\| = \varrho_0; \tag{25.5}$$

es steht also überall das Gleichheitszeichen; $\varrho(k, f) = \varrho_0$; es ist auch k Minimallösung, die Menge der Minimallösungen ist konvex.

25.3 Menge der Minimallösungen bei rationaler Approximation

Die Menge M der Minimallösungen ist bei rationalen Approximationen im Reellen in einem gewissen Sinne konvex, wie D. SCHWEDT (1963) auf einfache Weise bewies:

Es seien

$$\varphi_j = \frac{u_j}{z_j} \quad \text{für} \quad j = 1, 2$$

zwei im Bereich B definierte Minimallösungen der Form (25.3), also

$$\|f - \varphi_j\| = \varrho \quad \text{für} \quad j = 1, 2.$$

Es werde angenommen, daß in B die Nenner z_j nicht verschwinden, und etwa beide positiv seien, $z_j > 0$ in B. Dann wird mit c_j (es sei $c_1 + c_2 = 1$, $c_1 \geqq 0$, $c_2 \geqq 0$) die Schar

$$\varphi = \varphi(c_j) = \frac{c_1 u_1 + c_2 u_2}{c_1 z_1 + c_2 z_2}$$

gebildet, und es gilt

$$\varphi = \frac{u_1}{z_1}\, p_1 + \frac{u_2}{z_2}\, p_2$$

mit

$$p_j = p_j(x) = \frac{c_j\, z_j}{c_1\, z_1 + c_2\, z_2} \qquad (j = 1,\, 2),$$

$$p_1(x) + p_2(x) = 1, \quad p_j(x) \geqq 0;$$

dann wird

$$|f - \varphi| = |p_1(f - \varphi_1) + p_2(f - \varphi_2)| \leqq p_1(x)\, \varrho + p_2(x)\, \varrho = \varrho,$$
$$\text{somit} \quad \|f - \varphi\| = \varrho. \tag{25.6}$$

Da andererseits φ auch zu den zum Vergleich zugelassenen rationalen Näherungsfunktionen gehört und somit $\|f - \varphi\| \geqq \varrho$ gilt, ist $\|f - \varphi\| = \varrho$ und φ ebenfalls Minimallösung. Dies ist die Verallgemeinerung der für den linearen Fall mit (25.5) durchgeführten Betrachtung.

25.4 Existenzsatz für rationale Tschebyscheff-Approximation

Es sei nun B ein abgeschlossener, beschränkter Bereich im reellen R_n, und M, N seien endlichdimensionale lineare Teilräume von $C\langle B\rangle$; als Norm wird (2.32) verwendet. Eine gegebene Funktion $f \in C\langle B\rangle$ soll durch einen Ausdruck der Form (25.3) im Tschebyscheffschen Sinne approximiert werden, wobei der Zähler ein Element $m \in M$ und der Nenner ein Element $n \in N$ ist. Q sei die Menge der Paare (m, n) mit $m \in M$, $n \in N$, für die $n^{-1} \in C\langle B\rangle$ gilt; ein Element $q \in Q$ werde $q = (m, n)$ oder auch $q = m/n$ geschrieben. Q sei nicht leer.

Nun wird eine Zusatzvoraussetzung Z getroffen:

Z: Wenn für eine Folge $q_\nu = (m_\nu, n_\nu)$ (für $\nu = 1, 2, \ldots$) von Paaren aus Q gilt:

$$\lim_{\nu \to \infty} m_\nu = m, \qquad \lim_{\nu \to \infty} n_\nu = n, \qquad \left\|\frac{m_\nu}{n_\nu}\right\| \leqq C_0 \quad \text{(gleichmäßig in } B) \tag{25.7}$$

mit einer von ν unabhängigen Konstanten C_0, so soll es ein Paar $(\hat{m}, \hat{n}) \in Q$ geben mit

$$\lim_{\nu \to \infty} \frac{m_\nu}{n_\nu} = \frac{\hat{m}}{\hat{n}} \quad \text{(gleichmäßig in } B). \tag{25.8}$$

Es folgt dann auch $\|\hat{m}/\hat{n}\| \leqq C_0$ nach der Dreiecksungleichung

$$\left\|\frac{\hat{m}}{\hat{n}}\right\| - \left\|\frac{m_\nu}{n_\nu}\right\| \leqq \left\|\frac{m_\nu}{n_\nu} - \frac{\hat{m}}{\hat{n}}\right\| < \text{vorgegebenes } \varepsilon \text{ für } \nu \geqq \text{ passendes } \nu_0.$$

Dann gilt (Kirchberger [03], Meinardus [63]) der

Satz: *Unter den eben getroffenen Voraussetzungen gibt es in Q mindestens eine Minimallösung.*

Beweis:

I. Die Funktion $H(m, n) = \left\| \dfrac{m}{n} - f \right\|$ ist auf Q stetig. Seien nämlich (m, n) und (m', n') zwei Paare aus Q; dann ist

$$|H(m, n) - H(m', n')| = \left| \left\| \frac{m}{n} - f \right\| - \left\| \frac{m'}{n'} - f \right\| \right| \leq \left\| \frac{m}{n} - \frac{m'}{n'} \right\|$$

$$= \left\| \frac{(m - m')}{n} + m' \left(\frac{1}{n} - \frac{1}{n'} \right) \right\| \leq$$

$$\leq \|n^{-1}\| \, \|m - m'\| + \|m'\| \left\| \frac{1}{n} - \frac{1}{n'} \right\|. \tag{25.9}$$

Nun ist

$$\left\| \frac{1}{n} - \frac{1}{n'} \right\| \leq \frac{\|n'^{-1}\|^2 \, \|n - n'\|}{1 - \|n - n'\| \, \|n'^{-1}\|}.$$

Man kann sich auf eine Umgebung mit $\|n - n'\| \leq \frac{1}{2} \|n'^{-1}\|^{-1}$ beschränken und erkennt die Stetigkeit von $H(m, n)$, da in (25.9) für $m' \to m$, $n' \to n$ die beiden Terme mit $\|m - m'\|$ bzw. $\|n - n'\|$ gegen Null gehen.

II. Der Wertevorrat von $H(m, n)$ wird bereits von den Paaren $(m, n) \in Q$ mit $\|n\| = 1$ angenommen. Es soll bewiesen werden, daß das Minimum von $H(m, n)$ in Q angenommen wird. Man kann sich ferner auf $\|m\| \leq 2\|f\|$ und $\|m \, n^{-1}\| \leq 2\|f\|$ beschränken. Denn für $\|m\| > > 2\|f\|$ ist

$$H(m, n) \geq \left\| \frac{m}{n} \right\| - \|f\| \geq \frac{\|m\|}{\|n\|} - \|f\| > \|f\|,$$

und für $\|m \, n^{-1}\| > 2\|f\|$ folgt dieselbe Schranke $H(m, n) > \|f\|$.

III. Unter der Voraussetzung Z ist die Menge $\tilde{Q}$ der Paare m, n mit

$$\|n\| = 1, \quad \|m \, n^{-1}\| \leq 2\|f\|$$

kompakt in sich (dann ist $\|m\| \leq 2\|f\|$); denn sei (m_ν, n_ν) eine beliebige Folge aus $\tilde{Q}$; da M und N endlich dimensional sind und $\tilde{Q}$ abgeschlossen und beschränkt, also kompakt in sich ist, kann man aus (m_ν, n_ν) eine konvergente Teilfolge auswählen; anstatt neue Indizes einzuführen, werde angenommen, daß (m_ν, n_ν) bereits konvergent sei, d. h., es gelte (25.7) mit $C_0 = 2\|f\|$.

Nach Z gibt es ein Paar $(\hat{m}, \hat{n})$ als Limes mit $\|\hat{m} \, \hat{n}^{-1}\| \leq 2\|f\|$; es ist $\|\hat{n}\| = 1$ erreichbar; es wird

$$2\|f\| \geq \|\hat{m} \, \hat{n}^{-1}\| \geq \frac{\|\hat{m}\|}{\|\hat{n}\|}, \quad \text{also} \quad \|\hat{m}\| \leq 2\|f\|.$$

Das Paar $(\hat{m}, \hat{n})$ liegt also ebenfalls in $\tilde{Q}$.

$H(m, n)$ ist stetig auf der in sich kompakten Menge $\tilde{Q}$ und nimmt dort also sein Minimum an.

Den obigen Satz kann man auf die klassische TSCHEBYSCHEFF-Approximation einer in einem abgeschlossenen Intervall $a \leqq x \leqq b$ stetigen Funktion $f(x)$ durch rationale Funktionen von x, ferner aber auch im Falle von n unabhängigen Variablen $x_1, \ldots, x_p$ auf die Annäherung durch rationale Funktionen mit dem Zählergrad 1 und mit dem Nennergrad 1, wenn also der Nenner die Form $n = a_0 + \sum\limits_{\nu=1}^{p} a_\nu\, x_\nu$ hat, bei stetig differenzierbarer Randfläche anwenden, genauere Durchführung bei MEINARDUS [63].

Das folgende Beispiel zeigt, daß der Satz ohne die Voraussetzung Z nicht mehr gilt:

Es soll die Funktion

$$f(x, y) = \frac{x^4 + y^4 - (x^2 + y^2)^2\, T_p(x)}{x^2 + y^2}$$

(mit T_p als TSCHEBYSCHEFFschem Polynom, p ganzzahlig $\geqq 7$) im Einheitskreis $x^2 + y^2 \leqq 1$ durch eine Funktion m/n, wobei m ein Polynom in x, y vom Gesamtgrad 4 und n vom Gesamtgrad 2 ist, im TSCHEBYSCHEFFschen Sinne approximiert werden. Die einzige Minimallösung ist $q = \dfrac{x^4 + y^4}{x^2 + y^2}$; diese gehört aber nicht zur Klasse Q, da der Nenner $x^2 + y^2$ im Einheitskreis eine Nullstelle besitzt. Der genaue Nachweis für dieses Beispiel findet sich bei MEINARDUS [63].

25.5 Allgemeiner Einschließungssatz für die Minimalabweichung

In der allgemeinen Problemstellung von Nr. 25.1 soll eine (komplexwertige) Funktion f durch eine Funktion v aus einer gegebenen Menge V von Funktionen in einem Bereich B im TSCHEBYSCHEFFschen Sinne approximiert werden.

Dann gilt der

Einschließungssatz (nach D. SCHWEDT, 1963): *Bei der eben genannten Fragestellung sei v ein festes Element aus V und $\varepsilon = v - f$ der Fehler. Es gebe zu v eine Menge M von Punkten aus dem Bereich B mit den Eigenschaften*

1. es ist $|\varepsilon(x)| > 0$ für die Punkte x der Menge M,

2. es gibt kein Element $u(x)$ aus V mit

$$Re\left[\overline{\varepsilon}(x)\,(v - u)\right] > 0 \quad \text{für} \quad x \in M. \tag{25.10}$$

Dann ist

$$\inf_{x \in M} |\varepsilon(x)| \leqq \varrho_0 \leqq \|\varepsilon\|. \tag{25.11}$$

Dabei ist ϱ_0 die Minimalabweichung (25.1), also $\varrho_0 \leqq \|\varepsilon\|$. Somit ist nur die linke Ungleichung in (25.11) zu beweisen.

Zusatz: Ist V eine Linearmannigfaltigkeit, so ist die Bedingung 2. ersetzbar durch

2'. es gibt kein Element $u(x) \in V$ mit

$$Re(\bar{\varepsilon}\, u) > 0 \quad \text{für} \quad x \in M \tag{25.12}$$

(KOLMOGOROFF [48]).

Beweis: Es sei

$$\sigma = \inf_{x \in M} |\varepsilon(x)|. \tag{25.13}$$

Wenn $\sigma > \varrho_0$ ist, gibt es ein τ mit $\varrho_0 < \tau < \sigma$ und ein $u \in V$ mit

$$\|f - u\| \leqq \tau.$$

Auf M ist

$$|\varepsilon| \geqq \sigma > \tau \geqq |f - u|$$

oder

$$\Phi = |\varepsilon| - |f - u| > 0 \quad \text{für} \quad x \in M.$$

Ferner ist

$$v - u = v - f - (u - f) = \varepsilon - (u - f),$$

mithin

$$\bar{\varepsilon}(v - u) = |\varepsilon|^2 - \bar{\varepsilon}(u - f),$$

$$Re[\bar{\varepsilon}(v - u)] = |\varepsilon|^2 - Re[\bar{\varepsilon}(u - f)] \geqq |\varepsilon|^2 - |\varepsilon|\,|f - u|$$
$$= |\varepsilon| \cdot \Phi > 0 \quad \text{auf} \quad M.$$

Das widerspricht der Voraussetzung (25.10), daß es kein solches u geben soll, d. h., es muß $\sigma \leqq \varrho_0$ sein.

Bei der linearen Approximation der Funktion f mittels der Funktion $g_1, \ldots, g_p$ im Reellen besteht V aus den Linearkombinationen h nach (25.4).

Voraussetzung V: Zu den Funktionen g_j aus V möge es in B zwei Punktmengen M_1 und M_2 geben mit der Eigenschaft: Es gibt kein Element $h \in V$ mit

$$h(x) > 0 \quad \text{für} \quad x \in M_1, \quad h(x) < 0 \quad \text{für} \quad x \in M_2. \tag{25.14}$$

Dann gilt der

Satz 2: *Es sei im Reellen die Voraussetzung V erfüllt. Für eine Näherung $v \in V$ sei der Fehler $\varepsilon = v - f$ positiv in allen Punkten der einen der beiden Mengen M_1 und M_2 und negativ in allen Punkten der anderen dieser beiden Mengen; dann gilt*

$$m = \inf_{(M_1, M_2)} |\varepsilon| \leqq \varrho_0 \leqq \tilde{m} = \sup_{B} |\varepsilon|. \tag{25.15}$$

Ist insbesondere $m = \tilde{m}$, so ist v Minimallösung.

Beweis: Im allgemeinen Einschließungssatz wird M als Summe der Mengen M_1, M_2 gewählt. Die Voraussetzungen besagen dann, daß es kein Element h von V gibt mit $\varepsilon h > 0$ in $M_1 + M_2$, daß also (25.10) erfüllt ist. Dann geht (25.11) in (25.15) über.

25.6 Ein System von Ungleichungen

Im folgenden wird ein Verfahren beschrieben, mit dem man in vielen Fällen bei endlichen Punktmengen M_1, M_2 bequem nachprüfen kann, ob die Voraussetzung V erfüllt ist. Es ist zu untersuchen, ob das System von Ungleichungen

$$\sum_{\nu=1}^{p} g_{k\nu} a_\nu > 0 \qquad (k = 1, \ldots, s) \qquad (25.16)$$

durch Zahlen $a_1, \ldots, a_p$ erfüllbar ist oder nicht; dabei ist gesetzt:

$$g_{k\nu} = \begin{cases} g_\nu(P_k), & \text{falls } P_k \text{ zu } M_1 \text{ gehört,} \\ -g_\nu(P_k), & \text{falls } P_k \text{ zu } M_2 \text{ gehört,} \end{cases} \qquad (25.17)$$

und P_k durchläuft alle Punkte von M_1 und M_2.

In (25.16) seien für kein k alle $g_{k\nu} = 0$, da dann bereits ein Widerspruch vorläge. Es seien ferner nur die wirklich auftretenden a_ν in (25.16) aufgeführt, d. h., in jeder Spalte der Matrix $(g_{k\nu})$ sei mindestens ein $g_{k\nu}$ (bei festem ν) von Null verschieden; es darf angenommen werden, daß für jedes feste ν mindestens ein $g_{k\nu} > 0$ ist (da man sonst nur a_ν durch $-a_\nu$ zu ersetzen braucht). Nun sind zwei Fälle möglich:

Fall 1: Es tritt in (25.16) kein negatives $g_{k\nu}$ auf; dann sind die Ungleichungen z. B. durch $a_\nu \equiv 1$ erfüllbar, und die gewählten Punktmengen M_1, M_2 zur Erfüllung der Voraussetzung V nicht geeignet.

Fall 2: Es tritt in (25.16) ein negatives $g_{k\nu}$, etwa $g_{21} < 0$, auf. In der ersten Spalte ist aber nach obigen Festsetzungen auch ein positives Element, etwa $g_{11} > 0$ vorhanden. Man kann daher die Ungleichungen (25.16) so mit positiven Faktoren multiplizieren und addieren, daß a_1 eliminiert wird; man kann so an Stelle von (25.16) ein neues System von Ungleichungen erhalten, bei dem die Anzahl der Koeffizienten a_ν und die der Ungleichungen je um mindestens Eins kleiner ist als bei (25.16). Auf dieses neue System wendet man das gleiche Verfahren an und verkleinert solange wie möglich die Zahl der Koeffizienten a_ν. Die Rechnung verläuft wie beim GAUSSschen Eliminationsverfahren, nur hat man darauf zu achten, daß man ausschließlich mit positiven Faktoren multipliziert. (In den späteren Schemata kommt es aber auch gelegentlich vor, daß eine mit dem Faktor Null multiplizierte Ungleichung zu einer anderen addiert wird.)

Das Verfahren findet sein Ende:

1. wenn im Laufe des Eliminationsprozesses eine Ungleichung auftritt, in der alle Koeffizienten a_ν eliminiert sind; dann hat man einen Widerspruch $0 > 0$, d. h., die Ungleichungen (25.16) sind unverträglich, die Voraussetzung V ist erfüllt. (Es genügt zum Aufzeigen eines

Widerspruchs, wenn bei Elimination aller Koeffizienten bis auf einen, etwa a_t, die Faktoren von a_t verschiedenes Vorzeichen haben.)

2. oder wenn man zu einem System von Ungleichungen

$$\sum_{\nu=1}^{p} g'_{k\nu}\, a'_\nu > 0 \qquad (k = 1, \ldots, s') \qquad (25.18)$$

gelangt, bei dem alle $g'_{k\nu} \geqq 0$ sind und in jeder Spalte und in jeder Zeile mindestens ein $g'_{k\nu} > 0$ ist. Dieses System ist durch Wahl beliebiger positiver a'_ν erfüllbar. Das Verfahren hat hier noch nicht zu einer endgültigen Entscheidung geführt; denn man hat jetzt noch zu prüfen, ob man auch das Ausgangssystem (25.16) durch Wahl passender a_ν erfüllen kann.

Der folgende Satz gibt eine Aussage darüber, daß eine Näherungslösung unter gewissen Voraussetzungen verbesserbar ist.

Satz 1: *$f(x_j)$ und $g_\nu(x_j)$ seien im abgeschlossenen beschränkten Bereich B stetig. Es sei $v = \sum\limits_{\nu=1}^{p} a_\nu\, g_\nu$ eine Linearkombination, für welche der Fehler $\varepsilon = v - f$ seinen Maximalbetrag $|\varepsilon|_{\max} = E > 0$ in endlich vielen Punkten $P_1, \ldots, P_r$ von B annimmt. Weiter seien $P_{r+1}, \ldots, P_s$ Punkte, in denen $\varepsilon \neq 0$ ist (ihre Anzahl darf auch Null, d. h. $r = s$, sein). Wenn es eine Linearkombination $h = \sum\limits_{\nu=1}^{p} b_\nu\, g_\nu$ gibt, die in allen Punkten $P_1, \ldots, P_s$ das gleiche Vorzeichen hat wie ε, so ist v keine Minimallösung.*

Beweis: Es gebe eine Linearkombination h der im Satz genannten Art, und es sei $a > 0$ der kleinste der Beträge von h in den Punkten P_σ $(\sigma = 1, \ldots, s)$. Wegen der Stetigkeit von h gibt es (offene) Umgebungen U_σ der Punkte P_σ, so daß $|h| > a/2$ in U_σ ist. U_σ kann so klein gewählt werden, daß ε und h dasselbe Vorzeichen in U_σ haben und dort $|\varepsilon| \geqq q E$ mit einer festen Zahl $q < 1$ ist. Nimmt man von B die Umgebungen U_σ fort, so sei E^* das Maximum der stetigen Funktion $|\varepsilon|$ in dem abgeschlossenen beschränkten Bereich $\tilde{B} = B - \sum\limits_{\sigma=1}^{s} U_\sigma$; es ist $E^* < E$. Nun werden $v^* = v - \delta h$ und $\varepsilon^* = v^* - f = \varepsilon - \delta h$ gebildet. Dann ist in U_σ

$$|\varepsilon^*| \leqq |\varepsilon|\left|1 - \frac{\delta h}{\varepsilon}\right| \leqq E\left(1 - \frac{\delta a}{2E}\right) = E - \frac{\delta a}{2},$$

falls die positive Größe δ so klein gewählt wird, daß $\delta\, \underset{U_\sigma}{\operatorname{Max}}|h| < q E$ gilt. In $\tilde{B}$ gilt

$$|\varepsilon^*| \leqq |\varepsilon| + \delta|h| \leqq E^* + \delta\, \underset{\tilde{B}}{\operatorname{Max}}|h| = \tilde{E}.$$

Bei genügend kleinem δ ist $\tilde{E} < E$ erreichbar und somit v^* eine bessere Näherung für f als v.

Die Bedeutung dieser Sätze für die praktische Rechnung zeigt der
Satz 2: *Für eine Näherung v stelle man den Fehler $\varepsilon = v - f$ in B
auf. Es werde das Maximum $\tilde{m}$ von $|\varepsilon|$ in endlich vielen Punkten $P_1, \ldots, P_r$
angenommen. Es ist zweckmäßig, aber nicht unbedingt notwendig, als wei-
tere Punkte $P_{r+1}, \ldots, P_s$ Stellen relativer positiver Maxima und relativer
negativer Minima von ε hinzuzunehmen. Wenn das System der Ungleichungen* (25.16) *lösbar ist, so ist v keine Minimallösung (nach dem
Satz 1) und verbesserbar. Wenn das System* (26.16) *unlösbar ist, so gilt
nach der Hauptabschätzung* (25.15)

$$m \leqq \varrho_0 \leqq \tilde{m},$$

*wobei m bzw. $\tilde{m}$ der kleinste bzw. größte unter den s Werten $|\varepsilon(P_\sigma)|$ (für
$\sigma = 1, \ldots, s$) ist. Ist hierbei sogar $m = \tilde{m}$, so ist v Minimallösung und
somit eine bessere Annäherung an die Funktion f mit den Funktionen
$g_1, \ldots, g_p$ im Tschebyscheffschen Sinne nicht erreichbar.*

Unterscheiden sich m und $\tilde{m}$ nur wenig (z. B. um 1 Prozent), so
wird man sich in praktischen Fällen zufriedengeben, da man dann weiß,
daß [stets unter der Voraussetzung, daß (25.16) unlösbar ist] der Maxi-
malfehler nicht unter die Zahl m heruntergedrückt werden kann; wenn
man genauere Annäherung wünscht, muß man mehr Funktionen g_ν
hinzunehmen.

25.7 Anwendungen

A) Polynomapproximation bei einer Variablen x.

In diesem klassischen Fall soll eine in $\langle a, b \rangle$ stetige Funktion $f(x)$ durch

$$v(x) = \sum_{\nu=0}^{p} a_\nu x^\nu \qquad (25.19)$$

im Tschebyscheffschen Sinne approximiert werden. p ist dabei eine feste Zahl,
und $f(x)$ gehöre nicht zu V, sei also kein Polynom der Form (25.19). Nach dem
allgemeinen Existenzsatz aus Nr. 25.2 existiert mindestens eine Minimallösung.
Ist $v(x)$ ein beliebig gewähltes Polynom, so betrachtet man die Extremalstellen,
d. h. die Stellen x der relativen Maxima und Minima von $\varepsilon = v - f$.

Wenn es höchstens $p + 1$ Extremalstellen gibt, so weist ε in $\langle a, b \rangle$ höchstens
p Zeichenwechsel auf, etwa an den Stellen s_ν. Dann kann man nach der beim Beweis
von Satz 1 von Nr. 25.6 gegebenen Methode durch passende Wahl von δ eine Näherung
$v + \delta \prod_\nu (x - s_\nu)$ herstellen, die eine bessere Näherung für f ist; v ist in diesem
Falle keine Minimallösung. v heißt eine Alternante, wenn ε an mindestens $p + 2$
aufeinanderfolgenden Stellen $s_0 < s_1 < s_2 < \cdots s_{p+1}$ seinen Maximalbetrag
$d = \underset{\langle a, b \rangle}{\text{Max}} |\varepsilon|$, aber mit wechselndem Vorzeichen annimmt (vgl. Nr. 19.5). Eine
Alternante ist eine Minimallösung, denn es gibt kein Polynom p-ten Grades,
welches an den Stellen s_ν Werte von abwechselndem Vorzeichen hat; ein
solches Polynom müßte $p + 1$ Nullstellen haben; also ist der Satz 2 von Nr. 25.6
anwendbar.

B) Man kann nun für viele praktische Fälle die Lösbarkeit der Ungleichungen
(25.16) ein für alle Male untersuchen. Es werden dabei der Kürze wegen nur die
Matrix $(g_{k\nu})$ und die Matrizen der aus $(g_{k\nu})$ durch die Reduktionsmethode von Nr. 25.6
entstehenden Systeme von Ungleichungen angegeben. Die einzelnen Ungleichungen
sind numeriert (1), (2), ..., und bei der Reduktion gibt die Spalte rechts davon an,

aus welchen früheren Ungleichungen die betreffende Ungleichung entstanden ist. In den Abbildungen sind die Punkte von M_1 durch leere und die von M_2 durch ausgefüllte Nullenkreise gekennzeichnet.

1. Annäherung einer Funktion $z = f(x, y)$ durch eine lineare Funktion; hier ist $g_1 = 1$, $g_2 = x$; $g_3 = y$ (man erkennt die Ergebnisse hier zwar auch unmittelbar geometrisch, die einzelnen Fälle werden aber der allgemeinen Methode wegen trotzdem kurz durchgerechnet).

1a. M_1 enthält zwei beliebige Punkte, M_2 einen Punkt ihrer Verbindungsstrecke (Abb. 25/2). Es genügt zur Prüfung der Voraussetzung V, durch eine affine Transformation in der x-y-Ebene die 3 Punkte in folgende spezielle Lage zu bringen:

$$\text{Punkte von } M_1\text{: } (0, 0) \text{ und } (0, 1),$$

$$\text{Punkt von } M_2\text{: } (0, a) \text{ mit } 0 < a < 1.$$

Die Matrix der g_k lautet dann:

Nr.	Entstehung		$g_1 = 1$	$g_2 = x$	$g_2 = y$
(1) Punkt P_1			1	0	0
(2) Punkt P_2			-1	$-a$	0
(3) Punkt P_3			1	1	0
(4)	(1)	(2)		$-a$	
(5)	(2)	(3)		$1 - a$	

da in den letzten beiden Zeilen die (als Faktoren von a_2 stehenden) Zahlen verschiede Vorzeichen haben, tritt ein Widerspruch auf; Voraussetzung V ist erfüllt.

1b. M_1 enthält drei nicht auf einer Geraden liegende Punkte, M_2 einen Punkt im Innern des durch M_1 bestimmten Dreiecks (Abb. 25/2). Die Fälle 1b und 1c

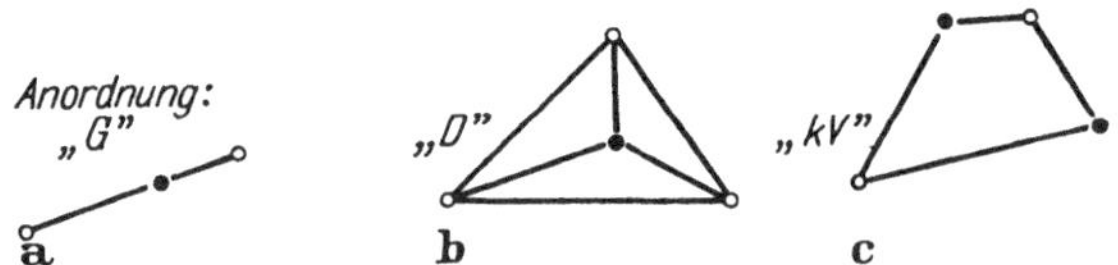

Abb. 25/2a—c. Punkte in der Ebene

finden sich im Diskreten (Annäherung in endlich vielen Punkten) bereits bei KIRCHBERGER [03]. Eine affine Transformation bringt die Punkte von M_1 in die Lage $(0, 0)$, $(1, 0)$, $(0, 1)$, während der Punkt M_2 die Koordinaten a, b mit $0 < a$, $0 < b$, $a + b < 1$ hat. Das Schema lautet jetzt:

(1)				1	0	0
(2)				1	1	0
(3)				1	0	1
(4)				-1	$-a$	$-b$
(5)	(1)				1	
(6)	(2)	(3)	(4)	$a + b - 1$		

verschiedene Vorzeichen, Voraussetzung V erfüllt

1c. M_1 enthält zwei gegenüberliegende und M_2 die anderen zwei gegenüberliegenden Ecken eines konvexen Vierecks (Abb. 25/2). Durch eine affine Transformation ist erreichbar, daß die Punkte von M_1 in die Lage $(0, 1)$, $(1, 0)$ und die Punkte von M_2 in die Lage $(0, 0)$, (a, b) mit $a \geqq 0$, $b \geqq 0$, $a + b > 1$ kommen.

Schema:

(1)			1	1	0	
(2)			1	0	1	
(3)			-1	0	0	
(4)			-1	$-a$	$-b$	
(5)	(3)		-1			verschiedene Vorzeichen,
(6)	(1) (2) (4)	$a + b - 1$				Voraussetzung V erfüllt

2. Annäherung einer Funktion $z = f(x, y)$ durch ein quadratisches Polynom

$$v = a_1 + a_2\,x + a_3\,y + a_4\,x^2 + a_5\,x\,y + a_6\,y^2. \tag{25.20}$$

Die Prüfung der Voraussetzung V verlangt festzustellen, ob es bei gegebenen Punktmengen M_1 und M_2 einen (evtl. entarteten) Kegelschnitt mit der Gleichung

$$\Phi = a_1' + a_2'\,x + a_3'\,y + a_4'\,x^2 +$$
$$+ a_5'\,x\,y + a_6'\,y^2 \tag{25.21}$$

gibt, so daß $\Phi > 0$ in allen Punkten von M_1 und $\Phi < 0$ in allen Punkten von M_2 ist. Die Voraussetzung V ist daher für die Punktemengen M_1, M_2 erfüllt, wenn sie für diejenigen Mengen erfüllt ist, die aus $M_1 M_2$ durch eine projektive Transformation der x-y-Ebene hervorgehen.

Abb. 25/3. 6 Punkte auf dem Rande eines Vierecks

2a. Es sei $P_1 P_2 P_3 P_4$ ein beliebiges konvexes Viereck; P_5 liege auf $P_1 P_2$ und P_6 auf $P_3 P_4$. M_1 besteht aus den Punkten P_1, P_2, P_6 und M_2 aus den Punkten P_3, P_4, P_5 (Abb. 25/3). Durch eine projektive Transformation kann man erreichen, daß die Punkte P_k die aus der Matrix in der k-ten Zeile (k) ersichtlichen Koordinaten mit $0 < a < 1$, $0 < b < 1$ haben:

			1	x	y	x^2	$x\,y$	y^2	
(1)			1	0	0	0	0	0	
(2)			1	0	1	0	0	1	
(3)			-1	-1	-1	-1	-1	-1	
(4)			-1	-1	0	-1	0	0	
(5)			-1	0	$-a$	0	0	$-a^2$	
(6)			1	1	b	1	b	b^2	
(7)	(1)	(5)			$-a$			$-a^2$	
(8)	(2)	(5)			$1 - a$			$1 - a^2$	
(9)	(4)	(6)			b		b	b^2	
(10)	(3)	(6)			$-(1 - b)$		$-(1 - b)$	$-(1 - b^2)$	
(11)	(7)	(8)						$a(1 - a)$	verschiedene Vorzeichen,
(12)	(9)	(10)						$-b(1 - b)$	Voraussetzung V erfüllt

2b. Es seien $P_1, \ldots, P_6$ sechs verschiedene Punkte auf einer Ellipse, einer Parabel oder auf einem Ast einer Hyperbel, die bei einmaligem Durchlaufen des Kegelschnittes in der Reihenfolge $P_1, \ldots, P_6$ auftreten. M_1 enthält die Punkte P_1, P_3, P_5 und M_2 die Punkte P_2, P_4, P_6 (Abb. 25/4). (Dort ist als Beispiel auch eine spezielle Lage gezeichnet.) Auch hier ist die Voraussetzung V erfüllt. Wenn es nämlich eine Funktion Φ nach (25.21) gibt mit $\Phi > 0$ in M_1 und $\Phi < 0$ in M_2, so muß beim Durchlaufen des Kegelschnittes Φ aus Stetigkeitsgründen zwischen

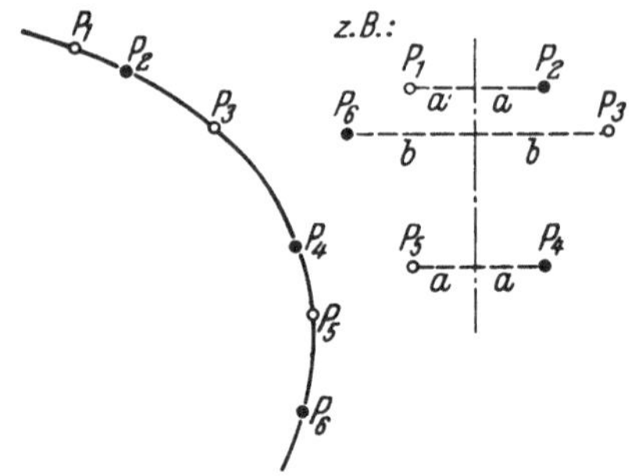

Abb. 25/4. 6 Punkte auf einem Kegelschnitt

P_i und P_{i+1} (für $i = 1, 2, \ldots, 5$) je mindestens einmal verschwinden. $\Phi = 0$ wäre dann ein Kegelschnitt, der mit dem Ausgangskegelschnitt 5 Punkte gemeinsam hätte und daher mit ihm zusammenfallen müßte. Das wäre aber ein Widerspruch zu $\Phi > 0$ auf M_1.

2c. Die Punkte P_1, P_2, P_3 mögen nicht auf einer Geraden liegen. P_4, P_5, P_6 seien Punkte auf den P_1, P_2, P_3 gegenüberliegenden Seiten des Dreiecks $P_1 P_2 P_3$, und P_7 liege im Innern des Dreiecks $P_4 P_5 P_6$ (Abb. 25/5). M_1 enthalte die Punkte

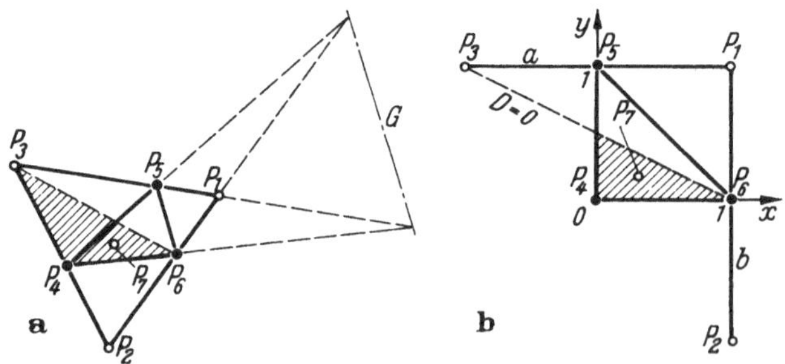

Abb. 25/5a u. b. 6 Punkte auf dem Rande eines Dreiecks

P_1, P_2, P_3, P_7 und M_2 die Punkte P_4, P_5, P_6. Ohne Beschränkung der Allgemeinheit kann angenommen werden, daß P_7 etwa dem (in Abb. 25/5 schraffierten) Dreieck $P_3 P_4 P_6$ (einschließlich Rand) angehört. Durch eine projektive Transformation kann $P_1 P_6 P_4 P_5$ in das Einheitsquadrat übergeführt werden; die Koordinaten von P_k sind wieder aus der Zeile (k) ersichtlich; es sei $0 < a$, $0 < b$, $0 < c < 1$, $0 < d < 1$ und schließlich $D = c + a d + d - 1 \leqq 0$, wobei $D = 0$ die Gleichung der Geraden $P_3 P_6$ ist (P_7 soll dem schraffierten Dreieck in Abb. 25/5 angehören).

Daß eine Figur wie in Abb. 25/5 entsteht, sieht man daraus, daß die ,,Verschwindungsgerade'' G das Dreieck $P_1 P_2 P_3$ nicht schneiden kann. Das Schema lautet:

			1	x	y	x^2	xy	y^2
(1)			1	1	1	1	1	1
(2)			1	1	$-b$	1	$-b$	b^2
(3)			1	$-a$	1	a^2	$-a$	1
(4)			-1	0	0	0	0	0
(5)			-1	0	-1	0	0	-1
(6)			-1	-1	0	-1	0	0
(7)			1	c	d	c^2	cd	d^2
(8)	(1)	(2)	1	1	0	1	0	b
(9)	(1)	(3)	1	0	1	a	0	1
(10)	(3)	(7)	$a+cd$	$ac-acd$	$cd+ad$	ac^2+a^2cd	0	$cd+ad^2$
(11)	(6)	(8)	0	0	0	0		b
(12)	(6)	(10)	$a-ac+cd+acd$	0	$ad+cd$	acD		$cd+ad^2$
(13)	(5)	(9)	0		0	a		0
(14)	(5)	(11)	-1		-1	0		0
(15)	(5)	(12)	$1-c+cd-d^2$		$d(1-d)$	cD		0
(16)	(14)	(15)	$(1-c)(1-d)$		0	cD		
(17)	(4)	(16)	0		0	D		

Hier ist nach Annahme $D \leqq 0$, also ergeben (13) und (17) einen Widerspruch, und Voraussetzung V ist erfüllt.

3. Annäherung einer Funktion $z = f(x_1, \ldots, x_n)$ durch lineare Funktionen $g_1 = 1$, $g_{\nu+1} = x_\nu$ für $\nu = 1, \ldots, n$. Es werden gleich besonders einfache Lagen der Mengen M_1, M_2 angegeben, die sich durch projektive Transformationen erreichen lassen.

3a. M_1 enthält den Nullpunkt und die n Einheitspunkte der Koordinatenachsen, M_2 ist ein Punkt mit den Koordinaten c_ν, wobei $c_\nu > 0$, $\sum\limits_{\nu=1}^{n} c_\nu < 1$ ist. Im Dreidimensionalen besteht die Menge M_1 nach passender Transformation aus den 4 Ecken eines beliebigen Tetraeders und M_2 aus irgendeinem Punkt im Innern des Tetraeders (Abb. 25/6).

Abb. 25/6. Tetraeder

Im folgenden Schema multipliziert man die Zeilen Nr. 2, 3, $\ldots$, $n + 1$ mit den Faktoren $c_1, c_2, \ldots, c_n$ und erhält bei Addition die $(n + 3)$-te Zeile:

$$
g_{k\nu}\begin{cases}
\begin{array}{cccccc}
1 & 0 & 0 & 0 & \ldots & 0 \\
1 & 1 & 0 & 0 & \ldots & 0 \\
1 & 0 & 1 & 0 & \ldots & 0 \\
\multicolumn{6}{c}{\dotfill} \\
1 & 0 & 0 & 0 & \ldots & 1 \\
-1 & -c_1 & -c_2 & -c_3 & \ldots & -c_n \\
\end{array}
\end{cases}
$$

$$-1 + \sum\limits_{\nu=1}^{n} c_\nu \quad \Big\}\ \text{verschiedene Vorzeichen,}$$
$$\phantom{-1 + \sum\limits_{\nu=1}^{n} c_\nu \quad}\ \text{Voraussetzung } V \text{ erfüllt}$$
$$1$$

3b. M_1 enthält die n Einheitspunkte der Koordinatenachsen und M_2 den Nullpunkt und einen Punkt mit den Koordinaten c_ν, wobei $c_\nu \geqq 0$ für $\nu = 1, \ldots, n$ mit $\sum\limits_{\nu=1}^{n} c_\nu > 1$ ist.

Im Dreidimensionalen enthält nach geeigneter Transformation bei einer beliebig gegebenen konvexen dreiseitigen Doppelpyramide M_1 die Ecken des Grunddreiecks und M_2 die beiden Pyramidenspitzen (Abb. 25/7). Beim Schema multipliziert man die k-te Zeile (für $k = 1, \ldots, n$) mit c_k und addiert sie zur $(n + 2)$-ten Zeile

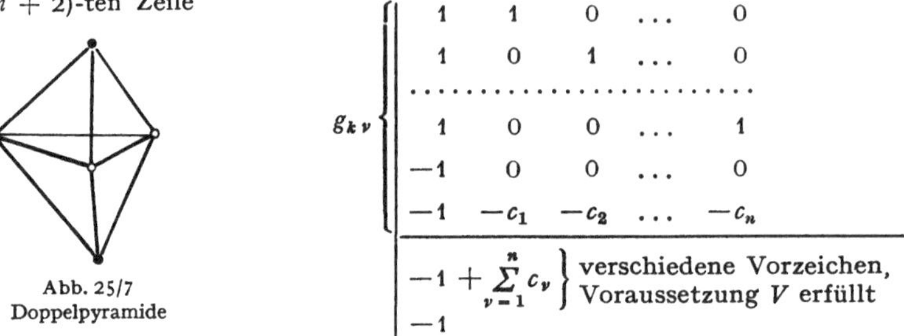

$$g_{k\nu} \begin{cases} \begin{array}{ccccc} 1 & 1 & 0 & \ldots & 0 \\ 1 & 0 & 1 & \ldots & 0 \\ \hdotsfor{5} \\ 1 & 0 & 0 & \ldots & 1 \\ -1 & 0 & 0 & \ldots & 0 \\ -1 & -c_1 & -c_2 & \ldots & -c_n \end{array} \\ \hline \begin{array}{l} -1 + \sum\limits_{\nu=1}^{n} c_\nu \\ -1 \end{array} \left.\begin{array}{l} \\ \end{array}\right\} \begin{array}{l} \text{verschiedene Vorzeichen,} \\ \text{Voraussetzung } V \text{ erfüllt} \end{array} \end{cases}$$

Abb. 25/7
Doppelpyramide

3c. In jedem der Fälle 1a, 1b, 1c, 3a, 3b bleibt Voraussetzung V erfüllt, wenn man ohne Vermehrung der Punkte von M_1 und M_2 die Zahl der Dimensionen erhöht.

25.8 Rationale T-Approximation und Eigenwertaufgaben

H. WERNER [63] hat einen Zusammenhang zwischen den beiden in der Überschrift genannten Aufgabenkreisen festgestellt, der sich auch für die numerische Rechnung verwenden läßt. Es soll die Funktion $f(x)$ im reellen Intervall $J = \langle a, b \rangle$ durch $h(x) = \dfrac{p(x)}{q(x)}$ approximiert werden, wobei $p(x)$, $q(x)$ Polynome der gegebenen Grade m, $n - m$ sind:

$$p(x) = \sum_{\nu=0}^{m} a_\nu x^\nu, \qquad q(x) = \sum_{\nu=0}^{n-m} b_\nu x^\nu. \tag{25.22}$$

In J werden nun $(n + 2)$ Abszissen x_j gewählt

$$a \leqq x_1 < x_2 < \cdots < x_{n+2} \leqq b$$

und der Funktionswert an der Stelle x_j durch den Index j bezeichnet:

$$f_j = f(x_j), \qquad p_j = p(x_j) \quad \text{usw.}$$

Es wird nun nach einer Alternante $h(x)$ gefragt, d. h., es soll mit einer zunächst noch unbekannten Zahl η gelten

$$h_j = f_j + (-1)^j \eta \qquad (j = 1, 2, \ldots, n + 2). \tag{25.23}$$

Wegen $h_j q_j - p_j = 0$ folgt

$$(f_j + (-1)^j \eta) q_j - p_j = 0 \qquad (j = 1, 2, \ldots, n + 2). \tag{25.24}$$

Die Idee läßt sich nun einfach beschreiben: Bildet man hier einen $(m+1)$-ten Differenzenquotienten, so fällt p_j heraus, da p ein Polynom höchstens m-ten Grades ist; es bleiben lineare homogene Gleichungen für die Koeffizienten b_ν von $q(x)$; die Gleichungen enthalten den Parameter η und stellen somit eine Eigenwertaufgabe für den Eigenwert η dar. Die Elimination der Größen a_ν kann übersichtlich mit Hilfe von Matrizen erfolgen, was hier nur kurz angedeutet sei; wegen aller Einzelheiten sei auf die Arbeit von WERNER [63] verwiesen. Es werden die Matrizen eingeführt:

$$\mathfrak{X}_s = \begin{pmatrix} 1 & x_1 & \cdots & x_1^s \\ \vdots & \vdots & & \vdots \\ 1 & x_{n+2} & \cdots & x_{n+2}^s \end{pmatrix}; \quad F = \begin{pmatrix} f_1 & & 0 \\ & f_2 & \\ & & \ddots \\ 0 & & f_{n+2} \end{pmatrix};$$

$$G = \begin{pmatrix} -1 & & 0 \\ & 1 & \\ & & \ddots \\ 0 & & (-1)^{n+2} \end{pmatrix}; \quad L = \begin{pmatrix} \lambda_1 & & 0 \\ & \lambda_2 & \\ & & \ddots \\ 0 & & \lambda_{n+2} \end{pmatrix};$$

$$a = \begin{pmatrix} a_0 \\ \vdots \\ a_m \end{pmatrix}; \quad b = \begin{pmatrix} b_0 \\ \vdots \\ b_{n-m} \end{pmatrix}$$

mit

$$\lambda_j = \prod_{\substack{k=1 \\ k \neq j}}^{n+2} \frac{1}{x_j - x_k};$$

es ist dann

$$\mathfrak{X}'_{n-m} L \, \mathfrak{X}_m = 0 \quad \text{(Nullmatrix)}. \tag{25.25}$$

Gl. (25.24) lautet dann $(F + \eta G)\,\mathfrak{X}_{n-m}\, b - \mathfrak{X}_m\, a = 0$.
Multiplikation mit $\mathfrak{X}'_{n-m} L$ von links ergibt dann

$$(A + \eta B)\, b = 0 \tag{25.26}$$

mit $A = \mathfrak{X}'_{n-m} L F \mathfrak{X}_{n-m}$, $B = \mathfrak{X}'_{n-m} L G \mathfrak{X}_{n-m}$.

Die Matrizen A und B sind symmetrische quadratische $(n-m+1)$-reihige Matrizen, und $(-1)^n B$ ist positiv definit; denn

$$b' B b = (-1)^n \sum_{j=1}^{n+2} |\lambda_j| \left(\sum_{k=0}^{n-m} b_k x_j^k \right)^2;$$

es liegt somit in (25.26) genau eine Eigenwertaufgabe vom klassischen Typ vor, und alle Eigenwerte η sind reell. WERNER [63] diskutiert, daß von den $(n-m+1)$ Eigenwerten η nur einer in Frage kommt, da die anderen zu Polynomen $q(x)$ führen, die in J eine Nullstelle haben und kein stetiges $h(x)$ liefern.

Die praktische Durchführung der Approximation kann dann iterativ vorgenommen werden; man wählt sich die Abszissen x_j, berechnet den Eigenwert η aus (25.26) und einen zugehörigen Vektor b und anschließend die a_ν aus den linearen Gln. (25.24). Man verwendet dann Abszissen der Extremstellen der Fehlerfunktion $\varepsilon(x) = h(x) - f(x)$ als neue Werte für x_j und wiederholt die Rechnung. Waren die Anfangswerte der x_j gut gewählt, so kann man die Iteration nach wenigen Schritten abbrechen.

§ 26. Diskrete Tschebyscheff-Approximation und Austauschverfahren

26.1 Die diskrete T-Approximation

Das Problem der linearen T-Approximation verlangt nach Nr. 25.2, bei gegebenem f und g_ν die Konstanten a_ν so zu bestimmen, daß

$$\|\varepsilon\| = \underset{B}{\mathrm{Max}}(p\,|\varepsilon|) = \mathrm{Min}, \qquad \sum_{k=1}^{m} a_k g_k - f = \varepsilon, \qquad p > 0 \qquad (26.1)$$

bei einer in B fest gewählten, positiven stetigen Funktion p. Alle auftretenden Größen seien reell.

Bei Durchführung auf einer Rechenanlage muß man das Problem diskretisieren und kann die Funktionswerte nur an endlich vielen Stellen, etwa an q verschiedenen Punkten P_j $(j = 1, 2, \ldots, q)$, aus dem Bereich B berücksichtigen. Mit $g_k(P_j) = g_{jk}$, $f(P_j) = f_j$, $\varepsilon(P_j) = \varepsilon_j$, $p(P_j) = p_j$ geht dann (26.1) über in

$$\underset{j}{\mathrm{Max}}(p_j\,|\varepsilon_j|) = \mathrm{Min}, \qquad \sum_{k=1}^{m} g_{jk}\, a_k - f_j = \varepsilon_j, \qquad p_j > 0 \qquad (j = 1, 2, \ldots, q).$$

$$(26.2)$$

Es sei $q > m$.

Für den Rest des Paragraphen werden die Bezeichnungen verwendet:

$$A = (a_{jk}) = (p_j g_{jk}), \qquad x = (x_k) = (a_k),$$
$$c = (c_j) = (-p_j f_j), \qquad r = (r_j) = (p_j \varepsilon_j).$$

Dann lautet (26.2)

$$\underset{j}{\mathrm{Max}}\,|r_j| = \mathrm{Min}, \qquad A\,x + c = r, \qquad p_j > 0 \qquad (j = 1, 2, \ldots, q). \qquad (26.3)$$

Die Matrix A werde mit Hilfe der Zeilenvektoren $z_1, \ldots, z_q$ in der Form geschrieben

$$A = \begin{pmatrix} a_{11} & \cdots & a_{1m} \\ \vdots & & \\ a_{q1} & \cdots & a_{qm} \end{pmatrix} = \begin{pmatrix} z_1 \\ \vdots \\ z_q \end{pmatrix}. \qquad (26.4)$$

Da die Funktionen g_μ als voneinander linear unabhängig vorausgesetzt werden können, können die Punkte P_j (sinnvollerweise) stets so gewählt werden, daß der Rang (der Matrix A) $= m$ ist und je m der Zeilenvektoren $z_1, \ldots, z_q$ linear unabhängig sind. (Für $q < m$ wäre das System zur Berechnung der $x_1, \ldots, x_m$ unterbestimmt, für $q = m$ handelt es sich um den trivialen Fall der Darstellung des Vektors $-c$ bzw. der Interpolation der Funktion f durch die Funktionen g_k mit m Stützstellen.)

Im folgenden wird

$$\sum_{k=1}^{m} a_{jk} x_k + c_j = 0 \tag{26.5}$$

als Gleichung einer Hyperebene im $x_1, \ldots, x_m$-Raum gedeutet.

Beispiel: $m = 2$, $q = 4$; statt x_1, x_2 wird x, y geschrieben; die Gewichte p_j seien so gewählt, daß die Zeilenvektoren $z_j = p_j g_j$ zu Einheitsvektoren werden:

$$a_{j1} x + a_{j2} y + c_j = r_j \qquad (j = 1, 2, 3, 4). \tag{26.6}$$

Dann stellen die 4 Gleichungen

$$a_{j1} x + a_{j2} y + c_j = 0 \qquad (j = 1, 2, 3, 4) \tag{26.7}$$

Abb. 26/1. T-Punkt eines Dreiecks

Geradengleichungen in HESSEscher Normalform dar, und die Zeilenvektoren z_j sind Normalenvektoren dieser Geraden. Setzt man andere Punkte x, y links in (26.6) ein, so ist $|r_j|$ der EUKLIDische Abstand des Punktes x, y von der betreffenden Geraden.

Das Problem, x und y so zu bestimmen, daß $\underset{j}{\text{Max}} |r_j| = \text{Min}$ wird, bedeutet daher, einen Punkt (T-Punkt) so zu finden, daß der Maximalabstand zu den 4 Geraden möglichst klein wird, Abb. 26/1.

26.2 Referenz und Referenzabweichung

Die folgende Austauschtheorie schließt sich der Darstellung bei STIEFEL [59] an.

Definition: Eine Referenz ist eine Auswahl von $m + 1$ Hyperebenen

$$\sum_{k=1}^{m} a_{sk} x_k + c_s = 0 \qquad (s \text{ nimmt } m + 1 \text{ der Werte } 1, 2, \ldots, q \text{ an}). \tag{26.8}$$

Einer Referenz sind somit $m + 1$ Zeilenvektoren z_s von A und damit $m + 1$ Indizes s zugeordnet.

Die $m + 1$ Zeilenvektoren z_s sind (im R_m) stets linear abhängig, aber m dieser Zeilenvektoren sind nach Voraussetzung stets linear unabhängig. Deshalb gibt es reelle Zahlen $\lambda_s \neq 0$ ($\neq 0$ für alle s) mit

$$\sum{}' \lambda_s z_s = 0. \tag{26.9}$$

Dabei bedeutet $\sum'$: „Summierung über alle Indizes s der gewählten Referenz".

Definition: Ein Punkt P heißt Referenzpunkt einer vorgegebenen Referenz, falls

$$\operatorname{sgn} \lambda_s = \operatorname{sgn} r_s \quad \text{für alle } s \text{ der Referenz oder falls}$$
$$\operatorname{sgn} \lambda_s = -\operatorname{sgn} r_s \quad \text{für alle } s \text{ der Referenz.} \tag{26.10}$$

Eine anschauliche Deutung für $m = 2$ zeigt die Abb. 26/2.
Eine Referenz ist hier die Auswahl von 3 Geraden aus den gegebenen q Geraden. Menge der Referenzpunkte ist hier ein Dreieck als Simplex (mit Inhalt $\neq 0$!).

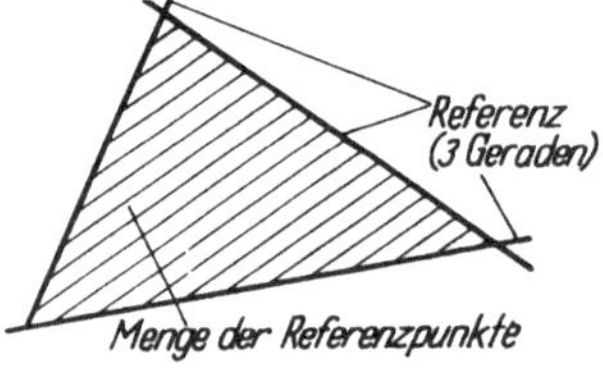

Abb. 26/2. Menge der Referenzpunkte

Satz: *Die Menge der Referenzpunkte einer gewählten Referenz erfüllt das Innere des durch die $m + 1$ Hyperebenen der Referenz gebildeten Simplex.*

Diese Menge ist eine beschränkte, offene, zusammenhängende, konvexe Punktmenge.

Beweis: Für beliebige Punkte $P(x_1, \ldots, x_m)$ und eine gewählte Referenz, d. h. feste $z_s = a_s = (a_{s1}, \ldots, a_{sm})$, c_s, λ_s gilt

$$\sum_{k=1}^{m} a_{sk} x_k + c_s = r_s$$

und damit

$$\sum{}' \lambda_s r_s = \sum{}' \lambda_s \sum_{k=1}^{m} a_{sk} x_k + \sum{}' \lambda_s c_s = \sum_{k=1}^{m} x_k \sum{}' \lambda_s a_{sk} + \sum{}' \lambda_s c_s.$$

Nun ist

$$\sum{}' \lambda_s a_{sk} = 0 \text{ nach (26.9),}$$

also

$$\sum{}' \lambda_s r_s = \sum{}' \lambda_s c_s. \tag{26.11}$$

Ist der Punkt P überdies Referenzpunkt, so gilt

$$\sum{}' |\lambda_s| \, |r_s| = \pm \sum{}' \lambda_s c_s,$$

und zwar $\pm$ je nachdem, ob nach (26.10) $\operatorname{sgn} \lambda_s = \pm \operatorname{sgn} r_s$ für alle s der Referenz ist.

Da auf der rechten Seite feste bekannte Größen $\lambda_s \neq 0$ und c_s auftreten und links Betragstriche stehen, muß der gesamte Ausdruck mit Vorzeichen rechts bei gewählter Referenz eine feste positive Zahl sein. Daraus folgt, daß mit der rechten Seite und mit $|\lambda_s|$ auch $|r_s|$ für alle Referenzpunkte beschränkt sein muß. Bis auf einen festen angebbaren positiven Faktor (abhängig von s) stellt $|r_s|$ den EUKLIDischen

Abstand des Referenzpunktes P von der Hyperebene

$$\sum_{k=1}^{m} a_{sk}\, x_k + c_s = 0$$

dar.

Man kann sich überlegen, daß die Beschränktheit der Menge unter Berücksichtigung der Vorzeichenbedingungen das *Innere* des Simplex charakterisiert, das wegen der linearen Unabhängigkeit von je m der zugeordneten Zeilenvektoren z_s nicht entarten kann.

Definition:

$$\varrho(P) = \frac{\Sigma'\,|\lambda_s|\,|r_s(P)|}{\Sigma'\,|\lambda_s|} \tag{26.12}$$

heißt Referenzabweichung im Referenzpunkt P einer gewählten Referenz.

Folgerung: Da $\varrho(P)$ ein echtes Mittel (feste positive Gewichte $|\lambda_s|$) aus den Zahlen $|r_s(P)|$ ist, gilt allgemein für einen Referenzpunkt P

$$\text{Min}'|r_s(P)| \leq \varrho(P) \leq \text{Max}'|r_s(P)|. \tag{26.13}$$

[Aus dem folgenden Satz kann man übrigens folgern, daß der Referenzpunkt P genau dann T-Punkt bezüglich der Referenz ist, wenn auf beiden Seiten von (26.13) das $=$-Zeichen steht, d. h., wenn alle Residuen gleichen Betrag ϱ haben. Für einen solchen T-Punkt und beliebige andere Referenzpunkte P gilt dann notwendig

$$\text{Min}'|r_s(P)| \leq \varrho \leq \text{Max}'|r_s(P)|.]$$

26.3 Das Zentrum

Definition: Ein Referenzpunkt heißt „Zentrum Z", falls alle Residuen $r_s(Z)$ den gleichen Betrag ϱ haben, d. h. falls

$$\begin{aligned} r_s &= \varrho \cdot \text{sgn}\,\lambda_s \quad \text{für alle } s \text{ der Referenz oder} \\ r_s &= -\varrho \cdot \text{sgn}\,\lambda_s \quad \text{für alle } s \text{ der Referenz.} \end{aligned} \tag{26.14}$$

Satz: *Das Zentrum Z einer gewählten Referenz existiert stets eindeutig, ist bezüglich der gewählten Referenz T-Punkt und läßt sich durch Auflösung des linearen Gleichungssystems bestimmen:*

$$a_s Z + c_s = \pm\,\varrho \cdot \text{sgn}\,\lambda_s, \quad \varrho = \pm\,\frac{\Sigma'\,\lambda_s c_s}{\Sigma'\,|\lambda_s|} \tag{26.15}$$

für alle s der Referenz [Vorzeichen entsprechend (26.14)].

Beweis: Nach (26.11) und (26.14) gilt $\Sigma'\lambda_s r_s = \Sigma'\lambda_s c_s$ für beliebige Punkte und daher für das Zentrum Z:

$$\Sigma'\,\lambda_s c_s = \pm \Sigma'\,\lambda_s \varrho \cdot \text{sgn}\,\lambda_s = \pm\,\varrho\,\Sigma'\,|\lambda_s|.$$

Damit ist der in (26.15) für ϱ angegebene Ausdruck bestimmt.

Das Zentrum Z mit $z = (z_{(1)}, \ldots, z_{(m)})$ einer Referenz erhält man also durch Auflösung des linearen Gleichungssystems (26.15)

$$a_s Z + c_s = \pm \varrho \cdot \operatorname{sgn} \lambda_s. \tag{26.16}$$

Diese $m + 1$ Gleichungen sind unter den getroffenen Voraussetzungen miteinander verträglich, und es existiert eine nichttriviale Lösung Z, ϱ.

Diese Lösung ist eindeutig bestimmt; denn für zwei verschiedene Zentren z, z^* würde folgen $a_s(z - z^*) = 0$, was dem Rang m der Matrix A widerspricht.

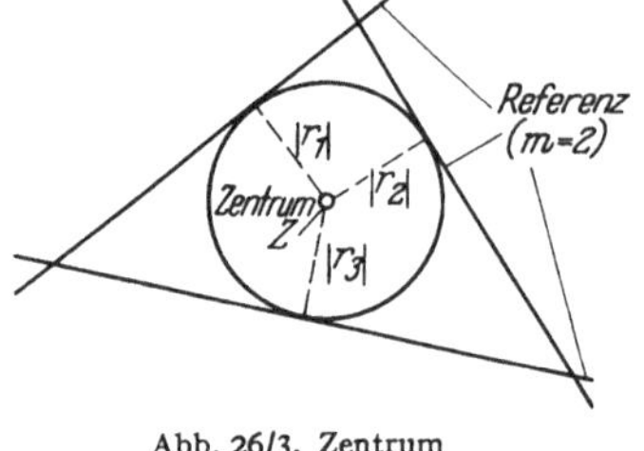

Abb. 26/3. Zentrum

Da alle Residuen r_s im Punkt Z nach (26.14) gleichen Betrag haben, ist Z nach (26.13) T-Punkt bezüglich der gewählten Referenz.

Anschauliche Deutung für $m = 2$:

$$\varrho(Z) = \frac{\Sigma' |\lambda_s| |\varrho \cdot \operatorname{sgn} \lambda_s|}{\Sigma' |\lambda_s|} = \varrho = |r_s| \tag{26.17}$$

hat, falls die a_s Einheitsvektoren sind, die anschauliche Bedeutung des „Inkreisradius", mit dem Zentrum Z als Mittelpunkt des Inkreises des durch die Referenz dargestellten Dreiecks, Abb. 26/3.

26.4 Austauschverfahren

Austauschsatz: *$E_1, \ldots, E_{m+1}$ seien die Hyperebenen einer gewählten Referenz, P ein Referenzpunkt und E_{m+2} irgendeine weitere Hyperebene, die nur P nicht enthalten darf ($r_{m+2}(P) \neq 0$). Dann kann man stets aus geeigneten m Hyperebenen der Referenz und E_{m+2} eine neue Referenz bilden, für die P ebenfalls Referenzpunkt ist.*

Beweis: O. B. d. A. sind in diesem Satz die Hyperebenen der gewählten Referenz als E_s mit $s = 1, 2, \ldots, m + 1$ numeriert worden. Diese Numerierung sei so vorgenommen, wie sie der Anordnung der im nachfolgenden Beweis auftretenden Zahlen q entspricht.

Nach (26.10) gelte

$$\operatorname{sgn} \lambda_s = \operatorname{sgn} r_s \quad \text{für alle } s \text{ der Referenz.} \tag{26.18}$$

(Der Beweis läuft genau analog im Falle $\operatorname{sgn} \lambda_s = - \operatorname{sgn} r_s$.)

Es ist zu zeigen, daß bei Austausch einer geeigneten Hyperebene E_s ($s = 1, 2, \ldots, m + 1$) mit E_{m+2} eine neue Referenz * entsteht mit $\operatorname{sgn} r_s^*(P) = \operatorname{sgn} \lambda_s^*$.

Da unter den Zeilenvektoren z_s stets je m linear unabhängig sind, gibt es im R_m für z_{m+2} die Darstellung

$$z_{m+2} + \Sigma' \mu_s z_s = 0. \tag{26.19}$$

Ferner gilt nach (26.9)

$$\sum{}' \lambda_s z_s = 0 \quad \text{mit} \quad \lambda_s \neq 0. \tag{26.20}$$

Daraus folgt (k beliebig $= 1, 2, \ldots, m + 1$)

$$\lambda_k z_{m+2} + \sum{}' (\lambda_k \mu_s - \mu_k \lambda_s) z_s = 0. \tag{26.21}$$

Das ist eine Linearkombination von genau $m + 1$ Zeilenvektoren z_s mit Faktoren $\neq 0$; denn der Vektor z_k fällt heraus, und die Faktoren der restlichen $m + 1$ Zeilenvektoren müssen alle $\neq 0$ sein, da sonst zwischen m Zeilenvektoren eine lineare Abhängigkeit bestünde. Deshalb sind die reellen Konstanten $q_s = \mu_s/\lambda_s$ sämtlich voneinander verschieden, und man kann die Indizes $1, 2, \ldots, m + 1$ so gewählt denken, daß

$$\operatorname*{Min}_s q_s = q_1 < q_2 < \cdots < q_m < q_{m+1} = \operatorname*{Max}_s q_s \tag{26.22}$$

gilt.

Fall 1: Ist $r_{m+2}(P) > 0$, dann wird E_1 mit E_{m+2} ausgetauscht ($k = 1$). Auf Grund von

$$q_1 = \frac{\mu_1}{\lambda_1} < \frac{\mu_s}{\lambda_s} = q_s \quad (s = 2, \ldots, m + 1)$$

folgt

$$\lambda_1 \mu_s - \lambda_s \mu_1 > 0 \quad \text{für} \quad \lambda_1 \lambda_s > 0$$

und

$$\lambda_1 \mu_s - \lambda_s \mu_1 < 0 \quad \text{für} \quad \lambda_1 \lambda_s < 0,$$

d. h.

$$\operatorname{sgn} \lambda_1 \operatorname{sgn} \lambda_s = \operatorname{sgn}(\lambda_1 \lambda_s) = \operatorname{sgn}(\lambda_1 \mu_s - \lambda_s \mu_1). \tag{26.23}$$

Die gesuchten λ_s^* der neuen Referenz findet man somit als Koeffizienten bei $z_2, z_3, \ldots, z_{m+1}, z_{m+2}$ ($k = 1$) in (26.21). Dividiert man (26.21) durch $\operatorname{sgn}\lambda_1$, so folgt nach (26.23)

$$\operatorname{sgn}(\text{Koeff. von } z_2) = \operatorname{sgn}\lambda_2, \ldots,$$

$$\operatorname{sgn}(\text{Koeff. von } z_{m+1}) = \operatorname{sgn}\lambda_{m+1},$$

$$\operatorname{sgn}(\text{Koeff. von } z_{m+2}) = +1 = \operatorname{sgn}r_{m+2};$$

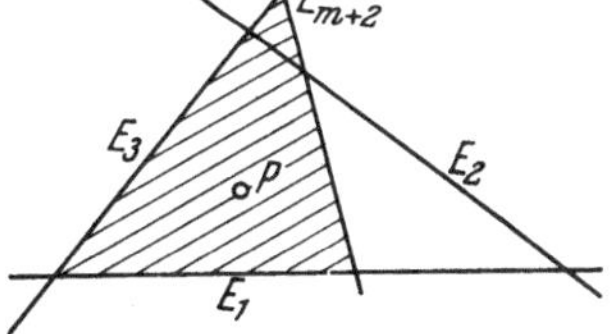

Abb. 26/4. Austauschverfahren

es ist $\operatorname{sgn}\lambda_s = \operatorname{sgn}r_s$ für $s = 2, \ldots, m + 1$ nach (26.18).

Fall 2: Ist $r_{m+2}(P) < 0$, dann wird E_{m+1} mit E_{m+2} ausgetauscht (analog zu Fall 1).

Dies ist in Abb. 26/4 veranschaulicht (für $m = 2$).

Austauschverfahren zur Bestimmung des T-Punktes:

1. Man wählt eine Referenz $E_1, \ldots, E_{m+1}$ und bestimmt das Zentrum Z und die Referenzabweichung $\varrho(Z) = \varrho$ [nach (26.15)] sowie

sämtliche Residuen $r_1(Z), \ldots, r_q(Z)$ bezüglich aller Hyperebenen $E_1, \ldots, E_q$.

2a) Entweder sind alle $|r_j| \leq \varrho$, dann ist Z bereits der gesuchte T-Punkt; denn jede Referenzabweichung ist eine untere Schranke für die Minimalabweichung,

2b) oder es existiert ein r_j mit $|r_j| > \varrho$, dann kann man nach dem Austauschsatz E_j mit einer der Hyperebenen $E_1, \ldots, E_{m+1}$ so austauschen, daß Z Referenzpunkt der neuen Referenz * ist. Die Residuen von Z bezüglich der neuen Referenz sind: $\underbrace{\varrho, \ldots, \varrho}_{m\text{-mal}}, \ |r_j(Z)| > \varrho$.

Daher folgt durch die echte Mittelbildung nach (26.12), daß für das Zentrum Z^* der neuen Referenz * $\varrho^*(Z^*) = \varrho^* > \varrho$ ist. Da Z^* bezüglich der neuen Referenz * T-Punkt ist, muß das Maximum der Residuen im gesuchten allgemeinen T-Punkt mindestens gleich ϱ^* sein. Man wiederholt nun den Schritt 1.

Nach endlich vielen Schritten muß der Fall 2a) eintreten, da insgesamt nur $\binom{q}{m+1}$ verschiedene Referenzen gebildet werden können. Das Zentrum der letzten Referenz ist der gesuchte T-Punkt.

Das Austauschverfahren stellt einen Algorithmus dar, der sich gut zur Programmierung für Rechenanlagen eignet.

26.5 Vermischte Aufgaben zu Kapitel III

Aufgabe 1. Bei der Aufgabe 4 von Nr. 20.6 gebe man für die Lösung der Gln. (20.21) eine Einschließung auf Grund der Monotonie.

Aufgabe 2 (diskrete TSCHEBYSCHEFF-Approximation). Man beweise den Satz:

Gegeben seien 4 Punkte (x_j, f_j) in der x-y-Ebene mit $x_0 < x_1 < x_2 < x_3$, Abb. 26/5. Es gibt genau dann eine in $[x_0, x_3]$ stetige, gebrochen lineare Funktion

$$R(x) = \frac{a\,x + b}{c\,x + d}$$

mit der Eigenschaft

$$f_j - R(x_j) = (-1)^j\,(f_0 - R(x_0)) \qquad (j = 1, 2, 3),$$

wenn

$$\operatorname{sgn}(f_2 - f_0) = \operatorname{sgn}(f_3 - f_1) \quad \text{mit} \quad \operatorname{sgn} 0 = 0$$

gilt.

Abb. 26/5. Diskrete TSCHEBY-SCHEFF-Approximation

Aufgabe 3. Entsprechend wie in der vorigen Aufgabe seien 5 Punkte (x_j, f_j) in der x-y-Ebene mit $x_0 < x_1 < x_2 < x_3 < x_4$ gegeben. Man beweise: Es gibt genau dann eine in $[x_0, x_4]$ stetige rationale Funktion der Form

$$R(x) = \frac{a\,x^2 + b\,x + c}{d\,x + e}$$

mit der Eigenschaft

$$f_j - R(x_j) = (-1)^j\,(f_0 - R(x_0)) \qquad (j = 1, 2, 3, 4),$$

wenn

$$\mathrm{sgn}\left(\frac{f_2 - f_0}{x_2 - x_0} - \frac{f_3 - f_1}{x_3 - x_1}\right) = \mathrm{sgn}\left(\frac{f_3 - f_1}{x_3 - x_1} - \frac{f_4 - f_2}{x_4 - x_2}\right) \quad \text{mit} \quad \mathrm{sgn}\,0 = 0$$

gilt.

Aufgabe 4. Nach den Methoden von 23.4 gebe man Schranken an für die Lösung u des Plateauschen Problems: B sei in der x-y-Ebene der Bereich $P > 0$ mit $P = 1 - x^2 - a^2 y^2$ mit dem Rand Γ $(P = 0)$. Auf Γ sind für eine Funktion $u(x, y)$ die Randwerte $R\,u = u = x\,y/\varrho$ vorgegeben; das bedeutet in einem x-y-u-Achsensystem die Vorgabe einer Raumkurve; durch diese soll eine Minimalfläche gelegt werden, d. h. eine Lösung u von $T\,u = 0$ mit

$$T\,u = -(1 + u_y^2)\,u_{xx} + 2u_x\,u_y\,u_{xy} - (1 + u_x^2)\,u_{yy}.$$

Die Existenz einer Lösung u werde vorausgesetzt. $a > 0$ und $\varrho > 0$ sind gegebene Konstanten. Man wähle speziell $a^2 = 2$.

Aufgabe 5. Das Torsionsproblem für einen winkelförmigen Querschnitt B

$$\Delta u(x, y) = -1 \quad \text{in } B: \quad |x| < 1, \quad |y| < 1, \quad \mathrm{sgn}\,x + \mathrm{sgn}\,y \leqq 0,$$

$$u = 0 \quad \text{auf dem Rande } \Gamma$$

soll mit dem Mehrstellenverfahren mit dem Stern (vgl. z. B. Collatz [55], S. 505)

$$\begin{pmatrix} -2 & -8 & -2 \\ -8 & 40 & -8 \\ -2 & -8 & -2 \end{pmatrix} \cdot (v) + h^2 \begin{pmatrix} & 1 & \\ 1 & 8 & 1 \\ & 1 & \end{pmatrix} (\Delta v) = O(h^6)$$

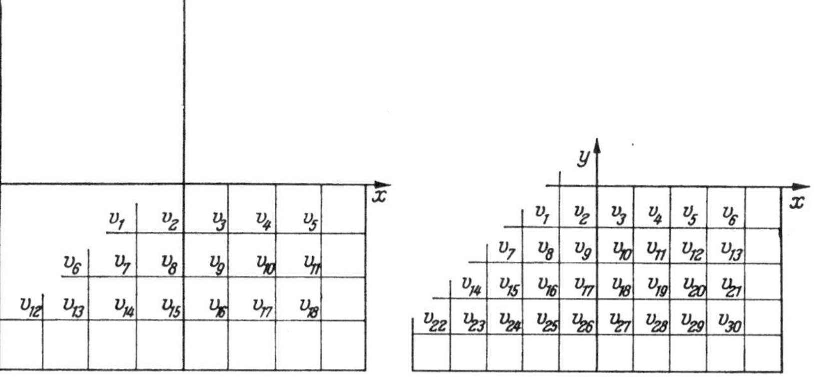

Abb. 26/6. Torsionsproblem für winkelförmigen Querschnitt

bei den Maschenweiten $h = \frac{1}{4}$ und $\frac{1}{5}$, Abb. 26/6 näherungsweise gelöst und für die linearen Gleichungssysteme die Extrapolation von Nr. 22.2, welche untere und obere Schranken liefert, durchgeführt werden.

Aufgabe 6. In Abb. 26/7 sind einige Funktionen $u(x, y)$ angegeben, welche

a) im Einheitskreis $x^2 + y^2 \leqq 1$,

b) im Quadrat $|x| \leqq 1$, $|y| \leqq 1$ durch linear gebrochene Funktionen

$$\frac{a + b\,x + c\,y}{d + e\,x + f\,y}$$

im Tschebyscheffschen Sinne möglichst gut angenähert werden sollen.

$$\text{Tschebyscheff-Approximation von } u(x,y) \text{ durch } v = \frac{a+bx+cy}{d+ex+fy}$$

●━━━ Punkte bzw. Kontinua mit maximaler positiver Abweichung $\quad \varepsilon = v-u$

○═══ Punkte bzw. Kontinua mit maximaler negativer Abweichung $\quad \varepsilon = v-u$

$u(x,y)$	Kreisbereich $x^2+y^2 \leqq 1$	Minimallösung	Quadratbereich $|x| \leqq 1, |y| \leqq 1$	Minimallösung
xy	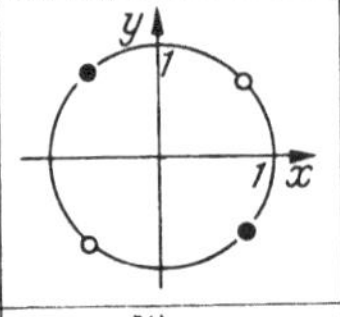	0	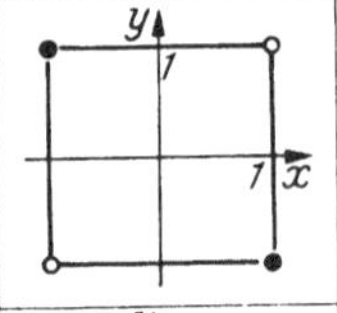	0
x^2	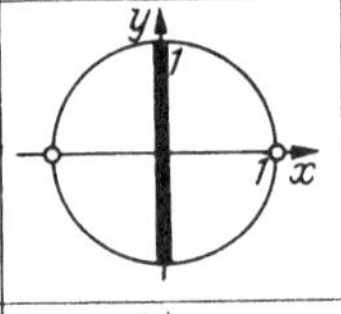	$\dfrac{1}{2}$	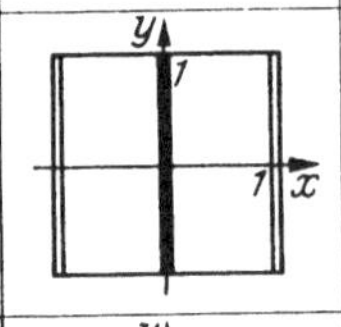	$\dfrac{1}{2}$
x^3	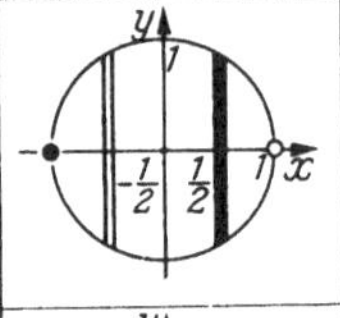	$\dfrac{3}{4}x$	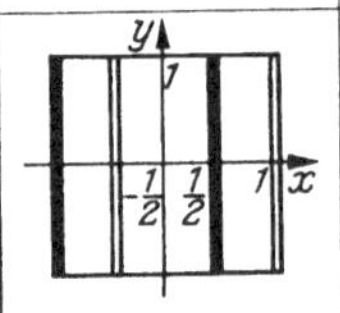	$\dfrac{3}{4}x$
xy^2	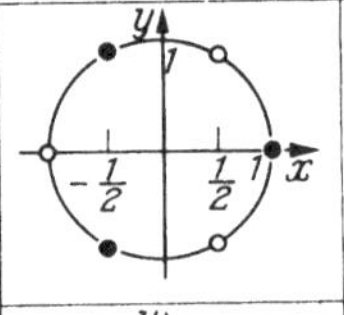	$\dfrac{1}{4}x$	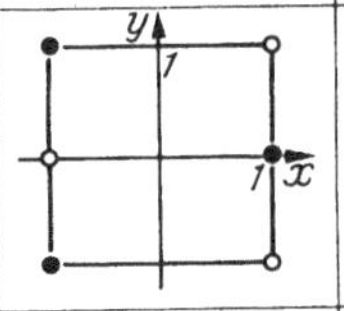	$\dfrac{1}{2}x$
$(1+x)y^2$	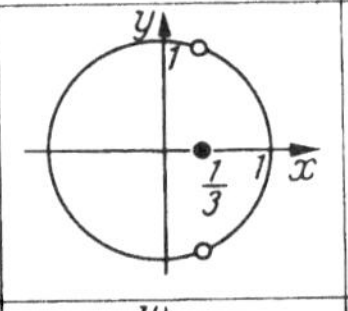	$\dfrac{16}{27}$	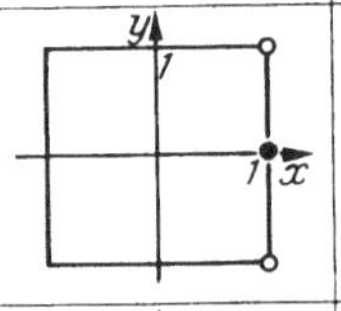	unendlich viele Minimallösungen $v=1-p\dfrac{x-1}{x-q}$ $\quad q<-1, \text{dann } 1+q<p<0$ $\quad q>+1, \text{dann } 0<p<q-1$
x^2y^2	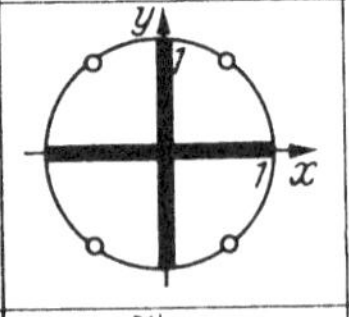	$\dfrac{1}{8}$	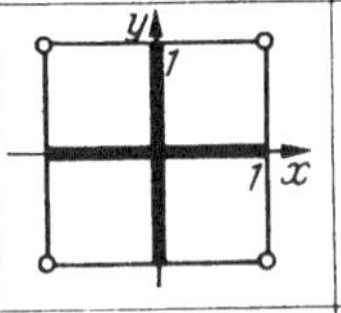	$\dfrac{1}{2}$
x^2+y^2	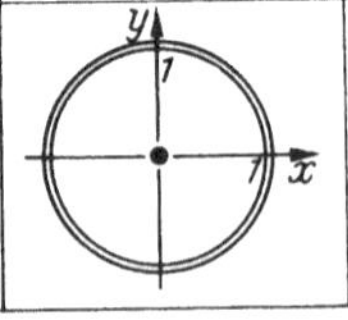	$\dfrac{1}{2}$	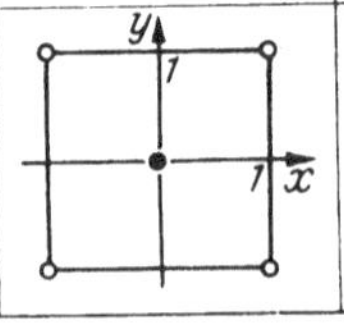	1

Abb. 26/7. Linear gebrochene TSCHEBYSCHEFF-Appoximation

Aufgabe 7. Gegeben sind n Geraden $g_1, \ldots, g_n$ in der x-y-Ebene. Die (stets positiv genommenen) Abstände eines Punktes P von diesen Geraden seien $a_1, \ldots, a_n$. Gegeben ist ferner eine Funktion $\Phi(a) = \Phi(a_1, \ldots, a_n)$, und es ist nach einem Punkt Q gefragt, der Φ einen möglichst kleinen Wert erteilt. Nimmt man als Funktion $\Phi = \text{Max}(a_1, \ldots, a_n)$, so ist Q ein TSCHEBYSCHEFF-Punkt, vgl. Nr. 26.3. Hier soll die Funktion

$$\Phi = \sum_{\nu = 1}^{n} a_\nu$$

betrachtet werden. Es liegt also hier das Problem der Ausgleichung vor, nicht nach der Quadratsumme der Residuen oder nach dem maximalen Residuum, sondern nach der Summe der Residuenbeträge.

26.6 Hinweise zu den Lösungen

Aufgabe 1. Nach Satz 2 von Nr. 23.1 liegt monotone Art vor. Daher kann die in dem Beispiel von Nr. 23.1 beschriebene Methode (jeweils mit Rundung im richtigen Sinne) angewendet werden. So ergab die Rechnung mit 10 Dezimalen auf der Rechenanlage die Schranken:

	y_1	y_2	y_3	y_4
Untere Schranke	0,206 635 470 1	0,296 032 779 1	0,333 358 537 0	0,343 568 907 0
Obere Schranke	0,206 635 470 4	0,296 032 779 5	0,333 358 537 4	0,343 568 907 5

	y_5	y_6	y_7	y_8
Untere Schranke	0,264 985 068 5	0,388 638 012 9	0,441 142 434 7	0,455 556 244 0
Obere Schranke	0,264 985 068 9	0,388 638 013 5	0,441 142 435 3	0,455 556 244 6

Aufgabe 2. Beweis von H. WERNER [62a].

Aufgabe 3. Beweis von H. WERNER.

Aufgabe 4. Es genügt, den Ellipsenquadranten Q mit $P \geqq 0$, $x \geqq 0$, $y \geqq 0$ mit den Randwerten 0 auf der x- und y-Achse zu betrachten. Dort werde der Ansatz gemacht

$$w(x, y, c) = \frac{x\,y}{\varrho}\,(1 - \varrho\,c\,P),$$

der für beliebiges c die Randwerte annimmt. Es wird mit $b = \varrho^{-1} - c$

$$\frac{1}{2\,x\,y}\,T\,w = b^3 - 3c(1 + a^2) + 4b^2 c(x^2 + a^2 y^2) +$$

$$+ b\,c^2(9\,x^4 - 2a^2 x^2 y^2 + 9a^4 y^4) + 6c^3(x^6 - a^2 x^4 y^2 - a^4 x^2 y^4 + a^6 x^6).$$

Es ist c so zu wählen, daß $T \geqq 0$ in Q wird bzw. $T \leqq 0$ in Q. Die beste Einschließung erhält man, wenn man einmal $c = c_2$ als Wurzel von

$$1 - 3\varrho\,c\big(\varrho^2(1 + a^2) + 1\big) + 3\varrho^2 c^2 - \varrho^3 c^3 = 0$$

und zum zweiten Male $c = c_1$ als Wurzel von $1 - \varrho c (3 \varrho^2 (1 + a^2) - 1) + 4 \varrho^2 c^2 = 0$ nimmt. Die größte Abweichung zwischen den Schranken tritt bei $x = \dfrac{1}{2}, y = \dfrac{1}{2a}$ auf; dort wird $\dfrac{1}{4 a \varrho} \left(1 - \dfrac{\varrho c_1}{2}\right) \leqq u \left(\dfrac{1}{2}, \dfrac{1}{2a}\right) \leqq \dfrac{1}{4 a \varrho} \left(1 - \dfrac{\varrho c_2}{2}\right)$.

	$\varrho = 1$	$\varrho = 2$
Gleichung für c_2	$1 - 12c + 3c^2 - c^3 = 0$	$1 - 78c + 12c^2 - 8c^3 = 0$
Gleichung für c_1	$1 - 8c + 4c^2 = 0$	$1 - 70c + 16c^2 = 0$
Wert von c_2	0,085092	0,012846
Wert von c_1	0,133975	0,014333
maximale Abweichung zwischen den Schranken $= \dfrac{c_1 - c_2}{8a}$	0,00432	0,000131

Aufgabe 5. Die Unbekannten sind, Abb. 26/6, bei $h = \frac{1}{4}$ mit $v_1, v_2, \ldots, v_{18}$ und bei $h = \frac{1}{6}$ mit $v_1, v_2, \ldots, v_{30}$ bezeichnet. Bei den zugehörigen linearen Gleichungssystemen wurden bei $h = \frac{1}{4}$ auf einer Rechenanlage 30 Iterationsschritte und 50 Schritte bei $h = \frac{1}{6}$ gerechnet. Die Tabelle gibt für die auf der Diagonalen liegenden Unbekannten jeweils den erhaltenen Näherungswert v_j und die nach Nr. 22.2 erhaltenen unteren und oberen Schranken für v_j.

Aufgabe 6. Die Lösung ist in Abb. 26/7 bereits angegeben, und die Stellen maximaler Abweichung sind eingezeichnet, so daß man einen Eindruck von der Mannigfaltigkeit der Erscheinungen erhält.

Aufgabe 7. Die Geraden g_ν teilen die Ebene in eine Anzahl Felder; jedes Feld ist ein Polygon mit gewissen begrenzenden Kanten k_ϱ und Ecken e_σ, wobei einzelne Ecken und Kanten auch uneigentlich sein können; in jedem dieser Felder ist Φ eine lineare Funktion von x und y und nimmt daher den kleinsten Wert entweder in einer Ecke oder auf einer ganzen Kante an oder ist konstant. Die Aufgabe ist daher im Prinzip gelöst, wenn man Φ in allen Eckpunkten $e_1, e_2, \ldots, e_s$ berechnet, da das Minimum von Φ in mindestens einem dieser e_s angenommen wird.

h	v_j	Näherungswert für v_j Untere Schranke für v_j Obere Schranke für v_j
$\frac{1}{4}$	v_1	0,137408 0,137827 0,137922
	v_6	0,128324 0,128702 0,128788
	v_{12}	0,059845 0,059978 0,060008
$\frac{1}{6}$	v_1	0,128780 0,129017 0,129198
	v_7	0,143106 0,143375 0,143581
	v_{14}	0,105478 0,105657 0,105794
	v_{22}	0,044097 0,044152 0,044195

Man kann sich aber die Nachprüfung noch etwas erleichtern, da Φ längs jeder Geraden g_ν eine konvexe Funktion ist; wenn auf einer der Geraden g_ν die

Ecke e_b zwischen den Ecken e_a und e_c liegt, Abb. 26/8a, und der Wert von Φ in e_b nicht größer ist als in e_a oder in e_c, so braucht man Φ in allen außerhalb der Strecke $e_a e_b$ gelegenen Ecken von g_ν nicht mehr zu berechnen; man wird daher mit der Berechnung von Φ in einem „möglichst innen gelegenen" Eckpunkt beginnen und hat dann, wenn man die Wahl günstig getroffen hat, von jeder Geraden Φ nur noch in jeweils zwei weiteren Eckpunkten zu berechnen.

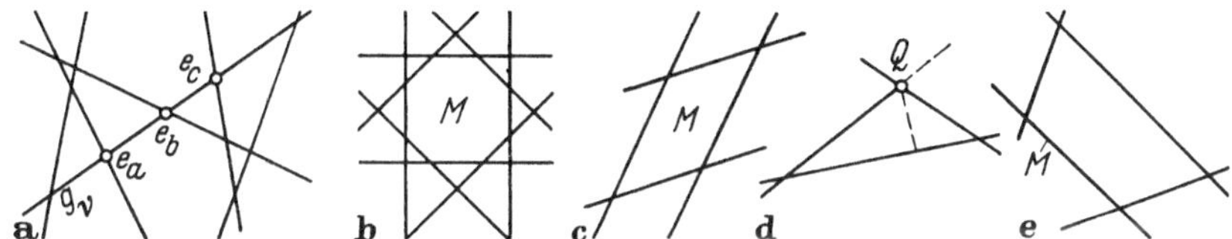

Abb. 26/8 a—e. Ausgleichung nach der Summe der Residuenbeträge

Es seien noch einige einfache Spezialfälle genannt:

A) Die Geraden sind die n Seiten eines regelmäßigen n-Ecks F oder die Seiten eines Parallelogramms F, Abb. 26/8 b und c. Dann ist Φ im Innern von F konstant, und alle Punkte von F gehören zur Menge M der gesuchten Punkte Q mit minimalem Φ.

B) Die g_ν sind 3 Geraden, die ein Dreieck mit den Ecken e_1, e_2, e_3 bestimmen, Abb. 26/8 d. Wenn dann unter den 3 Höhen des Dreiecks eine am kleinsten ist, so ist die Ecke, die zu dieser Höhe gehört, der gesuchte Punkt Q.

C) Bei einem gleichschenkligen Trapez, Abb. 26/8 e, gehören genau die Punkte der kürzeren der beiden parallelen Seiten zur Menge M der Punkte Q.

Anhang

Zum Schauderschen Fixpunktsatz

Wegen der fundamentalen Bedeutung des SCHAUDERschen Fixpunktsatzes soll hier seine Zurückführung auf den BROUWERschen Fixpunktsatz gezeigt werden.

26.7 Hilfssätze über kompakte Mengen

Zunächst werden noch einige Hilfssätze über kompakte Mengen und ε-Netze hergeleitet, die sich unmittelbar an die Betrachtungen in Nr. 5.1 und 5.3 anschließen.

Satz 1. *Eine kompakte Menge M in einem metrischen Raum R ist beschränkt.*

Beweis: Wenn in R die Abstände ϱ beschränkt sind, ist der Satz trivial.

Seien also die Abstände ϱ in R beliebig großer Werte fähig und M eine nicht beschränkte Menge. Es liegt dann außerhalb jeder Kugel mindestens ein Element von M. Also gibt es in M eine Folge f_n von Elementen ($n = 1, 2, \ldots$) mit $\varrho(f_n, f_m) \geqq 1$ für $n \neq m$. Aus einer solchen Folge ist aber keine Cauchyfolge, also auch keine konvergente Teilfolge auswählbar. Das ist ein Widerspruch zu der Voraussetzung, daß M kompakt sei.

Die Umkehrung dieses Satzes gilt im allgemeinen nicht. Eine beschränkte Menge in einem metrischen Raum braucht nicht kompakt zu sein, wie Beispiel 5 in Nr. 5.2 zeigt.

Für das Weitere werden Verallgemeinerungen der Betrachtungen von Nr. 5.3 über ε-Netze benötigt.

Satz 2. *Sei M eine kompakte Menge in einem metrischen Raum R und $\varepsilon > 0$ beliebig gewählt. Dann existiert in M ein endliches ε-Netz für M.*

Beweis: Wenn kein endliches ε-Netz für M aus Punkten von M existiert, so kann man (nach der gleichen Idee wie beim Beweis von Satz 1) von einem beliebigen Element $f_1 \in M$ ausgehend, eine Folge f_n von Elementen aus M ($n = 1, 2, \ldots$) konstruieren mit

$$\varrho(f_j, f_k) > \varepsilon \quad \text{für} \quad j \neq k. \tag{26.24}$$

Denn es muß ein Element f_2 mit $\varrho(f_1, f_2) > \varepsilon$ geben, und ein Element f_3, mit $\varrho(f_j, f_3) > \varepsilon$ (für $j = 1, 2$), da sonst f_1 und f_2 ein ε-Netz für M wären usw. Wie beim Beweis von Satz 1 ist aber (26.24) ein Widerspruch zur Kompaktheit.

Satz 3. *Sei M eine Teilmenge eines vollständigen metrischen Raumes R. M besitze zu jedem $\varepsilon > 0$ ein endliches ε-Netz. Dann ist M kompakt.*

Beweis: Endliche Mengen sind stets kompakt und brauchen nicht betrachtet zu werden. Sei f_n ($n = 1, 2, \ldots$) eine beliebige Folge aus M mit lauter verschiedenen Elementen. Zur Zahl $\varepsilon_1 = 1$ gibt es nach Voraussetzung ein endliches ε_1-Netz aus Elementen $g_1, \ldots, g_k$. Jedes der unendlich vielen f_n liegt in einer der k Kugeln um g_j mit Radius 1; also enthält mindestens eine dieser Kugeln unendlich viele Elemente der Folge f_n; es seien dies die Elemente $f_1^{(1)}, f_2^{(1)}, \ldots$ Für diese Folge $f_n^{(1)}$ gibt es zur Zahl $\varepsilon_2 = \frac{1}{2}$ ein endliches ε_2-Netz, und wieder müssen unendlich viele Elemente dieser Folge $f_n^{(1)}$, etwa die Elemente $f_1^{(2)}, f_2^{(2)}, \ldots$ in einer Kugel vom Radius $\frac{1}{2}$ liegen usw. So erhält man im allgemeinen eine Folge $f_1^{(p)}, f_2^{(p)}, \ldots$ mit den Eigenschaften: $f_n^{(p)}$ ist Teilfolge von $f_n^{(p-1)}$, und $f_n^{(p)}$ liegt in einer Kugel vom Radius $\varepsilon_p = 1/p$ um den Mittelpunkt a_p ($p = 1, 2, \ldots$). Die Diagonalfolge $h_n = f_n^{(n)}$ ist Teilfolge der Ausgangsfolge f_n; für $p, q \geq n$ ist dann $\varrho(h_p, a_n) \leq 1/n$,

$$\varrho(h_p, h_q) \leq \varrho(h_p, a_n) + \varrho(h_q, a_n) \leq 2/n;$$

also bilden die h_p eine Cauchy-konvergente Folge, die wegen der Vollständigkeit des Raumes R gegen ein Element $h \in R$ konvergiert; die Menge M ist also kompakt.

Satz 4. *Sei M eine kompakte Menge in einem metrischen Raum R. Dann ist die abgeschlossene Hülle $\overline{M}$ von M ebenfalls kompakt.* .

Beweis: Sei f_n ($n = 1, 2, \ldots$) eine beliebige unendliche Folge in $\overline{M}$. Dann existiert in M eine Folge g_n ($n = 1, 2, \ldots$) mit $\varrho(f_n, g_n) < 1/n$. Da M kompakt ist, gibt es eine Teilfolge g_{n_k} ($k = 1, 2, \ldots$), die gegen ein Element $g \in R$ konvergiert. Dann ist

$$\varrho(f_{n_k}, g) \leq \varrho(f_{n_k}, g_{n_k}) + \varrho(g_{n_k}, g) \to 0 \quad \text{für} \quad k \to \infty.$$

Also ist die Teilfolge f_{n_k} ($k = 1, 2, \ldots$) von f_n konvergent, d. h., $\overline{M}$ ist kompakt.

Definition: Die konvexe Hülle H einer Menge M von Elementen eines linearen Raumes R ist die Menge aller Punkte der Gestalt

$$\sum_{i=1}^{n} \alpha_i x_i,$$

wobei die $x_i \in M$ und die $\alpha_i \geq 0$ sind mit $\sum_{i=1}^{n} \alpha_i = 1$.

Äquivalent dazu ist (DUNFORD-SCHWARTZ [58], S. 414): H ist der Durchschnitt aller konvexen Mengen in R, die M enthalten.

Die abgeschlossene Hülle einer konvexen Menge ist ebenfalls konvex. Ein gewisses Gegenstück hierzu ist der folgende Satz.

Satz von Mazur [30]: *Sei R ein Banachraum und $M \subseteq R$ eine kompakte Teilmenge. Dann ist auch die konvexe Hülle H von M kompakt.*

Beweis: Da M kompakt ist, gibt es zu jedem $\varepsilon > 0$ ein endliches ε-Netz von M. Sei $N_{1/n}$ ein endliches $1/n$-Netz. Dann ist die Vereinigungsmenge aller dieser Netze $\bigcup\limits_{n-1}^{\infty} N_{1/n}$ eine abzählbare dichte Teilmenge von M.

Es gibt also in M eine abzählbare dichte Teilmenge $A = \{f_j\}$ $(j = 1, 2, \ldots)$. Mit den Elementen f_i von A wird die Menge F der Elemente f der Form

$$f = \sum_{j-1}^{\infty} a_j f_j \quad \text{mit Konstanten} \quad a_j \geqq 0 \quad \text{und} \quad \sum_{j-1}^{\infty} a_j = 1$$

gebildet.

Zunächst sieht man, daß F kompakt ist: Sei dazu $\varepsilon > 0$ beliebig vorgegeben. Dann existiert ein endliches $\varepsilon/2$-Netz in A, das durch g_k $(k = 1, 2, \ldots, N)$ gegeben sei. Daher kann man A in N Teilfolgen $f_{j,k}$ $(j = 1, 2, \ldots, k = 1, \ldots, N)$ zerlegen mit $\|f_{j,k} - g_k\| \leqq \varepsilon/2$ für alle $j = 1, 2, \ldots$; mindestens eine dieser Teilfolgen hat unendlich viele Elemente. Sei nun B die Menge der Elemente h der Form

$$h = \sum_{j-1}^{N} b_j g_j \quad \text{mit Konstanten} \quad b_j \geqq 0 \quad \text{und} \quad \sum_{j-1}^{N} b_j = 1.$$

Es ist B die konvexe Hülle der g_k $(k = 1, 2, \ldots, N)$. B ist offenbar kompakt (B liegt ja in einem endlich-dimensionalen Teilraum und ist beschränkt) und $B \subseteq F$. In B existiert daher ein endliches $\varepsilon/2$-Netz y_j $(j = 1, \ldots, q)$. Sei nun $f \in F$ beliebig gewählt; f habe die Darstellung

$$f = \sum_{j-1}^{\infty} a_j f_j = \sum_{k-1}^{N} \sum_{i-1}^{\infty} a_{ik} f_{ik} \quad \text{mit} \quad a_{ik} = a_j \quad \text{genau für} \quad f_{ik} = f_j.$$

Sei $b_k = \sum\limits_{i-1}^{\infty} a_{ik}$. Dann ist das Element $h = \sum\limits_{k-1}^{N} b_k g_k \in B$, und es existiert ein y_j mit $\|h - y_j\| \leqq \varepsilon/2$.

Dann ist

$$\|f - y_j\| \leqq \|h - y_j\| + \|f - h\| = \|h - y_j\| + \left\| \sum_{k-1}^{N} \sum_{i-1}^{\infty} a_{ik}(f_{ik} - g_k) \right\| <$$

$$< \frac{\varepsilon}{2} + \sum_{j-1}^{\infty} a_j \cdot \frac{\varepsilon}{2} = \varepsilon.$$

Also ist y_j $(j = 1, 2, \ldots, q)$ ein endliches ε-Netz von F. Da ε beliebig gewählt war, ist F kompakt.

F ist nach Definition konvex. Dann ist aber auch die abgeschlossene Hülle $\overline{F}$ von F konvex und nach Satz 4 auch kompakt. Da A dicht in M ist, gilt für die abgeschlossene Hülle $\overline{A}$ von A: $M = \overline{A} \subseteq \overline{F}$; hier ist $\overline{F}$ konvex; geht man bei $M \subseteq \overline{F}$ beiderseits zu den konvexen Hüllen über, so folgt $H \subseteq \overline{F}$; als Teilmenge der kompakten Menge $\overline{F}$ ist H kompakt, q.e.d.

26.8 Zwei Fassungen des Schauderschen Fixpunktsatzes

Aus der Topologie ist der folgende Fixpunktsatz bekannt:

Fixpunktsatz von Brouwer: *Eine stetige Abbildung einer abgeschlossenen, beschränkten, konvexen Teilmenge M des Euklidischen Raumes R_n in sich hat mindestens einen Fixpunkt.*

Nun sei R ein Banachraum und T ein (nicht notwendig linearer) Operator T, dessen Wertebereich und Bildbereich in R liegen. Dann gilt der folgende

Fixpunktsatz von Schauder, 1. Fassung: *Sei T ein stetiger Operator in dem Banachraum R und M eine konvexe und kompakte Teilmenge von R. Ferner sei entweder T abgeschlossen oder M kompakt in sich, und T sei auf M definiert. T bilde M in sich ab, $TM \subseteq M$, dann besitzt T in der abgeschlossenen Hülle $\overline{M}$ von M mindestens einen Fixpunkt.*

Ein in einem Definitionsbereich D definierter Operator T heißt abgeschlossen, wenn aus $f_n \to f$, $T f_n \to g$, $f_n \in D$ folgt $f \in D$ und $T f = g$.

Beweis: I. Zunächst wird ein Hilfsoperator S auf M konstruiert mit den Eigenschaften: S ist stetig, das Bild $S(M)$ von M liegt in einer gewissen Menge $\hat{M}$, und $\hat{M} \subseteq M$ ist konvex, abgeschlossen, endlich-dimensional, und für ein vorgegebenes $\varepsilon > 0$ gilt: $\|S f - f\| \leq \varepsilon$ für alle $f \in M$.

Sei also ein $\varepsilon > 0$ gegeben. Da M kompakt ist, existiert dann ein endliches $\varepsilon/2$-Netz von M, welches mit $\{f_1, \ldots, f_N\}$ bezeichnet sei.

Mit der Abkürzung $\varrho_j = \|f - f_j\|$ $(j = 1, \ldots, N)$ für $f \in M$ wird definiert

$$\varphi_j(f) = \begin{cases} \varrho_j & \text{für} \quad \varrho_j \leq \dfrac{\varepsilon}{2}, \\ \varepsilon - \varrho_j & \text{für} \quad \dfrac{\varepsilon}{2} < \varrho_j \leq \varepsilon, \\ 0 & \text{für} \quad \varrho_j > \varepsilon \end{cases}$$

und schließlich

$$\Phi_j(f) = \frac{\varphi_j(f)}{\sum\limits_{k=1}^{N} \varphi_k(f)} \,.$$

Diese Definition ist sinnvoll, da der Nenner stets positiv ist.

Weiter ist $0 \leq \Phi_j \leq 1$, $\sum\limits_{j=1}^{N} \Phi_j(f) = 1$ für alle $f \in M$ und $\Phi_j(f) = 0$ genau für $\| f - f_j \| \geq \varepsilon$ oder $\| f - f_j \| = 0$. Die Abbildung

$$S f = \sum\limits_{j=1}^{N} \Phi_j(f)\, f_j$$

hat dann die verlangten Eigenschaften.

Sei nämlich $\hat{M}$ die Menge der Elemente f der Gestalt

$$f = \sum\limits_{j=1}^{N} \alpha_j f_j \quad \left(\text{mit den Konstanten } \alpha_j \geq 0, \quad \sum\limits_{j=1}^{N} \alpha_i = 1\right).$$

$\hat{M}$ ist die konvexe Hülle der Menge $\{f_1, \ldots, f_N\}$. Offenbar ist $S(M) \subseteq \hat{M} \subseteq M$. Ferner ist

$$S f - f = \sum\limits_{j=1}^{N} (\Phi_j(f)\, f_j - \Phi_j(f)\, f)$$

$$= \sum\limits_{j=1}^{N} \Phi_j(f_j - f),$$

$$\| S f - f \| \leq \sum\limits_{j=1}^{N} \Phi_j \| f_j - f \| \leq \sum\limits_{j=1}^{N} \Phi_j \varepsilon = \varepsilon \quad \text{für alle} \quad f \in M.$$

φ_j, Φ_j und S sind nach Definition stetig. Die Dimension von $\hat{M}$ ist offenbar kleiner oder gleich N, und $\hat{M}$ ist abgeschlossen, beschränkt und konvex.

II. Nun sei ST die aus S und T zusammengesetzte Abbildung. Es ist $ST(\hat{M}) \subseteq S(M) \subseteq \hat{M}$ wegen $\hat{M} \subseteq M$. Außerdem ist ST stetig. Also existiert nach dem BROUWERschen Fixpunktsatz ein Fixpunkt von ST in $\hat{M}$, d. h. ein Element $g \in M$ mit $ST g = g$.

III. Es ist nach Konstruktion von S:

$$\| T g - g \| \leq \| ST g - T g \| + \| ST g - g \| = \| ST g - T g \| \leq \varepsilon$$

$$\text{wegen} \quad T g \in M.$$

Da ε beliebig gewählt war, folgt daraus die Existenz einer Folge $g_n\, (n = 1, 2, \ldots) \subseteq M$ mit $\| T g_n - g_n \| < 1/n$. Da M kompakt ist, existiert eine Teilfolge $g_{n_k}\, (k = 1, 2, \ldots)$ mit $g_{n_k} \rightarrow h$ für $k \rightarrow \infty$ und $h \in R$.

IIIa. Sei nun M in sich kompakt. Dann ist $h \in M$, und wegen der Stetigkeit von T folgt $T g_{n_k} \to T h$. Also ist $T h = h$ und h daher ein Fixpunkt von T in M.

IIIb. Sei T abgeschlossen. Dann ist

$$\| T g_{n_k} - h \| \leqq \| T g_{n_k} - g_{n_k} \| + \| g_{n_k} - h \| \leqq 1/n_k + \| g_{n_k} - h \| .$$

Die rechte Seite konvergiert gegen Null. Daher konvergiert

$$T g_{n_k} \to h .$$

Die Abgeschlossenheit von T impliziert dann $T h = h$ und $h \in \overline{M}$. Also ist h auch in diesem Falle ein Fixpunkt von T in $\overline{M}$, q.e.d.

Die folgende zweite Fassung des Satzes von SCHAUDER (vgl. Nr. 21.3) ist für die Anwendungen geeigneter.

Fixpunktsatz von Schauder 2. Fassung [30]: *Ein stetiger Operator T im Banachraum R bilde eine konvexe, abgeschlossene Menge M in sich ab. Die Bildmenge $T M$ sei kompakt. Dann hat T mindestens einen Fixpunkt in M.*

Beweis: Die Bildmenge $T M$ werde mit N bezeichnet. Es sei $\overline{N}$ die abgeschlossene Hülle von N und $\hat{N}$ die konvexe Hülle von $\overline{N}$. Nach Satz 4 von Nr. 26.7 ist auch $\overline{N}$ kompakt. $\hat{N}$ ist daher abgeschlossen und konvex. Es ist $\hat{N} \subseteq M$, da M abgeschlossen und konvex und $N \subseteq M$ ist. Nach dem Satz von MAZUR ist $\hat{N}$ kompakt. Da $\hat{N}$ abgeschlossen ist, ist $\hat{N}$ kompakt in sich.

Außerdem ist $T \hat{N} \subseteq T M = N \subseteq \overline{N} \subseteq \hat{N}$.

Daher ist der Fixpunktsatz von SCHAUDER in der 1. Fassung auf die Menge $\hat{N}$ anwendbar und liefert die Existenz eines Fixpunktes von T in der abgeschlossenen Hülle von $\hat{N}$, d.h. in $\hat{N}$ selbst.

Literaturverzeichnis

ACHIESER, N. I. [53]: Vorlesungen über Approximationstheorie. Berlin 1953, 309 S.

ACHIESER, N. I., und I. M. GLASMANN [54]: Theorie der linearen Operatoren im Hilbert-Raum. Berlin 1954, 369 S.

AGMON, S., L. NIERENBERG und M. H. PROTTER [53]: A maximum principle for a class of hyperbolic equations and applications to equations of mixed elliptic-hyperbolic type. Comm. Pure Appl. Math. 6 (1953) 455—470.

AITKEN, A. C. [50]: On the iterative solution of a system of linear equations. Proc. roy. Soc., Edinburgh, A 63 (1950) 52—80.

ALBRECHT, J. [61]: Fehlerabschätzungen bei Relaxationsverfahren zur numerischen Auflösung linearer Gleichungssysteme. Numerische Mathematik 3 (1961) 188—201.

— [62]: Fehlerschranken und Konvergenzbeschleunigung bei einer monotonen oder alternierenden Iterationsfolge. Numerische Mathematik 4 (1962) 196—208.

— [62a]: Zum Mehrstellenverfahren bei Kugel- und Zylindersymmetrie. Z. angew. Math. Mech. 42 (1962) 397—402.

— [63]: Zur Fehlerabschätzung beim Gesamt- und Einzelschrittverfahren für lineare Gleichungssysteme. Z. angew. Math. Mech. 43 (1963) 83—85.

— [63a]: Iterationsverfahren bester Strategie zur Lösung linearer Gleichungssysteme. Z. angew. Math. Mech. 43 (1963), Tagungsheft T 4—T 8.

ANTOSIEWICZ, H. A., und W. C. RHEINBOLDT [62]: Numerical Analysis and Functional Analysis, in: Survey of numerical analysis. New York/San Francisco/Toronto/London: J. Todd 1962, 485—517.

AUMANN, G. [54]: Reelle Funktionen. Berlin/Göttingen/Heidelberg: Springer 1954, 416 S.

BANACH, ST. [49]: Théorie des opérations linéaires. Nachdruck New York 1949, 254 S.

BAUER, F. L. [63]: Optimally scaled matrices, Numerische Mathematik 5 (1963) 73—87.

— und A. S. HOUSEHOLDER [60]: Moments and characteristic roots, Numerische Mathematik 2 (1960) 42—53.

— und A. S. HOUSEHOLDER [61]: Absolute norms and characteristic roots, Numerische Mathematik 3 (1961) 241—246.

BECKERT, H. [63]: Existenzbeweis für permanente Kapillarwellen einer schweren Flüssigkeit entlang eines Kanals. Arch. Rat. Mech. Anal. 13 (1963) 15—45.

BEHNKE, H., und F. SOMMER [55]: Theorie der analytischen Funktionen einer komplexen Veränderlichen. Berlin/Göttingen/Heidelberg: Springer 1955, 582 S.

BERG, L. [62]: Einführung in die Operatorenrechnung. Berlin 1962, 243 S.

BERGMAN, ST. [50]: Kernel functions and Conformal Mapping. Mathem. Surveys, Nr. 5, Amer. Math. Society: Providence 1950.

BIRKHOFF, G., und J. v. NEUMANN [36]: The logic of Quantum Mechanics. Annals of Math. 37 (1936) 823—843.

BIRKHOFF, G., R. S. VARGA und D. YOUNG [62]: Alternating Direction Implicit Methods, Advances Comput. 3 (1962) 189—273.

BITTNER, L. [63]: Mehrpunktverfahren zur Auflösung von Gleichungssystemen. Z. angew. Math. Mech. 43 (1963) 111—126.

BOHL, E. [64]: Die Theorie einer Klasse linearer Operatoren und Existenzsätze für Lösungen nichtlinearer Probleme in halbgeordneten Banachräumen. Arch. Rat. Mech. Anal. **15** (1964) 263—288.

BROUWER, L. E. J. [12]: Über die Abbildung von Mannigfaltigkeiten. Math. Ann. **71** (1912) 97—115.

BUKOVICS, E. [60]: Praktische Mathematik einst und heute. MTW (Zeitschrift Moderne Rechentechnik und Automation) **7** (1960) 99—107.

CARTWRIGHT, M. L. [50]: Forced Oscillations in nonlinear systems, Contributions to the theory of nonlinear oscillations. Princeton: Lefschetz 1950, 149—241.

CODDINGTON, E. A., und N. LEVINSON [55]: Theory of Ordinary Differential Equations. New York/Toronto/London 1955, 429 S.

COLLATZ, L. [39]: Genäherte Berechnung von Eigenwerten. Z. angew. Math. Mech. **19** (1939) 224—249, 297—318.

— [42]: Einschließungssatz für charakteristische Zahlen von Matrizen. Math. Z. **48** (1942) 221—226.

— [49]: Eigenwertaufgaben mit technischen Anwendungen. Leipzig 1949, 466 S. Nachdruck 1962.

— [52]: Aufgaben monotoner Art. Arch. Math. **3** (1952) 366—376.

— [55]: Numerische Behandlung von Differentialgleichungen. Berlin/Göttingen/ Heidelberg: Springer 2. Aufl. 1955, 526 S., 3. Aufl. (englische Ausgabe) 1960, 568 S.

— [56]: Approximation von Funktionen bei einer und bei mehreren unabhängigen Veränderlichen. Z. angew. Math. Mech. **36** (1956) 198—211.

— [58]: Näherungsverfahren höherer Ordnung für Gleichungen in Banach-Räumen. Arch. Rat. Mech. Anal. **2** (1958) 66—75.

— [61]: Monotonie und Extremalprinzipien beim NEWTONschen Verfahren. Numerische Mathematik **3** (1961) 99—106.

COOKE, R. G. [50]: Infinite Matrices and sequence spaces. London 1950, 347 S.

COURANT, R., und D. HILBERT [31/62]: Methoden der mathematischen Physik. Berlin: Bd. I (1931), Bd. II (1937); engl. Ausgabe New York/London: (1962) 830 S.

DAVIS, PH. [62]: Errors of Numerical Approximation for Analytic functions, in: Survey of numerical analysis. New York/San Francisco/Toronto/London: J. Todd 1962, 468—484.

DAY, M. M. [62]: Normed linear spaces. Ergebn. d. Math. u. ihrer Grenzgebiete, neue Folge, Heft 21, 2. Auflage. Berlin/Göttingen/Heidelberg: Springer 1962, 139 S.

DERWIDUÉ, L. [63]: Systèmes différentielles non linéaires ayant des solutions périodiques. Bull. Classe des Sciences, Bruxelles 5. sér. **49** (1963) 11—32, 82—90.

DIJKSTRA, E. W. [59]: A Note on two problems in connection with graphs. Numerische Mathematik **1** (1959) 269—271.

DÜCK, W. [59]: Eine Fehlerabschätzung zum Einzelschrittverfahren bei linearen Gleichungssystemen. Numerische Mathematik **1** (1959) 73—77.

DUNFORD, N., und J. T. SCHWARTZ [58]: Linear Operators, Part I, General Theory. New York 1958, 858 S.

EHRMANN, H. [59]: Iterationsverfahren mit veränderlichen Operatoren. Arch. Rat. Mech. Anal. **4** (1959) 45—64.

— [59a]: Konstruktion und Durchführung von Iterationsverfahren höherer Ordnung. Arch. Rat. Mech. Anal. **4** (1959) 65—88.

FICHERA, G. [54]: Lezioni sulle transformazioni lineari. Trieste, Vol. I, 1954, 502 S.

— [56]: Methods of Functional Linear Analysis in Mathematical Physics. Proc. Internat. Congress of Math. Amsterdam **3** (1956) 220—232.

Forsythe, G. E., und W. R. Wasow [60]: Finite difference methods for partial differential equations. New York/London 1960, 444 S.

Frank, P., und R. v. Mises [30]: Die Differential- und Integralgleichungen der Mechanik und Physik, 2. Aufl. Braunschweig 1930, Bd. I, 916 S.

Frobenius, G. [12]: Über Matrizen aus nichtnegativen Elementen. Berlin: S.-B. Preuss. Akad. Wiss. 1912, 456—477.

Gericke, H. [63]: Theorie der Verbände. Mannheim 1963, 174 S.

Gerisch, W. [58]: Zum Problem der an den Rändern fest eingespannten elastischen Platte. Arch. Rat. Mech. Anal. **3** (1958) 227—242.

Gloistehn, H. [61]: Fehlerabschätzungen aus den Defekten bei Randwertaufgaben gewöhnlicher und partieller Differentialgleichungen 2. Ordnung. Arch. Rat. Mech. Anal. **7** (1961) 135—142.

Golub, G. H., und R. S. Varga [61]: Chebyshev semi iterative methods, successive overrelaxation iterative methods and second order Richardson iterative methods. Numerische Mathematik **3** (1961) 147—168.

Goulomb, M., und H. F. Weinberger [59]: Optimal Approximation and Error Bounds. Proc. Symposium on numerical approximation; Madison, USA, herausgeben von R. E. Langer, 1959, 117—190.

Guderley, K. G. [59]: Asymptotic Representatives for Differential Equations with a regular singular point. Arch. Rat. Mech. Anal. **3** (1959) 206—218.

Hale, I. K. [63]: Oscillations in nonlinear systems, New York, Toronto, London 1963, 180 S.

Hamming, R. W. [62]: Numerical Methods for Scientists and Engineers. New York/ San Francisco/Toronto/London 1962, 411 S.

Hämmerlin, G. [63]: Über ableitungsfreie Schranken für Quadraturfehler, Numerische Mathematik **5** (1963), 226—233.

Heinrich, H. [63]: Einführung in die praktische Analysis. Teil I. Aachen 1963, 222 S.

Hellwig, G. [60]: Partielle Differentialgleichungen. Stuttgart 1960, 246 S.

Henrici, P. [62]: Bounds for iterates, inverses, spectral variation and fields of values of non-normal matrices. Numerische Mathematik **4** (1962) 24—40.

Hille, Einar [48]: Functional Analysis and Semi groups. New York 1948, 528 S.

Householder, A. S. [53]: Principles of Numerical Analysis. New York/Toronto/ London 1953, 274 S.

— [54]: On Norms of Vectors and Matrices ORNL Report **1756** (1954).

— [57]: Notes for Advanced Numerical Analysis. Univ. of Michigan, Ann Arbor, 1957, Aufsatz: The approximate solution of Matrix Problems, 55 S.

Huaux, A. [62]: Sur l'existence d'une solution périodique de l'équation différentielle non linéaire $\ddot{x} + 0{,}2\dot{x} + x/(1 - x) = 0{,}5\cos t$. Bull. Acad. Roy. Sci. Belgique, Classe de Sciences, 1962, 494—504.

Jackson, D. [48]: Fourier Series and Orthogonal Polynomials. Math. Assoc. of America 1948, 234 S.

Kaczmarz, St., und H. Steinhaus [51]: Theorie der Orthogonalreihen, 1935. Nachdruck New York 1951, 296 S.

Kalaba, R. [59]: On nonlinear Differential Equations, the Maximum Operations and monotone Convergence. J. Math. Mech. **8** (1959) 519—574.

Kantorovitch, L. V. [39]: The method of Successive Approximations for Functional Equations. Acta Math. **71** (1939) 63—97.

— [48]: Functional Analysis and Applied Mathematics, übersetzt aus dem Russischen [Uspekhi, Matematicheskikh Nauk, Vol. III, Nr. 6 (1948) 89—185] von Curtis D. Bouster, herausgegeben von G. E. Forsythe, Stanford 1948, 202 S.

KANTOROWITSCH, L. W., und G. R. AKILOW [59]: Funktionalanalysis in normierten Räumen (russisch). Moskau 1959, 684 S.

KANTOROWITSCH, L. W., und W. I. KRYLOW [56]: Näherungsmethoden der Höheren Analysis. Berlin 1956, 611 S.

KINCAID, W. M. [60]: A two-point method for the numerical Solution of systems of simultaneous equations. Quart. Appl. Math. **18** (1960/61) 313—324.

KIRCHBERGER, P. [03]: Über Tschebyscheffsche Annäherungsmethoden. Math. Ann. **57** (1903) 509—540. — Ferner auch Diss. Göttingen 1902.

KNOBLOCH, H. W. [63]: Eine neue Methode zur Approximation periodischer Lösungen nichtlinearer Differentialgleichungen 2. Ordnung. Math. Z. **82** (1963) 177—197.

KNÖDEL, W. [60]: Lineare Programme und Transportaufgaben. Z. moderne Rechentechn. u. Automation **7** (1960) 63—68.

KOLBERG, F. [59]: Untersuchung des Wellenwiderstandes von Schiffen auf flachem Wasser. Z. angew. Math. Mech. **39** (1959) 253—279.

KOLMOGOROV, A. N. [48]: A remark on the polynomials of P. L. Cebysev deviating the least from a given function. Uspehi Mat. Nauk (N. S.) **3** (1948) No. 1 (23) 216—221 (russisch).

KOLMOGOROV, A. N., und S. V. FOMIN [57/61]: Elements of the Theory of Functions and Functional Analysis. Bd. I, Rochester 1957, 129 S.; Bd. II, Albany 1961, 128 S.

KÖTHE, G. [60]: Topologische lineare Räume, I. Berlin/Göttingen/Heidelberg: Springer 1960, 456 S.

KOWALEWSKI, G. [32]: Interpolation und genäherte Quadratur. Leipzig und Berlin 1932, 146 S.

KRYLOV, V. I. [62]: Approximate calculation of integrals (Übersetzung aus dem Russischen von A. H. STROUD). New York/London 1962, 357 S.

KÜNZI, H. P., und W. KRELLE [62]: Nichtlineare Programmierung. Berlin/Göttingen/Heidelberg: Springer 1962, 221 S.

KUREPA, G. [34]: Tableaux ramifiés d'ensembles, Espaces pseudodistanciés. C. R. **198** (1934) 1563—1565.

LANGER, R. E. [59]: On numerical approximation. Proc. Symp. Madison 1958, edited 1959, 462 S.

LERAY, J., und J. SCHAUDER [34]: Topologie et équations fonctionelles. Ann. Sci. de l'Ecole norm. sup. **51** (1934) 45—78.

LICHNEROWICZ, A. [56]: Lineare Algebra und lineare Analysis. Berlin 1956, 303 S.

LIEBMANN, H. [18]: Die angenäherte Ermittlung harmonischer Funktionen und konformer Abbildung. Sitzungsber. Bayr. Akad. Wiss., Math.-phys. Kl. 1918, 385—416.

LIONS, J. L. [61]: Équations différentielles operationelles et problèmes aux limites. Berlin/Göttingen/Heidelberg: Springer 1961, 292 S.

LJUSTERNIK, L. A., und W. I. SOBOLEW [55]: Elemente der Funktionalanalysis. Berlin 1955, 256 S.

MAAK, W. [60]: Differential- und Integralrechnung, 2. Aufl. Göttingen 1960, 376 S.

MAGNUS, W., und F. OBERHETTINGER [48]: Formeln und Sätze für die speziellen Funktionen der mathematischen Physik, 2. Aufl. Berlin/Göttingen/Heidelberg: Springer 1948, 230 S.

MAZUR, S. [30]: Über die kleinste konvexe Menge, die eine gegebene kompakte Menge enthält, Stud. Math. **2** (1930) 7—9.

MEINARDUS, G. [64]: Approximation von Funktionen und ihre numerische Behandlung. Ergebnisse der angewandten Mathematik 1964.

MESCHKOWSKI, H. [62]: Hilbertsche Räume mit Kernfunktion. Berlin/Göttingen/ Heidelberg: Springer 1962, 256 S.

MEYER, A. G. [60]: Schranken für die Lösungen von Randwertaufgaben mit elliptischer Differentialgleichung. Arch. Rat. Mech. Anal. **6** (1960) 277—298.

MICHLIN, S. G. [62]: Variationsmethoden der mathematischen Physik. Berlin 1962, 464 S.

MIRSKY, L. [55]: An Introduction to linear Algebra, Oxford Univ. Press 1955.

NAAS, J., und H. L. SCHMID [61]: Mathematisches Wörterbuch. Berlin/Stuttgart 1961, Bd. I 1043 S., Bd. II 952 S.

NATANSON, I. P. [54]: Theorie der Funktionen einer reellen Veränderlichen. Berlin 1954, 478 S.

— [55]: Konstruktive Funktionentheorie. Berlin 1955, 514 S.

NEUBER, H. [59]: Berechnung des Spannungsverlaufs in Rohrverzweigungen. Z. angew. Math. Mech. **39** (1959) 213—218.

NEUMANN, JOHN v. [50]: Functional Operators. Princeton 1950, Vol. I, 261 S., Vol. II, 107 S.

NEUMARK, M. A. [59]: Normierte Algebren. Berlin 1959, 572 S.

— [60]: Lineare Differentialoperatoren. Berlin 1960, 394 S.

NICKEL, K. [58]: Einige Eigenschaften von Lösungen der Prandtlschen Grenzschicht-Differentialgleichung. Arch. Rat. Mech. Anal. **4** (1958) 1—31.

NÖRLUND, N. E. [54]: Vorlesungen über Differenzenrechnung. Nachdruck: New York/Chelsea 1954, 551 S.

OSTROWSKI, A. [55]: Über Normen von Matrizen, Math. Z. **63** (1955) 2—18.

— [60]: Solution of Equations and Systems of Equations. New York—London 1960, 202 S.

PASZKOWSKI, S. [62]: The Theory of uniform approximation. Bd. I, Warschau 1962, 177 S. Rozprawy Matematyczne 26.

PETRYSHYN, W. V. [63]: On a general iterative method for the approximate solution of linear operator equations. Math. of Computation **17** (1963) 1—10.

REDHEFFER, R. M. [58]: Maximum Principles and Duality. Mh. Math. Phys. **62** (1958) 56—75.

— [62]: An Extension of Certain maximum principles. Mh. Math. Phys. **66** (1962) 32—42.

— [63]: Die Collatzsche Monotonie bei Anfangswertproblemen. Arch. Rat. Mech. Anal. **14** (1963) 196—212.

— [64]: Elementary remarks on problems of mixed type. Journal of Mathematics and Physics (1964), etwa März 1964.

REMES, E. [34]: Sur le calcul effectif des polynomes d'approximation de Tschebyscheff. C. R. **199** (1934) 337—340.

RICE, J. R. [60]: The characterization of best nonlinear Tschebyscheff approximations. Trans. Amer. Math. Soc. **96** (1960) 322—340.

— [61]: Tschebyscheff Approximations by Functions unisolvent of variable degree. Trans. Amer. Math. Soc. **99** (1961) 298—302.

RIESZ, F. und B. SZ. NAGY [56]: Vorlesungen über Funktionalanalysis. Berlin 1956, 481 S.

SASSENFELD, H. [51]: Ein hinreichendes Konvergenzkriterium und eine Fehlerabschätzung für die Iteration in Einzelschritten bei linearen Gleichungen. Z. angew. Math. Mech. **31** (1951) 92—94.

SCHAEFER, H. [55]: Neue Existenzsätze in der Theorie nichtlinearer Integralgleichungen. Berlin: Akademie-Verlag 1955.

SCHAUDER, J. [30]: Der Fixpunktsatz in Funktionenräumen. Stud. Math. **2** (1930) 171—182.

Schmeidler, W. [54]: Lineare Operatoren im Hilbertschen Raum. 1954, 89 S.

Schmidt, J. W. [60]: Konvergenzuntersuchungen und Fehlerabschätzungen für ein verallgemeinertes Iterationsverfahren. Arch. Rat. Mech. Anal. 6 (1960) 261 bis 276.

Schmidt, J. W. [63]: Eine Übertragung der Regula falsi auf Gleichungen in Banachräumen. Z. angew. Math. Mech. 43 (1963) 1—8.

Schröder, J. [56]: Das Iterationsverfahren bei allgemeinerem Abstandsbegriff. Math. Z. 66 (1956) 111—116.

— [56a]: Nichtlineare Majoranten beim Verfahren der schrittweisen Näherung. Arch. Math. 7 (1956) 471—484.

— [57]: Über das Newtonsche Verfahren. Arch. Rat. Mech. Anal. 1 (1957) 154 bis 180.

— [59]: Fehlerabschätzung bei linearen Gleichungssystemen mit dem Brouwerschen Fixpunktsatz. Arch. Rat. Mech. Anal. 3 (1959) 28—44.

— [60]: Anwendung von Fixpunktsätzen bei der numerischen Behandlung nichtlinearer Gleichungen in halbgeordneten Räumen. Arch. Rat. Mech. Anal. 4 (1960) 177—192.

— [61]: Lineare Operatoren mit positiver Inversen. Arch. Rat. Mech. Anal. 8 (1961) 408—434.

— [62]: Computing Error Bounds in Solving Linear Systems. Math. Comp. 16 (1962) 323—337.

— [62a]: Invers-Monotone Operatoren. Arch. Rat. Mech. Anal. 10 (1962) 276—295.

— [64]: Iterationsverfahren und Fixpunktsätze. Springer tracts in natural philosophy, erscheint demnächst.

Schulz, G. [33]: Iterative Berechnung der reziproken Matrix. Z. angew. Math. Mech. 13 (1933) 57—59.

Sheldon, J. W. [60]: Iterative methods for the solution of elliptic partial differential equations. In A. Ralston und H. E. Wilf: Mathematical methods for digital computors. New York/London 1960, 144—156.

Sierpinski, W. [52]: General Topology. Toronto 1952, 290 S.

Sobolew, S. L. [64]: Anwendung der Funktionalanalysis auf Gleichungen der mathematischen Physik. Berlin 1964, 224 S.

Stiefel, E. [59]: Über diskrete und lineare Tschebyscheff-Approximation. Numerische Mathematik 1 (1959) 1—28.

— [61]: Einführung in die Numerische Mathematik. Stuttgart 1961, 234 S.

Stone, M. H. [32]: Linear Transformations in Hilbert Spaces. New York 1932, 622 S.

Szabó, I. [60]: Höhere technische Mathematik. Berlin/Göttingen/Heidelberg: Springer 1960, 504 S.

Szarsky, J. [55]: Sur la limitation et l'unicité des solutions d'un système non linéaire d'équations paraboliques aux dérivées partielles du second ordre. Ann. Polonici math. II 2 (1955) 237—249.

Taussky, O. [50]: Note on the Condition of Matrices. Math. Tables Aids Comp. 4 (1950) 111/12.

Taylor, A. E. [58]: Introduction to functional analysis. New York 1958, 423 S.

— [64]: General theory of functions and integration. Blaisdell Publishing Co., 1964, im Druck, etwa 500 S.

Temple, G. [55]: Acta Mathematica 2 (1955) 39.

Todd, J. [62]: Survey of numerical Analysis. New York/San Francisco/Toronto/London 1962, 589 S.

— [63]: Introduction to the constructive theory of functions, Basel und Stuttgart 1963, 127 S.

TRICOMI, F. G. [55]: Vorlesungen über Orthogonalreihen. Berlin/Göttingen/Heidelberg: Springer 1955, 264 S.

UNGER, H. [50]: Nichtlineare Behandlung von Eigenwertaufgaben. Z. angew. Math. Mech. **30** (1950) 281/82.

URABE, M. [56]: Convergence of Numerical iteration in Solution of Equations. Yournal of Science, Hiroshima University A **19** (1956) 479—489.

VAJDA, S. [56]: The Theory of Games and linear programming. London/New York 1956, 106 S.

VALLÉE POUSSIN, DE LA [19]: Leçons sur l'approximation des fonctions d'une variable réelle. Paris 1919, 150 S.

VARGA, R. S. [59]: Iterative Numerical Analysis. Pittsburgh 1959.

— [62]: Matrix Iterative Analysis. Prentice Hall 1962, 322 S.

WALL, D. D. [56]: The order of an Iteration formula. Math. Tables Aids Comp. **10** (1956) 167—168.

WALTER, W. [61]: Fehlerabschätzungen bei hyperbolischen Differentialgleichungen. Arch. Rat. Mech. Anal. **7** (1961) 249—272.

WEINSTOCK, R. [52]: Calculus of Variations. New York/Toronto/London 1952, 326 S.

WEISSINGER, J. [52]: Zur Theorie und Anwendung des Iterationsverfahrens. Math. Nachr. **8** (1952) 193—212.

WERNER, H. [61]: Bemerkungen zur Tschebyscheffschen Approximation mit rationalen Funktionen. Z. angew. Math. Mech. **41** (1961) T 67/68.

— [62]: Die konstruktive Ermittlung der Tschebyscheff-Approximierenden im Bereich der rationalen Funktionen. Arch. Rat. Mech. Anal. **11** (1962) 368—384.

— [62a]: Ein Satz über diskrete Tschebyscheff-Approximation bei gebrochen linearen Funktionen. Numerische Mathematik **4** (1962) 154—157.

— [63]: Rationale Tschebyscheff-Approximation, Eigenwerttheorie und Differenzenrechnung. Arch. Rat. Mech. Anal. **13** (1963) 330—347.

WETTERLING, W. [61]: Ein Verfahren zur Abschätzung des Unterschiedes zwischen den Lösungen benachbarter Operatorgleichungen. Dissertation Universität Hamburg 1961.

— [63]: Anwendung des Newtonschen Iterationsverfahrens bei der Tschebyscheff-Approximation, insbesondere mit nichtlinear auftretenden Parametern. MTW **10** (1963) 61—63, 112—115.

WIELANDT, H. [49]: Über die Unbeschränktheit der Operatoren der Quantenmechanik. Math. Ann. **121** (1949) 21.

WILLERS, FR. A. [50]: Methoden der praktischen Analysis, 2. Aufl. Berlin 1950, 410 S.

WULICH, B. S. [61/62]: Einführung in die Funktionalanalysis. Leipzig, Teil I, 1961, 202 S.; Teil II, 1962, 171 S.

YOUNG, D. [54]: Iterative Methods for solving partial difference equations of elliptic type. Trans. Amer. Math. Soc. **76** (1954) 92—111.

ZAANEN, A. C. [53]: Linear Analysis. Amsterdam/Groningen 1953, 600 S.

ZADUNAISKY, P. [57]: On the group iteration method of solving a system of linear equations. Report 1957 IBM Watson Lab.

ZURMÜHL, R. [61]: Praktische Mathematik für Ingenieure und Physiker, 3.Aufl. Berlin/Göttingen/Heidelberg: Springer 1961, 548 S.

Namenverzeichnis

Biographische Daten befinden sich jeweils auf den durch * gekennzeichneten Seiten

Sachverzeichnis

Offsetdruck: Julius Beltz, Weinheim/Bergstr.

Die Grundlehren der mathematischen Wissenschaften
in Einzeldarstellungen
mit besonderer Berücksichtigung der Anwendungsgebiete

74. Boerner: Darstellungen von Gruppen. DM 58,—; US $ 14.50
75. Rado/Reichelderfer: Continuous Transformations in Analysis, with an Introduction to Algebraic Topology. DM 59,60; US $ 14.90
76. Tricomi: Vorlesungen über Orthogonalreihen. DM 37,60; US $ 9.40
77. Behnke/Sommer: Theorie der analytischen Funktionen einer komplexen Veränderlichen. DM 79,—; US $ 19.75
79. Saxer: Versicherungsmathematik. 1. Teil. DM 39,60; US $ 9.90
80. Pickert: Projektive Ebenen. DM 48,60; US $ 12.15
81. Schneider: Einführung in die transzendenten Zahlen. DM 24,80; US $ 6.20
82. Specht: Gruppentheorie. DM 69,60; US $ 17.40
83. Bieberbach: Einführung in die Theorie der Differentialgleichungen im reellen Gebiet. DM 32,80; US $ 8.20
84. Conforto: Abelsche Funktionen und algebraische Geometrie. DM 41,80; US $ 10.45
85. Siegel: Vorlesungen über Himmelsmechanik. DM 33,—; US $ 8.25
86. Richter: Wahrscheinlichkeitstheorie. DM 68,—; US $ 17.00
87. van der Waerden: Mathematische Statistik. DM 49,60; US $ 12.40
88. Müller: Grundprobleme der mathematischen Theorie elektromagnetischer Schwingungen. DM 52,80; US $ 13.20
89. Pfluger: Theorie der Riemannschen Flächen. DM 39,20; US $ 9.80
90. Oberhettinger: Tabellen zur Fourier Transformation. DM 39,50; US $ 9.90
91. Prachar: Primzahlverteilung. DM 58,—; US $ 14.50
92. Rehbock: Darstellende Geometrie. DM 29,—; US $ 7.25
93. Hadwiger: Vorlesungen über Inhalt, Oberfläche und Isoperimetrie. DM 49,80; US $ 12.45
94. Funk: Variationsrechnung und ihre Anwendung in Physik und Technik. DM 98,—; US $ 24.50
95. Maeda: Kontinuierliche Geometrien. DM 39,—; US $ 9.75
97. Greub: Linear Algebra. DM 39,20; US $ 9.80
98. Saxer: Versicherungsmathematik. 2. Teil. DM 48,60; US $ 12.15
99. Cassels: An Introduction to the Geometry of Numbers. DM 69,—; US $ 17.25
100. Koppenfels/Stallmann: Praxis der konformen Abbildung. DM 69,—; US $ 17.25
101. Rund: The Differential Geometry of Finsler Spaces. DM 59,60; US $ 14.90
103. Schütte: Beweistheorie. DM 48,—; US $ 12.00
104. Chung: Markov Chains with Stationary Transition Probabilities. DM 56,—; US $ 14.00
105. Rinow: Die innere Geometrie der metrischen Räume. DM 83,—; US $ 20.75
106. Scholz/Hasenjaeger: Grundzüge der mathematischen Logik. DM 98,—; US $ 24.50
107. Köthe: Topologische Lineare Räume I. DM 78,—; US $ 19.50
108. Dynkin: Die Grundlagen der Theorie der Markoffschen Prozesse. DM 33,80; US $ 8.45
109. Hermes: Aufzählbarkeit, Entscheidbarkeit, Berechenbarkeit. DM 49,80; US $ 12.45
110. Dinghas: Vorlesungen über Funktionentheorie. DM 69,—; US $ 17.25
111. Lions: Equations différentielles opérationnelles et problèmes aux limites. DM 64,—; US $ 16.00
112. Morgenstern/Szabó: Vorlesungen über theoretische Mechanik. DM 69,—; US $ 17.25
113. Meschkowski: Hilbertsche Räume mit Kernfunktion. DM 58,—; US $ 14.50
114. MacLane: Homology. DM 62,—; US $ 15.50

115. Hewitt/Ross: Abstract Harmonic Analysis. Vol. 1: Structure of Topological Groups. Integration Theory. Group Representations. DM 76,—; US $ 19.00

116. Hörmander: Linear Partial Differential Operators. DM 42,—; US $ 10.50

117. O'Meara: Introduction to Quadratic Forms. DM 48,—; US $ 12.00

118. Schäfke: Einführung in die Theorie der speziellen Funktionen der mathematischen Physik. DM 49,40; US $ 12.35

119. Harris: The Theory of Branching Processes. DM 36,—; US $ 9.00

121.
122.　Dynkin: Markov Processes. DM 96,—; US $ 24.00

123. Yosida: Functional Analysis. DM 66,—; US $ 16.50

124. Morgenstern: Einführung in die Wahrscheinlichkeitsrechnung und mathematische Statistik. DM 34,50; US $ 8.60

125. Itô/McKean: Diffusion Processes and Their Sample Paths. DM 58,—; US $ 14.50

126. Lehto/Virtanen: Quasikonforme Abbildungen. DM 38,—; US $ 9.50

127. Hermes: Enumerability, Decidability, Computability. DM 39,—; US $ 9.75

128. Braun/Koecher: Jordan-Algebren. DM 48,—; US $ 12.00

129. Nikodým: The Mathematical Apparatus for Quantum-Theories. DM 144,—; US $ 36.00

130. Morrey: Multiple Integrals in the Calculus of Variations. DM 78,—; US $ 19.50

131. Hirzebruch: Topological Methods in Algebraic Geometry. DM 38,—; US $ 9.50

132. Kato: Perturbation theory for linear operators. DM 79,20; US $ 19.80

133. Haupt/Künneth: Geometrische Ordnungen. DM 68,—; US $ 17.00

134. Huppert: Endliche Gruppen I. DM 156,—; US $ 39.00

135. Handbook for Automatic Computation. Vol. 1/Part a: Rutishauser: Description of Algol 60. DM 58,—; US $ 14.50

136. Greub: Multilinear Algebra. DM 32,—; US $ 8.00

137. Handbook for Automatic Computation. Vol. 1/Part b: Grau/Hill/Langmaack: Translation of Algol 60. DM 64,—; US $ 16.00

138. Hahn: Stability of Motion. DM 72,—; US $ 18.00

139. Mathematische Hilfsmittel des Ingenieurs. Herausgeber: Sauer/Szabó. 1. Teil. DM 88,—; US $ 22.00

141. Mathematische Hilfsmittel des Ingenieurs. Herausgeber: Sauer/Szabó. 3. Teil. Etwa DM 98,—; etwa US $ 24.50

143. Schur/Grunsky: Vorlesungen über Invariantentheorie. DM 32,—; US $ 8.00

144. Weil: Basic Number Theory. DM 48,—; US $ 12.00

145. Butzer/Berens: Semi-Groups of Operators and Approximation. DM 56,—; US $ 14.00

146. Treves: Locally Covex Spaces and Linear Partial Differential Equations. DM 36,—; US $ 9.00

147. Lamotke: Semisimpliziale algebraische Topologie. DM 48,—; US $ 12.00

148. Chandrasekharan: Introduction to Analytic Number Theory. DM 28,—; US $ 7.00